建筑特种工程新技术系列丛书**7**

建筑物托换技术

崔江余　主　编

蓝戊己　吴如军　杨桂芹　副主编

U0213977

中国建筑工业出版社

图书在版编目（CIP）数据

建筑物托换技术/崔江余主编. —北京：中国建筑工
业出版社，2013.5
（建筑特种工程新技术系列丛书7）
ISBN 978-7-112-15058-8

Ⅰ. ①建… Ⅱ. ①崔… Ⅲ. ①建筑工程-托换施
工 Ⅳ. ①TU753.8

中国版本图书馆 CIP 数据核字（2013）第 034209 号

　　本书是配合中国工程建设标准化协会标准《建（构）筑物托换技术规程》CECS 295：2011
的贯彻执行而编写的。此规程为我国建（构）筑物托换技术学科领域第一个设计施工综合性标
准，也是这个学科领域新技术、新成果的集中体现。
　　本书的主要内容包括：托换技术概述；地基基础加固技术；桥梁托换技术；地铁隧道工程
托换；建筑物托换技术；托换工程监测技术；地下工程安全风险管理与评估；托换工程实例。
　　本书的特点是简明、新颖和实用；内容丰富，图文并茂，与规范相呼应；理论联系实际；
是从事建（构）筑物托换技术的教学、科研及广大工程技术人员的良师益友。本书可供勘察、
设计、施工和监理等工程技术人员使用，也可供高等院校有关专业师生参考。

＊　　＊　　＊

责任编辑：王　跃　郭　栋　辛海丽
责任设计：张　虹
责任校对：张　颖　刘梦然

建筑特种工程新技术系列丛书7
建筑物托换技术
崔江余　主　编
蓝戊己　吴如军　杨桂芹　副主编

＊

中国建筑工业出版社出版、发行（北京西郊百万庄）
各地新华书店、建筑书店经销
霸州市顺浩图文科技发展有限公司制版
北京富生印刷厂印刷

＊

开本：787×1092毫米　1/16　印张：36¾　插页：4　字数：980千字
2013年8月第一版　　2014年7月第二次印刷
定价：**88.00**元
ISBN 978-7-112-15058-8
（23181）

成都市三环路蓝天立交匝道桥墩托换

    成绵乐机场路隧道下穿三环路与既有成都市蓝天立交匝道桥桥墩进行托换处理，托换处既有匝道桥为三跨连续梁，桥面宽为 8.5m，需托换的桥墩为 B8、C1、C2 共 3 个，其中 B8 为 ϕ1.5m 的独柱墩，基础为 ϕ1.5m 的单桩基础。C1 为 ϕ1.5m 的独柱墩，基础为 ϕ1.2m 的双桩基础。C2 为 ϕ1.4m 的独柱墩，基础为 ϕ1.5m 的单桩基础。

湖州练市镇岂风大桥顶升托换

    岂风大桥位于湖州市练市镇，跨越湖嘉申航道。为使航道的通航等级由Ⅳ级提高到Ⅲ级，需顶升 2.5m，使通航净空由原来的 4.5m 增加到 7m，满足经济发展的需要。顶升总重量为 4320t，无论是技术难度还是整体顶升高度，都将创下国内之最！该项目于 2006 年 5 月下旬全部完成。

    上部结构：主跨为 73.3m 桁架梁，引桥两端各为 7 孔 13m 空心板桥（其配跨为 4×13m＋3×13m＋73.3m＋3×13m＋4×13m），桥面宽 9m；下部结构：主跨为钻孔灌注桩、承台、立柱接盖梁，引桥为钻孔灌注桩接墩柱、盖梁。

上海南浦大桥主引桥部分顶升托换

南浦大桥东侧主引桥部分的九跨进行整体反坡顶升,最高需顶升5.910m,顶升面积为4982.35m²。东侧主引桥配跨为1×38.5m + 8×20m。上部结构:38.5m的一跨为简支预应力T形梁;其余八跨为简支预应力板梁。下部结构:为钻孔灌注桩、承台、立柱接盖梁。

该桥顶升重量:跨度为38.5m的单跨顶升重量约为2000t,其余单跨20m的八跨每跨顶升重量约为1000t,顶升总重量约为10000t。

五羊邨过街楼桩基托换

该楼为4层框架结构,柱网间距达10m×18.5m,基础为 ϕ1200mm的人工挖孔桩,单桩最大承载力9000kN。过街楼横跨市区繁华路段的寺新马路,其地面一层为双向八车道道路,车流量较大。车道由中间绿化带隔开,绿化带下方有一容积约3000m³的地下压力水池,该水池供水覆盖周边众多高层建筑物。道路下还有6根给排水管线和51条电信光缆。

宁夏吴忠宾馆平移

位于宁夏吴忠市裕民街,是一幢在建的星级宾馆,由主楼和裙楼两部分组成,为框架结构;整体向西平移82.5m,主楼长43.04m,宽17.64m,13层,最高点标高53.7m。裙房3层,长50.84m,宽17.7m。整座建筑占地面积1927m²,建筑总面积约13850m²,移位总重量算约20000t。主楼为框架—剪力墙结构,6行8列共计42根柱,最大柱断面为1050mm×1050mm,平移时最大柱荷载约9200kN。

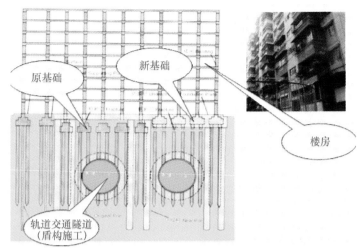

隧道穿越建筑物桩基托换

城市轨道交通规划下穿既有建筑物，必须将原有建筑物桩基切断，需重新做桩基将建筑物荷载进行转换。

广州某地铁下穿越彩虹花园建筑群

区间隧道于洛溪桥南岸下穿彩虹花园东区3号、8号、9号楼；3栋建筑物共有79根桩侵入盾构掘进范围，24根处于隧道外1m范围内，有103根原桩需进行托换或加固处理。托换桩243根，托换承台53个，托换梁78个。

英国领事馆平移

公安部院内6号楼原为英国领事馆旧址，1903年修建，属国家一级保护文物。该建筑属欧式风格，两层，建筑物长约74.5m，宽约17.5m，高15.95m，建筑总面积约1800m²。因公安部办公楼建设需要，决定将该建筑整体迁移出现址，为避开楼房东南角一颗古树，移位过程中需两次转向，第一步先向西平移5m，第二步转向后向南平移25m，第三步再次转向后向西平移45m。平移总距离约80m。

张庄综合楼整体平移

新乡市张庄综合楼位于新乡市东南，南干道东段牧野路与东干道之间，位于南干道南侧。主体 6 层，局部 7 层，体型不规则，总建筑面积约 6328.5m²，平移总重量约 11000t。为现浇全框架结构。因新乡市旧城改造南干道拓宽，该楼侵规划红线 15m，为避免拆迁，决定在现基础上实施整体向南平移 15m，这样既可以满足城市规划要求，又可避免新建楼被拆除。该工程已于 2005 年 1 月 28 日平移到位。

建德市古樟树移位

该古樟树位于建德市新安江街道，建德市市贸广场开发项目区域内，根据建德市规划要求，需要对古樟进行整体移位 74m，整体顶升 3.5m。该工程已于 2008 年 5 月 6 日平移抬升到位。

上海古树名木移位

百年广玉兰原位于上海市静安区愚园路新建九百城市广场附近，属古树名木保护范围。因该树生长环境恶化，地势低洼久被水浸，需将此古树抬高抢救并移至常德路、愚园路口，平移总距离约 75m 并转向一次，抬升高度 1.5m，迁移根砣长 13m，宽 12.5m，高 2.6m，迁移重量约 800t。该项目于 2003 年 5 月份顺利完成。

上海地铁 11 号线下穿百年建筑

上海轨道交通 11 号线，盾构施工穿越百年建筑徐家汇天主教堂。

采用 MJS 工法进行保护性土体加固托换技术，施工过程教堂沉降 7mm，盾构穿越过程沉降 7mm，整个工程保护效果明显。

PBA 工法（洞桩法）在沈阳地铁青年大街站的应用

PBA 工法将传统的盖挖法和暗挖法进行有机结合，即在地下暗挖小导洞内施做围护边桩、中柱、纵梁及顶盖，由桩（Pile）、梁（Beam）、拱（Arc）构成的支撑框架体系承受施工过程的外部荷载（竖向土压力、侧向土压力），然后在顶拱和边桩的保护下逐层向下开挖土体，施做车站主体的内衬结构，最终形成由外围边桩及顶拱初期支护和内层二次衬砌组合而成的永久承载体系。

周围高层建筑物较多，地面交通繁忙、地下管线密集。

既有地下空间改造建设地铁车站土建关键技术

➤ 结构体系的转换与协调技术
➤ 改造施工的切割与加固技术
➤ 分期实施地下空间连接技术
➤ 既有结构底板改造技术

从地面分层放坡清除地下一层地下室与钻孔桩间回填砂，地下一层、二层板中开孔后放坡清除间隙间回填砂，为结构实施创造条件。

楼板切割开洞

从地下室与围护桩间间隙实施图示范围圈梁，并预埋钢环，待结构达到强度后凿除港汇地下室侧墙及下二层板，侧墙开孔尺寸以满足限界要求的最小尺寸为宜。盾构切削地下室钻孔灌注桩围护结构及加强桩后进入地下室外侧，保留盾壳，拆除盾构机内部设备及刀头；以盾壳作为外模，地下室外侧植筋后现浇钢筋混凝土区间结构，将管片与地下室、圈梁连接成整体。

深圳地铁翻身站至灵芝公园站区间隧道穿越宝安区创业立交桥，与其中的四个桥梁桩基（A19I、G1I、J1I、R4I）发生干扰，需进行桩基托换，创业立交桥桥幅宽度为两车道，下部结构为单柱桥墩形式。桩基采用钻孔灌注桩，直径1.5m。深圳地铁5号线翻身站至灵芝站区间隧道埋深约22m，隧道通过地层为砂质黏性土、全风化、强风化、微风化岩层。

建筑物托换技术
编写委员会

主　　编：崔江余

副 主 编：蓝戊己　吴如军　杨桂芹

编写人员：崔江余　蓝戊己　吴如军　杨桂芹　李安起
　　　　　余　流　江　伟

建筑特种工程新技术系列丛书
出版说明

改革开放的伟大进程带来了我国社会和经济建设的大发展，而大规模建筑工程对建筑工作者的科学研究、勘察设计水平、施工技术进步等提出了更高、更多的要求。在此情况下，建筑特种工程的新技术得到了发展和提高。建筑特种工程技术一般包括建筑物（含构筑物）的移位技术、纠倾技术、增层技术、改造加固技术、灾损处理技术、托换技术等。

本《建筑特种工程新技术系列丛书》的出版，是我国改革开放 30 余年来，建筑行业特种工程技术进步的重要标志；是众多工程成功经验和失败教训的深刻总结；是几十年我国在本学科领域科技成果的结晶、技术实力的集中体现；是年轻一代更好地掌握特种工程新技术，学习前人的先进技术和经验一部宝贵、丰富、实用的教科书；是我国建筑行业特种工程技术进步发展的里程碑。丛书的出版将有力地推动我国在建筑特种工程技术领域方面更大的技术进步和发展。

一、建筑特种工程新技术的应用

建筑物包括构筑物，在建造过程或建成后的使用过程，由于遭受自然灾害（如地震、洪水、海啸、滑坡及泥石流、风灾及地塌陷等）而受损，可采用本技术处理。

建筑工程在勘察、设计、施工中有失误（如勘察中漏查或误查的地下人防工程、岩洞土洞、墓穴、树根和孤石、液化层、软弱夹层等。设计中结构形式选择不合理、断面和配筋量不足、设计参数选用不当、选错基础形式和地基持力层、建筑材料不合格和施工质量低劣等），给建筑物造成严重安全隐患的，可采用本技术处理。

为适应经济发展、生产和生活的需要，对既有建筑物可采用特种工程新技术进行改造、扩建、加固等。

上述建筑物经过检测、鉴定、论证，采用建筑特种工程技术处理后，都能具有继续使用价值，有肯定的经济效益和社会效益。

二、建筑特种工程新技术的内容

建筑物的移位技术包括旋转、抬升、迫降、平行移动，可单项移位或组合多项移位。

建筑物的纠倾技术包括对倾斜的混凝土结构、砌体结构、钢结构、混合结构的多层和高层建筑纠倾等处理，这些建筑可以是框架（筒）结构、框支结构、剪力墙结构等。

建筑物的增层技术包括多层或高层建筑物的局部增层、整体增层、外套增层、地下增层、室内增层、顶部增层等。

建筑物的改造加固技术包括工业建筑物为适应生产发展的改扩建，民用建筑物为扩大使用面积、改善使用功能的改扩建，公共建筑物为适应城市规划和发展等的改扩建工程。

建筑物的灾损处理技术包括对灾害后建筑物或桥梁等构筑物结构发生错位、移动、倾斜、扭曲变位、结构裂损、过量沉陷、地基土被掏空或破坏、桩基弯曲或折断等处理技术。

建构筑物的托换技术包括：对城市、公路、江河湖海上的各类桥梁结构，为增大桥下通航空间的抬升改造托换；对修建城市地铁或矿区采矿，对相邻建筑物的托换加固处理。因环境污染、侵蚀至建筑结构破损的局部或整体托换加固的处理技术。

特种工程新技术还包含各类特殊工程，如水上、海上或岸边建筑，军事工程、地下建筑、沙漠建筑、人防工程、航天工程等环境特殊的各类建筑特种工程的改造、加固和病害处理的技术等。

三、《建筑特种工程新技术系列丛书》编写的基础与背景

1. 本丛书反映各历史时期关于本学科的技术及其进步。

在"1966～1976"十年，全国的基本建设全面停顿，各类房屋严重不足，而且资金又十分短缺。从 20 世纪 80 年代初到 90 年代初的 10 年，全国从南到北兴起了"向空中要住房，向旧房要面积"的既有房屋增层改造工程的热潮，许多有条件的旧房都进行了增层改造，扩大了使用面积，改善了使用功能，部分地缓解了当时"房荒"的燃眉之急。许多专业工程公司也应需成立，成为建筑特种工程的生力军。

例 1. 哈尔滨秋林公司增层工程：1984 年施工。原地上 2 层，增加 2 层至 4 层。是我国较早的有代表性增层工程。

例 2. 北京日报社增层工程：原地上 4 层，增加 4 层至 8 层，采用外套框架结构，框架柱采用大孔径桩基础。

例 3. 绥芬河青云市场增层工程：原地上 5 层，采用外套结构增加 4 层至 9 层，同时一侧扩建 9 层。面积由原 11000m² 增至 31000m²。

例 4. 山西矿业集团办公大楼增层工程：原地上 3 层，采用外套结构增加 6 层至 9 层。

与此同时，全国开始了大规模的基本建设。但由于当时资金少、技术水平低、经验不足、规章制度不健全、工期要求急，出现了一些劣质工程，使刚刚竣工或尚未竣工的建筑物发生倾斜、开裂、过量下沉等一系列病害。需拆除的严重者几乎占新建工程 1%～2%。为适应当时形势的需要，既有建筑物的纠倾加固病害处理技术迅速发展，工程数量较多。

例 1. 哈尔滨齐鲁大厦纠倾工程：地上 26 层，总高 99.6m，倾斜 524.7mm。2000 年纠倾复位成功。是目前国内纠倾成功最高的大厦。

例 2. 大庆油田管理局办公大楼纠倾工程：地上 12 层，增加 1 层，总高 99.6m，倾斜 270mm。2007 年增层、纠倾、加固复位成功。

例 3. 都江堰奎光塔纠倾加固工程：建于 1831 年。塔高 52.67m，为 17 层 6 面砖塔，倾斜 1369mm，塔体有 45°斜裂缝。首先进行 1～11 层塔身加固，后纠倾。这是我国古塔倾斜加固成功的范例。汶川地震后，已加固部分塔身完好无损，其上未加固部分出现裂损。

从 2000 年初，全国的城市和道路交通规划和建设、古建筑及文物保护等工作日益受到重视，因此既有建筑物的移位工程技术又迅速兴起与发展，不仅工程数量多，而且工程难度大、风险大、技术要求高，全国许多高校和科研单位也投入人力、物力，参与和支持这一工程热潮。

例 1. 上海音乐厅移位工程：地上水平移位 66.46m，抬升 3.38m。是我国有代表性的移位工程。

例 2. 山东莱芜开发新区办公大楼工程：该建筑 15 层，高度 72m，水平移位 78m。是

目前国内移位最高的建筑物。

例 3. 山东东营市永安商场营业楼工程：原地旋转 45°，移位成功。

例 4. 上海市西环线岭西路立交桥抬升工程：全桥成功抬升 2.7m，扩大了桥下通航高度。

例 5. 天津北安大桥工程：抬升 2.7m，加大了桥下通航高度。

例 6. 广西贺州文物"真武庙"顶升工程：原文物为砖砌结构，毛石基础，处于低洼地。采用先加固、后顶升方案，将文物抬高 1.3m。

2. 本丛书适应当前国家发展的需要，为特种工程研究、检测、监测、设计、施工服务而编写的。

进入 21 世纪，由于经济建设规模庞大，房地产业迅速发展，地价猛涨，房价飙升，土地十分宝贵，因此许多房地产商们又开始了新一轮更高一级的"向空中要住房，向旧房要面积"的增层改造工程，以节省高昂的土地投资。

最近几年的自然灾害频频发生，2008 年的汶川大地震及此后的冰冻与洪水灾害，都给我国造成严重人员伤亡和经济损失，救灾、减灾和灾区重建都迫切需要特种工程新技术，对有继续使用价值的灾损建筑物进行处理。

3. 本丛书是在吸取了 20 多年来，有关本学科多次全国性学术研讨会的技术交流成果的基础上而编写的。

以中国老教授协会土木建筑专业委员会为例，从 1991 年起，每隔 2 年定期召开全国性的《建筑物改造与病害处理学术研讨会》，已召开过八次会议，每次会议都收到百余篇学术论文，反映了各个时期在全国各地有关建筑物改造与病害处理的技术成果，交流了许多典型工程实施的成功经验与失败教训。数百篇学术论文和技术成果，为本丛书的编写奠定了极其宝贵的基础。

4. 本丛书是以我国多年来相继颁布有关建筑物改造与病害处理学科多项技术标准为依据而编写的。

多年来国家有关部门，为加强建筑特种工程的设计、施工技术立法与指导，相继多次组织有经验的专家编制了相关技术标准。这些技术标准的颁布与实施，为特种工程设计与施工提供了技术依据，对推动本学科的技术发展和保证工程质量起到重大作用。编写本丛书所依据的重要技术标准，除国家现行的相关技术标准外，还有以下技术标准：

a. 《铁路房屋增层和纠倾技术规范》TB 10114—97；

b. 《既有建筑地基基础加固技术规范》JGJ 123—2000；

c. 《建筑物移位纠倾增层改造技术规范》CECS 225：2007；

d. 《灾损建筑物处理技术规范》CECS 269：2010；

e. 《建筑物托换技术规程》CECS 295：2011。

四、《建筑特种工程新技术系列丛书》的编著特点

特点 1. 本丛书涵盖的建筑特种工程技术全面，具有明显的广泛性、代表性。本书包括了目前我国在本学科的全部主要技术内容，如建筑物移位、纠倾、增层、改造加固、灾损处理和托换技术等。是我国在这门学科领域当前的技术成果和水平最全面的代表。

特点 2. 本丛书所列的技术先进，有许多方法是新专利技术的成果，因此本书具有新颖性、创新性。编著本丛书所选用的素材基本体现了我国当前建筑特种工程技术的最高水

平和科研的最新成果，体现了我国特种工程先进的技术实力。

特点 3. 本丛书具有明显的实用性和可操作性。本丛书各分册都选用了大量的工程实例，它们都是成功的处理各类"疑难杂症"复杂工程的经验研讨、失败工程的教训剖析、高难度特殊工程的全面总结、典型工程的设计施工方法报道。

特点 4. 本丛书内容充实，是广大青年学子和技术人员学习、探讨本学科技术的最好入门工具和手段。本丛书不仅有丰硕的工程案例，还有较深入的机理探讨，较详细的相关工程技术标准的具体应用，有较广泛的特种工程技术的发展展望的研讨。

特点 5. 本丛书的技术内容具有明显的可信性和可靠性，因为参加丛书编著的几十位专家，都是多年来站在特种工程第一线，专门从事本学科的教学、科研、工程实施、技术标准编制等实力雄厚高水平的技术专家。

五、本学科技术的发展与展望

建筑特种工程新技术在建筑领域的重要性会越来越被人们所认识。它是国家抵御自然灾害、抗灾减灾的重要技术支撑；是治理各种建筑物病害、保护国家财富、延长建筑物使用寿命的重要技术手段；随着生产不断发展、人民生活不断提高，它要不断满足人们对各类房屋提出较高使用愿望的要求；随着既有建筑物建成量越来越大，自然灾害越频繁，本门学科的重要性就会越显著。建筑特种工程新技术将随着人类生存的历史长河永存下去，技术将不断创新，应用会更为广泛，本学科的发展前景广阔无限。

丛书编委会

前　言

　　随着我国经济的发展和城市化水平的提高，许多城市将产生"城市综合症"：交通堵塞、环境污染、资源短缺、生态恶化等。城市建筑用地越来越紧张，地价越来越贵，城市空间已越来越拥挤，解决问题的主要方法之一是向地下发展，建造地下铁道、商场和其他许多地下设施。

　　广泛开发利用地下空间，是我国城市工程的重要课题。城市地下空间的开发和利用已成为实现城市经济发展与环境、资源相协调的可持续科学发展的重要内容。地下铁道、市政隧道、地下商场、地下停车场等地下工程正在并将继续不断涌现。我国地铁建设已经进入新一轮的高速发展时期。在城市地下工程施工建设中经常要涉及对已有地面建（构）筑物的保护和加固，因此建（构）筑物的托换技术必然成为城市地下工程经常采用的技术手段。

　　我国江、河、湖泊上或城市中建造许多铁路、公路或供车辆行人通行的桥梁，由于原设计标准低，预留桥下净空不足，造成交通堵塞，通行不畅，甚至严重影响航运船舶通航的吨位和效率，制约了国民经济的发展，给生产、生活都造成许多不便，对已有各类桥梁，采取拆除重建或抬升托换加固都是可能采取的措施，而后者是经济适用、更容易被接受的、可持续发展的环保方案，因此托换技术在旧桥梁抬升改造工程中更是广泛采用的可行方法。

　　我国人均淡水严重不足，许多城市都大量开发抽汲地下水，用以解决生产、生活必需的水源，这将造成地面长期而持久的下沉，许多建（构）筑物地面标高不断降低，地下管线或基础乃至整栋建（构）筑物都可能发生沉降或不均匀沉降等，解决这一难题的可靠手段，一方面要严格控制抽汲地下水，同时增设回灌井，但对已发生使用功能的过量沉陷的建（构）筑物，最有效的办法是采用托换技术对其进行纠倾扶正，恢复建（构）筑物的原来使用功能。

　　我国许多矿区城市，由于对废弃旧巷道没有按标准处理造成地面塌陷现象是很普遍的。此外还有城市旧人防工程、地下岩溶土洞等引发的地面下沉病害，对地面建（构）筑物造成的下沉、倾斜、开裂等病害更是比比皆是。为了应对上述问题，对受损建（构）筑物采用改造加固工程更是急迫的，而托换技术在上述工程中地位和作用同样是显而易见的。

　　我国的自然灾害经常发生，如地震、洪水、滑坡泥石流、冰雪冻害以及火灾等，对国民经济和人民生命财产都会造成严重损失，为了减少各种灾害造成的损失，在救灾减灾工程中，经常要对有可继续使用价值的各类建（构）筑物进行加固改造恢复其正常使用功能，减少灾害造成的损失，托换技术更是这些工程中最主要和常用的工程技术方法和手段。

　　由此可见，托换技术是在当前我国新建和既有建（构）筑物改造加固工程中被广泛采用的技术，随着其应用日趋广泛，形势要求这项技术得到快速发展和充实完善。因此积极推动这项技术的新发展，有其重大和特殊意义。

随着我国累积的既有建筑物数量越来越多，其加固、改造与病害处理的任务越来越重，新兴的建筑物改造与病害处理新学科越来越被人们所重视，它已成为我国建筑行业一个重要专业技术领域。

托换技术在我国既是一项古老技术，又是一项新进取得很大进展的新技术，在既有建（构）筑物改造加固，救灾减灾，地下工程，城市地铁和轻轨交通，江、河、湖泊上的桥梁抬升改造工程等等诸多方面，都被广泛应用的重要技术手段。这项技术在不久的将来，在我国会得到更广泛应用和快速的发展。

为了推动这项技术的快速发展，进一步完善其技术内涵，提高技术质量，统一技术标准。经中国工程建设标准化协会 2009 年批准，要求尽快高质量的编制《建筑物托换技术规程》工作，此项工作由广东金辉华集团有限公司和北京交通大学为主编单位，邀请国内有关 10 余家单位为参编单位。该规范已正式出版发行（CECS 295：2011）。

本书涵盖了我国既有建筑改造中的各种托换技术，详细地介绍了各种托换技术的基本概念、特点、作用机制，并结合理论研究和案例分析系统地揭示了各种托换技术的特点。本书可作为高等学校的教材，亦可作为土建、水利、交通和地下工程等部门技术人员的参考书。

本书共分 8 章：第 1 章托换技术概述、第 2 章地基基础加固技术、第 3 章桥梁托换技术、第 4 章地铁隧道工程托换、第 5 章建筑物托换技术、第 6 章托换工程监测技术、第 7 章地下工程安全风险管理与评估、第 8 章托换工程实例，由崔江余组织编写和全书统稿工作。参加本书编写工作的有：崔江余、杨桂芹（第 1 章），崔江余（第 2 章），蓝戊己、崔江余（第 3 章），崔江余、杨桂芹、吴如军（第 4 章），李安起、吴如军（第 5 章），余流、江伟（第 6 章），崔江余、杨桂芹（第 7 章），吴如军、崔江余（第 8 章）。

本书在编写过程中得到了全国多方面的支持和关心，提供了大量的资料。本书的顺利完成与各位专家、同仁的关心是分不开的，借此向所有为本书作出贡献的同志表示衷心的感谢。北京交通大学研究生王凯旋、林黎、王雨、孟灵勇等参与了本书的有关编辑和校对工作。

本书编者力求做到层次分明，内容全面，重点突出，概念清晰。但由于本书覆盖面广，所涉及的托换技术基本理论，尚有诸多不完善之处。限于编者水平，难免存在疏漏、错误之处，恳请各位读者批评指正。

本书编写组

目　　录

第1章 托换技术概述

1.1 托换技术发展的背景和意义

我国城市人口不断增加，从长远来说将有1/2或2/3的人口居住在城市。随着我国经济的发展和城市化水平的提高，许多城市都将产生"城市综合症"：交通堵塞、环境污染、资源短缺、生态恶化等。城市建筑用地越来越紧张，地价越来越贵，城市空间已越来越拥挤。目前我国首都北京、上海、广州、深圳等特大城市均已出现了上述现象。托换技术在城市建设中发挥着巨大的作用，主要表现在以下方面。

1.1.1 城市发展综合症

近几年来，我国社会经济取得了全面快速的发展，人民生活水平大幅提高，汽车进入家庭呈"井喷"式增长。随着私人汽车数量的激增，城市既有小区（以下简称小区）停车难问题接踵而来。例如北京2010年9月底，汽车保有量已经达到450万辆。每年摇号增长24万辆，而停车位仅有约138万，比例为3.3：1；太原2010年末拥有46.06万辆私家车，私家轿车26.45万辆；但太原中心城区车与车位的比例不足10：1，小区80%的私家车辆停车难。按照国际通行惯例汽车与停车位比例应为1：1.2适宜，青岛市内市区近千个居民小区，2010年末拥有34.76万辆私家轿车，而市区停车泊位约有6.8万个，其中路内停车泊位1.8万个，85%的小区私家车辆存在停车难。广州截至2010年10月，汽车保有量已超过155万辆，而合法停车泊位约63万多个，为2.5：1；广州市某小区车位拍卖到200万元，虽是个案，但也彻底暴露了广州小区停车位严重不足的问题。2008年初广州成立了由常务副市长任组长的"市解决停车难问题领导小组"，制定三年新增15万个泊车位，截止2010年11月，已新增约18万个泊车位，超额完成预定目标，但这三年中广州市新增汽车超过50万辆，仅2010一年就增加30万辆。广州汽车年上牌增长率为22%，停车位年增长率仅为4%，可见国内城市停车位严重不足。

根据全国第六次人口普查第1次主要数据公报显示：大陆31个省、直辖市、自治区总人口13.4亿人，总户数约4亿户，2010年末全国私家车保有量6539万，小车保有量为50/1000，按目前增长速度，10年内中国达到平均每户一辆车，小车保有量为149/1000；而目前世界小车保有量平均水平已经达到124/1000，我国还是世界落后水准，跟美国几乎一人一车相比就相差更远。而小区停车位怎么跟上？其前景不得不令人十分担忧！2010年，我国百万人口以上的城市将达到125个左右，其中200万以上的特大城市达到50个左右（城市人口统计时还不包括短期流动人口）。

大批新建小区住宅建筑的主流为高层建筑，居住人口过万的小区在我国大中城市比比皆是。其结果势必会导致局部人口超级密集。马路狭窄，小区内外停车难。按照国际惯例，城市道路面积率应当是城市面积的25%为宜，华盛顿为43%、伦敦为33%、东京为

1

13%、北京为 11%，广州为 2.65%，而我国多数城市的道路面积还不到 0.8%，城市人口与城市空间布局极不均衡，大量人口集聚于城市中心。一般在密集的商业区，政府规定开发建造面积要与停车位相匹配，若建楼计划书中的车位少，政府应强制要求建筑面积与车位比例相适应。我国各大城市立体空间开发利用率较低，在日本有建筑就有停车场，有车位才有车牌，如果把东京所有地下停车场连成一片，几乎可以认为东京地下还有另外一座城市。在纽约市无论哪个区域开发造楼，方案中的停车位多少，售价多少，租价多少，都要得到政府的批准。

解决上述"城市综合症"问题的主要方法之一是向地下发展，建造地下铁道、地下商场、地下停车场、地下各种管道和其他许多地下设施，见图 1-1 (a) 为地下空间立体开发综合利用效果图。广泛开发利用地下空间，是我国城市建设工程的重要课题。城市地下空间的开发和利用已成为实现城市经济发展与环境、资源相协调的可持续科学发展的重要内容。地下铁道、市政隧道等各种地下工程在地下立体交叉情况不断涌现，如图 1-1 (b) 为各种地下通道（隧道）相互交叉情况，使得地下空间设计和施工更加复杂。目前，城市地价越来越贵，土地出让金的昂贵让开发商不得不充分利用有限的土地面积，楼房向上越来越高，向下越来越深。近十年来，我国高层建筑发展迅速，数量、高度等快速增长，与高层建筑同建的地下室数目也同样增长，而且面积较大。鉴于目前许多地下室利用还不够理想，城市空间紧缺与城市功能不足，我国各城市的地下空间管理部门正在探索多种高效利用地下空间的途径。地下开挖十几米～几十米深度的地下室项目越来越多；随着特大城市的建设，我国人口本来密度就大，再加上城市外来人口和外来车辆的集中涌进，就会出现住房困难、车位难找、道路堵车等现象。这也是造成房价高高在上，车位难求的局面之一。

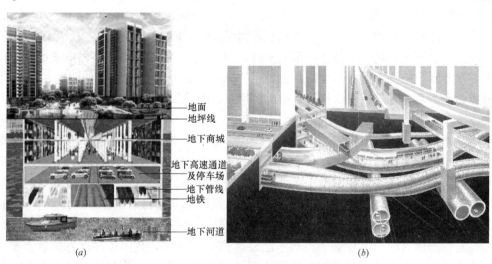

图 1-1　城市地下空间开发利用
(a) 多功能地下空间开发；(b) 地下隧道相互交叉穿越

1.1.2　城市轨道交通建设

随着人口和汽车数量的猛增，城市也可以说成为汽车的家园，汽车作为人们生活的一部分，方便了人们出行。可是大量的汽车拥挤在马路上，造成交通瘫痪，也给人们带来了不便。此时人们就会将道路修建在高架桥上或者地下，因此城市地下交通的修建会更加的广泛，例如我国各大城市最近几年修建的地铁，大大缓解了路面上的交通压力，可以说地铁是大城市必备的交通设施之一。据初步统计，至 2009 年底全国已建成通车的线路有 37 条，共计里程 962 公里；根据规划未来 10 年这一组数据将刷新为 176 条和 6200 公里；至 2050 年将建成 289 条线，共 11700 公里的线路。我国地铁建设已经进入新一轮的高速发展时期。目前我国已有 33 个城市轨道交通正在建设或规划，其中已审批 28 个。在 2020 年之前，全国各地的城市轨道交通投资规模将超过 1 万亿元，其中主要是地铁投资。王梦恕院士说"我们用 10 年的时间就完成了发达国家 100 年走过的历程，未来还会更快。"据预测 21 世纪将是我国城市轨道交通发展的新纪元。北京地铁建设规划 2020 年前总里程将达到 600 公里；上海已建成轨道交通总长 400 多公里，目前是世界里程第二长的城市；广州拟建 14 条地铁线；南京拟建 7 条地铁线。城市地铁的大量修建，将大大促进城市轨道交通的发展。在城市地下工程施工建造中经常要涉及对已有地面建（构）筑物的保护和加固，因此建（构）筑物的托换技术必然成为城市地下工程经常采用的技术手段。图 1-2 为地下空间开发（隧道施工）时对既有桥梁的托换措施。图 1-2（a）、（b）为地铁隧道穿越轻轨桥梁时的托换施工，图 1-2（c）为古建筑物保护，图 1-2（d）为建筑物保护。

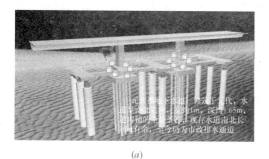

(a)

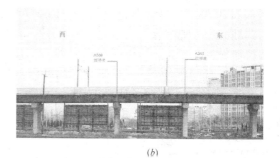

(b)

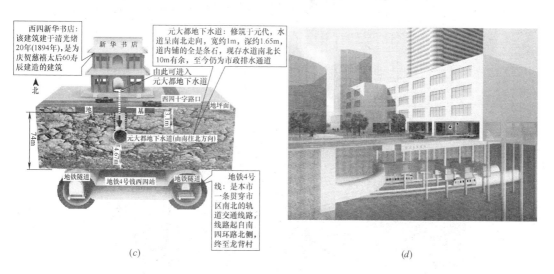

(c)

(d)

图 1-2　地铁穿越桥梁和保护建筑托换

（a）桥梁托换；（b）桥梁顶升；（c）古建筑物保护；（d）建筑物保护

城市发展是一个渐进的过程，大部分空间拓展都要在原有的脉络中进行，不可避免地与原有空间设施发生重叠与冲突。而城市地下空间在旧城保护与更新中发挥了较好的作用。因此应尽量在不破坏原有建筑物基础之上，进行房屋的改造和增层处理。托换技术就是针对这些特殊的情况和需要发展起来的一种建筑特种工程技术。图 1-3 为北京西单地下立体交通工程与地铁 4 号线西单站连接的相互关系剖面。

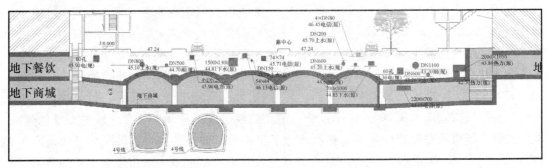

图 1-3 地下立体交通与隧道关系

1.1.3 既有建筑物和文物保护

我国大部分建筑物建造还不到 30 年，达不到其使用年限，如果拆除重建，将会造成很大的资源浪费，同时还会产生大量的建筑垃圾，造成环境的污染；或者在楼房密度比较大的地方进行地下开发，会对周围的建筑安全造成很大影响。我国拥有众多历史文化名城，而且很多都是经济发达的大城市，如北京、上海、广州、西安、南京等。这些城市都有大量需要保护的建筑物和文物。随着城市的发展，旧城保护意识与城市经济发展之间的矛盾也日益增加，地下空间的开发利用对旧城的更新改造和再生循环发挥着重要作用。

西安钟鼓楼广场是一个典型保护文物古迹的实例。它位于西安市中心，集地下空间资源有效利用、旧城改造、保护文物古迹、改善生态环境、繁华商贸旅游、缓解交通矛盾等

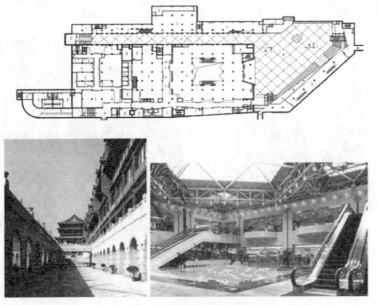

图 1-4 西安市钟楼广场及地下建筑

多种作用于一身，是近年我国成功利用地下空间非常典型的代表。该地区原是城市的商业中心，近年来面临商业拓展需要，但考虑到保护建筑的问题，不宜建设大体量的商业建筑，因此设计时在广场下设置了两层地下商场，将大量商业空间下移，减小了地面商业建筑的体量。同时在地下商场一侧设置了一个大型下沉广场，使其完全开放，形成了一个低于周围城市道路的良好活动空间。下沉广场还连接着周围多条地下街道，解决了广场被城市道路隔离的问题（西安钟楼地下广场开发见图1-4）。

1.1.4 地下工程建设的工程事故

近几年由于各种原因引起的工程安全事故很多，其中不乏一些举世震惊的事故。如上海4号线董家渡事故、北京10号线京广桥塌方事故、杭州地铁1号线湘湖站基坑垮塌事故、广州地铁基坑事故等，部分工程事故参见图1-5。当然，国外在轨道交通建设中也出现过不少事故，表1-1为世界范围内修建地铁发生的部分事故。

(a)   *(b)*

(c)   *(d)*

图 1-5 地铁工程事故

(a) 北京地铁10号线光华路车站事故；*(b)* 杭州地铁基坑垮塌事故；

(c) 广州地铁基坑事故；*(d)* 上海4号线董家渡事故

世界范围内修建地下工程发生事故   表 1-1

编号	年份	事 故	编号	年份	事 故
1	1994	德国慕尼黑地下施工坍塌	4	1995	美国洛杉矶地下施工坍塌
2	1994	英国伦敦希思罗机场快干线地下施工坍塌	5	1995	中国台湾台北地下施工坍塌
3	1994	中国台湾台北地下施工坍塌	6	1996	广州地下1号线地下施工引起华贵路房屋坍塌

续表

编号	年份	事 故	编号	年份	事 故
7	1999	英国 HULL Yorkshire 隧道施工坍塌	21	2004	中国台湾高雄捷运线盾构进洞穿越地下连续墙时路面坍陷
8	1999	意大利博洛尼亚隧道施工坍塌	22	2004	广州 5 号线地质勘探引起煤气管道泄漏
9	2000	韩国大丘地下施工坍塌	23	2004	广州 2 号线延长段一工地基坑局部塌方
10	2000	意大利博洛尼亚隧道施工坍塌(第二次)	24	2004	北京 4 号线施工卡壳,旁边一建筑物发生沉降
11	2001	深圳地下施工竹子林车辆段基坑坍塌	25	2004	韩国釜山地下 3 号线发生混凝土板崩塌事故
12	2002	深圳一期 4 号线盾构施工导致路面沉陷	26	2005	日本辰野地下二期工程因施工不当导致路面下沉
13	2002	广州地下 2 号线盾构穿越珠江施工发生喷涌	27	2005	广州地下 3 号线施工导致沿地面下严重坍塌事故
14	2002	台湾高速铁路隧道施工坍塌	28	2005	西班牙巴塞罗那地下施工坍塌
15	2003	上海明珠线二期发生沉陷	29	2005	美国波士顿某交通隧道发生坍塌
16	2003	上海 M4 线浦东南路至南浦大桥区间沉陷	30	2005	广州地下 5 号线施工中突然涌水发生塌方
17	2003	北京崇文门车站工地,钢筋整体倾覆坍塌	31	2008	深圳龙岗区 3 号线坍塌混凝土倾泻而下,5 人被埋
18	2003	南京地下盾构遇到流砂层,开挖面失稳	32	2008	杭州萧山湘湖段地下施工现场发生塌陷事故
19	2003	上海大连路隧道盾构施工引起地面沉降	33	2008	北京苏州街塌方事故、京广桥塌方事故
20	2004	广州地下番禺大石 3 号线工地发生塌方			

通过统计 1981～2008 年间我国共 84 起轨道交通工程事故,得到了一些主要结论。

(1) 部分结论反映出一些风险事故的规律,人的不安全行为仍然是部分事故发生的主要原因。从另一个侧面提示管理不规范的影响很大。

(2) 70% 的地下工程事故发生在假日和夜间休息时间。

(3) 凡建设轨道交通的城市几乎均发生过地下工程事故。而各地的地铁工程事故发生的类型、频次、影响性等又有不同,具有特殊性。

(4) 易发生事故的部位主要是受力条件复杂部位及易被忽视的部位,地质条件复杂段。

(5) 环境事故多,84 起中有 71 起与环境复杂有关,假设扣除公开事故原因不实等因素,保守估计环境因素导致工程事故也占 50% 左右。

(6) 84 起事故中,车站为 17 起,区间为 67 起。

(7) 30% 为突发事件,70% 为缓变事件。

(8) 总体分析事故原因,现有技术缺陷、教育不足及管理不当是事故的间接原因,工程的不安全状态和人的不安全行为是事故的直接原因。

这些隧道及地下工程的事故,在人们的内心里留下了不可磨灭的伤痕。仅从隧道及地下工程建设风险来看,就给人们带来了巨大的挑战,这一系列的问题都需要人们去思考、去解决。要解决这些问题就必须先了解这些问题的来由,为什么发生?如何发生的?是否之前预先了解到事故的可能性、带来的后果以及发生事故怎么应对处理,减小损失的措施。要很好地解决地下工程不发生事故或控制事故在人们可接受范围内，必然要用到本书介绍的托换技术和地下工程风险控制与管理。

1.1.5 既有桥梁改造顶升

改革开放以来我国桥梁建设发展突飞猛进，江、河、湖泊上或城市中建造许多铁路、公路或供车辆行人通行的桥梁等。由于原设计标准低，预留桥下净空不足，常造成交通堵塞，通行不畅，加上水上交通工具的发展，其载重越来越大，甚至严重影响了航运船舶通航的吨位和效率，制约了交通和国民经济的发展，给生产、生活都造成许多不便，对已有各类桥梁，采取拆除重建或抬升托换加固都是可行的措施，而后者是经济适用、更环保、更容易被接受的可行方案，因此托换技术在旧桥抬升改造工程中成为被广泛采用的可行方法。

例如位于湖州市练市镇的岂风大桥，跨越湖嘉申航道。为使航道的通航等级由Ⅳ级提高到Ⅲ级，需顶升 2.5m，使通航净空由原来的 4.5m 增加到 7m，满足经济发展的需要。顶升总重量为 4320t，其中主桥顶升重量约为 1800t，单跨引桥顶升重量约为 210t，12 跨引桥顶升重量共计 2520t，如图 1-6（a）所示。

济南燕山立交连接工程采用新建高架桥直接与燕山立交的原高架桥连接方案，由于本项目设计高程的调整，需对原燕山立交一部分高架桥进行改造，改造的桥梁长度为 170m，另外拆除燕山立交原挡土墙 200m。如图 1-6（c）所示。为提高纵断面线形设计标准，改善行车条件，提高和平路附近燕山立交桥梁的桥下空间，将立交北侧的挡土墙全部拆除，

（a）   （b）

（c）   （d）

图 1-6　桥梁顶升托换工程
（a）岂风大桥顶升托换施工；（b）某桥顶升施工；
（c）燕山立交托换施工；（d）某大桥整体顶升施工

同时，把原燕山立交的高架桥 35 号墩至 43 号台第一、二、三联桥梁顶升，顶升高度为
0.029～4.139m。并接长墩柱，然后再与新建高架桥相接，图 1-6（b）、（d）为桥梁顶升
施工中。

1.1.6 地下水变化引起既有建筑物破坏

我国人均淡水严重不足，加上南北水资源分布不均匀，东西分布不均匀，所以部分城
市淡水严重匮乏。因此许多城市都大量开发抽汲地下水，用以解决生产、生活必需的水
源，由于时间的积累深层地下水被抽取而地上渗透水不能及时补充地下水，使地下形成空
洞。久而久之，这将造成地面长期而持久的下沉，许多建（构）筑物地面标高不断降低，
地下管线或基础乃至整栋建（构）筑物都可能发生沉降或不均匀沉降等，如图 1-7 所示。
解决这一难题的可靠手段，一方面要严格控制抽汲地下水，同时增设回灌井，但对已发生
使用功能的过量沉陷建（构）筑物，最有效的办法是采用托换技术对其进行纠倾扶正，恢
复建（构）筑物的原来使用功能。

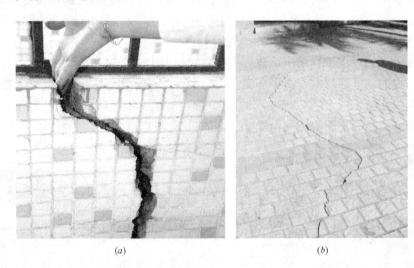

（a）　　　　　　　　　　　　　　　（b）

图 1-7 抽取地下水引发工程事故
（a）抽取地下水导致房屋开裂；（b）抽取地下水导致地面开裂

1.1.7 地下旧巷道、岩溶土洞引起建筑物破坏

我国许多矿区城市，由于对废弃旧巷道没有按标准处理造成地面塌陷现象很普遍。此
外还有城市旧人防工程、地下岩溶土洞等引发的地面下沉病害，对地面建（构）筑物造成
的下沉、倾斜、开裂等病害更是比比皆是。为了应对上述问题，对受损建（构）筑物采用
改造加固工程更是急迫的，而托换技术在上述工程中地位和作用同样是显而易见的，图
1-8 为某矿区地面建筑物沉降情况。

1.1.8 自然灾害

我国自然灾害频繁发生，如地震、洪水、滑坡泥石流、冰雪冻害以及火灾等，对国民
经济和人民生命财产都会造成严重损失。为了减少各种灾害造成的损失，在救灾减灾工程
中，经常要对有可继续使用价值的各类建（构）筑物进行加固改造恢复其正常使用功能，
比如火灾事故后建筑物往往会出现裂缝，钢筋及结构变形等。托换技术更是这些工程中最
主要和常用的工程技术，图 1-9 为自然灾害结构破坏情况。

(a)   (b)

图 1-8   地下巷道、岩溶土洞引发工程事故

(a) 某矿区墙面开裂楼房破坏；(b) 某矿区产生的地表土塌陷

(a)   (b)

(c)   (d)

图 1-9   各种自然灾害引发工程事故（一）

(a) 地震后首层柱子破坏；(b) 滑坡泥石流；(c) 洪水；(d) 云娜台风（2004 年，浙江）

图 1-9　各种自然灾害引发工程事故（二）

(*e*) 冰雪冻害；(*f*) 风沙；(*g*) 某建筑物被火灾烧毁；(*h*) 爆炸引起建筑物破坏

通常把改变结构传力路径，达到对结构进行改造加固目的的方法称为托换技术。"托换"二字是指有托有换，换的目的是为了对既有建筑物进行加固、纠倾、增层、扩建、移位、保护等。以前认为先让被托换的结构部分"退出工作"，再对"退出工作"的部分进行改造加固。现在的托换不一定先托后换，而是一个广泛的托换概念，比如复合地基理论的应用，就是说原来地基承载力不满足要求，经过桩的"托换"作用，桩土共同承载则满足了要求，再有地下空间开发利用中，经常会遇到对既有建筑物（或桥梁）的保护，为了保证建筑物正常使用而采取的各种措施从广义上也可称为托换技术。

从广义上讲既有建筑地基基础加固技术也认为是地基基础的托换技术，因从受力转换概念可认为地基基础加固是改变了原有地基基础的受力状态，为满足各种工程需要，既有建筑地基基础处理与常规的新建地基基础处理既有联系，又有区别。一方面是由于土力学理论的发展、地基处理技术及相应施工机械与监测技术的进步，另一方面是与日俱增的各种复杂建筑工程的客观需求。一些古建筑的倾斜和相继倒塌，迫使人们采取各种措施来保护现存的古迹和文物；新建建筑物由于勘察、设计、施工、使用维护管理以及自然灾害等多方面原因，产生倾斜、挠曲、开裂等病害，轻者影响建筑物的正常使用，严重时使其丧失使用功能，甚至倒塌破坏，造成重大经济损失和人员伤亡，迫使人们开始重视建筑物的托换加固技术，挽回可避免的经济损失。

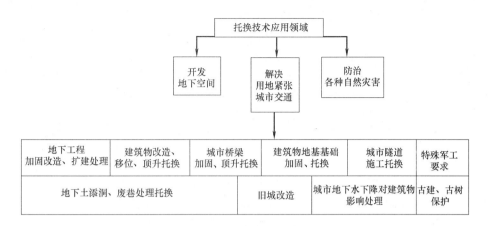

图 1-10 托换技术应用领域

由此可见，托换技术在当前我国新建和既有建（构）筑物改造加固工程中是被广泛采用的技术，随着托换技术应用日趋广泛，形势要求这项技术得到快速发展和充实完善。无论在交通拥挤的大城市，还是偏远的矿区城市，以及随着建筑物的使用年限增长，房屋的加固及改造工程越来越多，托换技术具有它不可替代的作用。因此，积极推动这项技术的进步和发展，具有重大和特殊的意义。

综上所述，托换技术在土木工程领域有着重要的作用，其应用范围参见图 1-10。

1.2 托换技术发展现状和应用范围

托换技术的起源可追溯到古代，但是直到 20 世纪 30 年代兴建美国纽约市的地下铁道时才得到迅速发展。近年来，世界上大型和深埋的结构物以及地下铁道的大量施工，尤其是古建筑的基础加固数量繁多，有时对既有建筑物还需要进行改建、加层和加大使用荷载。这时，都需要采用托换技术，所以当前世界各国托换加固的工程数量日益增多，因而托换技术也有了飞跃的发展。尤其是德国在第二次世界大战后，在许多城市的扩建和改建工程中，特别是在修建地下铁道工程中，大量地采用了综合托换技术，积累了丰富的经验，取得了显著的成绩，并已将托换技术编入了德国工业标准（DIN）。我国的托换技术虽然起步较晚，但由于现阶段我国大规模建设事业的发展，其数量与规模在不断地增长，托换技术正处于蓬勃发展的时期。

而且由于现代城市建（构）筑物的体量大，对沉降、变形等控制要求严格，单一的托换施工技术已经不能满足要求，这也促使托换技术趋向大型化和综合性方向发展。

在穿越既有轨道线路的新建结构开挖时，无论是上跨还是下穿，都会对既有线结构产生一些不可避免的影响，这些影响主要是既有结构的沉降、变形，反映到既有轨道线上即为轨道标高与轨距的变化。新建结构开挖施工时需要保证既有线路行车不中断，这就对既有结构的沉降与变形提出了较高的要求。导致土沉降变形的因素很多，情况复杂，设计时为简化计算，一般会对计算条件进行一定的简化，计算结果并不能完全与实际相符。另外土体的沉降变形存在时效性，如何在相当长一段时间内保持其沉降变形的稳定，是一个需要重点考虑的问题。在新建结构开挖施工时，为防止既有结构的沉降变形超限，影响既有线行车安全，最好在新建结构施工的各个阶段都能采取相应的措施，当既有线结构沉降变形超限时可以消除这些沉降变形。这是传统的托换技术无法解决的，需要将建筑物顶升与纠偏施工的一些措施与托换技术综合到一起，共同作用，达到实时微沉降变形调整的目的。

基础托换技术已有数百年历史，托换工程的起源可以追溯到古代，早在 1882 年 HadeIlStock 总结了当时前人所做的一些工作，得出了富有哲理性的也是现在托换技术仍引用的名言，即："实践是获得托换经验和理论的唯一途径"。

古代许多大型建筑物虽然其地基和基础存在很多问题，但由于当时缺乏对托换技术的一般认识，因而都没有做好补救性托换工作。许多建造在中世纪的如英国的 Ely 和法国的 Bauvais 大教堂等均已倒塌。国外最早的大型基础托换工程之一是英国的 Winchester 大教堂（图 1-11），该教堂已持续下沉了 900 年之久，在 20 世纪初由一位潜水工在水下挖坑，穿越泥炭和粉土到达砾石层，并用混凝土包填实而进行托换，使其完好至今。该教堂至今还有纪念托换工程成功的纪念碑。因此托换技术既是古老技术，而今又是不断发展的新技术。

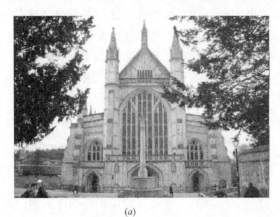
(a)

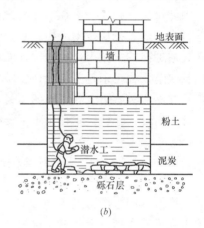
(b)

图 1-11　英国 Winchester 大教堂

(a) 现状；(b) 大教堂地基处理

（1）托换技术是最近几十年来，由结构工程、岩土工程、材料工程和施工技术等相互交叉而形成的一项综合技术。图 1-12 为地铁盾构穿越古城墙的托换，图 1-13 为某地下隧道侧穿建筑物时的托换。

图 1-12　西安地铁穿越古城墙

图 1-13　地下隧道从建筑物一侧穿过

由于托换技术施工，一般都有既有建筑物的存在，而且又不能影响周围建筑物的正常使用。因此在托换技术施工中，支撑承受荷载大，要求变形控制极为严格。托换施工难度、风险等都比一般的土木工程要大得多。

（2）当地下隧道（或地下铁道）必须穿越既有桥梁、建筑物桩基础时，传统的施工方法所需施工工期长，造价高，风险大，带来的交通压力等社会问题较大。而地基加固和托换技术的优点显而易见：节约工期、降低造价、降低风险。尤其是日本，在地下隧道穿越既有桩基工程问题上较多采用地基加固和托换施工方法，且积累了丰富的适合其国情的工程经验。

（3）1863年1月10日，英国伦敦建造了第一条地铁线路。目前，世界上已有43个国家的118座城市建有地铁。20世纪30年代美国兴建纽约地下铁道时托换技术真正得到了发展。表1-2是美国地下铁路的发展情况。由于当时支撑技术已取得了很大的进展，因而使得托换工程在技术上已成为可行。

美国地铁建设发展历程   表1-2

波士顿	1897年建成至今,已经有100多年的历史	洛杉矶	2002年(1863年以后139年)
纽约	1863开始有类似的铁道,1904年地铁开始营运	旧金山	工程开幕典礼在1996年12月
华盛顿	20世纪70年代(1967年开始计划)	费城	建于20世纪20年代
芝加哥	1892年修建		

（4）当前国内外的城市向大型化和现代化方向发展，大量高层建筑的兴建，城市人口的高度集中，对交通、环境、商业及其他人民生活设施的修建，提出了更高的要求。市区地面空间已越来越拥挤，唯一的出路是向地下发展，各种地下设施将越来越多，参见图1-1。

建造地下铁道、商场和其他许多地下设施，往往要穿越部分高层建筑或有重要历史意义的建筑物，加之古建筑所需托换的数量繁多，这就需要对原有建筑的基础进行托换加固处理；原有建筑物需进行改建、加层或加大使用荷载，也都需要采用托换技术，所以托换工程技术正趋向大型化和综合性方向发展。

托换技术的应用范围可概括如表1-3所示。

托换技术应用范围   表1-3

托换技术的应用	① 地下铁道、隧道与地下工程修建时,对地面建筑物的保护加固
	② 江、河、湖泊上桥梁的抬升,增加桥下通航净空
	③ 城市地面下沉引发建筑物下沉、倾斜需纠倾加固
	④ 矿区、城市既有旧巷道下沉、地下喀斯特岩溶土洞和人防工程引发建筑物病害的加固处理
	⑤ 地震、洪水、冰冻、火灾、滑坡、泥石流灾害引发受损建筑物灾损处理
	⑥ 古建筑物和文物的抢救、加固、移位和纠倾
	⑦ 建(构)筑物改扩建或增层改造
	⑧ 地下商场、仓库、地下室改造、新建或加固处理
	⑨ 军事工程的特殊要求处理
	⑩ 其他特殊工程的改造、加固处理

1.3 托换技术分类

托换技术是对原有结构或地基基础受力进行调整或处理的综合技术，基础托换是指对原有建筑物的地基需要处理和基础需要加固，或对在既有建筑物基础下修建地下工程，其中包括隧道要穿越既有建（构）筑物，以及邻近需要建造新工程而影响到既有建（构）筑物的安全等问题的技术总称。基础需要托换的原因通常是由于基础承载力或变形不能满足使用要求，例如地下水位下降引起建筑物下沉，原有基础的腐蚀或损坏等；或者在现有建筑物之下进行隧道或其他地下建筑物施工时，保证建筑物的安全和正常使用功能。

基础托换的力学机理简单明了：将既有建筑物的部分或整体荷载经由托换结构传至基础持力层。但由于地基条件的复杂性、基础形式的不同、地基与基础相互作用以及托换原因和要求的差别等，复杂条件下的基础托换技术实际上是一项多学科技术高度综合、难度大、费用高、责任性强的特殊工程技术，涉及结构、岩土、机械、液压、电控等多个方面，需要结构工程师、岩土工程师、电气工程师、液压工程师和测量工程师等的密切协作，还要求采取严密的监测反馈措施，实现施工过程的信息化。

基础补救性托换的起源可以追溯到古代，但是基础托换技术直到20世纪才真正得到发展，在早期地下铁道工程中，需要基础托换加固是大量的、多种类型和规模巨大的建筑物，而当时支撑技术已取得了很大的进展，因而使基础托换工程在技术上已成为可行，从而推动了基础托换工程得以迅速发展。

由于近年来世界上大型和深埋的结构物和地下铁道的大量施工；需要加固的古建筑的地基基础数量繁多；对现有建筑物还需要进行改建、加层或加大使用荷载时以及事故建（构）筑物处理都需要基础托换措施。所以目前世界各国的基础托换工程量日益增多，基础托换技术也有了飞跃的发展。

托换技术可分为地基基础托换和上部结构托换。按不同的需求和目的，托换技术又可分为如下方法。

1）按地下工程穿越时距离既有建筑物的远近分：加固托换和分离托换。如注浆、加筋、土工聚合物、锚杆、土钉、树根桩等为各种地基基础加固托换技术，参见第2章。

2）按托换时变形可控性可分为：被动托换；主动托换。主动托换操作复杂，很难一次完成。

当原建筑物地基承载力较低时，通常在原建筑物基础下设置钢筋混凝土桩，以提高地基承载力，减小沉降达到加固的目的。桩基础是现代常用的一种基础形式，桩基托换在托换工程中也被广泛应用。按桩的设置方法不同分为：静压桩、灌注桩、打入桩、灰土桩、树根桩等不同桩式托换法。桩基托换基本工序为在既有建筑物上施做托换梁，把原来的柱（被托换柱）与托换梁连接起来，使上部的荷载转换到托换梁上，再通过托换梁传递到托换桩上，以替代原来的桩，承受上部的荷载。桩基托换就是将既有桩基承受的上部荷载有效地转移到新托换结构上。

桩基托换技术的核心是新桩和老桩之间的荷载转换，要求在托换过程中托换结构和原有结构的变形限制在允许的范围内。目前国内的桩基托换技术主要有两种类型，即主动托换技术和被动托换技术。

（1）主动托换技术

主动托换技术是指原桩在卸载之前，对新桩和托换体系施加荷载，以部分消除被托换体系长期变形的时空效应，将上部的荷载及变形运用顶升装置进行动态调控。当托换建筑物的托换荷载大、变形控制要求严格时，需要通过主动变形调节来保证变形要求，即在被托换桩切除之前，对新桩和托换结构施加荷载，使被托换桩在上顶力的作用下，随托换梁一起上升，从而使被托换的桩截断后，上部建筑物荷载全部转移到托换梁上，同时通过预加载，可以消除部分新桩和托换结构的变形，使托换后桩和结构的变形可以控制在较小的范围。因此，主动托换的变形控制具有主动性。图 1-14 为主动托换工程的应用示意。

（2）被动托换技术

被动托换技术是指原桩在卸载的过程中，其上部结构荷载随托换结构的变形被动地转换到新桩，托换后对上部结构的变形无法进行调控。被动托换技术一般用于托换荷载较小的托换工程，相对可靠性较低。当托换建筑物托换荷载小、变形控制要求不严格时，依靠托换结构自身的截面刚度，可以在托换结构完成后，即将托换桩切除，直接将上部荷载通过托换梁（板）传递到新桩，而不采取其他调节变形的措施。托换后桩和结构的变形不能再进行调节，上部建筑物的沉降由托换结构承受变形的能力控制，变形控制为被动适应。

3）按托换的要求不同可分为：补救性托换、预防性托换和维持性托换。

（1）补救性托换（Remedial Underpinning）是针对既有建筑物的地基土不满足地基承载力和变形要求，而需要将原基础加深至比较好的持力层上；或因软土层很厚而加深原基础又会遇到地下水使施工困难，可扩大原有基础底面积等的基础托换。

（2）预防性托换（Precautionary Underpinning）是指既有建筑物基础下需要

图 1-14 主动托换工程的应用示意图

修建地下工程，包括地下铁道，或解决因邻近新建工程影响既有建筑物的安全时而需进行的托换；如基础托换方式采用平行于既有建筑物而修建比较深的墙体者，而需进行基础托换者，称为侧向托换（lateral underpinning）。

（3）维持性托换（Maintenance Underpinning）是指新建的建筑物基础上预留可设置顶升的措施，以适应事后不容许出现的地基差异沉降而需进行的托换。

4）按托换性质分：既有建筑物地基基础设计不符合要求托换，加层或纠偏、移位托换；临近基坑开挖或地下铁道穿越托换等。

5）按托换时间分：临时性托换和永久性托换。

临时性托换：即所做的托换等不作为新建（或改造）建筑物的一部分，而是作为一个临时支撑的作用。在房屋梁加固改造时，临时托换会常常遇到。在纠倾工程中通过降水临时改变土体中的受力变化来调整建筑物的不均匀沉降等。

永久性托换：即在托换施工中使用，托换结束后也作为结构的一部分应用，承担新建（或改造）结构的荷载等。在一些地下工程或者桥梁施工中，遇到的一些桩基托换，为减少浪费常用到永久托换。

6）按托换施工方法分：基础加宽和加深法托换，桩式托换（静压桩、挤压桩、打入桩或灌注桩、灰土井墩、树根桩），灌浆托换（水泥灌浆、高压喷射灌浆），热加固托换，基础减压或加强刚度托换，纠偏托换（加压、掏土、降水、压桩、浸水、顶升）等。托换途径除处理地基和加固基础外，还可考虑改变荷载分布和传递，以及加强上部结构刚度等措施，以及改变和调整基底压力分布、减小建筑物差异沉降。

1.4 地基基础托换技术

1）托换技术分类

托换技术分类参见表1-4。

托换技术分类表 表 1-4

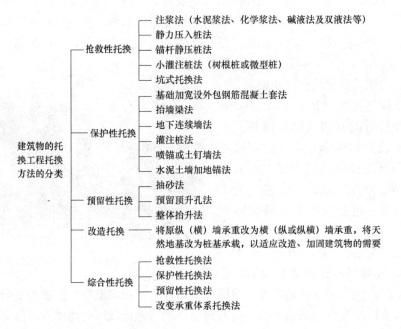

常见的地基基础托换技术分类见表1-5。

常见地基基础托换加固技术 表 1-5

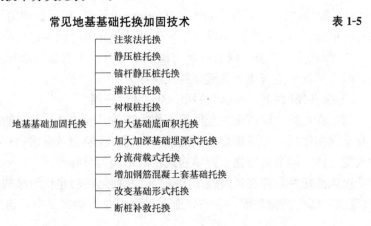

总之，托换技术是一项高度综合性的技术，要用到各种各样的地基处理技术，因此在工程中要善于结合实际情况巧妙灵活地组合选用这些方法。

2）基础托换加固

基础托换技术具有涉及专业类别多、技术含量高、环境保护问题突出等特点。基础托换即在既有建筑物上施做托换，把原来的柱（被托换柱）与托换梁连接起来，使上部的荷载转换到托换梁上，再通过托换梁传递到托换桩上，以替代原来的桩，承受上部的荷载。基础托换就是将既有桩承受的上部荷载有效地转移到新托换结构上。基础托换技术的核心是新桩和老桩之间的荷载转换，要求在托换过程中托换结构和原有结构的变形限制在允许的范围内。地基加固包括隧道周围土体的加固和地基的加固。

各种基础加固托换形式参见第 2 章。

3）桥梁桩基托换与顶升

桥梁桩基托换可分为两种，一种是隧道须从既有桩基础下穿过，既有桩基已成为隧道掘进的障碍物；另一种是隧道路线紧靠既有桩基，对桩基和其上部结构的稳定性造成严重损害。对于隧道穿越形成障碍物的桩基情况，目前大多数采取整体拆除该桥梁结构的方法，与此同时搭建临时替代桥梁，将地面道路交通改道，然后实施隧道推进。而对于隧道从既有桩基附近穿越，既有桩基尚未对隧道掘进形成障碍时，那么从施工措施上通常可以通过隔断、土体加固等工程方法来保护周围既有桩基。见图 1-15、图 1-16。

图 1-15 增宽桥梁基础

图 1-16 增加桥梁桩基

随着城市建设的需要，原来修建的一些桥梁不能满足行车需求，这样对一些桥梁需要进行改造，由于净空不足，许多桥梁需要整体抬高，因此桥梁顶升托换技术是解决桥梁净空不足的理想方法之一。整体顶升技术主要有包柱式托换和承台或整体夹梁体系支撑上部建筑物的荷载，并将荷载传递给支承顶升体系。对桥桩的主要托换方法分被动托换法和主动托换法两类。

某单位于 2010 年 3 月 15 日成功地完成了 0、1、2、3、4 号桥墩的顶升施工，其平均顶升最高行程达 73.700cm；施工内容包含桥墩侧限位装置安装、桥墩侧支撑顶升支座安装、桥板顶升处横钢梁及钢垫片制安（含植筋，螺杆焊接等）；顶升钢垫块制安、顶升施工、顶升监测等，见图 1-17。

大连市东联路建设工程桥梁结构，为钢筋混凝土连续梁，梁宽 24.26m，长 90m（30m 三跨）。下部柱直径 1.5m（上部放大为 1.5m×2.0m）高约 9.0m，支座为盆式支

轻轨托换工程　　　　　　　　　　　轻轨桥梁托换工程

图 1-17　桥梁顶升工程

座，基础为桩基础，基础直径 2.0m。该桥梁 370～373 号为 30m 跨，三跨连续梁结构，该段桥梁在主体结构施工完成后发现 372-1、2 号盆式支座底板断裂，该部位梁向下移动约 4cm，情况发生后对该段梁进行检查为发现结构有明显裂缝。为保证结构安全，需要对该梁段损坏支座进行更换，并对梁下移部位进行抬升使其恢复至原设计标高。见图 1-18。

图 1-18　大连某工程桥梁抬升更换支座

1.5 建筑结构托换

1）直接增层和外套增层的结构托换

建筑物增层时的托换有直接增层和外套增层，增层后新增荷载全部通过原结构传至原基础、地基。外套增层有分离结构体系和协同式受力体系。分离结构体系是原建筑结构与新外套增层结构完全脱开，各自独立承担各自的竖向荷载和水平荷载。协同式受力体系是原建筑结构与新外套增层结构相互连接。根据连接节点的构造，可形成铰接连接和刚性连接。

2）地下增层的结构托换

地下增层是在旧房改造方面拓展了思维，在不拆除建筑物、不破坏原有环境及保护文物的情况下，将既有建筑物无地下室或地下室不足以进行地下空间开挖，达到建造新的地下空间及地下隧道等。地下增层是一项复杂的技术过程，它包含了对原建筑物的基础托换、置换、开挖以及新构件制作与旧构件连接等一系列综合复杂的技术问题。

地下增层分类有延伸式增层（直接增层）、水平扩展式、混合式增层和地下空间改扩建增层。

3）结构托换类型

为满足建筑物移位、纠倾、增层和改造的需要，可采取建筑物结构整体性加固、结构构件的加固补强和对既有建筑物裂缝及缺陷的修补。常见的结构托换类型如表1-6所示。

结构托换的类型 表1-6

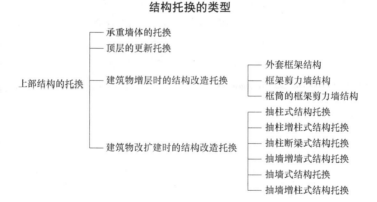

主要加固方法有结构刚支撑加固，结构改造加固法主要有：抽柱法、抽柱增柱法、抽柱断梁法、抽墙法、抽墙增墙法、抽墙增柱法。抽柱法是在柱列中切除部分柱；抽柱增柱法是去掉多数内柱，重新增设少量新柱；抽柱断梁法是将多跨框架的中柱和与其相交的梁、板切除，形成局部大空间；抽墙法是在砌体结构中拆除部分承重墙，增设梁（托梁或吊梁）、柱（组合柱或混凝土柱）等；抽墙增墙法是抽掉原有墙后，增加新墙或加厚其他墙段；抽墙增柱法是抽掉原有墙后，增设混凝土柱代替墙承重。

采用上述方法改造工程必须对相关的梁、柱、墙和基础进行加固，满足建筑物整体性和抗震性能的要求。施工顺序应先加固，后断柱拆墙，特别是对于无支撑托梁拔柱的情况。某结构托换时梁加固施工的照片见图1-19、图1-20。

建筑结构托换技术参见本书第 5 章。

图 1-19　梁加固植入新筋

图 1-20　梁加固浇筑新混凝土

图 1-21 某大楼高 7 层，建筑面积 1 万 m²，在完成主体结构的条件下，对框架结构进行托换改造，对基础进行加固，成功地拆除了首层和二层的五根承重柱，其中一根框架柱的托换荷载设计值高达 6400kN，使首层大堂的空间豁然宽敞。同时，在已建成的框架结构内，采用 HJ-1 胶黏剂种植钢筋技术加建 13m 跨度的楼盖。

图 1-21　拆除首层和二层的五根承重柱

图 1-22　某商业楼扩大首层空间

图 1-22 某商业楼为了扩大首层使用空间，需对主体结构进行改造和扩建。在加固基础和完成托换结构施工之后，截断了首层的两根钢筋框架柱，楼房没有发生任何开裂现象，顺利达到了托换改造目的。

1.6　城市隧道托换技术

随着城市经济建设的发展，保持地面交通畅通越来越重要，城市地下铁道施工应以尽量减小对地面交通的影响为目标，由于暗挖施工基本不会干扰地面交通，成为目前城市地下铁道建设的主要施工方法，但不可避免的会下穿一些建（构）筑物，对于隧道开挖影响范围内的建（构）筑物基础就需要进行加固或托换。

桩基础是使用最为广泛的基础形式，下面就对隧道开挖影响范围内的桩基础加固处理或托换进行分析。对于隧道影响范围内的桩采取何种处理方式应视桩与隧道的位置关系而定，主要有以下几种情况。

1）桩位于隧道开挖线外侧并深入隧道开挖线以下

对于这类桩，隧道开挖可能不会对桩基础造成多大的沉降，一般情况下不需要托换，但应根据桩的大小和上部建（构）筑物对附加变形的要求决定是否对桩周地层注浆加固。

2）桩底位于隧道开挖线上方且在隧道坍落拱拱顶以上

这类桩一般可以不采取特别加固措施，但要对桩周围的地基进行注浆，一是对桩周围地基土体进行加固，二是可以增加桩的摩阻力，阻止桩体下沉。

3）桩底进入隧道坍落拱内，但仍在隧道开挖线以上

对于这类桩，应根据地质条件、桩的承载力和上部建（构）筑物对附加变形的要求，结合工程类比或数值分析的方式确定是否需要托换，若不需要托换，则应在对桩基周围土体进行注浆加固的同时，采取洞内加固的方法，即洞内超前支护、加密支护格栅间距、增大隧道支护刚度等措施，预加固坍落拱内的岩体，减少其松动，阻止桩基沉降。

4）桩底侵入隧道断面内

对于这类桩必须进行托换。暗挖隧道下穿既有建（构）筑物桩基托换的方式主要有两种：一种是在隧道开挖到需要托换的桩基础之前将托换工作完成，隧道通过时直接在洞内截桩，称之为"地面桩基托换"，属于前文提到的主动桩基托换；一种是隧道施工过程中，逐步将侵入隧道内的桩基荷载转移到加强的隧道支护结构上，将隧道支护结构作为原桩新的持力层，完成托换工作，称之为"洞内桩基托换"，属于前面提到的被动桩基托换。

各种建（构）筑物桩基础同隧道位置关系有以下几种，见图1-23。

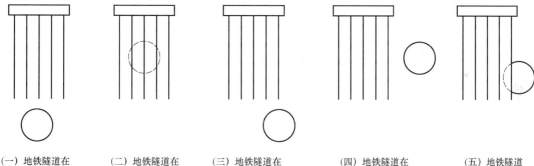

（一）地铁隧道在　　　（二）地铁隧道在　　　（三）地铁隧道在　　　（四）地铁隧道在　　　（五）地铁隧道
　桩基正下方穿过　　　　桩基中穿过　　　　桩基下方旁侧穿过　　　桩基旁侧穿过　　　　部分穿越桩基

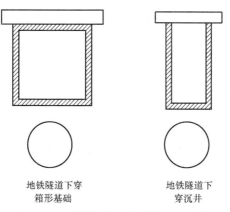

地铁隧道下穿　　　　　地铁隧道下
箱形基础　　　　　　穿沉井

图1-23　隧道与各种建筑物基础的位置关系图

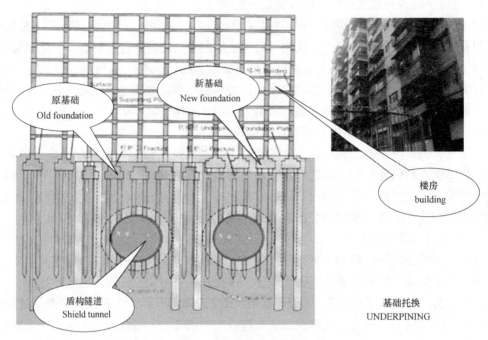

图 1-24　地铁穿越建筑物桩基

图 1-24 为盾构隧道施工穿越建筑物桩基础，需对原桩基础进行切断。

5）城市隧道穿越建（构）筑物托换方法

在城市快速轨道交通网的建设中必然遇到众多的节点车站，这样也必然存在车站及区间隧道的相互穿越的工程问题，仅北京的地铁建设中就已经出现了地铁 5 号线在崇文门和东单分别下穿和上穿地铁 2 号线和 1 号线，地铁 10 号线芍药居站下穿 13 号线和国贸站下穿 1 号线、机场线东直门站下穿 13 号线折返段、地铁 4 号线宣武门车站下穿 2 号线和西单站下穿 1 号线等诸多工程案例。在很多情况下，由于交通规划的多变性以及城市经济的快速发展，前期建设中没有预留新线的接口，或者预留接口工程的标准和条件不能满足要求，则必然造成新建线路在既有地铁构筑物附近施工的实际问题。事实上，新建地铁施工与既有地铁结构之间是相互影响的，既有结构的存在影响到新建工程的施工和安全，而新建施工则又必然对既有结构产生影响。在既有线正常运营的情况下顺利地完成施工，并确保运营和施工的安全是该类工程所面临的主要技术难题。

新建地下工程穿越轨道交通既有线结构，依据新建地下工程与既有线结构的位置关系可分为下穿既有线、上穿既有线和邻近既有线 3 种形式，下穿既有线工程的技术难度最大。下穿既有线工程依据新建地下工程距既有线结构的距离可大致分为零距离穿越、近距离和远距离穿越 3 种形式。

而在隧道穿越既有线路的施工中，由于需要大断面开挖、取土卸荷、新建其他大量结构，在整个过程中，既有线路周围环境将发生巨大变化，既有线结构与周边环境原衔接方式，相互之间的作用也会随之改变。同时施工时的各种机械扰动，一些施工工艺对原有结构的影响，甚至某些突发事件或事故都可能对既有线结构发生大的变形。另一个更加不利的因素是，在隧道穿越施工时，既有线有可能处在不稳定的状态下，一些不利的影响很可能被放大，这就对托换施工提出了很高的要求，而这其中，对线路变形的控制最为关键。

6）近年来国内外隧道穿越既有轨道线路工程案例

美国 I-93 州际公路在波士顿下穿地铁南站 Red Line 地铁工程，公路隧道距地铁车站最近处约 1.5m，以盖挖法施工穿越既有线，采用钢筋混凝土墙和梁托换车站结构，并对土体进行化学注浆，然后进行穿越结构施工。

英国伦敦地铁 Jubilee 延长线，下穿伦敦地铁环线、贝克鲁线和北线等。隧道距上部既有线路距离分别为 6、8 和 20m，以敞开式盾构和新奥法进行施工，采用超前管棚支护和土体注浆加固技术，保证新建隧道安全通过既有线。

意大利 Bologna 市郊公路隧道下穿三条高铁线路，采用暗挖法施工。在隧道轮廓边侧使用旋喷桩超前支护，工作面采用玻璃纤维加固，隧道初支采用钢拱架加 25cm 网喷混凝土支护。

上海轻轨 L1 线南梅区间地下横穿 M3 线漕河泾站的改造工程，由于在底板破除后应力会发生重分布，造成局部反力集中，故采用树根桩进行结构托换、旋喷桩对地基加固兼做基坑围护，取得了良好的技术及经济效果。

上海轨道交通 4 号线在上海体育场站，零距离穿越正在运营的 1 号线上海体育馆站。采用地层冻结技术施工，在 1 号线车站两侧施工了由 8 个钻孔灌注桩组成的托换体系。在下行线隧道停止冻结后，对冻结壁进行自然解冻，同时进行跟踪注浆。在穿越段施工的整个过程中，未发生严重质量与安全问题，对地铁 1 号线车站沉降控制在设计的范围之内，从而确保了 1 号线地铁的正常运营。

上海轨道交通 8 号线曲阜路—人民广场区间隧道采用 $\phi6340$ 土压平衡式盾构掘进，在人民广场上穿 2 号线，最近垂直距离 1.33m。为防止 2 号线因上部减载而上浮变形过大，盾构施工同时在 2 号线影响范围约 20m 内，在隧道拱底部位实施压载施工，平均压载量为 25kN/m。同时对 2 号线影响范围内总数约 40 环的管片进行纵向拉紧联系，一方面增强施工阶段的隧道纵向刚度，防止下卧 2 号线的进一步隆起，另一方面防止盾构进洞时的水土流失和 8 号线区间管片接缝松动对 2 号线结构变形的影响。

广州地铁 3 号线横穿地铁 1 号线体育西路站，其下穿段采用新奥法施工。由于初支开挖面距离上部 1 号线车站底板最近仅为 670mm，为保证在施工中 1 号线的运营不中断，采用地层注浆加固、超前管棚支护的方法进行施工，成功的保证了 1 号线的正常运营。

北京地铁 5 号线崇文门车站与既有地铁 5 号线崇文门站东端区间立交，并从其下方穿过，采用"暗挖法"施工。新建车站在 1.98m 近距离内暗挖施工下穿既有地铁环线结构，采用 $\phi600$ 大管棚进行超前支护，全断面超前注浆的方法，大管棚与既有线之间采用跟踪补偿技术注无收缩速凝高强浆液，控制地层变形。在下穿既有线中洞施工完成后，在中洞天梁两侧与初支结构之间进行了注浆加固，加强对上方既有线基础土体加固的效果，同时在一定程度上也使既有线结构的沉降得到了恢复。该工程施工顺利，2 号线的沉降控制在允许范围之内。

北京地铁 5 号线东单站过长安街暗挖段长 63.8m，从地铁 1 号线区间隧道上部穿过，暗挖段与 1 号线区间隧道间土层厚度仅为 0.6m 左右。为保证在暗挖段施工中，不会因土方开挖后的卸载作用造成 1 号线区间隧道上浮，使得既有线区间变形控制在限制标准内，不对地铁 1 号线正常运营造成影响。隧道开挖前，双向施做大管棚注浆，在 5 号线车站暗挖通过 1 号线段采取设计配筋加强，暗挖隧道底板衬砌厚度设计为 700mm 以加强刚度，同时用预注浆和锚杆对 1 号线进行地基加固。经施工监测证明，该施工工艺有效地控制了 1 号线的变形。

北京地铁 4 号线宣武门站从既有 2 号线宣武门站下穿过，为减小车站埋深，避让既有构筑物，车站采用中部单层结构、两端双层结构的"端进式"。单层段拱顶距既有站底板净距 1.9m。工程要求既有线结构变形不大于 30mm，轨距增宽不大于 6mm，轨距减窄不大于 2mm，单线两轨高差不大于 4mm。采用 $\phi600$ 大管棚超前支护，辅以全断面注浆的方式，以交叉中隔壁法施工。该工程施工顺利，沉降控制良好。

目前隧道穿越既有轨道交通线路施工方案还是以传统隧道掘进支护工艺为主，通过大管棚超前支护、土层注浆等对隧道断面周围土层进行加固，进而保护上部既有轨道交通线路。然而该施工方法在隧道穿越既有轨道线路施工时尚存在一些不足：

首先，在隧道开挖中，由于下部土体的开挖，造成上部土层连同其中的或地面上的既有线轨道线路的变形将是不可避免的，而采用大管棚超前支护或土层加固注浆的方法虽然能够对隧道进行有效支护，减少上部沉降，但只能被动的进行适应，无法主动的对沉降进行精确地控制。而从《铁路线路修理规则》中对线路轨道的规定可知，既有轨道线路差异沉降的要求一般只有几个毫米，这是传统的支护方式很难做到的。

其次，施工中一般都会要求保证既有轨道交通线路的正常运营，列车在行驶中产生的振动将会对隧道支护结构产生一定影响，进而反作用于既有结构，表现在既有结构产生变形与沉降。传统的管棚支护方案对此无法调整，注浆加固虽然在一定程度上能够调整土层的变形，减小沉降的发生，但不能即时进行，有一定的滞后性。

第三，若隧道与既有轨道线路结构穿越时间距很小，甚至是零距离穿越时，将没有足够的空间来施做超前管棚和进行土层注浆。

第四，对于那些采用桩基础的既有轨道交通线路，超前管棚和土层注浆通常不能对上部结构进行支护，必须在隧道掘进前对处于隧道断面影响范围内的桩基进行托换。

可以预见的是，在不远的将来，随着城市轨道交通的发展，将会出现越来越多的轨道交通线路交叉节点相互穿越的情况。如何选择有效的施工方法，使得类似工程施工能安全有效进行，具有十分重要的意义。

1.7　隧道内托换技术

1）注浆法

注浆（Injection Grout），又称为灌浆（Grouting），它是将一定材料配制成的浆液，用压送设备将其灌入地层或缝隙内使其扩散、胶凝或固化，以达到加固地层或防渗堵漏的目的。

注浆理论是借助于流体力学和固体力学的理论发展而来，对于浆液的单一流动形式进行分析，建立压力、流量、扩散半径、注浆时间之间的关系。实际上浆液在地层中往往以多种形式运动，而且这些运动也随着地层的变化、浆液的性质和压力变化而相互转换或并存。注浆理论的研究成果主要有：渗透注浆理论、压密注浆理论、劈裂注浆理论、电动化学注浆理论等四种，其中以劈裂注浆理论在地铁隧道加固托换中运用最为广泛。

注浆设计是建立在注浆试验基础上，用注浆试验中获取的资料数据来论证所采用的注浆方法在技术上的可行性和可靠性、经济上的合理性，进而提出可行的施工程序与相应的注浆工艺、浆材、最佳浆液配比及注浆孔的布置形式、孔距、孔深、注浆参数等。在进行注浆设计时，需要进行初步设计，然后根据注浆试验的效果反馈修改设计参数。即所谓的注浆动态设计，以选择最佳的注浆参数和注浆方案（图1-25）。

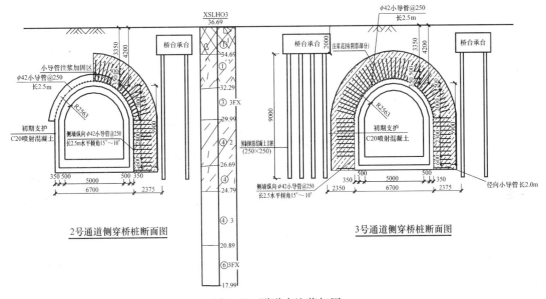

图 1-25　隧道内注浆加固

2）长管棚

管棚法或称伞拱法，是地下结构工程浅埋暗挖时的超前支护结构。其实质是沿开挖轮廓线周线120°范围内，钻设与隧道轴线平行的钻孔，而后插入不同直径（70～800mm）的钢管，并向管内注浆，固结管周边的围岩，并在预定的范围内形成棚架，形成简支梁支护体系，起临时超前支护作用，防止土层坍塌和地表下沉，以保证掘进与后续支护工艺安全运作。管棚技术，即水平定向钻进技术，属于非开挖技术，水平定向钻进技术特点是利用钻杆固有的刚度和柔性，在导向系统的监测下设计路线轨迹钻进，到达目的地，卸下钻头换上扩孔器进行回扩孔托管或直接在管头安装扩孔器，一次完成的安装。图1-26为首都机场T2到T3航站快捷通道大管棚加固隧道周围土体示意。

管棚超前支护法是近年发展起来的一种在软弱围岩中进行隧道掘进的新技术。管棚法最早是作为隧道施工的一种辅助方法，在松散、软弱、砂砾地层或软岩、岩堆、破碎带，以及隧道进出口地段施做管棚，能够保证隧道开挖施工的安全，并尽可能循环通过上述地段。

3）水平高压旋喷桩

水平高压喷射注浆（High Pressure Jet Grouting）技术是20世纪60年代后期由日本日产冷冻有限公司开发的一种加固松软土体的技术。该技术采用钻机先钻进土层的预定位置，由钻杆一端安装的特别喷嘴把水泥浆液高压喷出，以喷射流切割搅动土体。同时，边旋转边提升，使土体与水泥浆混合凝固，从而造成一个均匀的圆柱状水泥加固土体，以达到加固地基和止水防渗的目的。这种地层加固方法，称之为旋转喷射注浆法，简称旋喷

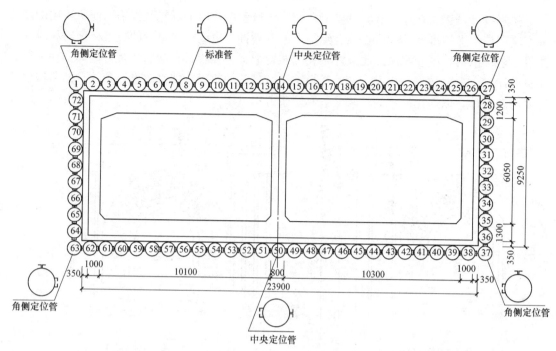

图 1-26　大管棚加固隧道周围

法。一般情况，钻机都为垂直钻孔，称为垂直旋喷注浆法。顾名思义，水平旋喷注浆法就是在土层中水平（亦可作小角度的俯、仰和外斜）钻进成孔，注浆管呈水平状，喷嘴由里向外移动进行旋喷、注浆。目前，垂直旋喷加固技术已经得到广泛的应用。但在一些需要采用旋喷加固的工程中，如果地面上不能给土体加固设备提供场地或场地太小设备不好安放，或由于管线、交通、垂直加固深度太深等原因以至很难或无法在地面进行垂直加固时，就需要采用水平旋喷加固方法加固土体。由于水平旋喷加固能防止隧道渗漏和坍塌、能有效控制地面沉降，水平旋喷加固技术已受到相关行业的重视和广泛关注，并在我国得到一定的应用。特别是随着我国城市地下空间开发建设和轨道交通建设的快速发展，21世纪初至中叶将是我国大规模建设地铁的年代，在建造地铁隧道、地下通道等时，常会碰到需要采用水平旋喷法进行土体加固。

图 1-27 是隧道通过高架桥桩基时采用双层管瞬凝工法进行注浆的示意图，加固厚度3.3m；采用瞬凝悬浊型注浆材料。图 1-28 为隧道内采用水平高压旋喷桩加固隧道周围土体。

4）洞桩法

洞桩法作为一种新兴的地铁车站施工方法，特别适合于地面交通繁忙，地下管线密布，对于地面沉降要求较高的条件。该方法跳出了传统地下工程设计思路，把地面建筑的某些施工方法引入到地底下，通过小导洞、挖孔桩、扣拱等成熟技术的有机组合，从而形成一种新的工法。该方法施工安全度较高，可大量减少临时支撑，造价相对较低、工期较短。

洞桩法是在传统浅埋暗挖法的基础上创新地吸收盖挖法的技术成果形成的新工法。该工法是我国于 1992 年首次提出，最初称"桩梁拱法"，后来又称"洞桩法"、"桩洞法"、"桩桩法"等，现在普遍接受的提法为"洞桩法"，又称 PBA 工法。典型的洞桩法施工参见图1-29。

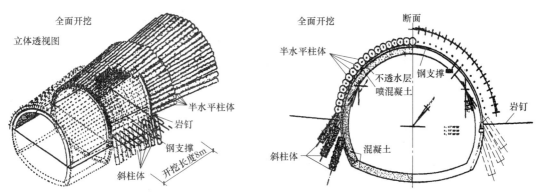

图 1-27　水平旋喷桩相互搭接形成拱棚

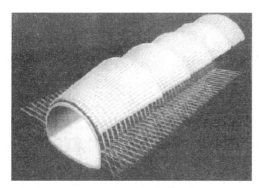

图 1-28　隧道水平旋喷桩超前加固托换

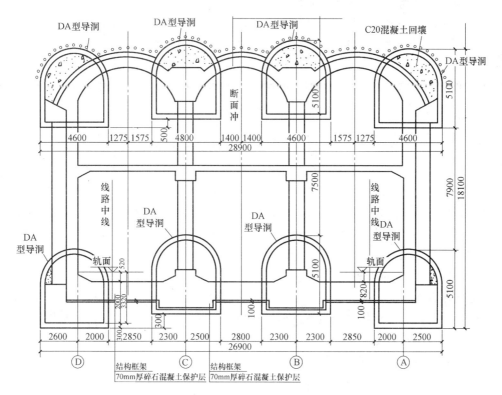

图 1-29　某地铁车站洞桩法施工

1.8 桥梁托换技术

桥梁托换就是将上部结构对桩基的载荷，通过托换的方式，转移到新结构和新建基础上。在隧道施工中可能存在以下两种情况：（1）隧道从桩侧、桩底近邻通过；（2）隧道穿过桩体本身，桩成为隧道施工的障碍，需要清除。

桥梁托换因上部结构的形式、重量等不同而有不同的施工方法。常见的有承压板方式、桩基转换层方式和桩基转换层与承压板共用方式。

1）承压板方式

本方法是把基础桩的荷载尽可能地分布到隧道上部的地层中，来保护上部结构物的一种方法。承压板的施工范围根据隧道推进对地层的扰动范围决定。设计时可以采用弹性地基梁或板模式计算，但应考虑隧道施工引起的地层松弛影响。

承压板方式宜用于重量较轻的建筑物。在软弱地层中承压板的承载力不充分时，应进行地层改良或设支承桩。

2）桩基转换层方式

本方法是在不妨碍隧道施工的位置重新设桩，在原基础承台下或附近设置转换层，靠新建的桩和转换层来支撑上部结构物，从而把上部荷载传递到隧道以下深部地层或离隧道较远的地层。

首先进行新设桩和转换层结构的施工，然后采用液压千斤顶进行预加荷载施工，将现有桩基支撑的建筑物荷载托换到新建转换层和桩基上。

对于新建桩，要根据工程实际选择适宜的桩型。目前比较成熟的托换桩型有：

室内静压桩，微型钻孔桩，人工挖孔灌注桩，室内钻孔灌注桩等。同时，要注意新建桩的合理布局，尽量减少隧道施工对其影响，使新建桩与周围旧桩保持合理的间距，也应使转换层的跨度不要太大。新建桩对于旧桩及上部结构来说也是邻近施工，在施工时也要尽量减少对周围的影响。另外，为了提高新桩的承载力，减少新建桩的沉降变形，可在桩侧或桩底采用后压注浆施工。

在托换结构体系中，转换层承受上部结构传来的荷载并将这些荷载传递给下部托换桩基，起着承上启下的作用。转换层的结构形式有板式、梁板式、梁式、拱式、桁架式等。应用时要根据工程的实际来选择相应的形式。其中梁式转换层具有布置灵活、结构合理可靠、造价较低、便于原桩与上部结构分离等特点，在一般工程中应用较多。对于转换层结构来说，不仅要满足承载力的要求，更要具有足够的刚度以满足变形的要求。当受客观条件限制难以满足要求时，可采用预应力混凝土的结构形式来满足变形要求。

3）桩基转换层与承压板共用方式

该方式是在隧道通过时新设桩受影响较大的情况下使用的。以新设桩和转换层为耐压板，在转换层与现有建筑物之间设置液压千斤顶和支撑千斤顶，然后，待地基松动稳定后进行主体托换及修复施工。

4）隧道穿越桥梁托换应注意的问题

在进行托换设计和施工时，还要注意以下几个方面的问题：

（1）对于托换结构体系来说，既有因托换荷载作用而产生的变形，又有受隧道施工影响所产生的变形。

（2）对于被托换结构来说，已建好若干年，经历过一系列荷载作用与内力重分布过程，对托换及隧道施工造成的变形非常敏感，且托换结构体系大部分变形是在上部结构与基础分离后短时间内完成的，故托换工程对控制不均匀变形的要求比新建工程更高。

（3）上部结构物一般仅是部分桩基进行了托换，而未托换桩基的沉降变形已经稳定，为避免托换区与非托换区的结构产生过大的相对沉降变形，要求托换结构体系的沉降量应尽量小。

（4）钢筋混凝土结构在长期荷载作用下具有徐变性，采用其作为托换结构时，既要考虑其在托换时托换荷载作用的短期变形，又必须考虑托换完成后使用阶段的长期变形。

1.9 地下工程安全风险管理与评估

地下工程施工项目由于地处城市中间，周围各种建筑、道路、桥梁、管线遍布，整体来说，施工风险相对较大。为有效控制施工，北京市轨道交通建设管理有限公司在国内率先建立了环境安全技术管理体系，采取了环境安全风险的分级管理制度和专家评审把关制度，实行了环境安全的专项设计、专项施工方案的制订和论证，以及安全风险的工前预评估、工中控制和工后评估等系统的管理体系，并得到了有效运行和实施。结合工程特点和环境特点，将环境安全分为特级、一级、二级和三级进行管理。环境安全参照下述定性规定进行分级：

（1）特级环境安全风险：指下穿既有轨道线路（含铁路）的新建工程。

（2）一级环境安全风险：指下穿既有建（构）筑物、上穿既有轨道线路的新建工程。

（3）二级环境安全风险：指邻近既有建（构）筑物、下穿重要市政管线及下穿河流的新建工程。

（4）二级环境安全风险：指下穿一般市政管线及其他市政基础设施的新建工程。

进行工程建设环境的安全分级时，可结合工程特点和环境特点，在充分调查研究及分析的基础上，可以把某一等级的环境安全风险工程项目按高一个等级或低一个等级进行安全风险管理。

从该分级可明确看出，下穿既有轨道线路（含铁路）的新建工程属特级环境安全风险，设计施工管理要求高，需重点监控、严格管理。

安全性影响评估的关键是预测新建地下工程施工引起既有建筑物的变形，得到在该变形条件下既有建筑物内力的变化和最终内力状态，在此基础上评价既有建筑物结构是否安全。

地下工程安全风险主要针对周围建（构）筑物进行，评估思路和步骤：既有建筑物在新建地下工程施工前的现状作为初始状态→采用三维地层—结构模型预测新建地下工程施工引起的既有建筑物结构的变形作为附加变形→采用三维荷载—结构模型以叠加法计算既有建筑物的结构内力→验算既有建筑物的结构承载力→将结构内力与结构承载力进行比较，评估既有建筑物结构的安全性→试算得出既有建筑物结构所能允许的承载能力极限状态抗变形值和正常使用极限状态抗变形值→在综合考虑承载能力极限状态允许变形值、正常使用极限状态允许变形值和预测变形值的基础上考虑一定的安全系数，确定既有建筑结构变形的控制指标→提出针对性的措施建议。

1.10　托换施工应注意的问题及程序

1) 托换工程应注意的问题

托换工程是土木工程中最为困难的任务之一，它涉及上部结构、下部结构，并要考虑共同作用，同时在为实施基础托换与加固的各个环节中，诸如细致的调查研究、补充勘探、设计和施工等，都会遇到一系列彼此相关的技术难题，需要通过各个方面复杂的技术措施才能解决。地铁穿越部分或全部建筑物时，使得建筑物基础托换更加复杂，其原因显而易见。这就要求在施工前对于整个基础托换过程中和托换以后的情况进行系统的分析。主要问题有以下几个方面：

(1) 对整体结构性能的了解是实施基础托换的前提条件。上部结构物一般仅是部分桩基进行了托换，而未托换桩基的沉降变形已经稳定，为避免托换区与非托换区的结构产生过大的相对沉降变形，要求托换结构体系的沉降量应尽量小。

(2) 根据原结构包括地基基础各项性能指标和周围环境条件决定托换体系的类型及托换方法。托换方案的选择受到多种因素的制约，如场地的限制、降水、开挖等原因可能对结构本身或邻近建筑物产生重大影响。

(3) 新老结构在托换点处的连接问题。

(4) 托换对原结构的影响。被托换桩基在托换荷载施加过程中和桩截断之后对结构的影响。经验告诉我们，由于材料的选择错误和托换传力体系的不合理将导致被托换结构在施工过程中的倒塌。

(5) 在基础托换中由于应力集中而导致结构出现部分损坏，在桩基托换过程中，结构的应力变化最大的部位在托换结构与被托换桩连接处，由于托换荷载过大有可能导致由于托换点的位移较大使得上部结构的梁端弯矩增加较多，从而使得梁柱结合部位出现剪切破坏。

(6) 严格控制基础托换过程中及托换后建筑物的变形，被托换的建筑物无论使用何种托换手段都会出现位移，因此在基础托换过程中和托换以后会出现新老结构的共同作用。对于托换结构体系来说，既有因托换荷载作用而产生的变形，又有受隧道施工影响所产生的变形。

(7) 托换体系新浇注的混凝土随时间的变化会由于收缩、徐变等因素而出现非线性位移变化，从而会影响上部结构的工作。钢筋混凝土结构在长期荷载作用下具有徐变性，采用其作为托换结构时，既要考虑其在托换时托换荷载作用的短期变形，又必须考虑托换完成后使用阶段的长期变形。

(8) 对于被托换结构来说，已建好若干年，经历过一系列荷载作用与内力重分布过程，对托换及隧道施工造成的变形非常敏感，且托换结构体系大部分变形是在上部结构与基础分离后短时间内完成的，故托换工程对控制不均匀变形的要求比新建工程更高。

2) 托换施工一般步骤及方法

托换施工的程序图见图 1-30。

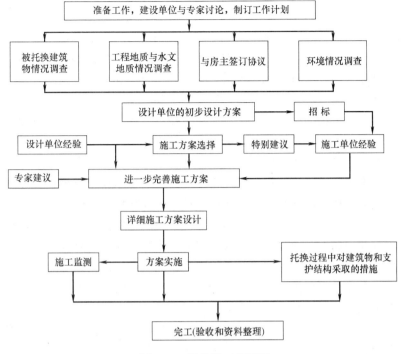

图 1-30 托换施工程序图

1.11 托换技术的发展前景

托换技术在我国既是一项古老技术，又是一项新近取得很大进展的新技术，在既有建（构）筑物改建加固，救灾减灾，地下工程，城市地铁和轻轨交通，江、河、湖泊上的桥梁抬升改造工程等诸多方面，都被广泛应用的重要技术手段。

发达国家开发地下空间的历史表明，当各国人均国民生产总值（GDP）达到 500 美元以后，就进入开发利用地下空间阶段；人均国民生产总值超过 3000 美元，开发利用地下空间达到高潮。我国现阶段人均国民生产总值已超过 600 美元，沿海地区人均国民生产总值超过 1000 美元，上海、广州等地区人均国民生产总值已超过 3000 美元。同时，我国人口众多，土地资源十分紧缺，仅为世界平均水平的 1/3。我国一些大城市人口压力、交通拥挤和环境污染的程度不亚于 20 世纪 60 年代发达国家的城市。进入 20 世纪 90 年代以后，我国大城市地价继续上扬；不久的将来将进入人口密集、老龄化、生活快节奏的时期。鉴此，城市可持续发展的目标是努力建造方便、安全、舒适、富有发展动力的高品位的城市，以适应 21 世纪的生活方式。开发利用城市地下空间资源是完善城市功能设施、高效使用土地、方便生产生活、满足未来城市要求的唯一途径。

实践表明，我国许多城市已进入开发利用地下空间的阶段，部分大城市已经进入开发高潮。

随着我国经济、科学技术水平发展、城市化水平的提高及城市可持续发展战略的贯彻，开发利用城市地下空间越来越表现出巨大效益和潜力，我国城市地下空间开发利用必将向现代化、国际化、科学化的方向发展。具体说来，我国城市地下空间开发利用事业将出现下述几个发展趋势：

（1）综合开发利用的趋势。城市地下空间开发利用将不再是满足某一单项功能，将立足于城市的整体建设与功能要求，是多项城市功能的整合共容，如满足交通、商业、供给与环境等的大型综合体。同时，也不再是一种空间形态的孤立，而是由点、线、面、体等多种形态的空间灵活组合贯通的有机的、丰富的空间整体。

（2）规划与设计理论的发展。建立在城市可持续发展与城市三维立体发展的战略思路上，将地下空间作为城市三维发展的一个维度，地下空间规划与设计理论将会逐步充实完善，其将指导城市科学地向地下延伸。

（3）开发技术的发展。我国目前的地下空间开发的土木技术已接近或处于世界先进水平，但涉及一些关键辅助设备等技术，如机具技术、计算机与电气控制技术、自动化技术等，与世界先进水平还有大的差距，会影响到地下空间开发的规模与成本，将来随着对引进技术的消化吸收和加大研制开发的投入，将会逐步缩小这些差距。

（4）法规与管理维护越来越完善。不仅有完备的法规、政策及管理措施和先进的维护技术水平，还将形成一整套推动地下空间综合开发利用的实体和管理部门。

（5）有人的城市地下空间设施会更加安全、高效，有人的城市地下空间设施会更加舒适、美观，地下空间内环境中的造景、幻境及地面环境模拟等技术会大大发展。同时，将更多地从环境保护、城市景观保护和历史文物保护的角度开发利用城市地下空间。

（6）新工艺与新材料不断涌现。为了降低城市地下空间开发的成本与难度，并适应多种形态的地下空间的组合，满足多种设施功能的交叉与共容，高效、经济的施工工艺将会不断产生，尤其是机械挖掘技术与施工自动化技术会有较大进步。同时，新的建筑装饰材料尤其是地下防水与环境改善的材料也会不断涌现。

第2章 地基基础加固技术

2.1 概 述

地基基础托换是指通过采取一些工程措施使既有建筑地基基础受力发生变化或改变原有受力路径的技术，例如由地震灾害产生的地基液化、震陷、滑坡等地基破坏；由地表水灾害（洪水冲刷、雨水浸泡、管道喷冒渗漏等）所形成的地基空洞、缺陷等地基破坏；由冰雪灾害所造成的冻融沉降等地基破坏，以及由这些地基破坏现象导致的建（构）筑物产生整体下沉、不均匀沉降、水平位移、倾斜、开裂等基础（包括上部结构）的损坏，新建地铁或地下工程引起周围建筑物变形过大等。处理的对象是指仍有继续使用价值的建筑物，即依据既有建（构）筑物检测鉴定结果，综合其历史价值、经济价值等多方面因素，确定仍然具有加固处理的必要性和可能性的地基和基础。

建（构）筑物地基基础处理或基础托换之前，应对灾损地基和基础进行检测鉴定，将其作为制订加固处理方案的基础性技术资料。由于涉及应急抢险工程，为满足临时使用的需要，制定应急（初步）处理方案是行之有效的，但是在后期相当长一段时间的使用中，这些应急（初步）处理方案是否可行，还需进一步分析，需要经必要的验算、校核和论证，判定其可行性。当应急（初步）处理方案不宜代替永久性处理方案时，应根据使用要求重新制定永久的加固处理方案。

制定地基基础加固处理方案和基础托换方案时，应充分考虑结构的协同作用，强调基础加固与上部结构的改造加固相结合，通过调整结构空间体系的刚度、强度等办法，提高基础抗变形能力，降低不均匀沉降的发生率。由于一些加固处理方法（如临时开挖、挤排土、压力辐射等）容易对周围土体产生扰动，因此制订方案或在施工过程中应采取相应保护或防护措施，避免对邻近建（构）筑物和地下管线造成影响，同时，应在施工过程中进行专项监测。

根据处理工程复杂多变的特点，除了严格控制施工质量外，在施工期间和竣工后一段时间内，应委托专业单位或专人进行密切监测，当出现异常情况时，可立即采取措施，避免发生安全事故，以控制损失的进一步扩大。沉降观测不仅可以监测施工过程建（构）筑物的沉降变化，还是加固处理效果评价和工程验收的依据。

自然灾害受损后的建（构）筑物、路基、桥梁墩台地基均具有一定的危险性。在进行加固处理过程中，在采用合理方法的条件下，应根据相应处理方法的特点，科学组织施工，安排好施工顺序、步骤，采取有效的安全保障措施，避免在处理施工过程中对被处理灾损建（构）筑物、路基、桥梁产生二次伤害。

当施工场地条件不利于大型设备作业时，可以选用由人工或小型设备完成的地基处理方法。但是，为了提高施工效率，又能达到保证地基处理质量的目的，可以通过将大型设备进行技术改进，使其适用于既有建（构）筑物地基处理的特殊环境，或者将这些处理方法作为其他地基加固方法的一种辅助方法，例如先在既有建（构）筑物地基处理场地外形成围幕环境，核心部位采用其他适用的地基处理方法等。

基础托换技术的设计机理是改变荷载传递途径，通过在靠近原结构基础附近新增基础或桩基础，在结构的梁、墙、柱等部位上设置有效的传力构件，使结构荷载由传力构件传递到新增基础或桩基础，放弃原建（构）筑物破损基础，不使其继续承担上部荷载。

不同的基础形式所采用的基础托换方式不同，应根据基础形式、损伤状态等工程条件选择不同形式的传力构件，利用传力构件将结构荷载通过新增基础（承台）传递给地基土或桩基础。

基础托换设计除了地基基础设计之外，很重要的是传力构件的结构设计，由各传力构件所形成的结构空间体系承担上部荷载的有效传递。因此，在进行设计和验算时应参考《建筑地基基础设计规范》GB 50007—2011，结构构件设计部分应参考《混凝土结构设计规范》GB 50010—2010 的设计有关内容。

当建（构）筑物为框架结构或剪力墙结构时，新增传力构件内的主要受力钢筋应锚入混凝土结构内，锚固深度需满足构造要求。为了有效传递荷载，抬墙梁、新浇基础梁宜与新增基础（承台）整体浇筑。

本章的目的在于针对不同既有建（构）筑物上的反应特征，对可适用的地基基础加固处理方法进行收集、总结、归纳，将每一种处理方法的适用范围、处理机理、工艺特点进行简明介绍，并注明可查询的规范标准，让使用者快速或详细了解方法内容，最后，在附录中以表格形式推荐给使用者。编制加固处理方案时，使用者除了依据灾损破坏的反应形式外，还应考虑建（构）筑物的地质、水文、周边环境以及加固处理目的等多方面因素，可选择一种或几种方法，形成综合性处理方案。

2.1.1　既有建筑地基基础常见问题及原因分析

1. 常见问题

1）墙体开裂

地基或基础一旦发生问题，一般是通过墙体开裂反映出来。而墙体的整体性及承载力也会因地基基础的问题而削弱，甚至丧失。在实际工程中，裂缝是经常见到的，如图 2-1 所示。

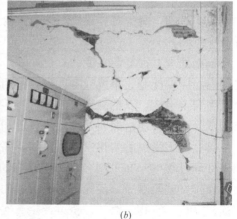

(a)　　　　　　　　　　　　　　　(b)

图 2-1　地震后建筑物结构严重开裂

(a) 柱子开裂；(b) 墙体开裂

2）基础断裂或拱起

当地基的沉降差较大，基础设计或施工中存在问题时，会引起基础断裂。例如，某大学教工宿舍楼，未经勘察而采用无埋板式基础，房屋尚未盖好就出现板基整块断裂事故。经调查，该楼所处位置原为铁路路基，其两侧又为洼泥地，地基软硬悬殊，导致事故发生。再如，某厂职工住宅楼，采用无埋板式基础，当主体工程施工到第5层时，发现整块板基沿南北方向断裂。后查明该楼地基一半处在大水塘的淤泥地基上，另一半建在塘边的坚硬土层上。

3）建筑物下沉过大

当地基土较软弱，基础设计形式不当及计算有误时，会导致整座建筑物下沉过大，轻者会造成室外水倒灌，重者建筑物无法使用。例如，上海展览馆的中央大厅为箱形基础，1954年建成，30年后的累计沉降达1800mm。再如，墨西哥城的国家剧院建在厚层火山灰地基上，建成后沉降达3000mm，见图2-2，门厅成为半地下室，影响了剧院的使用。

图 2-2　墨西哥城国家剧院沉降过大

4）地基滑动

地基滑动有两种情况，一种是下雨、渗水后在坡地建筑物的下部开挖时而引起的地基滑动；另一种是地基普遍软弱，设计时将地基承载力估值过高或使用时严重超载而引起的地基失稳，产生滑动事故，如图2-3所示。例如，某厂一个车间为三跨钢筋混凝土结构，跨度为24m，长度为144m。1971年部分基础产生剧烈滑动，最大达890mm。引起滑动的原因是该部分基础处于填起来的软土上，在填土下还有一层软弱高岭土，在地基浸水及深挖坡脚的诱发下，产生了地基滑移。再如，美国纽约汉森河旁一座水泥仓库，建于青灰色软黏土上，由于严重超载，引起地基剪切破坏而滑动，整个水泥仓库于1940年发生倾倒事故，倾角达45°。

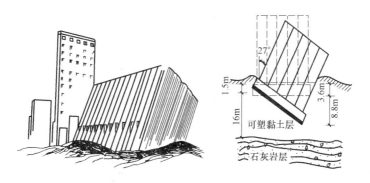

图 2-3　地基滑动引起的建筑物破坏

5）地基液化失效

疏松的粉细砂、黏质粉土地基，地震时容易产生液化，强度剧烈下降，致使建筑物倾倒和大幅度震沉。例如，唐山矿冶学院书库为四层楼房，1976年唐山地震时发生震沉，一层楼全部沉入地下。再如，日本新野公寓建于砂土地基上，1961 年 6 月因新野发生 7.5 级地震，地基发生液化而倾倒，如图 2-4 所示。

图 2-4　日本新野地震中的地基液化现象

2．原因分析

1）主观原因

（1）勘察工作不仔细，没有完整的勘察资料。地质勘察报告是建筑物地基基础设计的基本依据。不进行勘察而凭经验设计，或勘察工作做得不认真、不细致，勘察报告未能准确反映实际地质条件，甚至漏测局部夹层软弱土，没有探出局部土坑、古井，或是提供的土质指标不确切，均会导致设计失误，从而造成地基基础事故。如南京某厂住宅勘察马虎而造成事故。再如，某大学实验室因 5 个勘探钻孔布置不当，其中 2 个远离实验室，3 个打在中部小山包上，对坡下软弱土层未进行钻孔勘探，建成后出现宽度达 20mm、内外贯通的裂缝。

（2）设计方案不当。地基基础设计方案的选择和确定非常重要，必须做到因地制宜，安全可靠，经济合理。有些建筑物的地质条件差，变化复杂，更应合理选择设计方案，认真做好计算分析，否则就会引起建筑物结构开裂或倾斜，危及安全。例如，广东省海康县某 7 层旅店大楼，其地基为淤泥软土地基，因地基基础设计有误采用了独立浅基础，埋深只有 80cm，又未进行地质勘探，盲目的按较高的承载力计算，导致中柱冲切力计算值偏小，因而配筋较少，导致大楼倒塌。

（3）施工质量低劣。地基基础一般均为隐蔽工程，施工中常见的问题有：施工管理不善，未按设计图纸及程序施工；未勘察就施工；偷工减料，砌体强度、混凝土强度达不到设计要求，有的甚至在混凝土内填放砖块；开挖后未验槽就浇捣基础，或开挖后发现有意外情况也不做认真处理就施工等。例如，上述的广东省海康县某 7 层旅店大楼倒塌，除了设计方面的原因外，还有施工中没有进行技术交底、没进行隐蔽工程验收、施工质量低劣（如砂浆与石子黏结不牢、混凝土强度不够）等施工方面的原因。

（4）使用条件的变化。由于建设单位不顾设计规定，擅自加层扩建，或由于邻近新建高层建筑或地下工程开挖又未做技术处理等，都会在不同程度上造成已有建筑物工程事故。例如湖北农科院教授宿舍楼，为了改善居住条件而扩建厨房和内走廊，新旧建筑部分未做结构处理，扩建部分的基础又未深入老土，竣工使用后出现了不均匀沉降，将原有建筑拉裂，危及使用和安全，最后重新处理返修。

2）客观原因

（1）地基土软弱。软土地基的压缩性大，抗剪强度低，流变性强，对上部建筑体形及荷载等变化反应较敏感，如设计不周，软土地基上的建筑物较易出现下列裂缝：

① 建筑物的高差悬殊大，常在高低楼的接合处墙面上出现裂缝。

② 体形复杂的建筑物，如 L、T、Ⅲ、Π 形等建筑物常在转角处开裂。

③ 基础相对密集处或在已有建筑物近旁的新建房屋，因附加应力大，变形重叠，常在基础的稀密交接处或在原有建筑物的墙体上出现裂缝。

④ 上部结构圈梁少，长高比过大等使整个房屋刚度较差。

⑤ 筏板基础的配筋计算有误或施工质量差，容易出现局部拱起开裂。

⑥ 仓库、料仓等堆料较多的建（构）筑物，其底板或地坪易出现局部弯沉事故。

⑦ 地基浸水湿陷。湿陷性黄土地基以及未夯实的填土地基等，在浸水后会产生附加沉降，引起墙体开裂。例如，太原市某住宅区，1979 年新建的 20 栋住宅楼建在湿陷性黄土地基上，当时又未进行特殊处理，1982 年检查时，20 栋楼均有不同程度的下沉和墙体开裂，有些裂缝宽度达 100mm，圈梁与下部脱开最大达 90mm，有的楼房下沉达 300mm。地基大面积积水，导致地基湿陷。

（2）地基软硬不均。在山坡上、池塘边、河沟旁或局部有古井、土坑、炮弹坑等地段上建造的建筑物，因地基软硬不均、沉降差过大而常使上部墙体开裂。

（3）膨胀土、冻胀土地基。膨胀土吸水膨胀，失水收缩。因此建在膨胀土上的建筑物危害较大，会发生内墙、外墙、地面开裂，裂缝有时呈交叉形。如山东农机学校学生实习车间开裂。

冻胀对建筑物的破坏极大。如冷库建筑物，其冷气透入湿度较大的地基，致使地基土冻胀，而引起地坪拱起开裂。在寒冷天气，室外地基冻结膨胀，产生向上向内的力，引起室内外开裂（图 2-5）。

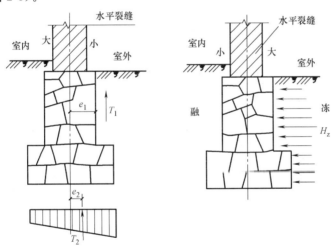

图 2-5　冻胀引起的建筑物墙体开裂

2.1.2　既有建筑地基基础加固的应用范围

发生下列情况时，可采用既有建筑地基基础加固技术：

1）由于勘察、设计、施工或使用不当，造成既有建筑开裂、倾斜或损坏而需要进行地基基础加固。这在软土地基、湿陷性黄土地基、人工填土地基、膨胀土地基和土岩组合地基上较为常见。

2）因改变原建筑使用要求或使用功能，而需要进行地基基础加固。如增层、增加荷载、改建、扩建等。其中住宅建筑以扩大建筑使用面积为目的的增层较为常见，尤以不改变原有结构传力体系的直接增层为主。办公楼常以增层改造为主，因一般需要增加的层数较多，故常采用外套结构增层的方式，增层荷载由独立于原结构的新设的梁、柱、基础传递。公用建筑如会堂、影院等因增加使用面积或改善使用功能而进行增层、改建或扩建改造等。单层工业厂房和多层工业建筑，由于产品的更新换代，需要对原生产工艺进行改造，对设备进行更新，这种改造和更新势必引起荷载的增加，造成原有结构和地基基础承载力的不足等。

3）因周围环境改变，而需要进行地基基础加固，大致有以下几种情况：

（1）地铁及地下工程穿越既有建筑对既有建筑地基造成影响。

（2）邻近工程的施工对既有建筑地基基础可能产生影响。

（3）深基坑开挖可能对既有建筑地基基础产生影响。

4）地震、地下洞穴及采空区土体移动、软土地基湿陷等引起建筑物损害。

5）古建筑的维修而需要进行地基基础加固。

2.1.3　既有建筑地基基础加固应遵循的原则和规定

与新建工程相比，既有建筑地基基础的加固是一项技术较为复杂的工程。因此，必须遵循下列原则和规定：

1）必须由有相应资质的单位和有经验的专业技术人员来承担既有建筑地基和基础的鉴定、加固设计和加固施工，并应按规定程序进行校核、审定和审批等。

2）既有建筑在进行加固设计和施工之前，应先对地基和基础进行鉴定，根据鉴定结果，才能确定加固的必要性和可能性。

3）既有建筑地基基础加固设计，可按下列步骤进行：

（1）根据鉴定检验获得的测试数据确定地基承载力和地基变形计算参数等。

（2）选择地基基础加固方案：首先根据加固的目的，结合地基基础和上部结构的现状，并考虑上部结构、基础和地基的共同作用，初步选择采用加固地基或加固基础，或加强上部结构刚度和加固地基基础相结合的方案。这是因为大量工程实践证明，在进行地基基础设计时，采用加强上部结构刚度和承载能力的方法，能减少地基的不均匀变形，取得较好的技术经济效果。因此，在选择既有建筑地基基础加固方案时，同样也应考虑上部结构、基础和地基的共同作用，采取切实可行的措施，既可降低费用，又可收到满意的效果。其次，对初步选定的各种加固方案，分别从预期效果、施工难易程度、材料来源和运输条件、施工安全性、对邻近建筑和环境的影响、机具条件、施工工期和造价等方面进行技术经济分析和比较，选定最佳的加固方法。

4）既有建筑地基基础加固施工。一般来说，既有建筑地基基础加固施工具有场地条件差、施工难度大、技术要求高、不安全因素多和风险大等特点，因此加固施工是一项专业性很强的施工技术，要求施工单位具有专业工程经验，施工人员具备较高的素质，应清楚所承担地基基础加固工程的加固目的、加固原理、技术要求和质量标准等。加固施工前还应编制详细的施工组织设计，制定完善的施工操作规程，特别要充分估计施工过程中可能出现的安全事故，以及采取的应急措施。要认真研究加固工程施工时，对相邻既有建筑可能造成的影响或危害，并制定出确保相邻既有建筑安全的技术方案。

5）既有建筑地基基础加固施工中的监测、监理、检验和验收。加固施工中应有专人负责质量控制。还应有专人负责严密的监测，当出现异常情况时，应及时会同设计人员及有关部门分析原因，妥善解决。当情况严重时，应采取果断措施，以免发生安全事故，对既有建筑进行地基基础加固时，沉降观测是一项必须要做的重要工作。它不仅是施工过程中进行监测的重要手段，而且是对地基基础加固效果进行评价和工程验收的重要依据。因此，除在加固施工期间进行沉降观测外，对重要的或对沉降有严格限制的建筑，尚应在加固后继续进行沉降观测，直至沉降稳定为止。由于地基基础加固过程中容易引起对周围土体的扰动，因此，施工过程中对邻近建筑和地下管线也应同时进行监测。此外，施工过程中应有专门机构负责质量监理。施工结束后应进行工程质量检验和验收。

2.1.4　地基基础加固前的准备工作

1. 被加固建筑物现状调查

在加固工程设计施工之前，首先应进行建筑物现状的认真调查，其内容包括：

1）查阅原有地质勘察报告

查阅原有地质勘察报告的目的，是为了掌握现场的工程地质和水文地质条件。在制定加固方案之前，需要有比较完善的勘探资料，以摸清现场地质条件的持力层、下卧层和基岩的性状和埋深，地基土的物理力学性质、地下水位及其变化和补给的情况，通过查阅原有地质勘察报告还可对照工程地质特征，看其是否与地质条件相对应，并判断地质资料的可靠性。当地质资料不能满足时，就需对地基进行复查和补勘工作，没有比较完整而可靠的勘察资料时，绝对不能先行设计和施工，这对加固工程尤为重要。

2）复核原有建筑结构设计图纸

复核原有建筑结构设计图纸是为了了解被加固建筑物的结构、构造和受力特征，其主要内容包括：荷载分布、上部结构刚度和整体性、基础形式、受力状况及其计算与构造等方面。若为不良地质条件，还应查明是否做了必要的设计处理，处理是否恰当，考虑是否周密。有时尚需进行重点复核验算，作为分析病因、选择方案的初步资料。

3）检查施工隐蔽记录及竣工技术资料

众所周知，施工质量优劣对工程建设的成败至关重要。特别对地下隐蔽工程而言，尤其如此。了解施工过程中所发生的实际状况，包括查对是否按图施工以及现场变更内容，曾遇到的施工技术方面的问题与解决方法，施工期间挖土、排水、雨雪影响等，这对查明事故原因都是十分重要的。

4）搜集沉降与裂缝实测资料

搜集沉降与裂缝实测资料，其中包括随荷载与时间而变化的实测资料。从比较完整系统的实测资料中，可直接掌握工程沉降、开裂的主要部位及严重程度，并能判定工程事故是否在继续发展及其发展速度，从而了解事故危害的程度并有助于采取相应的有力措施。

5）查明生产、使用以及周围环境的实际情况

查明生产或使用的实际情况是否与设计相符，是否有所变更及其具体影响。施工中与竣工后的周围环境的变化状况，其中应考虑地下水位升降、地面排水条件变迁、气温变化、环境绿化、邻近建筑物修建和相邻深基坑开挖、增减荷载、振动等条件的影响。

2. 加固技术方案的选择

根据建筑物事故的特征，查明具体原因，或根据建筑物邻近开挖深基坑和地下铁道穿越等实际情况，因地制宜地选择技术有效、经济合理、施工简便的补救性或预防性加固方法。一般可供选择的加固技术方案有：基础注浆加固、加大基底面积加固、基础加深加固、桩式加固、基础减压和加强刚度加固、树根桩加固、注浆加固、湿陷性黄土地基加固等。例如，对荷载不大又缺少成桩机械设备，或周围房屋密集而又不具备成桩条件时采用基础加宽加固或坑式加固方案；对于荷载较大、地质条件复杂时，采用无明显振动的桩式

加固方案比较合适。总之，要针对不同加固对象的工程具体特征、事故具体原因、施工具体条件，选择恰当的加固方案。加固的基本原理和根本目的在于加强基础与地基的承载能力，有效传递建筑物荷载，从而控制沉降与差异沉降，根除病害，使建（构）筑物恢复正常使用。

2.1.5　地基基础加固技术施工要点及工程监测

1. 施工要点

（1）根据工程实际需要，对建筑物进行加固；或对建筑物基础全部或部分支托住；或对建筑物地基或基础进行加固。

（2）当建筑物基础下有新建地下工程时，可将荷载传递到新的地下工程上。

（3）不论何种情况，加固工程都是在一部分被加固后才开始另一部分的加固工作，否则就难以保证质量。所以，加固范围往往由小到大，逐步扩大。

（4）进行加固施工前，先要对被加固建筑物的安全予以论证，要求把对被加固的建筑物所产生的沉降、水平位移、倾斜、沉降速率、裂缝大小和扩展情况以及建筑物的破损程度用图表和照片准确记录下来，以判定建筑物的安全状态。另外，若裂缝扩展和延续不止并产生错位，则要引起重视并及时采取补救措施。

2. 工程监测

在整个加固施工过程中必须进行监测，进行信息化施工，以确保安全和质量。对被加固或被穿越的建筑物及其邻近建筑物都要进行沉降监测。沉降观测点的布置应根据建筑物的体形、结构条件和工程地质条件等因素综合考虑，并要求沉降观测点便于监测和不易遭到损害。

监测过程中要做好以下四个方面的工作：

（1）对加固或穿越过程中引起的各个监测点的发展状况，整理出沉降（或其他观测量）与时间的关系曲线，并应用外推法预测最终沉降量。

（2）确定加固或穿越的每个施工步骤对沉降所产生的影响。

（3）根据沉降曲线预估被加固建筑物的安全度以及针对现状采取相应的措施，如增加安全支护或改变施工方法。

（4）监测期限和测量频度的要求取决于施工过程，特别是在荷载转移阶段每天都要监测，危险程度越大，则监测频率应加密。当直接的加固或穿越过程完成后，监测过程尚需持续到沉降稳定为止。沉降标准可参阅相关规范或采用半年沉降量不超过 2mm 为依据。

2.2　基础加固技术

2.2.1　基础补强注浆加固法

基础补强注浆加固法适用于基础因机械损伤、不均匀沉降、冻胀或其他原因引起的开裂或损坏时的加固。该方法的特点是：施工简便，可以加强基础的刚度与整体性。但是，注浆的压力一定要控制，压力不足，会造成基础裂缝不能充满，压力过高，会造成基础裂缝加大。

1. 设计施工要点

（1）对单独基础每边钻孔不应少于 2 个；

（2）对条形基础应沿基础纵向分段施工，每段长度可取 1.5～2.0m；

（3）在原基础裂损处钻孔，注浆管直径可为 25mm，钻孔与水平面的倾角不应小于30°，钻孔孔径应比注浆管的直径大 2～3mm，孔距可为 0.5～1.0m；

（4）浆液材料：对于砌体基础可采用水泥浆等，注浆压力可取 0.1～0.3MPa；对于钢筋混凝土结构或混凝土结构可采用环氧树脂，注浆压力可取 0.4～0.6MPa；

（5）注浆时，如果浆液灌注困难，则可逐渐加大压力至 0.6～0.8MPa，当浆液在10～15min 内不再下沉则可停止注浆。注浆的有效直径为 0.6～1.2m。

2. 施工步骤

（1）开挖操作试坑（沟），露出基础；

（2）在原基础裂损处钻孔；

（3）安放注浆管；

（4）自上而下压力注浆；

（5）封闭注浆孔。对混凝土基础，采用的水泥砂浆强度不低于基础混凝土强度；对砌体基础，水泥砂浆强度不低于原基础砂浆强度。

3. 注意事项

（1）注浆压力过大，会引起基础新的损伤，注浆时应先进行 2～3 个孔注浆试验，确定允许最大压力值；

（2）如基础再增加荷载时应在 7～10d 后进行；

（3）注浆孔布置应在基础损伤检测结果的基础上进行，间距不宜超过 2.0m。

基础注浆加固见图 2-6，对于有局部开裂的砖基础，当然也可采用钢筋混凝土梁跨域加固（图 2-7）。

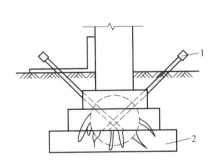

图 2-6　基础灌浆加固
1—注浆管；2—基础加固示意

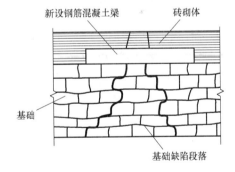

图 2-7　用钢筋混凝土梁跨越缺陷段

2.2.2 钢筋混凝土独立基础肋梁加固

肋梁加固适用于既有建筑钢筋混凝土独立基础因配筋量不足、截面偏小或混凝土强度偏低时的加固。见图 2-8，通常肋梁厚 150～200mm，根部高取 $0.8～0.9l$（l 为基础底板悬挑长）；一般采用正交肋梁；主要设计参数：键槽（200～300）×200×25@400～600，$\alpha \leqslant 30°$；过梁箍筋 $\phi6@200～300$，每隔一根植入基础；肋梁竖筋 $\phi8@200～300$，每隔一根植入基础；肋梁横筋 $2\phi14@200～300$，两端锚入围套和边梁；柱围套箍筋 $\phi8@200～300$；柱围套纵筋 $\phi8@14$，植筋方式锚入基础。

施工步骤：

开挖操作坑（沟），露出基础；清除原基础表面浮尘，露出基础新鲜材料面；放线定位植筋位置，植筋；支模板，安装肋梁钢筋；浇筑混凝土。对于基础已出现裂损（包括隐形裂缝）时，应先进行注浆补强。基础植筋长度应满足 Max（$0.3L_s$，$10d$，100mm）的要求。

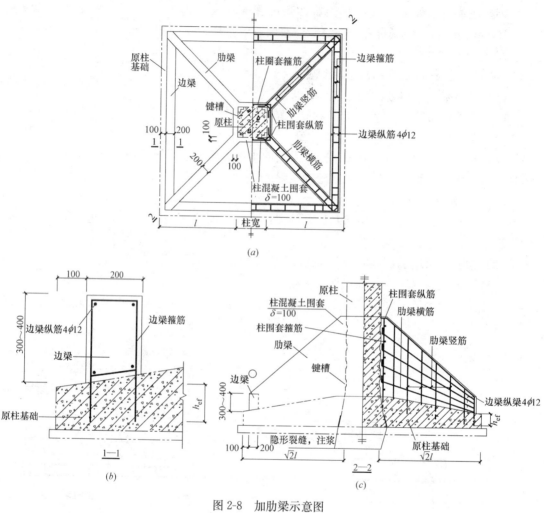

图 2-8　加肋梁示意图

（a）加固效果图；（b）边梁连接；（c）肋梁配筋

2.2.3　加大基础底面积法

加大基础底面积法适用于当既有建筑物荷载增加，地基承载力或基础底面积尺寸不满足设计要求，且基础埋深较浅有扩大条件时的加固。设计时可采取有效措施保证新旧基础的连接牢固和地基的变形协调。加大基础底面积法主要有混凝土套或钢筋混凝土套加大基底面积法、改变基础形式法、抬墙梁法、斜撑法。

1. 混凝土套或钢筋混凝土套加大基底面积法

当既有建筑物的基础产生裂缝或基底面积不足时，可用混凝土套或钢筋混凝土套加大基础（图 2-9）。

当原条形基础承受中心荷载时，可采用双面加宽；对单独柱基础加固可沿基础底面四边扩大加固；当原基础承受偏心荷载时、或受相邻建筑条件限制、或为沉降缝处的基础、或为不影响正常使用时可采用单面加宽基础。

当采用混凝土套或钢筋混凝土套时，设计和施工应符合以下要求：

（1）为使新旧基础牢固连接，在灌注混凝土前应将原基础凿毛并刷洗干净，再涂一层高等级水泥砂浆，沿基础高度每隔一定距离应设置锚固钢筋；也可在墙脚或圈梁处钻孔穿钢筋，再用环氧树脂填满，穿孔钢筋须与加固筋焊牢。

（2）对加套的混凝土或钢筋混凝土的加宽部分，其地基上应铺设的垫料及其厚度，应与原基础垫层的材料及厚度相同，使加套后的基础与原基础的基底标高和应力扩散条件相同，两者变形协调。

（3）对条形基础应按长度 1.5～2.0m，划分成许多单独区段，分别进行分批、分段、间隔施工，决不能在基础全长挖成连续的坑槽使全长上地基暴露过久，导致土浸泡软化，使基础随之产生很大的不均匀沉降。

（4）当采用混凝土套加固时，基础每边加宽的宽度及外形尺寸应符合国家现行标准《建筑地基基础设计规范》GB 50007 中有关无筋扩展基础或刚性基础台阶宽高比允许值的规定。沿基础高度隔一定距离应设置锚固钢筋。

当采用钢筋混凝土套加固时，加宽部分的主筋应与原基础内主筋相焊接。

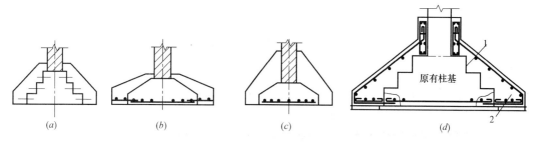

图 2-9　用混凝土套或钢筋混凝土套加大基础底面积
1—原有柱基；2—钢筋混凝土

2. 钢筋混凝土套卸载加宽加固独立基础法

1）适用范围

适用于既有建筑的地基承载力或基础底面积尺寸不满足规范要求时的加固。为提高效果，应采取措施消除或减小新加部分与原基础间的应力应变滞后，如图 2-10 所示。

2）设计要点

可通过钢管斜撑，用钢板楔将原基础所受部分荷载转移至新增钢筋混凝土环梁上。

3）设计参数

（1）M1 锚板，与钢环梁间以钢板楔楔紧后焊死；

（2）钢板箍，局部凿去保护层，结合面间后灌环氧；

（3）钢管斜撑 d 与钢板箍及钢环梁焊接；

（4）环形钢梁 I，纵横梁互焊（包括翼缘与腹板）。

4）施工步骤：

（1）开挖操作坑，露出基础；

（2）对加宽部分，地基上铺设厚度和材料与原基础相同的垫层；

（3）放线钢板箍位置，安置锚栓，安置钢板箍；

（4）安装好环梁；

（5）安置钢管斜撑；

（6）焊接、安装完毕，回填。

5）注意事项

对于条形基础，可每隔 1.5～2m 间距设置卸荷短钢梁，用千斤顶将原基础所受荷载按一定比例转移至新增钢筋混凝土接边踏台梁。

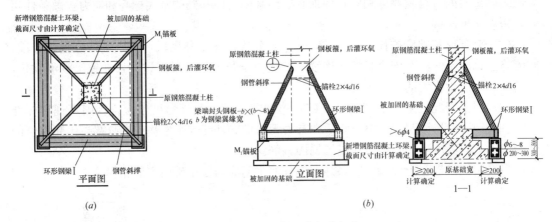

图 2-10　钢筋混凝土套卸载加宽

（a）加固效果图；（b）示意图

3. 改变基础形式法

当采用混凝土套或钢筋混凝土套加大基础底面积尚不能满足地基承载力和变形等设计要求时，可将原单独基础改为条形基础；或将原条形基础改为十字交叉条形基础、片筏基础、箱形基础，这样不但能扩大基础底面积，用以满足地基承载力和变形的设计要求，另外由于加强了基础的刚度也可借以减少地基的不均匀变形。

1）钢筋混凝土条形基础

适用于既有建筑的地基承载力或基础底面尺寸不满足规范要求时的加固。此工法针对原有基础是钢筋混凝土条形基础的加固，要求加固后的新旧基础能共同承担上部结构传递过来的弯矩和剪力，如图 2-11 所示。

（1）设计要点

① 加宽后的基础为扩展基础，需满足相关规范中的受冲切承载力、基础底板抗弯验算、局部受压承载力验算等。

② 新旧基础采用刚性连接，新旧基础底部受力钢筋必须彼此焊接，部分构造钢筋应植入原基础，同时，结合面应凿毛。

③ 应按长度 1.5～2.0m 划分成单独分段，分批，分段，间隔进行施工。

（2）施工步骤：

① 开挖操作坑，露出基础；

② 将原基础凿毛和刷洗干净，如果采用刚接应将基础底边外围凿开，露出原有基础

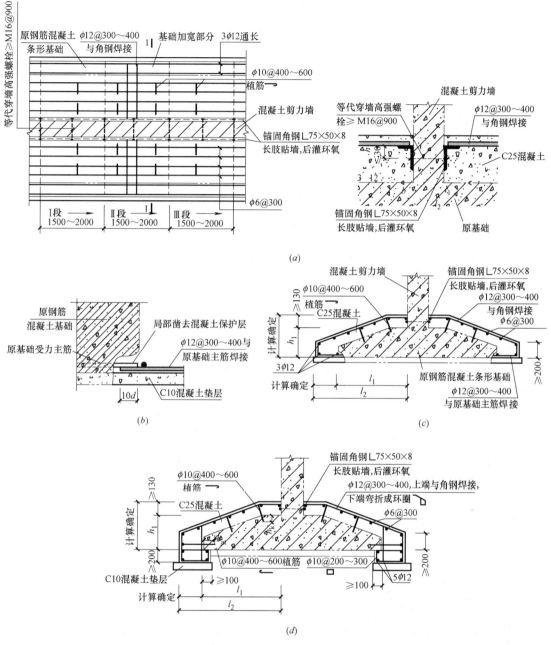

图 2-11 钢筋混凝土条形基础

(a) 加固效果图; (b) 节点详图; (c) 刚接节点详图; (d) 铰接节点

主筋;

③ 确定植筋位置,钻孔植筋;

④ 对加套的钢筋混凝土加宽部分,在其地基铺设垫层,其材料及厚度与原基础垫层的材料及厚度相同;

⑤ 如果采用刚接的话,将新旧基础的主筋进行焊接,铰接的话将新基础嵌入到原基础底面;

⑥ 在旧基础与加套部分混凝土界面上涂一层高强度等级水泥浆或涂混凝土界面剂；

⑦ 支模板，并浇筑混凝土。

（3）注意事项

基础植筋长度应满足 Max（$0.3L_s$，$10d$，100mm）的要求。

2）混凝土套加宽条形基础（铰接）

（1）适用范围

适用于既有建筑的地基承载力或基础底面尺寸不满足规范要求时的加固。此工法针对原有基础是素混凝土条形基础的加固，要求加固后的新基础能承担上部结构传递过来的剪力，如图 2-12 所示。

（2）设计要点

① 加宽后的基础相当于无筋扩展基础，需满足相关规范中的台阶宽高比的限值等；

② 新旧基础采用铰接；

③ 应按长度 1.5～2.0m 划分成单独分段，分批，分段，间隔进行施工。

（3）施工步骤：

① 开挖操作坑，露出基础；

② 将原基础凿毛和刷洗干净；

③ 确定植筋位置，钻孔植筋；

④ 对加套的钢筋混凝土加宽部分，在其地基铺设垫层，其材料及厚度与原基础垫层的材料及厚度相同；

⑤ 在旧基础与加套部分混凝土界面上涂一层高强度等级水泥浆或涂混凝土界面剂；

⑥ 支模板，并浇筑混凝土。

（4）注意事项

基础植筋长度应满足 Max（$0.3L_s$，$10d$，100mm）的要求。

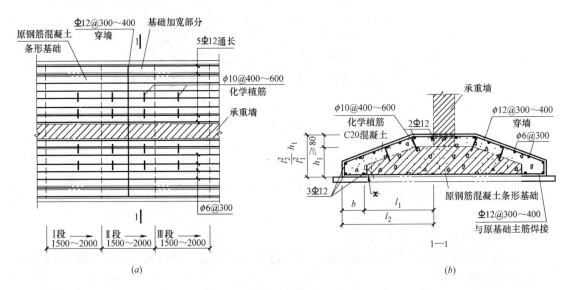

（a）　　　　　　　　　　　　　　　　　　　（b）

图 2-12　混凝土套加宽条形基础

（a）加固效果图；（b）剖面示意图

3) 砌体条形基础（铰接）

(1) 适用范围

适用于既有建筑的地基承载力或基础底面尺寸不满足规范要求时的加固。此工法针对原有基础是砌体条形基础的加固，要求加固后的新基础能承担上部结构传递过来的剪力，如图 2-13 所示。

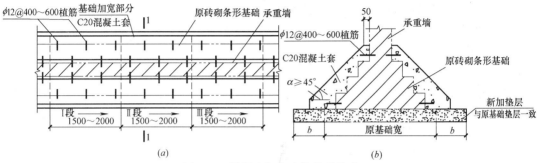

图 2-13 混凝土加宽砌体条形基础

（a）加固效果图；（b）剖面示意图

(2) 设计要点

① 加宽后的基础相当于无筋扩展基础，需满足相关规范中的台阶宽高比的限值等；

② 新旧基础采用铰接；

③ 应按长度 1.5～2.0m 划分成单独分段，分批，间隔进行施工。

(3) 施工步骤：

① 开挖操作坑，露出基础；

② 将原基础凿毛和刷洗干净；

③ 确定植筋位置，钻孔植筋；

④ 对加套的钢筋混凝土加宽部分，在其地基铺设垫层，其材料及厚度与原基础垫层的材料及厚度相同；

⑤ 在旧基础与加套部分混凝土界面上涂一层高强度等级水泥浆或涂混凝土界面剂；

⑥ 支模板，并浇筑混凝土。

(4) 注意事项

基础植筋长度应满足 Max（$0.3L_s$，$10d$，100mm）的要求。

4) 混凝土套卸载加宽砌体条形基础底面积加固法

(1) 适用范围

适用于既有建筑的地基承载力或基础底面积尺寸不满足规范要求时的加固。为提高效果，应采取措施消除或减小新加部分与原基础间的应力应变滞后，如图 2-14 所示。

(2) 设计要点

① 可每隔 1.5～2m 间距设置卸荷短钢梁，用千斤顶将原基础所受荷载按一定比例转移至新增钢筋混凝土接边踏台梁；

② 其他参考混凝土套加宽砌体条形基础（铰接）。

(3) 施工步骤：

① 开挖操作坑，露出基础；

② 将原基础凿毛和刷洗干净；

③ 确定植筋位置，钻孔植筋；

④ 对加套的钢筋混凝土加宽部分及钢筋混凝土踏台位置，在其地基铺设垫层，其材料及厚度与原基础垫层的材料及厚度相同；

⑤ 增设钢筋混凝土踏台；

⑥ 在旧基础与加套部分混凝土界面上涂一层高强度等级水泥浆或涂混凝土界面剂；

⑦ 支模板，并浇筑混凝土；

⑧ 设置卸荷梁。

（4）注意事项

对于柱下独立基础，可通过钢管斜撑，用钢板楔将原基础所受部分荷载转移至新增钢筋混凝土环梁上。

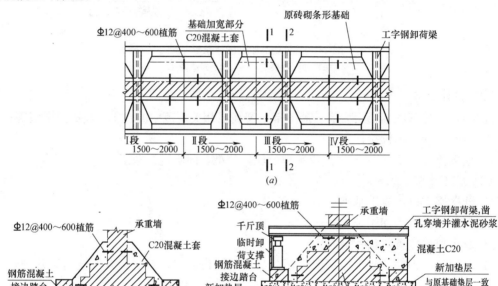

图 2-14　混凝土套卸载加宽砌体

（a）加固效果图；（b）示意图

5）原无筋扩展基础加固成扩展基础

（1）适用范围

适用于既有建筑的地基承载力或基础底面尺寸不满足规范要求时的加固。此工法针对原有基础是素混凝土独立基础的加固，要求加固后的新旧基础能共同承担上部结构传递过来的弯矩和剪力。

（2）设计要点

① 加宽后的基础为扩展基础；

② 加宽后的基础需满足相关规范中的受冲切承载力、基础底板抗弯验算、局部受压承载力验算等。

（3）施工步骤：（图 2-15）

① 开挖操作坑，露出基础；

② 将原基础凿毛和刷洗干净；

③ 对加套的钢筋混凝土加宽部分，在其地基铺设垫层，其材料及厚度与原基础垫层的材料及厚度相同；

④ 在原基础按设计要求，植入钢筋；

⑤ 在旧基础与加套部分混凝土界面上涂一层高强度等级水泥浆或涂混凝土界面剂；

⑥ 支模板，并浇筑混凝土。

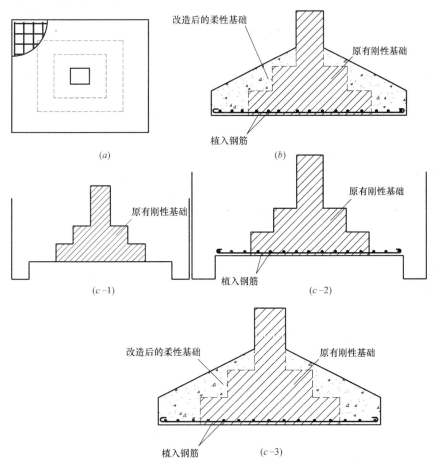

图 2-15 原无筋刚性独立基础加固成扩展基础

（a）基础平面图；（b）基础立面图；（c-1）施工步骤 1；（c-2）施工步骤 2；（c-3）施工步骤 3

6）独立基础改条形基础加固法

钢筋混凝土基础（肋梁式、铰接、刚接）。

（1）适用范围

当原有基础不宜采用混凝土套或钢筋混凝土套加大基础底面积时的加固。此工法针对原有基础是钢筋混凝土独立基础的加固，要求加固后的新基础能承担上部结构传递过来的剪力（铰接），或者弯矩、剪力（刚接）。

（2）设计要点

加宽后的基础如为扩展基础，需满足相关规范中的受冲切承载力、基础底板抗弯验算、局部受压承载力验算等；

新旧基础如采用刚性连接，新旧基础底部受力钢筋必须彼此焊接，部分构造钢筋应植入原基础，同时，结合面应凿毛。

（3）施工步骤：

① 开挖操作坑，露出基础；

② 在结合面处将原基础凿毛和刷洗干净，刚性连接时将基础底边外围凿开，露出原有基础主筋，将新旧基础的主筋进行焊接，见图 2-22（b）；

③ 铰接时，需钻孔植筋，新基础伸入原基础下，安装构造筋与箍筋，见图 2-22（a）；

④ 在旧基础与加套部分混凝土界面上涂一层高强度等级水泥浆或涂混凝土界面剂；

⑤ 支模板，并浇筑混凝土。

（4）注意事项

① 新旧基础受力钢筋焊接长度应满足钢筋强度要求；

② 基础植筋长度应满足 Max（$0.3L_s$，$10d$，100mm）的要求。

以下是有关柱基础改为条形基础、条形基础改为片筏基础的示例图（图 2-16～图 2-22）。

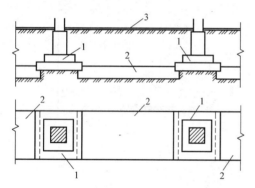

图 2-16　原柱基础下方设置基础梁

1—原有的柱基础；2—钢筋混凝土基础梁；3—地板表面

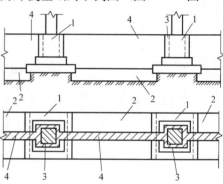

图 2-17　原柱基础下方设置基础梁、加劲隔板和杯口周围加套示意图

1—原有基础；2—钢筋混凝土基础梁；3—钢筋混凝土围套；4—加劲隔板

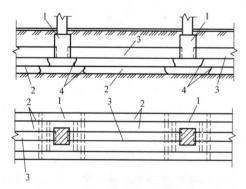

图 2-18　基础底板标高处设置带加劲隔板

1—原有柱基础；2—钢筋混凝土基础梁；3—加劲隔板；4—在基础底板台阶处被敲掉的混凝土

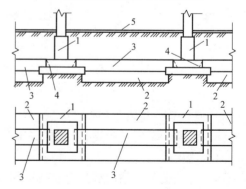

图 2-19　基础底板下方设置基础梁

1—原有柱基础；2—钢筋混凝土基础梁；3—加劲隔板；4—在基础平板部分被敲掉的混凝土；5—地表面

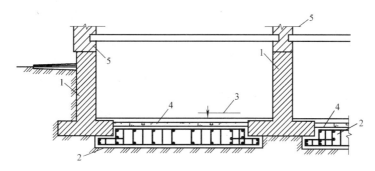

图 2-20 在条形基础下方设置片筏基础示意图

1—原有条形基础；2—新设置的片筏基础；3—地下室地面标高；4—夯实的粗砂；5—砖墙

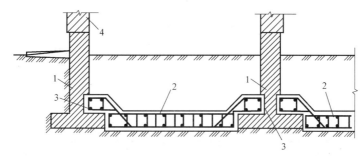

图 2-21 在条形基础上设置有键销的片筏基础示意图

1— 原有基础；2—新设置的片筏基础；3—浇筑在基础内的混凝土键销；4—砖砌体

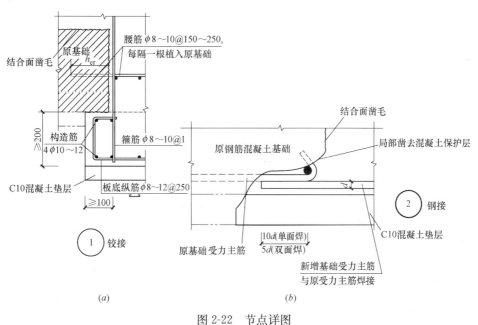

图 2-22 节点详图

（a）铰接；（b）刚接节点详图

7）条形基础改十字正交条形基础加固法

（1）适用范围

适用于当一字形条形基础不宜采用混凝土套或钢筋混凝土套加大基础底面积时的加固。此工法针对原有基础是钢筋混凝土条形基础的加固，要求加固后的新基础能承担上部结构传递过来的剪力（铰接），或者弯矩、剪力（刚接）。

（2）设计要点

① 新增条形基础截面形式一般为肋梁式；

② 新旧基础连接方式，刚接时，梁底新旧受力钢筋应焊接连接；铰接时，新旧肋梁底板应部分嵌入原基础底面，见图 2-23。

（3）施工步聚

① 开挖操作坑，露出基础；

② 在结合面处将原基础凿毛和刷洗干净，刚性连接时将基础底边外围凿开，露出原有基础主筋，将新旧基础的主筋进行焊接；

③ 铰接时，需钻孔植筋，新基础伸入原基础下，安装构造筋与箍筋；

④ 在旧基础与加套部分混凝土界面上涂一层高强度等级水泥浆或涂混凝土界面剂；

⑤ 支模板，并浇筑混凝土。

（4）注意事项

① 新旧基础受力钢筋焊接长度应满足钢筋强度要求；

② 基础植筋长度应满足 Max（$0.3L_s$，$10d$，$100\mathrm{mm}$）的要求。

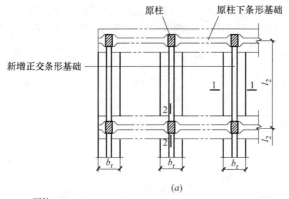

(a)

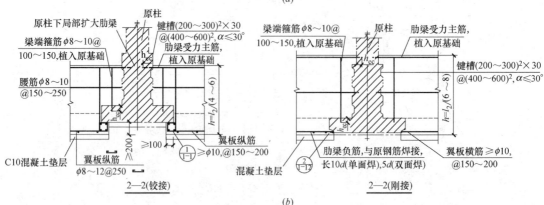

(b)

图 2-23　节点详图

(a) 加固效果图；(b) 铰接、刚接节点详图

8）砌体条形基础（平板式、铰接）

（1）适用范围

适用于当正交基础底面积不满足要求时的加固。此工法针对原有基础是砌体条形基础的加固，要求加固后的新基础能承担上部结构传递过来的剪力（铰接），见图2-24。

（2）设计要点

① 新旧基础采用铰接的形式，采用平板式连接；

② 新增筏板应部分嵌入原基础底部，深度应≥100mm；

③ 此工法只针对厚度较大的砌体墙，≥490mm。

（3）施工步聚

① 开挖操作坑，露出基础；

② 桩间用灰土夯实；

③ 在板面位置架设钢筋网；

④ 支模，在新旧结合处凿毛、刷洗干净，混凝土界面上涂一层高强度等级水泥浆或涂混凝土界面剂，浇筑混凝土。

（4）注意事项

新增筏板的地基承载力应满足设计要求，不应置于填土地基上。

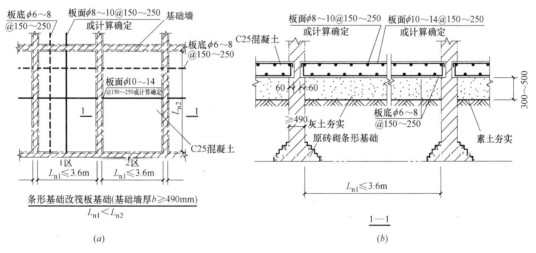

图 2-24 条形基础改为筏板基础

（a）加固效果图；（b）剖面示意图

9）钢筋混凝土条形基础（肋梁式、铰接）

（1）适用范围

适用于当正交基础底面积不满足要求时的加固。此工法针对原有基础是钢筋混凝土条形基础的加固，要求加固后的新基础能承担上部结构传递过来的剪力（铰接），见图2-25。

（2）设计要点

① 新旧基础采用铰接的形式，采用肋梁式连接；

② 一般采用倒T形板，底板嵌入原基础底面，肋梁顶受力筋应植入原基墙，其余构造筋可部分植入原基墙和基础；

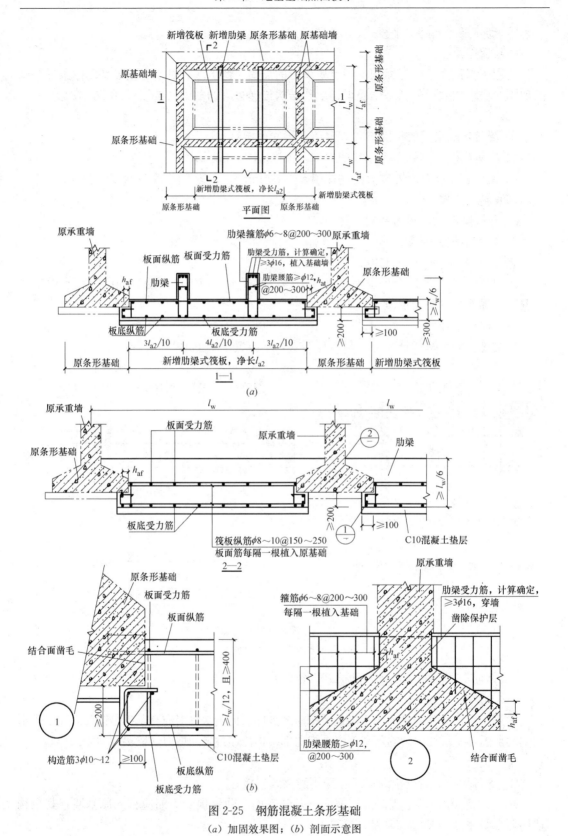

图 2-25　钢筋混凝土条形基础

(a) 加固效果图；(b) 剖面示意图

③ 肋梁沿原正交条形基础短向布置，间距 2～3m，肋梁截面高度一般取 $\geqslant l_w/6$，l_w 为短向墙距或柱距；底板厚应 $\geqslant$300mm。

（3）施工步聚

① 开挖操作坑，露出基础；

② 架设钢筋网；

③ 支模，在新旧结合处凿毛、刷洗干净，混凝土界面上涂一层高强度等级水泥浆或涂混凝土界面剂，浇筑混凝土。

（4）注意事项

① 插入原基础底面的混凝土应振捣密实。

② 基础植筋长度应满足 Max（$0.3L_s$，$10d$，100mm）的要求。

2.2.4　基础减压和加强刚度法

对软弱地基上建造建（构）筑物，在设计时除了有时作必要的地基处理外，而对上部结构往往需要采取某些加强建（构）筑物的刚度和强度，以及减少结构自重的结构措施，如：

（1）调整各部分的荷载分布、基础宽度或埋置深度；

（2）对不均匀沉降要求严格或重要的建（构）筑物，必要时可选用较小的基底压力；

（3）对于砖石承重结构的建筑，其长宽比宜小于或等于 2.5，纵墙应不转折或少转折，内横墙间距不宜过大，墙体内宜设置钢筋混凝土圈梁，并在平面内联成封闭体系；

（4）选用轻质材料、轻型结构、减少墙体重量、采用架空地板代替室内厚填土等措施；

（5）对设置地下室或半地下室时，采用覆土少和自重轻的箱形基础。

当既有建筑物由于地基强度和变形不满足设计规范要求，使上部结构出现开裂或破损而影响结构安全时，同样可采取减少结构自重和加强建（构）筑物的刚度和强度的措施。其基本原理是人为地改变结构条件，促使地基应力重分布，从而调整变形，控制沉降和制止倾斜。基础减压和加强刚度法在特定条件下，较采用其他加固技术工程费用低、处理方便和效果显著。

大型结构物一般应具有足够的结构刚度，但当其结构产生一定倾斜时，为改善结构条件，而将基础结构改成箱形基础或增设结构的连接体而形成组合结构时，尚需验算由于荷载、反力或不均匀沉降产生的对抗弯和抗剪等强度的要求，其计算结果应限制在结构和使用所容许的范围内。另外，对于组合结构必须要求有足够的刚度，因为刚度很小的连接结构，缺少传递分散荷载的能力，难以改变基底与土中的原有压力分布状况，也就无法调整不均匀沉降来控制倾斜。因此，组合结构或新建连接体均应具有较大的刚度，才能达到设计处理所要求的和改善自身结构进行倾斜控制的预定目的。

2.2.5　基础加深法

如果经验算后，原地基承载力和变形不能满足上部结构荷载要求时，除了可采用增加基础底面积的方法外，还可以将基础落深在较好的新持力层上，也就是加深基础法。这种加固方法也称为墩式加固或坑式加固。

加深基础法适用于地基浅层有较好的土层可作为基础持力层，且地下水位较低的情况。其具体做法是将原基础埋置深度加深，使基础支承在较好的持力层上，以满足设计对地基承载力和变形的要求。若地下水位较高时，则应根据需要采取相应的降水或排水措施。

对既有建筑进行基础加深加固时，其设计应遵循以下一些要点：

1）根据被加固结构荷载及地基土的承载力大小，所设计使用的混凝土墩可以是间隔的，也可以是连续的（图 2-26）。其中如果间断的墩式加固满足建筑物荷载条件对基底土层的地基承载力要求，则可设计为间断墩式基础；如果不满足，则可设计为连续墩式基础。施工时应先设置间断混凝土墩以提供临时支撑；在开挖间断墩间的土时，可先将坑的侧板拆除，再在挖掉墩间土的坑内灌注混凝土，然后再进行砂浆填筑，从而形成了连续的混凝土墩式基础。

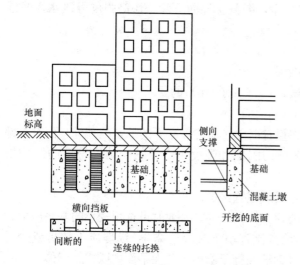

图 2-26　间断的和连续的混凝土墩式加固

2）当坑井宽度小于 1.25m，坑井深度小于 5m，坑井间距不小于单个坑井宽度 3 倍，建筑物高度不大于 6 层时，可不经力学验算就在基础下直接开挖小坑。

3）如果基础为承重的砖石砌体、钢筋混凝土基础梁时，对间断的墩式基础，该墙基应可跨越两墩之间。如果其强度不足以满足两墩间的跨越，则有必要在坑间设置过梁以支撑基础。即在间隔墩的坑边做一凹槽，作为钢筋混凝土梁、钢梁或混凝土拱的支座，并在原来的基础底面下进行干填（图 2-27）。

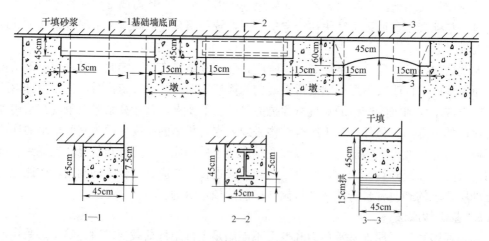

图 2-27　加固墩间的过梁类型

4）对大的柱基用基础加深时，可采用先将柱基面积划分为几个单元进行逐个加固的方法进行施工。单元尺寸根据基础尺寸的大小不同而不同。对于不加临时支撑的柱基进行加固施工时，通常一次加固不宜超过基础支承总面积的 20％。由于柱子的中心处荷载最为集中，可从基础的角端处先行开挖并施工进行加固的混凝土墩。

5）在框架结构中，上部各层的柱荷载可传递给相邻的柱子，所以理论上的荷载决不会全部作用在被加固的基础上，因而不能在相邻柱基上同时进行加固工作。一旦在一根柱子处开始加固后，就要不间断地进行到施工结束为止。

6）如果地下建筑要在某些完整无损的建筑物外墙旁经过时，需在其施工前对这些建筑物的外墙进行加固。这时可采用将外墙基础落深到与地下建筑底面的相同标高处，因而基础加深的方法可作为预防性加固措施方案之一。

7）如果基础加深的施工结束后，预计附近会有打桩或深基坑开挖等工程，可在混凝土墩式基础施工时，预留安装千斤顶的凹槽，使得在今后需要的时刻安装千斤顶来顶升建筑物，从而调整不均匀沉降，这就是维持性加固。

加深基础法的优点是费用低、施工简便，由于加固工作大部分是在建筑物的外部进行，所以在施工期间仍可使用建筑物。其缺点是工期较长，且由于建筑物的荷载被置换到新的地基土上，故会产生一定的附加沉降。

8）施工步骤

（1）在贴近既有建筑条形基础的一侧分批、分段、间隔开挖长约 1.2m，宽约 0.9m 的竖坑，对坑壁不能直立的砂土或软弱地基要进行坑壁支护，竖坑底面可比原基础底面深 1.5m。

（2）在原条形基础底面下沿横向开挖与基础同宽，深度达到设计持力层的基坑。

（3）基础下的坑体应采用现浇混凝土灌注，并在距原基础底面 80mm 处停止灌注，待养护 1d 后再用掺入膨胀剂和速凝剂的干稠水泥砂浆填入基底空隙，再用铁锤敲击木条，并挤密所填砂浆。

由于这种方法形成的填充层厚度比较小，所以实际上可视为不收缩的，因而建筑物不会因混凝土收缩而发生附加沉降。有时也可使用液态砂浆通过漏斗注入，并在砂浆上保持一定压力直到砂浆凝固变硬为止。重复上面的步骤，直至全部加固基础工作完成。

（4）存在地下水位时，应采取相应的降水或排水措施。基础加深加固效果和施工步骤见图 2-28。

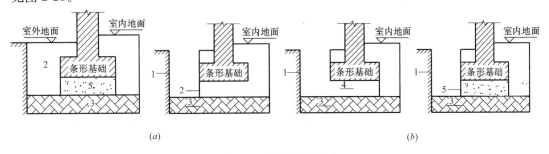

图 2-28　基础加深加固
（a）加固效果；（b）施工步骤
1—竖向操作坑（沟）；2—原有较弱持力层；3—深层较好持力层；4—横向操作坑（沟）；5—现浇混凝土

2.2.6　抬墙梁法

抬墙梁法是在原基础两侧挖坑并做新基础，通过钢筋混凝土梁将墙体荷载部分转移到新做基础上的一种加大基底面积的方法。新加的抬墙梁应设置在原地基梁或圈梁的下部。

这种加固方法具有对原基础扰动少、设置数量较为灵活的特点。浇筑抬墙梁时，应充分振捣密实，使其与地圈梁底紧密结合。若抬墙梁采用微膨胀混凝土，其与地圈梁挤密效果更佳。抬墙梁必须达到设计强度，才能拆除模板和墙体。

图 2-29 表示在原基础两侧新增条形基础抬梁扩大基底面积的做法。

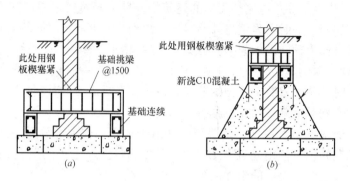

图 2-29 外增条形基础抬梁扩大基底面积

采用抬梁法加大基底面积时，应注意抬梁的设置应避开底层的门、窗和洞口；抬梁的顶部须用钢板楔紧。对于外增独立基础，可用千斤顶将抬梁顶起，并打入钢楔，以减少新增基础的应力滞后。

图 2-30 分别表示在原基础两侧新增独立基础抬梁扩大基底面积的做法。

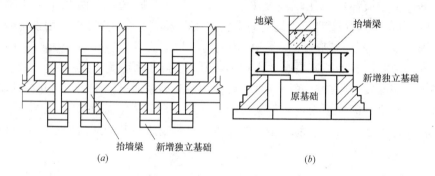

图 2-30 外增独立基础抬梁扩大基底面积
(a) 平面；(b) 剖面

抬墙梁是现浇梁，穿过原建筑物的地圈梁，支承于砖砌、毛石或混凝土新基础上。基础下的垫层应与原基础采用同一材料，并且做在同一标高上。浇筑抬墙梁时，应充分振捣密实，使其与地圈梁底紧密结合。若抬墙梁采用微膨胀混凝土，其与地圈梁挤密效果更佳。

抬墙梁必须达到设计强度，才能拆除模板和墙体。抬墙梁可分别支承于砖基础上、小桩上或爆扩桩上。图 2-31 为抬墙梁法加固施工步骤。

2.2.7 墩式加固法

1. 适用范围

土层易于开挖，且开挖深度范围内无地下水或采取降低地下水位措施较为方便者，建筑物基础最好是条形基础。

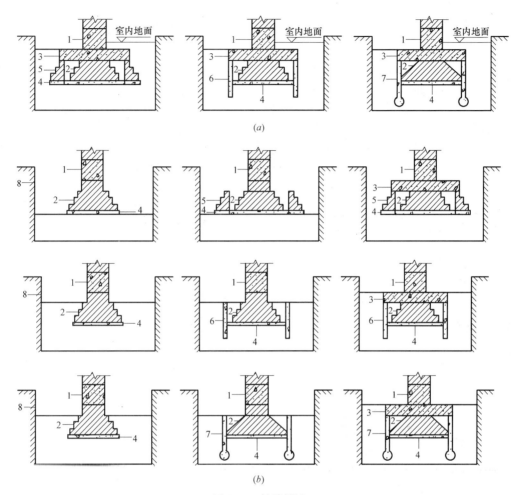

图 2-31 抬墙梁法
(a) 加固效果图; (b) 施工步骤
1—地圈梁; 2—原有基础; 3—抬墙梁; 4—混凝土垫层; 5—新增砖基础; 6—新增小桩基础;
7—新增爆扩桩基础; 8—操作坑 (沟)

2. 设计要点

当坑井宽度≤1.25m, 坑井深度≤5m, 建筑物高度不大于6层, 同时进行开挖的坑井间距不得小于单个坑井宽度的3倍时, 可不进行力学验算。

3. 施工步骤

(1) 在贴近基础外侧, 人工开挖一个长×宽为1.2m×0.9m的竖向导坑区, 直挖到比原有基底下再深1.5m处。

(2) 竖向导坑横向扩展到直接的基础下面, 继续在基础下面开挖所要求的持力层。

(3) 采用现浇混凝土浇筑已被开挖出来的基础下的挖坑体积形成墩子, 离基础底面80mm处停止浇注, 养护1d后再将1:1的水泥砂浆放进80mm的空隙内, 用铁锤锤击短木使填塞位置的砂浆充分捣实成密实的填充层。

(4) 按上述同样步骤再间隔、跳筑的分段分批的挖坑和修筑墩子, 直至加固基础的工作全部完成。

4. 注意事项

（1）条形基础间断的或连续的混凝土墩主要取决于被加固结构物的荷载和坑下地基的承载力。

（2）为防止墩式基础施工时基础内外两侧土体高差形成的土压力过大，需提供挖土时的横撑、对角撑或锚杆。图 2-32 为墩式法加固效果和施工步骤。

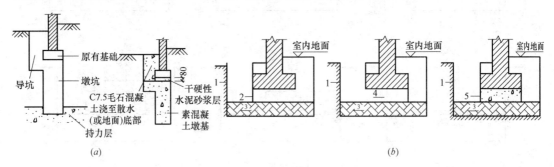

图 2-32　墩式托换法

(a) 加固效果图；(b) 施工步骤

2.2.8　梁式加固法

1. 适用范围

不适用于上硬下软的地层、不能提供反力或严重开裂的建筑物、不易压入的砂土地层、桩需通过地下障碍物的地层。

2. 设计要点与施工步骤

梁式静压桩加固的施工步骤：

（1）在室内开挖宽 0.8m 导坑，以便穿入反力钢梁。

（2）在圈梁下墙体上打洞或将基础下的土适当掏空，然后将 2 根工字钢梁插入梁墙体上的洞口或梁基础下面。

（3）利用工字钢梁作反力梁进行压桩，逐段将钢筋混凝土预制桩压入地基土中，直至达到桩长和压桩力的要求为止。

（4）抽出工字钢，浇灌钢筋混凝土梁，洞口或基础下宜振捣密实或加适量膨胀剂。静压桩顶与梁底间宜预留间隙，待梁达到设计强度后，根据不同的连接方法填塞桩顶与梁底的间隙。

顶承静压桩施工步骤：

（1）在柱基或墙基下开挖竖坑和横坑。

（2）根据上部荷载采用开口钢管或预制钢筋混凝土方桩放置在基础底面，利用液压千斤顶或建筑物的自重作为千斤顶的反力将钢管或预制方桩压进土层。

（3）钢管压入土中每隔一定的时间用合适的工具将土取出。

（4）桩经顶进、清孔或接高后，直至桩尖达到设计深度为止。

（5）将桩与基础梁浇灌在一起，形成整体连接，以承受上部结构荷载。

3. 注意事项

（1）混凝土方桩的接桩可用预留孔和预留插筋，接头处利用硫磺胶泥相装配，也可采取预埋钢筋和钢板焊接成一体。

（2）桩的压入深度以进入硬层和实测桩阻力达到设计单桩承载力的 1.5 倍为准。

图 2-33 为梁式法加固效果和施工步骤。

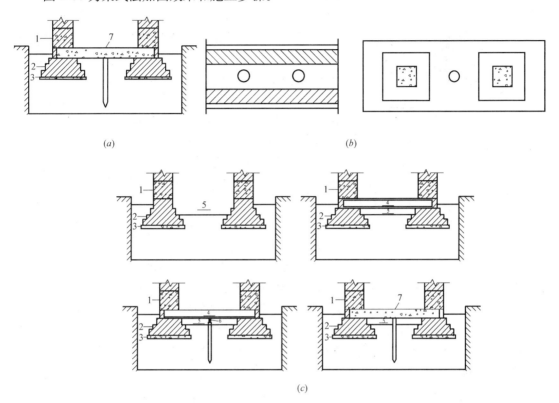

图 2-33 梁式加固法

(a) 加固效果图，(b) 桩位布置图，(c) 施工步骤

1—地圈梁；2—原有基础；3—混凝土垫层；4—钢梁；5—操作坑（沟）；6—千斤顶；7—钢筋混凝土梁

2.3 桩式法加固地基

2.3.1 锚杆静压桩法

1. 锚杆静压桩工法的特点

锚杆静压桩法是将锚杆和静力压桩两项技术巧妙结合而形成的一种桩基施工新工艺，是一项基础加固处理新技术，适用于淤泥、淤泥质土、黏性土、粉土和人工填土等地基土。其加固机理类同于打入桩及大型压入桩，但其施工工艺又不同于两者。锚杆静压桩在施工条件要求及对周边环境的影响方面明显优于打入桩及大型压入桩。

在进行锚杆静压桩施工时，首先在需要进行加固的既有建筑物基础上开凿压桩孔和锚杆孔，用胶黏剂埋好锚杆，然后安装压桩架且与建筑物基础连为一体。利用既有建筑物自重作反力，用千斤顶将预制桩压入土中，桩段间用硫磺胶泥或焊接连接。当压桩力或压入深度达到设计要求后，将桩与基础用微膨胀混凝土浇筑在一起，桩即可受力，从而达到提高地基承载力和控制沉降的目的（图 2-34）。

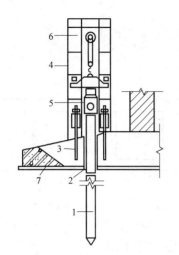

图 2-34　锚杆静压桩装置示意图

1—桩；2—压桩孔；3—锚杆；
4—反力架；5—千斤顶；6—手
动或电动葫芦；7—基础

工程实践表明，加固工程中使用该工法与其他工法相比，具有以下明显优点：

（1）保证工程质量

采用锚杆静压桩加固，传荷过程和受力性能非常明确，在施工中可直接测得实际压桩力和桩的入土深度，对施工质量有可靠保证。

（2）做到文明清洁施工

压桩施工过程中无振动、无噪声、无污染，对周围环境无影响，做到文明、清洁施工。非常适用于密集的居民区内的地基加固施工，属于环保型工法。

（3）施工条件要求低

由于压桩施工设备轻便、简单，移动灵活，操作方便，可在狭小的空间 1.5m×2m×（2～4.5）m 内进行压桩作业，并可在车间不停产、居民不搬迁情况下进行基础加固。这给既有建筑地基基础加固创造了良好的施工条件。

（4）对既有倾斜建筑物可实现可控纠倾

锚杆静压桩配合掏土或冲水可成功地应用于既有倾斜建筑的纠倾工程中。由于止倾桩与保护桩共同工作，从而对既有倾斜建筑可实现可控纠倾的目的。

由于该工法施工质量的可控性和技术的优越性，使该工法在上百项既有建筑地基基础加固中成功地得到应用。特别在完成难度很大的工程中，显示出了无比的优越性。

2. 锚杆静压桩的应用

锚杆静压桩主要可用于既有建筑物加固和纠偏加固工程。既有建筑由于种种原因，产生较大的不均匀沉降而导致建筑物开裂，或者是由于既有建筑物使用功能的改变，如增层、扩大柱距等，基础上的荷载增大，地基土承载力不能满足上部结构要求时，则需要对其进行基础加固。在施工条件限制下，其他一些工法不适用时，锚杆静压桩则是比较理想的选择；既有建筑物由于不均匀沉降而发生严重倾斜时，若其上部结构刚度大，整体性好，建筑物没有或仅有少量裂缝，只是发生了整体倾斜。这种情况下可采用锚杆静压桩并联合掏土、钻孔或沉井冲水等方法，可以很好地进行纠斜加固。当然，如果采用双排桩（一侧为止倾桩，一侧为保护桩），则能做到可控纠倾，既安全可靠，又节约成本。

锚杆静压桩的适用范围较为广泛，以下仅举不同工程类别分别阐明其适用性：

（1）天然地基上的 6～7 层住宅建筑的基础加固

在大厚度软土天然地基上建造多层住宅，其沉降量可达 40～60cm，为尽快制止建筑物的大量沉降和不均匀沉降，锚杆静压桩一般都布置在建筑物外挑基础上，用以减少基础边缘应力，消除下卧层土的剪切变形区，使建筑物恢复到正常固结变形。

（2）天然地基上多层建筑沉降尚未稳定，（适度）倾斜仍在发展的基础加固止倾

加固桩同样布置在外挑基础上，如外挑基础宽度不足，可预先进行基础拓宽加固，然后再进行补桩加固。经补桩加固后，可望在 3～6 个月内达到稳定。

（3）建筑物沉降缝磕头处的基础加固

当建筑物过长或相邻建筑层数不一致时,往往都采用沉降缝的隔开措施,一般缝宽为160mm。由于沉降缝两侧的山墙,会给该处地基带来较大压力,形成应力的叠加作用,从而导致沉降缝处出现较大的沉降及两侧建筑向沉降缝处倾斜,引起沉降缝两侧上端山墙的磕头现象,严重时其中一侧山墙墙面被顶裂,墙面出现结构裂缝。此时,通常采取在沉降缝两侧山墙基础上进行补桩加固,制止沉降缝两侧山墙的沉降。为防止加桩后地基刚度的突变而引起结构裂缝,山墙两侧布桩时应充分考虑刚度变化,布桩应由密到稀。

(4)加层工程的基础加固

如某校教学楼要求在原三层上增加两层,设计时采用外包框架将原建筑物包在内部,在其顶部再新建两层教学楼,而在框架柱基上用锚杆静压桩加固。

(5)设备基础的加固

某机械厂进口一台数控龙门机床,对其基础沉降要求甚严,经对原基础补桩加固后,满足了沉降设计要求。

(6)电梯井基础补桩加强

某商城酒店高18层,需增加一部电梯,由于拟建场地狭小,天然地基无法满足设计要求,后采用基础补桩加固,建成后使用情况良好。

(7)基坑周围相邻建筑的基础加固

深基坑开挖施工过程中,由于基坑围护的变形及地下水位的抽水下降,将直接影响相邻建筑的沉降和倾斜,为确保相邻建筑的安全,应对相邻建筑作适当补桩加固。

(8)在抗拔桩工程中应用

为满足地下室抗浮需要,根据设计要求在底板上开凿出上大下小的压桩孔,桩身设计成下大上小的桩段进行抗浮桩的施工。

(9)锚杆静压桩应用于纠倾加固工程

目前有两种较为成熟的迫降纠偏方法:一种为锚杆静压桩加沉井掏土纠倾法,它适合于回倾率较大的纠倾工程。先在沉降缝大的一侧用桩对基础加固,有效制止沉降多的一侧不再发生大的沉降,然后再在沉降小的一侧开挖沉井,当沉井下沉到设计深度后,最后在原有基础下一定深度的软土中进行水平冲水掏土,使该侧基础缓慢下沉,用这种方法纠倾沉降比较均匀,对既有建筑的上部结构不会产生较大的次应力。当即将达到要求倾斜率时,在沉降小的一侧再压入一定数量的保护桩,起到稳定的作用。

另一种为锚杆静压桩加钻孔取土纠倾法,这种方法适用于回倾率较小的纠倾工程。在沉降小的一侧用钻机进行垂直或斜向取土,使该侧调整基底应力,促使建筑物回倾。而锚杆静压桩的补桩要求与上述沉井掏土纠倾法相同。

(10)锚杆静压桩应用于新建工程

在繁华的商业街(如上海南京路)或在密集的建筑群中,或不允许有噪声环境条件,或大型打桩机具无法进入的建筑场地的情况下,可采用锚杆静压桩桩基逆作施工法进行地基基础加固。其工序是:在浇捣基础底板时,将压桩孔先预留出来,上部建筑仍可照常施工,待建造到三层后,上部荷重大于压桩力时,便可进行压桩施工,与上部建筑同步进行,无需压桩施工工期,使工程提前投产。

(11)大型锚杆静压钢管桩应用于高层建筑补桩工程

在高层建筑桩基(打入桩或灌注桩)工程中,由于多种原因,经常会发生断桩、缩颈、偏斜、接头脱开、大位移等桩基质量事故。特别是处于深基坑已开挖，一经检测查出部分桩基出现质量事故，此时大型桩基施工设备已无法进入坑内施工，而相邻建筑的沉降有可能在发展；基坑围护也可能继续在发生位移，如采用常规的桩基事故处理需要较长工期，由此造成基坑危险程度更会加剧，整个工期亦会延长，此时可采取大型锚杆静压钢管桩的补桩措施。曾选用过的桩型为 $\phi406\times10$mm，桩长 38m，压桩力达 2600kN，同时大大缩短了桩基加固工期。

3. 工程地质勘察

针对锚杆静压桩进行工程地质勘察时，除了应进行常规的工程地质勘察工作外，尚应进行静力触探试验。由于锚杆静压桩在施工过程中的受力特点与静力触探试验非常相似，故静力触探试验配合常规勘察可提供适宜的桩端持力层，并且可提供沿深度各土层的摩阻力和持力层的承载力，从而可以比较准确地预估单桩竖向容许承载力，为锚杆静压桩设计提供较为可靠和必需的设计参数及依据。

4. 锚杆静压桩的设计

在进行锚杆静压桩设计前，必须对拟加固建筑物进行调研，查明其工程事故发生的原因，了解其沉降、倾斜、开裂情况，分析上部结构与地基基础之间的关系，调查周边环境、地下网线及地下障碍物等情况，并应收集加固工程的地基基础设计所必需的其他资料。

设计内容包括单桩竖向承载力、桩断面及桩数设计、桩位布置设计、桩身强度及桩段构造设计、锚杆构造设计、下卧层强度及桩基沉降验算、承台厚度验算等。若是纠倾加固工程尚需进行纠倾设计。

(1) 单桩竖向承载力的确定

锚杆静压桩的单桩竖向承载力特征值可通过单桩载荷试验确定；当无试验资料时，可按地区经验确定，也可按国家现行标准《建筑地基基础设计规范》GB 50007 和《建筑桩基技术规范》JGJ 94 有关规定估算。

(2) 桩断面及桩数设计

桩断面可根据上部结构、地质条件、压桩设备等初步选择，压桩孔一般宜为上小下大的正方棱台状，边长为 200~300mm，其孔口每边宜比桩截面边长大 50~100mm。这样就可以初步确定单桩竖向承载力。设计时必须控制压桩力不得大于该加固部分的结构自重。若是考虑桩土的共同作用，则带承台的单桩承载力比不带承台的单桩承载力要大许多，故在计算桩数的时候应加以考虑。由于估算桩土应力比是一个比较复杂的问题，为了合理方便地考虑桩土应力比，在既有建筑地基基础加固设计中一般建议为 3:7，即 30%的荷载由土承受，70%的荷载由桩承受。当然，也可按照地基承载力大小及地基承载力利用程度相应选取桩土应力比，使之更趋于合理。若是在建筑物加层加固设计中，地基承载力能够满足既有建筑荷载要求，且建筑物沉降已趋于稳定，可考虑既有建筑荷载由土承受，加层部分荷载由桩承受。

设计桩数应由上部结构荷载及单桩竖向承载力计算确定。由桩承受的荷载值除以单桩竖向承载力就可得到桩数。若是计算所得桩数过多，桩距过小，可适当扩大桩断面，重新计算桩数，直至合理为止。

(3) 桩位布置

锚杆静压桩应尽量靠近墙体或柱子。对于加固工程，其桩位应尽量靠近受力点两侧，这样桩位就处于刚性角范围内，从而可以减小基础的弯矩；对条形基础可布置在靠近基础的两侧（图2-35）；独立基础可围着柱子对称布置（图2-36）；板基、筏基可布置在靠近荷载大的部位及基础边缘，尤其是角落部位，以适应马鞍形的基底接触应力分布。

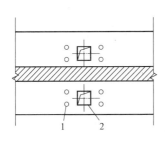

图2-35 条形基础桩位示意图

1—锚杆；2—压桩孔

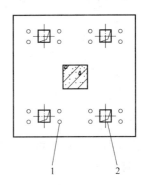

图2-36 独立柱基础桩位示意图

1—锚杆；2—压桩孔

（4）桩身强度及桩段构造设计

钢筋混凝土方桩的桩身强度可根据压桩过程中的最大压桩力并按钢筋混凝土受压构件进行设计，且其桩身强度应稍高于地基土对桩的承载力。桩身材料可采用钢筋混凝土或钢材，一般混凝土强度等级不应低于C30，保护层厚度4cm。桩内主筋应按计算确定，当方桩截面边长为200mm时，配筋不宜少于$4\phi10$；当边长为250mm时，配筋不宜少于$4\phi12$；当边长为300mm时，配筋不宜少于$4\phi16$。

桩段长度由施工条件决定，如压桩处的净高、运输及起重能力等，一般为$1.0\sim2.5$m。如果从经济及施工速度的角度出发，应尽量采用较长的桩段，这样就可以减少接桩的次数。另外，还应考虑桩段长度组合应与单桩总长尽量匹配，避免过多截桩。因此，适当制作一些较短的标准桩段，可以更方便的匹配组合使用。

桩段一般可采用焊接接头或硫磺胶泥接头连接。当桩身承受水平推力、侧向挤压力或拉应力时，应采用焊接接头连接；承受垂直压力时则应采用硫磺胶泥接头连接。当采用硫磺胶泥接头时，其桩节两端应设置焊接钢筋网片，一端应预埋插筋，另一端应预留插筋孔和吊装孔，见图2-37。采用焊接接头的钢筋混凝土桩段，在桩段的两端应设置钢板套，见图2-38。为了满足抗震需要，对承受垂直荷载的桩，上部四个桩段应为焊接接桩，下

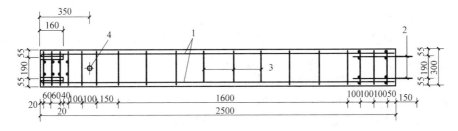

图2-37 硫磺胶泥接头桩段

1—$4 \oplus 14$；2—$4 \oplus 14$；$L=450$；3—$\phi6@200$；4—$\phi30$吊装孔

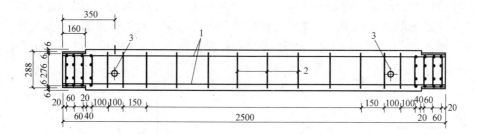

图 2-38 焊接接头桩段

1—4 ⏀ 14；2—ϕ6@200；3—ϕ30 吊装孔

部可为硫磺胶泥接桩。

在加固工程中硫磺胶泥是一种常用的连接材料，下面对硫磺胶泥的配合比和主要物理力学性能指标简单介绍。

1) 硫磺胶泥的重量配合比为硫磺：水泥：砂：聚硫橡胶（44：11：44：11）。

2) 硫磺胶泥的主要物理性能如下：

① 热变性：硫磺胶泥的强度与温度的关系为在60℃以内强度无明显影响；120℃时变液态且随着温度的继续升高，由稠变稀；到140～150℃时，密度最大且和易性最好；170℃时开始沸腾；超过180℃开始焦化，且遇明火即燃烧。

② 重度：22.8～23.2kN/m³。

③ 吸水率：硫磺胶泥的吸水率与胶泥制作质量、重度及试件表面的平整度有关，一般为0.12%～0.24%。

④ 弹性模量：5×10⁴MPa。

⑤ 耐酸性：在常温下耐盐酸、硫酸、磷酸、40%以下的硝酸、25%以下的铬酸、中等浓度乳酸和醋酸。

3) 硫磺胶泥的主要力学性能要求如下。

① 抗拉强度：40MPa。

② 抗压强度：40MPa。

③ 抗折强度：10Mpa。

④ 握裹强度：与螺纹钢筋为11MPa；与螺纹孔混凝土为4MPa。

⑤ 疲劳强度：参照混凝土的试验方法，当疲劳应力比 ρ 为0.38时，疲劳强度修正系数为 $r_\rho > 0.8$。

（5）锚杆构造设计

锚杆可用光面直杆镦粗螺栓或焊箍螺栓。锚杆直径可根据压桩力大小选定：当压桩力小于400kN时，可采用M24锚杆；当压桩力为400～500kN时，可采用M27锚杆；压桩力再大时，可采用M30锚杆。锚杆数量可由压桩力除以单根锚杆抗拉强度确定。锚杆螺栓按其埋设形式可分为预埋和后成孔埋设两种，对于既有建筑的地基基础加固都采用后成孔埋设法。锚杆螺栓锚固深度可采用10～12倍螺栓直径，并不应小于300mm，锚杆露出承台顶面长度应满足压桩机具要求，一般不应小于120mm。施工时锚杆孔内的胶黏剂可采用环氧砂浆或硫磺胶泥；锚杆与压桩孔、周围结构及承台边缘的距离不应小于200mm。

（6）下卧层强度及桩基沉降验算

一般情况下，采用锚杆静压桩进行加固的工程，其桩尖进入土质较好的持力层，被加固的既有建筑的沉降量是比较小的，并不需要进行这部分的验算。若持力层下附加应力影响范围内存在较厚的软弱土层时，则需要进行下卧层强度及桩基沉降验算。在进行验算时，出于简化计算和安全储备考虑，可忽略前期荷载作用的有利影响而按新建桩基建筑物考虑，其下卧层强度及桩基沉降计算可按国家现行规范的有关条款进行。当验算强度不能满足要求或计算桩基沉降量超过规范的容许值时，应适当改变原定方案重新设计。

（7）承台厚度验算

原基础承台验算可按现行《混凝土结构设计规范》进行，验算内容包括基础的抗冲切、抗剪切强度。当验算结果不能满足要求时，应设置桩帽梁，并由抗冲切、抗剪切计算确定。桩帽梁主要利用压桩用的抗拔锚杆，加焊交叉钢筋并与外露锚杆焊接，然后围上模板，将桩孔混凝土和桩帽梁混凝土一次浇灌完成，并形成一个整体。

除应满足有关承载力要求外，承台厚度不宜小于 350mm。桩头与基础承台连接必须可靠，桩顶嵌入承台内长度应为 50～100mm；当桩承受拉力或有特殊要求时，应在桩顶四角增设锚固筋，伸入承台内的锚固长度应满足钢筋锚固要求。另外，承台的周边至边桩的净距离不宜小于 200mm。压桩孔内应采用 C30 微膨胀早强混凝土浇筑密实。当既有建筑原基础厚度小于 350mm 时，封桩孔应用 2φ16 钢筋交叉焊接于锚杆上，并应在浇注压桩孔混凝土的同时，在桩孔顶面以上浇注桩帽，厚度不应小于 150mm。

如果既有建筑基础承载力不满足压桩要求，应对基础进行加固补强；也可采用新浇筑钢筋混凝土挑梁或抬梁作为压桩的承台。

5. 锚杆静压桩的施工

在锚杆静压桩进行施工以前，应做好准备工作，如首先根据压桩力大小选择压桩设备及锚杆直径（黏性土，压桩力可取 1.3～1.5 倍单桩容许承载力；砂类土，压桩力可取 2 倍单桩容许承载力）；其次要根据实际工程编制施工组织设计，其内容应包括针对设计压桩力所采用的施工机具与相应的技术组织、劳动组织和进度计划；在设计桩位平面图上标好桩号及沉降观测点；施工中的安全防范措施；拟订压桩施工流程；施工过程中应遵守的技术操作规定；工程验收所需的资料与记录等。一般的压桩施工流程见图 2-39。

在进行压桩施工以前，还应先行清理压桩孔和锚杆孔的施工工作面；制作锚杆螺栓和桩节；开凿压桩孔，并将孔壁凿毛，清理干净压桩孔，将原承台钢筋割断后弯起，待压桩后再焊接；开凿锚杆孔，并确保锚杆孔内清洁干燥后再埋设锚杆，以胶黏剂加以封固等工作。图 2-40 为锚杆静压桩加固效果和施工步骤。

在进行压桩施工时应遵守下列规定：

（1）压桩架应保持竖直，锚固螺栓的螺母或锚具应均衡紧固，在压桩施工过程中，应随时拧紧松动的螺母。

（2）桩段就位时桩节应保持竖直，使千斤顶、桩节及压桩孔轴线在同一垂直线上，可用水平尺或线锤对桩段进行垂直度校正，不得偏心加压。压桩施工前应先垫上钢板或麻袋，套上钢桩帽后再进行压桩，防止桩顶压碎。桩位的平面偏差不应超过 ±20mm，桩节垂直度偏差不应大于 1% 的桩节长。

（3）压桩施工时应一次性连续压到设计标高，如不得已必须中途停压时，桩端应停留

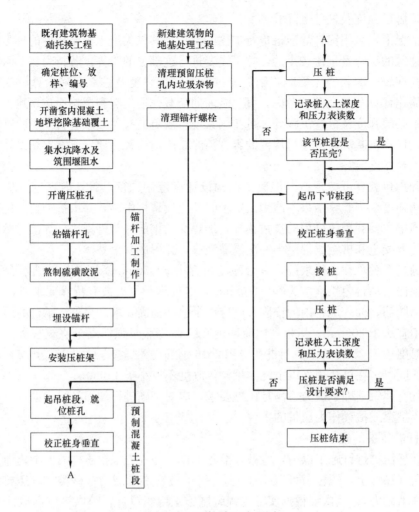

图 2-39　压桩施工流程图

在软弱土层中，且停压的间隔时间不宜超过 24h。

（4）压桩施工应对称进行，不宜数台压桩机在一个独立基础上同时加压；压桩力总和不应超过既有建筑的自重，以防止基础上抬造成结构破坏。

（5）焊接接桩前应对准上、下桩节的垂直轴线，清除焊面铁锈后进行满焊，确保质量。

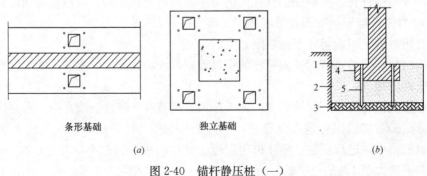

图 2-40　锚杆静压桩（一）

(a) 桩位布置图；(b) 加固效果图

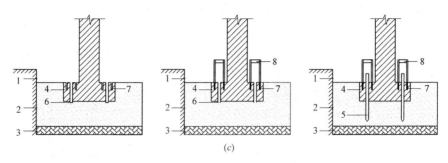

图 2-40　锚杆静压桩（二）

(c) 施工步骤

1—操作坑（沟）；2—原有较弱持力层；3—深层较好持力层；4—原有基础；

5—加固桩体；6—压桩孔；7—锚杆孔；8—锚杆架

（6）采用硫磺胶泥接桩时，上节桩就位后应将插筋插入插筋孔，检查重合无误，间隙均匀后，将上节桩吊起 10cm，装上硫磺胶泥夹箍，浇注硫磺胶泥，并立即将上节桩保持垂直放下，且接头侧面应平整光滑，使得上下桩面充分黏结，待硫磺胶泥固化后才能继续进行压桩施工，当环境温度低于 5℃时，应对插筋和插筋孔做表面加温处理；熬制硫磺胶泥时温度应严格控制在 140～145℃范围内，浇注时温度不得低于 140℃。

（7）桩尖应到达设计持力层深度、且压桩力应达到国家现行标准《建筑地基基础设计规范》GB 50007 规定的单桩竖向承载力特征值的 1.5 倍，且持续时间不应少于 5min；若是桩顶未压到设计标高（已满足压桩力要求），则必须经设计单位同意后对外露桩头进行切除。

（8）封桩是整个压桩施工中的关键工序之一，必须认真进行。封桩的具体封桩流程见图 2-41。锚杆静压桩封桩节点示意见图 2-42，大型锚杆静压桩法可用于新建高层建筑桩基工程中经常遇到的类似断桩、缩径、偏斜、接头脱开等质量事故工程，以及既有高层建筑的使用功能改变或裙房区的加层等基础加固工程。

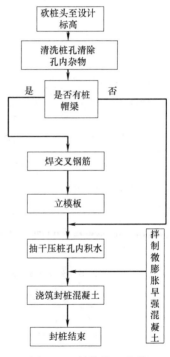

图 2-41　封桩施工流程

对沉降敏感的建筑物或要求加固后制止沉降起到立竿见影效果的建筑物（如古建筑、沉降缝两侧等部位），其封桩可采用预加反力封桩法（图 2-43）。通过预加反力封桩，拖带沉降可以减少 50%，一般为 1.5～2cm，收到良好的效果。

具体做法：在桩顶上预加反力（预加反力值一般为 1.2 倍单桩承载力），此时底板上保留了一个相反的上拔力，由此减少了基底反力，在桩顶预加反力作用下，桩身即形成了一个预加反力区，然后将桩与基础底板浇捣微膨胀混凝土，形成整体，待封桩混凝土硬结后拆除桩顶上千斤顶，桩身有很大的回弹力，从而减少基础的拖带沉降，起到减少沉降的作用。

常用的预加反力装置为一种用特制短反力架，通过特制的预加反力短柱，使千斤顶和桩顶起到传递荷载的作用，然后当千斤顶施加要求的反力后，立即浇捣 C30 或 C35 微膨胀早强混凝土，当封桩混凝土强度达到设计要求后，拆除千斤顶和反力架。

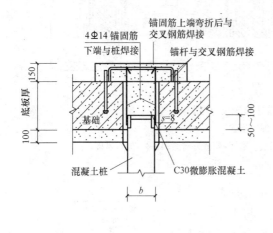

图 2-42　锚杆静压桩封桩节点示意　　　　图 2-43　预加反力封桩示意

6. 锚杆静压桩的质量检验

锚杆静压桩的质量检验应符合下列规定：

（1）桩段规格、尺寸、强度等级应符合设计要求，且应按强度等级的设计配合比制作。

（2）压桩孔位置应与设计位置一致，其平面偏差不得大于±20mm。

（3）锚杆尺寸、构造、埋深与压桩孔的相对平面位置必须符合设计及施工组织设计要求。

（4）压桩时桩节的垂直度偏差不得超过 1.5% 的桩节长。

（5）钢管桩的平整度高差不得大于 2mm，接桩处的坡口应为 45°，焊缝要求饱满、无气孔、无杂质，焊缝高度应为 $h=D+1mm$（D 为桩径）。

（6）最终压桩力与桩压入深度应符合设计要求。

（7）封桩前压桩孔内必须干净、无水，检查桩帽梁、交叉钢筋及焊接质量，微膨胀早强混凝土必须按强度等级的配比设计进行配制，配制混凝土坍落度为 20～40mm，封桩混凝土需振捣密实。

（8）桩身试块强度和封桩混凝土试块强度应符合设计要求，硫磺胶泥性能应符合国家现行标准《地基与基础工程施工及验收规范》的有关规定。

2.3.2　坑式静压桩法

1. 概述

坑式静压桩是在已开挖的基础下加固坑内，利用建筑物上部结构自重作支撑反力，用千斤顶将预制好的钢管桩或钢筋混凝土桩段接长后逐段压入土中的加固方法（图 2-44）。千斤顶上的反力梁可利用原有基础下的基础梁或基础板，对无基础梁或基础板的既有建筑，则可将底层墙体加固后再进行加固。该法将千斤顶的顶升原理和静压桩技术融于一体，适用于淤泥、淤泥质土、黏性土、粉土和人工填土等，且地下水位较低、有埋深较浅的硬持力层的情况。当地基土中有较多的大块石、坚硬黏性土或密实的砂土夹层时，由于桩压入时难度较大，需要根据现场试验确定其是否适用。

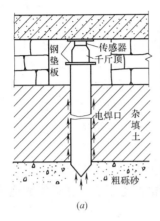

(a) (b)

图 2-44 坑式静压桩加固

国外坑式静压桩的桩身多数采用边长为 150~250mm 的预制钢筋混凝土方桩，亦可采用桩身直径为 100~600mm 的开口钢管，国外一般不采用闭口的或实体的桩，因为后者顶进时属挤土桩，会扰动桩周的土，从而使桩周土的强度降低；另外，当桩端下遇到障碍时，则桩身就无法顶进了。开口钢管桩的顶进对桩周土的扰动影响相对较小，国外使用钢管的直径一般为 300~450mm，如遇漂石，亦可用锤击破碎或用冲击钻头钻除，但决不能采用爆破。

桩的平面布置都是按基础或墙体中心轴线布置的，同一个加固坑内可布置 1~3 根桩，绝大部分工程都是采用单桩或双桩。只有在纵横墙相交部位的加固坑内，横墙布置 1 根和纵墙 2 根形成三角的 3 根加压桩。

坑式静压桩的分类可根据不同的分类方法分为不同的类别：

（1）根据基础形式分类

按照被加固的既有建筑基础类型分类，有条形基础、独立柱基、基础板、砖砌体墙、桩承台梁下直接加固加桩等。

（2）根据施工顺序分类

有先压桩加固基础，再加固上部结构；先加固上部结构，后压桩加固基础。若是承台梁底面积或强度不够，也可先加固或加宽承台梁后再压桩加固。

（3）根据桩的材料分类

根据桩的材料进行分类有钢管桩和预制钢筋混凝土小桩两类。

2. 坑式静压桩的设计

坑式静压桩的桩身材料可采用直径为 150~300mm 的开口钢管或边长为 150~250mm 的预制钢筋混凝土方桩。桩径的大小可根据地基土的贯入难易程度进行调整，对于桩贯入容易的软弱土层，桩径还可在此基础上适当增大。每节桩段长度可根据既有建筑基础下坑的净空高度和千斤顶的行程确定。若为钢管桩，桩管内应灌满素混凝土，桩管外应作防腐处理，桩段与桩段之间用电焊连接；若为钢筋混凝土预制桩，可在底节桩上端及中间各节预留孔和预埋插筋相装配,再采用硫磺胶泥接桩,也可采用预埋铁件焊接成桩。在压桩过程中,为保证垂直度,可加导向管焊接。

桩的平面布置应根据既有建筑的墙体和基础形式,以及需要增补荷载的大小确定,一般可布置成一字形、三角形、正方形或梅花形。桩位布置应避开门窗等墙体薄弱部位,设置在结构受力节点位置。

当既有建筑基础结构的强度不能满足压桩反力时,应在原基础的加固部位加设钢筋混凝土地梁或型钢梁,以加强基础结构的强度和刚度,确保工程安全。

坑式静压桩的单桩承载力应按国家现行标准《建筑地基基础设计规范》GB 50007 的有关规定进行估算。由于压桩过程中是动摩擦,因而压桩力达 2 倍设计单桩竖向承载力特征值相应的深度土层内,则定能满足静载荷试验时安全系数为 2 的要求。

3. 坑式静压桩的施工

坑式静压桩是在既有建筑物基础底下进行施工的,其难度很大且有一定的风险性,所以在其施工前必须要有详细的施工组织设计、严格的施工程序和具体的施工措施。图2-45为坑式静压桩加固效果和施工步骤。

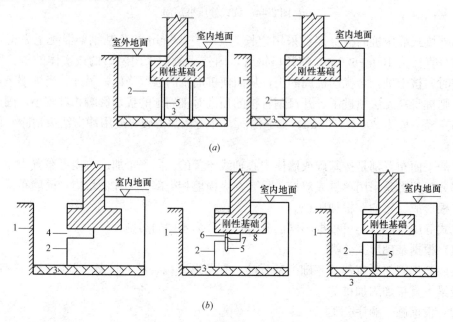

图 2-45　坑式静压桩施工示意图

(a) 加固效果图;(b) 施工步骤

1—操作坑(沟);2—原有较弱持力层;3—深层较好持力层;4—原有基础;

5—加固桩体;6—压桩孔;7—锚杆孔;8—锚杆架

(1) 开挖竖向导坑和加固坑

施工时先在贴近被加固建筑物的一侧开挖长 1.2m、宽 0.9m 的竖向导坑,直挖到比原有基础底面下 1.5m 处,对坑壁不能直立的砂土或软弱土等地基应进行适当的坑壁支护。再由竖向导坑朝横向扩展到基础梁、承台梁或直接在基础底面下,垂直开挖长 0.8m、宽 0.5m、深 1.8m 的加固坑。为了保护既有建筑物的安全,加固坑不能连续开挖,应采取间隔式的开挖和加固。

（2）压桩

压桩施工时，先在基坑内放入第一节桩，并在桩顶上加钢垫板，在钢垫板上安置千斤顶及测力传感器，校正好桩的垂直度，驱动千斤顶加荷压桩。每压入一节桩后，再接上另一节桩。桩经交替顶进和接高后，直至达到设计桩深为止。

如果使用的是钢管桩，其各节的连接处可采用套管接头。当钢管桩很长或土中有障碍物时需采用焊接接头。整个焊口（包括套管接头）应为满焊；如果采用的是预制钢筋混凝土方桩，桩尖可将主筋合拢焊在桩尖辅助钢筋上，在密实砂和碎石类土中，可在桩尖处包以钢板桩靴。桩与桩间接头可采用焊接或硫磺胶泥接头。桩位平面偏差不得大于 20mm，桩节垂直度偏差应小于 1‰的桩长。在压桩过程中，应随时记录压入深度及相应的桩阻力，并随时校正桩的垂直度。桩尖应到达设计持力层深度、且压桩力达到国家现行标准《建筑地基基础设计规范》GB 50007 规定的单桩竖向承载力特征值的 1.5 倍，且持续时间不应少于 5min。

尤其需要注意的是，当天开挖的加固坑应当天加固完毕，如果不得已当日施工没有完成，千斤顶绝不可撤去，任何情况下都不能使基础和承台梁处于悬空状态。

（3）封桩和回填

对于钢筋混凝土方桩，顶进至设计深度后即可取出千斤顶，再用 C30 微膨胀早强混凝土将桩与原基础浇筑成整体。当施加预应力封桩时，可采用型钢支架，而后浇筑混凝土。回填可与封顶同时进行，也可以先回填后封顶。对于基础梁（或板）的紧固，一般采用木模或临时砖模，再在模内浇灌 C30 混凝土，防止混凝土干缩与基础脱离。

对于钢管桩，顶进至设计深度后要拧紧钢垫板上的大螺栓，即顶紧螺栓下的钢管桩，并应根据工程要求，在钢管内浇注 C20 微膨胀早强混凝土，最后用 C30 混凝土将桩与原基础浇筑成整体。一般不需要在桩顶包混凝土，只需要用素土或灰土回填夯实到顶即可。

为了消除静压桩顶进至设计深度后，取出千斤顶时桩身的卸载回弹，因而出现了要求克服或消除这种卸载回弹的预应力方法。其做法是预先在桩顶上安装钢制加固支架，在支架上设置两台并排的同吨位千斤顶，垫好垫块后同步压至压桩终止压力后，将已截好的钢管或工字钢的钢柱塞入桩顶与原基础底面间，并打入钢楔挤紧后，千斤顶同步卸荷至零，取出千斤顶，拆除加固支架，对填塞钢柱的上下两端周边应焊牢，最后用 C30 混凝土将其与原基础浇筑成整体。

封桩可根据要求预应力法或非预应力法施工。施工工艺可参考 2.3.1 中锚杆静压桩封桩方法。

4. 坑式静压桩的质量检验

坑式静压桩质量检验应符合下列规定：

（1）最终压桩力与桩压入深度应符合设计要求；

（2）桩材试块强度应符合设计要求。

另外，检验内容尚应包括压桩时最大桩阻力的施工纪录、钢管桩的焊口或混凝土桩接桩的质量、桩的垂直度等。

2.3.3 树根桩法

1. 概述

树根桩是一种小直径的钻孔灌注桩，由于其加固设想是将桩基如同植物根系一般在各个方向与土牢固地连接在一起，形状如树根而得名。树根桩直径一般为 150～300mm，桩长一般不超过 30m，适用于淤泥、淤泥质土、黏性土、粉土、砂土、碎石土及人工填土等地基土上既有建筑的修复和增层、古建筑的整修、地下铁道的穿越等加固工程。

树根桩法的应用可以追溯到 20 世纪 30 年代，意大利的 Fondedile 公司的工程师 F. Lizzi 首次提出并应用于工程实践的。第二次世界大战后迅速从意大利传到欧洲、美国和日本，开始应用于修复古建筑，进而用于修建地下构筑物加固工程。国内首先由同济大学叶书麟推荐，并于 1981 年在苏州虎丘塔纠倾工程中进行了树根桩的现场试验；接着在上海新卫机器厂进行了树根桩的载荷试验研究。1985 年，上海市东湖宾馆加层项目中，同济大学与上海市基础公司合作第一次正式在国内工程中使用树根桩。

近年来，对树根桩的研究主要集中在设计方法优化，施工工艺的改进、质量控制以及加固效果的数值模拟等方面。

在基础的加固和地基土加固方面，树根桩法的成功工程实例已经有数千例，如图 2-46 表示的是房屋建筑下条形基础的加固，图 2-47 表示的是桥墩基础下利用树根桩进行的加固，图 2-48 表示的是树根桩在土质边坡中的应用，图 2-49 表示的是树根桩在岩质边坡中的应用。

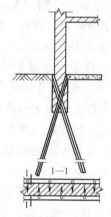

图 2-46　房屋建筑条形基础下树根桩加固

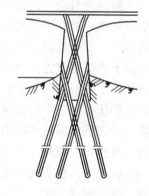

图 2-47　桥墩基础下树根桩加固

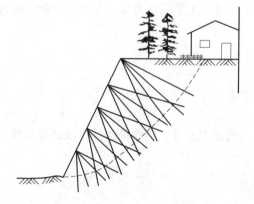

图 2-48　应用树根桩加固土质边坡

图 2-49　应用树根桩加固岩质边坡

图 2-50 是树根桩应用于法国巴黎的地铁隧道的修建。为了防止地铁隧道开挖时，由于地基土的卸荷作用对邻近建筑物造成不良影响，于是设置了网状结构的树根桩作为 A 区和 B 区的分隔墙，这样，在修建地铁的时候，对 A 区可能出现的卸荷作用不会影响到位于 B 区的邻近既有建筑物。同时，采用这种侧向加固方法可在不妨碍地面交通的条件下施工。

图 2-51 是日本东京都北区瞭望塔，要在其邻近铺设一条外径为 7.6m 的供水管道，管道与塔的水平距离为 11m，上覆土层厚度约 16.5m。采用网状结构树根桩的加固方案，沿着瞭望塔圆形片筏基础的周边设置两圈树根桩，每圈 40 根，桩长 30m，钻孔方向与竖直方向成角度 2.3°斜交。由于树根桩的加固，后来盾构施工时该瞭望塔安然无恙。

图 2-52 是意大利罗马的 S. Andrea delle Fratte 教堂利用树根桩进行加固的示意图。该教堂是建于 12 世纪的古建筑，由于年久失修而濒于破坏。意大利于 1960 年进行了地基土和上部结构的全面加固。墙身的加固是采用钢筋插入墙体，并采用低压注浆，成为加筋的砖石砌体。地基土采用了树根桩进行加固，并与经过加筋的上部结构连成一体。

图 2-53 是意大利威尼斯的 Burano 钟楼利用树根桩进行加固的示意图。该钟楼建于 16 世纪，由于不均匀沉降，塔身出现较大倾斜，必须进行纠倾加固。由于树根桩的特点，在于结构物连接后即可承受拉力，也可承受压力，且树根桩与桩间土构成一个整体性的稳定力矩；设计师还考虑了塔身与树根桩基础在一起的重心点需接近地面的形心，这使得塔体的稳定性得到了明显的改善。

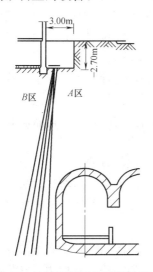

图 2-50 法国巴黎地铁隧道的修建

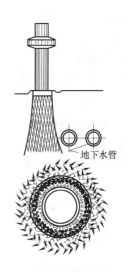

图 2-51 日本东京瞭望塔

树根桩施工时，是在钢套管的导向下用旋转法钻进，在加固工程中使用时，往往要穿越既有建筑的基础进入地基土中设计标高处，然后清孔后下放钢筋（钢筋数量由桩径决定）与注浆管，利用压力注入水泥浆或水泥砂浆，边灌、边振、边拔管，最终成桩。有时也可放入钢筋后再放入些碎石，接着灌注水泥浆或水泥砂浆而成桩。上海等地区进行树根桩施工时都是不带套管的，直接成孔，然后放钢筋笼并灌浆成桩。根据需要，树根桩可以是垂直的，也可以是倾斜的；可以是单根的，也可以是成排的；可以是端承桩，也可以是摩擦桩。

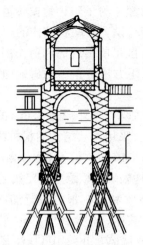 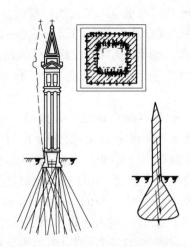

图 2-52　意大利罗马 S. Andrea delle Fratte 教堂　　图 2-53　意大利威尼斯 Burano 钟楼

采用树根桩进行加固工程的优点是：

（1）由于使用小型钻机，故所需施工场地较小，只要有平面尺寸 1m×1.5m 和净空高度 2.5m 即可施工。

（2）施工时噪声小，机具操作时振动也小，不会给原有结构物的稳定带来任何危险，对已损坏而又需加固的建筑物比较安全，即使在不稳定的地基中也可进行施工。

（3）施工时因桩孔很小，故而对墙身和地基土都不产生任何次应力，仅仅是在灌注水泥砂浆时使用了压力不大的压缩空气，所以加固时不存在对墙身有危险；也不扰动地基土和干扰建筑物的正常工作情况。

树根桩加固施工时不改变建筑物原来的平衡状态，这种原来力的平衡状态对古建筑通常仅有很小的安全系数，必须将这一点作为对古建筑设计加固的出发点，亦即使丧失了的安全度得到补偿和有所增加。所以，树根桩的特点不是把原来的平衡状态弃之不顾，而是严格地保持它。

（4）所有施工操作都可在地面上进行，因此施工比较方便。

（5）压力灌浆使桩的外表面比较粗糙，使桩和土间的附着力增加，从而使树根桩与地基土紧密结合，使桩和基础（甚至和墙身）联结成一体，因而经树根桩加固后，结构整体性得到大幅度改善。

（6）它可适用于碎石土、砂土、粉土、黏性土、湿陷性黄土和岩石等各类地基土。

（7）由于在地基的原位置上进行加固，竣工后的加固体不会损伤原有建筑的外貌和风格，这对遵守古建筑的修复要求的基本原则尤为重要。

图 2-54 为树根桩加固效果图和施工步骤。

2. 树根桩的加固原理

树根桩加固原理是利用钻探手段在建筑物的基础上施工竖直向下或向下倾斜的小口径钻孔，桩内设置钢筋笼或钢筋，并灌注水泥砂浆、细石混凝土成为树根桩，桩与基础浇筑成一体。树根桩依靠与土层的摩擦力及端承力承担上部建筑荷载。在施工期间树根桩本身不起承担上部建筑荷载的作用，只有当建筑物基础下沉时，即使是很小的沉降，树根桩也承受了建筑的部分荷载。随着建筑物基础继续下沉，树根桩受荷载的负担越来越大，直至

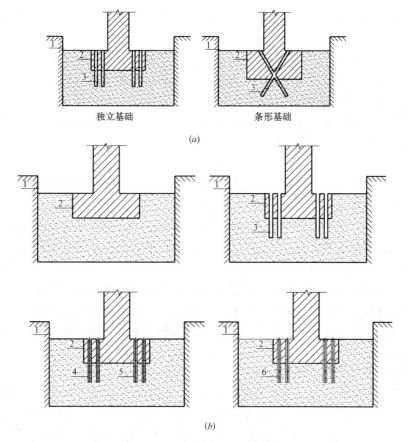

图 2-54　树根桩加固效果和施工步骤

(*a*) 加固效果图；(*b*) 施工步骤

1—操作坑（沟）；2—原有基础；3—开挖桩孔；4—钢筋笼；5—注浆管；6—碎石

建筑物全部荷载转移到树根桩上或者建筑物不再发生下沉时为止。

树根桩可用于因城市修建地下建筑物时，影响到地面建筑安全采取的预防性加固、修复古建筑的基础加固、危害地基加固和岩坡、土坡的稳定性加固处理等。

3. 树根桩的施工工艺

尽管在不同类型的工程中树根桩的形式和施工工艺均有所差别，但基本上遵循下列施工步骤：

（1）钻机和钻头的选择

根据施工设计要求、钻孔孔径大小和场地施工条件选择钻机机型，一般都是采用工程地质钻机或采矿钻机。对斜桩可选择任意调整立轴角度的油压岩回转钻机。孔径在 146mm 以下时，可选用 XY-1 型钻机；如有特殊施工要求，钻机不能使用冲洗液时，可用空压机输送 200～300kPa 压缩空气冷却钻头和清除孔内沉渣。由于施工钻进时往往受到净空低的条件限制，因而需配制一定数量的短钻具和短钻杆。

建筑物地基基础多为现浇的混凝土，混凝土坚硬且不均一，钻进混凝土地基时可选用牙轮钻头、大八角柱状合金双"品"字形合金钻头、厚壁钻头体大胎块针状合金钻头及钢粒钻头等，在地基基础之下钻进，根据地基土的岩性选择相应的刮刀钻头或合金钻头；在软黏土中钻进可选用合金肋骨式钻头，使岩芯管与孔壁间增大一级环状间隙，防止软黏土缩颈造成卡钻、夹钻事故。

钻机就位后按照施工设计的钻孔倾角和方位，调整钻机的方向和主轴的角度，然后安装机械设备，安装要牢固、平稳，尤其在施工场地狭窄、净空高度较低的条件下施工时，更应做好机械和人身安全的防护措施。

钻机定位后，桩位偏差应控制在 20mm 内，直桩的垂直偏差不超过 1%，对斜桩的倾斜度应按设计要求进行相应的调整。

（2）成孔

通常采用湿钻法成孔，除端承桩的钻孔必须下套管，以确保桩身截面均匀外，一般仅在孔口附近下一段护套筒，不用套管。在成孔过程中采用从孔口不断泛出的天然泥浆护壁。由于天然泥浆很稀，习惯上称作清水护壁。在钻孔遇到复杂地层，极易缩颈和塌孔时，应采用人造泥浆护壁。钻孔至设计标高以下 10～20cm 停钻，通过钻杆继续压清水清孔，直至孔口基本上泛清水为止。

钻孔可以选用各种类型的钻头，以圆筒形钻头为佳，这种钻头的端部镶焊了一圈合金钻牙，可以钻穿混凝土之类的地下障碍物，同时有利于维持钻孔的垂直度。当混凝土层较厚时，可在钻进时加钢粒以提高钻进速度。采用这种钻头及钻进方法，可以钻穿厚达 1m 的钢筋混凝土板。

（3）吊放钢筋笼和注浆管

吊放钢筋笼时应尽可能一次吊放整根钢筋笼，因为钻孔暴露时间愈长就愈容易产生缩颈和塌孔现象。当受净空和起吊设备限制需分节吊放时，节间钢筋搭接焊缝长度应不小于 10 倍钢筋直径（单面焊），且尽可能缩短焊接工艺历时。钢筋笼外径宜小于设计桩径 40～60mm。常用的主筋直径为 12～18mm，箍筋直径 6～8mm，间距 150～250mm，截面主筋不少于 3 根。承受垂直荷载的钢筋长度不得小于 1/2 桩长；承受水平荷载一般在全桩长配筋。注浆管可用直径 20mm 的铁管，用于二次注浆的注浆管只在注浆深度范围内的侧壁开孔，呈花管状。

在吊放钢筋笼的过程中，若发现缩颈、塌孔而使钢筋笼下放困难时，应起吊钢筋笼，分析原因后重新钻孔。

（4）填灌碎石

碎石粒径宜在 10～25mm 范围内，用水冲洗后定量填放。填入量应不小于计算空间体积的 0.8～0.9 倍。当填入量过小时，应分析原因，采取相应的措施。在填放碎石的过程中，应利用注浆管继续冲水清孔。

（5）注浆

注浆浆液分为水泥浆和水泥砂浆两种。注水泥浆时，浆液的水灰比以 0.4～0.5 为佳，可按实际施工需要加入适量的减水剂和早强剂。用作防渗堵漏时，可在水泥浆液中掺磨细粉煤灰，掺入量不超出 30%。

注水泥砂浆时，常用的重量配比为水：水泥：砂＝0.5：1.0：0.3，受砂浆泵的限制，砂粒径一般不大于 0.5mm。

注浆时应控制压力和流量，最大工作压力应不小于 1.5MPa，使浆液均匀上冒，直至在孔口泛出。一般不宜在注浆过程中上拔注浆管，当桩长超过 20m 或出现浆液大量流失现象时，可上拔注浆管到适宜的深度继续注浆。

在注浆过程中，应及时处理常见的窜孔、冒浆和浆液沿砂层或某一地下通道大量流失的现象。窜孔是指浆液从邻近已完工的桩顶冒出的现象，常用的措施是采用跳孔工序施工，跳一孔或二孔，在浆液中加入适量的早强剂。冒浆是指浆液从附近地面冒出的现象，大多出现在表层是松散填土层的现场，常用的措施是调整注浆压力和掺适量的早强剂。浆液大量流入邻近河、沟或人防通道、废井等地下构筑物的现象应严加防范。在地质勘探时，首先应弄清可能造成浆液流失的隐患，事先采用防范措施。在施工时，若出现注浆量超出按桩身体积计算量的三倍时，应停止注浆，查清原因后采取相应的措施。

在注浆过程中，浆液除了充填桩身之外，同时向四周土层渗透，甚至产生劈裂注浆现象。在上海地区，注浆量达到按桩身体积计算量的两倍属正常现象，即有不少于 1/2 的浆液注入了周围的土层。渗浆是不均匀的，砂性愈重的土层进浆量愈多。

在地下水位很低的地区，这种注浆成桩的工艺往往会造成大量浆液流失，甚至无法成桩。因此有的工程采用不填石子，直接用导管灌入浓浆、砂浆或混凝土的工艺，这种树根桩更像小直径灌注桩。

二次注浆是利用预埋的第二根注浆管进行的，注浆应在第一次注浆的水泥达到初凝之后进行，一般约 45～60min。注浆应有足够的压力，一般要求 2～4MPa，注浆量应满足设计要求，并不应采用水泥砂浆和细石混凝土。

（6）拔注浆管、移位

拔起注浆管后，桩顶会陷落，应采用混凝土填补桩至设计标高。当需要对桩身强度进行质检时，在填补前取样做试块。

4. 树根桩的设计和计算

1）单根树根桩的设计

树根桩的创始人意大利 F. Lizzi 认为单根树根桩的设计方法应按如下的思路考虑：先按图 2-55，求得树根桩载荷试验的 $P\text{-}s$ 曲线，设计人员可根据被加固建筑物的具体条件，如建筑物的强度和刚度、沉降和不均匀沉降、墙身或各种结构构件的裂损情况，判断估计经加固后该建筑物所能承受图容许的最大沉降量 s_a。

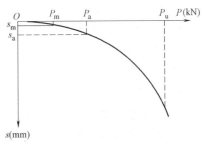

图 2-55 单根树根桩载荷试验曲线

根据 s_a 再在 $P\text{-}s$ 曲线上可求得相应的单桩使用荷载 P_a 后，按一般桩基设计方法进行。当建筑物出现小于沉降 s_a 的 s_m 时，相应的荷载 P_m，此时则意味着建筑物的部分荷载传递给桩，而部分荷载仍为既有建筑物基础下地基土所承担。因此，较 P_a 值大很多的极限荷载 P_u 并不重要。由此可见，用于加固时的树根桩是不能充分发挥桩本身承载能力的。

当进行树根桩加固时，原有地基土的安全系数是很小的，但决不会小于 1，如果小于 1 则建筑物早已倒塌。由于树根桩在建造时将不会使安全储备量消失，因此由树根桩所加固建筑物的安全系数将是：

$$K = K_s + K_p \tag{2-1}$$

式中　$K_s \geqslant 1$——原有地基土的安全系数；

$K_p = \dfrac{p_u}{p_a} > 1$——树根桩的安全系数。

由此可见，经树根桩加固的工程，其安全系数并不等于加固后建筑物下桩的安全系数，实际上要比桩的安全系数大得多。

用树根桩进行加固时，可认为桩在施工时是不起作用的，当建筑物即使产生极小的沉降时，桩将承受建筑物的部分荷载，且反应迅速，同时使基础下的基底压力相应地减少，这时若建筑物继续沉降，则树根桩将继续分担荷载，直至全部荷载由树根桩承担为止。但在任何情况下最大沉降将限制在几毫米之内。

2）网状结构树根桩的设计

树根桩如布置成三维系统的网状体系者称为网状结构树根桩（Reticulated Root Piles），日本简称为 R. R. P 工法。网状结构树根桩是一个修筑在土体中的三维结构。

国外在网状结构树根桩设计时以桩和土间的相互作用为基础，由桩和土组成复合土体的共同作用，将桩与土围起来的部分视作为一个整体结构，其受力犹如一个重力式挡土结构一样。

网状结构的断面设计是一个很复杂的问题，在桩系内的单根树根桩可能要求承担拉应力、压应力和弯曲应力。其稳定计算在国外通常是用土力学的方法进行分析。

由于树根桩在土中起了加筋的作用，因而土中的刚度起了变化，所以网状结构树根桩的桩系变形显著减少。迄今为止，对桩与土共同工作的特征，还不容易做出足够准确的分析。而桩的尺寸、桩距、排列方式和桩长等参数，国外都是根据本国实践的经验而制定的。

国外对网状结构树根桩的设计首先必须进行树根桩的布置，再按布置情况验算受拉或受压的受力模式，对内力和外力进行计算分析。

内力方面的分析为：

（1）钢筋的拉应力、压应力和剪应力；

（2）灌浆材料的压应力；

（3）网状结构树根桩中土的压应力；

（4）树根桩的设计长度；

（5）钢筋与压顶梁的黏着长度；

（6）网状结构树根桩用于受拉加固时，压顶梁的弯曲压应力。

外力方面的分析为：

（1）将网状结构树根桩的桩系（包括土在内）视为刚体时的稳定性；

（2）包括网状结构树根桩的桩系在内的天然土体的整体稳定性。

3）受拉网状结构树根桩的设计和计算

在没有抗拉强度的土中设置的树根桩，就是要使树根桩具有抗拉构件的功能。

网状结构树根桩用于保护土坡则不需任何开挖。如图 2-56 所示，在实际工程中受拉树根桩可布置在与预测滑动面成 $45° + \dfrac{\varphi}{2}$ 角度的受拉变形方向；另外，由于滑动面可能有多种方向，而树根桩的布置也可能有多种方向；因此必须考虑树根桩与受拉变形间的角度误差，故而可将树根桩布置在与土的受拉变形成 $0° \sim 20°$ 的角度范围内。

（1）内力计算

受拉网状结构树根桩设计时，有两种情况的内力需要计算（图 2-57）：一个是压顶梁背面的主动土压力计算；另一个是抗滑力计算。

情况①：按压顶梁背面的作用力为主动土压力时，作用于树根桩的拉力按下式计算：

$$T_{R_i} = p_i \cdot \Delta H \cdot \Delta B \cdot \cos\alpha_1 \cdot \frac{1}{\cos\theta_H} \cdot \frac{1}{\cos\theta_B} \tag{2-2}$$

式中，T_{R_i}——第 i 根树根桩上作用的拉力（kN）；

p_i——第 i 根树根桩上作用的土压力（kPa）；

ΔH——树根桩的纵向间距（m）；

ΔB——树根桩的横向间距（m）；

α_1——土压力作用方向与水平线所成的交角（°）；

θ_H——树根桩布置方向与水平线所成的投影角（°）；

θ_B——树根桩水平方向的角度（°）。

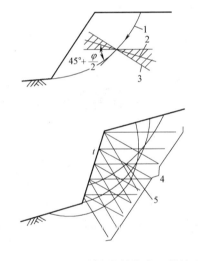

图 2-56 滑动面与网状结构布置的关系

1—假想滑动面；2—受拉变形方向；3—树根桩布置土压力时树根
桩拉力计算范围；4—网状结构树根桩；5—各种可能的滑动面

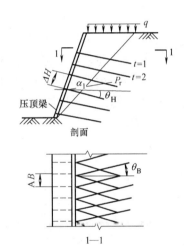

图 2-57 压顶梁背面的作用力为主动

$$p_i = K_a(\gamma_{sat} \cdot H_i + q) \tag{2-3}$$

式中　K_a——主动土压力系数；

γ_{sat}——土的饱和重度（kN/m³）；

H_i——由上覆荷载作用面至第 i 根树根桩的深度（m）；

q——上覆荷载（kPa）。

情况②：按抗滑力分析时，作用于树根桩的拉力按下式计算（图 2-58）：

$$T_R = \frac{P_R}{S_1} \cdot \cos\alpha_2 \cdot \frac{1}{\cos\theta_H} \cdot \frac{1}{\cos\theta_B} \tag{2-4}$$

式中　T_R——每根树根桩上作用的拉力（kN）；

P_R——为避免发生圆弧滑动而需增加的抵抗力（kN/m）；

S_1——单位宽度 1m 中树根桩根数；

　　α_2——滑动力作用方向与水平线所成的角度（°）。

（2）钢筋拉应力计算

$$\sigma_{st} = \frac{T_{R \cdot max} \cdot 10^3}{A_s} \leqslant \sigma_{sa} \tag{2-5}$$

式中　σ_{st}——钢筋的拉应力（N/cm^2）；

　　$T_{R \cdot max}$——树根桩所受的最大拉力（kN）；

　　σ_{sa}——钢筋的容许拉应力（N/cm^2）；

　　A_s——钢筋的截面积（cm^2）。

（3）树根桩设计长度

图 2-59 所示的滑动面，其锚固区内的树根桩可视为抵抗拉力作用，主动区内则不予考虑抵抗拉力的能力。

$$L_{ro} = \frac{T_{R \cdot max} \times 10}{\pi \cdot D \cdot \tau_{ro}} \cdot F_{sp} \tag{2-6}$$

式中　L_{ro}——树根桩锚固长度（m）；

　　D——树根桩直径（cm）；

　　τ_{ro}——树根桩与桩间土的黏着应力（N/cm^2）；

　　F_{sp}——树根桩与桩间土的黏着安全系数。

树根桩的设计长度等于树根桩的锚固长度加主动区内的树根桩长度，但其总长不应小于 4m，亦即：

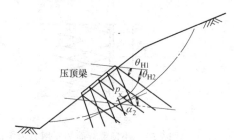

图 2-58　抗滑力分析时树根桩拉力计算

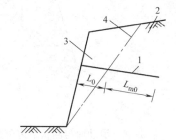

图 2-59　树根桩设计长度

1—树根桩；2—锚固区；3—主动区；4—滑动面

$$L = (L_{ro} + L_o) \geqslant 4.0 \tag{2-7}$$

式中　L——树根桩设计长度（m）；

　　L_o——主动区内树根桩的长度（m）。

（4）钢筋与压顶梁的黏着长度

$$L_{mo} = \frac{T_{R \cdot max} \times 10}{\pi \cdot d \cdot \tau_{ca}} \tag{2-8}$$

式中　L_{mo}——钢筋与压顶梁的黏着长度（m）；

　　d——钢筋直径（cm）；

　　τ_{ca}——钢筋与压顶梁的容许黏着应力（N/cm^2）。

当压顶梁的构造不能满足此黏着长度的要求时，应在钢筋顶部加承压板。

（5）压顶梁计算

一般压顶梁为钢筋混凝土结构，对作用于树根桩的拉力所引起的应力，压顶梁应具有足够的承受能力。

（6）网状结构树根桩在内的土整体稳定性计算

由于网状结构树根桩的布置与滑动方向成 $45°+\dfrac{\varphi}{2}$ 的角度，这可约束土的受拉变形，其加固效果可看作是使土体的黏聚力增大了 Δc 值，增大了小主应力就可使其与大主应力的比值增大，从而提高土体的强度和增加其稳定性。

$$\Delta c = \frac{R_t}{\Delta H \cdot \Delta B} \cdot \frac{\sqrt{K_p}}{2} \tag{2-9}$$

式中　Δc——增加的黏聚力（kPa）；

R_t——树根桩的抗拉破坏强度（kN）；

K_p——被动土压力系数。

$$K_p = \text{tg}^2 \left(\frac{\pi}{4} + \frac{\varphi}{2} \right) \text{或} K_p = \frac{1+\sin\varphi}{1-\sin\varphi} \tag{2-10}$$

考虑到滑弧可能有多种方向，而树根桩的布置也可有多种方向，所以必须注意到树根桩和受拉变形方向实际上存在的角度误差，为此要修正附加的黏聚力：

$$\Delta c' = \cos\theta \cdot \cos\theta_B \cdot \Delta c \tag{2-11}$$

式中　$\Delta c'$——近似修正后的附加黏聚力（kPa）；

θ——推算所得土的拉伸变形方向与树根桩布置的方向所成的角度（°）；

θ_B——树根桩水平方向的角度（°）。

4）受压网状结构树根桩的设计和计算

对于受压网状结构树根桩（包括桩间土在内）用于深基坑开挖时重力式挡土墙的侧向结构，需先根据预计滑动面位置确定计算基准面，再在计算基准面上作用的垂直力 N、水平力 H 和弯矩 M 计算内力，其抗滑动、抗倾覆、整体稳定等验算，可采用常规重力式挡土墙计算方法。

现对图 2-60 介绍用以上方法进行设计计算。

（1）内力计算

计算基准面处的网状结构树根桩加固体的等值换算截面积和等值换算截面惯性矩（图2-61）。

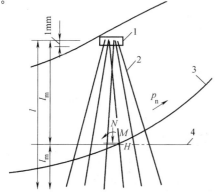

图 2-60　受压网状结构树根桩上的作用力

1—压顶梁；2—树根桩；3—预计滑动面；4—计算基准面

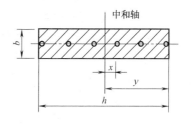

图 2-61　计算基准面示意图

$$A_{RRP} = m \cdot A_p \cdot s_2 + bh \tag{2-12}$$

$$A_p = (n-1)A_s + A_c \tag{2-13}$$

$$I_{RRP} = m \cdot A_p \cdot \sum x^2 + \frac{bh^3}{12} \tag{2-14}$$

式中　A_{RRP}——计算基准面处，网状结构树根桩加固体的等值换算截面积（m^2）；

I_{RRP}——计算基准面处，网状结构树根桩加固体的等值截面惯性矩（cm^4）；

A_p——一根树根桩的等值换算截面积（cm^2）；

m——树根桩与其周围土的弹性模量比（一般为 200）；

n——钢筋与砂浆的弹性模量比（一般为 15）；

s_2——计算基准面内包括的树根桩根数；

b、h——树根桩布置的单位宽度及长度（cm）；

x——计算基准面中和轴至各个树根桩的距离（cm）；

y——计算基准面中和轴至计算基准面边缘的距离（cm）；

A_c——树根桩的截面积（cm^2）；

A_s——钢筋的截面积（cm^2）。

由此求得计算基准面处网状结构树根桩加固体上作用的最大压应力为：

$$\sigma_{RRP} = \frac{N \cdot 10^3}{A_{RRP}} + \frac{M \cdot 10^5}{I_{RRP}} \cdot y \tag{2-15}$$

式中　σ_{RRP}——计算基准面处网状结构树根桩加固体上作用的最大压应力（N/cm^2）；

N——计算基准面处网状结构树根桩加固体上作用的垂直力（kN）；

M——计算基准面处网状结构树根桩加固体上作用的弯矩（$kN \cdot m$）。

（2）网状结构树根桩加固体中土的压应力计算

$$\sigma_{RRP} < f \tag{2-16}$$

式中　f——计算基准面处经修正后的地基承载力设计值（N/cm^2）。

（3）砂浆与钢筋上的压应力计算

$$\sigma_R = m \cdot \sigma_{RRP} < \sigma_{ca} \tag{2-17}$$

$$\sigma_{sc} = n\sigma_R < \sigma_{sa} \tag{2-18}$$

式中　σ_R——作用于砂浆上的压应力（N/cm^2）；

σ_{ca}——砂浆压应力设计值（N/cm^2）；

σ_{sc}——作用于钢筋上的压应力（N/cm^2）；

σ_{sa}——钢筋压应力设计值（N/cm^2）。

（4）树根桩设计长度的确定

树根桩设计长度等于计算基准面以下必要固着长度 L_{ro} 与计算基准面以上长度 L_o 之和。

$$L_{ro} = \frac{A_c \cdot \sigma_R}{\pi \cdot D \cdot \tau_{ro} \cdot 10^2} \tag{2-19}$$

式中　τ_{ro}——树根桩与计算基准面以下土间黏结力设计值（N/cm^2）；

D——树根桩直径（cm）。

（5）钢筋与压顶梁间的黏着长度（L_{mo}）计算

$$L_{mo} = \frac{A_s \cdot \sigma_{sc}}{\pi \cdot d \cdot \tau_{ca} \cdot 10^2} \qquad (2\text{-}20)$$

式中 A_s——钢筋的截面积（cm^2）；

$\quad\quad d$——钢筋直径（cm）；

$\quad\quad \tau_{ca}$——钢筋与压顶梁间黏着力设计值（N/cm^2）。

（6）网状结构树根桩加固体在内的土体整体稳定性计算

对网状结构树根桩加固体在内的土体整体稳定性计算有两种方法：一种是假定滑动面不通过网状结构树根桩加固体；另一种是意大利 Fondedile 公司采用的方法是不发生圆弧滑动而需增加的抗滑抵抗力，亦即按树根桩的抗剪力进行计算的方法。

5. 树根桩的质量检验

树根桩属地下隐蔽工程，施工条件和周围环境都比较复杂，控制成桩过程中每道工序的质量是十分重要的。施工单位按设计的要求和现场条件制定施工大纲，经现场监理审查后监督执行。施工过程中应有现场验收施工记录，包括钢筋笼的制作、成孔和注浆等各项工序指标考核。桩位、桩数均应认真核查、复测，桩顶混凝土强度采用现场取样做试块的方法进行检验，通常每 3～6 根桩做一组试块，每组三块边长 15cm 立方体，按国家标准《混凝土结构设计规范》进行测试。

采用静载荷试验是检验桩基承载力和了解其沉降变形特性的可靠方法。各种动测法也常用于检验桩身质量，如查裂缝、缩颈、断桩等。动测法检测这类小直径桩效率高，但在判别时也要依赖于工程经验。

2.3.4 石灰桩法

1. 概述

用机械或人工的方法成孔，然后将不同比例的生石灰（块或粉）和掺合料（粉煤灰、炉渣等）灌入，并进行振密或夯实形成石灰桩桩体，桩体与桩间土形成石灰桩复合地基，以提高地基承载力，减小沉降，称为石灰桩法。石灰桩是指桩体材料以生石灰为主要固化剂的低黏结强度桩，属低强度和桩体可压缩的柔性桩。

早期的石灰桩采用纯生石灰作桩体材料，当桩体密实度较差时，常出现桩中心软化，即所谓的"软心"现象。20 世纪 80 年代初期，我国已开始在石灰桩中加入火山灰、粉煤灰等掺合料。实践证明掺合料可以充填生石灰的空隙，有效发挥生石灰的膨胀挤密作用，还可节约生石灰。同时含有活性物质（SiO_2、Al_2O_3）的掺合料有利于提高桩身强度。20 世纪 80 年代末期，随着应用石灰桩的单位的增多，有的将使用掺合料的桩叫做"二灰桩"、"双灰桩"等。按照最早使用掺合料的江苏、浙江、湖北等地以及国外的习惯，考虑命名的科学性，在此仍将上述桩叫做石灰桩。

石灰桩使用大量的掺合料，而掺合料不可能保持干燥，掺合料与生石灰混合后很快发生吸水膨胀反应，在机械施工中极易堵管。所以日本采用旋转套管法施工时，桩体材料仍为纯生石灰，未加掺合料的石灰桩造价高，桩体强度偏低。

我国于 1953 年开始对石灰桩进行研究，当时天津大学与天津市的有关单位对生石灰的基本性质、加固机理、设计和施工等方面进行了系统的研究，由于受当时条件的限制，施工系手工操作，桩径仅 100～200mm，长度仅为 2mm，又因发现软心问题，所以工作未能继续。直至 1981 年后，江苏省建筑设计院对东南沿海地区的大面积软土地基采用生石灰与粉煤灰掺合料进行加固，仅南京市采用生石灰桩加固了 50 余栋房屋的软土地基，加固面积达 3 万多 m²，取得了较好的技术、经济效果；其后，浙江省建筑科学研究所和湖北省建筑科学设计研究院等相继开展了试验研究并用于工程实践，都开展了卓有成效的工作，对今后我国进一步研究和发展石灰桩加固软基奠定了基础。

当前的石灰桩最常用的施工工艺是人工洛阳铲成孔，这种工艺不受场地限制，机动灵活，造价低廉，更适宜于既有建筑物的加固工程。但洛阳铲成孔的深度受到限制，一般不宜超过 5m。

截至目前为止，据不完全统计，我国已有千余栋建（构）筑物采用了石灰桩加固地基，建筑面积超过 300 万 m³。全国已有十几个省市自治区有过应用石灰桩的工程经验，台湾省也有研究应用石灰桩处理淤泥的报道。作为一种地基处理手段，石灰桩法受到了广泛的重视。

石灰桩法适用于处理饱和黏性土、素填土和杂填土等地基，有经验时可用于粉土、淤泥和淤泥质土地基。用于地下水位以上的土层时，宜增加掺合料的含水量并减少生石灰用量，或采取土层浸水等措施。加固深度从数米到十几米。不适用于有地下水的砂类土。

石灰桩法可用于提高软土地基的承载力，减少沉降量，提高稳定性，适用于以下工程：

（1）深厚软土地区七层以下，一般软土地区八层以下住宅楼或相当的其他多层工业与民用建筑物。

（2）如配合箱基、筏基，在一些情况下，也可用于 12 层左右的高层建筑物。

（3）有工程经验时，也可用于软土地区大面积堆载场地或大跨度工业与民用建筑物独立柱基下的软弱地基加固。

（4）石灰桩法可用于机器基础和高层建筑深基开挖的支护结构中。

（5）适用于公路、铁路桥涵后填土，涵洞及路基软土加固。

（6）适用于危房地基加固。

石灰桩按用料特征和施工工艺可分类如下：

1）块灰灌入法

块灰灌入法是采用钢套管成孔，然后在孔中灌入新鲜生石灰块，或在生石灰中掺入适量水硬性掺合料粉煤灰和火山灰，一般经验配合比 8∶2 或 7∶3。在拔管的同时进行振密或捣密。利用生石灰吸取桩周土体中水分进行水化反应，此时生石灰的吸水、膨胀、发热以及离子交换作用，使桩四周土体的含水量降低、孔隙比减小，使土体挤密和桩柱体硬化。桩和桩间土共同承受荷载，成为一种复合地基，利用它作为基础加固是有效的。

2）粉灰搅拌法

粉灰搅拌法是粉体喷射搅拌法的一种，所用的原材料是石灰粉，通过特制的搅拌机将石灰粉加固料与原位软土搅拌均匀，促使软土硬结，形成石灰（土）柱。而采用水泥粉作加固料是另一种粉体喷射搅拌法。

3）石灰浆压力喷注法

石灰浆压力喷注法是压力注浆法的一种，它是通过压力将石灰浆或石灰-粉煤灰浆喷注于地基土的孔隙内或预先钻好的钻孔内，使灰浆在地基土中扩散和硬凝，形成不透水的网状结构层，从而达到加固的目的。此法可用于：

（1）处理膨胀土，以减少膨胀和隆起；

（2）加固破坏的堤岸岸坡；

（3）整治易松动下沉的铁路路基；

（4）加固基础等。

4）石灰砂桩

石灰砂桩与石灰桩不同之处是其孔径较大，一般用落锤子将外径为 160～200mm，带有透气活动桩尖的钢管打入土中，使周围土挤密，再拔出桩管形成桩孔，桩孔用生石灰分层夯实填满后，经过 2～4d，生石灰吸湿膨胀，再在原孔位处重新打入外径为 100～120mm 的钢管，周围土得到第二次挤密，钢管拔出后在孔中填入细砂和小石子的混合料，并分层夯实，形成石灰砂桩。当桩孔间距较小时，加固土体在基础两侧将起帷幕作用，可限制地基湿陷时产生侧向挤出变形。由于湿陷性黄土地基中的侧向挤出变形在总湿陷量中占有较大的比例，因而限制土的侧向变形，就可以大大减少地基的湿陷量。

2. 加固机理

石灰桩加固软弱地基的机理可从桩间土、桩身和复合地基三方面进行分析。

1）桩间土加固机理

在石灰桩成孔过程中，对桩间土的挤密及生石灰吸水发生的消化反应、胶凝反应，均能改善桩间土的结构，提高土体强度。

（1）成孔挤密。施工时经振动钢管成孔机械挤密。江苏建筑设计院对南京市许多工程及进行试验研究结果表明：对桩周土，加固体积一般为 7%，对地下水以上施工时，这种挤密效果更为明显。

（2）膨胀挤密。石灰桩在成孔后灌入生石灰，首先发生消化反应，吸水、发热，产生体积膨胀，直到桩内的毛细吸力达到平衡为止。同时，桩间土受到脱水挤密作用，作用的时间视周围土的情况而异，一般 3～4 个星期。

（3）脱水挤密。软黏土的含水量一般为 40%～80%，要使生石灰完全消解，所需水量为理论量的 2 倍，即每千克 CaO 需要 0.64kg 的水（理论上 1kg 生石灰的消解反应要吸收 0.32kg 的水），才可能使 CaO 水化完全。同时，由于反应中放出大量热量，提高了地基土的温度（实测桩间土的温度为 50℃ 以上），使土产生一定的汽化脱水，从而使土中含水量下降，孔隙比减小，土颗粒靠拢挤密，在所加固区的地下水位也有一定程度的下降。

（4）胶凝作用。胶凝作用是土和石灰中的 SiO_2，Al_2O_3，CaO 反应生成水化物，在生石灰中产生硅酸盐材料，土产生化学固结现象，石灰桩的长期强度增大。

（5）离子交换。生石灰的 Ca^{2+} 与土颗粒阳离子之间的交换及吸附现象，使土的物理性质发生变化，土的力学强度有所增大，产生 $CaCO_3$ 使土加固。

2）桩身加固机理

（1）桩身加固。对单一的以生石灰作原料的石灰桩，当生石灰水化后，石灰桩的体积可胀到原来所填的生石灰块屑体积的 1 倍甚至是 2～3 倍，若填充密实和纯氧化钙的含量很高，则生石灰密度可达 1.1～1.2t/m³。同时，消化的 $Ca(OH)_2$ 与 CO_2 反应还原成石灰石，这样也增加了桩身强度。

生石灰吸水膨胀后仍存在相当多的孔隙，将胀发后相当硬的石灰团用手揉捏时，水分就会被挤出来，石灰块会变成稠糊状，这说明不能过多的依靠石灰桩本身的强度，但很多试验研究证明石灰桩膨胀后的挤密作用使桩周土的孔隙比减小，土的含水量降低，形成一圈类似空心桩的较硬土壳，使土的强度提高。所以，对这类桩，生石灰的作用是使土挤密加固，而不是使桩起承重作用。

在古老建筑中所挖出来的石灰桩里，曾发现桩周成硬壳而中间呈软膏状态。因此，对所形成的石灰桩的要求，应是它能把四周土中的水吸干，而又要防止桩自身软化。所以，防止石灰桩软化，增大桩身强度，就成为确保石灰桩质量的关键。

解决桩身软化的措施有：

① 石灰桩具有一定的初始密度，而且在吸水过程中有一定的压力限制其自由胀发。当充填初始密度为 $1.17t/m^3$、上覆压力大于 $50kPa$ 时，石灰吸水并不软化。

② 采用较大的充盈系数（如 $1.6 \sim 1.7$），提高石灰石含量或缩短桩距。以限制桩的胀发，提高桩身的密实度。

③ 用砂充填石灰桩的孔隙，使胀发后的石灰桩本身比胀发前密实。

④ 桩顶采用黏土封顶，可限制由于石灰膨胀而隆起，同样可起到提高桩身密实度的作用。

⑤ 采用掺合料（如粉煤灰、火山灰、钢渣或黏性土料）也可防止石灰桩软心，粉煤灰的掺入量一般占石灰桩质量的 $15\% \sim 30\%$。

石灰桩桩身掺入含量较大的 SiO_2、Al_2O_3、Fe_2O_3 的粉煤灰（发电厂的废弃物），它与生石灰拌合后，在水化、胀发、放热与离子交换作用下，促成化学反应生成具有强度和水硬性的水化硅酸钙 $CaO \cdot SiO_2 \cdot (n+1)H_2O$、水化铝酸钙 $CaO \cdot Al_2O_3 \cdot (n+1)H_2O$ 和水化铁酸钙 $CaO \cdot Fe_2O_3 \cdot (n+1)H_2O$，使桩身具有一定的强度。强度随掺入粉煤灰量的增加与时间的延长而明显增强。当然，粉煤灰量的增加不是无限制的，一般不超过 35%。这种方法利用了工业废料，又克服了石灰桩桩心的软化，这样可提高桩身强度，解决石灰桩在水下硬化的问题。

（2）排水固结作用。试验结果表明，石灰桩桩体的渗透系数一般为 $11 \times 10^{-5} \sim 1 \times 10^{-3}$ cm/s，与细砂的渗透系数相当。由于石灰桩桩距较小（一般为桩体直径的 $2 \sim 3$ 倍），水平排水路径很短，具有较强的排水固结作用。建筑物沉降观测结果表明，建筑竣工开始使用，其沉降已基本稳定，沉降速率在 $0.04mm/d$ 左右。

3）复合地基加固机理

由于石灰桩桩体具有比桩间土更大的强度（抗压强度约为 $500kPa$），在与桩间土形成复合地基时具有桩体作用。在承受荷载时，桩土将产生应力集中现象。根据实测数据，石灰桩复合地基的桩土应力比一般为 $2.5 \sim 5.0$。

3. 石灰桩复合地基的设计计算

1）技术特点

（1）能使软土迅速固结，即使是松散的新填土，在加固深度范围内，成桩后 $7 \sim 28d$ 即可基本完成固结。

（2）可大量使用工业废料，社会效益显著。

（3）造价低廉，民用建筑每平方米建筑面积折算地基处理费用约 $20 \sim 30$ 元。

（4）设备简单，可就地取材，便于推广。

（5）施工速度快。

(6) 生石灰吸水使土产生自重固结，对淤泥等超软土的加固效果独特。

2) 设计要点

(1) 石灰桩设计桩径 d 一般为 $\phi 300 \sim 400\text{mm}$，计算桩径当排土成孔时，$d_1 = (1.1 \sim 1.2)d + 30\text{mm}$。管内投料时，桩管直径视为设计桩径；管外投料时，应根据试桩情况测定实际桩径。

(2) 根据上部结构及基础荷载，按桩底下卧层承载力及变形计算决定桩长。同时应考虑将桩底置于承载力较高的土层上，避免置于地下水渗透性大的土层。

(3) 桩距及置换率应根据复合土层承载力计算确定，桩中心距一般采用 $3d \sim 2d$，相应的置换率为 $0.09 \sim 0.20$，膨胀后实际置换率为 $0.13 \sim 0.28$。

(4) 桩土荷载分担，桩分担 $35\% \sim 60\%$ 的总荷载，桩土应力比在 $2.5 \sim 5$ 之间。桩体抗压强度的比例界限约为 $300 \sim 500\text{kPa}$。

(5) 桩间土承载力

置换率、施工工艺、土质情况和桩身材料配合比是影响桩间土承载力的主要因素。桩间土承载力提高系数 α 数值大体在 $1.1 \sim 1.5$ 之间。

(6) 试验及大量工程实践证明，当施工质量有保证、设计无原则错误时，加固层沉降约 $3 \sim 5\text{cm}$，约为桩长的 $0.5\% \sim 1\%$。沉降量主要来自于软弱下卧层，设计时应予重视。

(7) 复合地基承载力标准值应根据现场实测数据确定，一般为 $120 \sim 160\text{kPa}$，不宜超过 180kPa。

(8) 以载荷试验确定复合地基承载力时，沉降比 S/B 视建筑物重要性分别采用 $0.012 \sim 0.015$。

(9) 一般情况下只在基础内布桩，不设围护桩。在施工需要隔水或加固 $f_k < 60\text{kPa}$ 的超软土时，在基础外围加打 $1 \sim 2$ 排围护桩。

(10) 一般情况下桩顶不设垫层，需要考虑排水通道时，设 $0.1 \sim 0.2\text{m}$ 厚的砂石垫层；需要减小基础面积时，通过计算可设厚度 0.5m 以上的垫层。

(11) 大量的测试结果表明，由于上覆压力及孔底地下水或清孔影响，石灰桩桩体强度，沿深度变化较大，中部强度最高，下部及上部较差，设计时应予考虑。

3) 承载特性及承载力计算

试验表明，当石灰桩复合地基荷载达到其承载力标准值时，具有以下特征：

(1) 土的接触压力接近达到桩间土承载力标准值，说明桩间土的发挥度系数为 1，桩间土可以充分发挥作用。

(2) 桩顶接触压力达到桩体材料的比例界限，桩可充分发挥作用。

(3) 桩土应力比趋于稳定，其值在 $2.5 \sim 5.0$ 之间，一般为 $3 \sim 4$。

(4) 桩分担了总荷载的 $35\% \sim 60\%$。

(5) 桩土变形协调，桩的刺入很小，可以将复合地基看做人工垫层进行计算。

根据以上特征，石灰桩复合地基承载力可按下式计算：

$$f_{sp} = mf_{pk} + (1-m)f_{sk} \tag{2-21}$$

或：

$$f_{sp} = [1 + m(n-1)]f_{pk} \tag{2-22}$$

式中　m——置换率，$m = (d_1^2)/(4S_1S_2)$，其中 $S_1 \cdot S_2$ 分别为布桩的行距和列距，d_1 为计算桩径，排土成孔时，$d_1 = (1.1 \sim 1.2)d + 30\text{mm}$，$d$ 为设计桩孔直径，挤

土成桩时 d 应实际测定，30mm 为桩边硬壳土层计入桩径之内的数值；

　　n——桩土应力比，可取 3～4，建筑物重要性高时取低值，反之取高值；

　　f_{pk}——桩身材料比例界限值；

　　f_{sk}——桩间土承载力标准值。

关于桩间土承载力的问题，经测试，桩周围 10cm 左右厚圆环面积的土加固效果显著，其加强系数 $K=1.3～1.6$，加强区以外的桩间土假定没有加固效果，则：

$$f_{sk}=af_k=\left[\frac{(k-1)d_1^2}{A_s}+1\right]f_k \qquad (2-23)$$

式中　A_s——单桩单元内土的面积；

　　f_k——天然地基承载力标准值；

　　a——桩间土增强系数。

计算复合地基承载力时，f_{pk} 可通过单桩静载荷试验求得，或利用桩身静力触探 p_s 值确定（经验值为 $f_{pk}≈0.1p_s$），也可取 $f_{pk}=350～500kPa$ 进行初步设计，土质好，施工条件好者取高值。

桩间土承载力的提高与置换率（即 A_s 大小）与土质有关，土质软弱时，K 取高值。一般情况下，桩间土承载力为天然土地基承载力的 1.1～1.3 倍，处理淤泥土时，当置换率较大时可达 1.5 倍。

4）变形计算

大量工程实践证明，石灰桩复合地基的变形由桩底下卧层变形控制，而复合土层变形很小，约为桩长的 0.5%～1%。

复合地基变形计算方法很多，对石灰桩复合地基面言，采用复合模量法计算较为方便实用。

$$E_{sp}=E_pm+(1-m)E_S' \qquad (2-24)$$
或
$$E_{SP}=[m(n-1)+1]E_S' \qquad (2-25)$$

式中　E_{SP}——复合地基压缩模量；

　　E_p——桩身材料压缩模量；

　　E_S'——桩间土压缩模量。

其他符号同前。

桩间土压缩模量可取天然土压缩模量乘以前述桩间土承载力提高系数 $α$。

求得 E_{SP} 后，即可按总荷载以分层总和法求算复合土层及以下压缩层范围内土的变形。

5）石灰桩设计应符合下列规定：

（1）石灰桩桩身材料宜由生石灰和粉煤灰（火山灰或其他掺合料）组成。采用的生石灰其氧化钙含量不得低于 70%，含粉量不得超过 10%，含水量不得大于 5%，最大块径不得大于 50mm。粉煤灰应采用Ⅰ、Ⅱ级灰。

（2）根据不同的地质条件，石灰桩可选用不同配比。常用配比（体积比）为生石灰与粉煤灰之比为 1∶1、1∶1.5 或 1∶2。为提高桩身强度亦可掺入一定量的水泥、砂或石屑。

（3）石灰桩桩径主要取决于成孔机具。桩距宜为 2.5～3.5 倍桩径，可按三角形或正方形布置，地基处理的范围应比基础的宽度加宽 1～2 排桩，且不小于加固深度的一半。桩长由加固目的和地基土质等条件决定。

（4）石灰桩每延米灌灰量可按下式估算：

$$q = \eta_c \frac{\pi d^2}{4} \tag{2-26}$$

式中　q——石灰桩每延米灌灰量（m^3/m）；

　　　d——设计桩径；

　　　η_c——充盈系数，可取 1.4～1.8。振动管外投料成桩取高值；螺旋钻成桩取低值。

成桩时必须控制材料的干密度 $\rho_d \geqslant 1.1 t/m^3$。

（5）在石灰桩顶部宜铺设一层 200～300mm 厚的灰土垫层。

（6）复合地基承载力和变形计算应按国家现行标准《建筑地基处理技术规范》JGJ 79 的有关规定执行。

4. 施工工艺

1）机械施工

（1）沉管法

采用沉管灌注桩机（振动或打入式），分为管外投料法和管内投料法。

管外投料法系采用特制活动钢桩尖，将套管带桩尖振（打）入土中至设计标高，拔管时活动桩尖自动落下一定距离，使空气进入桩孔，避免产生负压塌孔。将套管拔出后分段填料，用套管反插使桩料密实。此种施工方法成桩深度不宜大于 8m，桩径的控制较困难。

管内投料法适用于饱和软土区，其工艺流程类似沉管灌注桩，需使用预制桩尖，而且桩身材料中掺合料的含水量应很小，避免和生石灰反应膨胀堵管，或者采用纯生石灰块。

管内夯击法采用"建新桩"式的管内夯击工艺。在成孔前将管内填入一定数量的碎石，内击式锤将套管打至设计深度后，提管，冲击出管内碎石，分层投入石灰桩料，用内击锤分层夯实。内击锤重 1～1.5t，成孔深度不大于 10m。

（2）长螺旋钻法

采用长螺旋钻机施工，螺旋钻杆钻至设计深度后提钻，除掉钻杆螺片之间的土，将钻杆再插入孔内，将拌合均匀的石灰桩料堆在孔口钻杆周围，反方向旋转钻杆，利用螺旋将孔口桩料输送入孔内，在反转过程中钻杆螺片将桩料压实。

利用螺旋钻机施工的石灰桩质量好，桩身材料密实度高，复合地基承载力可达 200kPa 以上。但在饱和软土或地下水渗透严重，孔壁不能保持稳定时，不宜采用。

2）人工洛阳铲成孔法

利用特制的洛阳铲，人工挖孔，投料夯实，是湖北省建筑科学研究设计院试验成功并广泛应用的一种施工方法。由于洛阳铲在切土、取土过程中对周围土体扰动很小，在软土甚至淤泥中均可保持孔壁稳定。

这种简易的施工方法避免了振动和噪声，能在极狭窄的场地和室内作业，大量节约能源，特别是造价很低、工期短、质量可靠（看得见，摸得着），适用的范围较大。

挖孔投料法主要受到深度的限制，一般情况下桩长不宜超过 6m。穿过地下水下的砂类土及塑性指数小于 10 的粉土则难以成孔。当在地下水下或穿过杂填土成孔时需要熟练的工人操作。

（1）施工方法

① 挖孔

利用洛阳铲人工挖孔，孔径随意。当遇杂填土时，可用钢钎将杂物冲破，然后用洛阳铲取出。当孔内有水时，熟练的工人可在水下取土，并保证孔径的标准。

洛阳铲的尺寸可变，软土地区用直径大的，杂填土及硬土时用直径小的。

② 灌料夯实

已成的桩孔经验收合格后，将生石灰和掺合料用斗车运至孔口分开堆放。准备工作就绪后，用小型污水泵（功率 1.1kW，扬程 8～10m）将孔内水排干。立即在铁板上按配合比拌合桩材，每次拌合的数量为 0.3～0.4m 桩长的用料量，拌匀后灌入孔内，用铁夯夯击密实。

夯实时，3 人持夯，加力下击，夯重在 30kg 左右即可保证夯击质量。夯过重则使用不便。

也可改制小型卷扬机吊锤或灰土桩夯实机夯实。

（2）工艺流程

定位→十字镐、钢钎或铁锹开口→人工洛阳铲成孔→孔径深检查→孔内抽水→孔口拌合桩料→下料→夯实→再下料→再夯实……→封口填土→夯实。

（3）技术安全措施

① 在挖孔过程中一般不宜抽排孔内水，以免塌孔。

② 每次人工夯击次数不少于 10 击，从夯击声音可判断是否夯实。

③ 每次下料厚度不得大于 40cm。

④ 孔底泥浆必须清除，可采用长柄勺挖出，浮泥厚度不得大于 15cm。

⑤ 灌料前孔内水必须抽干。遇有孔口或上部土层往孔内流水时，应采取措施隔断水流，确保夯实质量。

⑥ 桩顶应高出基底标高 10cm 左右。

⑦ 为保证桩孔的标准，用量孔器逐孔进行检查验收。量孔器柄上带有刻度，在检查孔径的同时，检查孔深。

3）石灰桩施工应符合下列规定：

（1）根据加固设计要求、土质条件、现场条件和机具供应情况，可选用振动成桩法（分管内填料成桩和管外填料成桩）、锤击成桩法、螺旋钻成桩法或洛阳铲成桩工艺等。桩位中心点的偏差不应超过桩距设计值的 8%，桩的垂直度偏差不应大于 1.5%。

（2）采用振动成桩法和锤击成桩法施工时应符合下列规定：

① 采用振动管内填料成桩法时，为防止生石灰膨胀堵住桩管，应加压缩空气装置及空中加料装置；管外填料成桩应控制每次填料数量及沉管的深度；

采用锤击成桩法时，应根据锤击的能量控制分段的填料量和成桩长度。

② 桩顶上部空孔部分，应用 3∶7 灰土或素土填孔封顶。

（3）采用螺旋钻成桩法施工时应符合下列规定：

① 正转时将部分土带出地面，部分土挤入桩孔壁而成孔。根据成孔时电流大小和土质情况，检验场地情况与原勘察报告和设计要求是否相符。

② 钻杆达设计要求深度后，提钻检查成孔质量，清除钻杆上泥土。

③ 把整根桩所需之填料按比例分层堆在钻杆周围，再将钻杆沉入孔底，钻杆反转，叶片将填料边搅拌边压入孔底。钻杆被压密的填料逐渐顶起，钻尖升至离地面 $1\sim1.5m$ 或预定标高后停止填料，用 3：7 灰土或素土封顶。

（4）洛阳铲成桩法适用于施工场地狭窄的地基加固工程。成桩直径可为 200～300mm，每层回填料厚度不宜大于 300mm，用杆状重锤分层夯实。

（5）施工过程中，应有专人监测成孔及回填料的质量，并做好施工记录，如发现地基土质与勘察资料不符，应查明情况采取有效措施后方可继续施工。

（6）当地基土含水量很高时，桩宜由外向内或沿地下水流方向施打，并宜采用间隔跳打施工。

5. 质量检验

石灰桩质量检验应符合下列规定：

（1）施工时应及时检查施工记录，当发现回填料不足，缩径严重时，应及时采取有效补救措施。

（2）检查施工现场有无地面隆起异常情况、有无漏桩现象；按设计要求检查桩位、桩距，详细记录，对不符合者应采取补救措施。

（3）可在施工结束 28d 后采用标贯、静力触探以及钻孔取样做室内试验等测试方法，检测桩体和桩间土强度，验算复合地基承载力。

（4）对重要或大型工程应进行复合地基载荷试验。

（5）石灰桩的检验数量不应少于总桩数的 2%，不得少于 3 根。

2.3.5 灰土桩法

1. 概述

灰土桩又名灰土挤密桩，是由土桩挤密法发展而成的。土桩挤密地基是原苏联阿别列夫教授于 1934 年创立的，被当时的苏联和东欧国家应用于深层处理湿陷性黄土地基。

我国自 20 世纪 50 年代中期在西北黄土地区开始试验使用土桩挤密地基，20 世纪 60 年代中期西安市为解决城市杂填土的深层处理，在土挤密法的基础上开发成功灰土桩挤密法，扩展了使用范围。

所谓灰土桩，是将不同比例的消石灰和土掺合，通过不同的方式将灰土夯入孔内，在成孔和夯实灰土时将周围的土挤密，提高了桩间土密度和承载力。另一方面，桩体材料石灰和土之间产生一系列物理化学反应，凝结成一定强度的桩体。桩体和经挤密的土组成复合地基承受荷载。

最初的灰土桩是以消除黄土的湿陷性，降低压缩性，提高填土承载力为主要目的。后来有了发展，在桩体材料方面，掺入粉煤灰、炉渣等活性材料或少量水泥，可显著提高桩体强度，从而可以用于大荷载建筑物的地基处理。在桩型方面，发展了大孔径灰土井桩，当桩底有较好持力层时，采用人工挖孔，夯入灰土（渣），可作为大直径桩或深基础承受荷载。

在南方，处理渗透性很小的饱和软黏土时，在应用生石灰桩的同时，又提出了消石灰—粉煤灰桩，在保证夯击密实度时可使桩体具有一定的强度，在软土中起到置换作用，也可以提高地基承载力。

灰土桩是介于散体桩和刚性桩之间的桩型，属可压缩的柔性桩，其作用机理和力学性质接近石灰桩。

从目前各种复合地基桩型和桩体材料的演变中，可以看出相互渗透、相互借鉴的趋势，以致在一些情况下很难准确区分其类属。如灰土桩中加入适量水泥或粗骨料，水泥土桩中加入适量石灰，还有所谓渣土桩中加入少量水泥或石灰，凡此种种，基本是为了改善桩体力学性能，而不一定具备挤密桩间土的功能。因此，灰土桩的定义与过去的标准已不完全相符。

目前，灰土桩在我国的西北黄土地区已大量应用，在河南、甘肃、山西、河北、北京也有不少工程实例。也有用于 12 层左右高层建筑物地基处理的例证，属于一种较成熟的地基处理方法。《建筑地基处理技术规范》JGJ 79—2002，《湿陷性黄土地区建筑规范》GB 50025—2004 的有关章节均给出了相应的规定。《灰土桩挤密地基设计施工规程》DBJ 24—2—85，《灰土井柱设计施工规程》DBJ 24—3—87，对灰土桩（柱）作了更加具体的规定，是当前应用中的主要依据。

2. 灰土桩的适用范围及技术特点

1）灰土桩的适用范围：

（1）消除地基的湿陷性。

（2）地下水位以上湿陷性黄土、素填土、杂填土、黏性土、粉土的处理。

（3）灰土桩复合地基承载力可达 250kPa，可用于 12 层左右的建筑物地基处理。

（4）深基开挖中，用来减少主动土压力和增大坑内被动土压力。

（5）用于公路或铁路路基加固；大面积堆场的加固等。

（6）当地基土含水量大于 23％及其饱和度大于 65％时，规范规定不宜采用灰土桩，如不考虑桩间土的挤密效应，在工艺条件许可时，也可采用，这是一个发展。

2）灰土桩的技术特点：

（1）主固化料为消石灰，桩体材料多样，可就地取材。

（2）可用多种工艺施工，设备简单，便于推广。

（3）施工速度快，造价低廉。

（4）可大量使用工业废料，社会效益好。

（5）桩体强度 0.5～4MPa，桩间土经挤密后可大幅度提高承载力。

（6）除人工挖孔、人工夯实的工艺外，大多存在一定的振动和噪声，因而受到某些使用的限制。

3. 加固机理

灰土桩的作用机理与石灰桩相似。由于在地下水位以上应用，可以获得较高的桩体强度，因此，除作为灰土桩复合地基外，尚可作成大直径桩或深基础。不同的使用目的，其作用机理有所差异。

灰土的应用已有数千年的历史，在没有地下水的条件下，灰土的硬化现象早已为人们所接受。通过电子显微镜、X 光衍射和差热分析等先进手段，进一步从微观上搞清了灰土的硬化机理，是近几十年的研究成果。

$Ca(OH)_2$（消石灰）和黏性土之间可以产生复杂的化学反应，$Ca(OH)_2$ 离子化产生的离子 Ca^{2+} 和黏土颗粒表面的阳离子进行交换，使土粒子凝聚，团粒增大，强度提高，这种称为水胶联结的作用是灰土硬化的主要原因。同时，$Ca(OH)_2$ 和土中的胶态硅、胶态铝发生化学反应，生成 CAH 和 CSH 系的水化物，这些水化物具有针状结构，强度较高，不溶于水。上述水化物一旦形成即具有长期的水稳性。因此，灰土固化后并不会受水的侵蚀。

石灰的碳酸化也是灰土强度得以长期增长的一个原因。

如果灰土桩材料中加有粉煤灰等活性材料则加强了水化物的生成，具有更高的强度。

灰土桩作为深基础或大直径桩来使用时，主要要考虑桩体本身的硬化情况及其强度指标。灰土桩与土组成复合地基时，其作用机理牵涉桩间土的性状和桩土荷载分担的情况。

灰土桩复合地基中，桩土的荷载分担比与桩、土模量、荷载水平、基础大小、置换率等因素相关。在桩间土被挤密的情况下，一般桩间土可承担 50％左右的荷载，因此，灰土桩复合地基承载力的提高不仅要求一定的桩体强度，还要依靠对桩间土的挤密加强。在成孔成桩中桩间土挤密效果，取决于土性、施工工艺、桩径和置换率等因素，而且在桩长范围内，挤密效果也不同。在大孔隙黄土中，一根桩的有效挤密区的半径约为 $1\sim1.5d$，影响半径约为 $1.5\sim2d$。经挤密后桩间土承载力约为挤密前的 $1.51\sim1.71$ 倍，规范规定为 1.4 倍。如果加固土非黄土，则其挤密效果的定量分析除参照其他桩型的经验外，应通过现场原位测试确定。

关于桩体材料中 $Ca(OH)_2$ 及其他活性物质与桩周土的化学反应问题，其机理与桩体固化机理相同，因渗透影响区小且反应缓慢，应用中不加考虑。

桩体和桩间土共同作用时，桩在自身压缩膨胀的同时，通过侧阻力及端承力将荷载传给桩间土，呈现了桩体的作用。当桩体强度较小，桩土模量比小于 10 时，如同石灰桩和土桩一样，呈现了复合垫层的特征。

4. 设计方法

1) 关于灰土桩的承载力计算，规范规定应通过原位测试或结合当地经验确定。当无试验资料时，复合地基承载力标准值不应大于处理前的 2 倍，并不宜大于 250kPa。

这条规定是基于黄土地区大量的试验及工程实践得出的，其前提是必须对桩间土进行挤密。挤密的效果以桩间土平均压实系数不小于 0.93 来控制，从而计算出桩距。

随着灰土桩应用范围的扩展，有的方法并不对桩间土产生挤密效应，同时应用的土性也不限于黄土和填土。在此情况下，需要有一个理论计算方法。根据其作用机理，完全可以建立一个复合地基承载力计算式子。这个计算式原则上可采用水泥土的桩土荷载分担比的表示方法，当桩土模量比小于 10 时，可参照石灰桩承载力计算式。公式中的系数可根据试验结果或经验确定。经过时间积累，可以给出各系数的范围值。

2) 处理深度的决定，当以提高承载力为目的时，以桩底下卧层强度和变形控制处理深度。当尚需要消除土的湿陷性时，应根据《湿陷性黄土地区建筑规范》GB 50025—2004 所规定的处理深度进行设计，处理深度的标准是以建筑物类别来区分的。

3) 规范规定灰土桩变形是由复合土层和其下压缩土层的变形所组成。复合土层的变形由试验和结合当地经验确定。下部压缩土层的变形按常规进行地基变形计算。

根据工程实践及试验的总结，只要灰土桩的施工质量得到保证，设计无原则错误，复合土层的变形多在 $20\sim50$mm 之间，在应用中可按桩长的 0.3％～0.6％来估计复合土层的变形。

4) 由于灰土桩的强度有限，且具有可压缩性，桩体应力传递深度有一个界限，即所谓的有效桩长或临界桩长。经测试，有效桩长约 $6\sim10d$。因此，在桩底下卧层变形可以得到控制的情况下，桩长不必过长。

5）为方便应用，表 2-1 给出了灰土桩复合地基的承载力标准值 f_{sp} 和变形模量 E_{sp}。

复合地基承载力和变形模量　　　　　　　表 2-1

桩孔填料	分 项	f_{sp}(kPa)		E_{sp}(MPa)	
		黄土类土	杂填土	黄土类上	杂填土
素土	一般值	$177\sim250$	$130\sim200$	$12.7\sim18.0$	$9.4\sim14,4$
	平均值	215	148	15.0	10.5
灰土	一般值	$245\sim300$	$190\sim250$	$29.4\sim36.0$	$21.0\sim29.0$
	平均值	268	218	32.2	25.4

5. 施工工艺

灰土桩有多种施工工艺，各种施工工艺都是由成孔和夯实两部分工艺所组成。现将常用的施工方法简介如下：

1）人工成孔和人工夯实

作为复合地基应用时，桩径 $\phi300\sim400$mm，施工工艺同石灰桩人工挖孔法。大直径灰土井柱则用人工挖孔桩的办法成孔，采用人工分层夯实，或用蛙式打夯机及其他特制的夯实机分层回填夯实。

2）沉管法

利用各类沉管灌注桩机，打入或振入套管，桩管下特制活动桩尖的构造类同于石灰桩管外投料施工法的桩类。套管打到设计深度后，拔出套管，分层投入灰土，利用套管反插或用偏心轮夯实机及提升式夯实机分层夯实。

3）爆扩成孔法

利用人工成孔（洛阳铲或钢钎），将炸药及雷管或药管及雷管置于孔内，孔顶封土后引爆成孔。药眼直径 $1.8\sim3.5$cm，引爆后孔径可达 $27\sim63$cm。成孔后将灰土分层填入，用偏心轮夹杆式夯实机或提升式夯实机分层夯实。

4）冲击成孔法

利用冲击钻机将 $6\sim3.2$t 重的锥形锤头（又叫橄榄锤）提升 $0.5\sim2$m 的高度后自由落下，反复冲击下沉成孔，锤头直径 $\phi350\sim450$mm，孔径可达 $\phi500\sim600$mm。成孔后分层填入灰土，用锤头分层击实。其成孔深度不受机架限制。

5）管内夯击法

同碎石桩的管内夯击工艺。在成孔前，管内填入一定数量的碎石，内击式锤将套管打至设计深度后，提管，冲击管内碎石，分层投入灰土，用内击锤分层夯实。内击锤重 $1\sim1.5$t，成孔深度不大于 10m。

6. 施工质量检验及效果检验

施工质量检验主要包括桩间土挤密效果和桩料夯填质量检验。桩间土挤密效果采用不同位置取样测定干密度和压实系数来检验。桩料夯填质量可用轻便触探、夯击能量法及取样检验。

效果检验包括取样测定桩间土干密度、桩身材料抗压强度及压实系数；室内测定桩间土及灰土的湿陷系数；现场浸水载荷试验，判定湿陷性消除情况；现场静载荷试验检验承载力等。

2.3.6 灌注桩后压浆法

灌注桩的施工中存在一些问题，如桩底沉渣较难彻底清理，桩端地基土承载力无法充分发挥，而且又增加了桩基沉降量；桩侧泥皮过厚且厚度不均匀，使得桩侧摩阻力明显降低；由于设计的桩长和桩径尺寸过大而使得施工困难等。针对这些问题，中国建筑科学研究院地基所研发了灌注桩后压浆技术，即后压浆桩法。这项技术具有构造简单，便于操作，附加费用低，承载力增幅大，压浆时间不受限制等优点，已在全国迅速推广开来，取得了良好的技术和经济效益。

后压浆桩法是将土体加固与桩基技术相结合，大幅提高桩基承载力，减少沉降的有效方法。其一般做法是在灌注桩施工中将钢管沿钢筋笼外壁埋设，待桩体混凝土强度满足要求后，将水泥浆液通过钢管用压力注入桩端的地基土层孔隙中，使得原本松散的沉渣、碎石、土粒和裂隙胶结成一个高强度的结合体。水泥浆液在压力作用下由桩端通过地基土孔隙，向四周扩散。对于单桩区域，向四周扩散相当于增加了端部的直径，向下扩散相当于增加了桩长；群桩区域所有的浆液连成一片，所加固的地基土层成为一个整体，使得原来不满足要求的地基土层满足了上部结构的承载力要求。

后压浆桩根据注浆模式、地基土层的不同，具有不同的加固效果，主要表现为以下几种效应：

1) 充填胶结效应

在卵、砾、砂等粗粒土中进行渗入注浆，被注土体孔隙部分被浆液充填，散粒被胶结在一起，土体强度和刚度大幅度提高，即充填胶结效应，如图 2-62（a）所示。

2) 加筋效应

在黏性土、粉土、粉细砂等细粒土进行劈裂注浆，单一介质土体被网状结石分割加筋成复合土体。其中网状结石称为加筋复合土体的刚性骨架，而复合土体的强度变形性状由于此刚性骨架的制约强化作用而大为改善，此即加筋效应，如图 2-62（b）所示。

3) 固化效应

桩底沉渣和桩侧泥皮与注入的浆液发生物理化学反应而固化，使单桩承载力大幅度提高，显示为固化效应。

在进行压浆过程中，由于桩侧、桩底土体还有不同程度的压密效应，对后压浆桩的承载力及变形性状的改善都有积极作用，如图 2-62（c）及图 2-63 所示。

后压浆桩法主要有以下优点：

（1）前置压浆阀管构造简单，安装方便，成本低，可靠性高，适用于锥形和平底形孔底；

（2）压浆施工可在成桩后 30d 甚至更长时间内实施，对桩身混凝土无破坏作用；

（3）施工参数可根据实际情况进行调整，易达到预期目标，使得桩基承载力大幅度提高；

（4）用于压浆的钢管可与桩身完整性超声波检测管结合使用，且在注浆后钢管作为等截面钢筋使用，附加费用低。

后压浆桩法的适用土层与灌注桩基本相同，尤其适用于持力层为非密实的卵、砾石、

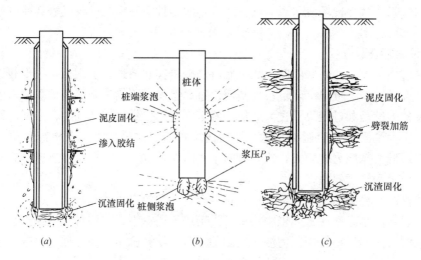

图 2-62　土体注浆效果示意图

(a) 渗入性注浆的充填胶结效应；(b) 劈裂注浆的加筋效应；(c) 压密注浆的加固效果

中粗砂层，且分布均匀，厚度能够满足要求的情况。

1. 后压浆桩法的设计

后压浆桩法的设计内容包括以下几方面：

1) 桩端持力层

由于后压浆桩法使得灌注桩单桩承载力大幅度提高，因此涉及桩长的改变以及桩端持力层的优化设计。如果存在层厚能够满足设计要求的粗颗粒夹层，且又没有软弱下卧层时，可选择该层作为桩端持力层，从而减小桩长；若原设计为嵌岩桩，而基岩上覆风化层时，可采用非嵌岩后压浆桩，选择粗粒风化层作为桩端持力层，缩短桩长。

2) 布桩

由于后压浆桩法使得灌注桩单桩承载力大幅度提高，如果桩长不变，则可适当增加桩距，减少桩数。根据研究资料，若后压浆桩单桩承载力增加 $35\%\sim127\%$，则相应桩数可减少至 $44\%\sim74\%$。这样一来，桩距可由原非压浆桩的较小桩距调整至最优桩距 $S_a = 3.5d\sim4.5d$（S_a 为桩距，d 为桩径）。在同一建筑范围内，如果荷载分布不均，则可在荷载密集区采用 $S_a = 3.5d\sim4.0d$，使得沉降相应减少；在荷载较小区加大桩距，使得沉降相应增大。

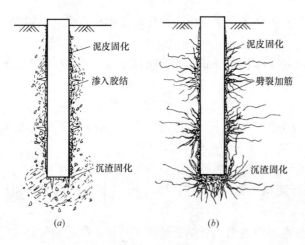

图 2-63　桩端及桩侧注浆加固示意图

(a) 非密实砾石、中粗砂；(b) 黏性土、粉土、粉细砂

3) 后压浆桩单桩承载力

后压浆桩单桩承载力的大小受到诸多因素的影响，如桩底、桩侧、土层性质、压浆模式、压浆量以及时间等，所以目前尚无精确计

算的方法。在工程上，如果地区经验比较成熟，可根据地区经验预估单桩承载力进行布桩，然后进行载荷试验，根据试验结果再调整原来的设计方法；如果没有地区经验，则需要进行试验性施工试桩的方法，通过载荷试验确定单桩承载力值。

可按下式预估后压浆桩单桩极限承载力标准值：

$$Q_{uk} = Q_{sk} + Q_{pk} = (U\sum \xi_{ski}q_{ski}L_i + \xi_{pk}q_{pk}A_p)\lambda_Q \tag{2-27}$$

式中 q_{ski}, q_{pk}——极限桩端和桩侧阻力标准值，按《建筑桩基技术规范》JGJ 94—2008 规定取值；

L_i——桩侧第 i 层土的厚度（m）；

U——桩身周长（m）；

A_p——桩端面积（m²）；

ξ_{ski}——侧限增强系数，按表 2-2 取值，对于桩端单独压浆的情况，其增强范围为桩端以上 15m，其他位置 $\xi_{ski}=1.0$；对于桩侧注浆情况，在每个注浆断面以上 20m 范围进行增强修正，发生重叠时，不重复修正，取小值；

ξ_{pk}——端阻力增强系数，按表 2-2 取值。

增强系数 ξ_{ski}、ξ_{pk}值　　　　　　　　　　表 2-2

土层名称	淤泥、淤泥质土	黏性土、粉土	粉、细砂	中砂	粗、砾砂	角砾、圆砾、碎石、卵石	强风化岩
ξ_{ski}	1.4	1.8	1.8	2.0	2.5	3.0	2.0
ξ_{pk}	1.6	2.5	2.5	3.0	3.2	3.6	2.5

λ_Q——修正系数，$\lambda_Q = \dfrac{\xi_Q'}{\xi_Q} = \dfrac{\text{实际增强系数}}{\text{理论增强系数}}$，大于 1.0 时按 1.0 取值。

其中 $\xi_Q' = 1.12 + 5.70\lambda_c'$（桩端为粗黏性土、卵石、砾石、粗中砂）

$\xi_Q = 1.12 + 4.15\lambda_c$（桩端为细粒土、粉细砂、粉土、黏性土）

$$\lambda_c = \frac{G_c}{L \cdot d} \tag{2-28}$$

式中 λ_c', λ_c——理论和实际注浆比；

G_c——注浆量；

L——桩长（m）；

d——桩直径（m）。

4）后压浆桩沉降

后压浆桩沉降计算可按《建筑桩基技术规范》JGJ 94 规定的方法进行计算。计算时，对于细黏性土持力层，折减系数取 0.85；对于黏性土持力层，折减系数取 0.70。桩端以下 $10d^2/S_a$（S_a 为桩间距）范围内可按等代墩基计算沉降。

5）后压浆桩桩身强度

后压浆桩单桩承载力的提高主要是由于桩周土阻力的提高而导致的，为了使两者能够互相匹配，对桩身强度应进行验算。一般情况下，桩身混凝土强度等级应提高 1~3 级，以发挥注浆桩的潜力。

6）后压浆群桩承台分担比

由于后压浆桩法使得桩底、桩间土强度和刚度的提高，群桩桩土整体工作性能增强，承载力大幅提高，使得基桩刺入变形减少，承台底土反力比非压浆群桩降低 25%～50%。

2. 后压浆桩法的施工

后压浆桩法的施工布桩、加固效果和施工步骤见图 2-64。

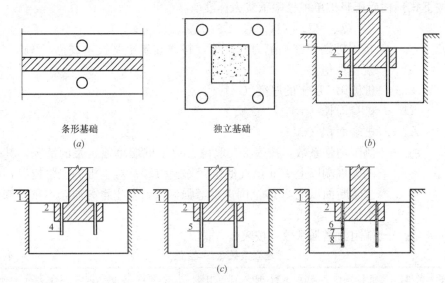

条形基础　　　　　独立基础
(a)　　　　　　　　　　　　　　　(b)

(c)

图 2-64　后压浆桩示意图

(a) 桩位布置图；(b) 加固效果图；(c) 施工步骤

1—操作坑（沟）；2—原有基础；3—加固桩体；4—开挖桩孔；5—钢筋混凝土桩体；

6—桩侧注浆管；7—桩底注浆管

1) 桩侧注浆

桩侧注浆应在桩底注浆的前几天进行。桩侧注浆阀可根据地基土层以及桩长的不同，沿不同横断面呈花瓣形设置，也可沿桩长成波形设置。设置于桩身内部的注浆钢管与钢筋笼处在同一圆周上，与加强筋焊牢。当桩顶低于地面标高时，应用临时导管与桩身中的注浆管导管相连，待注浆初凝后取下临时导管下次使用。

2) 桩底注浆

在钢筋笼上设置 1～2 根底端带单向阀的注浆钢管，并将其插入沉渣及桩底土的一定深度（50～200mm），使得所注浆液能够起到固化沉渣和扩大桩底加固范围的作用。对于密实的卵、砾石层或坚硬的基岩，注浆管无法插入，但需确保浆液渗入到混凝土面以下，固化桩底沉渣和泥皮。注浆阀外层应有保护套，防止阀膜被刺破，浆液可顺利流出。后压浆桩法的施工流程见图 2-65。

3) 注浆量

根据大量的工程实践经验，对于桩径 0.6～1.0m，桩长 20～60m 的灌注桩，桩底注浆所用水泥量约为 0.6～2.0t；加桩侧注浆，则注浆量将增加一倍。可用下式估算注浆量：

桩底　　　　　　$$G_{cp}=\pi(htd+\xi n_0 d^3)\times 1000 \qquad (2-29)$$

桩侧　　　　　　$$G_{es}=\pi[t(L-h)d+\xi mn_0 d^3]\times 1000 \qquad (2-30)$$

式中　G_{cp}，G_{es}——桩底、桩侧注浆量，以水泥用量计（kg）；

　　　ξ——水泥填充率，细粒土 0.2～0.3，粗粒土 0.5～0.7；

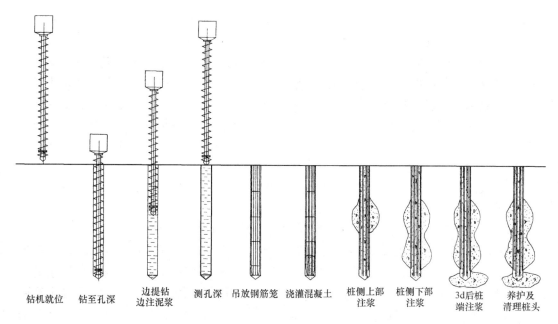

钻机就位　　钻至孔深　　边提钻　　测孔深　　吊放钢筋笼　　浇灌混凝土　　桩侧上部　　桩侧下部　　3d后桩　　养护及
　　　　　　　　　　　　边注泥浆　　　　　　　　　　　　　　　　　　　　注浆　　　　注浆　　　端注浆　　清理桩头

图 2-65　螺旋钻孔灌注桩后压浆桩施工流程示意图

n_0——孔隙率；

t——桩侧浆液厚度，一般为 10～30mm，黏性土及正循环成孔取高值，砂性土及反循环成孔取低值；

h——桩底压浆时，浆液沿桩身上返高度，一般取 5～20m；

m——桩侧注浆横断面数，对于纵向波形注浆，取注浆点数的 1/4；

L，d——桩长与桩径（m）。

4）注浆压力

注浆压力指的是在不使地表隆起和基桩上抬量过大的前提下，实现正常注浆的压力。压浆的压力过大，一方面会造成水泥浆的离析，堵塞管道；另一方面，压力过大可能扰动碎石层，也有可能使得桩体上浮。实际工程中，注浆压力与地基土性质、注浆点深度等因素有关，可按下式估算：

$$P_0 = P_W + P_\gamma = P_W + \xi_\gamma \sum \gamma_i h_i \qquad (2\text{-}31)$$

式中　P_0——注浆点浆液出口正常注浆压力；

P_W——注浆点处静水压力；

P_γ——被注土体抗注阻力；

γ_i——注浆点以上第 i 层土的天然重度，地下水位以下取浮重度；

h_i——注浆点以上第 i 层土的厚度；

ξ_γ——抗注阻力经验系数，与浆液稠度及土性有关，对粉土取 1.5～2.0，粗颗粒土取 1.2～1.5，颗粒细、密度大取高值，相反取低值，开始注浆压力一般为正常注浆压力的 3～5 倍。

由于压力损失原因，注浆管越长，注浆压力损失越大，因此注浆泵的额定压力一般不低于 6MPa，流量为 50～150 L/min。正常注浆时压力一直较低，则表明注浆质量存在问题，应延长注浆时间，加大注浆量并适当提高浆液稠度，直至注浆压力出现上升为止。

3. 后压浆桩质量检验

目前尚无有效手段对后压浆桩进行全面的质量检验。对于桩底的压浆质量可通过预设超声波检测管检测，根据压浆前后波速的变化进行判断；对于桩端阻力和桩侧阻力的检测，可通过单桩承载力的变化进行判断，其最有效的方式是进行静载荷试验以及预埋于桩身应力计，可分别确定后压浆桩的侧阻与端阻，此外高应变动测也是一种可行的检验方法。

2.3.7　其他桩式加固法

与坑式静压桩类似，还有其他一些桩式加固技术，如预压桩、打入桩、灌注桩等。

1. 预压桩

预压桩是针对坑式静压桩施工中存在的问题进行改进，从而发展起来的一种工法。在坑式静压桩施工中在撤出千斤顶时，桩体会发生回弹，影响施工质量。阻止这种回弹的方法就是在撤出千斤顶之前，在被顶压的桩顶与基础底面之间加进一个楔紧的工字钢。预压桩的施工方法是当桩体压入到设计深度后即进行预压（灌注的混凝土结硬后）。一般用两个并排设置的千斤顶放在基础底和桩顶面之间，其间应能够安放楔紧的工字钢钢柱。加压至设计荷载的 150%，保持荷载不变，等桩基础沉降稳定后（1h 内沉降量不增加），将一段工字钢竖放在两个千斤顶之间并打紧，这样就有一部分荷载由工字钢承担，并有效的对桩体进行了预压，并阻止了其回弹，此时可将千斤顶撤出。然后用干填法或在压力不大的情况下将混凝土灌注到基础底面，再将桩顶与工字钢柱用混凝土包起来，即完成了预压桩在安放楔紧的工字钢柱的施工示意图（图 2-66）。

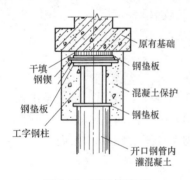

图 2-66　预压桩施工

采用预压桩的加固工程中，一般不采用闭口的或实体的桩，因为桩顶的压力过高或桩端下遇到障碍物时，闭口钢管桩或预制混凝土难以顶进。

2. 打入桩

当地层中含有障碍物，或是上部结构较轻且条件较差而不能提供合适的千斤顶反力，或是桩身设计较深而成本较高时，静压成桩法不再适用，此时可考虑采用打入桩进行加固。

打入桩的桩体材料主要采用钢管桩，这是由于相比其他形式的桩，钢管桩更容易连接，其接头可用铸钢的套管或焊接而成。打桩设备常用的是压缩空气锤，装在叉式装卸车或特制的龙门导架上。导架的顶端是敞口的，这样可以更充分的利用有限的空间。在打桩过程中，还需要在桩管内不断取土。如遇到障碍物时，可采用小型冲击式钻机，通过开口钢管劈裂破碎或钻穿而将土取出。这种钻机可使钢管穿越最难穿透的卵、碎石层。在桩端达到设计土层深度时，则可以进行清孔和浇筑混凝土。

在所有的桩都按要求施工完成后，则可用搁置在桩上的加固梁（抬梁法或挑梁法加固）或承台系统来支撑被加固的柱或墙，其荷载的传递是靠钢楔或千斤顶来转移的。

打入桩的另一个优点是钢管桩桩端是开口的，对桩周的土体排挤较少，所以对周围环境影响不大。

3. 灌注桩

由于地层原因而无法使用静压成桩工法时，就目前国内的工程实例来看，使用打入桩加固的很少，大部分采用的都是灌注桩的加固形式。灌注桩加固也是利用搁置在桩上的加固梁或承台系统来支撑被加固的柱或墙，其与打入桩的不同在于成桩的方式不同。

灌注桩加固的优点是能在密集建筑群而又不搬迁的条件下进行施工，而且其施工占地面积较小，操作灵活，能够根据工程的实际情况而改变桩径及桩长。其缺点是如何发挥桩端支撑力和改善泥浆的处理、回收工作。

在加固工程中，常用的灌注桩类型有人工挖孔灌注桩、螺旋钻孔灌注桩、潜水钻孔灌注桩和沉管灌注桩。值得一提的是压胀式灌注桩用于基础加固工程。此种工法桩杆材料是由铁皮折叠制成，使用时靠注浆的压力胀开（图 2-67）。在施工前要先行成孔，然后放入钻杆，如果进行的是浅层处理，则用气压将桩杆胀开，然后截去外露端头后浇筑混凝土而成桩（图 2-68）；如果进行的是深层处理，则用压力注浆设备和导管，将桩杆胀开的同时，压入水泥砂浆而成桩（图 2-69）。

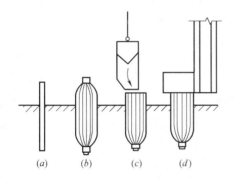

图 2-67 压胀式灌注桩桩杆变形前后

（a）桩杆；（b）压胀；（c）浇注混凝土；（d）制作承台

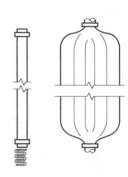

图 2-68 压胀式灌注桩浅层处理流程图

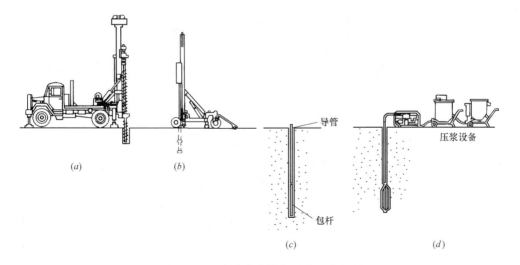

图 2-69 压胀式灌注桩深层处理流程图

（a）钻孔；（b）放包杆；（c）包杆与导管就位；（d）压力注浆

2.4 注浆法加固地基

注浆加固法（Grouting）是利用液压、气压或电化学原理，通过注浆管把某些能固化的浆液注入地层中土颗粒的间隙、土层的界面或岩层的裂隙内，使其扩散、胶凝或固化，以增加地层强度、降低地层渗透性、防止地层变形、改善地基的物理力学性质和进行加固工程的地基处理技术。

注浆法（灌浆法）是由法国工程师 Charles Bériguy 于 1802 年首创。此后，随着水泥的发明，水泥注浆法已成为地基土加固中的一种广泛使用的方法。现在，注浆法已广泛应用于房屋地基加固与纠偏、铁道公路路基加固、矿井堵漏、坝基防渗、隧道开挖等工程中，并取得了良好的效果。其加固目的主要有以下几方面：

（1）地基加固——提高岩土的力学强度和变形模量，减少地基变形和不均匀变形，消除黄土的湿陷性；

（2）防渗堵漏——降低土的渗透性，减少渗流量，提高地基抗渗能力，降低孔隙压力，截断渗透水流；

（3）加固纠偏——对已发生不均匀沉降的建筑物进行纠偏或加固处理。

1. 灌浆材料

注浆加固中所用的浆液是由主剂（原材料）、溶剂（水或其他溶剂）及各种外加剂混合而成。通常所指的灌浆材料是指浆液中所用的主剂。灌浆材料常分为粒状浆材和化学浆材两个系统，而根据材料的不同特点又可分为不稳定浆材、稳定浆材、无机化学浆材及有机化学浆材四类。

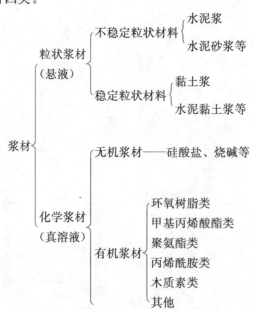

1）水泥浆材

水泥浆材是以水泥浆为主的浆液，在地下水无腐蚀性条件下，一般都采用普通硅酸盐水泥。这种浆液是一种悬浮液，能形成强度较高和渗透性较小的结石体。这些浆材容易取得，配方简单，成本低廉，不污染环境，既适用于岩土工程，也适用于地下防渗等工程。在细裂隙地层中虽其可灌性不如化学浆材好，但若采用劈裂灌浆原理，则水泥浆材可用于不少弱透水层的加固。

由于常用的水泥颗粒较粗，一般只能灌注直径大于 0.2mm 的孔隙，而对土中孔隙较小的就不易注入。所以选择浆液材料时，首先要计算地基土的可灌比值，确定其可灌性。按下式计算：

$$N = \frac{D_{15}}{D_{85}} > 15 \tag{2-32}$$

式中　D_{15}——根据土的颗粒分析试验，求得粒径级配曲线中 15% 的颗粒直径；

　　　D_{85}——根据浆液材料的颗粒分析试验，求得粒径级配曲线中 85% 的颗粒直径。

水泥浆的水灰比，一般变化范围为 0.6～2.0；常用的水灰比为 1∶1。有时为了调节水泥浆的性能，可加入速凝剂或缓凝剂等外加剂。工程中常用的速凝剂有水玻璃和氯化钙，其用量一般为水泥重量的（1～2）%，常用的缓凝剂等木质素磺酸钙和酒石酸，其用量约为水泥重量的（0.2～0.5）%。

2）黏土水泥浆

黏土是含水的铝硅酸盐，其矿物成分为高岭石、蒙脱石及伊利石三种基本成分。以蒙脱石为主的土叫膨润土，这种土尤其是钠膨润土对制备优质浆液最为有利。因此，膨润土是一种水化能力极强、膨胀性大和分散性很高的活性黏土。黏土是高分散材料，许多工程场地附近都能找到符合灌浆要求的黏土，而且其亲水性好，因而沉淀析水性较小，在水泥悬液中加入黏土后，将使浆液的稳定性大大提高。

根据施工目的和要求不同，黏土可看作是水泥浆的附加剂，掺入量较少；也可当做灌浆材料使用，掺入量有时比水泥量还要多。

3）聚氨酯浆材

聚氨酯是采用多异氰酸值和聚醚树脂等作为主要原材料，再掺入各种外加剂配制而成的。浆液灌入地层后，遇水即发生反应生成聚氨酯泡沫体，起加固地基和防渗堵漏等作用。

聚氨酯浆材又分可为水溶性与非水溶性两类，前者能与水以各种比例混溶，并与水反应形成含水胶体；后者只能溶于有机溶剂。此浆液有如下特点：

（1）浆液黏度低，可灌性好，结石有较高强度；

（2）浆液遇水发生反应，可用于动水条件下堵漏，封堵各种形式的地下、地面及管道漏水，封堵牢固，止水效果好；

（3）耐久性好，安全可靠，不污染环境；

（4）操作简便，经济效益高。

目前在土木工程中用的比较广泛的是非水溶性聚氨酯，其中又以"二步法"的制浆最好，又成预聚法，是把主剂先合成为聚氨酯的低聚物（预聚体），然后再把预聚体和外加剂按需要配成浆液。所使用的外加剂包括以下几种：

（1）增塑剂。用以降低大分子间的相互作用力，提高材料的韧性，常用的有邻苯二甲酸二丁酯等。

（2）稀释剂。用以降低预聚体或浆液的黏度，提高浆液的可灌性。常用的有丙酮和二甲苯等，其中以丙酮的稀释效果为最好。

（3）表面活化剂。用以提高泡沫的稳定性和改善泡沫的结构，一般采用吐温和硅油等。

（4）催化剂。用以加速浆液与水的反应速度和控制发泡时间，常用的有三乙醇胺和三乙胺等。

经过多年的研究和实践，得出了几种比较有效的浆材配方，见表 2-3。

常用的聚氨酯配方　　　　　　　　　　表 2-3

编号	游离[NCO]含量%	比重	黏度(Pa·s)	固砂体		抗渗强度等级
				屈服抗压强度(MPa)	弹性模量(MPa)	
SK-1	21.2	1.12	2×10^{-2}	16.0	455.0	>B20
SK-3	18.1	1.14	1.6×10^{-1}	10.0	287.0	>B10
SK-4	18.3	1.15	1.7×10^{-1}	10.0	296.2	>B10

各配方的主要性能指标见表 2-4，其中固砂体试件是在 $9.8 \times 10^4 Pa$ 条件下成型的。

常用的聚氨酯配方表　　　　　　　　　　表 2-4

编号	预聚体类型	材料重量比					
		预聚体	二丁酯(增塑剂)	丙酮(稀释剂)	吐温、硅油(表面活化剂)	催化剂	
						三乙醇胺	三乙胺
SK-1	PT-10	100	10~30	10~30	0.5~0.75	0.5~2	—
SK-3	TT-1/TM-1	100	10	10	0.5~0.75	—	0.2~4
SK-4	TT-1/TP-2	100	10	10	0.5~0.75	—	0.2~4

从上述两表可见，SK-1 浆液的黏度较低，固砂体的强度较高，抗渗性较好，并有良好的二次扩散性能，适用于砂层及软弱夹层的防渗和加固处理；SK-3 和 SK-4 浆液的特点是弹性较好，对土变形有较好的适应性。上述浆液遇水后黏度迅速增长，不会被水稀释和冲走，特别适用于动水条件下的防水堵漏。

4）丙烯酰胺类及无毒丙凝浆材

这类浆材国外多称为 AM-9，国内则多称为丙凝。由主剂丙烯酰胺、引发剂过硫酸铵（简称 AP）、促进剂 β-二甲氨基丙腈（简称 DAP）和缓凝剂铁氰化钾（简称 KFe）等组成，其标准配方见表 2-5。

丙凝浆液的标准配方　　　　　　　　　　表 2-5

试 剂 名 称	代 号	作 用	浓度(重量百分比)
丙烯酰胺	A	主剂	9.5%
N-N′甲撑双丙烯酰胺	—M	交联剂	0.5%
过硫酸铵	AP	引发剂	0.5%
β-二甲氨基丙腈	DAP	促进剂	0.4%
铁氰化钾	KFe	缓凝剂	0.01%

丙凝浆液及凝固体的主要特点为：

（1）浆液属于真溶液。在 20℃ 温度及标准浓度下，其黏度仅为 $1.2 \times 10^{-3} Pa·s$，与水甚为接近，其可灌性远比目前所有的灌浆材料都好。

（2）浆液从制备到凝结所需的时间可在几秒钟至几小时内精确地加以控制，而其凝结过程不受水（有些高分子浆材不能与潮湿介质黏结）和空气（有些浆材遇空气会降低胶结强度）的干扰或很少干扰。

（3）浆液的黏度在凝结前维持不变，这就能使浆液在灌浆过程中维持同样的渗入性。而且浆液的凝结是立即发生的，凝结后的几分钟内就能达到极限强度，这对加快施工进度和提高灌浆质量都是有利的。

（4）浆液凝固后，凝胶本身基本上不透水（渗透系数约为 10^{-9} cm/s），耐久性和稳定性都好，可用于永久性灌浆工程。

（5）浆液能在很低的浓度下凝结，如采用标准浓度为 10%，其中 90% 是水。且凝固后不会发生析水现象，即一份浆液就能填塞一份土的孔隙。因此，丙凝灌浆的成本是相对较低的。

（6）凝胶体抗压强度低。抗压强度一般不受配方影响，约为 0.4～0.5MPa。

（7）浆液能用一次注入法灌浆，因而施工操作比较简单。丙凝的主要缺点是有一定的毒性，经常与丙酰胺粉末接触会影响中枢神经系统，对空气和水也存在环境污染。过硫酸铵是强氧化剂，有可能破坏衣服和皮肤，施工人须戴上防护工具。

5）硅酸盐类浆材

硅酸盐（水玻璃）灌浆始于 1887 年，是一种最为古老的灌浆工艺。虽然硅酸盐浆材问世以来的 100 年里，在 20 世纪 50 年代后期出现了许多其他化学浆材，但硅酸盐仍然是当前主要的化学浆材，它占目前使用的化学浆液的 90% 以上。由于其无毒、价廉和可灌性好等优点，欧美国家根据技术经济指标，依旧将硅酸盐浆材列在其他所有化学浆材的首位。

水玻璃 $Na_2O \cdot nSiO_2$ 在酸性固化剂作用下可产生凝胶。水玻璃类浆液有很多种，表 2-6 介绍几种较有实用价值和性能较好的浆液。

水玻璃类浆液组成、性能及主要用途 表 2-6

原料		规格要求	用量（体积比）	凝胶时间	注入方式	抗压强度（MPa）	主要用途	备注
水玻璃-氯化钙	水玻璃	模数:2.5～3.0 浓度:43～45Bé	45%	瞬时	单管或双管	<3.0	地基加固	注浆效果受操作技术影响较大
	氯化钙	密度:1.26～1.28 浓度:30～32 Bé	55%					
水玻璃-铝酸钠	水玻璃	模数:2.3～3.4 浓度:40 Bé	1	几十秒～几十分	双液	<3.0	堵水或地基加固	改变水玻璃模数、浓度、氯酸钠含铝量和温度可调节凝胶时间，氯酸钠含铝量多少影响抗压强度
	铝酸钙	含铝量: 0.01～0.19（kg/L）	1					
水玻璃-硅氟酸	水玻璃	模数:2.4～3.4 浓度:30～45Bé	1	几秒～几十分	双液	<1.0	堵水或地基加固	两液等体积注浆、硅氟酸不足部分加水补充，两液相遇有絮状沉淀产生
	硅氟酸	浓度:28%～30%	0.1～0.4					

从表 2-6 中可以看出，胶凝剂与硅酸盐的反应速度是有快慢的。有些胶凝剂与硅酸

盐的反应很快，例如氯化钙、磷酸等，它们和主剂必须在不同的灌浆管或不同的时间内分别灌注，被称为双液注浆法；另一些胶凝剂如盐酸、铝酸钠等与硅酸钠的反应则较缓慢，因而主剂与胶凝剂能在注浆前预先混合起来注入统一钻孔中，故被称为单液注浆法。

试验发现，硅酸盐凝胶具有明显的蠕变性，因此在进行硅酸盐灌浆设计时，应充分考虑加固体蠕变性对强度的影响。试验还证明，硅酸盐凝胶的耐久性是另一个重要问题。硅凝胶即便在潮湿状态下也会发生一定的收缩，但这种收缩是由于硅胶中的硅离子发生缩聚作用而把自由水从硅胶挤出的结果，这种作用被称为脱水收缩，其结果将使灌浆效果降低。所以灌浆体不宜暴露在干燥空气中和浸泡在溶蚀性水中。

6）水玻璃水泥浆

水泥浆中加入水玻璃有两个作用，一是作为速凝剂使用，掺量较少，一般约占水泥重量的 3%～5%；另一是作为主材料使用，掺量较多，要根据灌浆目的和要求而定，在此所指的是后一种情况。

水玻璃水泥浆材是一种用途广泛，使用效果良好的灌浆材料，并具有以下特点：

（1）浆液的凝结时间可在几秒钟到几十分钟内准确地控制。其主要规律是：水泥浆越浓、水玻璃与水泥浆的比例越大和温度越高，浆液凝结时间就越短，反之则长。为了加快或延缓凝结时间，可在浆液中加入适量的速凝剂或缓凝剂。在同一条件下，水泥中含硅酸三钙越多，胶凝时间就越快，因而普通硅酸盐水泥比矿渣硅酸盐水泥及火山灰水泥凝结快。

（2）凝固后的结石率高，可达 98% 以上。

（3）结石的抗压强度较高，如表 2-7 所示。

水玻璃水泥的配方　　　　　　　　　　　　　　　表 2-7

水泥浆浓度（水∶水泥）	水玻璃浆与水泥浆体积比	凝固时间		结石抗压强度（MPa）	
		（min）	（s）	7d	28d
0.6∶1	1∶1	1	46	17.6	21.6
	1∶0.8	1	21	19.8	23.8
	1∶0.6	1	0	21.8	23.7
0.75∶1	1∶1	1	58	12.7	16.6
	1∶0.8	1	28	16.0	21.0
	1∶0.6	1	8	17.9	21.8
1∶1	1∶1	1	10	2.2	21.8
	1∶0.8	1	40	9.4	13.0
	1∶0.6	1	15	2.5	16.0

表 2-7 说明，水泥浆的浓度仍然是决定强度大小的关键因素。

（4）水玻璃是促使水泥浆早凝的因素，但并不是所用水玻璃越多，浆液凝结就越快，在某些情况下却呈现相反的规律。

（5）水玻璃对强度的影响呈现一个峰值，超过此峰值后强度随水玻璃体积增加而降低，如图 2-70 所示。

结合各地的实践经验水泥水玻璃浆材的适宜配方大体为：水泥浆的水灰比为 0.8∶1～1∶1；水泥浆与水玻璃浆材的体积比为 1∶0.6～1∶0.8。水玻璃的模数值为 2.4～2.8，波美度 30～45。这些配方的凝结时间为 1～2min，抗压强度变化在 9～24MPa。

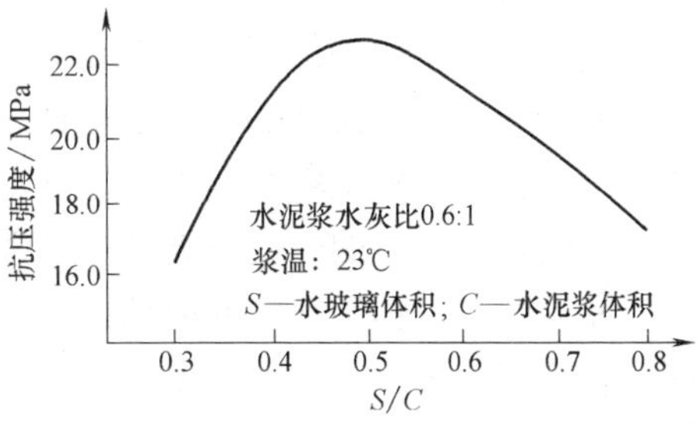

图 2-70　$S∶C$ 对结石强度的影响

2. 浆液性质

灌浆材料的主要性质有：分散度、沉淀析水性、凝结性、热学性质、收缩性、结石强度、渗透性、耐久性和流动性等。

1）材料的分散度

分散度是影响可灌性的主要因素，一般分散度越高，可灌性就越好。分散度还将影响浆液的一系列物理力学性质。

2）沉淀析水性

在浆液搅拌过程中，水泥颗粒处于分散和悬浮于水中的状态，但当浆液制成和停止搅拌时，除非浆液极为浓稠，否则水泥颗粒将在重力作用下沉淀，并使水向浆液顶端上升。

3）凝结性

浆液的凝结过程被分为两个阶段：初期阶段，浆液的流动性减少到不可泵送的程度；第二阶段，凝结后的浆液随时间而逐渐硬化。研究证明，水泥浆的初凝时间一般变化在 2～4h，黏土水泥浆则更慢。由于水泥微粒内核的水化过程非常缓慢，故水泥结石强度的增长将延续几十年。

4）热学性

由于水化热引起的浆液温度主要取决于水泥类型、细度、水泥含量、灌注温度和绝热条件等因素。

当大体积灌浆工程需要控制浆温时，可采用低热水泥、低水泥含量及降低拌合水温度等措施。当采用黏土水泥浆灌注时，一般不存在水化热问题。

5）收缩性

浆液及结石的收缩性主要受环境条件影响。潮湿养护的浆液只要长期维持其潮湿条件，不仅不会收缩，还可能随时间而略有膨胀。反之，干燥养护的浆液或潮湿养护后又使其处于干燥环境中，就可能发生收缩。一旦发生收缩，就将在灌浆体中形成微细裂隙，使浆液效果降低，因而在灌浆设计中应采取防御措施。

6）结石强度

影响结石强度的因素主要包括：浆液的起始水灰比、结石的孔隙率、水泥的品种及掺合料等，其中以浆液浓度最为重要。

7）渗透性

与结石的强度一样，结石的渗透性也与浆液起始水灰比、水泥含量及养护龄期等一系列因素有关。如表 2-8 和表 2-9 所示，不论纯水泥浆还是黏土水泥浆，其渗透性都很小。

8）耐久性

水泥结石在正常条件下是耐久的，但若灌浆体长期受水压力作用，则可能使结石破坏。当地下水具有侵蚀性时，宜根据具体情况选用矿渣水泥、火山灰水泥、抗硫酸盐水泥或高铝水泥。由于黏土料基本不受地下水的化学侵蚀，故黏土水泥结石的耐久性比纯水泥结石好。此外，结石的密度越大和透水性越小，灌浆体的寿命也越长。

研究证明，实际工程中的溶蚀破坏速度比理论值要慢。表 2-10 为在 3 个混凝土重力坝坝基中的实测资料，从中可见水泥灌浆帷幕的溶蚀现象是不可避免的，但溶蚀速度相当缓慢。

水泥结石的渗透性　表 2-8

龄期(d)	渗透性(cm/s)
5	4×10^{-8}
8	4×10^{-8}
24	1×10^{-10}

黏土水泥浆结石的渗透性　表 2-9

序号	黏土含量%	龄期(d)	渗透系数(cm/s)
1	50	10	7.4×10^{-7}
2	50	30	4.0×10^{-7}
3	75	14	1.5×10^{-6}

水泥帷幕化学溶蚀　　　　　表 2-10

坝号	坝高(m)	水泥耗量		氧化钙总量(kN)	氧化钙总耗失量(N)	氧化钙损失百分数(%)	观测时间(年)
		单耗(N/m)	总耗(kN)				
1	36	120	510	306	15580	5	8
2	124	1200	250000	150000	302970	0.2	3
3	65	640	120000	72000	15990	0.02	5

3. 浆液材料选择

（1）浆液应是真溶液而不是悬浊液。浆液黏度低，流动性好，能进入细小裂隙。

（2）浆液凝胶时间可从几秒至几小时范围内随意调节，并能准确地控制，浆液一经发生凝胶就在瞬间完成。

（3）浆液的稳定性好。在常温常压下，长期存放不改变性质，不发生任何化学反应。

（4）浆液无毒无害。对环境不污染，对人体无害，属非易爆物品。

（5）浆液应对注浆设备、管路、混凝土结构物、橡胶制品等无腐蚀性，并容易清洗。

（6）浆液固化时无收缩现象，固化后与岩石、混凝土等有一定黏结性。

（7）浆液结石体有一定抗压和抗拉强度，不龟裂，防冲刷性能好。

（8）结石体耐老化性能好，能长期耐酸、碱、生物细菌等的腐蚀，且不受温度和湿度的影响。

（9）材料来源丰富、价格低廉。

（10）浆液配制方便，操作容易。

现有灌浆材料不可能同时满足上述要求，一种灌浆材料只能符合其中几项要求。因此，在施工中要根据具体情况选用某一种较为合适的灌浆材料。

4. 灌浆理论

在地基处理中，灌浆工艺所依据的理论主要可归纳为以下四类：

1）渗透灌浆

渗透灌浆（Permeation Grouting）是指在压力作用下使浆液充填土的孔隙和岩石的裂隙，排挤出孔隙中存在的自由水和气体，而基本上不改变粒状土的结构和体积（砂性土灌浆的结构原理），所用灌浆压力相对较小。这类灌浆一般只适用于中砂以上的砂性土和有裂隙的岩石。代表性的渗透灌浆理论有：球形扩散理论、柱形扩散理论和袖套管法理论。

（1）球形扩散理论

Maag（1938）的简化计算模式（图 2-71）假定是：被灌砂土为均质的和各向同性的；浆液为牛顿体；浆液从注浆管底端注入地基土内；浆液在地层中呈球状扩散。

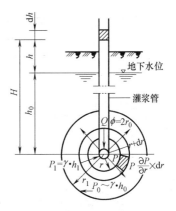

图 2-71 Maag（1938）的简化计算

达西定律：

$$Q = k_g i A t = 4\pi r^2 k_g t \left(-\frac{dh}{dr} \right) \tag{2-33}$$

模式：$-dh = \dfrac{Q\beta}{4\pi r^2 kt} \cdot dr$

积分得：$h = \dfrac{Q\beta}{4\pi rt} \cdot \dfrac{1}{r} + c$

当 $r = r_0$ 时，$h = H$；$r = r_1$ 时，$h = h_0$，代入上式得：

$$H - h_0 = \frac{Q\beta}{4\pi kt} \left(\frac{1}{r_0} - \frac{1}{r_1} \right)$$

已知：$Q = 4/3 \times \pi r_1^3 n$，$h_1 = H - h_0$，

代入上式得：$h_1 = \dfrac{r_1^3 \beta \left(\dfrac{1}{r_0} - \dfrac{1}{r_1} \right) n}{3kt}$

由于 r_1 比 r_0 大得多，故考虑 $\dfrac{1}{r_0} - \dfrac{1}{r_1} \approx \dfrac{1}{r_0}$，

则：

$$h_1 = \frac{r_1^3 \beta n}{3ktr_0}$$

于是：

$$t = \frac{r_1^3 \beta n}{3kh_1 r_0} \tag{2-34}$$

或：

$$r_1 = \sqrt[3]{\frac{3kh_1 r_0 t}{\beta \cdot n}} \tag{2-35}$$

式中　k——砂土的渗透系数（cm/s）；

　　　Q——注浆量（cm³）；

　　　k_g——浆液在地层中的渗透系数（cm/s）；

　　　β——浆液黏度与水的黏度比；

　　　A——渗透面积（cm²）；

　r，r_1——浆液的扩散半径（cm）；

　h，h_1——灌浆压力，厘米水头；

　　　h_0——注浆点以上的地下水压头；

　　　H——地下水压头和灌浆压力之和；

　　　r_0——注浆管半径（cm）；

t——灌浆时间（s）；

n——砂土的孔隙率。

此公式比较简单实用，对黏度随时间变化不大的浆液能给出渗入性的初步轮廓。试验证明，在 25min 内浆液的黏度基本上不变，则灌注 25min 后浆液在各种土中的渗入半径见表 2-11。

浆液的扩散半径　　　　表 2-11

砂土的渗透系数 $k(\text{cm/s})$	10^{-1}	10^{-2}	10^{-3}	10^{-4}
浆液扩散半径 $r_1(\text{cm})$	167	78	36	16

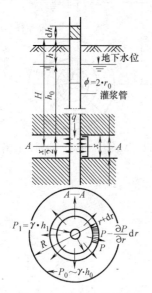

图 2-72　浆液柱状扩散

除 Maag 公式外，常用的还有 Karol 和 Raffle 公式等。

Karol 公式：
$$t=\frac{n\beta r_1^2}{3kh_1} \tag{2-36}$$

Raffle 公式：$t=\dfrac{nr_0^2}{kh_1}\left[\dfrac{\beta}{3}\left(\dfrac{r_1^3}{r_0^3}-1\right)-\dfrac{\beta-1}{2}\left(\dfrac{r_1^2}{r_0^2}-1\right)\right]$　(2-37)

（2）柱形扩散理论

如图 2-72 为柱形扩散理论的模型。当牛顿流体作柱形扩散时：

$$t=\frac{n\beta r_1^2\ln\dfrac{r_1}{r_0}}{2kh_1} \tag{2-38}$$

$$r_1=\sqrt{\frac{2kh_1t}{n\beta\ln\dfrac{r_1}{r_0}}} \tag{2-39}$$

（3）袖套管法理论

假定浆液在砂砾石中作紊流运动，则其扩散半径 r_1 为：

$$r_1=2\sqrt{\frac{t}{n}\sqrt{\frac{k\nu h_1r_0}{d_e}}} \tag{2-40}$$

式中　d_e——被灌土体的有效粒径；

　　　ν——浆液的运动黏滞系数；

其余符号同 Maag 公式。

2）劈裂灌浆

劈裂灌浆（Fracturing Grouting）是指在灌浆压力作用下，浆液克服地层的初始应力和抗拉强度，引起岩石和土体结构的破坏和扰动，使其沿垂直于小主应力的平面上发生劈裂，使地层中原有的孔隙或裂隙扩张，或形成新的裂缝或孔隙，从而使低透水性地层的可灌性和扩散距离增大，而所用的灌浆压力也相对提高。

劈裂注浆可以分为三个阶段：

（1）鼓泡压密阶段

浆液进入土体形成浆泡并向外扩张，使浆泡在土体中引起复杂的径向和切向应力变化，紧靠浆泡处的土体受到严重的破坏和剪切，形成塑性变形区，使土体挤密。刚开始注浆，浆液所具备的能量不大，不能劈裂地层，浆液聚集在注浆管孔附近，形成椭球形泡体挤压土体，其压力和流量曲线见图 2-73，曲线的初始部分吃浆量少，而压力增长快，说明土体尚未裂开，曲线中的第一个峰值压力（a 点压力）即为启裂压力。启裂压力前的曲线段称为鼓泡压密阶段（与压密注浆相似）。

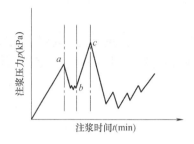

图 2-73 注浆压力时间曲线

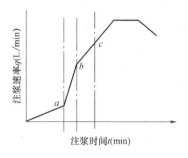

图 2-74 注浆时间与注浆速率曲线

鼓泡压密作用可用承受内压的厚壁圆筒模型来分析，可近似地用弹性理论的平面应变问题求径向位移以估计土体的压密变形。径向位移可用下式计算：

$$u_r = \frac{\nu-1}{\nu E}\frac{pr_1^2}{r_2^2-r_1^2} + \frac{m-1}{mE}\left(\frac{p_1 r_1^2 r_2^2}{r_2^2-r_1^2}\right) = \frac{\nu-1}{\nu E(r_2^2-r_1^2)}(pr_1^2 + p_1 r_1^2 r_2^2) \tag{2-41}$$

式中　ν——土泊松比；

　　　p——注浆压力；

　　　m——土的压缩系数；

　　　r_1——钻孔半径；

　　　r_2——浆液的扩散半径；

　　　E——土的弹性模量。

（2）劈裂阶段

浆液在注浆压力作用下，先后克服地层的初始应力和抗拉强度，使其沿垂直于小主应力的平面上发生劈裂，浆液由此进入，挤密土体，并与土体发生物理和化学作用，形成复合土体的浆脉。

（3）被动土压力阶段

通过前两阶段的作用，土体得到初步加固，土中的软弱面，孔隙及裂隙都被填充满，此时浆液在较高压力作用下，克服土的被动土压力，挤密土体使其固结，同时浆脉周围的土体也被压密，最终形成了以浆脉网络为骨架的复合土体。注入地层的浆液最初是聚集在注浆口附近，沿注浆管形成直径粗细相间的不规则柱体。当注浆压力达到一定程度，浆液就沿地层的结构面产生劈裂流动，在地层中形成方向各异，厚薄不一的片状、条状和团块状的灌浆体，其具体形状由土体特征和注浆参数确定，分布也是随机的。浆液劈裂流动方向总是发生在阻力最小的应力面上，由于正常固结土和欠固结土地基的小主应力是水平向的，因此初始劈裂主要是沿垂直方向发展；随着灌浆压力增大，则水平应力逐渐转化为被动土压力状态，这时最大主应力基本呈水平向的，劈裂开始向水平方向发展。浆液凝固后从整体上加强了土体，增加了土体的抗剪强度。裂缝发展到一定程度，注浆压力又重新上升，地层中大小主应力方向发生变化，水平向主应力转化为被动土压力状态（即水平主应力为最大主应力），这时需要有更大的注浆压力才能使土中裂缝加宽或产生新的裂缝，出

113

现第二个压力峰值（图 2-74 中的 c 点），由于此时水平向应力大于垂直向应力，地层出现水平向裂缝。

被动土压力阶段是劈裂注浆加固土地基的关键阶段，垂直劈裂后大量注浆，使小主应力有所增加，缩小了大小主应力间的差别，提高了土体稳定性。浆脉网的作用是提高土体的法向应力之和，并提高土体刚度。

实际注浆过程中，在地层很浅时，浆液沿水平剪切方向流动会在地表出现冒浆现象。

I. W. 法默等人（1974）对土体劈裂注浆引起的地面抬升提出计算方法，假定土体存在着截端圆锥体破坏带。如图 2-74 所示，截断圆锥体重

$$W_c = \frac{\pi \gamma z}{3 \tan^2 \theta} \left[z^2 + 2az \tan \theta + 3a^2 \tan^2 \theta \right] \tag{2-42}$$

截锥体抗剪强度：

$$s = 2W_c \frac{1 - \sin\theta \cos(180° - \phi + \alpha)}{\cos\phi \sin\theta} \tag{2-43}$$

土体抬力：
$$F_G = \pi a^2 p_0 \tag{2-44}$$

抬升条件：

$$F_G \geqslant W_C + S \tag{2-45}$$

① 岩基

在岩基中，水力劈裂的开始很大程度上取决于岩石的抗拉强度、泊松比、侧压力系数以及孔隙率、透水性和浆液的黏度等因素。若用参数 N 综合地表示 K（强度安全系数）和 η（浆液黏度），则在钻孔井壁处开始发生垂直劈裂的条件为：

$$\frac{p_0}{\gamma h} = \left(\frac{1-\mu}{1-N\mu} \right) \left(2K_0 + \frac{S_T}{\gamma h} \right) \tag{2-46}$$

式中　p_0——灌浆压力；

γ——岩石的重度；

h——灌浆段高度；

μ——泊松比；

K_0——侧压力系数；

S_T——抗拉强度。

水平劈裂的初始条件为：　$\dfrac{p_0}{\gamma h} = \left(\dfrac{1-\mu}{\mu(1-N)} \right) \left(1 + \dfrac{S_T}{\gamma h} \right)$ 　(2-47)

对于有节理裂隙的岩层，水力劈裂应包括原有裂隙的扩张和新鲜岩体的破裂。根据弹性理论计算，目前国内灌浆工程所用的灌浆压力，尚不能使新鲜岩体发生破裂，但仅用较小的灌浆压力就足以引起岩石现有裂隙的类弹性扩张。

② 砂和砂砾石

对砂及砂砾石层，可按照有效应力的库仑—莫尔破坏标准进行计算。在各向同性地层中，材料的应力状态与下式相符时即将发生破坏：

$$\frac{\sigma_1' + \sigma_3'}{2} \cdot \sin\varphi' = \frac{\sigma_1' - \sigma_3'}{2} - \cos\varphi' \cdot c' \tag{2-48}$$

式中　σ_1'——有效大主应力；

σ_3'——有效小主应力；

φ'——有效内摩擦角；

c'——有效黏聚力。

地层中由于灌浆压力的作用，使砂砾石层的有效应力减小。当灌浆压力 p_e 达到下式的标准时，就会导致地层的破坏：

$$p_e = \frac{(\gamma h - \gamma_w h_w)(1+K)}{2} - \frac{(\gamma h - \gamma_w h_w)(1-K)}{2\sin\phi'} + c' \cdot \cot\phi' \qquad (2\text{-}49)$$

式中　γ——砂或砂砾石的重度；

γ_w——水的重度；

h——灌浆段深度；

h_w——地下水位高度；

K——主应力比。

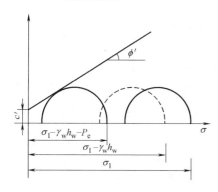

图 2-75　假想的水力破坏模型

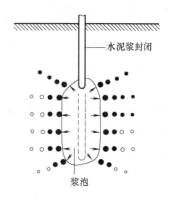

图 2-76　压密灌浆原理图

上述公式所代表的破坏机理可用图 2-75 的莫尔包线来解释，由图可见，随着孔隙水压力的增加，有效应力就逐渐减小至与破坏包线相切，表明砂砾土已开始劈裂。

③ 黏性土

在黏性土地层中，水力劈裂将引起土体固结及挤出等现象，从化学角度出发还包括水泥微粒对黏土的钙化作用。在只有固结作用的条件时，可用下式计算注入浆液的体积 V 及单位土体所需的浆液量 Q：

$$V = \int_0^a (p_0 - \mu) m_V \cdot 4\pi r^2 \mathrm{d}r \qquad (2\text{-}50)$$

$$Q = p \cdot m_V \qquad (2\text{-}51)$$

式中　a——浆液的扩散半径；

p_0——灌浆压力；

μ——孔隙水压力；

m_V——土的压缩系数；

p——有效灌浆压力。

在存在多种劈裂现象的条件下，则可用下式确定土层被固结的程度 C：

$$C = \frac{(1-V)(n_0 - n_1)}{1 - n_0} \times 100\% \qquad (2\text{-}52)$$

式中　V——灌入土中的水泥结石总体积；

n_0——土的天然孔隙率；

　　n_1——灌浆后土的孔隙率。

　　3）压密灌浆

　　压密灌浆（Compaction Grouting）是指通过钻孔在土中灌入极浓的浆液，在注浆点使土体压密，在注浆管端部附近形成"浆泡"，如图 2-76 所示。

　　当浆泡的直径较小时，灌浆压力基本上沿钻孔的径向扩展。随着浆泡尺寸的逐渐增大，便产生较大的上抬力而使地面扰动。

　　经研究证明，向外扩张的浆泡将在土体中引起复杂的径向和切向应力体系。紧靠浆泡处的土体将遭受严重破坏和剪切，并形成塑性变形区，在此区内土体的密度可能因扰动而减小，离浆泡较远的土则基本上发生弹性变形，因而土的密度有明显的增加。

　　浆泡的形状一般为球形或圆柱形。在均匀土中的浆泡形状相当规则，而在非均质土中则很不规则。浆泡的最后尺寸取决于很多因素，如：土的密度、湿度、力学性质、地表约束条件、灌浆压力和注浆速率等。有时浆泡的横截面直径可达 1m 或更大，实践证明，离浆泡界面 0.3~2.0m 内的土体都能受到明显的加密。

　　压密灌浆常用于中砂地基，黏土地基中若有适宜的排水条件也可采用。如遇排水困难而可能在土体中引起高孔隙水压力时，这就必须采用很低的注浆速率。压密灌浆可用于非饱和的土体，以调整不均匀沉降进行加固技术，以及在大开挖或隧道开挖时对邻近土进行加固。

　　4）电动化学灌浆

　　如地基土的渗透系数 $k < 10^{-4}$ cm/s，只靠一般静压力难以使浆液注入土的孔隙，此时需用电渗的作用使浆液进入土中。

　　电动化学灌浆（Electrochemical Injection）是指在施工时将带孔的注浆管作为阳极，用滤水管作为阴极，将溶液由阳极压入土中，并通以直流电（两电极间电压梯度一般采用 0.3~1.0V/cm），在电渗作用下，孔隙水由阳极流向阴极，促使通电区域中土的含水量降低，并形成渗浆通路，化学浆液也随之流入土的孔隙中，并在土中硬结。因而电动化学灌浆是在电渗排水和灌浆法的基础上发展起来的一种加固方法。但由于电渗排水作用，可能会引起邻近既有建筑物基础的附加下沉，这一情况应予慎重注意。

　　灌浆法的加固机理主要有：1. 化学胶结作用；2. 惰性填充作用；3. 离子交换作用。

　　根据灌浆实践经验及室内试验可知，加固后强度增长是一种受多种因素制约的复杂物理化学过程，除灌浆材料外，还有浆液与界面的结合形式、浆液饱和度、时间效应等因素对上述三种作用的发挥起着重要的作用。

　　（1）浆液与界面的结合形式

　　灌浆时除了要采用强度较高的浆材外，还要求浆液与介质接触面具有良好的接触条件。图 2-77 为浆液与界面结合的 4 种典型的形式。图 2-77（a）为浆液完全充填孔隙或裂隙，浆液与界面能牢固地结合，图 2-77（b）为浆液虽填满孔隙或裂隙，但两者间存在着一层连续的水膜，使浆液未能与岩土界面牢固地结合；图 2-77（c）为浆液虽也充满了孔隙或裂隙，但两者被一层软土隔开，且浆液未曾渗入到土孔隙内，从而使整体加固强度大为降低；图 2-77（d）为介质仅受到局部的胶结作用，地基的强度、透水性、压缩性等方面都无多大改善。由此可知，提高浆液对孔隙或裂隙的充填程度及对界面的结合能力，也是使介质强度增长的重要因素。

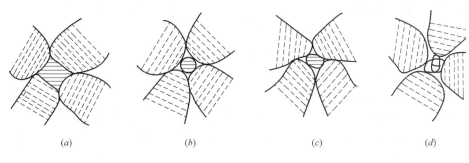

图 2-77　浆液与界面的结合形式

（2）浆液饱和度

裂隙或孔隙被浆液填满的程度称为浆液饱和度。一般饱和度越大，被灌介质的强度也越高。不饱和充填可能在饱水孔隙、潮湿孔隙或干燥孔隙中形成，原因则可能有多种，灌浆工艺欠妥可能是关键的因素，例如用不同的灌浆压力和不同的灌浆延续时间，所得灌浆结果就不一样。

灌浆一般采用定量灌注方法，而不是灌至不吃浆为止。灌浆结束后，地层中的浆液往往仍具有一定的流动性，因而在重力作用下，浆液可能向前沿继续流失，使本来已被填满的孔隙重新出现空洞，使灌浆体的整体强度削弱。不饱和充填的另一个原因是采用不稳定的粒状浆液，如这类浆液太稀，且在灌浆结束后浆中的多余水不能排除，则浆液将沉淀析水而在孔隙中形成空洞。可采用以下措施防止上述现象：1. 当浆液充满孔隙后，继续通过钻孔施加最大灌浆压力；2. 采用稳定性较好的浓浆；3. 待已填浆液达到初凝后，设法在原孔段内进行复灌。

（3）时间效应

时间效应对强度也有重要影响，主要有以下几方面：

① 许多浆液的凝结时间都较长，被灌介质的力学强度将随时间而增长。但有时为了使加固体尽快发挥作用而必须缩短凝结时间；有时为了维持浆液的可灌性则要求适当延长浆液的凝结时间。

② 许多浆材都具有明显的蠕变性质，浆材和被灌介质的强度都将受加荷速率和外力作用时间的影响，进行地基灌浆的设计、施工和试验研究时，都应考虑这一不利因素。

③ 浆液搅拌时间过长或同一批浆液填注时间太久，都将使加固体的强度削弱。

5. 灌浆设计

1）设计程序和内容

地基灌浆设计一般遵循以下几个程序：

（1）地质调查：查明地基的工程地质特性和水文地质条件；

（2）方案选择：根据工程性质、灌浆目的及地质条件，初步选定灌浆方案；

（3）灌浆试验：除进行室内灌浆试验外，对较重要的工程，还应选择有代表性的地段进行现场灌浆试验，以便为确定灌浆技术参数及灌浆施工方法提供依据；

（4）设计和计算：用图表及数值计算方法，确定各项灌浆参数和技术措施；

（5）补充和修改设计：在施工期间和竣工后的运用过程中，根据观测所得的异常情况，对原设计进行必要的调整。

设计内容主要包括以下几方面：

（1）灌浆标准：通过灌浆要求达到的效果和质量指标；

（2）施工范围：包括灌浆深度、长度和宽度；

（3）灌浆材料：包括浆材种类和浆液配方；

（4）浆液影响半径：指浆液在设计压力下所能达到的有效扩散距离；

（5）钻孔布置：根据浆液影响半径和灌浆体设计厚度，确定合理的孔距、排距、孔数和排数；

（6）灌浆压力：规定不同地区和不同深度的允许最大灌浆压力；

（7）灌浆效果评估：用各种方法和手段检测灌浆效果。

2）方案选择

这是设计者首先要面对的问题，但具体内容并没有严格限制，一般都把灌浆方法和灌浆材料的选择放在首位。灌浆方法和灌浆材料的选择又与灌浆目的、地质条件、工程性质等因素有关。掌握基本情况后，就能对灌浆方案做出初步的选择。根据工程实践经验，灌浆方案的选择一般应遵循下述原则：

（1）如为提高地基强度和变形模量，一般可选用以水泥为基本材料的水泥浆、水泥砂浆和水泥水玻璃浆等，或采用高强度化学浆材，如环氧树脂、呋喃树脂、聚氨酯以及以有机物为固化剂的硅酸盐浆材等。

（2）灌浆目的如为防渗堵漏时，可用黏土水泥浆、水泥粉煤灰混合物、丙凝、Ac-Ms、铬木素以及无机试剂为固化剂的硅酸盐浆液等。

（3）在裂隙岩层中灌浆一般采用纯水泥浆或在水泥浆（水泥砂浆）中掺入少量膨润土，在砂砾石层中或在溶洞中采用黏土水泥浆；在砂层中一般只能用化学浆液，在黄土中采用单液硅化法或碱液法。

（4）对孔隙较大的砂砾石层或裂隙岩层中采用渗入性注浆法，在砂层灌注粒状浆材宜采用水力劈裂法；在黏性土层中采用水力劈裂法或电动硅化法，矫正建筑物的不均匀沉降则采用压密灌浆法。

但在实际工程中，常采用多种灌浆工艺联合施工，包括不同浆材及不同灌浆方法的联合，以适应某些特殊地质条件和专门灌浆目的的需要。

此外，在选择灌浆方案时，还要综合考虑技术上的可行性和经济上的合理性。前者包括浆材对人体的危害或对环境的污染问题。后者则包括浆材是否容易取得和工期是否有保证等。

3）灌浆标准

灌浆标准是指地基灌浆后应达到设计的质量指标。所用灌浆标准的高低，关系到工程质量、进度、造价和建筑物的安全。设计标准涉及的内容较多，而且工程性质和地基条件千差万别，对灌浆的目的和要求很不相同，因而很难规定一个比较具体和统一的准则，只能根据具体情况做出具体的规定，在此，仅提出几点与确定灌浆标准有关的原则和方法。

（1）防渗标准

指渗透性的大小。防渗标准越高，表明灌浆后地基的渗透性越低，灌浆质量也就越好。原则上，对比较重要的建筑，对渗透破坏比较敏感的地基以及地基渗漏量必须严格控制的工程，都要求采用较高的标准。

但是，防渗标准越高，灌浆技术的难度就越大，一般灌浆工程量及造价也就越高。因此，防渗标准不应该是绝对的，每个灌浆工程都应该根据各自的特点，通过技术经济比较确定一个相对合理的指标。原则上，对比较重要的建筑，对渗透破坏比较敏感的地基以及地基渗漏量必须严格控制的工程，都要采用较高的标准。防渗标准多采用渗透系数表示。对重要的防渗工程，多数要求将地基土的渗透系数降低至 $10^{-4} \sim 10^{-5}$ cm/s 以下；对临时性工程或允许出现较大渗漏量而又不致发生渗透破坏的地层，也有采用 10^{-3} cm/s 数量级的工程实例。

（2）强度和变形标准

由于灌浆目的、要求和各工程的具体条件千差万别，不同的工程只能根据自己的特点规定强度和变形标准。如：①为了增加摩擦桩的承载力，主要应沿桩的周边灌浆，以提高桩侧界面间的黏聚力；对支承桩则在桩底灌浆以提高桩端土的抗压强度和变形模量。②为了减少坝基础的不均匀变形，仅需在坝下游基础受压部位进行固结灌浆，以提高地基土的变形模量，而无需在整个坝基灌浆。③对振动基础，有时灌浆目的只是为了改变地基的自然频率以消除共振条件，因而不一定需用强度较高的浆材。④为了减小挡土墙的土压力，则应在墙背至滑动面附近的土体中灌浆，以提高地基土的重度和滑动面的抗剪强度。

（3）施工控制标准

灌浆后的质量指标只能在施工结束后通过现场检测来确定。有些灌浆工程甚至不能进行现场检测，因此必须制订一个能保证获得最佳灌浆效果的施工控制标准。

① 正常情况下注入理论耗浆量 Q 为：

$$Q = V \cdot n \cdot m \qquad (2\text{-}53)$$

式中　V——设计灌浆体积；

n——土的孔隙率；

m——无效注浆量。

② 按耗浆量降低率进行控制。由于灌浆是按逐渐加密原则进行的，孔段耗浆量应随加密次序的增加而逐渐减少。若起始孔距布置正确，则第二次序孔的耗浆量将比第一次序孔大为减少，这是灌浆取得成功的标志。

4）浆材及配方设计原则

（1）对渗入性灌浆工艺，浆液必须渗入土的孔隙，即所用浆液必须是可灌的，这是一项最基本的技术要求，否则就谈不上灌浆；但若采用劈裂灌浆工艺，则浆液不是向天然孔隙、而是向被较高灌浆压力扩大了的孔隙渗入，因而对可灌性要求就不如渗入性灌浆严格。

（2）一般情况下，浆液应具有良好的流动性和流动性维持能力，以便在不太高的灌浆压力下获得尽可能大的扩散距离；但在某些地质条件下，例如地下水的流速较高和土的孔隙尺寸较大时，往往要采用流动性较小和触变性较大的浆液，以免浆液扩散至不必要的距离和防止地下水对浆液的稀释及冲刷。

（3）浆液的析水性要小，稳定性要高，以防止在灌浆过程中或灌浆结束后发生颗粒沉淀和分离，并导致浆液的可泵性、可灌性和灌浆体的均匀性大大降低。

（4）对防渗灌浆而言，要求浆液结石具有较高的不透水性和抗渗稳定性；若灌浆目的是加固地基，则结石应具有较高的力学强度和较小的变形性。与永久性灌浆工程相比，临时性工程的要求较低。

（5）制备浆液所用原材料及凝固体都不应具有毒性，或者毒性尽可能小，以免伤害皮肤、刺激神经和污染环境。某些碱性物质虽然没有毒性，但若流失在地下水中，也会造成环境污染，故应尽量避免这种现象。对此问题，要从三个方面来考虑。

① 原材料：粉状有毒物质比液体更易污染空气和刺激神经；

② 浆液：灌浆前对人体有不同程度的侵害，灌浆时则可能受地下水的稀释或因配方不准确而使部分浆液不能充分反应聚合，从而导致对地下水的污染；

③ 凝胶：地下水可能带出凝胶中有毒物质。

鉴于上述原因，目前国内外的趋势是尽量避免采用毒性较大的浆材。

（6）有时浆材尚应具有某些特殊的性质，如微膨胀性、高亲水性、高抗冻性和低温固化性等，以适应特殊环境和专门工程的需要。

（7）不论何种灌浆工程，所用原材料都应能就近取材，而且价格尽可能低，以降低工程造价。但在核算工程成本时，应把耗费量与总体效果综合起来考虑，例如有些化学浆材虽然单价较高，却因其强度较高和稳定性较好，常可把灌浆体做得更薄或更浅。

（8）关于浆液的凝结时间，要注意几个问题：

第一，浆液的凝结时间变化幅度较大，例如化学浆液的凝结时间可在几秒钟到几小时之间调整，水泥浆一般为 3～4h，黏土水泥浆则更慢，可根据灌浆土层的体积、渗透性、孔隙尺寸和孔隙率、浆液的流变性和地下水流速等实际情况决定。总的来说，浆液的凝结时间应足够长，以使计划灌浆量能渗入到预定的影响半径内。当在地下水中灌浆时，除应控制灌浆速率以防浆液被过分稀释或被冲走外，还应设法使浆液能在灌注过程中凝结。

第二，混凝土与水泥灰浆有初凝和终凝之分，但浆液的凝结时间并无严格定义。许多试验室都是根据自己拟定的方法研究浆液的凝结时间，由于标准不一，难于进行比较。

在进行浆液配方研究和灌浆设计时，可根据灌浆的特点和需要，把浆液的凝结时间细分为以下四种：

① 极限灌浆时间：到达极限灌浆时间后，浆液已具有相当足够的结构强度，其阻力已达到使注浆速率极慢或等于零的程度。

② 零变位时间：在此时间内，浆液已具有足够的结构强度，以便在停止灌浆后能有效地抵抗地下水的冲蚀和推移作用。

③ 初凝时间：规定适用于不同浆液的标准试验方法，测出初凝时间，供研究配方时参考。

④ 终凝时间：它代表浆液的最终强度性质，仍需用标准方法测定。在此时间内，材料的化学反应实际已终止。

在一般防渗灌浆工程中，前两种凝结时间具有特别重要的意义。但在某些特殊条件下，例如在粉细砂层中开挖隧道或基坑时，为了缩短工期和确保安全，终凝时间就成为重要的控制指标。

5）浆液扩散半径的确定

浆液扩散半径 r 是一个重要的参数，它对灌浆工程量及造价具有重要的影响，如果选用的 r 值不符合实际情况，还将降低灌浆效果甚至导致灌浆失败。r 值可按前述的理论公式计算，如选用的参数接近实际条件，则计算值具有参考价值；但地基条件较复杂或计算参数不宜选择时，就应通过现场灌浆试验来确定。

现场灌浆试验时，常采用三角形及矩形布孔方法，见图 2-78 及图 2-79。

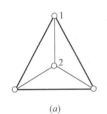 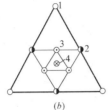

图 2-78　三角形布孔图

(a) 1—灌浆孔，2—检查孔

(b) 1—Ⅰ序孔，2—Ⅱ序孔

　　 3—Ⅲ序孔，4—检查孔

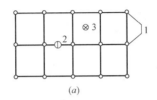 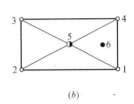

图 2-79　矩形或方形布孔

(a) 1—灌浆孔，2—试井，3—检查孔

(b) 1~4—第一次序孔，5—第二次序孔；6—检查孔

灌浆结束后，需对浆液的扩散半径进行评价：

① 钻孔压水或注水，求出灌浆体的渗透性；

② 孔取出样品，检查孔隙充浆情况；

③用大口径钻井或人工开挖竖井，用肉眼检查地层充浆情况，并采集灌浆样品供室内试验使用。

由于地基多数是不均匀的，尤其是在深度方向上，不论是理论计算或现场灌浆试验都难求得整个地层具有代表性的 r 值，实际工程中又往往只能是采用均匀布孔的方法，为此，设计时应注意以下几点：

① 在现场进行灌浆试验时，要选择不同特点的地基，最好用不同的灌浆方法，以求得不同条件下的浆液的 r 值；

② 所谓扩散半径并非是最远距离，而是能符合设计要求的扩散距离；

③ 在确定设计扩散半径时，要选择多数条件下可达到的数值，而不取平均值；

④ 当有些地层因渗透性较小而不能达到设计 r 值时，可提高灌浆压力或浆液的流动性，必要时还可在局部地区增加钻孔以缩小孔距。

6）孔位布置

注浆孔的布置是根据浆液的注浆有效范围，且应相互重叠，使被加固土体在平面和深度范围内连成一个整体的原则决定的。

（1）单排孔的布置

如图 2-80 所示，l 为灌浆孔距，r 为浆液扩散半径，则灌浆体的厚度 b 为：

$$b=2\sqrt{r^2-\left[\left(l-r+\frac{r-(l-r)}{2}\right)\right]^2}=2\sqrt{r^2-\frac{l^2}{4}} \tag{2-54}$$

由上式可看出，l 值越小，b 值越大。而当 $l=0$ 时，$b=2r$，这是 b 的最大值，但 $l=0$ 的情况没有意义；反之 l 值越大，b 值越小，当 $l=2r$ 时，两圆相切，b 值为 0。因此，孔距 l 必须在 r 与 $2r$ 之间选择。

如灌浆体的设计厚度为 T，则灌浆孔距为：

$$l=2\sqrt{r^2-\frac{T^2}{4}} \tag{2-55}$$

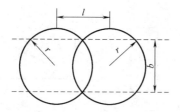

图 2-80　单排孔的布置

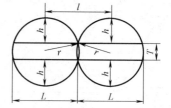

图 2-81　无效面积计算图

在按上式进行孔距设计时，可能出现以下几种情况：

① 当 l 值接近零、b 值仍不能满足设计厚度时，应考虑采用多排灌浆孔；

② 虽单排孔能满足设计要求，但若孔距太小，钻孔数太多，就应进行两排孔的方案比较；

③ 从图 2-81 可见，设 T 为设计帷幕厚度，h 为弓形高，L 为弓长，则每个灌浆孔的面积为：

$$S_n=2\times\frac{2}{3}\cdot L\cdot h \tag{2-56}$$

式中 $L=l$，$h=r-T/2$，设土的孔隙率为 n，且浆液填满整个孔隙，则浆液的浪费量：

$$m=S_n\cdot n=\frac{4}{3}\cdot L\cdot h\cdot n \tag{2-57}$$

由此可见，当 l 值较大，对减少钻孔数是有利的，但因 l 值越大，可能造成的浆液浪费量也越大，故设计时应对钻孔费和浆液费用进行比较。

（2）多排孔的布置

当单排孔不能满足设计厚度的要求时，就要采用两排以上的多排孔。而多排孔的设计原则是要充分发挥灌浆孔的潜力，以获得最大的灌浆体厚度，不允许出现两排孔的搭接不紧密的"窗口"如图 2-82（a）所示，也不要求搭接过多出现浪费，如图 2-82（b）所示。

图 2-83 为两排孔正好紧密搭接的最优设计布孔方案。

根据上述分析，可推导出最优排距 R_m 和最大灌浆有效厚度 B_m 的计算式。

① 两排孔：

$$R_m=r+\frac{b}{2}=r+\sqrt{r^2-\frac{l^2}{4}}; \qquad B_m=2r+b=2\left(r+\sqrt{r^2-\frac{l^2}{4}}\right)$$

② 三排孔：

R_m 与①相同，B_m 的计算式如下：

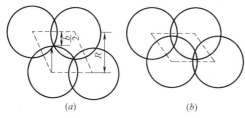

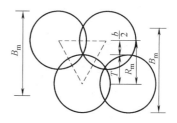

图 2-82　两排孔设计图

（a）孔排间搭接紧密；（b）搭接过多；

R—孔的中心距

图 2-83　孔排间的最优搭接

$$B_{\mathrm{m}}=2r+2b=2\left(r+2\sqrt{r^2-\frac{l^2}{4}}\right)$$

③ 五排孔

R_{m} 与①相同，B_{m} 的计算式如下：

$$B_{\mathrm{m}}=4r+3b=4\left(r+1.5\sqrt{r^2-\frac{l^2}{4}}\right)$$

综上所述，可得出多排孔的最优排距为①中的 R_{m}，最优厚度则为：

奇数排：

$$B_{\mathrm{m}}=(1-n)\left[r+\frac{n+1}{n-1}\cdot\frac{b}{2}\right]=(n-1)\left[r+\frac{n+1}{n-1}\sqrt{r^2-\frac{l^2}{4}}\right]$$

偶数排：

$$B_{\mathrm{m}}=n(r+b/2)=n\left(r+\sqrt{r^2-\frac{l^2}{4}}\right)$$

上式中 n 为灌浆孔排数。

在设计工作中，常遇到几排孔厚度不够，但（$n+1$）排孔厚度又偏大的情况，如有必要，可用放大孔距的办法来调整，但也应按上节所述方法，对钻孔费和浆材费进行比较，以确定合理的孔距。灌浆体的无效面积 S_{n} 仍可用式（2-56）计算，但式中 T 值仅为边排孔的厚度。

7）灌浆压力的确定

灌浆压力是指不会使地面产生变化和邻近建筑物受到影响前提下可能采用的最大压力。

由于浆液的扩散能力与灌浆压力的大小密切相关，有人倾向于采用较高的灌浆压力，在保证灌浆质量的前提下，使钻孔数尽可能减少。高灌浆压力还能使一些微细孔隙张开，有助于提高可灌性。当孔隙中被某种软弱材料充填时，高灌浆压力能在充填物中造成劈裂灌注，使软弱材料的密度、强度和不透水性等得到改善。此外，高灌浆压力还有助于挤出浆液中的多余水分，使浆液结石的强度提高。但是，当灌浆压力超过地层的压重和强度时，将有可能导致地基及其上部结构的破坏，因此，一般都以不使地层结构破坏或仅发生局部的和少量的破坏，作为确定地基容许灌浆压力的基本原则。容许灌浆压力值与地层土的密度、强度和初始应力、钻孔深度、位置及灌浆次序等一系列因素有关，而这些因素又难以准确地预知，因而宜通过现场灌浆试验来确定。

8）灌浆量和注浆顺序

（1）灌浆量

灌浆用量的体积应为土的孔隙体积，但在灌浆过程中，浆液并不可能完全充满土的孔隙体积，而土中水分亦占据孔隙的部分体积。所以，在计算浆液用量时，通常应乘以小于1 的灌注系数，但考虑到浆液容易流到设计范围以外，所以灌注所需的浆液总量可参照下式计算：

$$Q = K \cdot V \cdot n \qquad (2\text{-}58)$$

式中　Q——浆液总用量（L）；

　　　V——注浆对象的土量（m^3）；

　　　n——土的孔隙率；

　　　K——经验系数（软土、黏性土、细砂，取 0.3～0.5；中砂、粗砂，取 0.5～0.7；砾砂，取 0.7～1.0；湿陷性黄土，取 0.5～0.8）。

一般情况下，黏性土地基中的浆液注入率为 15%～20%。

（2）注浆顺序

注浆顺序必须采用适合于地基条件、现场环境及注浆目的的方法进行，一般不宜采用自注浆地带某一端单向推进压注方式，应按跳孔间隔注浆方式进行，以防止串浆，提高注浆孔内浆液的强度与时俱增的约束性。对有地下动水流的特殊情况，应考虑浆液在动水流下的迁移效应，从水头高的一端开始注浆。

对加固渗透系数相同的土层，首先应完成最上层封顶注浆。然后再按由下而上的原则进行注浆，以防浆液上冒。如土层的渗透系数随深度而增大，则应自下而上进行注浆。注浆时应采用先外围，后内部的注浆顺序；若注浆范围以外有边界约束条件（能阻挡浆液流动的障碍物）时，也可采用自内侧开始顺次注外侧的注浆方法。

6．施工工艺

1）按注浆管设置方法的分类

（1）用钻孔方法

主要用于基岩、砂砾层或已经压实过的地基。这种方法与其他方法相比，具有不使地基土扰动和可使用填塞器等优点，但一般工程费用较高。

（2）用打入法

当灌浆深度较浅时，可用打入方法。即在灌浆管顶端安装柱塞，将注浆管或有效注浆管用打桩锤或振动打桩机打进地层中的方法。

（3）用喷注法

在比较均质的砂层或注浆管难以打进的地方而采用的方法。这种方法利用泥浆泵。用水喷射的注浆管，容易把地基扰动。

2）按灌注方法分类

（1）一种溶液一个系统方式

将所有的材料放进同一箱子中，预先做好混合准备，再进行注浆，这适用于凝胶时间较长的情况。

（2）两种溶液一个系统方式

将两种溶液预先分别装在两个不同的箱子中，分别用泵通过 Y 字管输送，在注浆管的头部使两种溶液会合。这种在注浆管中混合进行灌注的方法，适用于凝胶时间较短的情况。对于两种溶液，可按等量配合或按比例配合。

(3) 两种溶液两个系统方式

将两种溶液分别准备放在不同的箱子中，用不同的泵输送，在注浆管（并列管、双层管）顶端流出的瞬间，两种溶液就汇合而注浆。这种方法适用于凝胶时间是瞬间的情况。

3）按注浆方法分类

(1) 钻杆注浆法

钻杆注浆施工法是把注浆用的钻杆（单管）钻到所规定的深度后，把注浆材料通过内管送入地层中的一种方法。钻孔达到规定深度后的注浆点称为注浆起点。在这种情况下，注浆材料在进入钻孔前，先将 A、B 两液混合，随着化学反应的进行，黏度逐渐升高，并在地基内凝胶。

钻杆注浆法的优点是：与其他注浆法比较，容易操作，施工费用较低。其缺点是：浆液沿钻杆和钻孔的间隙容易往地表喷浆；浆液喷射方向受到限制，即为垂直单一的方向。

(2) 单过滤管注浆法

单过滤管（花管）注浆法是把过滤管先设置在钻好的地层中，并填以砂，管与地层间所产生的间隙（从地表到注浆位置）用填充物（黏性土或注浆材料等）封闭，不使浆液溢出地表。一般从上往下依次进行注浆。每注完一段，用水将管内的砂冲洗出后，反复上述操作。这样逐段往下注浆的方法，比钻杆注浆方法的可靠性高。若有许多注浆孔时，注完各个孔的第一段后，第二段、第三段依次采用下行的方式进行注浆。

(3) 双层管双栓塞注浆法

该法是沿着注浆管轴限定在一定范围内进行注浆的一种方法。具体地说，就是在注浆管中有两处设有两个栓塞，使注浆材料从栓塞中间向管外渗出。该法是由法国 Soletanche 公司研制的，因此又称为 Soletanche 法（图 2-84）。目前，有代表性的方法还有双层过滤管法（图 2-85）和套筒注浆法（施工顺序如图 2-86 所示）。

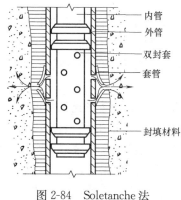

图 2-84　Soletanche 法

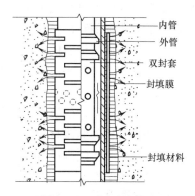

图 2-85　双层过滤管法

双层管双栓塞注浆法以 Soletanche 法（又称袖阀管法）最为先进，于 20 世纪 50 年代开始广泛用于国际土木工程界。其施工方法分以下四个步骤：

① 钻孔。通常用优质泥浆（例如膨润土浆）进行固壁（图 2-86a），很少用套管护壁。

② 插入袖阀管。为使套壳料的厚度均匀，应设法使袖阀管位于钻孔的中心（图 2-86b）。

③ 浇筑套壳料。用套壳料置换孔内泥浆（图 2-86c），浇筑时应避免套壳料进入袖阀管内，并严格防止孔内泥浆混入套壳料中。

④ 灌浆。待套壳料具有一定强度后，在袖阀管内放入带双塞的灌浆管进行灌浆（图 2-86d）。

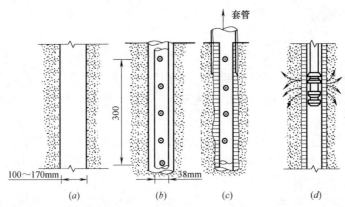

图 2-86　双层管双栓塞注浆法施工顺序

双层管钻杆注浆法具有以下使用特点：

① 注浆时采用凝胶时间非常短的浆液，浆液不会向远处流失。

② 土中的凝胶体容易压密实，可得到强度较高的凝胶体。

③ 由于是双液法，若不能完全混合时，可能出现不凝胶的现象。

双层管钻杆注浆法是将 A、B 液分别达到钻杆的端头，浆液在端头所安装的喷枪里或从喷枪中喷出之后就混合而注入地基。双层管钻杆注浆法的注浆设备及其施工原理与钻杆法基本相同，不同的是双层管钻杆法的钻杆在注浆时为旋转注浆，同时在端头增加了喷枪。注浆顺序等也与钻杆法注浆相同，但段长较短，注浆密实。注入的浆液集中，不会向其他部位扩散，原则上可采用定量注浆方式。

双层管的端头前的喷枪是在钻孔中垂直向下喷出循环水，而在注浆时喷枪是横向喷出浆液的，其 A、B 两浆液有的在喷枪内混合，有的是在喷枪外混合的。图 2-87 所示为喷枪在各种注浆方法中（DDS 注浆法、LAG 注浆法、MT 注浆法）的注浆状态。

7. 质量检验

灌浆效果与灌浆质量的概念不完全相同。灌浆质量一般是指灌浆施工是否严格按设计和施工规范进行，例如灌浆材料的品种规格、浆液的性能、钻孔角度、灌浆压力等，都要求符合规范的要求，不然则应根据具体情况采取适当的补充措施；灌浆效果则指混浆后能将地基土的物理力学性质提高的程度。灌浆质量高不等于灌浆效果好，因此，设计和施工中，除应明确规定某些质量指标外，还应规定所要达到的灌浆效果及检查方法。

灌浆效果的检验，通常在注浆结束后 28d 才可进行，检验方法如下：

（1）统计计算灌浆量。可利用灌浆过程中的流量和压力自动曲线进行分析，从而判断灌浆效果。

（2）利用静力触探测试加固前后土体力学指标的变化，用以了解加固效果。

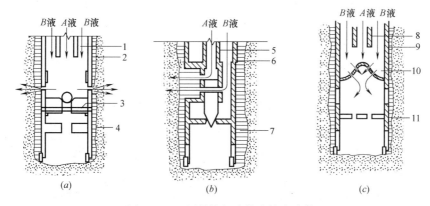

图 2-87 双层管钻杆注浆法端头喷枪

(a) DDS 注浆法；(b) LAC 注浆法；(c) MT 注浆法

1、5、8—内管；2、6、9—外管；3—过截安全销；4、7、11—瞬结封填料；10—搅拌混合室

（3）在现场进行抽水试验，测定加固土体的渗透系数。

（4）采用现场静载荷试验，测定加固土体的承载力和变形模量。

（5）采用钻孔弹性波试验测定加固土体的动弹性模量和剪切模量。

（6）采用标准贯入试验或轻便触探等动力触探方法测定加固土体的力学性能。

（7）通过室内试验对加固前后土的物理力学指标进行对比，判定加固效果。

（8）用 γ 射线密度计法，在现场可测定土的密度，以说明灌浆效果。

（9）电阻率法。将灌浆前后对土所测定的电阻率进行比较，据电阻率差说明土体孔中液的存在情况。

在以上方法中，动力触探试验和静力触探试验最为简便实用。检验点一般为灌浆孔数的 2%～5%，如检验点的不合格率等于或大于 20%，或虽小于 20%，但检验点的平均值达不到设计要求，在确认设计原则后应对不合格的注浆区实施重复注浆。

2.5 高压喷射注浆法

高压喷射注浆法（High Pressure Jet Grouting）是利用钻机把带有喷嘴的注浆管钻进至土层的预定位置后，以高压设备使浆液或水成为 20～40MPa 的高压射流从喷嘴中喷射出来，冲击破坏土体，同时钻杆以一定速度渐渐向上提升，将浆液与土粒强制搅拌混合，浆液凝固后，在土中形成一个固结体。

20 世纪 60 年代后期创始于日本，我国于 1975 年首先在铁道部门进行单管法的试验和应用，此后，我国许多科研院所和高等院校相继进行了三重管喷射法、干喷法的试验和应用研究。至今，我国已有数百项工程应用了高压喷射注浆技术。

1. 高压喷射注浆法的种类

高压喷射注浆法按注浆管类型、喷射流动方式和置换程度进行如下分类：

1）按喷射流的移动方向，可以分为旋转喷射（旋喷）、定向喷射（定喷）和摆动喷射（摆喷）三种形式，如图 2-88 所示。

旋喷法施工时，喷嘴边喷射边旋转提升，固结体呈圆柱状。主要用于加固地基，提高

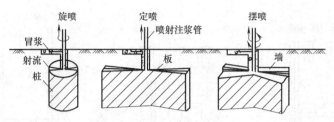

图 2-88　高压喷射注浆的三种形式

地基的抗剪强度；也可组成闭合的帷幕，用于截阻地下水流和治理流沙；也可用于场地狭窄处做围护结构。

定喷法施工时，喷嘴边喷射边提升，但喷射的方向固定不变，固结体形如板状或壁状。

摆喷法施工时，喷嘴边喷射边提升，喷射的方向呈较小角度来回摆动，固结体形如较厚墙状。

定喷和摆喷两种方法通常用于基坑防渗、改善地基土的水流性质和稳定边坡等工程。

2）按高压喷射注浆法的工艺类型可分为单管法、二重管法、三重管法和多重管法。

（1）单管法

单重管喷射注浆法是利用钻机把安装在注浆管（单管）底部侧面的特殊喷嘴，置入土层预定深度后，用高压泥浆泵等装置，以 20MPa 以上的压力，把浆液从喷嘴中喷射出去冲击破坏土体，使浆液与冲切下的土搅拌混合，经过凝固后在土中形成一定形状的固结体。

（2）二重管法

使用双通道的二重注浆管。当二重注浆管钻进到土层的预定深度后，通过在管底部侧面的一个同轴双重喷嘴，同时喷射出高压浆液和空气两种介质的喷射流冲击破坏土体。即以高压泥浆泵等高压发生装置喷射出 20MPa 左右压力的浆液，从内喷嘴中高速喷出，并用 0.7MPa 左右压力把压缩空气，从外喷嘴中喷出。在高压浆液和它外围环绕气流的共同作用下，破坏土体的能量显著增大，喷嘴一面喷射一面旋转和提升，最后在土中形成圆柱状固结体。固结体的直径明显增加。

（3）三重管法

使用分别输送水、气、浆三种介质的三重注浆管。在以高压泵等高压发生装置产生 20MPa 左右的高压水喷射流的周围，环绕一股 0.7MPa 左右的圆筒状气流，进行高压水喷射流和气流同轴喷射冲切土体，形成较大的空隙，再另由泥浆泵注入压力为 2～5MPa 的浆液填充，喷嘴做旋转和提升运动，最后在土中凝固为直径较大的圆柱状固结体。

（4）多重管法

这种方法首先需要在地面钻一个导孔，然后置入多重管，用逐渐向下运动的旋转超高压力水射流（压力约 40MPa），切削破坏四周的土体，经高压水冲击下来的土和石成为泥浆后，立即用真空泵从多重管中抽出。如此反复地冲和抽，便在地层中形成一个较大的空间。装在喷嘴附近的超声波传感器及时测出空间的直径和形状，最后根据工程要求选用浆液、砂浆、砾石等材料进行填充。于是在地层中形成一个大直径的柱状固结体，在砂性土中最大直径可达 4m。

2. 高压喷射注浆法的特征

(1) 适用范围广

由于固结体的质量明显提高，它可用于工程建设之前、工程建设之中以及竣工后的加固工程，可以不损坏建筑物的上部结构，能在狭窄和较低矮的现场贴近建筑物施工。

(2) 施工简便灵活

设备较轻便、机动性强，施工时只需在土层中钻一个孔径为 50mm 或 300mm 的小孔，便可在土中喷射成直径为 0.4～4.0m 的固结体，因而施工时能贴近已有建筑物；成型灵活，既可在钻孔的全长形成柱形固结体，也可仅作其中一段。

(3) 可控制固结体形状

在施工中可调整旋喷速度和提升速度、增减喷射压力或更换喷嘴孔径改变流量，使固结体形成工程设计所需的形状。

(4) 可垂直、倾斜和水平喷射

通常是在地面上进行垂直喷射注浆，但在隧道、矿山井巷工程、地下铁道等建设中，亦可采用倾斜和水平喷射注浆。

(5) 耐久性较好

由于能得到预期的、稳定的加固效果并有较好的耐久性，可以用于永久性工程。

(6) 料源广阔

浆液以水泥为主体。在地下水流速快或含有腐蚀性元素、土的含水量大或固结体强度要求高的情况下，则可在水泥中掺入适量的外加剂，以达到速凝、高强、抗冻、耐蚀和浆液不沉淀等效果。

(7) 设备简单

高压喷射注浆全套设备结构紧凑、体积小，占地少，能在狭窄和低矮的空间施工。

3. 高压喷射注浆法的适用范围

1) 适用的土质条件

主要适用于处理淤泥、淤泥质土、流塑或软塑黏性土、粉土、黄土、砂土、人工填土和碎石土等地基。

当土中含有较多的大粒径块石、坚硬黏性土、大量植物根茎或有过多的有机质时，应根据现场试验结果确定其适用程度。

对地下水流速过大，浆液无法在注浆管周围凝固的情况，对于填充物的岩熔地段，永冻土以及对水泥有严重腐蚀的地基，均不宜采用高压喷射注浆法。

2) 适用工程对象

(1) 提高地基强度

根据高压喷射固结体形状的不同，可提高水平、垂直承载力、减小地基压缩变形和建筑物的不均匀沉降。

(2) 补强加固

可以整治已有建筑物的沉降、不均匀沉降、基础加固、纠倾及建筑物增层的地基处理和基础加固。

(3) 挡土围堰及地下工程建设

保护邻近建筑物，如图 2-89 所示。防止基坑底部隆起，如图 2-90 所示。保护地下工程建设，如图 2-91 所示。

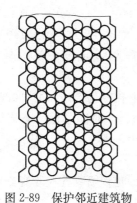

图 2-89 保护邻近建筑物

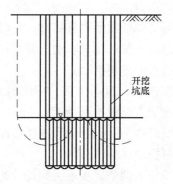

图 2-90 防止基坑底部隆起

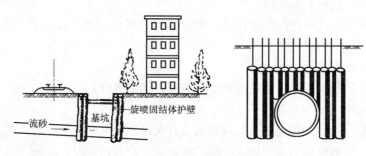

图 2-91 地下管道或涵洞护拱

（4）增大土的摩擦力和黏聚力，防止小型塌方和滑坡及旋喷锚杆防止滑坡，锚固基础。

（5）减小振动、固化流砂、防止液化。

（6）降低土的含水量，整治路基翻浆冒泥，防止地基冻胀。

（7）止水帷幕，防止洪水冲刷。

4. 加固机理

1）高压水喷射流的性质

高压水喷射流是通过高压发生设备，使它获得巨大能量后，从一定形状的喷嘴，用一种特定的流体运动方式，以很高的速度连续喷射出来的、能量高度集中的一股液流。

在高压高速的条件下，喷射流具有很大的功率，即在单位时间内从喷嘴中射出的喷射流具有很大的能量。

2）高压喷射流对土体的作用

由于土的物理性质和喷射环境的不同，高压喷射流冲切破坏土体的作用也有较大的差别。高压喷射注浆时，高压喷射流集中并连续作用在土体上，其破坏土体的机理可分解为喷流动压、喷射流的脉动负荷、水块的冲击力、空穴现象、水楔效应、挤压力和气流搅动等作用力。这些作用力在喷射流的冲击点上同时连续作用，当这些外力超过土体构造的临界值时，土体便破坏成松散状，随着喷射流的连续冲切和移动，破坏土体的作用也是较大的。

3）高压喷射注浆法的成桩机理

在旋喷注浆时，高压喷射流在慢速旋转的同时缓缓上升，把土体切削破坏，扩大孔径,其加固的范围就是喷射距离加上渗透部分或挤压部分的长度成为半径的圆柱体,一部分细小的土粒被喷射的浆液所置换,随着浆液被带到地面上(俗称冒浆),其余的浆液与土粒搅拌混合。在喷射动压力、离心力和重力的作用下,在横断面上土粒按质量大小有规律地排列起来,小颗粒土在中部居多,大颗粒土多数在外侧或边缘部分(四周未被剥落的土粒则被挤密压缩),形成浆液主体、搅拌混合、压缩和渗透层等部分,经过一定时间便凝结成强度较高渗透系数较小的固结体。随着土质的不同,横断面结构也多少有些不同。由于旋喷体不是等颗粒的单体结构,固结质量也不均匀,通常是中心部分强度低,边缘部分强度高。

定喷时,高压喷射注浆的喷嘴不旋转,只作固定方向的喷射,并逐渐向上提升,在土中形成一条或几条沟槽,并把浆液灌进槽中,土体冲切和移动土粒,一部分随着水流与气流被带出地面,其余的土粒与浆液搅拌混合,形成一个板状固结体。固结体在砂性土层中有一部分渗透层,而在黏性土中则无。

在大砾石层中进行高压喷射注浆时,因射流不能将大砾石破碎和移位,只能绕行前进并充填其空隙。其机理接近于静压灌浆理论中的渗透灌浆机理。

在腐殖土中进行高压喷射注浆时,固结体的形状及其性质,受植物纤维粗细长短、含水量及土颗粒多少影响很大。在含细短纤维的腐殖土中喷射注浆时,纤维的影响很小,成桩机理与在黏性土中相同。在含粗长纤维不太多的腐殖土中喷射注浆时,射流仍能穿过纤维之间的空隙而形成预定形状的固结体;但在粗长纤维密集部位,射流受严重阻碍而破坏力大为降低,固结体难以形成预定形状,强度明显受影响,且浆液少,均匀性较差。

5. 施工

1) 施工设备

高压喷射注浆法施工的主要机具有高压水泵、高压泥浆泵、普通泥浆泵、工程地质钻机、高压喷射钻机、喷射注浆管、空气压缩机、泥浆搅拌机、耐高压胶管和污水泵等。由于喷射种类不同,所以用的机具设备和数量不尽相同,但所有参与喷射注浆施工的机具设备由造孔系统、供水系统、供气系统、制浆系统和喷射系统等五个组成,这五个系统有机地组合起来,共同完成高压喷射注浆的施工。

2) 施工工艺

(1) 钻机就位

钻机安放在设计的孔位上并应保持垂直,施工时旋喷管的允许倾斜度不得大于1.5%。

(2) 钻孔

单管旋喷常使用76型旋转振动钻机,钻进深度可达30m以上,适用于标准贯入度小于40的砂土和黏性土层。当遇到比较坚硬的地层时宜用地质钻机钻孔。一般在二重管和三重管旋喷法施工中都采用地质钻机钻孔。钻孔的位置与设计位置的偏差不得大于50mm。喷射孔与高压注浆泵的距离不宜过远。实际孔位、孔深和每个钻孔内的地下障碍物、洞穴、涌水、漏水及与岩土工程勘察报告不符等情况均应详细记录。

(3) 插管

插管是将喷管插入地层预定的深度。使用76型振动钻机钻孔时,插管与钻孔两道工序合二为一,即钻孔完成时插管作业同时完成。如使用地质钻机钻孔完毕,必须拔出岩芯管,并换上旋喷管插入到预定深度。在插管过程中,为防止泥沙堵塞喷嘴,可边射水、边

131

插管，水压力一般不超过 1MPa。若水压力过高，则易将孔壁射塌。

（4）喷射作业

当喷管插入到预定深度后，由下而上进行喷射作业。值班技术人员必须时刻注意检查浆液初凝时间、注浆流量、压力、旋转提升速度等参数是否符合设计要求，并随时做好记录，绘制作业过程曲线。

当浆液初凝时间超过 20h，应及时停止使用该水泥浆液（正常水灰比 1∶1，初凝时间为 15h 左右）。

对需要局部扩大加固范围或提高强度的部位，可采取复喷措施。在高压喷射注浆过程中如出现压力骤然下降、上升或冒浆异常时，应查明产生的原因并及时采取措施。

（5）冲洗机具设备

喷射施工完毕后，应把注浆管等机具设备冲洗干净，管内和机内不得残存水泥浆。通常把浆液换成水，在地面上喷射，以便将泥浆泵、注浆管和软管内的浆液全部排除。

（6）移动机具

将钻机等机具设备移到新孔位上。

3）施工注意事项

（1）喷射注浆前要检查高压设备和管路系统，设备的压力和排量必须满足设计要求。注浆管及喷嘴内不要有任何杂物，注浆管接头的密封圈必须良好。

（2）钻机或旋喷机就位时机座要平稳，立轴或转盘要与孔位对正，倾角与设计误差一般不得大于 0.5°。

（3）喷射注浆时要注意设备开动顺序。以三重管为例，应先空载启动空压机，待运转正常后，再空载启动高压泵，然后同时向孔内送风和水，使风量和泵压逐渐升高至规定值。风、水畅通后，如系旋喷即可旋转注浆管，并开动注浆泵，先向孔内送清水，待泵量和泵压正常后，即可将注浆泵的吸水管移至储浆桶开始注浆。待估算水泥浆的前峰已流出喷头后，才可开始提升注浆管，自下而上喷射注浆。

（4）喷射是要根据施工设计控制喷射技术参数，做好压力、流量和冒浆情况的观察和记录，钻杆的旋转和提升必须连续不中断。

（5）喷射注浆中需拆卸注浆管时，应先停止提升和回转，同时停止送浆，然后逐渐减少风量和水量，最后停机。拆卸完毕，继续喷射时，开机顺序也要遵守上述顺序。同时要保证新喷射注浆段与已喷射段搭接至少 0.1m，防止固结体脱节，断桩。

（6）喷射注浆作业后，由于浆液析水作用，一般均有不同程度收缩，使固结体顶部出现凹穴，所以应及时用水灰比为 0.6 的水泥浆进行补灌，并要预防其他钻孔排出的泥土或杂物进入。

（7）为了加大固结体尺寸或对深层硬土，为了避免固结体尺寸减小，可以采用提高喷射压力、泵量或降低回转与提升速度等措施，也可以采用复喷工艺：第一次喷射（初喷）时，不注水泥浆液；初喷完毕后，将注浆管边送水边下降至初喷开始的孔深，再泵送水泥浆，自下而上进行第二次喷射（复喷）。

（8）在喷射注浆过程中，应观察冒浆的情况，以及时了解土层情况，喷射注浆的大致效果和喷射参数是否合理。采用单管或二重管喷射注浆时，冒浆量小于注浆量 20% 为正常现象；超过 20% 或完全不冒浆时，应查明原因并采取相应的措施。若系地层中有较大空隙引起的不冒浆，可在浆液中掺加适量速凝剂或增大注浆量；如冒浆过大，可减少注浆量或加快提升和回转速度，也可缩小喷嘴直径，提高喷射压力。采用三重管喷射注浆时，冒浆量则应大于高压水的喷射量，但其超过量应小于注浆量的20%。

（9）对冒浆应妥善处理，及时清除沉淀的泥渣。在砂层中用单管或二重管注浆旋喷时，可以利用冒浆进行补灌已施工过的桩孔。但在黏土层、淤泥层旋喷或用三重管注浆旋喷时，因冒浆中掺入黏土或清水，故不宜利用冒浆回灌。

（10）在软弱地层旋喷时，固结体强度低。可以在旋喷后用砂浆泵注入 M15 砂浆来提高固结体的强度。

（11）在湿陷性地层进行高压喷射注浆成孔时，如用清水或普通泥浆作冲洗液，会加剧沉降，此时宜用空气洗孔。

（12）在砂层尤其是干砂层中旋喷时，喷头的外径不宜大于注浆管，否则易夹钻。

4）质量检验

（1）检验内容

① 固结体的整体性和均匀性；

② 固结体的有效直径；

③ 固结体的垂直度；

④ 固结体的强度特性（包括轴向压力、水平力、抗酸碱性、抗冻性和抗渗性等）；

⑤ 固结体的溶蚀和耐久性能。

（2）喷射质量的检验

① 施工前，主要通过观场旋喷试验，了解设计采用的旋喷参数、浆液配方和选用的外加剂材料是否合适，固结体质量能否达到设计要求。如某些指标达不到设计要求时，则可采取相应措施，使喷射质量达到设计要求。

② 施工后，对喷射施工质量的鉴定，一般在喷射施工过程中或施工后一段时间进行。检查数量应为施工总数的 2%～5%，少于 20 个孔的工程，至少要检验 2 个点。检验对象应选择地质条件较复杂的地区及喷射时有异常现象的固结体。

凡检验不合格者，应在不合格的点位附近进行补喷或采取有效补救措施，然后再进行质量检验。

高压喷射注浆处理地基的强度较低，28d 的强度在 1～10MPa 间，强度增长速度较慢。检验时间应在喷射注浆后四周进行，以防在固结强度不高时，因检验而受到破坏，影响检验的可靠性。

（3）检验方法

① 开挖检验

待浆液凝固具有一定强度后，即可开挖检查固结体垂直度和固结形状。通常在浅层进行，难以对整个固结体的质量作全面检查。

② 钻孔取芯

在已旋喷好的固结体中钻取岩芯，并将岩芯做成标准试件进行室内物理和力学性能的试验。选用时以不破坏固结体为前提。根据工程的要求亦可在现场进行钻孔，作压力注水和抽水两种渗透试验，测定其抗渗能力。

③ 标准贯入试验

在旋喷固结体的中部可进行标准贯入试验。

④ 载荷试验

静载荷试验分垂直和水平载荷试验两种。做垂直载荷试验时，需在顶部 0.5～1.0m 范围内浇筑 0.2～0.3m 厚的钢筋混凝土桩帽，做水平推力载荷试验时，在固结体的加载受力部位，浇筑 0.2～0.3m 厚的钢筋混凝土加荷载面，混凝土的标号不低于 C20。

2.6　连接构造

2.6.1　新旧基础连接构造

为使新旧基础牢固连接，连接采取相应的连接构造，使新旧混凝土能协同工作。

1）适用范围

适用于既有建筑加固时的新旧混凝土连接。

2）设计要点

（1）对于素混凝土套连接时，需沿基础高度每隔一定距离设置锚固钢筋；

（2）对于钢筋混凝土连接时，新增加的部分主筋应与原基础内主筋相焊接。

3）施工步骤

（1）开挖操作坑，露出基础；

（2）将原基础凿毛和刷洗干净；

（3）对加套的钢筋混凝土加宽部分，在其地基铺设垫层，其材料及厚度与原基础垫层的材料及厚度相同；

（4）按具体情况，沿基础高度每隔一定距离植筋；

（5）如果是钢筋混凝土基础，需局部凿去混凝土保护层，露出原基础受力主筋，再焊接；

（6）在旧基础与加套部分混凝土界面上涂一层高强度等级水泥浆或涂混凝土界面剂；

（7）支模板，并浇筑混凝土。

4）注意事项

（1）基础植筋长度应满足 Max（$0.3L_s$，$10d$，$100mm$）的要求。

（2）连接钢筋焊接应满足钢筋强度要求。

新旧基础连接见图 2-92。

2.6.2　桩基础连接构造

1）适用范围

适用于施工场地狭窄等条件的场地。

2）注意事项

（1）桩的施工必须按施工验收规范进行施工，桩端清渣良好，桩成型必须有保障。

（2）桩的布置一般要靠近原基础承台。

（3）新旧基础的连接采用锚筋式连接承台或包柱式连接方法，做好新旧基础的界面处理，使新旧基础能共同工作。

3）桩与基础承台的连接

桩基础连接见图 2-93。

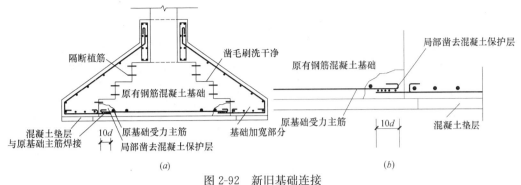

图 2-92 新旧基础连接

(a) 连接构造示意图；(b) 与原基础主筋焊接示意图

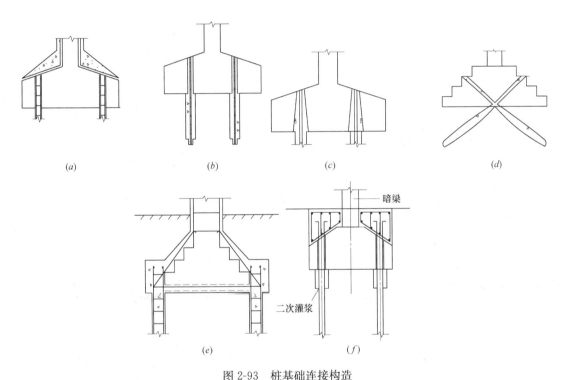

图 2-93 桩基础连接构造

(a) 桩顶承台部分加固；(b) 扩颈桩；(c) 承台的锥形扩孔；(d) 交叉斜桩；

(e) 外包承台；(f) 桩顶承台加固带扩颈桩

4）带套管树根桩与基础之间连接

（1）带套管的树根桩与新设基础之间的连接

通过设置承载板，并用螺母与树根桩中心的钢筋连接固定，然后浇于混凝土基础中，从而可以承受压力或上拔力。在套管与承载板之间的加劲板可加强传递竖向荷载的能力，同时承载板与套管之间具有传递弯矩的能力。带套管的树根桩与新设基础之间连接见图 2-94。带套管的树根桩与既有基础之间连接见图 2-95。

（2）树根桩与既有基础之间的连接

树根桩在既有基础上钻孔施工。树根桩完成后，在套管与孔之间用非收缩的水泥浆注

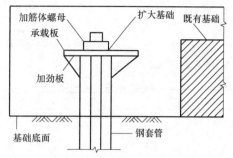

图 2-94　带套管的树根桩与新设基础之间连接

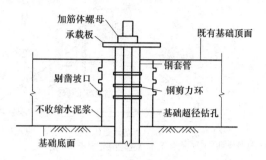

图 2-95　带套管的树根桩与既有基础之间连接

满。为了增强套管与水泥浆体之间的传力能力，在套管置入前，在钢套管上焊上一定间距的钢筋剪力环。

5）将荷载传递至引出的桩上加固基础

各种桩基础之间连接见图 2-96。

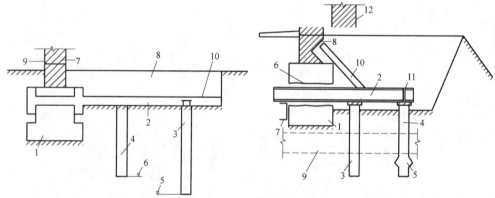

1—原有被卸荷的基础；2—现浇钢筋混凝土梁；
3,4—相应为受压桩和受拔桩；5,6—柱底标高；
7—砖墙；8—填土；9—防水层；10—锚固

(a)

1—被卸荷的基础；2—基础梁；3—受压桩；4—受拔桩；
5—桩的扩底部分；6—用混凝土填塞的孔；7—金属梁连系杆；
8—角钢支撑；9—坑道；10—斜撑；11—箍筋；12—砖墙

(b)

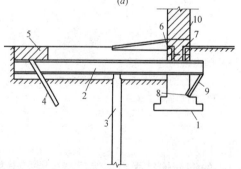

1—原有的被卸荷的基础；2—金属梁；3—受压的钻孔灌注桩；
4—起锚固作用的桩；5—压载物；6—槽钢侧梁；
7—可拉紧的螺栓；8—支撑角钢；9—金属斜撑；10—砖墙

(c)

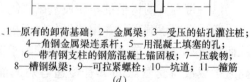

1—原有的卸荷基础；2—金属梁；3—受压的钻孔灌注桩；
4—角钢金属梁连系杆；5—用混凝土填塞的孔；
6—带有钢支柱的钢筋混凝土锚固板；7—压载物；
8—槽钢纵梁；9—可拉紧螺栓；10—坑道；11—箍筋

(d)

图 2-96　各种桩连接（一）
(a) 设置引出的钻孔灌注桩；(b) 设置引出的扩底钻孔灌注桩；(c) 设置带锚座的引出钻孔灌注桩；
(d) 设置锚固板引出的钻孔灌注桩

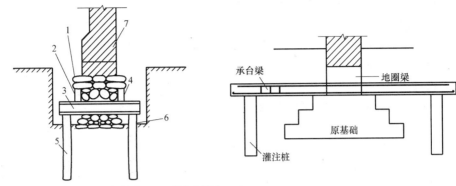

1—被加固的基础；2—纵向金属梁；3—横向金属梁；
4—水泥砂浆；5—灌注桩；6—沿着柱钢筋混凝土连系构架；
7—砖墙

(e)　　　　　　　　　　　　(f)

图 2-96　各种桩连接（二）

(e) 墙上荷载传递至钻孔灌注桩上；(f) 引出的钻孔灌注桩

2.6.3　注浆孔封闭措施

为保证达到注浆效果，需在注浆口采取封闭措施。

1）适用范围

适用于既有建筑采用注浆加固时的孔口封管措施。

2）设计要点

在注浆结束时应及时清除管内浆液。

3）施工步骤

（1）注浆结束；

（2）将孔口清除管内浆液；

（3）用 M25 水泥砂浆充填；

（4）一定时间后，进行下一个孔口注浆。

4）注意事项

封闭充填水泥砂浆长度不应小于 1.5 倍开孔直径。注浆孔封闭见图 2-97。

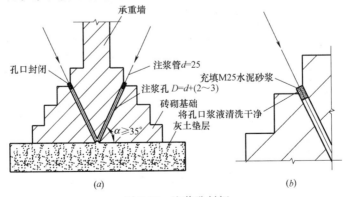

图 2-97　注浆孔封闭

(a) 孔口封闭示意图；(b) 孔口封闭详图

2.6.4　破坏原有主筋注浆加固孔口封闭措施

1）适用范围

适用于既有建筑采用注浆加固需穿过原受力钢筋时的孔口封管措施。破坏原有主筋注浆加固孔口封闭见图 2-98。

2）设计要点

在注浆结束时应及时清除管内浆液。

3）施工步聚

（1）注浆结束；

（2）将孔口清除管内浆液；

（3）在原主筋处局部凿开，露出原基础主筋；

（4）将原受力主筋通过焊接连接；

（5）用不低于原基础强度的水泥砂浆充填；

（6）一定时间后，进行下一个孔口注浆。

4）注意事项

（1）封闭孔下部开孔直径不应小于上部孔径的 1.5 倍。

（2）连接钢筋焊接应满足钢筋强度要求。

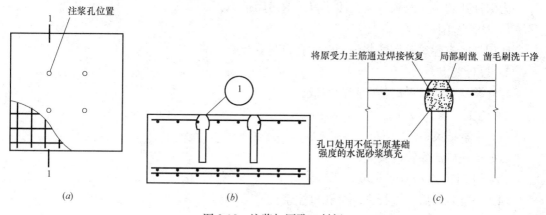

图 2-98　注浆加固孔口封闭

（a）平板平面图；（b）平板立面图；（c）详细节点

第3章 桥梁托换技术

3.1 概　　述

3.1.1 桥梁托换工程的起因

随着我国经济建设的快速发展，运河工程、铁路工程、公路工程、城市地铁和轻轨等建设项目愈来愈大、愈来愈多。在这样的大背景下，既有桥梁托换一般在下述条件下应用：

(1) 河道桥下净空不能满足通航和泄洪要求，图 3-1（a）为上海南浦大桥引桥段净空不足的顶升工程、图 3-1（b）天津海河北安桥抬高净空的顶升。

(2) 铁路桥梁桥下净空不能满足公路限界（铁跨公）要求。

(3) 公路桥梁桥下净空不能满足铁路电气化限界（公跨铁）要求；图 3-1（c）为杭州市余杭区东湖路立交桥顶升工程。图 3-1（d）为某公路跨越铁路，在 K246＋849 大墩公

(a)

(b)

(c)

(d)

图 3-1　桥梁顶升工程

（a）上海南浦大桥引桥段顶升；（b）天津海河北安桥抬升；（c）杭州市
余杭区东湖路立交桥顶升；（d）大墩公路桥顶升（2006 年 12 月）

路立交桥位于 200km/h 提速段落，既有桥为 $(1 \times 10 + 1 \times 13 + 1 \times 10)$m 空心板梁桥，桥面净宽 11.5m，混凝土三柱式桥墩，U 形桥台，既有桥下净空为 6.8m。桥下最小净空要求为 7.67m，公路桥需抬高 0.87m。桥台采用顶升板梁加高垫石的方法，中墩采用断柱，顶升盖梁的方法。

（4）城市地铁和轻轨穿越既有建筑物地下或地面结构侵限。

（5）其他原因如大型公共建筑、立交枢纽的建设或改造等。

以上这些情况均需要对既有桥梁结构进行托换改造。以下主要以城市地铁建设工程为例，对托换技术在城市地下工程中的应用作一介绍。

在城市地铁建设过程中，地铁隧道往往不可避免地在现有建筑物下方地基中穿过，当现有建筑物的基础是桩基时，隧道施工将减弱甚至破坏这些桩基的承载力。为了保护现有建筑物安全，必须在现有建筑物下方设计建造一个托换结构，使建筑物荷载从原桩基安全地转移到新托换结构上。这一托换结构应能承受所托换的全部荷载，并避开隧道施工范围，确保建筑物在桩基托换施工、隧道施工和地铁运营期间的安全。虽然在国内地铁建设中遇到的建筑物桩基托换工程越来越多，但面对这种难度大且以前很少遇到的建筑特种工程，工程技术人员目前可借鉴的工程实例很少，可参考的托换结构设计方法更是缺乏。托换结构设计成为当前亟需解决的问题。在某些条件下，尽管可考虑设置树根桩等形式进行托换或通过注浆改良地基的托换方法，但受到地质条件、桩基类型、隧道位置和托换荷载等条件的限制，在大部分情况下并不适用。采用桩梁式托换结构对建筑物实施桩基托换，具有结构布置灵活的优点，是一种适用性广、安全性高的桩基托换技术，被广泛应用于地铁建设过程中的建筑物桩基托换工程。

3.1.2　桥梁托换工程的特点和分类

从上述可知，桥梁托换工程，一般都具有结构体积大、荷载大、结构受力复杂、社会影响大的特点。在施工过程中对施工安全要求高，对桥上或桥下交通运行社会影响大，施工干扰因素较多，同时对施工组织也有很高的要求。

桥梁托换工程从桥型上可分为梁桥托换、拱桥托换、悬吊桥托换以及一些桥梁的加固与顶升。桥梁托换技术是一项复杂的综合技术，我国桥梁的分布区域较广，桥型形式多种多样，因此使用桥梁托换要考虑地域及使用环境特点，选择合适的托换方案。桥梁托换方式按不同的分类有多种形式，应根据托换部位、传力体系、施工条件、施工能力（经验）等各种情况综合确定。

3.1.3　桥梁托换工程前的技术准备

桥梁托换前，应对桥梁进行检测鉴定。对其使用功能、桥梁形式、荷载等级、地基基础、上部和下部结构状况等进行调查分析，作为编制托换方案的依据。

桥梁托换是对在役桥梁出现问题或由于某种需要对桥梁进行的改造处理，与新建桥梁相比情况要复杂得多，施工前必须进行对原桥复查与检测鉴定，作为托换设计的依据。检测鉴定报告应真实、全面。其作用有三：

（1）全面了解桥梁使用现状，为托换方案设计提供依据。

（2）反映托换前桥梁现存状态，作为托换后及过程中和施工完成后验收依据。

（3）作为第三方检测依据。

为此，设计方、施工方、第三方监测均应对其检测报告进行现场复查。

托换设计应根据工程条件、托换目的、技术标准等要求选择桥梁托换方案。选用的托换方案应具有可靠性、实用性和经济性。同时，应对托换体系的承载力要求、整体稳定性进行验算，并应满足相关规范的规定。

桥梁托换前应根据竣工资料及现场检测鉴定结果，按照原来的荷载等级对桥梁承载力进行验算，验算时考虑材料劣化、荷载变化等影响并对其进行折减；再根据托换目的及原技术标准和新技术标准，确定改造方案。其方案除安全可靠性外，要有技术经济的比较，并具备施工可行性。在施工中，除做好施工组织外，要根据所确定的荷载及临时支架形式，检算临时结构的稳定性；同时，还需验算托换施工过程中桥梁的强度、刚度和稳定性，保证托换过程中结构实体和临时工程安全。

3.2　桥梁托换方法

3.2.1　桥梁托换方法分类

桥梁托换方法依据桥梁托换的起因和实施的空间范围可分为两大类：

（1）因既有桥梁桥下净空不足引起的桥梁顶升托换，如桥下通航；

（2）新建地下工程影响既有桥梁基础引起的桩基托换，如城市地下隧道施工。

下面对这两种托换方法分别介绍。

3.2.2　桥梁顶升托换

随着城市建设的发展，原来修建的一些桥梁由于净空不足，许多桥梁需要整体抬高，参见图 3-1。因此桥梁顶升托换技术是解决桥梁净空不足的理想方法之一。

顶升技术在欧美及俄罗斯等国家已使用了很长一段时间，他们不惜重金通过顶升、移位技术将具有历史价值的建筑物转移至合适位置予以保护。而在我国，顶升技术从 20 世纪 50 年代也开始应用于铁路桥梁的架设、移位和落梁；20 世纪 60 年代开始，液压技术发展较快，并开始应用于屋面的整体顶升；在 20 世纪 80 年代，液压技术先后应用于上海石洞口第二电厂、上海外高桥电厂六座 240m 钢内筒烟囱倒装顶升、上海东方明珠广播电视塔钢天线桅杆整体提升和上海证券大厦钢天桥整体提升等一系列重大建设工程中，并获得了巨大成功，取得了显著的经济效果。

1）桥梁顶升托换的发展

目前，中国的部分在役桥梁中，由于桥梁沉降、通航等级提高、下穿道路等级提高、路线改造等引起桥下净空不足，使桥梁使用功能不能满足要求，对其运营安全构成隐患。在这种情况下，一般用两种方法解决问题：①拆除重建；②对旧桥进行顶升。前者施工工期长、对交通影响大、成本高；后者施工快速、对交通影响小、省钱且环保。以天津狮子林桥为例，对比两种方法的优劣，整体顶升方案比拆除重建方案要省 2664.2 万元，时间上减少了六个半月，整体顶升方案优势明显。

2）定义及其原理

桥梁顶升技术是指通过千斤顶及其他辅助设备，在不改变原桥梁形态的前提下，将桥梁安全地顶起升高至所需高度的一种新型的桥梁托换技术。

顶升技术的原理十分简单，但技术要求高，每一个环节都很关键。首先，根据实际情况，通过软件和实际承重确定顶升量；其次，依据结构各部分承受的荷载大小确定顶升点，布置千斤顶；最后，控制好顶升速度，使其均匀、协调地升起。重点是必须保持上部结构在"不变形"的情况下安全顶升至所需高度。

3）桥梁顶升的分类

桥梁顶升技术按顶升的方式的不同，可分为分段顶升和整体顶升两种。分段顶升主要针对简支梁桥，或者桥型不一致，需要不同顶升高度的结构，此法可以降低顶升难度，有利于快速、稳定地完成工程；而整体顶升法主要针对连续梁桥，或顶升高度较大，跨度较长的结构。此法对顶升的技术、设备及工人素质要求较高，不利于快速化施工。因此顶升技术未来的发展方向应朝着机械化、自动化、快速化方向发展。

按反力作用位置不同又可分为直接顶升和断墩顶升两种。直接顶升主要以承台、自然地面或者盖梁等作为反力基础，直接进行顶升的一种方法；断墩顶升则针对无直接反力基础的结构而言，如连续刚构桥，此法需截断桥墩，再顶升结构，最后浇筑桥墩。在实际的工程实践中，断墩顶升法用得较少，因打断桥墩，会对结构造成损伤，且顶升过程受力复杂，故一般较少采用。

4）桥梁顶升托换的应用范围

桥梁顶升托换主要应用于：

（1）航道标准提高引起的桥梁改造；

（2）铁路及通行双层集装箱引起的桥梁改造；

（3）自然载货引起的桥梁损失改造；

（4）高速公路跨线净空不足引起的桥梁改造；

（5）基础病害引起的桥梁改造；

（6）桥梁支座更换；

（7）跨越高速公路顶升改造；

（8）大跨度钢桥的合龙；

（9）地铁施工引起桥梁局部下沉或煤矿开采引起的桥梁下沉的改造；

（10）城市中既有立交桥的改造等。

3.2.3 桩基托换

桩基托换就是将上部结构对桩基的载荷，通过托换的方式，转移到新建基础。如在隧道施工中可能存在以下两种情况：（1）隧道从桩侧、桩底近邻通过；（2）隧道穿过桩体本身，桩成为隧道施工的障碍，需要清除。

1. 隧道施工通廊的概念

隧道施工通廊的概念假设隧道衬砌外径为 d，综合考虑隧道施工的方位偏差、隧道施工对地基土的扰动和托换桩施工的方位偏差等三方面因素，将隧道衬砌外沿 1m 定义为隧道施工通廊，即隧道施工通廊的直径＝$d+2$m。托换结构设计应满足以下要求：

（1）对于桩身侵入隧道施工通廊范围内的原基础桩应进行托换，托换荷载取该桩承受的全部荷载；

（2）对于桩端位于隧道施工通廊上方的原基础桩，应考虑桩的持力层情况、确定该桩是否托换及托换荷载的取值；

（3）新设的托换桩应该位于隧道施工通廊的范围以外。

2. 桩基托换类型

随着城市建设的蓬勃发展，为提升城市建设功能而进行的规划与建设必然涉及地面与空间的优化利用等问题，因此也出现了既有建筑物的改造等新问题，出现了新旧基础的托换问题以及协调空间关系和环境保护等问题，而桩基托换就是其中之一。

当原建筑物地基承载力较低时，通常在原建筑物基础下设置钢筋混凝土桩，以提高地基承载力，减小沉降达到加固的目的。桩基础是现代常用的一种基础形式，桩基托换在托换工程中也被广泛应用。按桩的设置方法不同分为：静压桩、灌注桩、打入桩、灰土桩、树根桩等不同桩式托换法。桩基托换基本工序为在既有建筑物上施做托换梁，把原来的柱（被托换柱）与托换梁连接起来，使上部的荷载转换到托换梁上，再通过托换梁传递到托换桩上，以替代原来的桩承受上部的荷载。桩基托换就是将既有桩基承受的上部荷载有效地转移到新托换结构上。

桩基托换技术的核心是新桩和老桩之间的荷载转换，要求在托换过程中托换结构和原有结构的变形限制在允许的范围内。托换桩采用钻孔灌注桩、挖孔灌注桩或钢管灌注桩等桩型。托换梁采用钢筋混凝土梁，为减少变形在托换梁内实施预应力张拉，托换梁通过新旧混凝土交接面与被托换建筑物的结构相连，新旧交接面需承受并传递全部的托换荷载。目前国内的桩基托换技术主要有两种类型，即主动托换技术和被动托换技术。

1）主动托换技术

主动托换技术是指原桩在卸载之前，对新桩和托换体系施加荷载，以部分消除被托换体系长期变形的时空效应，将上部的荷载及变形运用顶升装置进行动态调控。当托换建筑物的托换荷载大、变形控制要求严格时，需要通过主动变形调节来保证变形要求，即在被托换桩切除之前，对新桩和托换结构施加荷载，使被托换桩在上顶力的作用下，随托换梁一起上升，从而使被托换的桩截断后，上部建筑物荷载全部转移到托换梁上，造成上部建筑物产生较大的沉降；同时通过预加载，可以消除部分新桩和托换结构的变形，使托换后桩和结构的变形可以控制在较小的范围。因此，主动托换的变形控制具有主动性。

2）被动托换技术

被动托换技术是指原桩在卸载的过程中，其上部结构荷载随托换结构的变形被动地转换到新桩，托换后对上部结构的变形无法进行调控。被动托换技术一般用于托换荷载较小的托换工程，相对可靠性较低。当托换建筑物托换荷载小、变形控制要求不甚严格时，依靠托换结构自身的截面刚度，可以在托换结构完成后，即将托换桩切除后，直接将上部荷载通过托换梁（板）传递到新桩，而不采取其他调节变形的措施。托换后桩和结构的变形不能再进行调节，上部建筑物的沉降由托换结构承受变形的能力控制，变形控制为被动适应。

3. 桩基托换主要施工方法

桩基托换因上部结构物的形式、重量等不同而有不同的施工方法。常见的有承压板方式、桩基转换层方式和桩基转换层与承压板共用方式。

1）承压板方式

本方法是把基础桩的荷载尽可能地分布到隧道上部的地层中，来保护上部结构物的一种方法。

承压板的施工范围根据隧道推进对地层的扰动范围决定。设计时可以采用弹性地基梁或板模式计算，但应考虑隧道施工引起的地层松弛影响。且承压板方式宜用于重量较轻的建筑物。在软弱地层中承压板的承载力不充分时，应进行地层改良或设支承桩。

2）桩基转换层方式

本方法是在不妨碍隧道施工的位置重新设桩，在原基础承台下或附近设置转换层，靠新建的桩和转换层来支撑上部结构物，从而把上部荷载传递到隧道以下深部地层或离隧道较远的地层。

首先进行新设桩和转换层结构的施工，然后采用液压千斤顶进行预加荷载施工，将现有桩基支撑的荷载托换到新建转换层和桩基上。

对于新建桩，要根据工程实际选择适宜的桩型。目前比较成熟的托换桩型有：

室内静压桩、微型钻孔桩、人工挖孔灌注桩、室内钻孔灌注桩等。同时，要注意新建桩的合理布局，尽量减少隧道施工对其影响，使新建桩与周围旧桩保持合理的间距，也应使转换层的跨度不要太大。新建桩对于旧桩及上部结构来说也是邻近施工，在施工时也要尽量减少对周围的影响。另外，为了提高新桩的承载力，减少新建桩的沉降变形，可在桩侧或桩底采用后压注浆施工。

在托换结构体系中，转换层承受上部结构传来的荷载并将这些荷载传递给下部托换桩基，起着承上启下的作用。转换层的结构形式有板式、梁板式、梁式、拱式、桁架式等。应用时要根据工程的实际来选择相应的形式。其中梁式转换层具有布置灵活、结构合理可靠、造价较低，便于原桩与上部结构分离等特点，在一般工程中应用较多。对于转换层结构来说，不仅要满足承载力的要求，更要具有足够的刚度以满足变形的要求。当受客观条件限制难以满足要求时，可采用预应力混凝土的结构形式来满足变形要求。

3）桩基转换层与承压板共用方式

该方式在隧道通过时新设桩受影响较大的情况下使用。以新设桩和转换层为耐压板，在转换层与现有建筑物之间设置液压千斤顶和支撑千斤顶，然后，待地基松动稳定后进行主体托换及修复施工。另外在进行托换设计和施工时，还要注意以下几个方面的问题：

（1）对于托换结构体系来说，既有因托换荷载作用而产生的变形，又有受隧道施工影响所产生的变形。

（2）对于被托换结构来说，已建好若干年，经历过一系列荷载作用与内力重分布过程，对托换及隧道施工造成的变形非常敏感，且托换结构体系大部分变形是在上部结构与基础分离后短时间内完成，故托换工程对控制不均匀变形的要求比新建工程更高。

（3）上部结构物一般仅是部分桩基进行了托换，而未托换桩基的沉降变形已经稳定，为避免托换区与非托换区的结构产生过大的相对沉降变形，要求托换结构体系的沉降量应尽量小。

（4）钢筋混凝土结构在长期荷载作用下具有徐变性，采用其作为托换结构时，既要考虑其在托换时托换荷载作用的短期变形，又必须考虑托换完成后使用阶段的长期变形。

4. 桩梁式托换结构的变形控制

1）被托换建筑物的变形由以下两部分组成：

（1）在托换结构进行施工期间，由于地基土会受到托换桩施工和托换梁基坑施工的扰动，因而桩基产生附加沉降。

（2）在原桩基分离施工和隧道施工期间，托换结构承受荷载而产生变形。在进行桩基托换工程的过程中，桩基附加沉降主要依靠采取有效的施工技术措施来加以控制，而托换结构的变形则需要通过合理的托换结构设计进行十分严格的控制。

2）桩梁式托换结构的变形控制标准

被托换建筑物的自身变形已在托换前完成，托换过程对建筑物而言是一个二次变形，并且这一过程是在相对短暂的时间内完成。建筑物耐受二次变形的能力，低于新建建筑物耐受自身一次变形的能力，托换结构的变形允许值应小于新建建筑物的变形允许值。综合考虑托换工程的变形特点和工程经验，建议对桩梁式托换结构的变形实行绝对变形和相对变形双控制标准。

3）桩梁式托换结构的变形控制措施

（1）结构措施。在现场条件许可的情况下，尽可能减少托换梁跨度、提高托换梁抗弯刚度，并采用嵌岩桩作为托换桩。

（2）预应力钢筋张拉技术。在托换梁内采用预应力钢筋张拉技术，通过张拉预应力钢筋产生反拱作用来抵消托换结构的部分变形。在对托换梁的预应力钢筋实施张拉时，上部结构已经客观存在，下部被托换桩基尚未与托换结构截断分离，上部结构和下部桩基托换梁都有一个竖向的约束作用，张拉过程并不是一个自由的反拱过程，而是一个在复杂约束条件下的小变形反拱过程。在这一反拱过程中，实测反拱变形并不大，但已经完成了上部结构向托换结构施加部分荷载、被托换桩基向托换桩基转移部分荷载的过程，从而可以减少分离托换桩基时因荷载转移而产生的变形。在进行桩基托换工程的过程中，预应力钢筋宜采用高强度低松弛的钢绞线，钢绞线的数量主要依据变形控制要求来确定。

（3）桩底注浆技术。为了避免钻孔灌注桩施工时桩底沉渣造成托换桩的沉降过大，在制作安装托换桩钢筋笼时，预埋两根注浆管，注浆管端部伸至桩底。在注浆管端部500mm 高的范围内预留注浆孔，孔径为 5mm，孔距为 50mm，采用橡胶薄膜封闭注浆孔和管端孔口。待桩身混凝土终凝后，采用水泥浆液对桩底可能存在的沉渣进行压力注浆使之固结，注浆压力不小于 1.0MPa。以上变形控制措施能够很好地控制托换结构的变形，在一般情况下，无需通过千斤顶的顶升来补偿托换变形。

（4）通过千斤顶的顶升来补偿托换变形。

3.3 桥梁托换关键技术

桥梁托换系统关键技术大致由以下几部分组成：千斤顶及控制系统、顶升限位系统、顶升临时支撑系统、顶升反力系统、顶升监控系统。

3.3.1 桥梁顶升及控制系统

1. 千斤顶及控制系统

千斤顶是一种起重高度小（小于 1m）的最简单的起重设备，它有机械式和液压式两种。机械式起重量小，操作费力，一般只用于机械维修。而液压式结构紧凑，工作平稳，有自锁作用，故适用于顶升工程。

然而，伴随着桥梁顶升技术的兴起，传统的顶升工艺由于荷载的差异和设备的局限无法根本消除油缸不同步对顶升构件造成的附加应力影响，因此现阶段已出现了一些新型的液压同步顶升技术，如大型构件液压同步顶升技术和 PLC 液压整体同步顶升技术。

2. 千斤顶的合理选用

根据被托换结构的受力状况分析计算取值，确定所选千斤顶的承载力（或吨位）大小和数量。确定托换所需的高度或长度及千斤顶的行程。根据被托换物整体结构具体工况确定千斤顶的作业方式（包括顶升、提升、平移等）和采用单台或多台千斤顶同步作业。工程中常用千斤顶的主要参数参见表 3-1～表 3-7。

表 3-1 为超薄型千斤顶的主要参数。

超薄型千斤顶的主要参数　　　　　　　　表 3-1

承载能力(t)	行程(mm)	本体高度(mm)	油缸内径(mm)	外径(mm)	额定压力(MPa)
5	6～60	26～80	35	50	63
10	11～60	30～84	45	70	63
20	11～60	42～91	60	92	63
30	10～60	36～96	75	102	63
50	10～60	41～101	100	127	63
75	10～60	50～110	115	146	63
100	10～60	54～114	130	165	63
150	10～60	68～84	160	205	63
200	10～60	104～164	200	245	63

表 3-2 为薄型千斤顶的主要参数。

薄型千斤顶的主要参数　　　　　　　　表 3-2

承载能力(t)	行程(mm)	本体高度(mm)	油缸外径(mm)	油缸内径(mm)	额定压力(MPa)	活塞外径(mm)
5	20～80	46～106	59	35	63	25
10	20～80	52～130	70	45	63	35
20	20～80	60～135	92	60	63	45
32	20～80	68～136	102	75	63	50
50	20～80	74～142	127	100	63	70
75	20～80	84～160	146	115	63	70
100	30～80	100～164	165	130	63	90
150	30～80	114～170	205	160	63	115
200	16～80	135～199	245	200	63	150

表 3-3 为自锁式千斤顶的主要参数。

自锁式千斤顶的主要参数　　　　　　　　表 3-3

承载能力(t)	行程(mm)	液压缸面积(cm²)	液压油容量(cm³)	本体高度(mm)	外径(mm)	重量(kg)
65	50	87	433	125	140	15
110	50	147	734	137	175	26
170	45	231	1040	148	220	44
220	45	286	1284	155	245	57
280	45	367	1649	159	275	74
430	45	559	2515	178	350	134
560	45	731	3285	192	400	189

表 3-4 为大吨位千斤顶的主要参数。

大吨位千斤顶的主要参数　　　　　　　　表 3-4

承载能力(t)	行程(mm)	本体高度(mm)	活塞外径(mm)	额定压力(MPa)
50	160	335	70	63

承载能力(t)	行程(mm)	本体高度(mm)	活塞外径(mm)	额定压力(MPa)
100	160	345	100	63
150	160	345	125	63
200	200	385	150	63
320	200	410	180	63
500	200	440	200	63
600	200	460	200	63
800	100～1000	500～1300	320	63
1000	100～1000	500～1500	360	63

表 3-5 为大行程千斤顶的主要参数。

大行程千斤顶的主要参数　　　　　　　　表 3-5

承载能力(t)	行程(mm)	本体高度(mm)	活塞外径(mm)	额定压力(MPa)
50	250～1000	590～1340	100	33
100	250～1500	585～1835	120	40
200	250～2500	645～2895	160	45
320	250～2500	705～2955	200	52
400	250～1200	955～1655	220	50
500	250～2500	715～2965	250	50
600	250～2000	715～2465	280	50
800	500～1000	965～1465	300	50

表 3-6 为穿心式千斤顶的主要参数。

1) 松卡式千斤顶的主要参数见表 3-6（a）

松卡式千斤顶的主要参数　　　　　　　　表 3-6（a）

承载能力(t)	工作油压(MPa)	液压行程(mm)	提升(牵引)杆直径(mm)	提升(牵引)杆
16	16	100	32	钢棒
25	25	100	38	钢棒
100	25	200	55	钢棒
30	25	100	18	钢绞线

2) 穿心式牵引千斤顶的主要参数见表 3-6（b）

穿心式牵引千斤顶的主要参数　　　　　　表 3-6（b）

承载能力(t)	行程(mm)	工作压力(MPa)	穿心孔直径(mm)	钢绞线根数(根)	钢绞线直径(mm)
20～26	150～250	50～63	16～18	单根	15
100	200	51	90	3～5	15
150	200	51	128	6～7	15
250	200	54	136	8～13	15
350	200	54	190	14～15	15
400	200	52	190	19	15
500	200	49	196	21～22	15
650	200	49	240	25～27	15
900	200	54	280	37～43	15
1200	200	51	275	55	15

表 3-7 为同步千斤顶的主要参数。

同步千斤顶的主要参数   表 3-7

承载能力 （t）	本体高度 （mm）	行程 （mm）	油缸外径 （mm）	活塞杆直径 （mm）	油缸直径 （mm）	重量 （kg）	工作压力 （MPa）	推荐泵站 的功率(kW)
50	225	100	140	70	100	40	63	
	285	160	140			46		
	325	200	140			53		
	425	300	140			68		
	625	500	140			79		
	725	600	140			91		
	925	800	140			103		
	1125	1000	140			114		
	1625	1500	140			150		
	2125	2000	140			196		
100	250	100	180	100	140	66	63	
	310	160	180			71		
	350	200	180			88		
	450	300	180			106		
	650	500	194			113		
	750	600	194			143		
	950	800	194			176		
	1150	1000	194			199		
	1650	1500	194			286		
	2150	2000	194			378		50~200t 可选配
150	285	100	233	125	180	71	63	0.55、0.75、1.5、
	345	160	233			81		4、5.5、7.5、11
	385	200	233			91		
	485	300	233			123		
	685	500	245			165		
	785	600	245			199		
	985	800	245			233		
	1185	1000	245			273		
	1685	1500	245			368		
	2185	2000	245			470		
200	285	100	250	150	200	110	63	
	345	160	250			133		
	385	200	250			156		
	485	300	273			191		
	685	500	273			241		
	785	600	273			292		
	985	800	273			342		
	1185	1000	273			392		
	1685	1500	273			510		
	2185	2000	273			690		

续表

承载能力 (t)	本体高度 (mm)	行程 (mm)	油缸外径 (mm)	活塞杆直径 (mm)	油缸直径 (mm)	重量 (kg)	工作压力 (MPa)	推荐泵站 的功率(kW)
320	310	100	325	180	250	216	63	可选配 1.5、4、5.5、7.5、11
	370	160	325			260		
	410	200	325			288		
	510	300	350			331		
	710	500	350			466		
	810	600	350			498		
	1010	800	350			528		
	1210	1000	350			558		
	1710	1500	350			750		
	2210	2000	350			960		
400	355	100	377	200	280	218	63	可选配 4、5.5、7.5、11、15
	415	160	377			251		
	455	200	377			310		
	555	300	402			387		
	755	500	402			486		
	855	600	402			510		
	1055	800	402			540		
	1255	1000	402			570		
500	360	100	420	250	320	420	63	可选配 4、5.5、7.5、11、15
	420	160	420			441		
	460	200	426			461		
	560	300	426			511		
	760	500	426			719		
	860	600	426			760		
	1060	800	426			810		
	1260	1000	426			869		
630	417	100	480	280	360	560	63	可选配 5.5、7.5、11、15
	477	160	480			633		
	517	200	480			696		
	617	300	505			898		
	817	500	505			1250		
	917	600	505			1660		
	1117	800	505			2070		
	1317	1000	505			2450		
800	488	100	540	320	400	896	63	可选配 7.5、11、15
	598	200	540			1040		
	698	300	550			1380		
	898	500	550			1520		
	998	600	550			1750		
	1198	800	550			1980		
	1398	1000	550			2280		

承载能力 (t)	本体高度 (mm)	行程 (mm)	油缸外径 (mm)	活塞杆直径 (mm)	油缸直径 (mm)	重量 (kg)	工作压力 (MPa)	推荐泵站 的功率(kW)
1000	530	100	600	360	450	1286	63	可选配 7.5、11、15
	630	200	600			1332		
	760	300	625			1663		
	960	500	625			2063		
	1060	600	625			2480		
	1260	800	625			2890		
	1460	1000	625			3090		

3. PLC 液压整体同步顶升技术

大型构件液压同步顶升技术采用刚性立柱承重、顶升器集群、计算机控制、液压同步顶升新原理，结合现代化施工方法，可以将成千上万吨构件整体顶升。在顶升过程中，不但可以控制构件的运动姿态和应力分布，还能让构件在空中长期滞留以进行微调，实现倒装施工和空中拼接，完成人力和现有设备难以完成的施工任务，且安全可靠。

PLC 液压整体同步顶升技术是由 PLC 控制液压同步顶升，是一种力和位移综合控制的顶升方法，通过"称重"的方法由液压千斤顶精确地按照桥梁的实际荷重，平稳地顶举桥梁，使顶升过程中桥梁受到的附加应力下降至最低。同时，液压千斤顶根据分布位置分组，与相应的位移传感器组成位置闭环，以便控制桥梁顶升的位移和姿态，保证顶升过程的同步性，确保结构安全。PLC 液压整体同步顶升技术，建立在力和位移双闭环的控制基础上，由液压系统油泵、油缸、检测传感器、计算机控制系统等几个部分组成。液压系统由计算机控制，可以全自动完成同步位移，实现力和位移控制、操作闭锁、过程显示、故障报警等多种功能。

目前，对多液压缸顶推方式建筑物迁移（顶升、平移）动力系统（hydraulic synchronous lifting and pushing system）的研制，国外只有美国实用动力恩派克（ENERPAC）公司。该公司从 1996 年开始，经过 6 年的时间，研制出 25 种用于该功能的系统，在世界各地的众多工程中得到广泛应用。2002 年，公司的这种系统在欧洲被授予"European Engineering Award"。实用动力公司研制的迁移动力系统，各顶推（或顶升点）的液压缸在压力可控的情况下，能够实现位移同步；同时该迁移动力系统能够通过计算机对各液压缸的压力和位移进行实时监测和控制。国内对该种建筑物迁移动力系统也有研究并且形成了部分专利，但其功能较为单一，或是只能对迁移过程施加动力，而不能对压力、位移、应力进行实时监测，这些参量的监测主要依靠人工来完成，自动化程度差或是只能对建筑物迁移进行位移的监测，而不具备动力功能。

（1）电液比例压力控制技术

电液比例控制是介于开关控制和电液伺服控制之间的一种控制方式。与电液伺服控制相比，优点是价廉、抗污染能力强。其在控制精度及响应速度方面虽不如电液伺服控制，但闭环电液比例控制成本较低，较为适合大功率机械，能够满足大多数工业应用的要求。

电液比例控制系统按其控制对象可分为比例流量控制系统、比例压力控制系统、比例流量压力控制系统、比例速度控制系统、比例位置控制系统、比例力控制系统等。建筑物迁移动力系统中的液压动力系统属于电液比例压力控制系统，其核心控制元件是电液比例减压阀，通过对电液比例减压阀压力的精确控制，实现建筑物的平稳迁移。

电液比例减压阀作为电液比例压力控制系统的主要元件，由于存在滞环、死区等非线性因素，且液压系统受温度、负载等参数变化的影响较大，常规基于被控对象精确数学模型的控制算法在此很难起到应有的效果。西安交通大学李天石和曹阳对多通道电液力伺服同步系统进行预测控制研究，重点研究分散优化多变量动态矩阵、自适应统一预测控制策略，结合模糊智能方法，提出一种基于模糊模型的智能预测控制策略。

（2）多液压缸同步技术

多液压缸同步是建筑物迁移顺利实施的关键技术之一。对用于建筑物迁移的多液压缸同步系统，首先是各液压缸的压力必须可控，且压力很高；其次是各液压缸速度很低（一般 10mm/min 左右），依靠低速减少对建筑物的损害。对于这种重载、低速多液压缸同步系统，一般通过流量阀很难进行控制。虽然伺服阀能够实现精确的同步控制，但其价格昂贵，对油液的要求较高。多液压缸同步迁移系统的研究，国内外很少涉及，只有类似系统的研究。

美国印第安纳州 Purdue 大学的 Hong Sun 与 George T-C Chiu 对多油缸电液同步系统进行了研究，通过电液伺服阀来实现多液压缸荷载不均匀同步升降，同时还能对各液压缸压力的大小进行控制。新加坡国立大学 Le Li、M. A. Mannan 以及国内同济大学的徐鸣谦等研究了电液比例控制的双缸液压电梯，也是通过流量阀的控制实现电梯荷载不均同步升降，但双缸只能同步加压，无法对单缸压力进行控制。

国内也有许多涉及多液压缸同步系统的研究，同济大学的乌建中、徐鸣谦等对多液压缸同步提升系统进行了研究，以用于大型结构件的吊装。广东工业大学的吴百海等对新型多缸负载不平衡同步系统进行开发研究，对多缸同步运行智能控制技术进行探讨，主要用于大型自动化生产线设备。吴定安对用于上海音乐厅顶升平移的液压同步顶升控制系统进行了研究分析。

（3）同步顶升控制液压系统

为了实现多点施力同步顶升的技术要求，选用三油口减压阀作主要控制元件。液压系统原理如图 3-2 所示。减压阀的输出压力 p_{out} 等于减压阀手柄调定压力 p_D 与泄油口背压 p_C 之和。同时，采用一只比例阀和一只压力传感器组成快速闭环调压回路，调节泄油口压力 p_C，使每一只减压阀变成了手动和自动双重受控的元件。这里泄油控制压力 p_C 可表示为平均控制压力 p_{CO} 与增量控制压力 Δp 之和，通过调节减压阀手柄，使 $p_D + p_{CO} = p_L$，这里，p_L 是某一顶升点结构的实际荷重。那么只要通过比例伺服阀调节控制压力 p_C，当使 $\Delta p > 0$ 时，结构便会抬升；当使 $\Delta p < 0$ 时，结

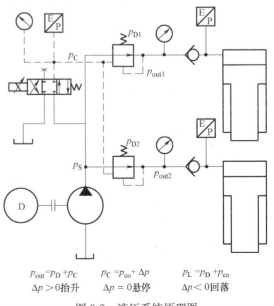

$p_{out} = p_D + p_C$　　$p_C = p_{co} + \Delta p$　　$p_L = p_D + p_{co}$

$\Delta p > 0$ 抬升　　$\Delta p = 0$ 悬停　　$\Delta p < 0$ 回落

图 3-2　液压系统原理图

构便会回落；而当 $\Delta p=0$ 时，结构便可处于悬停状态，依靠位移传感器进行反馈，就可实现多点力控制的位置闭环控制。

图 3-3 是顶升系统的组成示意图。顶升施工的第一步是结构的称重，通过调节减压阀的出口油压 p_{out}，缓慢地分别调节每一个液压缸的推力，使结构抬升，当结构与初支刚发生分离时，液压缸的推力，就是结构在这一点的重量值，称出结构物的各顶升点的荷重，并把减压阀的手轮全部固定在 $p_D=p_{out}-p_C$ 的位置，便可转入闭环顶升，依靠位置闭环，结构可以高精度地按控制指令被升降或悬停在任何位置。

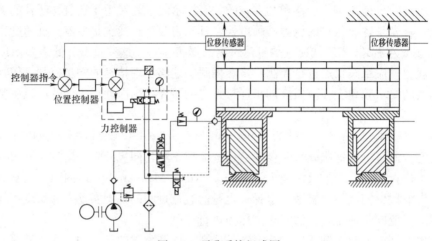

图 3-3　顶升系统组成图

由比例阀、压力传感器和电子放大器组成的压力闭环，根据每个顶升缸承载的不同，调定减压阀的压力，将几个千斤顶组成一个顶升组，托举上部结构。但是如果仅有力平衡，则对上部结构顶升位置是不稳定的。为了稳定位置，在每组安装光栅尺作精密位置测量，进行位置反馈，组成位置闭环。一旦测量位置与指令位置存在偏差，便会产生误差信号，该信号经放大后叠加到指令信号上，使该组总的顶升力增加或减小，于是各油缸的位置发生变化，直至位置误差消除为止。由于组间顶升系统的位置信号由同一个数字积分器给出，因此可保持顶升组同步顶升，只要改变数字积分器的时间常数，便可方便地改变顶升或回落的速度（图 3-4）。

3.3.2　桥梁托换的其他措施

1. 顶升限位系统

在顶升过程中，桥梁处于一种飘浮不定的状态，结构很脆弱，只要有一点干扰，整个上部结构可能瞬间坍塌。且由于液压缸安装的垂直误差及其他不利因素的存在，在顶升过程中可能会出现微小的水平位移，因此应分别在桥梁纵、横两个方向安装顶升限位装置。限位装置自身应具有足够的强度，并应在限位方向也有足够的刚度，以保证安全。

桥墩限位支架应安装在桥墩两侧，每侧两个限位支架，包括一个横向限位支架和一个纵向限位支架。如在中墩处的横隔梁，在中墩顶安装特制纵向限位支架（图 3-5）和一个横向限位支架（图 3-6）；也可以利用顶升托架的分配梁，在下部分配梁靠近柱侧内设置钢档，并安装横向限位装置。在顶升托架与横向限位装置安装完毕后，再在下部分配梁上

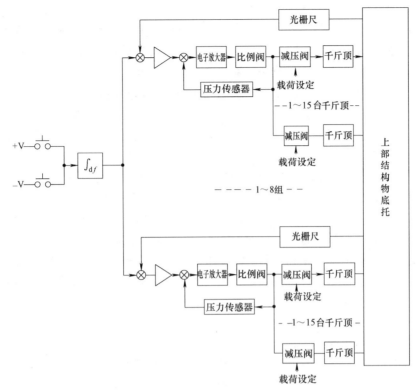

图 3-4 移位系统力、位双闭环控制图

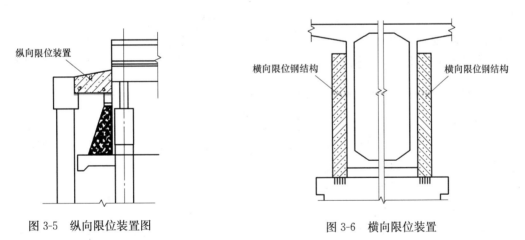

图 3-5 纵向限位装置图

图 3-6 横向限位装置

安装纵向限位装置,其通过螺栓与下分配梁连接,限位装置在顶升过程中与顶升托架一起在柱上滑动。

桥台处也要安装纵向限位支架,边墩处的横向限位支架设置在桥台两侧;纵向限位支架应考虑作用在桥台后的钻孔灌注桩上,既解决了台后挡土问题,又解决了纵向限位的难题;也可以在现有桥台的台背与上部结构的台缝位置安装限位装置,作为桥台处的纵向限位。由于安装位置有限,限位支架的部分连接要在安装后进行现场焊接。

限位支架固定后,可旋转可调限位螺栓,使用支滑板顶紧安装于梁表面的导向槽钢。滑板与槽钢之间涂抹黄油,以减少摩阻力。顶升过程中梁受支架滑板的限位,只能沿竖直方向滑动，可避免梁体发生水平位移。

限位装置在建（构）筑物移位工程中是几乎不可缺失的装置，在平移过程中，它可以控制建（构）筑物按既定路线移动，如在长距离平行曲线平移及房屋旋转过程中都需要设置限位，在顶升过程中更是不可或缺（除顶升高度很小外），它的作用有三：

（1）保证上部结构稳定，能抵抗一定的侧向力，如风荷载等。

（2）能保证建（构）筑物沿一定位置上升，连接时满足规范规定。

（3）可以增强垫（支承）块的稳定性，而垫（支承）块的稳定关系到整个顶升过程是否能顺利完成。

针对桥梁顶升的限位装置。由于桥梁的荷重大，支承构件少，结构形式的特殊，不同于一般建筑物，因此其限位有其特殊性。一般桥梁结构分桥面、墩台（柱）和基础（桥墩承台）三大部分，除基础（或承台）和桥墩（柱、台）相连外桥面和桥墩（台）一般用支座连接，因温度变化对桥面影响，桥面可能伸长和缩短，又由于桥面有曲线变化，故支座分为固定支座、单向滑动支座和双向滑动支座，桥面和桥墩（台）固需滑移仅靠垂直力产生摩擦力和有限的限位力量维持其位置的相对稳定，又由于顶升时切断位置不同，其限位方式也不一样。现分述如下：

（1）桥面限位，在一般桥梁中（除特大的桥外）桥面由各式梁板组成（如空心板式、T形梁式、箱式等）在铺砌完成后，上履面层及防水铺砌层等。其中铺砌层除在两个伸缩缝之间外，用现浇钢筋混凝土连成整体，因此该区段桥面可作为一块整板来考虑。桥面的限位一般分为纵向和横向，由于桥面一般较高、荷重大，单独设置限位装置很困难，所以可利用不移动的桥面，与之固定连接，利用该桥面稳定来作为顶升桥面的纵向限位装置，这样比较经济方便，但须设置连接装置，横向限位当路面较宽时亦可利用桥面的侧向刚度和不移动的桥面连接来限制侧面位移。但若长度过长时则需另外考虑横向限位。

当仅为桥面顶升时（如换支座），因顶升高度不高，可以不考虑桥面限位，或仅作简单处理，固其偏移量不可能大，至于墩（台、柱）靠其自身稳定性不需处理。

所谓顶升高度不高是指顶升高度与垫块的大小之间的对比，因为这个比例小，则垫块堆相对较稳定，不大可能失稳，而不是＜1000mm 即不考虑。

当桥面区段没有伸缩缝时，需用特殊装置连接，该装置要能承受一定的拉（压）力，同时可以伸缩，一方面解决温度变化引起桥面胀缩，同时也可以调节支承结构的垂直度，不致引起歪斜。同时要有一定的强度以保持桥面的刚度。

（2）立柱（墩台）限位

当桥梁需要采用切断立柱（墩、台）式施工时，需视现场情况，如有无盖梁、承台、切断位置、顶升（降）高度等而决定限位装置的做法和要求。

这里需要反复强调的一点是在桥梁设计中，桥面和下部结构一般都是靠支座连接，支座承担桥面的垂直荷载和较小的水平移动，桥（墩、台）就是顶部悬背底部固定的结构，当然由于较大的垂直荷载和较大的支座，靠摩擦力，桥面对它有一定的约束，当在地震区时还有抗侧向滑动的混凝土墩，但不管怎样它们之间的连接不是很坚固。为什么要说这个问题呢？就是指出桥面的限位不等于将墩柱顶部也限位（如双向滑动支座）。

在柱上（墩、台）切断时，如部位在上部，靠近桥面时可利用桥面限位对该部分影响，当顶升较小时，不需要对它进行强有力的限位只需要防止偏移对接柱时影响，也就是利用下部的柱子（墩、台）的自身刚度及新加连系杆作为限位装置，让上部垂直向上运行，这比较方便和安全。

当柱（墩、台）在中下部切断且顶升高度较高时，除了要求下部千斤顶垫块及支承垫块的基础及其顶部要考虑稳定和抗侧向力外，是一个不稳定的构件稍稍有点偏心或侧向有作用力，它很可能失稳，虽然通常加格构式的斜撑，但由于需要经常变换受力点（顶升时千斤顶下垫块受压力，而支承垫块不受力，回顶时千斤顶下的垫块不受力，而支承垫块受力），由于千斤顶下垫块和支承垫块所组成的格构式钢架常常变更受力位置和偏心受压，这时不承重的垫块可能要承受拉力或在格构架中不起太大作用，而导致格构架的刚度变力，再导致偏心的增加。

上部柱子（有时包括盖梁），因为两端都是活动的铰（其实不是真的铰而是一个可活动的接触面靠摩擦力承受水平力）是一个不稳定的构件，有关偏心或侧向有力作用，它很可能失稳，而对它的限位则比较困难。首先它的位置比较高，限位装置需要大。其次它是一个活动的构件，它要顶着桥面上升，而且受力很大，但它和桥面靠垂直力是紧密相连的，所以可以利用桥面限位来作为柱（墩）上部的约束，此时应对支座四周加以限位，防止过度滑动（留有温度变化引起伸长或缩短的间隙，但如上部柱子较短亦可不加这些措施）。

柱子下端的限位则靠支承点处的限位，而随着顶升高度的增高限位也要接着增高。一般采用滑槽方法，让柱下部结构，随升高沿滑槽滑动，这时要注意支承垫块等的稳定；要经常监测是否高度不等和有无偏移，因偏移往往使受力不均而增加偏斜；并注意顶升和回顶时受力变化对该限位结构的影响，当然还有很多问题需要在施工时注意，如垫块是否平整，更换垫块时是否对支承有影响，连接螺栓是否拧紧，垫块是否有变形损坏等。总之顶升是一个需要细致操作而又承担一定风险的活，稍有不慎，则酿成重大的事故或巨大的经济损失，千万不可轻心。

对有些情形或特殊需要应分别研究解决，如桥面变坡问题也就是各支点顶升高度有变化时，这时如何安排各阶段的顶升顺序、高度，而且要考虑桥面与支座的关系，因变坡桥面支座之间水平距离有变化，当坡度变化较小，长度不长时，问题不是很大，因为这些变化都是几个毫米左右。可不做太多的处理，但若是很大、很长时，问题就比较多了。如一般常遇到的匝道改为行车道，其坡度变化很大，长度也很长，如厦门某桥的匝道改为行车道，按理论计算，其长度（水平距离）伸长约11cm，而末端桥墩顶升约360m。这时必须考虑以下问题：

a. 水平距离的变化对支顶的影响，如支顶的基础是在原桥的基础承台上，而上部支座随着桥面坡度的变化而向一侧移动如何使支架保持垂直？

b. 随着坡度的变化支座（或支承面）也变成倾斜，若不解决则使接触面偏心受压，造成垫块应力变大而损坏或变形。

c. 若是使用的千斤顶头带球面铁块（一般可变化5°），虽然作用力可以均匀分布（注意这时顶上面的支承垫块也要一组带有球面的垫块），但作用力随坡度的变化而产生水平分力，这时下部的支承构件设计时就要考虑。

d. 若匝道是弯道还应该研究原设计的情况，综合现场情况加以特殊处理（如支座受力不均，将来行车时侧向离心力等）决定是否在顶升时一同加固。

以上是工程实践中遇到的一些问题，当然外部情况千变万化，甲方要求又各有不同，需要在方案设计中慎重考虑，不要因已经做成了几个工程而麻痹大意，施工中最忌讳如此。

（3）限位装置的受力

关于限位装置侧向需要能承受多大的力，在规程中没有论及，各设计及施工单位各有自己的看法，未能统一且缺乏有关试验，仅能凭各家的经验自己做出判断。但这是一个重大的问题，不能仅凭几例的成功或出现的问题就下结论，这是不科学的：过大的侧向力必然花出很大的代价，造成重大的经济负担；过小则造成不安全。现在谈谈影响侧向力大小的问题。

a. 侧向力的大小，必然与所承担的重量有一定关系，越重的东西需要稳定它时所需的力量就越大，则是很明显的。因此它必定是和重量有关的一个函数值。

b. 施工的因素

施工的好坏对侧向力影响很大，如顶升是否同步，千斤顶处理是否均匀，垫块是否平稳，尺寸误差是大是小？调整是否及时，施工监测是否到位，支承结构是否牢固。因为很小的歪斜调整时不需要很大的力即可纠正。而歪斜较大时则需要较大的力才能纠正，也就是需要很大的限位侧向力。因此限位的精变和限位结构的刚度也很重要，需要在设计时慎重考虑。

c. 自然的因素

自然因素包括大风、雨、雪、地震等。因为桥梁的迎风面积较小，风荷载的影响有限，而对房屋结构则将产生很大的侧向力。后者现在对灾害天气能及时预防，可能预先采取临时加固措施，但应留有加固条件，如挂钩错桩等，因此风荷载可采用 10 年一遇的数值，大雨则避免发生基础的浸泡的影响，及时做好排水措施，大雪则考虑对垂直荷载的影响，在计算时加以考虑。

至于地震的影响，过去的规程中曾明确不予考虑，因为这样的机遇很小，但是在2004 年银川某小楼平移时适逢宁夏地区发生地震，它是用滚动平移，因地震方向与平移方向基本相近，引起房屋有小量的移动，没有造成太大影响。若在地震多发区，且施工时间较长，则应适当考虑。

d. 顶升高度的影响

一般来说顶升高度不大时，对限位的要求也不高，因为这时支承垫块本身的刚度相对来说也较大，且顶升的次数也少，产生的歪斜机会也小，且不会太大。但若是顶升高度较高时，则不一样了。因为经过多次顶升（一般一次顶升 100mm），歪斜的机会也多了，尤其是多次顶升相互影响歪斜的概率更大，这时不仅要注意歪斜，还要留心支承垫块等是否牢固稳定，垂直度是否合乎要求，同时还要防止发生扭转问题。

以上只是工程常遇到的一些影响因素，设计侧向限位要考虑的，总之，规定侧向力过大不但经济上负担过重也没有这个必要，太小是偏于不安全，因此在正常的情况下为垂直力的 4%～5% 较为适宜。但要强调的一点是施工必须正规，更不能因为做过几次顶升，有经验，而不精心细致的完成每一步骤，往往因为一次的疏忽而酿成无法挽回的损失。

关于平移时的限位，则没有垂直移位时那么重要了。当为直线平移垂直用滑块时，可在下滑道上适当留有侧向限位墩，防止过度偏移并便于纠正。若为滚动平移时，则随时注意滚子方向加以调整。当为曲线平移时，滚动平移则较为麻烦了。一方面前端要限位，让它沿规定的路线移动，一方面随时调整滚子的方向，这个工作量太大了，所以一般采用滑动平移，只要前面按规定的线路平移即可，但后面也要调整千斤顶作用力的方向和顶进距离以减少限位上的受力。若为旋转时，前面不但要限位，时常在选转中心也做限位，使建筑物更能准确到位。但注意这样中心的限位，更多的是标注性的，而非真正的限位，因为若将中心限位当中磨盘中心轴那样起作用，则它的受力太大，还需要很强有力的基础，几乎是很难做到，因此它只能起有限的作用，而更多的调整要靠四周的推力大小和方向来控制，使它几乎绕中心轴来旋转。

2. 顶升临时支撑系统

在桥梁顶升过程中，为了使顶升顺利完成，需在千斤顶液压缸周围布设临时钢支撑，顶升过程通常不是一次到位，往往要分开几次来完成。临时钢支撑除了可以保证顶升装备的顶升安全外，还可以方便桥梁结构在分级顶升时，检测结构的顶升精度，有了偏差，便可随时作出调整，避免施工过程出现意外。

临时钢支撑的布设要与液压缸的布设情况相符，一般在每个液压缸两侧均要布设临时钢支撑，并视具体情况确定布设的个数，每节钢支撑的长度要与千斤顶的行程相适应。为避免顶升时支撑失稳，钢支撑间应法兰连接，在顶升停止时将钢支撑分别与梁和墩台固定。

顶升过程中，为满足液压缸分级置换及临时支撑措施要求，应专门设计各种垫块以保证液压缸和临时支撑的连接可靠。例如顶升 100mm 时，采用一个 100mm 的钢垫块，当顶升高度达到 200mm 时，更换一个 200mm 的钢垫块代替，直至达到顶升高度。支撑结构间应连接牢固，即千斤顶与临时支撑垫块拉接、千斤顶支撑与反力系统栓接，通过以上措施，保证支撑结构良好的整体性，防止顶升过程可能发生的滑移，避免支撑体系的失稳破坏。

3. 顶升托架体系

当采用实体墩台或者选用直径较大的千斤顶时，应采用钢板焊接成纵横向分配梁组成顶升托架体系，对顶力进行转换，使其均匀地作用于上部结构。分配梁需根据各桥结构情况进行设计，一般有型钢和钢板箱梁两种形式。分配梁应采用工厂预制，用植筋的方法与上部结构连接，再通过螺栓连接上下分配梁，形成钢托架体系，这种托架体系具有较好的整体性和稳定性。

对于各加力点位置，千斤顶或垫块与梁及承台的接触面须经计算确定，不得超出原结构混凝土强度，保证结构安全。

4. 顶升反力系统

顶升时承担顶升千斤顶、支撑体系的部分就称为顶升反力系统。主要有以下 3 种体系：

(1) 顶升基础

原有承台已有较稳定的承载能力，所以应尽量利用原有承台或盖梁作为顶升反力基础。对于浅埋基础，可在原基础上植筋浇筑混凝土，作为顶升反力基础；对于深埋基础或没有承台的，则应考虑采用抱柱梁、牛腿或临时地基处理作为顶升反力基础。

顶升时上部结构荷载不再通过支座传力到下部结构，而是由千斤顶作用于反力系统后传到基础，由此作用点位置变化需要检算基础在顶升时的受力，保证结构的平衡，以防倾覆。同时还要计算植筋间距、粗细，保证临时顶升基础与原基础结合牢固。

（2）抱柱梁

抱柱梁是依附在柱四周的梁系。顶升时，千斤顶通过抱柱梁把力传递给柱，再传递给基础，抱柱梁与柱之间通过新旧混凝土的摩擦传递剪力。抱柱梁设置位置灵活，对支撑体系的稳定性要求小，且无需拆除基础上的水沟、护坡等高速公路附属物，即可保证支撑的稳定，又可节约工程成本。

抱柱梁设计采用的是托换理论，设计时不仅要考虑正截面承载能力，局部抗压强度及抗剪切强度，而且还要考虑抱柱梁与柱结合的可靠度。经过大量实践及实验证明，采用钢筋混凝土抱柱梁是一种较为可靠、安全的形式（图 3-7）。图 3-8 为桥墩顶升抱柱梁现场照片。

抱柱梁施工应当在原混凝土柱保护层凿除后立即进行外包钢筋混凝土的施工，必要时可在其间设置小系梁，以使其连成整体，增强稳定性。

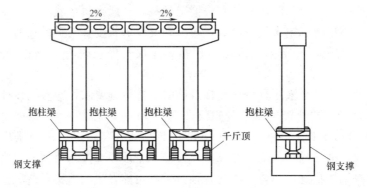

图 3-7　桥墩顶升抱柱梁及支撑布置图

图 3-8　桥墩顶升抱柱梁现场照片

5. 顶升监控系统

桥梁顶升过程是一个动态的过程，一般都是分级顶升，逐步到位，随着上部结构的提升，桥面纵向偏差、立柱倾斜率、伸缩缝梁间间隙等均会发生变化，为此要设置一套监控系统保证桥梁的整体姿态。施工前，应取得各监控点的各项监测参数初值。监控包括结构平动、转动和倾斜，主要有以下几方面：

（1）反力基础沉降观测：设置反力沉降观测体系来观测承台沉降，及时作出相应措施；

（2）桥面标高观测：在桥面设置高程观测点来推算每个桥墩的实际顶升高度，设置桥面标高观测点来验证顶升高度值，使顶升到位后桥面标高得到有效控制；

（3）桥面底面标高测量：它是桥面标高控制和测量的补充，提供辅助的顶升作业依据；

（4）桥梁纵向位移观测：为观测桥梁纵向位移及立柱垂直度，在立柱外侧面用墨线弹出垂直投影线，墨线须弹过切割面以下，在垂直墨线的顶端悬挂一个铅球，通过垂球线与墨线的比较来判断盖梁的纵向位移及盖梁是否倾斜；

（5）支撑体系的观测：及时掌握支撑体系的受力和变形情况，以采取措施控制支撑体系的变形量，从而使施工在安全可控的环境下进行。

6. 监测控制技术

建筑物体同步顶升控制系统主要由液压动力系统和计算机监测控制系统（简称监控系统）两大部分组成，对计算机监测控制技术的研究有助于提高该装备的自动化、智能化水平，同时也有利于信息化施工的进行。

该监控系统结构形式上属于分布式控制系统 DCS（Distributed Control System），主要为满足执行机构的分散布置、集中操作。分布式控制系统是应用计算机技术对生产过程进行集中监测、管理和分散控制的综合性网络系统。分布式控制系统在使用范围、可扩展性、控制速度、系统模块化、可维护性、单点抗故障能力等方面明显优于集中式控制系统。分布式控制系统的结构形式主要有星型、环型和总线型三种。随着 4C（Computer，Control，Communication，CRT）技术的发展，DCS 已经在工业过程控制领域中得到了广泛应用。由于分布式系统中的硬件和软件都是从工业应用出发专门设计的，价格较昂贵。随着可编程控制器 PLC（Programmable Logical Controller）在硬件配置、软件编程、通信联网功能以及模拟量控制方面的发展，用 PLC 来构建或改造 DCS 成为可能。PLC 技术与器件的应用，是 DCS 面向市场，向低成本、小型化方向发展的有效途径。

3.4　桥梁托换设计

3.4.1　桥梁托换设计原则

（1）根据地质勘察报告、桥梁检测报告、水文资料、使用要求及相关规范进行设计；特别是对特大桥或技术复杂的桥梁一般应根据桥梁技术状况及承载能力评定结论，综合考虑各种因素编制托换工程可行性研究报告，在初步设计中对桥梁主要承重部分的托换应不少于两个方案比选，从中择优选出推荐方案进行施工图设计。

（2）托换设计可分为永久性托换设计和临时性托换设计，永久性托换将永久改变原结构体的传力方式，临时托换在工程完工后不改变原结构的传力方式。荷载选取时，前者采用设计值，后者采用标准值。

（3）托换工程导致永久荷载变化时，应对主要受力构件、地基与基础进行验算；一般情况下，托换施工将会增加永久荷载，当然也有可能减少某些结构物，使原有永久荷载减少。永久荷载的变化，将会对原结构的强度造成影响。

（4）原结构不能满足使用要求时，托换设计应与加固设计同时进行。随着设计标准的提高和原结构承载能力的降低，对部分结构体在托换时需进行加固，这是考虑到托换的安全性和结构物使用年限。

3.4.2　桥梁托换节点设计

现行《建（构）筑物托换技术规程》第 4 章桥梁托换设计中，对墙、柱的永久性托换设计和临时性托换设计提出了抱柱梁结构的建议公式。

1. 临时性托换节点设计

临时性托换节点设计时，对于桩、柱上传递竖向荷载的抱柱梁结构，当不植筋时，其新旧混凝土结合面竖向承载力可按式（3-1）估算，同时应满足构造要求。

$$\gamma P \leqslant 0.16 f_c A_c \tag{3-1}$$

式中　γ——综合系数，取值 $1.0 \sim 1.3$；

　　　P——新旧混凝土结合面竖向承载力（kN）；

　　　f_c——梁、柱混凝土抗压强度设计值（kPa），可取较低值；

　　　A_c——新旧混凝土交接面的有效面积（m^2）。

关于公式中系数的确定：

① 《混凝土结构设计规范》GB 5010—2010 第 7.5.1 条，当 $h_w/b \leqslant 4$，$V \leqslant 0.25\beta_c f_c b h_0$，一般情况下，抱柱梁为矩形断面，其宽高比不超过 4，当混凝土强度不超过 C50 时，$\beta_c = 1.0$，则 $V \leqslant 0.25 f_c b h_0$。

② 2002 年，广州地铁公司和华南理工大学结构试验室试验验证，并通过市科委成果鉴定，给出环抱型新旧混凝土结合面抗剪公式 $V = 0.24 f_c A_c$。

③ 2005 年同济大学建筑物移位技术研究中心曾做相关试验研究，给出环抱型新旧混凝土结合面抗剪公式 $V = (0.12 \sim 0.16) f_c A_c$。因试验断面较小，边界条件有差异，数据有较大的离散性。

④ 上海天演建筑物移位工程有限公司历经 13 年的实践和 853 个构件样本的结果分析，其实用系数多为 $0.12 \sim 0.18$。应用条件是柱直径或边长一般不大于 1.5m。

因考虑施工安全等因素，引入了综合系数 γ。

2. 永久性托换节点设计

在永久性托换节点设计时，对基于桩、柱传递竖向荷载的抱柱梁结构，当有植筋时，其新旧混凝土结合面竖向承载力可按式（3-2）、式（3-3）计算。

$$\gamma V_u \leqslant 0.20 f_c A_c + 0.56 f_s A_s \tag{3-2}$$

或：
$$\gamma p \leqslant 0.16 f_c A_c + 0.56 f_s A_s$$

式中
$$\frac{f_s A_s}{f_c A_c} \leqslant 0.07 \tag{3-3}$$

　　γ——综合系数，一般取 $1.1 \sim 1.6$；

f_c——梁、柱混凝土抗压强度设计值，可取较低值；

A_c——新旧混凝土交接面的面积；

f_s——结合面配置的植筋抗拉强度设计值；

A_s——结合面上同一截面植筋总截面面积。

这里的抱柱梁结构，是指新增的环柱混凝土结构，该公式虽是半经验半理论的，已能满足常用的 2m 以下径向尺寸墙柱体的托换要求。

式（3-2）中的后部分有两项组成。第一项所反映的是混凝土抗压强度转化为新旧混凝土结合面竖向的关系，第二项所反映的是原混凝土表面植筋形成的抗剪能力。

对于第二项，《钢结构设计规范》给出了一般常用钢材的抗剪强度与抗拉强度的关系，大致在 0.58 左右。中国建筑科学研究院关于新旧混凝土之间的剪力传递公式中，其系数为 0.56。《混凝土结构设计规范》关于预埋件公式中，有系数 $a_v \times a_r$ 其中，α_r 为钢筋层数的影响系数，当钢筋按等间距布置时，两层取 1.0，三层取 0.9，四层取 0.8。因有式（3-3）对配筋率的限制，这里取值 1.0 参与计算。

$$a_v = (4.0 - 0.08d)(f_c/f_y)^{\frac{1}{2}} \tag{3-4}$$

取 $f_c = 9.6 \text{N/mm}^2$（C20）、$f_c = 11.9 \text{N/mm}^2$（C25）、$f_y = 300 \text{N/mm}^2$（HRB335）和 $f_y = 210 \text{N/mm}^2$（HPB235）时，影响系数见表 3-8。

钢筋层数的影响系数   表 3-8

钢筋直径 d	f_c	f_y	a_v	$a_v \times a_r$	f_y	a_v	$a_v \times a_r$
20	9.6(C20)	300	0.429	0.429	210	0.513	0.513
	11.9(C25)	300	0.478	0.478	210	0.571	0.571
16	9.6(C20)	300	0.487	0.487	210	0.582	0.582
	11.9(C25)	300	0.542	0.542	210	0.647	0.647

从表 3-8 看出，采用 HPB235 钢筋，直径在 20mm 时，植入 1～2 层钢筋时，混凝土强度取 C25，其系数达到 0.571，略超过 0.56，这也是式（3-3）对钢筋面积进行限制的原因之一。

对于植筋的数量或面积，首先从设计上说，应考虑构造要求，应满足《混凝土结构设计规范》中关于预埋件的锚筋排列的要求。从施工上说，对一个断面过多的钻孔植筋，其质量的不确定因素增加。其次，植筋的承载能力不宜高于混凝土的承载能力。根据一般板类受弯构件受剪承载力公式：

$$V \leqslant 0.07 f_c A_c \tag{3-5}$$

一般地，梁高 $h < 800 \text{mm}$，$B_h = 1.000$，梁高 $h = 1000 \text{mm}$，$B_h = 0.958$，取 $f_t = 0.1 f_c$。令 $V = P$，则：

$$P \leqslant 0.07 f_c A_c \tag{3-6}$$

即：

$$f_s A_c = P \leqslant 0.07 f_c A_c$$

3. 抱柱梁结构的使用条件

抱柱梁结构是上海天演建筑物移位工程有限公司在实践中较早使用的名词，其含义是在工程中强调一个"抱"的作用。作为一种环梁结构，其抗剪力作用是一个复杂的受力体系，新旧结构的接触面不单是剪力的作用，由于新施工的环梁收缩对原有混凝土结构产生握裹力、收缩力、粘结力、摩擦力等，将导致新旧结构之间承载力增加，但如何计算该部分力尚待深入的试验与研究分析。

应该注意的是在应用式（3-1）和式（3-3）时，应满足以下使用条件：

1）对新旧混凝土结合面处，原构件的表面应凿成凹凸差不小于 6mm 的粗糙面。对于粗糙面的要求，与《公路桥梁加固设计规范》一致。

2）抱柱梁的高宽比应符合混凝土梁的构造要求。抱柱梁仍作为梁使用，其构造要求主要是高宽比、长高比等。

3）被抱柱梁包围的原结构，其平面径向尺寸宜小于 1.5m。若超过 1.5m 时，应进行特殊设计。"柱"的截面尺寸，应有一定的限制。在以上的公式应用中，都把 $h_0 = 1.5m$ 作为一个分界点。目前的应用报道中，只有上海天演建筑物移位有限公司在湖州南林大桥改造中有过 2.0m 的工程范例，对再大的尺寸的柱还研究不够，这里取值 1.5m，是通常尺寸中较大的，一般可满足施工的需要。

4. 关于托换节点公式及抱柱梁的进一步探讨

用抱柱梁传递柱（墩、桩）上的竖向荷载的结构形式不单在桥梁托换中应用，在房屋托换设计中亦广泛应用，在房屋的抬升、平移、改造中，也往往采用此种形式。因此对此两公式系数的应用正确理解和合理选用。

对规范条文中不应理解为临时性托换中可以不用加植筋而永久性托换中应加植筋，实际上需不需要加植筋应视具体情况而定，而与临时或永久性托换关系不大。

对公式中 $V \leqslant 0.16 f_c A_c$ 的系数 0.16 的不确定性进一步分析如下。

首先是抱柱梁结构的新旧混凝土结合面，当施工质量可靠时可按现浇整体混凝土考虑，这时就是混凝土的抗剪强度问题，混凝土的抗剪强度根据试验所得的结果，离散型很大，由 $(0.1 \sim 0.9) f_c$ 无法采用，根据力学原理中，摩尔圆推算共值约为 $1/6 f_c$，这里需要特别强调的是新旧结合面按规定要求处理，而不是表面拉毛或刷刷界面剂敷衍了事。另一种情况是新旧混凝土接触面按两个构件之间连接考虑。这时竖向力传递靠接触面直接摩擦力（可采用预应力钢筋加压）和粘结力，据所做的试验，这个数值是比较低的。

据 2002 年广州地铁公司和华南理工大学结构试验室经过试验给出的环抱型新旧混凝土结合面的抗剪公式 $V \leqslant 0.24 f_c A_c$ 并通过专家评审，其后也是该试验室张子先先生的论文中提出 $V = 0.20 f_c A_c$，并列举了试验的结果，但是他没有解释试验中当支座距离增大时其得出剪力值下降的原因。

同济大学及上海天演建筑物移位工程有限公司的试验和实践得出的数值约为 $0.12 \sim 0.18$。

综上所述，取系数为 0.16 是比较合理的。

实际上，新旧混凝土接触面上抗剪能力还受其他很多因素的影响：

剪力的分布问题，在公式中采用的强度是全截面的平均强度，但实际上在接触面中剪力如何分布还是一个很大的问题。首先在竖直面上是否上下都一样，可以说并非均匀分布的。其次在试验中所做的试件为方形，当桩柱（墩）是方形或圆形时和试验结果较相近，但是长方形或是墙式时，其长短边的变化又将产生怎样的影响？第三，试验中的试件体受到设备影响时断面均较小，且为了让试件破坏出现在接触面上，柱和梁均配置较强的钢筋，以保证它们不被先破坏，但是在实践中抱柱梁已决定其配筋和强度，而原有的柱

（墩）几乎是无法改变的。当柱（墩）断面较大时，由于抱柱梁受力情况复杂，原柱（墩）的配筋是否足够都将影响应力分布和抱柱的效果。第四，在试验中支座布置较均匀平整，受力亦均匀。而在现场当支座同布顶升（降）不理想时对剪应力的分布必然产生影响。第五，在实际上工程中支撑位置由于顶升和垫高交替进行，作用力的位置也同期发生改变，这时强度又产生了多大影响？第六，支撑梁和连系梁中，是否同样承受匀布剪力。凡此种种，都需要在方案中加以重视和考虑，因此我们引用了另一个系数 r 来调整，情况较理想时取低值，不利时取高值以保证安全。

5. 抱柱梁的设计

抱柱梁的高度由其承载力的大小决定，首先按前面的公式，验算其抗剪能力是否满足要求，其实抱柱梁所使用混凝土，仅占工程中所使用的很小一部分，但安全与否关系重大，一旦出现问题，轻则需要补强拖延工期，重则可能造成重大事故，因此要特别慎重，一般不小于所抱柱的高度。

托抱柱的宽度与高度之比不宜过小，因其受力情况复杂；太薄时亦不好。其次受顶升设备支撑构件尺寸影响要能放置厚些，并满足支撑受力要求，应不小于顶升设备及支撑构件的宽度和局部承压强度，其次要能够放置全部顶升设备及支撑构造并留有连接时施工安全的间隙。当然太宽亦不好，既不经济，受力情况也不好。

托换梁的受力和内部应力的变化同样是一个复杂的问题，一是抱柱梁原有柱（墩）毕竟是两种材料，即使都是混凝土，也是新旧的结合（包括不同强度等级）。其次受到柱（墩）大小形状、配筋的变化和顶升设备和支撑情况的不同的变化，这些都对内力的分布产生影响，因此需要按试验情况进行分析，现在只就常遇到的基本情况加以讨论。

前面所述分为两种情况。第一种情况新旧混凝土接触面结合良好，按一次性浇筑的整体混凝土来考虑。在这种情况下，可以作为一个中心受压、四边（或两边）支撑的一个承台来考虑，基本上形同一个独立柱下的基础，这时除验算冲切受剪外，还要计算因弯矩而需要在下部配置的钢筋（按深梁考虑亦需在下部配置钢筋），在新旧接触面处，次钢筋可采用植筋来解决，但在原柱中部，因柱内配置好的箍筋断面较小，不足以满足需要，除非将植筋贯通整个柱（墩）断面形成后加拉筋，或利用梁的横向刚度将此力传递到两侧连系梁中，这就需要支撑梁要有足够的侧向刚度，也就是抱柱梁不宜过薄的原因之一。

其次作为两个构件来考虑，在接触面靠粘结力和摩擦力等来传递受力，这时由于支撑点在抱柱梁的中部，而竖向力作用在梁边，抱柱梁将承受环状扭力，其大小视支撑点与柱边的距离值而定，但前提条件是两个构件的本身有足够强度，对受扭的抱柱梁而言，不宜用高宽比太大的截面，这是梁不宜过薄的原因之二。其次要配有足够的抗扭箍筋和纵向钢筋，这都应在设计中加以考虑，但对原有柱，其截面大小和配筋往往是难改变的，如将截面中心受压的力传递到周边受剪支撑，这样需要抱柱梁有一定的高度使这转变比较平缓，一般的情况下此高度不宜小于柱截面的高度或宽度。总结以上情况，梁不宜过小以免发生滑动发生前而破坏。

实际受力情况是介于两者之间，因为混凝土并非一次整体浇筑，受施工质量的好坏而变化。原柱本身更是千变万化，不仅有圆形、方形、长方形，还有墙式或其他奇形的，而支撑点位置则视现场情形有各式各样的布置。同时支撑力是否受力平衡，同步移动，支撑力转换时平稳、均衡，垫块的高度是否一致等，这些都影响抱柱梁的受力情形和它的可靠度，目前虽然做了一些试验得出了一些数据，但那是在试验室的条件下得出的，且数量也较少，它反映不了整个现场的情况，因此要不断总结现场施工经验和多做试验研究，改进设计，制定相应措施，来保证这一领域的安全和经济合理。

关于植筋问题，规范中已有较详论述并按混凝土规范中的埋设件处理，这没有什么问题。但应考虑施工过程中钻孔对原有柱（墩）的强度的影响，尤其是否碰到原柱内的主筋，因为原柱内的主筋不能切断。它不但影响到柱的承载力和构造要求，且在接触柱时更加需要它，当单面钻孔时可以通过仪器检测其位置或凿除保护层直接了解，但当需要贯通植筋时则比较困难。因为钻孔较长时难免歪斜，此时虽然对该处接触面处传递剪应力有好处，但对原柱中是否能承受此拉力则需要考虑了。工程中常遇到过因植筋而将原桥墩拉裂的情况，这点非常重要。因此在一般情况我们采用加高抱柱梁以解决竖向力传递问题，而尽量少采用植筋方案，除非抱梁。梁因现场情况高度受力限制时，而不是因为是临时性托换或永久性的托换，当时抱柱梁作永久性托换构件时，设计应慎重。

3.4.3　基础承载力的确定与基础托换

对于基础承载力的确定与基础托换，应遵循既有规范的设计原则。

1. 桥梁托换技术设计是一项专项应用设计，其设计应考虑梁整体、基础和地基三方面在托换过程中和托换后的使用要求，新旧构件的变形应协调一致。除应符合混凝土工程、桥梁工程等相应现行国家规范外，还应满足相应行业特殊规定。而桥梁托换设计中的地基承载力特征值、压缩模量等参数可通过检测鉴定确定或根据原桥梁设计采用的地基承载力特征值进行调整，调整系数可按《既有建筑地基基础加固技术规范》JGJ 123 或《建筑物移位纠倾增层改造技术规范》CECS 225 中的有关规定确定。托换设计中地基承载力特征值应考虑使用年限的影响，通常地基承载力提高值的经验值可参考本条规定的规范确定。在条件允许的情况下，应通过现场试验确定。

2. 桩基托换设计应根据托换工程基底附加应力分布情况合理布置托换桩点，宜采用对称方式布桩，减少偏心。当无法对称布桩时，可采用加深基础法、加长桩基法等进行基础托换，桩点布置应尽可能靠近基础或承台。其托换桩点采用对称布置时，一是考虑结构本身平衡，二是考虑外加施力点的位置与平衡。若不能对称布置，则要考虑到局部加强以满足上部传力要求。

3. 基础托换可采用增大基础底面积、增加基桩、增设支撑梁等方法进行。涉及基础托换方法，可参考《既有建筑地基基础加固技术规范》中的规定，这里只做简单的概述。

1）增大基础底面积

增大基础托换应按两阶段受力设计，基底面积应根据地基强度验算确定。增大基础时，应将原基础存在的缺陷清理至密实部位，将结合面凿毛，按设计要求植筋，并与新增的钢筋骨架连成整体，确保新旧混凝土结合牢固。增大基础托换两阶段设计采用增大截面法，主要考虑两个阶段进行计算：

第一阶段：新浇混凝土层达到强度标准值之前，构件按原构件截面计算，荷载应考虑加固时包括原构件自重在内的恒载、现浇混凝土层自重及施工荷载。

第二阶段：新浇混凝土层达到标准值后，构件按加固后整体截面计算，作用（或荷载）应考虑包括加固后构件自重在内的恒载、二期作用的恒载及使用阶段的可变作用效应分项系数按现行《公路桥涵设计通用规范》JTG D 60—2004 取用。

公路桥梁结构的恒载作用比较大，采用增大截面加固法时不可能卸除全部恒载作用。但在某些特殊情况下，例如同时进行桥面铺装更换、拱上填料更换等，可以在加固前卸除部分桥上恒载，待加固成桥后，再开放交通。因此进行基础托换前卸除原桥上的部分恒载以及车辆活载是有利于加固效果的。但就加固构件而言，结构构件实际上是分阶段受力，加固的设计计算应符合构件受力历史。

根据基础托换的分析及施工情况，规范将桥梁结构带载加固的增大截面法二次受力计算分成受力的两阶段计算：第一阶段是以原构件截面受力的结构计算；第二阶段是以加固后构件截面受力的结构计算。

2）增补桩基托换

增补桩基托换应按两阶段受力设计，考虑新旧桩基支撑条件和桩径差异等方面的因素设计。增补桩基数量及群桩基础沉降量计算应根据现行国家有关标准的规定进行。

增补桩基时可参照原设计方案。当旧桩承载稳定后，新旧桩间距可适当减少。其中要考虑新桩的沉降量及应力变化不对旧桩的沉降量增加为宜，其设计计算应符合建筑桩基设计规范。

增补桩基托换时，应考虑新增桩的类型和布置等对既有基础的影响。主要考虑到在原承台下部开挖后，承台受河水冲刷影响或回填不完全密实紧固时，会对承台或承台托换梁的不利影响。

3）增设支撑梁

用支撑梁扩大承台时，钢筋混凝土支撑梁顶面高程不宜高于原承台顶面高程。应增加承台厚度或在重力式承台两侧加设钢筋混凝土侧墙。承台增大截面施工应符合下列规定：

（1）应先处理原承台存在的缺陷；

（2）混凝土表面凿毛处理后，应冲洗干净，灌注混凝土前应保持湿润清洁；

（3）对原有钢筋应进行除锈处理，并应逐根分区分层进行焊接。

3.4.4 拱桥和悬吊桥的托换设计

1. 拱桥托换设计

拱桥在竖向荷载作用下，两端支承处产生竖向反力和水平推力，正是水平推力大大减小了跨中弯矩，使跨越能力增大。理论推算，混凝土拱极限跨度在500m左右，钢拱可达1200m。亦正是这个推力，修建拱桥时需要良好的地质条件。

拱上建筑与主拱圈的联合作用是旧拱桥承载潜力的重要组成部分，在新桥设计中往往被忽略。在加固设计中为充分利用原桥的承载潜力，对于刚度较大的拱上结构（如拱式拱上建筑等）可以酌情考虑联合作用（主要通过采用合理的结构分析模型加以考虑）。

拱桥是受压为主的结构，为提高结构的耐久性，加固设计中应严格控制原拱圈截面的应力水平，确保不出现弯曲拉应力。在特殊情况下，其拉应力也不应超过材料弯曲抗拉强度设计值。

拱桥托换设计时，应计算拱脚水平推力对结构的影响，拱桥吊杆更换后的抗拉安全系数不应小于2.5。拱桥需移位托换时，应采取措施平衡拱脚水平推力。且拱桥托换前应对拱圈及拱脚裂缝、钢管混凝土脱空和基础不均匀沉降等进行处理。

拱桥根据内力传递形式，可分为有系杆拱和无系杆拱。对于无系杆拱进行托换，使拱及上部变成可移动的整体部分，必须要平衡拱脚推力问题。

对于托换前的上部结构和下部结构的病害，应当根据对拱桥托换后的影响程度进行整治。

当拱桥托换需拆除拱上建筑时应满足下列要求：

（1）拱上建筑拆除应严格按设计卸载程序进行，并遵循对称、均衡原则。拱上建筑拆除时应全程加强监测，做到信息化施工。拆除应根据对称、均衡的原则，从拱顶开始，对称向拱脚进行，也可对称分段进行。拱上建筑拆除应进行设计，给出逐级拆除的顺序和拆除荷载量，其拆除的顺序与修建时相反。若拆除拱上建筑不当，可能使拱的压力线严重偏离拱轴线，导致某些截面弯矩过大，造成截面破坏或拱圈失稳。

（2）对跨径较大的拱桥，应做专门的卸载程序设计与相应的结构验算。

（3）应监测 1/4 跨、拱顶及其他控制截面的挠度和拱圈横向位移和结构开裂情况。

（4）多孔拱桥上建筑不能同时对称拆除时，应监测相邻跨拱圈和墩台。拆除多孔拱桥的拱上荷载，使各孔恒载推力不平衡，所以应加强相邻拱圈、桥墩的监测，一般需观测三孔或五孔。若出现异常，应及时调整卸荷程序。多孔拱桥也可能要采取支撑等措施承受不平衡推力。实际工程曾不止一次发生过因为拆桥施工不当而造成桥梁垮塌的事故，应予以高度重视。

2. 悬吊桥托换设计

悬吊桥托换设计时，应计算索力变化对结构的影响，对于悬吊桥，吊索（杆）更换后的抗拉安全系数应符合下列规定：

（1）高强钢丝吊索：不小于 2.0；

（2）钢丝绳吊索：不小于 3.0；

（3）刚性吊杆：不小于 3.0。

3. 拱桥、悬吊桥设计计算

拱桥、悬吊桥设计计算应考虑结构损伤、材料劣化、新旧材料的结合性能及材料性能差异因素的影响。结构材料、几何尺寸等参数应通过实测确定。特别是在拱桥增大主拱截面时，新增混凝土与原混凝土或砌体结合面的抗剪能力应满足要求，应计入新增混凝土收缩变形引起的结构内力重分布。由于新增混凝土的收缩变形，将有可能引起拱圈外侧结合面的剪力加大，从而引起原拱圈结构的收缩变形。对于新旧结合面的处理，在《公路桥梁加固设计规范》中对于一般混凝土结合面已有计算和处理办法。

拱桥、悬吊桥杆件托换时，应分析该杆件的受力状态，采取必要措施，确保托换前后其内力不变。对于已建成并运营多年的拱桥，在托换过程中必须对桥梁的线形和内力进行调整，要达到托换目的就必须对拱桥、悬吊桥的内力进行优化。从理论上讲，任何一根斜拉索索力的变化都会导致全桥线形和索力的变化。将各索索力的变化量视为各索的调整量，若能找到一组索力增量，结构在这组索力调整增量的作用下，线形和内力（索力及梁、塔内力）达到或接近设计的理想状态，这样就能达到托换时对结构的线形和内力进行改善的目的，当然各索的索力调整量必须在各索的承载力容许范围内。

同时必须充分了解拱桥、悬吊桥运营后、托换前、托换后的内力变化，以便确定托换的调整方案。在全桥线形、索力测量精度得到保证的前提下，托换设计应以托换前实测的内力与索力为依据，准确地模拟托换结构前后的内力变化，对结构进行优化分析，确定托换过程中各吊杆、各索力的调整值，以通过托换达到所需要的目的。

3.4.5 托换结构的稳定性

对于托换结构的稳定性要遵从既有技术规范。

1. 托换设计应对全桥进行整体承载力及特殊构件的强度和稳定性验算，地基承载力和地基变形应满足桥梁托换后整体结构的使用要求。新增桥墩的变形不应超过原桥墩的最终沉降量并应满足现行行业标准《公路桥梁加固设计规范》JTG/T J 22—2008、《铁路桥涵设计基本规范》TB 10002.1—2005 和《建筑物移位纠倾增层改造技术规范》CECS 225：2007 等的要求。

2. 托换过程中所采用的支架、支撑等构件应根据不同工况，验算其强度、刚度及稳定性。并且对临时支撑结构本身也应满足在不利工况下的强度、刚度和稳定性要求。

对桥梁或托换体系，应结合现场情况，进行整体系统设计。梁桥托换应增强整体性、加强后的桥面横向连系、增设的主梁、增大的截面加固部分主梁（板、承台、柱等）等方面的受力计算，应计入增强后结构刚度的变化。

3.5 桥梁托换施工

3.5.1 梁桥托换施工

梁桥包括简支板梁桥、悬臂梁桥、连续梁桥。简支板梁桥跨越能力最小，一般一跨在 8～20m。连续梁梁桥国内最大跨径在 200m 以下，国外已达 240m（目前世界上最大跨径梁桥是 330m，是位于中国重庆的石板坡长江大桥复线桥）。

梁桥墩柱托换分为两大类：切断式托换和非切断式托换。主要是根据桥梁顶升条件选择切断方式，一般情况当梁体顶升量为 $0 \leqslant h \leqslant 1000mm$ 时，可采用非切断式托换；当顶梁体顶升量大于 1000mm 时，可采用切断式托换。由于某种需要桥梁需要降低标高时，必须对墩、柱在适当位置切断，故只能采用切断式托换。

1. 墩柱切断式托换

1）切断式托换适用情况

切断式托换适用以下情况：

（1）当梁体需要降低；

（2）梁体顶升量较大；

（3）梁体需要整体移位；

（4）下部结构需要更换改造。

切断式托换可采用上抱柱梁与下抱柱梁式、下抱柱梁与盖梁式、承台与盖梁式、抱柱梁与承台式等方法施工。切断式托换主要类型见图 3-9。

2）切断式施工一般包括顶升基础处理、抱柱梁制作、支撑系统设置、施力系统设置、监测系统设置、切断、顶升或降低、结构连接和临时结构拆除等工序。

切断式施工应根据切断位置和不同的受力转换工况对地基基础进行验算，并采取相应措施进行处理，原受力构件应保证平稳转换到新设置构件上，包括抱柱梁的制作，支撑系统的设置及动力系统的受力转换，应加强监测，做到信息化施工。

3）墩柱切断托换结构，应符合下列规定：

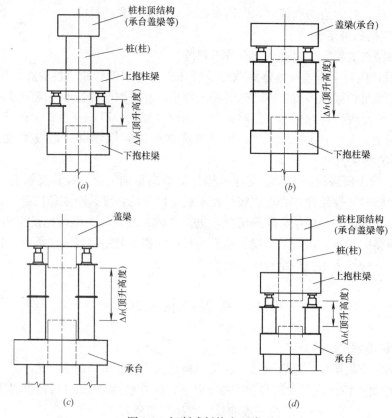

图 3-9　切断式托换主要类型

(a) 上抱柱梁与下抱柱梁式；(b) 下抱柱梁与盖梁式；(c) 承台与盖梁式；(d) 上抱柱梁与承台式

(1) 上、下抱柱梁式适用于无承台、无盖梁结构；

(2) 盖梁-抱柱梁式适用于无承台、有盖梁结构；

(3) 盖梁-承台式适用于有承台、有盖梁结构；

(4) 抱柱梁-承台式适用于有承台、无盖梁结构；

(5) 当墩柱较高时，宜采用上、下抱柱梁式，盖梁-抱柱梁式，抱柱梁-承台式。

(6) 当桩、柱间无承台构造或仅有系梁时，必须采用上、下抱柱梁式；

(7) 当桩、柱间有承台构造且经验算可以作为传力构件时，可将承台作为盖梁，采用盖梁-抱柱梁式。

根据不同的被托换桥梁结构形式，可分别选用这几种形式。对于无承台时，力转换只能增加上、下抱柱梁形成反力体系。对于有承台和有盖梁的结构体系，可根据托换力的大小及原结构体系的受力特点分别选用不同的形式。

4) 墩柱切断托换的切断位置应根据墩柱构造、施工作业等因素确定，不同切断部位的适用条件见表 3-9。切断式托换的切断位置应考虑被托换桥梁的实际受力状况和结构特点，表 3-9 是根据我国近几年部分梁桥托换工程进行了初步总结。墩身不同部位切断的选择应根据托换桥梁顶升高度、工期、造价、原有墩身安全储备以及是否需改变基础形式和周边环境条件等因素综合分析选定。一般桥梁托换可利用承台顶部作为支顶基面，配合墩身切断托换施工。

墩身不同部位切断托换适用条件 表 3-9

序号	墩身切断部位	优　点	缺　点
1	距盖梁底部 d 处切断	切断部位重量轻,上部结构稳定性好	距地面较高,须高处作业施工不便,有安全隐患
2	墩身 $1/2H$ 高度处切断	弯矩相对较小,可降低作业高度	距地面较高,施工作业不便
3	距基础顶面 D 处切断	保护墩身完善,施工安全性好,易于利用基础顶面支顶托换施工,适合改变基础形式的施工	上部结构稳定性较差,顶升力增大
4	距承台底面处 d 切断	适用于桥台式托换,并适合增补新桩基施工,有利于采用插入抬梁托换法施工	土方开挖较深,需支挡或防水

注：1. H——墩身顶面至地面的高度;

2. d——盖梁或承台底至切断面的构造高度;

3. D——基础顶面至切断面的构造高度。

5) 切断部位的构造要求

切断托换时,墩柱(桩)的切断位置按以下两个原则确定:墩柱的受力要求和墩柱构造要求和施工作业条件要求。

(1) 盖梁底部及承台顶部应采用钢筋混凝土或钢结构制成适宜受力的水平支撑面。

(2) 切断部位应根据墩台构造、施工作业等因素确定,一般应避免弯矩最大处。

(3) 墩台切断后,应设置纵横向限位,防止切断面上、下部位产生相对位移(产生相对位移不大于 10mm)。

上述规定切断部位的构造。对钢筋混凝土结构,应满足结构设计原理的基本要求,同时应考虑托换过程中的受力状况,采取必要的构造措施。在施工过程中应采取有效措施保证托换过程中不产生不必要的变形,以保证托换过程和托换后的安全。

2. 墩柱非切断式托换

非切断式托换适用以下情况:

(1) 梁体顶升量较小;

(2) 需更换支座;

(3) 梁体纵横向坡度需调整;

(4) 沉降量需控制与调整。

非切断式托换可采用直接顶升式、牛腿式与分配梁式等方法施工。非切断式托换主要类型见图 3-10。

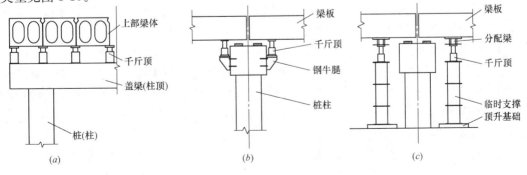

图 3-10 非切断式托换主要类型

(a) 直接顶升式;(b) 牛腿式;(c) 分配梁式

对于非切断托换施工，规范规定的几点要求如下：

1）非切断式施工一般包括反力结构处理、支撑系统设置、施力系统设置、竖向系统设置、顶升、结构连接和临时结构拆除等工序。

2）非切断式托换可采用直接顶升式、牛腿式及分配梁式，其构造应满足下列要求：

（1）直接顶升式托换应在墩台帽上用千斤顶同步顶升主梁，置换支座或加高垫石。

（2）牛腿式托换应在墩台侧面安装钢制牛腿或钢筋混凝土牛腿，在牛腿上置放千斤顶，同步顶升主梁，置换支座或加高垫石。

（3）分配梁式托换应将墩台侧地面临时处理作为支撑基础，在支撑上置放千斤顶，千斤顶上置放横向分配梁，同步顶升横向分配梁，置换支座或加高垫石。

（4）非切断式托换必须采用可靠措施保证千斤顶同步施力，确保梁间铰缝及桥面连续不被损坏。

非切断式施工由于不存在原受力系统转换，但要保证反力装置的稳定性，设计整个托换体系应能将原桥梁平稳顶升到要求位置。

上述针对非切断式托换的主要形式及构造要求进行了规定，非切断式托换对桩、墩（柱）不破坏，直接顶升主梁（板），要保证主梁顶升过程中的平衡过渡，以防与支座出现差错，对多点施力一定要保证同步平稳顶升，严格控制纵横向偏位。

3. 连续梁桥的托换

对于连续梁桥的托换应考虑如下几点。

1）为了保证变形协调，对于连续梁桥的托换，宜将两个伸缩缝间的 n（$n \geqslant 1$）跨同步顶升。以确保连续梁内因顶升产生的附加应力最小。当无法实现 n 跨同步顶升而只能实现 m（$1 \leqslant m \leqslant n$）跨同步顶升时，顶升量必须小于该顶升点的允许挠度值。以保证顶升过程和顶升后桥梁的安全。

2）对于不中断行车进行托换时，同步顶升的 m（$1 \leqslant m \leqslant n$）跨应设置从零到最大顶升量的递增递减竖向曲线，减少行车对支撑系统的冲击。

3）对于连续梁桥和超静定异形板实施多跨多点同步托换时，其顶升量计算应综合考虑各点的设计高程、竣工高程、当前高程和托换后的高程，对各点不均匀沉降量的数值进行调整。

3.5.2　隧道穿越桥梁时托换施工

桩基托换就是将上部结构对桩基的载荷，通过托换的方式，转移到新建基础。在隧道施工中可能存在以下两种情况：（1）隧道从桩侧、桩底近邻通过；（2）隧道穿过桩体本身，桩成为隧道施工的障碍，需要清除。

1. 盾构穿越桥梁桩基传统施工方法与措施

盾构穿越桥梁桩基可分两种情形，一种是盾构须从既有桩基础下穿过，既有桩基已成为盾构掘进的障碍物；另一种是盾构掘进路线紧靠既有桩基，对桩基和其上部结构的稳定性造成严重损害。

1）拆除建筑物再复建

对于盾构穿越形成障碍物的桩基情况，上海乃至我国其他地方的施工都采取整体拆除该桥梁结构的方法，而为保证地面道路交通正常运行必须另外搭建临时桥梁。因此通常的施工顺序为首先拆除旧桥，将桩基拔除，与此同时搭建临时替代桥梁，将地面道路交通改道，然后实施盾构推进。施工结束后，修建新桥，并最终拆除临时桥梁，以恢复原有交通、管线。该方法包括拆除两座桥梁，同时建造两座桥梁，不但费时费力，造价也非常昂贵。同时对于交通不能受到影响的重要地段，或者不能另辟空间建临时桥梁的时候，该方法往往受到诸多限制。

2）加固既有基础和上部结构

而对于盾构从既有桩基附近穿越，既有桩基尚未对盾构掘进形成障碍时，那么从施工措施上通常可以通过诸如隔断、土体加固等工程方法来保护周围既有桩基。

（1）隔断法

当盾构从桩基旁穿过时，在盾构隧道和桩基之间设置隔断墙等，阻断盾构机掘进造成的地基变位，以减少对桩基的影响，避免桩基破坏的工程保护法称为隔断法。这种方法需要桩基基础和隧道之间有一定的施工空间。

隔断墙墙体可由钢板桩、地下连续墙、树根桩、深层搅拌桩和挖孔桩等构成，主要用于承受由地下工程施工引起的侧向土压力和地基差异沉降产生的负摩阻力。为防止隔断墙侧向位移，还可在墙顶部构筑连系梁并以地锚支承。同时还要注意隔断墙本身的施工也是近邻施工，施工时也要注意控制对周围土体的影响。

（2）土体加固法

土体加固包括隧道周围土体的加固和桩基地基的加固。前者是通过增大盾构隧道周围土体的强度和刚度来减少或防止周围土体产生扰动和松弛，从而减少对近邻桩基的影响，保证桩基的正常使用和安全。后者是通过加固桩基地基，提高其承载强度和刚度而抑制桩基的沉降变形。这两种加固措施一般都采用化学注浆、喷射搅拌等地基加固的方法来进行施工。当地面具有施工条件时，可采用从地面进行注浆或喷射搅拌的方式来进行施工；当地面不具备施工条件或不便从地面施工时，可以采用洞内处理的方式，主要是洞内注浆。

图 3-11 是某市大断面下水道工程中，直径 8.21m 的泥水加压式盾构通过高架桥桩基时采用双层管瞬凝工法进行注浆的示意图，加固厚度 3.3m；采用瞬凝悬浊型注浆材料。构筑物最后沉降量为 2mm。

2. 桩基托换主要施工方法

桩基托换因上部结构物的形式、重量等不同而有不同的施工方法。常见的有承压板方式、桩基转换层方式和桩基转换层与承压板共用方式。

1）承压板方式

本方法是把基础桩的荷载尽可能地分布到隧道上部的地层中，来保护上部结构物的一种方法。

承压板的施工范围根据隧道推进对地层

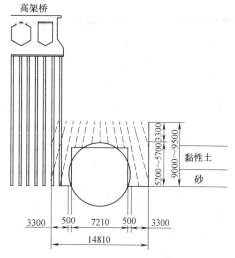

图 3-11 盾构隧道从高架桥桩基侧穿过时的注浆和承压板方式施工示意图

的扰动范围决定。设计时可以采用弹性地基梁或板模式计算，但应考虑隧道施工引起的地层松弛影响。

承压板方式宜用于重量较轻的建筑物。在软弱地层中承压板的承载力不充分时，应进行地层改良或设支承桩。

2）桩基转换层方式

本方法是在不妨碍隧道施工的位置重新设桩，在原基础承台下或附近设置转换层，靠新建的桩和转换层来支撑上部结构物，从而把上部荷载传递到隧道以下深部地层或离隧道较远的地层。

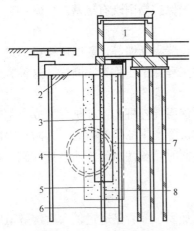

图 3-12　基础新建施工示意图

1—现有建筑物；2—底撑结构物；3—障碍桩；4—采用深基础施工法清除障碍桩；5—地基改良；6—新设桩；7—盾构机通过位置；8—原有桩

首先进行新设桩和转换层结构的施工，然后采用液压千斤顶进行预加荷载施工，将现有桩基支撑的建筑物荷载托换到新建转换层和桩基上。

对于新建桩，要根据工程实际选择适宜的桩型。目前比较成熟的托换桩型有：室内静压桩，微型钻孔桩，人工挖孔灌注桩，室内钻孔灌注桩等。同时，要注意新建桩的合理布局，尽量减少隧道施工对其影响，使新建桩与周围旧桩保持合理的间距，也应使转换层的跨度不要太大。新建桩对于旧桩及上部结构来说也是邻近施工，在施工时也要尽量减少对周围的影响。另外，为了提高新桩的承载力，减少新建桩的沉降变形，可在桩侧或桩底采用后压注浆施工。

在托换结构体系中，转换层承受上部结构传来的荷载并将这些荷载传递给下部托换桩基，起着承上启下的作用。转换层的结构形式有板式、梁板式、梁式、拱式、桁架式等。应用时要根据工程的实际来选择相应的形式。其中梁式转换层具有布置灵活、结构合理可靠、造价较低，便于原桩与上部结构分离等特点，在一般工程中应用较多。对于转换层结构来说，不仅要满足承载力的要求，更要具有足够的刚度以满足变形的要求。当受客观条件限制难以满足要求时，可采用预应力混凝土的结构形式来满足变形要求。图 3-12 为基础新建施工示意图。

3）桩基转换层与承压板共用方式

该方式是在隧道通过时新设桩受影响较大的情况下使用。以新设桩和转换层为耐压板，在转换层与现有建筑物之间设置液压千斤顶和支撑千斤顶，然后，待地基松动稳定后进行主体托换及修复施工。另外在进行托换设计和施工时，还要注意以下几个方面的问题：

（1）对于托换结构体系来说，既有因托换荷载作用而产生的变形，又有受隧道施工影响所产生的变形。

（2）对于被托换结构来说，已建好若干年，经历过一系列荷载作用与内力重分布过程，对托换及隧道施工造成的变形非常敏感，且托换结构体系大部分变形是在上部结构与基础分离后短时间内完成的，故托换工程对控制不均匀变形的要求比新建工程更高。

（3）上部结构物一般仅是部分桩基进行了托换，而未托换桩基的沉降变形已经稳定，为避免托换区与非托换区的结构产生过大的相对沉降变形，要求托换结构体系的沉降量应尽量小。

（4）钢筋混凝土结构在长期荷载作用下具有徐变性，采用其作为托换结构时，既要考虑其在托换时托换荷载作用的短期变形，又必须考虑托换完成后使用阶段的长期变形。

（5）如果需要进行桩基托换的是建筑桩堆，由于托换工作大部分需要在建筑物室内进行，作业空间受到限制，托换结构的施工般需要采用小巧的设备。

3.5.3 桥梁顶升托换施工

1. 顶升托换方案的确定

一般托换结构可归为梁（板）和柱（墙）结构。根据托换需要，采取一种和多种组合方式。

1）顶升盖梁（上顶板）施工

桥顶升施工过程中，采用顶升盖梁整体顶升分步到位、接高墩柱，直接顶升上部梁体实现梁底调坡，加高垫石。

2）顶升墩柱施工

此时，根据柱的形式采取柱上的切割，进行受力转换。

3）组合施工

整体同步顶升、分步到位，一般运用在简支梁顶升上。首先将简支梁的连续缝和伸缩缝解除，对顶升段采取整体同步顶升。其优点在于在顶升过程中，始终只有一跨的坡度发生改变，而且只会改变一次，对于梁体不会产生多余的附加应力，该方法可以确保顶升过程中梁体的安全性，顶升工期短。

托换顶升目的是不改变现有结构（桥面）高度，与即将建成的部分相接，根据顶升部分的结构形式、各个墩柱处顶刃的高度差异较大的实际情况，顶升工程同时采用一种或两种不同的顶升方案。

第一种方案为：对于顶升高度为0，为了避免支座损坏，仍需设置支撑体系，采用设置千斤顶直接顶升板梁下的分配梁，对千斤顶实施保压；采取设置千斤顶、随动装置直接顶升板梁下的分配梁，将板梁顶升到位后，拆除原结构，重新浇注新墩柱及盖梁等新结构。

第二种方案为：对于顶升高度为较大时，在盖梁或顶板的底部设置分配梁，在分配梁的下部设置千斤顶及随动装置，通过顶升盖梁（板）来达到设计标高。

2. 反力基础

1）利用原基础做支撑基础

当原结构有条件或慢走受力要求时，综合考虑承台、系梁、盖梁面积，承台下桩基础、地基承载力、千斤顶布置位置等条件，或将千斤顶下的钢支撑或钢垫板直接放置于承台等原结构上。

2）考虑新做支撑基础

受具体施工条件限制，有时无法利用原结构做支撑点，需重新做反力基础。如在原柱上立模板浇筑混凝土结构或钢结构。见图3-13。

3. 顶升控制系统

1）手动控制系统

包括手动千斤顶，及测量设施。

2）采用 PLC 液压同步顶升控制系统

该系统将各种测量及动作信息经计算机出来后，再反馈给控制设备，形成目标控制循环，目前已在桥梁顶升及托换工程中成功运用。

4. 千斤顶选用与布置

1）千斤顶选用

根据顶升吨位及安装条件选用合适的顶力形式，一般常用电动液压千斤顶，常用有 50t，100t，200t，300t，400t 等，行程为 10～150mm。参见第 3.3 节。千斤顶均配有液压锁，可防止任何形式的系统及管路失压，以保证负载的有效支撑。见图 3-14。

图 3-13　新做工程顶升基础示意图

图 3-14　千斤顶示意图

2）千斤顶布置

直接顶升上部梁体的部分时，主要考虑有：荷载的大小、千斤顶的组合形式、顶力点垫板布置与局部压应力的释放，结构变形，安全系数，适宜作业等特点。千斤顶布置见图 3-15～图 3-22。

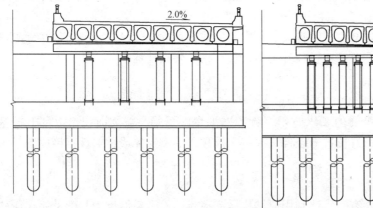

图 3-15　桥墩千斤顶布置示意图

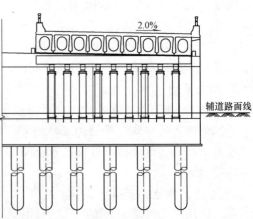

图 3-16　千斤顶支撑装置布置立面图

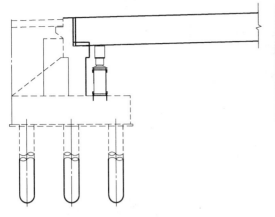

图 3-17　千斤顶布置侧面图

图 3-18　某工程千斤顶布置图

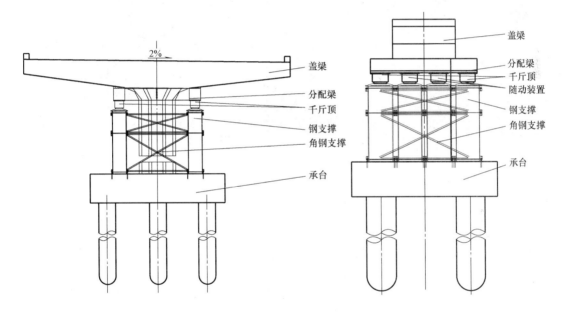

图 3-19　千斤顶支撑装置布置立面图

图 3-20　千斤顶支撑装置布置侧面图

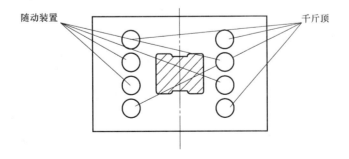

图 3-21　千斤顶支撑装置布置平面图

3）千斤顶分组

分组是为了控制同一类的顶升高度或托换结构类型，便于实施计算机控制或人工控制。如直接顶升上部梁体部分，盖梁体每侧的千斤顶分为一组，每组千斤顶设一个监控点，每个监控点设一台监测光栅尺。

顶升盖梁的部分，每个墩柱周围的千斤顶分为一组，每组千斤顶设一个监控点，每个监控点设一台监测光栅尺。

5. 同步控制系统

1）顶力位移监测

采用精度为 0.01mm 的光栅尺。参见图 3-23。

图 3-22　千斤顶支撑装置布置示意图

图 3-23　光栅尺示意图

2）压力监控

通过各种压力表实施。

3）组合信号监控

通过计算机进行各种信号处理，并反馈回动力系统。

4）其他测控系统

通过顶升梁、柱达到抬升或控制标高，达到整体顶升、纵横限位、同步控制、分步到位的施工要求。

6. 支撑体系

1）钢垫板

使用于较小高程时。

2）钢管或格构柱

适用于较大高程时。

由钢管等组成顶升托架体系，托架体系通过植筋或分配梁固定于承台基础上。通过转换接头等专用垫块作为顶升临时支撑，临时支撑长度与千斤顶的行程相适应。钢托架及临时支撑间通过法兰接高。顶升荷载较大、顶升高度较高，每个盖梁下的各个托架之间通过连系杆件连接在一起，形成格构柱，以增加整体稳定性；参见图 3-24。

7. 转换支撑机构：

1）钢垫板

特点：简单实用。参见图 3-25。

缺点：施工操作过程多，使用高度有限。

图 3-24　顶升工程支撑连接

图 3-25　顶升工程转换支撑

2）钢桶支撑与钢垫板组合

特点：组合实用，使用高度大。

缺点：施工操作繁重。

3）机电组合临时支撑机构

为消除顶升时因千斤顶失效而出现任何安全隐患，在临时支撑的位置安装随动支撑机构。在千斤顶作用下，随着桥梁的逐步被顶起，随动装置在电脑的控制下也逐渐伸长，与梁体间仅有 0.2mm 的缝隙，这样在即使千斤顶出现意外失效时，桥梁的荷载瞬间由该支撑机构支撑，确保绝对安全。参见图 3-26。

4）千斤顶交替顶升

为了加快进度和安全专业，对每个顶点建立两套关联顶升系统，独立操作，互为临时过渡支撑。

图 3-26　一种临时支撑机构装置

当一套系统作业时，另一套系统做准备工作，第一套行程完成时，第二套系统接续作业。

8. 移动过程与持荷限位

为避免顶升过程中桥梁产生横、纵向偏移，设立限位装置。

限位是为避免顶升过程中桥梁产生横、纵向偏移，设立钢结构限位装置。限位支架应有足够的强度，并应在限位方向有足够的刚度。

限位装置分为两部分：墩柱横向限位和桥面纵向限位。

1）墩柱横向限位

墩柱横向限位采用在墩柱的四个角处安装分肢角钢，分肢角钢作为格构柱的缀条，构成格构柱来限制墩柱的横桥向和纵桥向的位移。对于高度较小的墩柱，采用双层格构柱原

177

图 3-27　墩柱横向限位

理来限位，里层格构柱和外层格构柱分别与梁体和承台固定在一起，这样当千斤顶将桥梁顶升时，格构柱只允许墩柱在格构柱里面进行上升，就很好地限制墩柱的横向位移。参见图3-27。

2）桥面纵向限位

桥面纵向限位分为两种类型：

螺栓桥面牵拉限位装置和螺旋千斤顶桥面牵拉限位装置。

螺栓桥面牵拉限位装置可以很好地在坡度方向不变的条件下改变梁体水平方向投影长度大小，在桥梁顶升时，可以有效减小多跨梁体的水平投影的长度。参见图3-28。

图 3-28　桥面牵拉限位

图 3-29　桥面工程螺旋千斤顶限位

螺旋千斤顶桥面牵拉限位装置：在桥梁反坡顶升过程（即原来为下坡变为上坡或者原来为上坡变为下坡）中，可以将螺旋千斤顶放置于顶板和另外一侧反力支架之间，通过伸长螺旋千斤顶来缩短顶板和反力支架之间的距离。拉动反力支架来限制桥梁的位移，缩小梁体之间的缝隙。参见图3-29。

9. 更换作业

1）柱切割：采用新型无震动直线切割设备对立柱进行切割。这种切割设备具有体积轻巧、切割能力强的特点。切割采用水冷却，无粉尘噪声污染，切口平顺。工程切割图片参见图3-30。

2）墩柱连接

图 3-30　类似工程切割图片

图 3-31 桥墩托换后钢筋连接

对于被切断墩柱的钢筋采用一级机械挤压套筒连接，能够满足设计要求。对于墩柱截面采取加大柱截面，浇筑的混凝土采用微膨胀混凝土。参见图 3-31。

3）更换支座与调坡顶升

托换完成后，受力体系转移，可进行加高垫石、更换支座等专业。

调坡顶升是为了调整每跨板梁的坡度，或调整垫石和支座的局部高度。参见图 3-32。

10. 施工总流程图

托换工程总流程参见图 3-33。

图 3-32 某桥顶升工程调坡顶升

3.5.4 铁路既有桥梁顶升改造施工

1. 铁路既有桥梁顶升改造

随着铁路建设事业的发展，我国相当一部分既有铁路进行了电气化改造，并开行双层集装箱列车，这都需要足够的运行净空，同时个别地段线路纵断面改造也使得既有铁路的许多上跨结构出现净空不足的问题。动车组车站高站台的广泛应用，也使部分原有跨越站台的旅客天桥、货运天桥、管道等与铁路之间的净空受到压缩，站台空间布置显得压抑，景观上不协调，也需要提高站线上跨结构的高度。

既有铁路上跨结构净空改造的常用方法有拆除改造、分幅改造、降低线路标高、顶升改造等 4 种方法，其各具特点及应用条件。拆除改造是将原有上跨结构、墩台拆除重建，拆除过程中对铁路运输有较大的影响。分幅改造是在上跨结构不中断道路通行，将道路分成左右幅来改造。适用于道路比较宽且又不允许中断的情况，一般多用于公路结构。对上跨结构下的铁路线路是坡顶或平坡线路，在不会因降坡而影响列车运行的前提下，可采用降低线路标高的办法。但有的线路对坡度有限制，且顺坡太长会造成投资费用过高，所以要与上述方法比较后才能采用。而顶升改造是利用原有的上跨结构通过切割、顶升、接长、加高墩台帽或墩柱的高度等技术措施，使上跨结构的净空得以提高。这种方法具有投资少，对周边环境以及铁路、公路的运输影响小的特点。

2. 铁路既有桥梁顶升改造设计

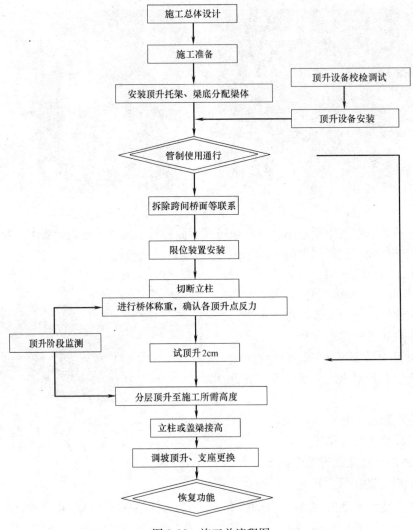

图 3-33　施工总流程图

1）现状调查及改造方案选择

经现场调查周围的建筑物，确定施工方案为同步顶升的技术，然后进行施工设计。

2）顶升设计

（1）桥梁结构调查

（2）顶升临时支撑设计

针对各桥不同的结构形式，经受力分析计算，并充分考虑各种不利因素，设计不同的顶升临时支撑。

（3）顶升基础

尽量利用原有承台（或盖梁）作为顶升时的反力基础。对于基础埋深较浅的，在原基础上植筋后浇筑混凝土，作为顶升的基础；对于基础埋深较深或没有承台结构的，则考虑采用下抱柱梁、牛腿或临时地基处理作为上部结构的顶升反力基础。顶升时上部结构荷载不再通过支座将反力传到下部结构，而是由千斤顶作用于临时支撑后传到基础结构，由此作用点位置变化需要验算基础在顶升时的受力，保证结构的平衡，以防倾覆。同时还要计算植筋间距、粗细，保证临时顶升基础与原基础结合牢固。

（4）抱柱梁设计

抱柱梁设计不但要考虑梁本身正截面的承载能力，局部抗压强度及抗剪切强度，而且需要考虑抱柱梁与柱结合的可靠度。经过大量实践及实验证明，采用钢筋混凝土抱柱梁是一种较为可靠、安全的形式。抱柱梁与墩柱新旧混凝土粘接面抗剪承载力计算，采用如下公式：

$$V = 0.07 f_c A$$

式中 f_c 为混凝土轴心抗压强度设计值，取新、旧混凝土的低值；A 为新、旧混凝土的粘接面积。

抱柱梁施工应当在原混凝土柱保护层凿除后立即进行外包钢筋混凝土的施工。有必要的话，抱柱梁之间可设置小系梁，以使抱柱梁连接成整体，增强稳定性。

（5）顶升分配梁的设计

当桥梁为实体墩台结构时，可以设置分配梁作为临时盖梁，将千斤顶的顶力通过分配梁均匀地作用于上部结构。分配梁需根据各桥的结构情况进行不同的设计，一般可分为型钢分配梁和钢板箱梁两种形式。钢结构分配梁、扁担梁的制作均在工厂加工制作，工厂验收合格后运输至工地安装。

3. 铁路既有桥梁顶升改造施工

上跨结构同步顶升改造技术涉及同步顶升设备、顶升指挥及控制系统、临时支承结构、桥墩台改造技术、配套安全防护技术等多个技术环节。

（1）顶升控制系统

液压同步顶升系统由液压系统（油泵、油缸等）、检测传感器、计算机控制系统等部分组成。液压系统由计算机控制，可以全自动完成同步位移，实现力和位移控制、操作闭锁、过程显示、故障报警等多种功能。

同步顶升是一种力和位移综合控制的顶升方法，建立在力和位移双闭环控制的基础上。由高压液压千斤顶平稳地顶举结构物。顶升中液压千斤顶根据分布位置来分组，与结构物四角的位移传感器组成位置闭环，以便控制结构物顶升的位移和姿态，目前同步精度可控制在±2mm，使顶升过程中建筑物受到的内应力下降到最低，可以很好地保证顶升过程的同步性及结构的安全性。顶升过程中，比例阀、压力传感器和电子放大器组成压力闭环，根据每个顶升缸承载力的不同，调定减压阀的压力，托举起上部结构。为了稳定位置，每组安装光栅尺作精密位置测量，进行位置反馈，组成位置闭环，一旦测量位置与指令位置存在偏差，便会产生误差信号，该信号经放大后叠加到指令信号上，使该组总的举升力增加或减小，使各油缸的位置发生变化，直至位置误差消除为止。由于组间顶升系统的位置信号由同一个数字积分器给出，因此，保持顶升组同步顶升，只要改变数字积分器的组间常数，便可随意地改变顶升或回落的速度。

（2）顶升结构重量的分析

顶升结构总重量的计算，是初步确定所需千斤顶的个数、千斤顶的顶升力、顶升监控点的布置和保证顶升过程中各点同步的依据。对于顶升一般的静定结构，得知结构的总重量，在选择好千斤顶的顶升力后，利用均匀分配原则，基本上可确定千斤顶的个数和每个千斤顶所承担的顶升重量。对于顶升超静定结构，每个顶升点的顶升重量分配并不是均匀分摊，因此每个千斤顶所承受的顶升力还需按顶升支撑体系的力学模型进行计算。此外，千斤顶的顶升能力量程一般应大于所顶升力的 1.25 倍。

（3）结构转换

当上跨结构要从桥台或桥墩（立柱）切断顶起，这时要考虑上跨结构受力体系转换的问题。因为油顶一次不能顶到位，同时油顶也不能长期受力，需要从墩台过渡到临时支撑。当上跨结构顶升到新支座位置，新加高（接长）的墩、台可以承受力时，这时需要把上跨结构从临时支撑上转移到改造后的墩、台上。

（4）顶升支点的选择

上跨结构的顶升位置应根据顶升的高度及结构周边环境确定，包括上、下支点选择两个关键环节。上支点选择的一种方式是采用分配梁，先在梁的底部沿横向设通长的分配梁，顶升时接高盖梁或支承垫石，其优点是不必切断墩柱，顶升支撑可以与墩柱连成一体。其不足是梁体之间横向联系较为薄弱，难以保证分配梁与所有梁体间均保持密贴，也就无法保证顶升过程中梁体均匀受力。同时，由于各墩处的顶升高度均不太高，顶升后盖梁或垫石没有足够的接高施工空间，施工质量难以保证。另一种方式是采用盖梁，即将顶升着力点设在盖梁底面，在将墩柱切断后，通过顶升盖梁来改变桥面标高，顶升完成后连接墩柱。其优点是顶升时支撑基础直接设于承台之上，上部着力点设于梁底面，由于盖梁刚度很大，不必另外设置分配梁；顶升盖梁基本没有改变桥面系的受力状态，不会造成桥面结构的损伤和破坏。其不足是顶升过程中需要采取全面、系统的措施以保证顶升结构的稳定性。第三种方式为采用墩身抱箍的方法，由于墩身（立柱）没有顶升的支点，可在被顶升的墩身（立柱）截面周边浇筑混凝土纵、横梁形成抱柱体系，利用抱柱结构作为上支撑点，相对而言，这种方法计算与加固比较复杂一些。顶升下支点位置一般可利用原桥墩台的承台拓宽或周边地基，建立支撑基础。

（5）顶升支撑技术

由于液压顶升支撑体系的选用涉及投资、运输、安全、现场条件及工期等诸多因素，一般可选用如下方法：①在同步顶升中，液压顶的支撑体系采用钢管柱作支撑，可将液压顶的压力通过管柱传递到基础上（钢管支撑技术）；②当上跨结构为 T 形梁或箱形梁时，采用钢制托架来顶升桥梁；③在顶升上跨结构时，可采用万能杆件作下支撑体系（杆件支撑技术）；④选好桥墩或立柱合适的水平断面浇筑水平混凝土纵、横梁，使之与立柱形成整体，在新浇纵、横梁上设立液压顶的上、下支撑点，将桥墩或立柱截断顶升接长（抱柱支撑）；⑤在原桥台或墩的侧面，在梁底下留有可以安放液压顶的高度的位置，打孔并埋植钢筋再浇筑混凝土，经过一定时间的养护，达到设计强度后，作为液压顶的下承力点，进行梁体顶升（牛腿支撑）。几种常用支撑方法的具点见表 3-10。

（6）混凝土切割

可采用链锯切割混凝土。对于一般顶升结构均选立柱为切割断面。由于切割顶升需要加长立柱高度，其结合面为新老混凝土的结合面，从结构受力角度来看，宜选在立柱的上方，一方面可减小顶升的重量，另一方面结合面所受的轴向力和弯矩较小，但是切割面所处位置较高给施工带来不便。若将切割面选在立柱下方，施工比较方便，但连接段质量要有一定保证。在保证新老混凝土连接质量、钢筋植筋可靠以及断面钢筋接头率满足规范要求时，一般应将切割面设置在立柱下方，以便于切割作业和立柱接长作业的操作。

几种常用液压顶支撑方法的优缺点   表 3-10

方法	优 点	缺 点
钢管法	能承受较重的顶压力；顶升高度较高时不易失稳；拼装简单，节省时间	钢管立柱的基础需要加固处理；钢管立柱单根重量较重，安装时需吊装工具配合
托架法	顶升桥梁时安全、平稳；支座很矮时不需破坏墩台面，不需另外配置分配梁	需根据梁型新制钢托架；使用液压顶比较多
杆件法	万能杆件单件较轻，可人工拼装，不需机械设备配合，运输方便；整体性和稳定性好，能确保施工操作安全	万能杆件节点板多，使用螺栓多，拼装较复杂，组装时间比较长
抱柱法	可节省大量支撑用管柱或杆件；无需进行高空作业	施工安全保障系数要求高；连接柱费用较高；顶升到位后对抱柱的混凝土处理较麻烦
牛腿法	无需搭设下支撑架；无需对墩台基础进行加固；不破坏运营线的排水道、路肩设施；对正常运输干扰小；节省工程费用	不能承受太大的力

（7）顶升

结构顶升过程是一个动态过程，随着结构的提升，结构的纵向偏差、伸缩缝处的板梁间隙等将会发生变化，需要设置一整套监测系统。每次顶升的高度应稍高于垫块厚度，能满足垫块安装的要求即可。

整个顶升过程保持光栅尺的位置同步误差＜2mm，若误差＞2mm 或任何一缸的压力误差＞5，控制系统立即关闭液控单向阀，确保梁体安全。每一轮顶升完成后，对计算机显示的各油缸的位移和千斤顶的压力进行整理分析。顶升并固定完成后，测量各观测点的标高值，计算其抬升高度。

（8）墩（柱）、台改造

根据顶升位置的不同，一是采用垫块加高。钢垫块能保证强度，加工起来也比较方便，但是成本高，且与旧墩、台衔接不太好处理。钢筋混凝土垫块可先预制好，预制时要预留钢筋在外面，与墩、台上植好的钢筋焊接，同时预制块的每个面都要有粗糙度。另外，可采用对断开立柱进行植筋加固、接长来加高。对接柱部位，可采用加大截面尺寸，并在系梁上植筋，增加墩柱竖向主筋等措施对立柱进行补强，以满足桥墩升高后的承载力要求。

（9）安全防护重点

上跨结构顶升时，必须严格按照有关规定做好安全工作。上跨结构如果是交通要道，施工中需要限速或交通管制；施工现场设置防护标志，夜间要有反光标志和灯光标志；派人防护施工现场。对铁路行车安全来说，重点应做好：①靠近既有铁路线两边墩身，盖梁施工搭设脚手架时，应使用钢管脚手架，脚手架应与既有墩台可靠连接。靠铁路一侧还应悬挂密目安全网，确保工具、材料不侵入限界。②利用列车行车间隙进行梁片焊接和湿混凝土连接作业时，必须设置防护。列车来临前必须停止焊接作业，以免火星落下引起列车火灾。③跨越既有铁路，进行梁湿混凝土连接和横隔板施工时必须安装梁底工作平台，靠近既有电气化铁路施工时，必须采取带电防护安全措施。

液压同步整体顶升技术在铁路上跨结构净空改造中的应用，避免了大量的拆除重建工程量，工程造价可降低 50％ 左右，且极大地减少了对铁路和道路运营的干扰，符合绿色环保的施工要求，具有较好的社会和经济效益。近年来，顶升技术在铁路电气化改造施工中得到了大量的实践，既降低了改造成本，又节约了改造时间。实践表明，随着铁路电气化改造施工的大面积展开，该技术具有广阔的应用前景。

4. 铁路既有桥梁顶升改造施工监测

1）顶升限位

在电气化铁路干线上方顶升上跨立交桥，需要防止施工带来的安全隐患，所以防护措施需到位：临时支撑，纵、横向限位结构设计要合理。由于千斤顶安装存在垂直误差，顶升过程中桥梁不可避免地会产生微小的水平位移，为限制这种位移的发展，就需要设置纵、横向限位装置。限位装置不仅要有足够的强度，而且要有足够限制水平的刚度。

2）顶升施工中的监控

桥梁顶升过程是一个动态过程，随着盖梁的提升，盖梁的纵向偏差、立柱倾斜率、伸缩缝处的板梁间隙等会发生变化，为此要设置一整套监测系统保证桥梁的整体姿态。监控包括结构的平动、转动和倾斜。监测贯穿于顶升全过程中。

（1）反力基础沉降观测。设置反力沉降观测体系来反应承台沉降状况，及时做出相应的措施。

（2）桥面标高观测。桥面高程观测点用来推算每个桥墩的实际顶升高度。设置桥面标高观测点使每个桥墩的实际顶升高度确定有依据，使顶升到位后桥面标高得到有效控制。

（3）桥梁底面标高测量。它是桥面标高控制和测量的补充，提供辅助的顶升作业依据。

（4）桥梁纵向位移观测。为了对顶升过程中桥梁纵向位移及立柱垂直度的观测，在外立柱外侧面用墨线弹出垂直投影线，墨线须弹过切割面以下，在垂直墨线的顶端悬挂一个铅球。通过垂球线与墨线的比较来判断盖梁的纵向位移及盖梁是否倾斜。

（5）支撑体系的观测。通过观测，能及时掌握支撑体系的受力和变形情况，能及时采取措施控制支撑体系的变形量，从而使施工在安全可控的环境下进行。

监测方案实施：在施工前，主要是对各监测点取得各项监测参数的初值。如观测点坐标情况、标高等。在整体顶升（包括顶升、支撑、落梁等）过程中，主要监测位移、桥梁的整体姿态等。

3.6　桥梁加固技术

桥梁是确保道路畅通的咽喉，其承载能力和通行能力是贯通全线的关键。随着经济的发展、人民生活水平的提高，对交通运输运营服务水平的要求越来越高，所以对桥梁的要求也越来越高。我国的桥梁大部分为建国后所修建，由于修建年代的变迁，设计标准也在不断地提高。桥梁在托换前必须进行鉴定或评估，桥梁结构由于结构失效或损伤经评估不能满足结构安全或正常使用要求时，必须进行加固。

3.6.1　桥梁加固的目的和要求

1. 桥梁加固的主要目的

（1）确保桥梁工程的安全、完整、适用与耐久性。

（2）提高原有桥梁的通过能力与承载能力。

2. 桥梁加固的基本要求

（1）掌握桥梁结构状况，完善基础资料，为加固提供必要条件。

（2）经济费用。一般来说，加固费用约为新建费用的 10%～30%，即应优先考虑加固。

（3）不中断交通或尽量减少中断交通。

（4）对已发现的缺陷，要一次性加固好，不留后患；加固设计应按规范进行。

（5）对原有桥梁结构的损伤应尽可能减至最低。

（6）加固技术要可靠、耐久适用、养护方便。

3.6.2 桥梁的检查和评定

我国铁路、公路桥梁的检查和评定因重要性和维修体制有异而有所不同。以下以公路桥梁为例介绍。

1. 桥梁检查的分类

（1）经常性检查（或称一般检查）。我国规范规定每月一次，由护桥人员进行，以目检为主。

（2）定期检查（或称基本检查）。我国规范规定对新建成的新型结构桥梁一年检查一次，对通车3年以内的新桥和其他永久性桥梁5年内至少检查1次，其中支座和基础应1～3年检查1次，由公路段主管工程师组织有关人员进行，用专用仪器量具较全面地检测桥梁相关部位的缺损，对桥梁技术状况进行评定。

（3）特殊检查（或称专门检查）。在地震、洪水、流冰、风灾或超载后进行，由专家及管理部门相关人员进行。

2. 桥梁资料的收集

在评定桥梁的承载力而进行的详细检查前，必须掌握并了解下列资料和情况：

（1）设计图纸、修改设计、施工方案、质量检验、材料检验、竣工图纸等资料。如缺乏需询问设计、施工当事人，力求掌握更多情况。

（2）向养护部门了解桥梁通行荷载（如车辆）及养护加固情况，了解桥梁存在的问题及历程。

3. 桥梁现场检查

现场进行详细检查的内容包括：

1）结构的实际尺寸包括截面尺寸、跨径、填料、拱轴线等，采用丈量及测量的方法进行。有完整准确的竣工图时，可以利用其中一部分数据。钢筋情况不明时，用保护层测定仪，必要时凿开个别截面的保护层，以便较准确地确定钢筋直径。

2）材料特性

利用施工时的混凝土材料试验资料。如缺该资料，可用回弹仪，超声波脉冲法进行。必要时取混凝土芯样做试验来确定。

3）桥梁的缺陷

（1）裂缝：详细记录并绘出裂纹长度和宽度，分析原因，判断是陈旧的还是新发展的；

（2）质量缺陷：如混凝土的空洞、蜂窝、剥落、层理、变酥、隆起、露筋，钢筋锈蚀等；

（3）上部构造的下沉、变位、拱桥拱轴线干扰；

（4）墩台的变位或不均匀沉降，冲刷掏空；

（5）排水情况，支座、变形缝等。

将以上资料建立数据文件。

4. 桥梁的评定

根据桥梁存在的缺陷评定承载能力时，根据两个指标：

（1）裂缝。裂缝是缺陷的集中表现，我国规定如表3-11所示。虽然裂纹宽度在容许范围内，但有下列情况，即①裂缝发展较快，6 个月增大 0.1mm 以上者；②裂缝宽度虽不增加，但裂缝数量在显著增加；③除裂缝外，还存在其他严重缺陷者，均应进行整修加固。根据实测裂缝宽度反算钢筋应力，但公式甚多，且不统一。计算结果离散性大，仅适应于梁式桥，见表 3-11。

裂缝限值表　　　　　　　表 3-11

结构	裂缝部位		最大裂缝宽度限值(mm)
普通钢筋混凝土梁	主筋附近竖向裂缝		≤0.25
	腹板竖向裂缝		≤0.30
预应力混凝土梁	梁体	竖向裂缝	不允许
		纵向裂缝	≤0.20
	横隔板		≤0.30
砖、石、混凝土拱	拱圈横向		≤0.30
	拱圈纵向		≤0.50
	拱波与拱肋结合处		≤0.20
墩台	墩台帽		≤0.30
	墩台身	经常受浸蚀性环境水影响	有筋 0.20 无筋 0.30
		常年有水，但无浸蚀性影响	有筋 0.25 无筋 0.35
		干沟或季节性有水河流	≤0.40
	有冻结作用部分		≤0.20

（2）桥台水平位移。单孔双曲拱桥两桥台水平位移之和一般不大于 $L/2000$。上部结构在营运中已行驶过相当于设计荷载或以上的车辆，没有发现缺陷或缺陷在上述容许范围以内，可以认为该桥具有设计承载能力。

表 3-11 是我国对运营桥梁技术状况评定的标准。以上介绍的方法是管理养护部门经常应用的直观评定方法，也只是初步评定的方法，必要时要进行分析计算。

3.6.3 桥梁加固的方法和技术

桥梁加固一般是指：通过对构件的补强和结构的性能改善，以恢复或提高现有桥梁的承载能力，延长使用寿命，适应现代交通运输的要求。目前，国内外对桥梁进行加固改造的技术途径主要有以下五种：

1. 桥面补强层加固法

桥面补强层加固法是通过在桥面板（主梁顶面）加铺一层钢筋混凝土层，使其与原有结构形成整体，从而达到增大桥面板或主梁有效高度和受压截面，增加桥面整体刚度，提高桥梁承载能力的一种加固方法。主梁或桥面板承载力不足，刚度不够，或铰接梁、板的铰缝不能有效传力时，可采用桥面补强加固法进行加固。这种加固方法主要适用于中小跨径的桥梁。

采用桥面补强进行加固，桥面板或主梁恒载将有所增加，应通过计算判断桥面增厚后是否可以提高桥梁的有效承载能力。若恒载的增加影响较大，则应考虑采用其他加固方法或与其他方法综合运用。采用桥面补强层法加固时，加固结构属二次受力结构，加固前原结构已经受力，补强层在加固后并不立即受力，而只有在新增荷载下，即第二次加载情况下才开始受力。另外，加固结构存在补强层与原结构整体工作、共同受力的问题，混凝土结合面上的强度较整体浇筑的强度要低，必须采取构造措施克服这一弱点。

当混凝土结合面的强度可以保证补强层与原有梁（板）的整体受力工作性能时，所形成的加固构件就是组合梁（板），也就具有组合构件的分阶段受力的特点。为减少补强层增加的恒载，往往先将原有的桥面铺装层凿除，并要求对伸缩缝进行改造。桥面补强加固法施工活动全部在桥面进行，操作便利，易于控制工程质量；补强层仅增加受压区混凝土面积，承载能力提高幅度受原结构受拉区钢筋的面积和强度影响限制，宜与其他加固方法如粘钢板、贴碳纤维等结合使用，补强效果更加明显；此加固方法对新旧混凝土结合面和收缩差动变形提出了特殊构造要求，以保证实现加固结构符合叠合结构的受力特征。加铺补强层后，桥面高程将受到影响，连接路面或桥面纵坡要相应进行调整。

2. 预应力加固法

预应力加固法是指运用预应力原理，在增设的构件或原有构件（如主梁梁体）中，施加一定初始应力（即预应力）的一种加固方法。此方法主要适用于：（1）正截面受弯承载能力不足或正截面受拉区钢筋锈蚀的情况；（2）梁抗弯刚度不足导致的梁挠度超过规范或梁的受拉区裂缝宽度超过规范的情况；（3）适用于梁斜截面受剪承载能力不足的情况。

预应力加固方法实际上是改变了梁体原有受力体系，结构加固以后，新的受力体系在荷载作用下的力学行为与原来的结构是有差异的。由于预应力的作用，原来的受力结构会出现不同程度的卸载现象，导致原结构发生内力重分布。与其他预应力结构或其他加固方法不同的是：加固前桥梁所受荷载由恒载和活载组成，预应力筋的张拉控制值是在上部结构的恒载作用下读取的，即带载加固。因此在计算预应力筋荷载作用下的应力增量时，应仅考虑活载的作用。

预应力加固法是一种主动加固法，能较大幅度提高或恢复桥梁的承载能力；施工工艺简单、干扰交通少、所需设备简单、人力投入少、工期短、经济效益明显；对原结构损伤小，可以做到不影响桥下净空、不增加路面标高；由于预应力加固梁桥时预应力筋布置在梁截面外部，易受环境的影响，需要可靠的防腐设计。

例如：SRAP 加固方法是一种新的导入预应力概念的桥梁加固方法。其利用 SR 增强材料的高强特性和 AP 树脂砂浆防腐防水、粘合力强的特点，通过特殊的方法施加对 SR 高强材料施加预应力，从而达到对桥梁的加固。预应力的施加，把膨胀螺栓锚固于梁底两端，软钢丝的两端用螺旋扣环固定于膨胀螺栓上，通过把丝扣反向的螺旋扣环旋紧施加预应力。

3. 复合材料加固技术（FRP）

由纤维及网型树脂两部分构成。目前常用的复合材料有 E-玻璃纤维、碳纤维、芳伦纤三种，其中又以碳纤维（CFRP）材料应用的最为广泛。采用碳纤维布加固修补桥梁和建筑结构技术是一种新型的结构加固技术，它是以树脂类胶结材料为基体，将碳纤维布粘贴固化于混凝土结构表面，利用碳纤维的高强度高弹性模量来达到对混凝土结构物进行补强和加固，并改善结构受力状况的目的。

该方法主要适用于混凝土梁桥、板桥的抗弯和抗剪加固。对于配筋较低或钢筋锈蚀严重的梁、板进行抗弯和抗剪加固，可以取得很好的效果，对于配筋率较高的梁、板，仅采用粘贴碳纤维片加固往往达不到要求的加固效果，可以考虑采用混合加固方法。该方法还适用于混凝土墩柱的抗剪、抗压补强，抗震延性补强以及地震破坏后的修复等。

碳纤维片材受拉时呈线弹性关系直至破坏，其脆性性能与钢筋的延性有明显的区别。

碳纤维片材不具备钢筋所拥有的延性，加固后结构的延性将受到限制，构件中的应力重分布将受到约束。因此，在粘贴碳纤维片材的结构设计中不能简单地将碳纤维片材作为钢筋的替代物，必须考虑碳纤维片材的脆性特点。目前一般的计算方法是将碳纤维布按照一定的标准（例如强度或容许应力）近似换算成一定用量的钢筋，然后按照传统的钢筋混凝土受力分析模型进行理论分析。虽然是近似计算方法，但理论分析结果与实验数据吻合得很好，因此在一般情况下是适用的。由于碳纤维贴片对构件重量的增加几乎可以忽略不计，因此，这种加固方法不会对构件施加额外的荷载。需要注意是，在采用该技术加固时必须严格遵守材料商对碳纤维片材和胶粘剂等提出的环境和施工等方面的要求。

4. 粘贴钢板加固法

粘贴钢板加固法是用胶粘剂及锚栓将钢板粘贴锚焊在混凝土结构的受拉缘或薄弱部位，使其与结构形成整体，以钢板代替增设的补强钢筋，提高桥梁的承载能力的一种加固方法。主梁承载力不足，或纵向主筋出现严重锈蚀，或梁板桥的主梁出现严重横裂缝，可采用粘贴钢板加固法。对粘钢加固受弯构件，破坏前外贴钢板与混凝土之间具有较好的粘贴性能，可以保证钢板与被加固构件间的共同工作，并保证钢板达到屈服强度。但是，进入破坏阶段后，多数构件钢板与混凝土之间发生局部剥离，沿板与混凝土交界面，出现较长的顺筋裂缝，混凝土被撕裂，因此导致构件破坏。对粘钢加固受剪构件，构件的破坏类似于普通钢筋混凝土受剪构件，首先出现斜裂缝，然后裂缝不断发展，钢板应力明显增大，最后构件产生破坏。

该方法具有基本不改变原结构的尺寸、施工简单、技术可靠、短期加固效果较好且工艺成熟等优点。由于粘贴钢板加固后均需进行必要的表面防护，如环氧砂浆或水泥砂浆保护层，钢板的锈蚀程度较难估计，降低了加固构件的可靠性，增加了加固桥梁的后期养护费用。同时，为便于施工过程中对粘贴钢板加压及防止钢板剥离，粘贴钢板加固时须采用必要的螺栓锚固措施，会不可避免地对原结构造成一定的损伤，因此，一般不宜用于配筋密度较大且钢筋走向复杂的构件结点处的加固设计。

5. 外包钢加固法

外包钢加固法是在混凝土柱或梁的四角或两角包以型钢（一般为角钢），内部灌注胶粘剂的一种加固方法。外包钢加固分为湿式和干式两种方法，型钢与原柱间留有一定的间隔，并在其间灌注乳胶水泥砂浆，或环氧树脂胶粘剂，或环氧砂浆，使型钢架和原构件能整体工作共同受力的加固方法称为湿式外包钢加固法。型钢和构件之间无粘结或仅填塞水泥砂浆，不能保证结合面剪力能有效传递的加固方法称为干式外包钢加固法。外包钢加固法适用于提高受压为主构件（桥墩、拱肋、桁架杆等）的承载力、刚度及延性。干式外包钢加固法受力简单可以按刚度比分担原结构的荷载，加固效果明显。湿式外包钢加固法除角钢可以分担原结构的荷载，外套扁钢箍可以对核心混凝土产生约束作用，提高其受压强度，加固效果较干式外包钢加固法好。

还有一种绕丝加固法，是在被加固构件表面缠绕退火钢丝使被加固的受压构件混凝土受到约束作用，从而提高其承载能力和延性的一种直接加固方法。该种绕丝加固法具有如下优点：一是提高钢筋混凝土构件的斜截面承载力；二是提高轴心受压构件的正截面承载力。

外包钢加固法施工简便，效果直观明显，对施工环境影响小，成本低，不显著增大原构件截面尺寸和自重，但可大幅度提高其承载能力。此方法需钻埋螺栓孔，对原结构有一定损伤；钢材需作防腐处理，增加了日后养护的费用。

6. 增大截面和配筋加固法

增大截面和配筋加固法是在构件表面加大混凝土尺寸，增加受力钢筋，使其与原结构形成整体，从而增大构件有效高度和受力钢筋面积，增加构件的刚度，提高桥梁整体承载能力的一种加固方法。这种加固方法广泛应用于梁（板）桥及拱桥拱肋的加固。一般条件下，主要是采取加厚桥面板或加大主梁的梁肋宽度为主要方式方法。

加大构件截面时，会使上部结构恒载增加，对原结构及基础承载能力有一定影响。增大主梁混凝土截面和增加配筋后，使主梁成为二次受力的叠合构件，原主梁的混凝土和钢筋除了已有的应力外，还需要承受后期恒载和活载产生的应力。因此需按二次受力的叠合梁进行承载能力极限状态和正常使用极限状态的验算。如果桥面铺装部分得到加固，可适当考虑部分铺装层参与受力。采用该方法加固后主梁的强度、刚度、稳定性得到明显提高，裂缝可以得到修补，加固效果显著；施工方法便利，能在桥下施工，加固工作量小，不影响原有桥梁的整体效果；现场作业，养护期较长，加固初期，需适当中断交通，桥下净空有所减小。

7. 增加构件加固法

此处讨论的增加构件加固法是指不加宽桥面的情况下增加构件进行加固。当墩台地基安全性能好，具有承载能力，上部结构也基本完好，但其承载能力不能满足要求时，通过增设桥梁构件来提高其承载能力。常用的方法有：增设纵梁加固、更换边梁加固、增加辅助横梁加固。

增设纵梁加固法要求原桥梁墩台及基础在提高承载能力方面尚有潜力，它可以较为有效地提高结构的承载能力。采用新增加主梁的加固方法对于过去常用的少主梁或双主梁整体现浇式桥梁的加固改造尤为有利，这种上部结构不仅主梁间距大，新增的主梁容易布置及浇筑，增加主梁后对上部结构的承载能力可以明显提高，且增加主梁后也改善了原有桥面板的受力情况。加固后增加构件加固方案与新桥的设计相似，主要考虑到新增主梁与凿去部分翼缘板的纵梁在截面、混凝土强度等级与龄期不同而导致的弹性模量以及刚度上的不同，按不等刚度并根据加固后的桥梁构造特点选择荷载横向分布计算方法进行横向分布系数计算，并计算各纵梁的受力，根据各受力设计新纵梁的配筋。由于增加了主梁片数，减小了分配在每片梁上的活载，若承受与加固前同样的车辆荷载，每片梁所承担的荷载减少了，由此提高了桥梁上部结构的整体承载能力。另外，新梁混凝土收缩徐变会影响新旧主梁的联结，若联结方式不当，将影响加固效果；吊装安置新主梁时，难免对旧梁的撞击；凿除切割旧梁翼缘可能有过大冲击力而对梁体部分带来一定程度损伤。

更换边梁加固就是把原有边梁拆除，更换成新的刚度大、配筋足的边梁来承受尽可能大的荷载，从而减小原结构的受力，起到加固作用。与增设纵梁加固法相似，重点在于横向分布设计计算方法的选择。

对于某些因横向整体性较差而降低了承载能力的梁式桥，在加固时可采取增加横梁的办法来加强各纵梁之间的横向联结。一般情况下这种加固方法是其他加固方法的辅助方法，特别适用于少横隔板或无横隔板的梁式桥。需要注意的是，此方法作为其他加固方法的辅助方法时会影响荷载横向分布计算方法的选择。被加固桥梁在少横隔板或无横隔板的情况下，可用铰接板（梁）法或杠杆原理法计算，加固后则用偏心受压法或修正偏心受压法，如是宽桥即宽度与跨度之比大于 1/2 的桥用比拟板法（G-M 法）。

8. 改变结构受力体系加固法

体系转换法是改变桥梁结构体系达到减少梁内应力，并且能够提高承载能力的一种加固方法，这是一种平时所说的把被动加固变为主动加固的一种有效方法。

改变结构体系加固旧桥通常是指增设附加构件和进行技术改造，使桥梁的受力体系和受力状况发生改变，从而起到减小承重构件的应力，改善桥梁性能，达到提高承载能力的目的。常使用的方法：（1）简支转连续法；（2）增加辅助墩法；（3）八字支撑法；（4）将梁式桥转换为梁拱组合体系；（5）改桥为涵洞加固；（6）钢索斜拉加固。其中（2）～（6）加固方案形式各异有不同的要求，但加固实质相同，均是为所加固的桥梁加入新的支撑点，缩短梁的计算跨径。加固时往往需要在桥下操作，设置永久设施，影响桥下净空，所以必须考虑对通航及排洪能力的影响；加固时改变了受力体系，使原本只承受正弯矩的简支梁在部分位置出现负弯矩，所以要注意加强梁上缘配筋。

3.6.4　高速公路的桥梁加固

1. 高速公路桥梁目前的现状

高速公路是连通各区域的主要通道，在交通运输中有重要的地位。随着运营量的增加以及超重车的增多，给高速公路桥梁养护带来了很大的困扰，桥梁病害日渐增多，运营危险系数增加。如有的桥梁外表混凝土出现裂缝；有的桥梁外表看似很完美，但由于施工过程中的疏忽，造成有脱空支座的现象发生，不能承受超负载的运营货车；所以要根据高速公路的实际状况对桥梁进行加固。

2. 桥梁加固的主要内容

根据高速公路桥梁病害的现状，必须针对性地找到桥梁加固的技术和方法，对一些典型的严重性问题进行及时处理和修复，下面针对脱空支座的处理、桥梁结构裂缝的处理以及粘贴钢板加固进行介绍。

（1）脱空支座的处理

在高速公路桥梁施工的过程中，梁与支座是要密不可分的，但是，由于施工过程中不够谨慎加上其他原因，容易造成脱空支座的现象发生，隐藏着危险。脱空支座的现象发生后，会造成局部承压变大，在运营车辆不断通过的过程中，梁板也会随之发生振颤，梁板会越发的不稳定，梁板的寿命也会降低。所以，脱空支座的处理迫在眉睫。对于脱空支座的处理，通常采用起重气袋法对其进行整体的抬升。这里对起重气袋的要求也很高，必须要特制的橡胶和钢丝结合而成，其性质为经得住摩擦，抗老化。但是，虽然起重袋材料特殊，对其大小的要求却很低，通常情况下抬升 3cm 即可达到要求，所以，利用起重袋来对脱空支座进行处理，是一种很方便、很合适的方法。

（2）桥梁结构裂缝处理

在对各高速公路桥梁进行探测时，经常会发现有裂缝的出现，不但对整座桥梁整体的外观造成了瑕疵，而且还会影响桥梁结构的整体性，甚至一些钢筋发生锈蚀现象都是由于裂缝的存在，混凝土的抗渗能力也会因为裂缝的存在而减弱。对于裂缝的处理通常采用灌浆的方法，其主要的思想，即采用合适的灌浆胶，将其完全地渗透到裂缝中去，有时候一次性的灌浆并不能完全解决裂缝的后患，或者会对桥梁的外观造成损害，就需要工作人员对其进行补救改进。

（3）粘贴钢板

粘贴钢板是桥梁加固的一种重要的方法。如今随着负载量的增加，对钢板尺寸、形状的要求等也越来越高，所采用的钢板要非常的薄，这样其弹性才会相对于厚钢板增强，更加能够满足需要。在对钢板进行粘贴时，钢板粘贴锚位置的选取很重要，要尽量选在混凝土结构薄弱的地方，把增设的补强钢筋去掉，换成用钢板来代替，这样便不会对整个桥梁的施工进行太大的改动，施工工艺也不复杂，很方便，不耗时。

3. 高速公路桥梁加固的施工工艺

针对目前高速公路桥梁的现状和桥梁加固的主要内容和方法，以下对桥梁加固的主要施工工艺进行介绍。

（1）处理脱空支座的施工工艺

在发现某高速公路桥梁出现脱空支座的现象后，对其采用起重气袋整体抬升的方法进行补救修理。首先，要将桥台上的碎石泥、钢筋头等全部都清理干净；如果桥梁本身的重量就很大时，还要将伸缩缝也清理干净，减少起重气袋抬升物体的阻力；清理干净后，在每片梁下分别放一个起重气袋，一定要保证气袋的位置没有偏差，如果有需要而且环境允许（$h > 5cm$），可以将木板垫在底部，增加其高度；在对起重气袋进行充气之前，要先检查其是否密封，确认气袋是密封的、不漏气后方可充气加压；在对气袋进行加压时，要注意并不能一味的施压，而是加压到 0.5MPa 时暂停，等待一段时间后，再继续加压至加满压；当桥梁顶起到一定程度时，将规则几何图形的方木放入，再逐渐将起重袋的气放掉，气袋拿开，保证每片梁对应于一个方木；当发现有不平整时，要及时对支座进行调整，确认支座位置合适，再将气袋重新放入，开始充气；支座修理结束后取出方木，将起重袋中的气放出，使梁对应落在支座上。

（2）处理裂缝的施工工艺

处理裂缝的施工工艺：当裂缝的宽度大于等于 0.18mm 时，要对裂缝采用灌浆的方式进行补缝。A 级环氧灌缝胶是在裂缝处理中常用的灌浆胶；常用的仪器是 T 型活塞式弹力补缝器。具体方法是首先将 TQ 型注浆嘴的位置定位好，分布于裂缝中；将 T 型活塞式弹力补缝器的 TQ 型注浆嘴插入到 A 级环氧灌缝胶中，对活塞进行控制，吸入灌缝胶；再通过手环来控制活塞，使浆液注入裂缝中去。按照这样的顺序对每个裂缝都灌浆完毕后，次日对裂缝的表面进行清理和美化。

（3）处理粘贴钢板的施工工艺

处理粘贴钢板的施工工艺从两方面入手，一方面是对待加固混凝土基面的处理，另一方面是对钢板的处理。首先，要对待加固混凝土基面进行清理，把破碎部分清除掉，然后，将基面凿平，再用化学物质丙酮擦一遍，确保基面的整洁；同样用化学物质丙酮在钢板表面擦拭一遍后，再涂上一层环氧树脂薄浆，准备就绪后，可以用冲击电钻分别对加固混凝土基面和钢板进行钻孔。

4. 高速公路桥梁加固质量控制措施

高速公路桥梁加固的质量控制措施非常关键，也非常重要。以下对脱空支座处的质量控制、处理裂缝的质量控制以及粘贴钢板的质量控制予以介绍。

（1）脱空支座处理的质量控制措施

在采用起重气袋对脱空支座进行处理时，一定要保证气袋的严密性，防止其被尖锐的物体划破；起重气袋与梁要充分接触，至少接触的面积占气袋的 2/3；在充气实验，确定气袋的严密性后，开始正式充气，当充气加压进行到 0.5MPa 时，要暂停一段时间（时间控制在 8min 左右）后，再继续充气加压，直至加到满压为止；整个处理脱空支座现象的过程中，工作人员都要谨小慎微，不得浮躁，不得加快速度，若发现有问题要及时报告并停止施工，以确保工作人员的安全。

（2）处理裂缝加固桥梁质量的控制措施

处理裂缝加固桥梁的过程中，在对注浆嘴进行布局时，要把握其尺度，达到节省资源、提高效率以及增加其经济性的目的。实验证明，对注浆嘴进行布置主要看裂缝，裂缝越大，注浆嘴的间距越大，而且每个裂缝至少要安放 2 个注浆嘴。通常情况下，注浆嘴的间距在 10～15mm 之内最为合适。

（3）通过粘贴钢板加固桥梁质量的控制分析

在对粘贴钢板进行处理时，首先要对加固混凝土进行全方位的清理，主要是把一些小碎石等全部清除掉，再凿平，确认无误后方可钻孔，要不然会影响钻孔的质量；对钢板进行处理时，要在用丙酮擦拭钢板表面后，再涂上一层环氧树脂薄浆，这样才能保证钢板表面的干净整洁。

3.7　桥梁托换工程质量控制

3.7.1　工程质检概述

桥梁托换工程属加固工程。其质量检验项目根据涉及范围及改造过程而定；其中应强调的是过程检验及最终效果检验。其实施中应有单独的检验方案，并对其作出详细的规定。

对于改造过程，主要是强调设备或设施结构后续的功能恢复与可使用状况，对于具体验收标准或数据宜稍放宽。

首先托换工程的质量标准除应符合规范的要求外，还应符合通用的工程质量标准和相关规范或标准的要求。

质量检验分过程检验和结果或效果检验。无论何种检验，均应事先做好检验方案，确定质量检验项目内容、检验批次、检验方法、检验标准、验收组织、验收办法等。且桥梁托换工程的质量检验结果，应符合相同工程部位的有关规定。

质量检验应按检验批次、分项工程、分部工程、单项工程、单位工程等逐级进行。对于较小项目，工序较简单的项目，也可一次性检验和验收。对于 50 万元以上需招投标的较大项目或明显可划分为检验批次、分项工程、分部工程的项目，应按检验程序执行，其他较小的项目或经认定的项目也可按检验方案执行。质量检验与验收可按主控项目和一般项目验收，主控项目要求全部合格，一般项目应符合现行标准。主控项目与一般项目的划分，主要应依据项目所属行业标准而定，如《公路桥梁混凝土结构施工验收规范》、《铁路桥梁混凝土结构施工验收规范》、《市政桥梁混凝土结构施工验收规范》等。

主控项目包括地基承载力、结构及构件强度、沉降变形和地基稳定性等，应采用室内试验和原位试验相结合的方法进行检验；一般项目包括尺寸误差、构件的完整性等。

质量检验宜在施工结束 28d 后进行。检验点应选择在有代表性的部位。荷载试验必须在成桩 28d 后桩身强度满足试验条件时进行，检验数量为成桩总数的 0.5%～1%，且每项单体工程不应少于 3 点。

对于新增混凝土强度的原位检测可采用超声—回弹综合法、钻心法等方法。对验收不合格的工序，不能进入下一道工序施工。对工程维修后，工程实体质量仍不合格的，应拒绝验收。

3.7.2 桥梁顶升托换监测

1. 桥梁顶升监测

桥梁顶升时，对于基础的沉降应通过监控设备来反映，然后通过顶升千斤顶及时给予调整。沉降过大，说明原设计或基础处理有问题。顶升是一个临时过程，以安全控制为主。采用直接顶升式托换时，一个施工周期内的地基沉降量应不大于 20mm。

桥梁顶升时，如遇千斤顶升降不同步，桥面结构的裂纹或裂缝会比较明显的反映出来。理论上，应该完全同步，实际上，要求完全同步是不现实的。规定一个误差，且标准较松，是考虑到目前的业界现状、工艺水平等。桥面结构也可视影响程度通过适当的方式给予修补。桥面构造在施工过程中的同步顶升控制精度应不大于 ±5mm。

对于托换结构，有新施工的部分和原结构改造的部分。新施工的部分如桩基，一部分沉降量将在施工期后完成。其沉降量应于原设计保持一致，以免未托换结构再发生不均匀沉降。原结构改造部分有一部分已经完成沉降，新结构的沉降量是施工过程中可以避免或预先可控的。托换结构在整个施工期间的不均匀沉降量不应大于原桥的沉降设计值，并不大于 25mm。

桥梁的平面位置偏差多产生于端部、分跨处、伸缩缝处等。因有桥面结构的限制，其他部位不易出现。基于上条同样的原因，本节限值较新建桥面略宽。托换施工完成后，桥梁的平面位置偏差应不大于 ±10mm。

桥梁改造过程中，施工作业点多、面宽、线长，未知因素较多，除应有必要的监控设备外，加强人工巡视，及早发现问题并予以处理，是施工组织必要的环节，同时，也是桥梁改造工程质量控制的重要保证措施。本节列出了几条有可能出现的不利情况，但也不限于这些。

托换施工过程中应加强巡视，如出现下列情况之一时，应立即停止施工，并采取有效补救措施。

1）梁桥铰缝出现裂损；

2）连续梁受拉区出现新的裂缝；

3）支座安装不实；

4）吊杆、系杆及拉索防护层破损。

2. 更换桥梁支座施工及监测控制

下面以桥梁整体顶升更换支座为例说明桥梁托换施工及监测。

1）施工准备

（1）更换支座前要对桥梁整个结构进行全面检查，包括基础、墩台、梁体和桥面系等，并做好记录。

（2）对有病害的部位进行处理，确定桥面系和附属设施的去留部分。

（3）对桥梁结构进行计算，分析梁体在自重荷载下各个支座的反力大小和分配比例，进而确定所需要的千斤顶型号和数量，制订合理的千斤顶布置方案，进行施工组织设计；并对千斤顶和油泵配套标定。

针对不同的桥梁结构形式和施工条件，千斤顶的布置也有不同的方法，大致分为 3 种情况：①墩台结构完好无病害，能够保证足够承载力并且具有足够作业空间（放置顶升设备、临时支撑以及更换支座所需空间）的，可以在墩台盖梁顶面布置顶升设备。②墩台顶部没有足够作业空间的，可利用扩大基础和承台搭设顶升支架进行作业，顶升点尽可能靠近原支点。③墩台顶既没有足够作业空间，又没有扩大基础和承台可以利用的（如桩柱对接的桥墩结构），就需要浇筑临时承重基础布置顶升设备。

（4）对于一些桥墩也可以用特制的钢箍加固或进行扩大截面施工后再进行梁体的顶升施工。顶升方案确定之后应对参与施工的人员进行详尽的技术交底，明确岗位分工，制订迅速快捷的信息传递和反馈渠道，制订施工中常用术语和紧急暂停信号。要清理墩台顶部部位，凿平预置千斤顶和顶升过程中设置临时支撑部位的松散混凝土。若放置千斤顶所需净空不够，可以适当凿深墩台顶混凝土，以不伤害墩台内部构造钢筋为宜，最后用环氧砂浆找平。按照所要更换的支座的尺寸和设计要求进行测量，在墩台顶部定位出新支座位置，在墩台顶部及梁底面划出新支座安放后的支座中线和边线。

2）拆除约束构造及梁体限位

顶升前对桥梁上部结构存在的约束构造进行拆除，解除伸缩缝之间的橡胶条和连接构件，使伸缩缝完全断开。对梁体上的防撞护栏和扶手进行解固作业，切割非同步顶升的梁体横向连接构造（比如钢板、钢筋等），保证梁体能够自由顶升。需要采用梁体限位措施，以防止梁体在顶升过程中产生侧向移动。桥梁纵向限位可以把与伸缩缝同样厚度的厚钢板塞进伸缩缝内，钢板要经过磨光和涂油处理，以减少摩擦力；在梁体两侧设置侧向支撑，以防止梁体倾覆，侧向支撑应具有足够的刚度和防侧移顶力。

3）设置顶升设备

按照设计方案在梁底纵轴线两侧对称布置千斤顶，布置时应考虑更换后支座所占位置和旧支座取出时的作业空间，并保证千斤顶放置的平整度。在千斤顶的上、下方各放置一块能满足净空要求的最大厚度钢板，避免在千斤顶上、下部位出现应力集中对混凝土造成局部损伤。

4）预顶升

整体顶升法更换桥梁支座对顶升过程中千斤顶操作的同步性要求较高。一般要求千斤顶顶升高度差≤2mm，否则会由于千斤顶反力不均在梁体控制截面产生较大应力而导致梁体结构受到损伤。采用位移和压力双控的自动同步顶升方法，位移传感器采集位移，压力传感器采集压力，结合数据软件分析。在顶升设备和控制系统安装完毕后进行统一调试，保证各部件正常运行后进行梁体预顶升。预顶升的目的是为了避免全套顶升系统可能出现的问题，同时消除同步顶升过程中可能出现的非弹性变形。

5）更换支座

预顶升顺利完成之后可以进行桥梁的顶升和支座更换。利用同步顶升系统，按照规定分级加载控制程序将梁体顶起到控制高度之后，及时放置由不同厚度累积的钢板组成的临时支撑。临时支撑放好之后可由控制台统一缓慢落梁至临时支撑上，落梁是以千斤顶恢复零荷载为标准。然后进行支座的更换。

（1）同步顶升。由于墩台顶部至梁体底部高度较小，桥梁的同步顶升工作多采用扁式千斤顶进行顶升工作，千斤顶顶升行程较小，并且顶升时千斤顶不宜超过极限行程的80%。有时为更换支座提供充足的作业高度或要进行桥面提升等因素影响，梁体顶升高度会出现超出千斤顶顶升行程的情况，这就需要在顶升过程中多次顶升。多次顶升需要把千斤顶用钢垫板垫高后再次进行顶升，千斤顶和临时支撑之间相互承压转换，直至梁体上升到控制高度。顶升时荷载位移分阶段控制，每到一个阶段暂停一下，检查梁体和顶升设备以及数据无异常后继续进行顶升。当千斤顶达到极限行程的 70%～80% 时，将临时支撑设置到适当高度，控制台统一操作千斤顶回油至无顶升状态，梁体落在临时支撑上后，将千斤顶用钢垫板垫高，进行下一部顶升操作，以此反复把梁体顶升到控制高度。

（2）支座更换。当梁体稳妥降落在临时支撑上之后，可采用手工工具将原有支座取出。支座取出过程应注意轻取轻放，避免产生大的振动，同时严禁有物品碰撞到临时支撑和千斤顶，尽量保持原有支座下方垫石的完整性和持续承载能力。支座取出过程中如出现垫石局部破坏的情况，可用高强聚合物砂浆进行修补找平；对于需要调节垫石高度的，精确计算出所需增加高度，用合适厚度的厚钢板来调节，调节完毕后安装新支座。如果原支座存在抗震锚栓，应采用冷切割的方法处理，对突出于梁和墩台混凝土表面的锚栓头，要进行打磨与混凝土面找平，处理过程中不能损伤混凝土。

（3）新支座安装。新支座的安装要保证位置和高程的准确性，并对安装的新支座采取定位措施，以免再次落梁时新支座产生位置的移动。更换支座和落梁的工序间隔应尽量紧凑，应用临时支撑作为持续承载支撑。支座应尽量水平安装，当桥梁纵坡超过 2% 时，应采取措施（如在梁底加设楔形垫块）使支座平置。落梁程序与顶升程序相反，严格按照预定程序分阶段落梁，落梁后检查支座和梁体是否压紧，梁体位置是否正确等。新支座的安装是支座更换施工中的重要一环。当支座安装工序不合理、支座垫石处理不当或支座中心线与设计位置中心线不重合时，落梁后支座将会受力不均，出现偏压或不符合要求的初始剪切变形，影响到支座和梁体的使用效果和寿命。

6）施工监控

在施工过程中的监测工作有下述要点：

（1）整体顶升法最基本的施工要点是要求千斤顶能够同步顶升和受力。这就要全程监测位移和压力传感器所示数据，保证各千斤顶增减速变化一致。

（2）做好对顶升和落梁过程中梁体位移量的监测。可在支座所在梁体横截面和梁体轴线位置上布置位移测量装置，看在施工过程中梁体是否出现不均匀上升和下降。

（3）在梁端、跨中以及支座截面附近布置应力应变测点，检验梁体移动过程中是否在梁内部产生过大的附加应力，以保证梁体结构不受损伤。

（4）应对梁体限位设施、梁体已有裂缝、支撑点和墩台附近的混凝土等进行全程观察，看有无异常情况出现，以便及时采取对应措施处理。

3.7.3 桩基托换安全及监控

由于桩基托换的施工技术性强、危险性大，因此要制定安全技术，使托换工作有一个安全、顺利的过程。

1. 桩基托换施工安全前提

认真执行国家有关安全生产和劳动保护法律、法规，建立安全生产责任制，进行安全教育和宣传，落实各项安全防护工作。开工前做好各级安全交底工作。组织员工重新学习认真执行安全操作规程，建立安全值班制度和安全检查制度。临边设置安全护栏和危险标志牌，在主要出入口搭设安全通道，确保行人安全。

各种施工机械进场须经过检查，经检查合格后才能投入使用；施工机械操作人员必须建立机组责任制，并依照有关要求持证上岗，禁止无证人员操作。按《施工现场临时用电安全技术规定》JGJ 46—2005布置施工现场临时用电安全技术。教育员工要安全用电，严禁乱拖乱拉，非电工不得从事电器作业，防止发生触电事故。

2. 桩基托换安全的技术保证措施

桩位放样必须准确，切记不能将新桩进入隧道影响线内。保证新桩基的垂直度，必须控制在0.5%范围内。人工挖孔桩、钻孔桩必须设专人检查垂直度，人工挖孔桩每节护壁进行校对，正确后方可施工下一护壁。钻孔桩采用导下器和加重钻杆进行成孔。由于托换新桩一般紧邻既有建筑物桩，且新桩位于既有桩底以下2~6m不等，新桩施工将造成既有桩底以下基岩侧面临空，影响既有桩的安全使用，故托换新桩成孔过程中需要加强护壁结构和增加必要的超前临时支护结构。保证桩身质量，因为桩身质量直接影响到桩托换结构的安全，严格把好人工挖孔桩和钻孔桩混凝土灌注关。人工挖孔桩桩底需要清洗干净，钻孔桩清孔必须干净控制沉渣≤5cm，确保桩底质量。托换梁与被托换柱（桩）节点的混凝土槽在粘结材料、浇筑混凝土前不能有疏松混凝土、浮土等。托换梁与承台底接触面应保证混凝土浇捣密实。预应力张拉严格按施工技术规范进行，张拉时应对托换梁进行严格的变形监控。施工前对被托换柱实际轴力进行测试，验证估算轴力，并确定千斤顶施工顶力的分级荷载。托换施工前及久置后重新使用千斤顶顶升前，应对托换千斤顶和油泵进行配套标定后配套使用，并对托换千斤顶及其自锁装置、油路系统、联动装置等进行校检以保证其精度及控制要求。托换大梁与托换新桩之间的临时支垫应保证其稳定性及可调节性。切桩逐步进行，分级转换，以便及时调控变形和沉降。切桩过程中必须做好测试和监测工作，为托换提供准确数据。在施工期间，必须严格按照监测要求进行监测。托换梁与托换新桩连接时，必须拆除顶升千斤顶，拆除必须做好安全措施，同时做监测工作。连接必须保证连接质量，保证托换建筑物稳固。

3. 桩基托换施工中突发事件的处理措施

在施工过程中，可能会发生这样或那样的预想不到的突发事件。依多年托换经验，突发事件的发生必须有一个对托换设计、施工经验丰富的技术小组来处理。处理要及时、果断、正确，且施工前应尽可能想到有哪些突发事件发生，以便做好应急措施。现依据设计图纸及施工工艺，对可能会出现的突发事件及处理措施列举如下：

1) 在人工挖孔桩施工过程中，可能会遇到井内涌水、涌砂及坍塌现象。如施工中发生，可采用井内小导管注浆法或反力压钢护筒法处理。由于人工挖孔桩托换新桩距原楼房桩基很近，且要超深原基础，在挖孔时可能会对原基础产生一定的影响；在施工过程中，可采用固定水准仪对该柱位进行观测，如出现2~3mm沉降应停止挖孔桩施工，立即把超深部位用快硬混凝土浇筑，防止事故发生。

2) 钻孔桩施工过程中，钻孔桩入硬质岩的厚度较大，且桩又较长，施工中易发生卡钻、断钻事故。由于钻孔桩的布置受到限制，发生上述情况必须把钻具打捞，打捞可采用"钻具重新开牙"法处理。

3) 竖井开挖时由于挡土、截水，采用了原大楼基坑支护结构，在升挖竖井时，原支护结构可能会出现过大位移、倒塌、涌水现象，如发生过大位移应采取基坑内对顶支撑控制位移；如发生涌水，可采取坑内"局部小导管卸水压，桩间挂钢网混凝土处理"。待钢筋混凝土达到一定强度，封堵小导管全面截水。

4）柱节点锚筋施工时，由于锚筋施工的数量较多，长度较大，施工时如发现柱出现竖向或斜向的裂缝，应立即停止施工。对已出现裂缝的采取灌溉性环氧树脂处理后，进一步减少每次锚筋的数量，要待前批锚筋的粘胶达到设计强度后，才能施工下一批锚筋。

5）托换大梁在试顶及荷载测定时，如发现柱与托换大梁的新旧界面抗剪力不够，在断桩前应及时把托换大梁上部的柱子包大，包大的截面大小及高度依试验情况确定，待托换梁上部柱包大部位混凝土达到设计强度后，再试顶，试顶合格后方可断桩。

6）在断桩时，每桩应分层切除，如仅切除 1/3 面积托换大梁就会发生开裂，应立即采取快硬高强聚合物水泥砂浆补回已凿除部分；如已切部分大于 1/3 面积或桩已切断，可采用打钢垫楔块方法及时把已断桩压紧。如果托换需采用千斤顶顶升，顶升时应保证垫块上的楔块距托换大梁底不超过 1.0mm，如千斤顶发生突发卸油可及时打紧楔块。

7）在托换过程中，由于断桩后可能会发生内力重分布现象，使得个别柱的荷载突然增大，易造成托换大梁破坏等问题发生。如发生个别柱荷载突然增大现象，应及时把荷载较小的柱位顶高，以达到对荷载较大柱位卸载。

8）如果托换板要做到原承台的下面，开挖基坑时楼房可能会发生过大沉降及其他情况。如出现过大沉降应及时在承台下面压"钢管注浆桩"（桩长应不超过限制标高），防止楼房继续下沉。针对桩基托换施工的特点，制定详细、可行的安全技术，做到文明施工和安全管理，方可保证桩基托换施工的质量与安全。

3.8 桥梁托换工程实例简介

1. 北京地铁 10 号线莲公暗挖段桩基托换工程

北京地铁 10 号线二期莲花桥站—公主坟站区间为暗挖法施工，下穿新兴桥南异形板 83 号、810 号桩基。原桩基为人工挖孔桩，桩径 1.2m，桩长约 7.9m，桩基与隧道的关系如图 3-34～图 3-36 所示，为避免暗挖施工对该桩造成较大影响，故对其进行托换。

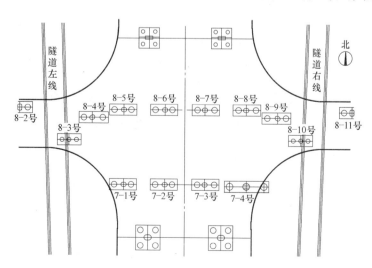

图 3-34　隧道与桥桩位置关系平面图

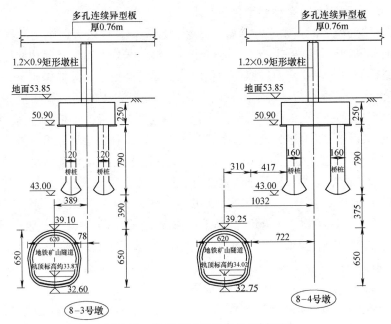

图 3-35　隧道与桥桩位置关系剖面图

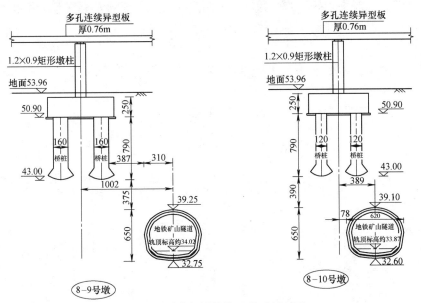

图 3-36　隧道与桥桩位置关系剖面图

该工程于 2011 年 4 月开始组织施工，历时半年，托换施工完成。通过后期沉降观测，未发现明显沉降变化。

2. 北京轨道交通机场线下穿 13 号线结构沉降托换顶升调整

1) 概况

北京市轨道交通首都机场线工程东直门站 C 区下穿段（下穿 13 号线折返线）施工分为七个阶段施工，随着下穿段结构各阶段开挖施工的进行，可能造成其顶部的 13 号线折返线结构及线路发生沉降、变形，从而影响结构及线路的安全；为确保 13 号线结构及线路安全，在下穿段施工第四步工序至第七步的阶段开挖施工时，分三阶段进行顶升调整，及时消除既有结构的沉降变形、确保既有线行车安全。按照设计要求，采用液压同步控制顶升技术，根据上部结构与下穿段开挖的对应关系和由此而可能造成的结构沉降变形情况，布置千斤顶位置，以现场同步监测到的变化量为控制千斤顶的分级、分区界定参数，当变形发生时，系统将根据压力、位移指令，按照不同的沉降变形量进行顶升调整，将上部结构恢复至安全范围。

图 3-37 隧道与桥桩位置关系三维图

2）施工工序

结构施工分八步工序施工，分别为：

（1）开挖南北两侧的 1 号小导洞；

（2）在导洞内施做灌注桩和 L 形托梁；

（3）开挖 2 号导洞、导洞内施做条基梁和型钢支撑；

（4）对称开挖 3 号导洞，当 13 号线发生沉降时在 1 号、2 号导洞内布置千斤顶顶升调整 13 号线标高；

（5）分段拆除导洞中隔墙、施做结构顶板，待结构顶板达到设计强度后，在顶板上加垫竖撑，顶住导洞初支，必要时在顶板上加设千斤顶对折返线结构进行第二次顶升调整；

（6）向下开挖土体随挖随加设锚索和钢支撑，桩间施做注浆锚杆，同时进行网喷支护；

（7）施做底板、侧墙待结构强度达到设计强度要求后，根据沉降数据对 13 号线折返段结构进行第三次顶升调整，使折返线结构恢复原状；

（8）折返线底板与下穿段结构顶板间灌注 C20 混凝土，同时进行压浆回填密实。

13 号线折返线范围内下穿结构施工工序如图 3-38 所示。

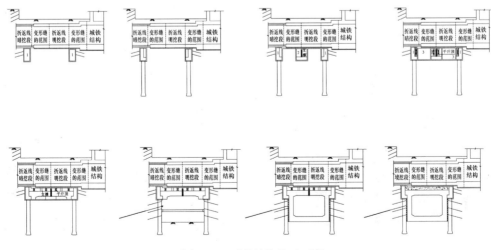

图 3-38 下穿结构施工工序

3. 天津滨海新区中央大道新港四号路地道项目托换工程

本工程段线位北端起点在开发区第一大街北侧，路线沿现状南海路向前延伸，隧道直接穿越津滨轻轨 A339（制动墩）和 A340（连接墩）承台下各 8 根桩基。在保证津滨轻轨正常运营条件下，采用托换结构托换轻轨既有基础后，使中央大道地道可下穿施工。工程现状位置见图 3-39。

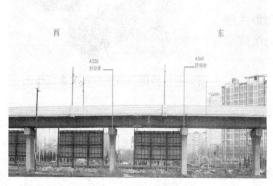
图 3-39　工程现状位置图

图 3-40　托换结构示意图

图 3-40 为本工程托换结构示意图，在柱截断托换时，在每个托换柱四周布置千斤顶 6 台，通过托换梁将载荷传递到新建的 9 根桩上。

4. 杭州市之江路隧道出口墩柱托换工程

1）概况

之江路隧道位于钱塘江旁边，分为上下行。其隧道出口处有 11 排双跨梁柱结构平台，为了不影响运河隧道敞开段从该平台底穿过，本工程范围把该平台下的其中 D 轴线（道路中心）11 个墩柱进行托换。

现有墩柱截面为 1.0m×0.8m，承台截面分别为 1.6m×1.6m 和 2.0m×2.0m，厚度为 0.8m，桩基分别为 φ800mm 和 φ1000mm 的钻孔灌注桩，桩长约 37m。见图 3-41。

2）工程特点

（1）整体托换面积较大，且位于隧道出口沟槽坡道上。

（2）被托换结构上面有附属建筑物，对变形控制要求较高。

（3）进行钻孔灌注桩施工时，由于平台下净空的限制，桩基施工空间小、难度大。

（4）工程靠近江边施工，在基坑开挖时止水难度较大。

图 3-41　现有墩柱图

3) 总体施工方案

根据本工程各工序特点，按十个阶段进行组织施工：

第一阶段：前期准备及辅助工程。会同其他有关部门，详细实地调查并记录现有建筑物的全面状况，包括：沉降、裂缝、损坏情况；布置测量基准点等。并请具有检测资质的单位进行检测。同时做好其他前期准备及辅助工程设置。

第二阶段：施工 $\phi 800$ 旋喷桩隔水帷幕、$\phi 800$ 围护桩及 $\phi 800$ 钻孔灌注桩，并对基底进行加固。

第三阶段：安装立柱。

第四阶段：待钻孔灌注桩达到强度时，在立柱顶安装千斤顶，用以在托换过程中调节由于桩基沉降等外界因素带来的内部应力，分级顶升完成力的转换和托换桩的初步沉降变形。

第五阶段：逐步切除被托换墩柱，同时调整顶力，控制变形。

第六阶段：逐步开挖基坑，并在基坑顶设置支撑。

第七阶段：开挖到基坑底，浇筑隧道素混凝土垫层和结构底板。

第八阶段：浇筑侧墙及中隔墙至基坑顶部支撑，待其达到强度后，拆除第一道支撑。

第九阶段：继续浇筑侧墙至地面，浇筑中隔墙至亲水平台板底。

第十阶段：待中隔墙达到设计强度后拆除临时托换的立柱，进行隧道铺装等剩余工程施工。

托换开始和结束后的照片见图 3-42 和图 3-43。

图 3-42 托换开始

图 3-43 托换结束

5. 南京双龙街立交门架墩托换调整工程

1) 概况

上部结构为单箱单室斜腹板钢箱梁，结构宽 10.0m，挑臂长 2.15m，横隔板间距 2.0m。下部结构除 PWN15 墩为门架墩外，其余均为 H 形钢筋混凝土双柱墩。门架墩间距 13.1m，门架横梁为预应力结构，截面为宽 1.9m，高 1.8m 的矩形断面。下部基础均采用桩基直径为 1.2m 的钻孔灌注嵌岩桩。

现因下层道路净空有误，需要取消门架横梁，并保持上部钢桥不变。

新设计修改方案为：拆除门架横梁，增加立柱高度，新增钢结构门架横梁（暗梁），与已施工的上部钢梁连接一起，新增柱顶支座。为此需进行托换施工（图 3-44～图 3-46）。

图 3-44 托换改造前的现场图片

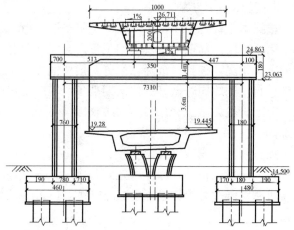

图 3-45 托换改造前的下层净空高度设计图

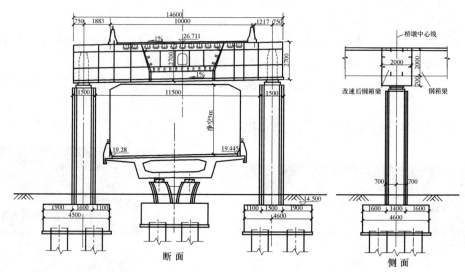

图 3-46 托换改造后的下层净空高度设计图

2）施工工序

本方案必须先拆除门架墩横梁。

（1）在跨中箱梁腹板处利用现场已有钢管设临时支架并利用千斤顶顶升钢箱梁，使结构基本恢复到落架前的低应力状态。同时在门架墩承台上设置支撑钢管，钢管顶部设置用于支撑钢箱梁的临时钢横梁。测量和探测钢箱梁横隔板位置，按此数据在钢结构加工厂制作永久隐式钢横梁节段。

（2）在临时门架梁上顶起钢箱梁并牢固支承，支承构造中要设置四氟滑板以满足纵向钢箱梁温度伸缩的需要。拆除原钢梁支座。

（3）另外搭设支架分块切割门架墩预应力混凝土横梁，分块吊走。

（4）吊装底面和两侧新加工钢横梁节段至墩顶平台，调整就位后焊接形成整体。

（5）接高墩柱至调整后标高。在墩顶顶升钢横梁，安装永久支座，主梁落架，拆除临时钢支墩，调整施工完成。

3）技术要求

（1）临时支撑钢门架

桥墩顺桥向两侧设置的临时支撑钢门架需具有足够的强度、刚度，确保安全，做到万无一失。同时要可实现钢横梁的竖向、横向位置调整。

（2）新横梁的制作安装

新横梁制作尺寸需根据现场钢结构横隔板测量数据确定，确保新横梁腹板与钢箱梁横隔板需对齐，精度误差要求不大于1mm。焊接连接应考虑温度的变化，焊接变形等不利因素，采用汽车吊或履带吊安装。

（3）门架墩混凝土横梁的拆除

门架墩横梁为预应力混凝土结构，重约135t，拆除平台需具有足够的强度、刚度，切割应采取有效措施避免对下层桥梁的破坏。

（4）施工监控要求

施工过程中需对结构应力、变形进行监测，与计算结果进行对比，如超过计算一定范围，需及时反馈，进行必要的调整。

4）施工后的效果图（图3-47）

6. 淮安市天津路大运河大桥支座更换项目

1）工程概况

淮安市天津路大运河桥是跨越大运河南北两岸主线桥。桥已建成通车。

主桥上部采用76.5m＋143m＋76.5m三跨变截面全预应力混凝土连续箱梁，横断面采用双箱单室。悬灌法分幅施工，中缝和横隔板有湿接缝。

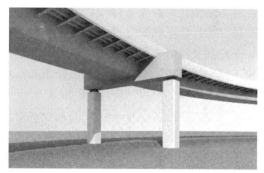

图3-47　托换改造后的上层钢梁效果图

主桥上部结构墩顶0号中心梁段纵5m，横8.1m，两侧1号段各3m，肋腹板65cm。

下部结构采用双柱实体桥墩，柱顶3m×8.1m，两侧支座垫石3m×3m，原支座2m×2m，垫石高＋支座高＝60cm。

承台3100m×12.2m×3.5m。21根直径1.8m钻孔灌注桩基础。

托换顶升要求：13号左右幅墩四个支座需同时进行顶升，计有2个墩柱共计4个支座需更换，每个支座恒载约为9000t左右。

2）总体施工方案

在墩顶布置64台200t千斤顶，首先将梁体顶升20mm，在支座上垫上16mm钢板，再将千斤顶回顶，在千斤顶上放置16mm钢板，然后将梁体顶起4mm，让千斤顶承受全部的荷载。再将支座上放置的钢板及支座抽出更换支座。在将上次步骤循环一次，顺利将梁体下的千斤顶抽出。

3）顶升控制系统

此次顶升系统采用PLC液压同步控制系统。

4）千斤顶布置

详见千斤顶布置示意图3-48，千斤顶布置立面图见图3-49。具体根据现场情况允许

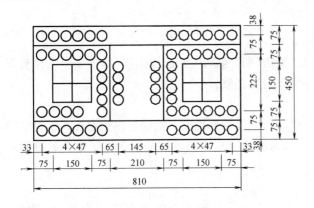

图 3-48　千斤顶布置平面图

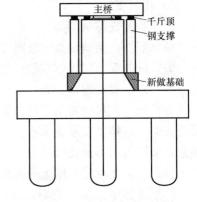

图 3-49　千斤顶布置立面图

有细微调整。

5) 施工流程

(1) 施工准备

进场前期应对桥梁各部现状进行测量定位, 根据图纸确定梁体结构重量。

(2) 千斤顶及临时支撑上下找平

千斤顶及临时支撑上下找平是顶升时的顶升点及临时落梁时的支撑点是否均匀受力的关键。找平层采用砂浆找平, 再加设 20mm 厚钢板作为垫板。

(3) 千斤顶安装

千斤顶安装时应保证千斤顶的轴线垂直。以免因千斤顶安装倾斜在顶升过程中产生水平分力。如果梁底混凝土面不平整或有一定的倾斜度, 先用砂浆找平, 再安装千斤顶。

千斤顶的上下均设置钢垫板以分散集中力, 保证结构不受损坏。

(4) 顶升步骤

称重—试顶升—纠偏顶升—支座处理顶升。

(5) 支座垫石处理

(6) 安装新支座

(7) 再次顶升, 将临时支撑取出

(8) 落顶就位

待千斤顶收完后拆除千斤顶及钢垫块, 整个顶升过程结束。

第4章 地铁隧道工程托换

4.1 概　　述

随着城市建设的加快，建筑物不断增多，各大城市建筑群、商业区、居民区已建成，然而城市修建地铁以方便使用、缓解交通为目的，又必须选择人流较大、较集中的区域通过。地铁网络的形成意味着多条地铁的交汇，地铁穿越居民区、商业区以及大型商场、写字楼，地下穿越与连接是当今地铁建设的一个特点。地铁在穿越建筑物的同时，也要穿越城市道路桥梁等构筑物。穿越的水、电、气和通讯管道网必须将其迁移或加以保护；穿越建筑物基础、桥梁桩基础则需要进行托换处理，可能造成建筑物下沉的区域还需要进行加固处理。地铁工程托换是解决地铁施工穿越区和影响区不因地铁施工造成破坏影响而采取的保护建筑物正常使用的技术行为。

地铁隧道穿越托换设计时应进行穿越工程对既有建筑物影响的分析评价、计算既有建筑的内力和变形。影响轻微时，可采用加强建筑物基础刚度和结构刚度或采用隔断防护措施的方法；有一定影响且可能引起既有建筑裂缝和正常使用时，可采用地基加固和基础、上部结构加固相结合的方法；影响较大并存在安全隐患时，应采用加强上部结构的刚度、局部改变结构承重体系，加固基础的方法；穿越工程需切断建筑物桩体或在桩端下穿越时应采用桩梁式托换、桩筏式托换以及增加基础整体刚度、扩大基础的荷载托换体系，必要时应采用整体托换技术；穿越工程穿越天然地基、复合地基的建筑物托换加固，应采用桩梁式托换、桩筏式托换或地基注浆加固的方法，地基基础加固托换详细介绍参见本书第2章。

在地铁隧道托换工程中依据"控制隧道变形为主，地基和房屋加固为辅"的原则，在保证安全的前提下，严格控制隧道开挖引起的地层变形，同时对地基和房屋进行必要的加固处理。防止地表下沉的主要措施是改善掌子面上方的围岩状况并控制其变形。同时，因地表下沉与掌子面的稳定性有关，因此，防止地表下沉的对策多与掌子面稳定对策同时实施。本章主要围绕通过对地铁内部采取的措施来控制地面变形和保持围岩稳定。

地铁隧道内部稳定围岩和控制地表下沉的方法主要有以下几种：

(1) 隧道内超前注浆法

以加固围岩、止水为目的而采用的工法，在砂土中注浆易于获得较好的效果，在黏性土中的效果稍差。为进行有效注浆，要采用与围岩性质相适应的添加剂和施工方法。

(2) 隧道内冻结法

在山岭隧道中采用较少，但其加固围岩、止水的效果非常好，可靠性高。在软弱粉砂层、大量涌水围岩、接近结构物施工的场合是很适合的。缺点是从准备到发挥作用的时间很长、费用高。

（3）隧道内垂直锚杆法

是一种用锚杆从隧道上方加固地层的方法，一般从地表面钻直径 60～125mm 的钻孔，然后插入钢筋。其作用是：利用砂浆和周边围岩的凝聚力控制下沉、利用抗剪能力防止洞口滑坡。

（4）隧道内超前管棚法

一般多在洞口施工时采用，根据使用的钢管直径分类，有小直径钢管管棚和中、大直径钢管管棚。在埋深小的隧道，正上方有建筑物时，也可采用此法。

（5）隧道内水平高压旋喷法

在掌子面与隧道轴线水平时，用特殊机械钻孔，同时向管体内高压喷射水泥浆液，形成直径 50～80cm 的圆柱体的工法。

材料 3d 的强度可达 8～10MPa，改善围岩的效果很好，是改善掌子面自稳性和控制地表下沉的较好方法。但施工设备多，系统庞大。

（6）隧道内隔断墙法

一般作为止水的辅助工法采用，但也有用于作为控制地表下沉的对策。它可以降低开挖引起的地表下沉及向周围的传播。

在隧道两侧用刚性材料构筑地中墙，用以隔断下沉及向周围的波及。施工时要注意地表条件的影响。

（7）洞桩法

在地下工程开挖中，施工方法不断创新，浅埋隧道暗挖施工的洞桩工法是近年来发展起来的一种新工法，它结合了浅埋暗挖法和盖挖法的技术成果，通过对小导洞、扣拱、桩等成熟技术的有机组合，形成的一种新的浅埋隧道开挖与支护方法，能有效地控制地层松软地区地下工程开挖所引起的地表沉降，减少对人口稠密、交通拥挤、地下管线复杂的城市中心区的干扰。

应该指出，控制围岩松弛和地表下沉的方法，很多是与止水方法相联系的，很难截然分开。本章主要介绍注浆法、管棚法、水平高压旋喷法和洞桩法。

4.2　隧道内超前注浆法

注浆（Injection Grout），又称为灌浆（Grouting），它是将一定材料配制成的浆液，用压送设备将其灌入地层或缝隙内使其扩散、胶凝或固化，以达到加固地层或防渗堵漏的目的。注浆可用于地下工程开挖时防止基础或地面沉陷、掌子面塌方，隧洞、巷道、竖井围岩加固，开挖基坑时对附近既有建筑物的防护，挡土构筑物背后加固，滑坡地层加固，岩溶地层加固，流砂层加固等。

注浆理论是借助于流体力学和固体力学的理论发展而来，对于浆液的单一流动形式进行分析，建立压力、流量、扩散半径、注浆时间之间的关系。实际上浆液在地层中往往以多种形式运动，而且这些运动也随着地层的变化、浆液的性质和压力变化而相互转换或并存。注浆理论的研究成果主要有：渗透注浆理论、压密注浆理论、劈裂注浆理论、电动化学注浆理论等四种，其中以劈裂注浆理论在地铁隧道加固托换中运用最为广泛。

4.2.1 隧道内注浆原理

对于浆液而言，流变性是指浆液在外力作用下的流动性。一般情况下，浆液在地层中的运动规律和地下水的运动规律非常相似，不同之处是浆液具有黏度，不像流水那样容易流动。因此，浆液在地层中流变学特性取决于浆液的结构特性。地下水在地层中流动时，按其流线形态分为层流和紊流两种。由于浆液的类型不同，浆液流变性也不同，一般将浆液分为牛顿体和非牛顿体两大类。

流动性较好的化学浆液属于牛顿体，它的特点是在浆液凝胶前符合一般牛顿流体的流动特性，牛顿流体是单相的均匀体系，本构方程表达式为：

$$\tau = \mu \cdot \gamma \tag{4-1}$$

式中　τ——剪切应力（单位面积上的内摩擦力）（Pa）；

　　　γ——剪切速率或流速梯度；

　　　μ——牛顿黏度或动力黏度、黏度系数。

牛顿流体的切应力 τ 和应变速率 γ 呈线性关系，其流动曲线是通过坐标原点的直线。宾汉姆流体属于典型的非牛顿体，其流变曲线是不通过原点的直线。由于多相流体中，作为分散相的颗粒分散在连续相中，分散的颗粒间强烈的相互作用形成了一定的网状结构，为破坏网状结构，使得宾汉姆流体只有施加超过屈服值的切应力才能产生相对流动，其余部分只是随着这部分流体像固体一样向前滑动。在固液两区的交界面上发生屈服，宾汉姆流体的切应力与变形速度呈线性关系，本构方程表达式为：

$$\tau = \mu \cdot \gamma + \tau_0 \tag{4-2}$$

式中　τ_0——剪切应力屈服值。

可见，宾汉姆流体比牛顿体具有较高的牛顿阻力，多数黏土浆液和一些黏度很大的化学浆液属于宾汉姆流体。详细注浆作用机理参见本书第 2 章。

4.2.2 隧道内注浆设计

注浆设计是建立在注浆试验基础上，用注浆试验中获取的资料数据来论证所采用的注浆方法在技术上的可行性和可靠性、经济上的合理性，进而提出可行的施工程序与相应的注浆工艺、浆材、最佳浆液配比及注浆孔的布置形式、孔距、孔深、注浆参数等。图 4-1 所示的流程图说明了注浆设计与施工的全过程。在进行注浆设计时，需要进行初步设计，然后根据注浆试验的效果反馈修改设计参数，即所谓的注浆动态设计，以选择最佳的注浆参数和注浆方案。

1. 设计程序

注浆设计一般包括以下几个程序：

（1）地质调查：探明准备注浆的地层的工程地质特性和水文地质条件。

（2）方案选择：根据工程性质、注浆目

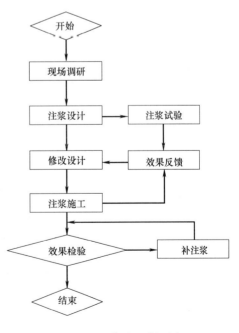

图 4-1　注浆施工流程图

的及地质条件，初步选定注浆方案。

（3）注浆试验：除进行室内注浆试验外，对较重要的工程还应选择有代表性的地段进行现场注浆试验，以便为确定注浆技术参数及注浆施工方法提供依据。

（4）设计和计算：用图表及数值方法，确定各项注浆参数和技术措施。

（5）补充和修改设计：在施工期间和注浆后的运用过程中，根据观测所得数据，对原设计进行必要调整。

2. 设计内容

设计内容一般主要包括以下几个方面：

（1）注浆标准：通过注浆要达到的效果和质量标准。

（2）施工范围：包括注浆深度、长度和宽度等。

（3）注浆材料：包括浆液材料种类和浆液配方等。

（4）浆液影响半径：指浆液在设计压力下所能达到的有效扩散距离。

（5）钻孔布置：根据浆液的影响半径和注浆体设计厚度，确定合理的孔距、排距、孔数和排数。

（6）注浆压力：规定不同地区和不同深度的允许最大注浆压力。

（7）注浆效果评估：用何种方法和手段检测注浆效果等。

3. 方案选择

1）注浆方案选择原则

注浆方案是否成立，取决于其功能性、适应性、可实施性、经济性、对环境的保护以及安全性原则。

功能性原则是指针对施工工程的特点，注浆方案的可用性、可靠性；适应性原则是注浆工程适应工程所处的地质条件、外部环境及其变化的程度；可实施性原则是指注浆方案中的工程规模、有关参数和技术指标，在目前的技术水平条件下是可行的；经济性原则是注浆方案通过技术经济比较，投入产出分析，在满足功能性要求的前提下建设单位能够承受；环境原则是避免污染环境或最大限度减少污染，包括避免或减少材料的毒性、粉尘、有害气体及析出物、固化物，降低施工过程中的噪声；安全性原则指注浆方案能保障工程的安全，保证施工人员的安全。

2）注浆方案选择

这是设计者首先要面对的问题，但其具体内容并无严格规定，一般都只把灌浆方法和灌浆材料的选择放在首要位置。注浆方法和注浆材料的选择与一系列因素有关，主要有下述几个方面：

（1）注浆目的：是为了加固地基还是为了防渗加固的目的？是提高地基承载能力、抗滑稳定性还是降低地基变形量？

（2）地质条件：包括地层构造、土的类型和性质、地下水位、土的化学成分、注浆施工期间的地下水流速及地震级别等。

（3）工程性质：是永久性工程还是临时性工程？是重要建筑物还是一般建筑物？是否振动基础以及地基将要承受多大的附加荷载等。

涉及这方面的问题较多，而且因国情行业性质等的差异，不易归纳出一套规律性很强的准则。下面提出（表 4-1）经验法则，可供选择注浆方案时参考。

根据不同对象和目的选择注浆方案 表 4-1

编号	注浆对象	适用的注浆原理	适用的注浆方法	常用注浆材料	
				防渗注浆	加固注浆
1	卵砾石	渗入性注浆	袖阀管法最好,也可用自上而下分段钻注法	黏土水泥或粉煤灰水泥浆	水泥浆或硅粉水泥浆
2	砂及粉细砂	渗入性注浆和劈裂注浆	同上	酸性水玻璃、丙凝、单宁水泥系浆材	酸性水玻璃、单宁水泥浆或硅粉水泥浆
3	黏性土	劈裂注浆和压密注浆	同上	水泥黏土浆或粉煤灰水泥浆	水泥浆、硅粉水泥浆、水玻璃水泥浆
4	岩层	渗入性注浆或劈裂注浆	小口径孔口封闭自上而下分段钻注法	水泥浆或粉煤灰水泥浆	水泥浆或硅粉水泥浆
5	断层破碎带	渗入性注浆或劈裂注浆	同上	水泥浆或先注水泥浆后注化学浆液	水泥浆或先注水泥浆后注改性环氧树脂或聚氨酯浆材
6	混凝土内微细裂缝	渗入性注浆	同上	改性环氧树脂或聚氨酯浆材	改性环氧树脂浆材
7	动水封堵		采用水泥、水玻璃等快凝材料,必要时在浆中掺入砂等粗料,在流速特大的情况下尚可采取特殊措施,例如在水中预填石块和级配砂石后再注浆		

在国内外工程实践中,常采用联合注浆工艺,包括不同浆材及不同注浆方法的联合,以适应某些特殊地质条件和专门注浆目的的需要,下面是几个工程中采用过的实例:

(1) 开挖隧洞过程中固流砂而造成大规模塌方,需采用注浆方法在砂层中形成较高的力学强度才能恢复开挖工作,为此先用低压或中压注含有机固化剂的硅酸盐浆液,然后再用高压劈裂法灌注水泥浆。

(2) 在砂砾石地层中当含有可注性较差的中细砂夹层时,先用浓度较大和稳定性好的黏土水泥浆封闭卵砾石中的较大孔隙,再用低强度硅酸盐浆液灌注砂中的较小孔隙。

(3) 开挖竖井时为防止流砂涌入开挖面,先在地面钻孔至砂层,用较低压力灌注硅酸盐浆液,再通过注浆管向注浆区内引入直流电,依靠电渗原理使硅酸盐浆液扩散更均匀。

(4) 为了加固岩基中的断层破碎带和软弱夹泥层,先用高压劈裂法灌注纯水泥浆,以封闭较宽裂隙和在软泥中形成水泥石网格,然后用中压灌注高强度环氧树脂浆液,用以封闭水泥颗粒不能进入的微小裂隙。

(5) 为在裂隙岩中建造较高标准的防渗帷幕,先灌注纯水泥浆以封闭较粗的裂隙,后灌注强度较低但稳定性较好的化学浆液,例如丙凝和 AC-MS,以封闭残余的微细裂隙。

在选择注浆方案时,必须把技术上的可行性和经济上的合理性综合起来考虑。前者还包括浆材对人体的伤害和对环境的污染,这个问题已越来越引起工程界的重视,现在往往成为方案取舍的决定因素;后者则包括浆材是否容易取得和工期是否有保证等,在某些特殊条件下,例如由于工期过于紧迫或因运输条件较差而使计划采用的浆材难于解决,往往不得不把经济问题放在次要的地位。

4.2.3 注浆工艺

注浆施工过程一般分为四个步骤:(1)钻孔;(2)清洗钻屑及钻孔壁上的松软料;(3)进行压水试验以获得岩石渗透性资料;(4)注浆。施工目的主要是以改善地层松散性状,以及治水,使隧道顶部及侧面增加抗压强度和粘结性,实现加固目的,确保衬砌隧道衬砌后的围岩稳定性及隧道安全性。

1. 施工流程图(图 4-2)

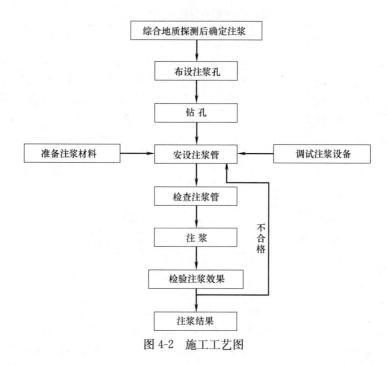

图 4-2　施工工艺图

2. 施工方法

1）钻孔

先在断面上用红油漆按设计标定孔位，再调整钻机，按该孔偏角调整钻机角度后固定，开孔时做到轻加压，慢速度，使其孔位不偏离设计角度、方向。

做好钻孔记录，出现情况及时反映相关部门。

2）孔口管安装

先用钻机钻引导孔，再将直径 $\phi 50$ 孔口管插入，外露 20～30cm，管壁与孔口处用麻丝填塞，再向孔内注浆固结，孔口管起着导向作用，钻孔安装时要控制好角度，要求安装牢固，固结密实。

对无水地段采用干硬性早强砂浆填塞，涌水地段孔口管的埋设采用增强型防水剂和水泥配制的固结混合料定位固管，埋设时将固管混合料搅拌均匀，装入数个塑料袋，将装有拌合物的塑料袋塞入出水孔内，再将孔口管前端从孔口能拖出的堵塞物堵住，顶入孔内，将孔内混合物塑料袋挤破，固管混合物遇水成浆，窜入管与孔壁之间，瞬间凝固将孔口管固定。

3）注浆前水压实验

注浆管连接安装完成后，压水检查注浆管路的密封性，同时冲洗岩石裂隙，扩大浆液通路，增加浆液充填的密实性。

4）注浆顺序

注浆应分批进行，为避免钻孔串浆应钻一孔注一孔，先疏后密。由于注浆浆液扩散的一般规律是向上易扩散，向下不宜扩散，一般先钻注布置在隧道顶部的注浆孔，后钻注隧道两侧孔，最后钻注底板孔，根据经验，先注外圈，后注内圈，同一圈由下向上间隔注浆，注浆速度应根据试验确定，一般注入速度为 30～80L/min。为了减少等强时间，除水玻璃外，可视情况在浆液中增加其他速凝剂。

5) 注浆主要机具设备，见表 4-2。

注浆主要机具设备表 表 4-2

序号	机具名称	规　格	备　注
1	风钻	由设计确定	钻孔打眼
2	铁锤	自制	打管
3	吹风管	ϕ20 钢管	吹孔
4	注浆泵	单液浆使用 KBY-50/70；双液浆使用 2TGZ60/50	注浆使用
5	电焊机		
6	拌合机		拌水泥浆
7	混合器		双液浆使用
8	注浆嘴		注浆使用
9	浆液桶		盛放浆液
10	波美表		测浆液浓度
11	胶管	高压管	注浆使用

6) 注浆结束标准

注浆压力逐步升高至设计终压，则继续注浆 10min 以上，注浆结束时的进浆量小于 20L/min，全环注浆结束必须单个注浆孔均符合单孔结束条件。

7) 注浆效果检查

一是钻孔检查，通过判定浆液固结范围，查看有无注浆空白区。二是根据注浆施工记录（注浆量、压力表读数）判定注浆效果。三是取不少于注浆孔总数的 5%，作压水试验检查，重点布置在耗灰量较大、冒浆现象较多及地质条件较差的部位。吸收率从水压开始，持续 30min，均小于规定的最小吸水率，即满足设计要求，否则补压。检查完成后，检查孔再进行注浆补强，并用砂浆全孔封闭。注浆过程中异常情况处理：

(1) 钻孔过程中遇见涌水情况，立即停钻，进行注浆处理。

(2) 当注浆压力突然升高，则只注纯水泥浆或清水，待泵压恢复正常后，再进行注浆，若压力不恢复正常，则停止注浆，检查管道是否堵塞。

(3) 当进浆量很大时，压力长时间不升高，则调整浆液浓度及配合比，缩短凝胶时间，进行小泵量、低压力注浆，以使浆液在裂隙中有相对停留时间，以便凝胶，亦可采用间歇式注浆，但停留时间不能超过浆液凝胶时间。

8) 注浆安全、环保要求

(1) 注浆前应检查机具是否完好，连接管路及封口是否良好，如发现异常，及时停止作业。

(2) 注浆前应进行注水试验，不得直接进行注浆。

(3) 作业工人必须配备防护用品，在注浆时远离注浆口，防止爆裂伤人。

(4) 孔口管焊接牢固，注浆后注浆孔要堵塞密实。

(5) 注浆结束后，及时进行清洗，防止浆液堵塞管路。

(6) 注浆完成后及时清理现场，保证现场文明施工质量。

3. 小导管注浆，注浆加固基本流程

1）小导管注浆施工流程（图 4-3）

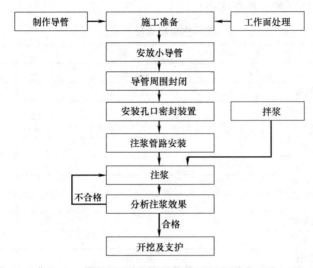

图 4-3　小导管注浆施工流程图

2）小导管的参数确定

小导管注浆设计应根据地质条件、隧道断面大小及支护结构形式选用不同的设计参数。

根据地下工程特点，小导管注浆主要参数为：

（1）小导管长度（L）：$L=$上台阶高度$+1m$；

（2）小导管直径：$30\sim50mm$；

（3）安设角度：$10°\sim15°$；

（4）注浆压力：$0.15\sim0.25MPa$；

（5）注浆速度：$30\sim100L/min$；

（6）注浆扩散半径：$1.5\sim2.5m$；

（7）浆液注入量 Q：$Q=\pi R^2 Ln\alpha\beta$；

式中　Q——单管注浆量（m^3）；

　　　R——浆液扩散半径（m）；

　　　L——注浆管长度（m），一般 $3\sim5m$；

　　　n——地层空隙率或裂隙度；

　　　α——地层填充系数（堵水时一般取 $0.7\sim0.8$；加固地层时，一般取 $0.6\sim0.7$）；

　　　β——浆液消耗系数，一般取 $1.1\sim1.2$。

（8）每循环小导管搭接长度为 $0.5\sim1.0m$。

小导管沿隧道周边布设，一般为单层布置；大断面隧道、软弱围岩地层亦可双层布置。环向间距为 $30\sim40cm$。小断面隧道钢拱架间距为 $75\sim100cm$，每开挖 $2\sim3$ 循环安设一次；大断面隧道钢拱架间距 $0.5m$，每开挖 $1\sim2$ 循环安设一次。小导管超前预注浆如图 4-4 所示。

3）注浆材料

小导管注浆通常采用单液水泥浆、水泥水玻璃双液浆或改性水玻璃浆液 3 种材料。根

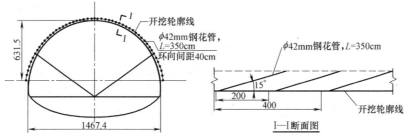

图 4-4 小导管超前预注浆示意图（尺寸单位：cm）

据凝胶时间的要求，水泥浆的水灰比通常为 0.6：1～1：1（质量比），水玻璃浆浓度为 25～35Be′，水泥、水玻璃体积比可为 1：1，1：0.8，1：0.6。改性水玻璃的模数在 2.8 ～3.3 之浓度 40Be′ 以上；硫酸浓度 98％ 以上；浆液配合比，甲液水玻璃为 10％～20％ 的稀硫酸。

4）导管的制作

超前小导管宜采用直径为 25～50mm 的焊接钢管或无缝钢管制作。

先把钢管截成需要的长度，在钢管的前端切割、焊接成 10～30cm 长的尖锥状，在钢管后端 10cm 处焊接 ϕ6mm 钢筋箍，以利套管顶进，管尾 10cm 车丝，和球阀连接。距后端钢筋箍处 90cm 开始开孔，每隔 20cm 梅花形布设 ϕ8mm 的溢浆孔。小导管制作如图 4-5 所示。

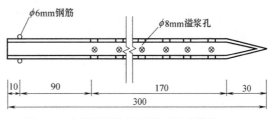

图 4-5 小导管制作示意图（尺寸单位：cm）

5）小导管的安设

小导管的安设可采用引孔或直接顶进方式。其安设步骤为：

（1）用 YT-28 风钻或煤电钻引孔，或用吹管将砂石吹出成孔，孔径大于小导管直径 10～20cm，孔深视导管长度而定。

（2）插入导管，如插入困难，可用带顶进管套的风钻顶入。

（3）用吹风管将管内砂石吹出或用掏钩将砂石掏出。

（4）小导管尾缠棉纱，使小导管与钻孔固定密贴，并用棉纱将孔口临时堵塞。

（5）为防止注浆过程中工作面漏浆，小导管安设后必须对其周围一定范围的工作面进行喷射混凝土封闭。喷射厚度视地质情况，以 5～8cm 为宜。

6）机具设备

小导管注浆应配备与工艺相适应的成孔设备、注浆设备、搅拌设备和其他设备，以保证注浆质量。成孔设备可根据地质情况，选用孔深度 3m 以上的风钻、高压（0.6MPa）吹管。根据注浆工艺，应配有单液注浆泵、双液注浆泵，其注浆压力应不小于 5MPa，排浆量应大于 50L/min，并可连续注浆。搅拌设备应选用低速机械式搅拌机，其搅拌有效容积不小于 400L。混合器：采用"T"形混合器，其为两个进浆口和一个出浆口，口径为 25mm。小导管注浆时，应根据需要配有抗震压力表、高压胶管、高压球阀、水箱及储浆桶等辅助设备，还应配备必要的检验测试设备，如秒表、pH 计、波美计等。

7）注浆施工

（1）注浆开始前，应进行压水或压稀浆试验，检验管路的密封性和地层的吸浆情况，压水试验的压力不小于设计终压，时间不小于 5min。

（2）注浆顺序。周边超前小导管自两侧向拱顶方向注第一孔序号（单号），然后以同样顺序注第二序孔（双号）。注浆过程中要根据不同地层及掌子面含水情况，将胶凝时间调整在 5～180s，以防止浆液随地下水流失过远而造成止水效果不佳和浆液的浪费。单孔注浆结束后应迅速用棉纱将孔口封闭，并用水清洗泵及管路，然后移至下一孔进行施工。

（3）水泥浆注浆，浆液的水灰比为 0.6∶1～1∶1，水泥强度等级为 32.5。注浆压力为 0.5～1.5MPa，为防止压裂工作面，同时还需控制注入量，当每根导管的注入量达到设计时即可停止。当孔口压力达到规定值时，但注入量不足时也可以停止。

（4）注浆时，要经常观测注浆压力和流量的变化，发现异常情况，及时处理。如压力逐渐上升，流量逐渐减少属于正常现象；如压力长时间不上升（小导管注浆 5min），流量不减，可能出现跑浆或漏浆等情况；如压力急剧上升，流量急剧减少，在排除地层因素外，可能是管路阻塞。

（5）注浆过程中，要经常观察工作面及管口情况，发现漏浆和串浆，要及时进行封堵。

（6）双液注浆，每隔 5min 或变更浆液配比时，要在孔口测量浆液凝胶时间，并根据情况进行调整。

（7）注浆过程中要做好注浆记录，每隔 5min 详细记录压力、流量、凝胶时间等，并记录注浆过程中的情况，作为注浆效果的分析基础。

（8）为防止串浆情况的发生，应采取隔孔注浆的顺序进行注浆。

（9）注浆效果检查。注浆结束后，应采用分析法和钻孔取芯法，检查注浆效果，如未达到设计要求时应补孔注浆。

（10）注浆结束标准：

① 单孔注浆结束标准。注浆过程中，压力逐渐上升，流量逐渐减少，当压力达到注浆终压，注浆量达到设计注浆量的 80％以上，可结束该孔注浆；注浆压力未能达到设计终压，注浆量已达到设计注浆量，并无漏浆现象，亦可结束该孔注浆。

② 循环注浆结束标准。所有注浆孔均达到单孔注浆结束标准，无漏注现象，即可结束循环注浆。

4.2.4 施工实例

实例一：北京地铁深孔注浆施工技术

1. 工程概况

北京地铁十号线北土城东路站——芍药居站区间联络线在 K0＋109——K0＋174（长 65m）段下穿小月河，其特点为：①围岩自上而下为粉质黏土、粉土，局部有粉细砂层；②小月河是人工开挖的河道，常年水深约 0.3～1m；③为防止河水的渗漏，河床加铺了 50cm 的混凝土，两侧有浆砌片石护坡；④地下水位在隧道底部以下，围岩中仅有少量河水及地表渗水；⑤隧道埋深很浅，隧道顶部覆盖层厚 3～3.5m。隧道采用暗挖法施工，马蹄形断面，隧道开挖宽 6.622m，高 6.691m，采用小导管注浆超前支护，导管长 3m，环向间距 30cm，纵向搭接 1m；复合式衬砌，由钢格栅（钢格栅间距 0.5m）挂网及喷射混凝土联合初期支护厚 30cm；C30 防水混凝土衬砌厚 30cm、仰拱 40cm，初支与二衬间设柔性防水层。具体过河段断面结构设计见图4-6。

2. 施工方案选择

按照"管超前、严注浆、短进尺、强支护、早封闭、勤量测"的十八字方针，及过河段的特殊地质条件和考虑到安全、质量、进度等各方面因素，根据小月河水压及覆土压力计算得出，需使周边土体无侧限抗压强度达到1.0～1.2MPa，才能保证开挖及结构安全。在预加固地层时依据设计图纸提出了三个比选方案：竖直旋喷桩、水平旋喷桩及深孔注浆。经方案比选认为：竖直旋喷桩施工需在地面施工，对小月河河水及环境易造成破坏；水平旋喷桩施工需占用较长的时间和较大的成本；深孔注浆浆液对土层有良好的固结效果和防止水流渗透，提高围岩的自稳能力，保证安全施工，故决定采用深孔注浆施工加固地层。技术经济比选情况见表4-3。

图4-6 过河段断面示意图（单位：mm）

技术方案比选 表4-3

序号	项目	竖直旋喷桩	水平旋喷桩	深孔注浆	备注
1	方案简述	在地表利用竖直旋喷机注浆，充填土层裂隙，改良软弱围岩	利用扩大洞室施做水平旋喷桩，使周边土层强度达到理想强度	在掌子面利用填充性、渗透性、劈裂性注浆原理，采用改良双液浆充填软弱地层	
2	主要参数	桩径1.2m，桩间距1m，梅花状布置，桩长17.5m，旋喷压力15～20MPa	桩径1m，环向间距1m，桩长22m，旋喷压力15～20MPa	孔眼直径45mm梅花状布置，间距0.9～1.1m，有效注浆深度15～17m，浆液扩散半径2.5m，注浆压力1～1.5MPa	
3	优点	地表作业，不占工期，地层改良效果好	压力适中，注浆效果好	成本投入小，施工方便	
4	缺点	施工时要破坏原有河道铺砌，施工后要恢复，故投入较大	对工期影响较大，且洞内污染大，不利于文明施工	占用工期较少，对现场管理要求高	
5	施工造价	159万元	76万元	43万元	预计
6	占用工期	不占用工期	40天	20天	预计
7	选择情况	不采用	备用	选用	

3. 双液深孔注浆施工工艺

1) 施工特点

(1) 双液深孔注浆成本投入小，施工方便，钻孔、注浆等各项工序可一次完成，其注浆材料能保持良好的均质性，不易溶于水，凝固时间可调节，凝胶效果好、强度高、耐久性好。

(2) 以改变软岩性能为目的，降低围岩的透水性及松散性，保证隧道掘进时的安全和质量。

(3) 通过调整浆液配合比、注浆速度、压力及凝固时间来适应不同地层，既能对大裂缝进行填充式注浆，又能对细小裂纹及砂层进行渗透式注浆，还能对土层进行劈裂式注浆，因而止水及固结效果好。

(4) 深孔加固注浆技术参数可随时根据施工地质条件变化和超前预报注浆情况修正

调整。

（5）注浆设备小，系列化、轻型化，易于移动且价格低廉。

2）工艺原理

隧道过河段结构顶距小月河底只有 3～3.5m，围岩较松散，且透水性强，适合深孔注浆施工。在隧道开挖前，通过钻孔机具在掌子面进行钻孔，再利用双液注浆机通过钻孔向前方土体内注入水泥—水玻璃双液浆液，以及适当的外加剂，对隧道掌子面进行放射型注浆加固止水。注入水泥—水玻璃以及外加剂组成的浆液发生化学反应，将土的颗粒间存在的水强迫挤出，使颗粒间的空隙充满浆液并使其固结，可提高各项物理力学指标数值，使土层透水性降低，形成具有一定强度和止水效果的地下连续注浆防护体，达到止水、加固的预防目的。

3）施工工艺

（1）工艺流程

深孔注浆工艺流程见图 4-7。

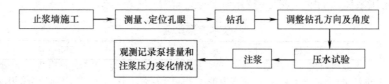

图 4-7　深孔注浆工艺流程图

（2）技术参数

过河段深孔注浆结果要求达到在隧道周边 2～5m 范围内循环固结土层，根据计算在隧道断面布置 45 个注浆孔，孔眼直径为 42mm，注浆孔位及间距见图 4-8 和图 4-9。

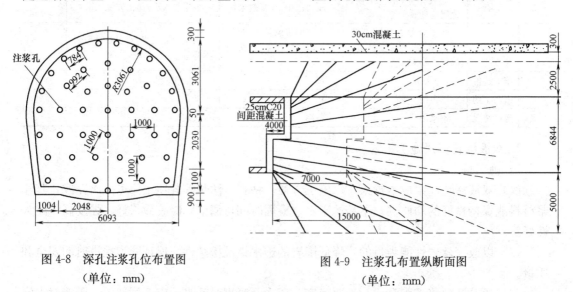

图 4-8　深孔注浆孔位布置图　　　　图 4-9　注浆孔布置纵断面图
　　　　　（单位：mm）　　　　　　　　　　（单位：mm）

注浆孔眼可根据现场土层要求适当增减，主要技术参数如下：

注浆长度：每环 15～17m；每次开挖长度：11～13m（保证止浆岩盘长 4m）；注浆液扩散半径：2.5m。

注浆材料：PO42.5 水泥、浓度 Be40 水玻璃，模数为 2.0～3.0，铝粉膨胀剂，特殊配方 CT-1、CT-2 外加剂；浆液比例：水：水泥（重量比）1～2.2：1；水泥浆：水玻璃浆液（体积比）1：1；铝粉掺入量为水泥重量的 0.1％；外加剂 CT.1、CT.2 掺入量为水泥重量的 2.5％；注浆凝固时间：由于过河段特殊地质情况，为保证扩散半径，浆液凝固时间较长，为 20～180s；注浆压力：1～1.5MPa。

（3）注浆方式

注浆方式分为全段注浆和分段注浆，分段注浆按顺序分为前进式和后退式。根据联络线过河段水文及地质情况选择分段后退式注浆，注浆孔一次钻至全深后由里向外分段注浆，所用时间较短，注浆效果最佳。

（4）注浆工艺

止浆墙施工：为防止未注浆时地下水涌出作业面及注浆时跑浆，注浆每循环皆设置网喷 C20 混凝土 25cm（钢筋网为 φ8 钢筋，间距 150mm×150mm），并在每循环预留 5m 止浆墙。平整钻机场地，准确定出钻孔位置，为保证上下台阶同时施工，钻孔和注浆分上、下两台阶进行，根据台阶高度调整上、下台阶钻孔数量。钻机钻孔应严格根据地质情况控制进水量，防止塌孔。采用双重管双液注浆工艺，不用更换安装注浆管，直接利用钻杆进行压水试验及注浆。观测和记录泵排量和注浆压力情况，如出现问题，应及时调整配比、注浆压力、凝固时间及排量。

4）机械设备

深孔注浆机具包括钻机、注浆泵、浆液搅拌机等。具体机械设备情况见表 4-4。

主要机械设备 表 4-4

序号	机械名称	规格、型号	单位	数量	备注
1	钻机	CMJ-17	台	1	
2	履带工全液压钻机	TXU-75A	台	4	备用一台
3	注浆泵	SYB-60/50	台	5	备用一台
4	搅拌机	SJY	台	2	

5）质量标准

（1）注浆压力达到设计规定的终压 1～1.5MPa，并稳定 10～15min；

（2）浆液量达到设计要求时计算公式为

$$Q=\pi RL\beta$$

式中　R——注浆扩散半径；

　　　L——注浆长度；

　　　β——填充率，根据土质情况而定。

（3）注浆完成后钻孔检查，若涌水量≥0.15m/h，则继续注浆。

4. 实用效果

过河段在经过深孔注浆后，围岩工程力学性能得到改善，经过深孔双液注浆后该段围岩的强度均匀，单侧限抗压强度超过设计要求的 1.0～1.2MPa，创造了过河段开挖施工条件；开挖过程中土层干燥、密实，初喷后混凝土表面没有湿渍。经过双液深孔注浆后，变更过河段四部开挖为台阶开挖，有效地节约了施工成本，加快了施工进度，比原设计

CD 法开挖施工工期提前 20d。

实例二：北京某电力隧道注浆施工

1. 工程概况

北京某电力沟工程位于北京市海淀区成府路中段，东起铁路东侧家具店，西至东升乡乡政府路口，全长约 500m。本工程电力沟为 2.00m×2.05m 暗挖隧道。初衬 200mm，二衬 200mm，初衬和二衬之间为 SBC120 聚乙烯丙纶复合防水卷材。

由于 2.00m×2.05m 暗挖隧道位于粉质黏土土层中，部分地段为回填土，地层松软，自稳能力差，施工中土体坍塌严重，存在着很大的安全隐患。为保证施工安全及施工的顺利进行，必须对此段进行开挖预加固处理。针对上述情况，本着技术可靠、施工可行、经济合理和对现况土体扰动小的原则，结合近年来我国注浆加固的成功经验，经研究决定采用二重管 A、C 液无收缩注浆加固的方法，对该段地基进行加固处理，增强地基的自稳性和抗压强度。

2. 工程地质条件

根据建设部综合勘察研究设计院提供的岩土工程勘察报告，隧道开挖深度范围内的土体工程地质和水文地质条件如下：

(1) 工程地质条件：填土①层：杂填土①$_1$层：杂色，以建筑垃圾为主，中下密度；素填土①$_2$层：黄褐色，以粉土、粉质黏土为主，中下密度；该层厚度为 1.0～2.5m。粉土②层：褐黄～灰黄色，结构较好，可塑～硬塑，厚度为 2.5～4.3m。粉质黏土③层：浅灰～褐黄色，结构较好，可塑～硬塑，夹粉土③$_1$层透镜体，厚度为 6.7～7.9m。

(2) 水文地质条件：根据勘察报告，隧道开挖深度影响范围内，存在上层滞水，含水层为粉土②层，静止水位埋深为 1.6～2.78m，主要来源为大气降水、管线渗漏。

3. 施工方案设计

(1) 本工程主要以改善地层松散的性状为目的，以及止水，使隧道顶部及侧面增加抗压强度和粘结性，实现加固目的，保证隧道掘进时，拱顶土体不产生坍落从而保证暗挖施工顺利进行和施工安全。

(2) 施工方法选择：本工程采用双重管无收缩注浆工法，对隧道作业面前方的起拱线以上 3m 部分土体及侧面 2m 部分土体的范围进行辐射型注浆加固处理，形成具有一定强度复合地基，以达到稳固土体的预期目的。

4. 注浆加固

1）注浆材料

(1) 其特性对地下水而言，不易溶解；

(2) 对不同地层，凝结时间可调节；

(3) 高强度、止水；

(4) 注浆材料配比：溶液由 A、B 液组成；悬浊液由 A、C 液组成。注浆时，将根据现场实际情况适当加入特种材料以增加可灌性和早期强度。

2）注浆范围的设计

经计算暗挖隧道土体注浆加固范围确定如下：

(1) 隧道结构外轮廓线：左右两侧各 2m 以内的土体；拱部以上 3m 以内的土体；底部不加固。位于回填土内的隧道全段面加固，位于天然土层内的隧道仅加固隧道开挖范围外的两侧各 2m，上部 3m 的范围。

（2）断面纵向每次加固长度 12m。

（3）采用垂直、水平和斜向成孔、注浆加固。

3）注浆孔的布置：根据隧道结构及地质状况，注浆孔于开挖断面上呈正方形布置，间距 0.7m。

4）施工部署及工艺流程

（1）施工部署

① 加固区长度每段 12m，开挖时预留 3.0m，以防下一次注浆时浆液外溢。

② 水平加固区采用由中心部→外围→中心部，并采用隔孔注浆施工。

③ 如现场地面施工条件具备，为缩短工期，采用地面垂直注浆方案。

（2）工艺流程

① 钻孔：根据设计要求，对准孔位，根据不同入射角度钻进，要求孔位偏差不大于 2cm，入射角度偏差不大于 1°。

② 注入浆液：成孔后，开始注浆，注浆压力 0.3～0.5MPa。

③ 拔出注浆管，封堵注浆孔：采用黏土或其他材料封堵注浆孔，防止浆液流失。

④ 冲洗注浆管：注浆完毕，应立即用清水冲洗注浆管，必须采取适当措施处理废水，搞好清洁工作。

⑤ 转入下一孔位施工。

5. 注浆效果检测手段

1）注浆施工结束后，通过注浆体内钻孔，用压水、注水或抽水等办法测定地基的流量及渗透系数，不合格者需进行补充注浆。检查孔的数目约为总注浆孔数的 5%～10%，布孔的重点是地质条件不好的地段以及注浆质量较差或有疑问的部位。

在防渗注浆工程中，这类检测是一种重要的和基本的手段。

对加固注浆而言上述水力物理性虽不能直接反映加固效果，但至今仍旧被广泛的当做一种参考指标，因为吸水量大小与地基的密度和强度之间存在着一定的关系。

2）通过钻孔，从注浆体内取出原状样品，送试验室进行必要的试验研究。实践经验证明，通过这类检测可得出下述几项重要的物理力学性能指标，据此能对注浆效果作出比较确切的评价：

（1）样品的密度；

（2）结石的性质；

（3）浆液充填率及剩余孔隙率；

（4）无侧限抗压强度及抗剪强度；

（5）渗透性及长期渗流稳定性；

3）采用挖探或其他方法检验加固效果。

4.3 隧道超前管棚托换

隧道超前管棚法或称伞拱法，是地下结构工程浅埋暗挖时的超前支护结构。其实质是沿开挖轮廓线周线 120°范围内，钻设与隧道轴线平行的钻孔，而后插入不同直径（70～

1000mm）的钢管，并向管内注浆，固结隧道周边的围岩，并在预定的范围内形成棚架，形成简支梁支护体系，起临时超前支护作用，防止土层坍塌和地表下沉，以保证掘进与后续支护工艺安全运作。管棚技术，即水平定向钻进技术，属于非开挖技术，水平定向钻进技术特点是利用钻杆固有的刚度和柔性，在导向系统的监测下按设计路线轨迹钻进，到达目的地，卸下钻头换上扩孔器进行回扩孔拖管或直接在管头安装扩孔器，一次完成的安装。

　　管棚超前支护法是近年发展起来的一种在软弱围岩中进行隧道掘进的新技术。管棚法最早是作为隧道施工的一种辅助方法，在松散、软弱、砂砾地层或软岩、岩堆、破碎带，以及隧道进出口地段施做管棚，能够保证隧道开挖施工的安全，并尽可能循环通过上述地段。为减少洞室的开挖，降低工程成本，一般管棚施做应该尽量避免在隧道进出口以外的其他地方使用该方法。由于预埋超前管棚做顶板及侧壁支撑，为后续的隧道开挖奠定了坚实的基础，且施工快、安全性高、工期短，被认为是隧道施工中解决冒顶的最有效最合理的施工方法。随后管棚法被用于城市地下铁道的暗挖施工，在建筑物密集、交通繁忙的城市中心地区，采用明挖法施工地下工程必须拆迁大量的地层管网和地面建筑物，随着人们对环境保护的呼声越来越高及政府对环保的日益重视，承包商们不得不放弃既影响交通又不利于环境保护的明挖法而改用暗挖施工法，管棚法作为一种重要的暗挖施工法在日本、美国及欧洲各国被广泛采用。管棚钻机是管棚法施工技术中最关键的设备，它的作用是沿着隧道断面外轮廓超前钻进并安设管棚。

4.3.1　管棚作用机理

　　管棚在软弱围岩的隧道施工中究竟起什么作用？这涉及设计和施工理念。日本实施的管棚法由于管棚的直径大、刚度大，同时又是密排布置的，当钢管的两端支撑梁的刚度达到足够大之后，开挖引起的变形量非常小。开挖释放应力对围岩的作用将被管棚阻隔，此时管棚可简化为简支梁，而两端的支撑梁便是简支梁的弹性支撑。上覆地层的变形主要包括两部分：一是管棚的挠曲变形，二是端头支撑梁的变形。所以其变形控制主要是通过提高管棚和支撑梁的刚度来实现。在日本和韩国，该方法应用于隧道穿越既有铁路线或公路线，这样可以控制隧道开挖对既有线路产生的不良影响。

　　1. 管棚的形成条件

　　在隧道拱部的管棚，要形成通俗意义上的"棚"必须具备两个方面的条件：①管间的软弱围岩能形成微拱；②具有足够数量能扩散或传递围岩压力的杆件结构。

　　一般管棚预支护正台阶施工方法，每一开挖步长 ΔL 仅为 0.5～1.0m，开挖面前方的围岩管棚埋入围岩之中，起到约束已开挖区管棚的变形作用，这一作用使开挖释放应力也随之减少。围岩压力通过管棚扩散到格栅拱架之上，管棚和格栅支撑着围岩，形成谷筛效应，"筛"孔间的土以土拱的方式起到承受和传递外部围岩压力的作用，而喷射混凝土的存在又进一步起到了补充的作用。在开挖阶段，管棚和格栅形成鱼刺骨架模型，管棚与格栅间由喷射混凝土和格栅形成均匀受力体系，用以支持四周的围岩压力。

　　2. 棚架体系

　　尽管管棚具有形成"微拱"、扩散围岩压力和减少释放应力的作用，当开挖进尺达到一定量之后，一旦导致掌子面坍塌，上述作用将大为削弱或丧失，事实上，当采用小管棚作为超前预加固时，在开挖过程中，必须辅以较密的格栅拱架支撑，使得管棚和拱架形成棚架支护体系。现场钢架受力监测证明：沿拱圈布置的钢架以受压为主，而接近水平方向的钢架既有受压的，也有受拉的，其对拱部和边墙的钢架受力起到调节作用。

3. 管棚辅助工法的设计和施工参数

迄今，管棚工法的设计主要依赖于经验和类比，即使采用锚固岩体法的计算或等效梁法等，仅起定性说明的作用，为此现阶段的研究重点是要逐步实现管棚工法的量化计算，其前提是要分析清楚在工况转化过程中，管棚支护体系的受力转换及其工作特征，尤其是开挖应力释放阶段和拆撑施做二衬过程。基于此，可将目前的管棚分为 3 大类：①管径小于 129mm，为小管棚体系；②管径在 129～299mm 之间为中管棚体系；③管径大于 300mm 为大管棚。

小管棚体系由于管子的刚度相对较小，必须采用管棚格栅支护体系，小管棚主要起到扩散围岩压力和减少开挖应力释放的作用，其对应的设计参数主要有：①管径和间距；②格栅的刚度和纵向间距；③初支的厚度和必要的注浆量和注浆压力。与设计参数相对应的施工参数为：①管棚的施做顺序；②分步开挖方法；③进尺量及台阶的长度；④注浆的初凝时间和初支的施做时间。

中管棚体系的管相对来说刚度较大，可以采用搭扣或密排方式，在纵向支撑方面，既可以选用端头梁支撑，也可以选用纵向间距相对较大的格栅。其主要设计参数转化为：①中管棚的布置范围；②中管棚的刚度及临时支撑的间距；③中管棚的长度。其相应的施工参数：①管棚的成孔速度；②临时支撑（格栅）的施做时间。

大管棚具有足够大的刚度，其支护机理与国内应用较为广泛的小管棚不同，其设计主要控制钢管的挠度。对施工而言，重点是解决管棚的施工精度（保证密排）。

4.3.2　管棚的设计

1. 管棚的构造形式

搭扣形式主要用于软弱、富水地层，在开挖时，管间水土流失严重，采用单纯的管棚或者结合小导管不能有效保证注浆效果和施工安全性时，可采用扣搭形式管棚，该形式主要借鉴管幕法。

管幕法中，扣搭的最初设想主要是方便钢管的定位，后来演变成用来止水。在高含水量的软土地区进行施工，为了使管幕有良好的连续性和水密性，通常在相邻的两管间设计有公母接榫。

对于管幕公母接榫的设计可分为内接式和外接式两种，外接式的公母接头因接头突出于钢管外，不仅在管棚顶进过程中增加额外的阻力，且会扰动经过注浆的土层结构，破坏土层的水密效果，因此，在管幕施工中，目前倾向于使用内接式接头。内接式因无突出物破坏土层的结构和水密性，也不会影响方向的控制，基本是比较理想的接头。一般管棚的搭接方式有如图 4-10 所示的四种。

对于大直径管棚采用内接式接头比较容易做到，同时，接头内注浆也比较容易实现；而对于小直径管棚，采用这种方法比较麻烦，对于施工精度要求更高，且管棚的切割费时，因此，一般设计考虑采用外接式。北京地铁崇文门车站采用的管径为 600mm，其搭接方式如图 4-11 所示。

2. 管棚的布置

管棚的布置形式是管棚设计中的最重要参数之一，它直接关系着管棚工程的钢管数

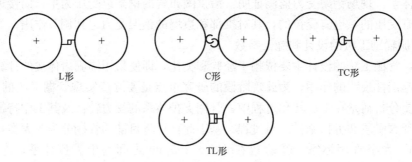

图 4-10　管棚的搭接方式图

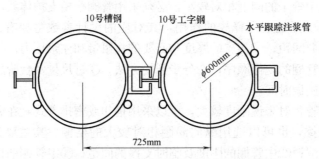

图 4-11　北京地铁 5 号线崇文门车站管棚搭接

量、施做时间，工程造价以及管棚的作用效果。

布置形式主要受管棚目的、地层特性、地层分布及稳定情况、隧道断面形式、跨度、隧道的开挖方法及相应的开挖断面等因素控制。根据现有的工程案例分析，管棚主要有弧形、门形等布置形式。

1）弧形布置

管棚布置在隧道拱部，对应的圆心角一般为 120°～150°，这种布置形式主要用于防治拱部坍塌，且未采用管棚的边墙部位在开挖过程中能够保持稳定，如：杨梅岭隧道、官头岭隧道进口段管棚布置在拱部 150°范围；青岭隧道治理塌方段布置在拱部 148.95°范围内；磨石岭隧道管棚布置在拱部 120°范围。典型工程的布点分别如图 4-12 所示。

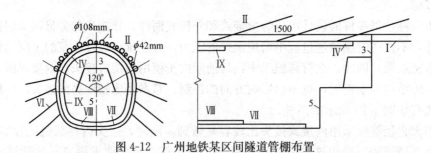

图 4-12　广州地铁某区间隧道管棚布置

2）半圆形布置

主要用于隧道上断面开挖过程中，拱部地层难以保持稳定的情况，隧道管棚布置在拱部 180°范围内，典型工程案例如图 4-13 所示。

3）门形布置

隧道除底部外，布置成半圆——半封闭的门形。该布置形式适用于隧道底部稳定而断面内地层及上部地层不稳定的情况，典型案例如图4-13所示。

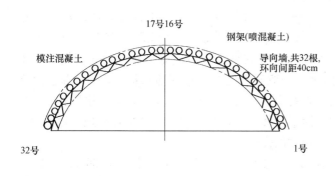

图 4-13 内昆铁路某隧道大塌方段

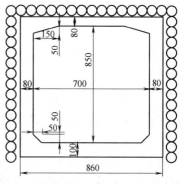

图 4-14 广州市新塘镇某高速下穿公路段

4）全周布置

用于软弱、富水地层或膨胀性、挤出性围岩等隧道地质条件极差的情况，典型工程案例如图4-15所示。

5）一字形布置

该布置形式一般用于在下穿公路、构筑物等，受环境限制拱部为坦拱形式或隧道距离穿越物比较近时，布置一字形可以减少管棚工作量，典型案例如图4-16所示。

6）波浪形布置

该形式主要用于结构形式、施工方法特殊的地铁车站或多条并行隧道，典型案例如图4-17所示。

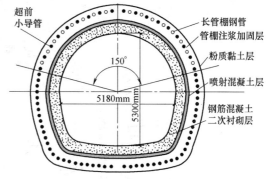

图 4-15 南京地铁软流塑地段

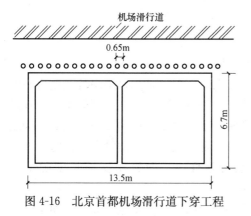

图 4-16 北京首都机场滑行道下穿工程

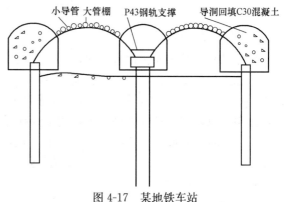

图 4-17 某地铁车站

3. 管棚的几何参数

1）管棚层数

管棚一般是由单层布置，但在一些特殊场合，如隧道从重要的建筑物等下方穿过，为最大限度地减小隧道施工引起的地层沉降，需加强管棚层的刚度。提高管棚层刚度主要有提高单层管棚直径和增设管棚层两个途径，增设管棚层方法具有可利用普通钻机的优点，因此，在一些工程中采用了双层管棚工法。

广州地铁 2 号线公纪区间在 YDK14＋180～YDK14＋209.5 处的大跨度隧道，左线、右线、存车线三线并存，开挖跨度 21.6m，开挖高度 14.2m，拱部最小埋深 13.5m，开挖面积 253.7m²，眼镜法施工，分 11 步开挖。衬砌采用复合衬砌，即 40cm 初期支护和 80cm 二次衬砌，衬砌分 6 步完成。防水采用双层无纺布和单层防水板。岩层主要为人工填土层、淤泥质土层、残积土硬塑层、岩石全风化带、岩石强风化带、岩石中风化带，隧道所处地面环境比较复杂，高层建筑和地下管线较多，施工时要求严格控制地下水的流失及地表沉降变形，以确保地面及地下结构物的安全。

采用的大管棚设计为双层，层间距 0.7m（上下层错开布置），设于拱部 90°范围内。下层管棚孔口沿隧道开挖轮廓线外 0.3m 布置，环向间距 0.4m。外插角 1°，管棚采用壁厚 8.0mm 的无缝钢管，长 24.0m。管棚内加 4φ20 组成的钢筋笼以增强管棚刚度，如图 4-18 所示。

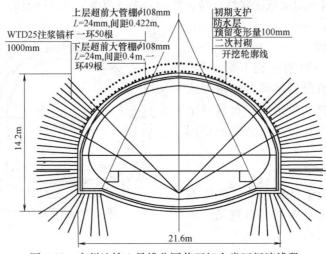

图 4-18　广州地铁 2 号线公园前至纪念堂区间渡线段

2）管棚尺寸参数

管棚尺寸参数主要包括管棚的长度、直径以及壁厚。

管棚支护长度越长，越能节省辅助时间，提高施工效率。但是如果采用坑道钻机施做管棚，则由于受到钻孔机具、钻进技术和钢管柔性弯曲等条件限制，如果管棚支护长度过长，方向难以控制，管棚容易下垂，就很难确保管棚的水平角度和排列整齐，从而影响施工质量。同时，管棚支护长度也不宜太短，如果太短，则每段需要施做管棚工作室，增加工作量，影响施工效率，增加成本。根据不同地质条件，一般管棚支护长度确定为 10～40m。

当工程位于城市地区或穿越重要构筑物，因条件受制约，不能施做管棚工作而采用非开挖方法施做管棚时，由于管棚方向可精确控制，则管棚长度可不受限制，由隧道和地下工程的长度确定。

管棚直径的选取，可以考虑类似工程和既有的工程经验，并参考管棚的理论模型进行计算后确定。对于一般工程，可以选用直径 159mm 以下的管棚，对于特殊工程则需综合工程的重要性、施工难度，确定管棚直径和相应的施工机具、施工方法，特别是需要采用特殊非开挖设备，则更需进行经济、技术综合分析和评价。

3）管棚位置参数

位置参数主要包括开孔位置、仰角及环向间距。

开孔位置的确定原则是尽量使用管棚靠近开挖轮廓线，同时又考虑管棚的施工方法和施工精度，不得侵入开挖轮廓线。对于小直径管棚，一般取钢管中心距离开挖外轮廓线 30cm。

因为地层原因及钻杆重力，管棚在钻进过程中要发生向下弯曲，在开孔钻进时要有一定的上仰角度。如果上仰角度过小，管棚会因向下弯曲而侵限，在隧道掘进时需要将钢管割去，从而严重影响隧道掘进速度；如果上仰角度过大，使管棚远离隧道外轮廓线而失去支护作用，使管棚有效支护长度缩短，同时在开挖时容易造成超挖，为此需要确定合适的管棚上仰角度。

一般影响管棚向下弯曲程度的因素主要有：地层条件，如松软、破碎、强度不均匀或存在空间等；管棚材料质量，如管材强度、抗弯程度、管棚前端钻头加工质量、管棚同心度等；钻进工艺，如钻机位置、高度、方向的准确度、钻进时给进力度、循环液流量以及钻机操作等。

充分考虑上述因素，并结合具体的地质条件，外插角一般考虑和隧道纵向轴线方向呈 $1°\sim3°$，同时，仰角的设置需要考虑管棚的长度、管棚施做方法等，如采用坑道钻机，设置多循环时，管棚的倾角需要满足下一循环管棚工作时的需要。当选用非开挖方法，管棚方向可精确控制时，可不设外插角。

管棚的环向间距主要由地层性质（黏着性，粒径、密度、裂隙、地下水）、地层压力、管棚在隧道断面的位置（拱部、侧壁、底部）、水平钻孔的施工性（钻杆的弯曲程度）以及隧道的开挖方法等因素决定。

管棚间距主要受管棚间岩土的稳定性、防水要求和施工精度所控制。当不存在防水要求时，管棚最大间距主要受管棚间的岩土稳定性控制，最小间距受管棚钻机施工精度控制，在水平钻孔中，管棚的弯曲量随施工深度增加，大致为钢管施工长度的 $1/600\sim1/250$。例如，钢管的施工长度为 30m，取施工精度为 $1/300$，则管棚的最小纯间距为 $3000\times1/300=10$cm。

一般管棚间距在 $30\sim50$cm 或者按照 $2.0\sim2.5d$（d 为管棚外径）估算，即可满足两方面的要求。

当地层软弱、富水，管棚间岩土的稳定性和防水性作为重点时，宜采用小间距，具体多少主要受管棚施工精度控制，一般采用两个办法：

（1）采用小间距。但即使是小间距，根据施工经验，管棚注浆也达不到堵水的目的，因此，工程上常辅以管棚间打设小导管注浆的办法。

（2）采用搭扣形式的管棚。

4. 注浆

管棚或小导管的注浆孔孔径宜为 $10\sim16$mm，间距宜为 $15\sim20$cm，呈梅花形布置。钢花管注浆孔设置，孔口段 2.0m 范围内管壁一般不开孔，作为止浆墙。当需要增加管棚钢架支护的刚度时，可在管棚内注入水泥砂浆。为了防止管棚在砂性地层中的钻进中，注浆孔被堵住，可以采用 T 形孔，如图 4-19 所示。

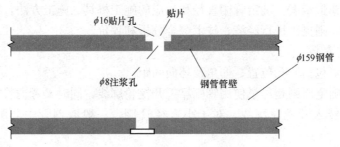

图 4-19　溢浆孔加工示意图

管棚循环间的搭接长度一般为 2m，前端 15cm 做成锥形，以减小管棚打入时的阻力，布孔方式如图 4-20 所示。

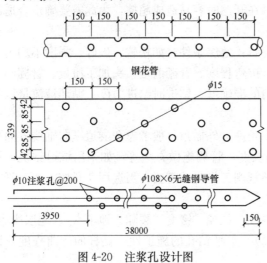

图 4-20　注浆孔设计图

为提高管棚的刚度，增加其抗弯性能，可在管棚内下入加工好的钢筋笼，钢筋笼可采用 3 根或 4 根直径为 16～22mm 螺纹钢制作，中间每隔 2m 焊制一个对中支架，具体设计如图 4-20 所示。

5. 管棚工法的设计原则

在管棚设计时，应根据工程的特点、地质条件确定拟采用的管棚直径。对于一般工程，可以选用管径低于 159mm 的直径，目前工程上采用较多的是管径为 108mm 的管棚，对于特殊工程，则需综合工程的重要性、施工难度确定管棚直径。

管棚的布置形式主要根据地层特性、隧道断面形式及跨度、隧道开挖方法等综合确定。

当地层软弱、富水时，管棚间岩土的稳定性和止水作为重点，宜采用小间距，或辅以管棚间打设小导管注浆。如果采用单纯的管棚或者结合小导管尚不能有效保证注浆效果和施工安全性时，可采用扣搭式管棚。

管棚的施工方法和相应的施工机具主要视地质条件和场地条件，并通过技术经济比较选定。从大类上划分，管棚的施工方法主要有一般钻进法和非开挖技术两种，后者的施工精度较高但造价也相应较高。当工程位于城市地区或穿越重要构筑物时，因场地条件受制约不能施做管棚工作室，可采用非开挖方法施做管棚。对于需要采用特殊非开挖设备的工程，需要进行经济、技术综合分析和评价。

管棚的长度一般为 10～40m，分段安装。

管棚外插角的设置分为两种情况：对于较短的地下通道，管棚可不设外插角，其轴线方向与隧道的坡度保持一致；对于长隧道，需要循环打设多组管棚时，外插角的设置需要考虑管棚的长度、下一组管棚的施工位置以及施做方法，一般与隧道纵向轴线方向呈

$1°\sim3°$。

4.3.3 施工工艺

管棚工法的施工分为超前管棚施工、超前注浆加固、分布开挖、临时支护（支撑）的施工和二次衬砌的施工共 5 个步骤。其中，分步开挖和临时支护的施做，可以根据开挖断面的大小以及工程地质条件进行选取，前者通常与台阶法、CD 法、CRD 法，眼镜法相结合，而后者通常是格栅拱架、型钢拱架与喷射混凝土相组合。无论是格栅还是型钢，均要在开挖之前在洞外预先制作。格栅的结构形式有两种：第一种格栅由 4 根或 3 根主筋加箍筋和架立钢筋组成；第二种为麻花形格栅，为了改善主筋的抗压曲能力。型钢拱架通常选用"工"型钢和"H"型钢。临时支撑或拱架的连接件应尽可能采用快速对接的方法，目前最常用的是螺栓连接。

二次衬砌的施做与其他隧道工程相类似，但由于管棚工法中地层较差，围岩压力较大，二次衬砌施工中临时支撑的焊接需慎重考虑。

在浅埋条件下，超前管棚的施工常引起地表沉降，尤其是在城市环境中施工，管棚钻机的选择非常重要，不同管棚钻机常常影响到工程的实施效果。

管棚钻机是管棚工法施工中最关键的设备之一，它的作用是沿着隧道断面外轮廓钻孔并安设管棚。早期管棚施工采用普通水平钻机，其普遍应用于山岭隧道的管棚施工中，随着管棚工法数量的增加，专用的管棚钻机应运而生。世界上最早推出管棚钻机的是意大利 RODIO 公司，之后，一些著名的制造商也相继推出了专用的管棚钻机，如意大利的 CASAGRANDE、SOIL MEC 公司、PUNTEL 公司和美国的 INGERSOIL-RAND 公司等。

管棚钻机的研制在我国也得到高度重视，钻机设备及钻进取芯跟管工艺曾列入我国"八五"期间的技术攻关项目。中国地质装备总公司 1987 年开始研制开发专用管棚钻机，1989 年北京地铁西单车站施工中采用了该公司压法的土星钻机。

为解决普通地质钻机施工中管套与钻具不能同步前进、钻孔至设计深度后钻具不能分离推出、不能防止塌孔、下管难度大等问题，我国一些单位研制和开发了跟管钻具，如铁道建筑研究设计院研究和试制了大管棚跟管钻具，把它安装在液压钻孔台车上钻孔，解决套管跟进问题。

传统的钻孔、顶进管棚的施工工艺，存在以下技术问题：

（1）钻孔方向控制难，施做精度差；

（2）由于方向可控性差，管棚一次性施做长度短，降低了隧道开挖效率，增加了施工成本；

（3）钻具水密性差，在高水位软土地区施工容易导致涌泥、流砂等水土流失问题。

针对上述不足，同时结合城市地下空间开发的需求，近年来，我国在管棚施工机具研发、管棚施工控制精度的提高等方面做了大量的工作，拓展了该工法的应用面。

例如，为提高工作效率，减少因施做管棚工作室而需抬高、扩大暗挖隧道断面的次数，在地铁暗挖隧道中，管棚铺设的长度要求越来越长；当地铁暗挖车站由于施工条件制约，不具备贯通式铺设条件，只能采用单向盲孔式管棚铺设时，传统的管棚施做工艺已无法满足要求，为此，我国工程界尝试将非开挖技术引入到管棚施工中，在杭州、北京、上海、深圳等多个城市的地下工程中进行了试验和实践，较好地解决了传统管棚施做法的不足。

如北京地铁 5 号线崇文门站穿越既有线地铁，在车站隧道开挖前，采用水平螺旋钻进法铺 φ600mm、长 36m 的大管棚；北京蒲黄榆站采用导向钻进管棚工法，铺设了直径 114mm、长 146.6m、一次性贯通车站中洞拱部的超前管棚；北京地铁 10 号线光华路站采用导向跟管钻进法，单向盲孔跟管铺设 φ159 管棚，最长铺设长度达 120m，成为国内首例单向盲孔跟管铺设最长隧道超前支护管棚的工程。

由上述例子可见，管棚工法施工中，成孔和铺设钢管是最关键工序之一。因拱部开挖空间受限，隧道口管棚的铺设可以在洞外进行，洞内的管棚施工必须先施做一个管棚工作室，才能进行钻孔和铺设钢管。其中，成孔技术将直接影响到管棚铺设的精度和长度。

1. 准备工作

前期准备工作因工程类型、工程所处隧道中的位置等条件不同而略有差异，对于洞口管棚工程，在正式施做管棚前，应先修好洞顶天沟，然后进行边、仰坡的开挖，从地面由上而下分层开挖，边开挖边防护，防护措施可采用一定厚度的浆砌片石。对于隧道内的坍塌处理段，需根据实际情况对坍塌体和上部的空洞进行充填注浆。

在隧道内断层破碎带等地质条件恶劣地段施做管棚时，应首先在工作面做好预注浆，利用注浆加固段作为止浆岩盘。在工作面往后一段距离（一般 6m 左右）作为管棚施工的工作室，隧道开挖半径要比正常开挖半径大 0.5～1.2m。断面加大后，需要加强支护强度，同时，全断面施做注浆管，对封闭掌子面进行注浆加固。

施做导向墙。对于洞口段，可利用套拱作为长管棚的导向墙，套拱在明洞外轮廓线以外施做，套拱内埋设工字型钢或格栅支撑，钢支撑与管棚孔口管焊接成整体。

架立导向墙。架立长管棚导向架，严格按设计角度将导向管焊接在导向架上，固定导向架，重新复核导向管的角度，无误后喷射混凝土，将导向架与工作室构成一个整体。注意在喷射混凝土时，应首先将导向管管口用牛皮纸或棉纱封堵保护。同时在掌子面挂钢筋网，喷射混凝土封闭，作为注浆止水墙，并保证掌子面在长管棚施工期的安全。

2. 施工工序

1) 钻机定位

搭设钻机平台，钻机平台可用枕木或钢管脚手架搭设，搭设平台应一次性搭好；钻孔以两台钻机由高孔位向低孔位对称进行，可缩短移动钻机与搭设平台时间，便于钻机定位。

平台支撑要着实地，连接要牢固、稳定。防止在施钻时钻机产生不均匀沉降、摆动、位移等，影响钻孔质量。

移动钻机至钻孔部位，调整钻机高度，钻机要求与已设定好的孔口管方向平行，必须精确核定钻机位置。用经纬仪、挂线、钻杆导向相结合的方法，反复调整，确保钻机钻杆轴线与孔口管轴线相吻合。将钻具放入导向管中，使导向管、钻机固定钻杆的转轴和钻杆在一条直线上，用仪器测这一直线的角度。

2) 钻孔

经仪器量测，钻杆方向和角度满足设计要求后方可开钻，钻孔开始时钻机选用低档，待钻到一定深度后，停开高压水，退出并接钻杆，继续钻进。钻孔过程中，要始终注意钻杆角度的变化，并保证钻机不移位。每钻进 5m，要复核钻孔的角度是否正确，以确保钻孔方向。

钻孔过程中，需要注意以下事项：

（1）为了便于安装钢管，钻头直径可略大于管棚直径。

（2）岩质较好的可以一次成孔，钻进时，若产生坍孔、卡钻，需补注浆后再钻进。

（3）钻机开钻时，可低速、低压，待成孔 1m 后，可根据地质情况逐渐调整钻速及风压。

（4）钻进过程中，经常用测斜仪测定其位置，根据钻机钻进的现象及时判断成孔质量，并及时处理钻进过程中出现的事故。

（5）钻进过程中确保动力器、扶正器、合金钻头按同心圆钻进。

（6）认真做好钻进过程的原始记录，及时对孔口岩屑进行地质判断、描述，作为开挖洞身的地质预报，指导洞身的开挖。

3）偏斜纠正

每隔 5m 测定钻孔的偏斜情况。钻孔向下偏斜过大时，在偏斜部分填充水泥砂浆，待水泥砂浆凝固后，再从偏斜处开始继续钻进；向上偏斜时，采用特殊合金钻头进行再次钻进。

4）清空、验孔

用地质岩心钻杆配合钻头进行来回扫孔，清除浮渣至孔底，确保孔径、孔深符合要求，防止堵孔；用高压气从孔底向孔口清理钻渣；用经纬仪、测斜仪等检测孔深、倾角、外插角。

防止偏斜注意事项：钻孔前，钻机的安装要牢固；精确测定导向管的位置和方向；钻孔过程中，防止管子在导向管上震动并要注意扭矩大小及回转等。

5）下管

下管前，要预先按设计对每个钻孔的管子进行配管和编号，以保证同一断面上接头数不超过 50%。由于地质条件差，下管要及时、快速，以保证在钻孔稳定时将管子送到孔底。前期靠人工送管，当阻力增大时，借助钻机顶进。

每钻完一孔，便顶进一根大管棚，钻进时，可根据实际情况，采用钢花管进行跟进的方法逐段跟进至设计深度，管棚每节之间用丝扣连接，相邻两节之间节头要错开，其错接长度不小于 1m。管棚与导向管之间用砂浆堵塞；为保证管棚内能饱满充填，在管棚内安有排气管，排气管孔口用阀门连接。

钢管应在专用管床上加工好丝扣，棚管四周钻出浆孔（靠近掌子面的管棚不钻孔）；管头焊成圆锥形便于入孔。

管棚顶进采用大孔引导和管棚机钻进相结合的工艺，即先钻大于管棚直径的引导孔，然后可用 10t 以上卷扬机配合滑轮组反压顶进；也可利用钻机的冲击力和推力低速顶进钢管。管棚施工顺序见图 4-21 所示。

3.施工时产生的问题及采取措施

管棚施工时，通常会遇到孔位偏斜、进管困难等问题，对应的原因分析和技术措施如表 4-5 所示。

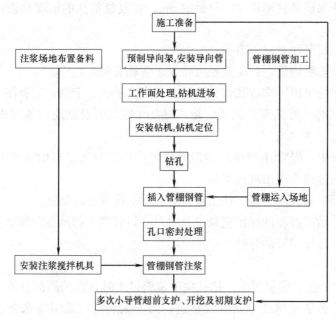

图 4-21　管棚施工顺序图

管棚施工中问题及对策　　　　　　　　　　　　　　表 4-5

序号	问　题	原　因	措　施
1	个别钢管侵入下一环大管棚工作室	(1)钻孔定位误差,外插角度不够; (2)钻杆自重及旋转产生偏离; (3)线路半径小,管棚水平外插角度小; (4)钻机通过软、硬差别很大的地层,产生向软弱地层方向的偏斜	(1)适当增加管棚外插角度; (2)增大曲线内侧管棚的水平外插角; (3)对软地层注浆加固
2	个别钢管与相邻钢管相交,以致钢管无法施工到设计深度	(1)个别钢管水平方向与设计方向不一致,相邻钢管方向不平行; (2)钻机通过软硬差别很大的地层时,产生向软弱方向的偏斜; (3)钻机在操作过程中因位移而产生偏差	(1)严格控制钻机的水平方向; (2)增大曲线内侧管棚的水平外插角 (3)对软地层注浆加固
3	进管困难	(1)成孔不好; (2)进管不及时	(1)加大钻头直径; (2)及时进管; (3)借助大管棚钻机顶进
4	注浆不饱满	(1)浆液凝固收缩; (2)注浆时钢管内空气堵塞	(1)二次注浆; (2)孔口设排气孔
5	隔孔窜浆	(1)钢管施工偏差使管端相近; (2)注浆压力过大; (3)地质条件较差,节理裂隙发育	(1)严格控制钻孔的水平角度; (2)控制注浆压力; (3)间隔注浆
6	孔位偏斜	(1)定向不准; (2)钻机固定不牢; (3)钻机扭矩和地质情况不相适合	(1)精确测定导向管的位置和方向; (2)钻机安装要牢固; (3)根据地层的软硬,随时调整钻机的参数

4.3.4　施工实例

实例一:重庆轨道交通三号线龙头寺站管棚托换

1. 工程简介

重庆市轨道交通三号线龙头寺站—设计终点站区间隧道全长 419.824m，本区间共拟定了 7 种内轮廓类型，其中Ⅳa形、Ⅳb形为单洞四线隧道，Ⅳc形、Ⅳd形、Ⅳe形为双洞四线连拱及小净距隧道，Ⅳf形、Ⅳg形为三洞四线连拱及小净距隧道。Ⅳa形、Ⅳb形均采用曲墙三心圆断面，Ⅳe形～Ⅳg形大洞采用曲墙三心圆断面，小洞采用直墙拱形断面。Ⅳa形断面隧道上覆土层厚度 0.3～3.8m，为浅埋隧道。隧道围岩级别Ⅳ级，下伏基岩以泥岩为主夹薄层状砂岩。隧道围岩裂隙较发育，岩体呈块状结构，岩体较完整，地下水类型为基岩裂隙水。

2. 大管棚超前支护设计参数

1）大管棚设计参数

（1）钢管规格：采用 φ108mm，壁厚 6mm 的有孔热轧无缝钢管，钢管前端呈尖锥状，尾部焊接 100mm 加劲箍，钢管四周钻四排 φ15mm 压浆孔。钢花管内设置钢筋笼，钢筋笼主筋 4φ25，采用 φ42 钢环（壁厚 4.5mm）作固定环，固定环节长 40mm，与钢筋笼主筋焊接，钢花管大样图见图 4-22。（2）管距：环向间距为 45cm；外插角为 1°。（3）纵向同一断面内钢花管接头的位置应相互错开不小于 1m，管棚节长度为 6m＋6m＋6m＋6m＋6m＋5m 或 5m＋6m＋6m＋6m＋6m＋6m。

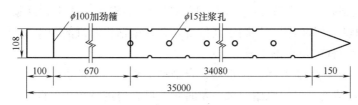

图 4-22 钢花管大样图（单位：mm）

2）注浆参数

（1）注浆压力初压 0.5～1.0MPa，终压 2.0MPa。（2）水泥浆水灰比 1∶1。（3）水泥强度等级为 32.5R，普通硅酸盐水泥。（4）水玻璃波美度为 35，模数 2.4。

3）套拱参数

（1）套拱作为洞口管棚固定端，套拱长 1.2m，拱内设三榀 22b 工字钢，在其中布设 79 个 φ127m、壁厚 4mm 孔口管，见图 4-23。（2）孔口管用 φ16 钢筋固定，孔口管与 22b 工字钢焊为整体。（3）套拱采用 C30 早强混凝土。（4）套拱应置于基底承载力不小于 0.35MPa 的基岩上。

4）大管棚施工

（1）明洞边坡仰坡开挖支护

明洞段开挖应在洞顶截水沟施工完成后进行，应尽量避开雨期施工。边坡防护应与明洞开挖同步进行，及时施工明洞边坡的锚杆、挂设钢筋网、喷射混凝土及时封闭坡面。对边坡渗水要及时排、引到坡面外，加强对坡面的防护。

（2）施做套拱

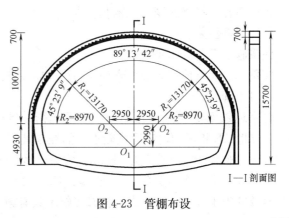

图 4-23 管棚布设

混凝土套拱作为长管棚的导向墙，套拱内埋设钢筋支撑，钢筋与管棚孔口管连接成整体。用经纬仪以坐标法在工字钢架上定出其平面位置；用水准尺配合坡度板设定孔口管的倾角；用前后差距法设定孔口管的外插角。孔口管应牢固焊接在工字钢上，防止浇筑混凝土时产生位移。

（3）搭钻孔平台安装钻机

钻机平台用钢管脚手架搭设，钻孔由两台钻机由高孔位向低孔位对称进行，可缩短移动钻机与搭设平台时间，便于钻机定位。平台支撑底部垫钢板和混凝土垫块，保证连接牢固、稳定。防止在施钻时钻机产生不均匀下沉、摆动、位移等影响钻孔质量。钻机定位测量放样出隧道设计轮廓线，用经纬仪、挂线、钻杆导向相结合的方法按 45cm 的间距标出管棚的位置。反复调整，确保钻机钻杆轴线与孔口管轴线相吻合。

（4）钻孔

① 把套拱中预埋的钢套管作为导向管，采用直径 127mm 钻头进行钻孔。掌子面按要求先喷一层素混凝土作为止浆墙，以确保掌子面在进行压力注浆时不出现漏浆、坍塌。

② 钻孔前先检查钻机机械状况是否正常。

③ 钻机开钻时，可低速低压，待成孔 1.0m 后，可根据地质情况逐渐调整钻速及风压，特别是钻头遇到夹泥夹砂层时，应控制钻进速度，避免发生夹钻现象。

④ 钻进过程中经常用测斜仪测定其位置，并根据钻机钻进的现象及时判断成孔质量，并及时处理钻进过程中出现的事故。

⑤ 钻进过程中确保动力器、扶正器、合金钻头按同心圆钻进。

⑥ 认真做好钻进过程的原始记录，及时对孔口岩屑进行地质判断、描述。

（5）清孔验孔

用地质岩芯钻杆配合钻头进行反复扫孔，清除浮渣，确保孔径、孔深符合要求，防止堵孔。用高压风从孔底向孔口清理钻渣。用经纬仪、测斜仪等检测孔深、倾角、外插角。

（6）安设管棚

钻孔完成后及时安设管棚钢管，避免出现塌孔。

钢管逐节顶入，采用丝扣连接，丝扣长 15cm。接长钢管应满足受力要求，相邻钢管的接头应前后错开。

及时将钢管与钻孔壁间缝隙填塞密实，在钢管外露端焊上法兰盘、止浆阀，并检查焊接强度和密实度。

再次清孔并将钢筋笼插入钢花管内。

（7）管棚注浆

注浆施工工艺见图 4-24。

实例二：北京地铁 5 号线雍和宫站区间暗挖隧道

1. 工程概况

北京地铁 5 号线雍和宫站—和平里北街站区间暗挖隧道穿越护城河，覆土为 15～17m，与北二环护城河河床距离较近，需控制其不均匀沉降，要求控制地表沉降最大不超过 30mm，地面沉降警戒值为 21mm。为保证地铁隧道安全地穿越北二环护城河，并保证地面行车和地下管线的安全，必须采取切实有效的施工方法和技术措施。大管棚施工技术是最有效的施工方法之一，大管棚施工技术具有施工速度快、施工精度高等特点。

2. 工程地质与水文地质

主要埋置于粉质黏土层，仅局部穿越粉土层，底板埋置较稳定，与第 3 层（承压水）含水层顶板的距离均大于 2m，局部饱和粉土影响较大。结构顶板：主要埋置于粉质黏土层，结构较为稳定。边墙：以黏性土和粉土为主，稳定性较好，但受地下水的影响，可能产生流砂、潜蚀、坍塌等。第 3 层地下水（承

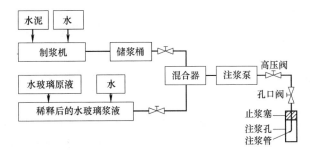

图 4-24　注浆施工工艺

压水）的水头高出含水层顶板 1～3m，主要接收第 2 层水的垂直渗透补给和区域侧向径流补给，因而，对底板上的 2m 范围内，应注意其水文地质条件的变化。

3. 大管棚与小导管施工参数

大管棚是保证施工过程中地层的安全稳定、控制施工引起的地表沉降的重要措施。在过护城河时，拱顶的超前支护的形式为：大管棚＋小导管支护，钢管内填充水泥砂浆及水泥浆，为防止管棚间及管棚下土体的塌落造成大面积超挖，在大管棚的间隙中，施做小导管支护。为此，采取大管棚结合小导管注浆超前支护加固地层，并与初期支护形成棚架结构体系，共同承受管棚上部荷载。施工采用管径＋108mm，壁厚 6mm 的无缝钢管，总长 44.6m（另有搭接长度 3m），拟分 2 次打通，分别为第 1 次 25m，第 2 次 22.6m，管棚环向间距 0.3m，管内注浆为水泥砂浆，压力 0.2～0.6MPa。管棚中间插入 $\phi 32 \times 3.25$mm 小导管，长度 2.5m，搭接 1.5m，环向间距 0.3m，与管棚间隔布置。管棚内灌注水泥砂

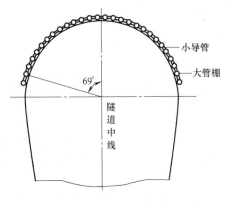

图 4-25　大管棚与小导管布置示意

浆，小导管内压注水泥、水玻璃双液浆。第一循环大管棚采用在区间标准隧道上部全断面施工，后一循环按开挖顺序在断面上分别施做。大管棚与小导管布置示意如图 4-25 所示。

1）大管棚施工工艺流程　大管棚施工工艺流程如图 4-26 所示。

2）大管棚施工工艺及施工过程中的控制措施

（1）大管棚施工准备

① 管棚制作

大管棚采用热轧无缝钢管，直径 108mm，壁厚 6mm，节长 4m，由对口丝扣联结，管棚上钻 $\phi 10$mm 孔，间距约为 700～1000mm，并呈梅花状布置。钢管堆放时，应避免其翘曲。

② 施做工作室

在洞内施做大管棚，需设 75cm 高、4m 长的加高段来满足钻机操作空间。在长管棚施做断面前 6.0m 处开始施做。因大管棚施做时间较长，为避免掌子面长时间暴露造成坍塌，先用 10cm 厚网喷混凝土封闭掌子面，并在工作室段开始前 4m 处起，将一衬格栅拱架逐渐加高至工作室顶部，每榀格栅加大 15cm，每榀间隔 0.5m，加大 75cm 后，正常施

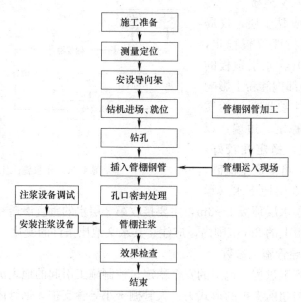

图 4-26　大管棚施工工艺流程

工加高段，确保工作室的空间，以保证大管棚的施工。

（2）测量定位

在工作断面前搭设钻机操作平台，由测量人员放出隧道开挖轮廓线，在隧道开挖轮廓线以外 20cm 范围内，画出每个钻孔的位置和超前小导管的位置。

（3）安装导向架并钻机就位

钻机平台用枕木在预留核心土上一次性搭设、固定好，防止施工时钻机移动、仰斜而影响钻的质量。根据孔位架设导向架，精确调整导向架后，即用 MK-5 型水平地质钻机施做大管棚。

（4）钻孔

① 钻机定位

移动钻机至钻孔部位，调整钻机高度，将钻机杆放入导管中，使导向管、钻机转轴和钻杆在一条直线上，并用仪器量测这一条直线的角度。

② 钻孔

全站仪量测，并在钻孔方向和角度满足设计要求后方可开钻，钻孔开始时选用低档，待钻到一定深度后，退出、接钻杆，继续钻进。钻孔过程中要始终注意钻杆角度的变化，并保证钻机不移位。每钻进 5m 要用仪器复核钻孔的角度是否正确，以确保钻孔方向。

③ 偏斜修正

钻孔中和压入钢管时的偏斜，可由每隔 5m 测定的钻孔偏斜而知，钻孔偏斜过大时，采用特殊钻头等方法进行修正。如：向下偏斜，在偏斜部分填充水泥砂浆，等水泥砂浆凝固后再从偏移开始处继续钻进；向上偏斜，采用特殊合金钻头进行再次钻进。

④ 下管

下管前，要预先按设计对每个钻孔的钢管进行配管和编号，隔一安设 2.5m 长钢管做短管，以保证同一断面上的管接头数不超过 50%。由于地质条件较差，因此，下管要及时、快速，以保证在钻孔稳定时将管子送到孔底。前期靠人工送管，当阻力增大、人力无法送进时，借助钻机顶进。

⑤ 注浆

大管棚施工完成1根，注浆1根，注浆通过芯管进行后退式注浆。注浆分2步完成，第1次注入水泥砂浆充分收缩后，第2次注入水泥砂浆，以使管棚填充密实。

实例三：首都机场 T2 与 T3 航站楼捷运隧道管幕

1. 工程概况

拟建工程位于北京首都国际机场现况 T2 航站楼与规划中的 T3 航站楼之间，包括运输中转旅客为主的捷运隧道，以及通行行李拖车、配餐车、摆渡车为主的空侧汽车隧道。两隧道中线均为东西走向。T2 航站楼位于隧道西端，T3 航站楼位于隧道东端。两条隧道主体部分相互平行并垂直下穿使用中的机场跑道。现况机场西跑道为南北方向设置，其宽度为 60m，长度为 3.8km。跑道以西 260m 为跑道服务道路区，服务道路区以西 294m 为停机坪；跑道以东 297m 为跑道服务道路区，服务道路以东 326m 为 T3 航站楼的停机坪。详细勘察揭露 40m 深度范围内，地层表层为人工填土，其下为一般第四纪冲洪积成因的黏性土、粉土和砂类土构成。现场钻探期间，所有钻孔均见地下水，自上至下为上层滞水、潜水～层间水及承压水。

2. 管幕实施方案

1）管幕布置形式的选择

管幕形式对两种方案进行比选：方案 A："口"字形封闭管幕形式；方案 B："Π"字形不封闭管幕形式。

"口"字形布置管幕时，由于形成封闭的管幕结构，在管幕内填压水泥浆液，连同锁口型钢形成刚性很大矩形框架结构，能起到很好的超前棚护作用。同时，在锁口处进行注防水后，就可形成封闭的围幕，暗挖施工时只要掌子面进行必要的加固即可有效地控制地下水。但此种管幕布置形式虽然管幕数量大，造价稍高，但有效地控制了地下水的补给，降低了施工难度，对控制地层变形也较为有利，在地下水丰富的地区较具优势。

当地层条件好时，管幕常用的另一布置形式为"Π"字形，"Π"字形布置管幕时，直接管幕下进行暗挖作业，由于其未能形成封闭管幕，地下水需单独处理。此种管幕布置形式，减少管幕数量，降低造价，但施工需要考虑洞内排水。

两种管幕布置形式的比选见表 4-6。

两种管幕布置形式的比选　　　　　　　　表 4-6

	"口"字形	"Π"字形
管幕的根数	72	47
隧道沉降控制	易控制	相对不易控制
地下水处理	掌子面封闭即可止水	需要降水及其他封堵措施
施工周期	3个月	4.5个月
盾构台数	4	2
施工难度	一般	一般
顶推精度	较好	一般
可靠度	好	一般

考虑本工程下穿机场主跑道的特殊性，基于保证隧道施工安全可靠的条件下，结合对本场区工程地质与水文地质的分析，推荐采用造价稍高，但可靠度较高的"口"字形的管幕形式，布置情况见图 4-27。

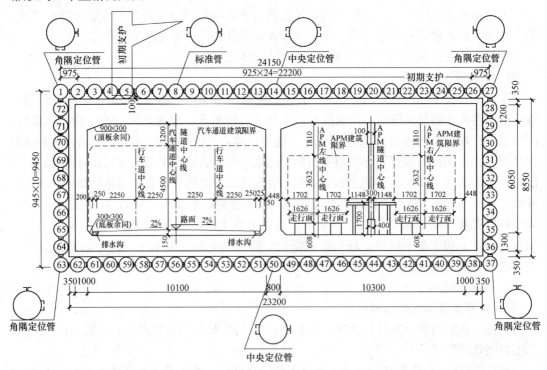

图 4-27　管幕布置图

2）管幕尺度的选择

采用工程类比确定管幕钢管尺寸，据目前搜集到的资料，类比的工程主要有台北复兴北路穿越松山机场地下通道工程和上海中环线虹许路—北虹路地下立交隧道工程，其管幕钢管尺寸及其他参数见表 4-7。

管幕钢管尺寸及其他参数　　　　　　　　　　　　　　表 4-7

工程项目	穿越土层	覆土厚度	箱涵尺寸	管幕钢管尺寸	管幕布置形式
上海中环线立交隧道	淤泥质黏土	约 5m	34.2m×7.85m×126m	80 根 ϕ970，壁厚 10mm	"口"字形
台北复兴北路穿越松山机场	软弱黏土	约 5.8m	22.2m×7.5m×100m	83 根 ϕ812.8，壁厚 12.7mm	"口"字形

本工程穿越的土层为粉质黏土及黏土，覆土厚度约 6m，箱涵尺寸为 23.2m×8.55m×232m，管幕段净长 230m。本工程与上海及台北工程相比，地层条件相对较好，且结构尺寸也小得多，不利之处是长度上较这两工程要大很多。经综合比较，最后确定钢管尺寸为：ϕ800，壁厚 16mm。

3）钢管连接方式见图 4-28 和图 4-29。

（1）钢管纵向上分节顶进，单节长取 10m，分节之间采用丝扣加围焊连接。

（2）横向钢管之间采用外接式锁口，锁口采用工厂焊接热轧不等边角钢。

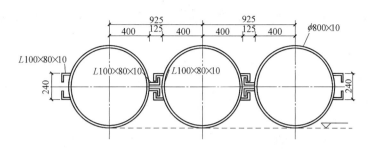

图 4-28 上排管幕中央定位管互锁设计图

4）顶管机选型

根据本工程地层条件，选用泥水平衡式微型盾构机进行管幕钢管顶进施工。目前国外生产此类型盾构机的厂家主要有：日本伊势机公司、德国海瑞克公司、加拿大拉瓦特公司等，国内主要有上海城建集团、江南造船厂、广州重型机器厂和首都钢铁厂等。国外生产的盾构机设备先进，施工精度高，但价格昂贵。国产的微型盾构机，施工精度也能基本满足工程需要，且价格具有较大的优势（图 4-30）。

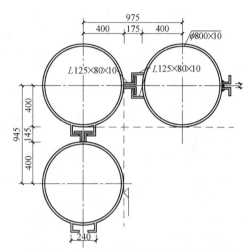

图 4-29 上排管幕角隅定位管互锁设计图

5）管幕钢管顶进施工

对于管幕钢管顶进而言，由于锁口之间的约束作用，所以纠偏比较困难，施工的难点主要是钢管幕顶进的高精度方向控制。

6）管幕钢管顶进的进出洞技术措施

图 4-30 盾构机

针对高水位的粉质黏土地层，本工程拟通过三方面的措施保证管幕钢管进出洞的稳定性。

（1）洞口土体加固，同时工作井内安设高精度导轨。

（2）进出洞时，加强施工检测，实时纠正机头姿态。

（3）设置洞口止水装置。

7）管幕钢管顶进的方向控制标准

管幕钢管顶进过程中，如果顶进偏差过大，会导致锁口变形或开裂，使管幕无法闭合。甚至会因管幕偏差过大导致箱涵无法推进。本工程管幕段的方向控制精度最低要求是：上下±10mm，左右±15mm。

8）管幕顶进后的处理措施

（1）钢管锁口止水处理

利用预留的注浆孔向锁口部位压注聚氨酯浆。

（2）钢管混凝土填充

在箱涵顶进前，在管幕的部分钢管内进行收缩补偿、免振捣混凝土填充，以加大管幕纵向的刚度。

（3）钢管端部与工作井的连接

管幕钢管施工完毕后，将钢管端部焊接封闭，再与内衬结构连成一体。

3. "口"字形管幕保护下的浅埋暗挖方案

1）开挖洞门构造

首先在土体中施作"口"字形管幕，在两端架设型钢与钢管支撑，型钢使用普通焊接500×400H 型钢，立柱采用直径 400mm 钢管。

2）暗挖施工工序

第一步：采用水平旋喷桩或深孔注浆工艺加固掌子面，梅花形布置，一次加固长度约为 40m；第二步：开挖中隔墙处的上下小导洞，上下导洞之间掌子面错开约 10m，格栅钢架采用 260×260H 宽翼缘型钢，格栅上部与管幕钢管不留空隙，紧贴密实。在格栅钢架上挂网喷射混凝土，形成 300 厚的初期支护；第三步：中导洞开挖一段后直接浇筑中隔墙，形成一道混凝土的竖向支顶；第四步：待中隔墙混凝土达到设计强度后，开挖左边上下导洞，开挖及支护形式同中间导洞，再撑之间架设工字钢，同样浇筑边墙混凝土结构，形成第二道混凝土竖向支顶结构；第五步：同第四步，开挖右边导洞，浇筑右边导洞的侧墙结构；第六步：最后开挖剩下部分土体，施做混凝土结构。第七步：待顶板浇注完成后并达到设计强度后，进行底板导洞开挖及支护；第八步：浇注剩余底板结构、拆除临时支撑，结构施工完成。每步开挖保持 15m 的开挖步长，边挖边加撑，直至全隧道贯通。施工步序见图 4-31。

3）暗挖隧道辅助性措施和施工工法

针对本项目，受地面空管限制，不能采取地表处理的办法进行超前土体加固。暗挖法经常使用的洞内小导管注浆特别适用于砂性地层，而本场区内地层主要是黏性土。如果注浆压力过大，易引起地面隆起，造成不均匀变形，影响飞行安全；如注浆压力太小，浆液在黏土层中难以扩散，其效果不会太好。注浆材料可选择改性水玻璃浆或水泥-水玻璃双液浆，也应提前进行现场试验以确定合理的注浆压力和浆液配比。

本工程推荐采用洞内水平旋喷或超前深孔注浆加固进行超前支护。洞内水平旋喷加固与从地面深层旋喷加固原理是相近的，适合应用于埋深大于 3m 的浅埋隧道。水平旋喷桩采用梅花形打设，其主要作用是稳定掌子面、限制土体变形、兼顾止水；在水平旋喷中注浆压力也不宜过强，泥土结石体强度控制在 0.8～1.0MPa 即可。水平旋喷和深孔注浆工艺加固地层是目前北京地铁较为常用的加固手段，对地面影响小，可以保证施工质量、加固效果和上部飞行的安全。

4）浅埋暗挖隧道结构设计

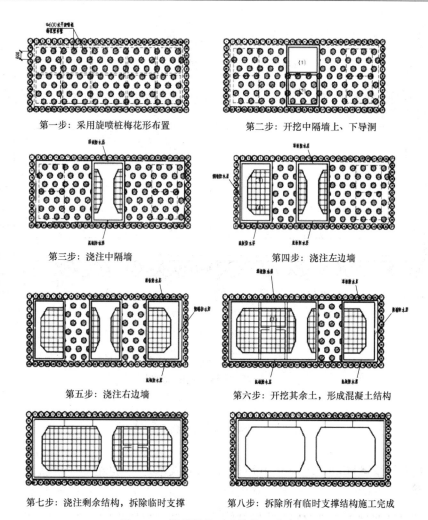

第一步：采用旋喷桩梅花形布置 第二步：开挖中隔墙上、下导洞

第三步：浇注中隔墙 第四步：浇注左边墙

第五步：浇注右边墙 第六步：开挖其余土，形成混凝土结构

第七步：浇注剩余结构，拆除临时支撑 第八步：拆除所有临时支撑结构施工完成

图 4-31 管幕保护下暗挖施工步序图

根据工程类比，初拟暗挖结构尺寸和支护参数如表 4-8 所示。箱涵结构断面如图4-32所示。

初拟暗挖结构尺寸和支护参数 表 4-8

项　目		材料及规格	结构尺寸
初期支护	管幕	HPB235	$D800, t=16$
	超前注浆	建议采用水平旋喷或深孔注浆	间距 0.8m，形成 $D600mm$ 注浆体，呈梅花形布置
	注浆浆液	水泥浆液	
	型钢钢架	HRB235	工 260 热轧宽幅工钢
	钢筋网	$\phi6.5, 150mm \times 150mm$	双层，位于格栅内外侧
	喷射混凝土	C20 网喷混凝土	0.3m
二衬结构	顶板	C40 防水钢筋混凝土，P10	1.2m
	侧墙	C40 防水钢筋混凝土，P10	1.0m
	底板	C40 防水钢筋混凝土，P10	1.3m
	中墙	C40 钢筋混凝土	0.8m

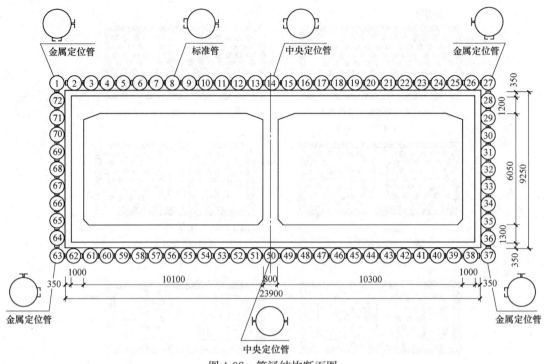

图 4-32　箱涵结构断面图

4.4　水平高压旋喷法

高压喷射注浆（High Pressure Jet Grouting）技术是 20 世纪 60 年代后期由日本日产冷冻有限公司开发的一种加固松软土体的技术。该技术采用钻机先钻进土层的预定位置，由钻杆一端安装的特别喷嘴把水泥浆液高压喷出，以喷射流切割搅动土体。同时，边旋转边提升，使土体与水泥浆混合凝固，从而造成一个均匀的圆柱状水泥加固土体，以达到加固地基和止水防渗的目的。这种地层加固方法，通常称之为旋转喷射注浆法，简称旋喷法。一般情况，钻机都为垂直钻孔，称为垂直旋喷注浆法。顾名思义，水平旋喷注浆法就是在土层中水平（亦可作小角度的俯、仰和外斜）钻进成孔，注浆管呈水平状，喷嘴由里向外移动进行旋喷、注浆。目前，垂直旋喷加固技术已经得到广泛的应用。但在一些需要采用旋喷加固的工程中，如果地面上不能给土体加固设备提供场地或场地太小设备不好安放，或由于管线、交通、垂直加固深度太深等原因以至很难或无法在地面进行垂直加固时，就需要采用水平旋喷加固方法加固土体。由于水平旋喷加固能防止隧道渗漏和坍塌、能有效控制地面沉降，水平旋喷加固技术已受到相关行业的重视和广泛关注，并在我国得到一定的应用。特别是随着我国城市地下空间开发建设和轨道交通建设的快速发展，21世纪初至中叶将是我国大规模建设地铁的年代，在建造地铁隧道、地下通道等时，常会碰到需要采用水平旋喷法进行土体加固。

日本和意大利是研究开发水平旋喷加固技术较早的国家，在 20 世纪 70 年代初期，日本首次使用了这种地层加固技术，并在单管旋喷的基础上相继开发出了 CCP-H 工法、RJFP 工法、MJS 工法等。意大利 RODIO 公司于 1983 年首次将水平旋喷技术用于隧道预支护，并逐渐把水平旋喷注浆列为加固和保护隧道围岩的基本方法之一。水平旋喷加固技术在欧美各国已得到广泛的应用，如德国波恩地铁、美国华盛顿地铁、挪威蒙特奥利姆比诺浅埋铁路隧道、瑞士苏黎世地铁和楚格瓦尔德隧道等。一般情况下，可以在隧道开挖周边的外侧采用水平旋喷加固，形成保护圈，以达到施工安全的目的，图4-33是该方法的示意图。当掌子面的土层难以稳定时，还可以在掌子面的前方进行水平旋喷加固。

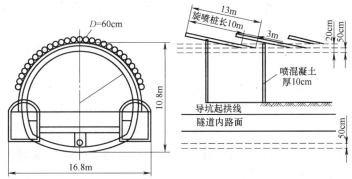

图 4-33 水平旋喷法加固隧道开挖周边示意图

日本和欧美的水平旋喷已形成了多种不同的工法。

1) 日本水平旋喷工法

(1) CCP-H工法。该法是在20世纪80年代初日本在单管旋喷的基础上开发的专用于水平钻孔旋喷的施工方法。它在注浆管的下端位置设置一个特殊扩径钻头，以加强对土体的破坏。此扩径钻头在钻进时缩于钻杆的凹槽内，钻杆后退开始旋喷时，靠阻力自动打开，在旋喷前，先搅动土层以确保并扩大水平旋喷柱体的直径。为了加速浆液和土粒的固结，在浆液中加适量速凝剂和硬化剂。日本第一工程局曾用此方法进行过试验和施工，先沿隧道周边用旋喷形成水平加固棚体，在此加固棚体的保护下进行隧道开挖。

(2) RJFP工法。RJFP工法是日本隧道软弱围岩加固中普遍采用的旋喷加固方法，利用该方法加固的隧道已经有几十座。它一般只加固隧道拱顶部分，使旋喷柱体相互搭接形成棚体，钻孔长13m，旋喷11m，每段拱棚搭接1m。这些隧道所用喷射压力一般为40～50MPa，形成的旋喷柱体直径一般在60～70cm 旋喷估计的单轴抗压强度达3.5～8MPa。

(3) MJS工法。MJS工法最大特点是具有排泥机构。这是针对一般旋喷工法的剩余泥浆大量从孔口涌出，污染作业环境，随着旋喷孔深度增加，排浆难度增大，喷射、搅拌效果降低等不足而开发的。在监控器上设MJS装置，该装置是在喷嘴后方装排泥浆吸入口，由该吸入口吸入泥浆，还可调整排泥量及对地基的压力，使喷射压力充分运用。该装置不仅用在竖直大深度旋喷，在水平、倾斜方向也能运用。由于钻机内还装有大小7根管线，又叫七管旋喷法。该工法优点是不污染现场，能保持良好的施工环境，但设备复杂，占用空间较多，搬运不便。

2) 欧美水平旋喷工法

意大利已经把旋喷法列为加固和保护隧道围岩的基本方法之一。意大利是多山国家，其隧道及地下工程的施工技术比较发达，水平旋喷技术的开发应用在欧洲处于领先地位。1992年在斯洛文尼亚召开的隧道和地下建筑施工国际会议上，该国代表系统总结了该国

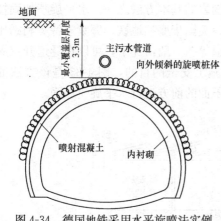

图 4-34　德国地铁采用水平旋喷法实例

及世界各国隧道围岩的加固方法。最典型做法是沿拱部外缘用水平旋喷柱体相互搭接形成拱棚，在它的保护下开挖上部断面。用台阶法施工的时候，为提高拱脚地层的强度，在坑道内两侧倾斜打入钻孔，将旋喷柱体联结成墙体。德国波恩地铁一段区间隧道穿越松散未固结土层、渗透率平均为 8mm/s 的莱茵河砾石及不均匀泥沙层，隧道平均埋深为 3.5m，顶部还有一条污水管通过。为控制地面沉陷并确保污水管的安全，采用旋喷法注浆施工（图 4-34）获得了良好效果。该工程中，旋喷桩长 12m，桩径 0.6m，中心距 0.47m，搭接 3m，桩体外插角 10°. 旋喷压力大于 40MPa 时，曾引起地面隆起达到 91mm，采取降压及钻卸压孔等措施后降低到 8mm，旋喷导致地面隆起问题开始引起工程界重视。

近年来，在我国广州、深圳、北京等城市地下工程中，先后采用水平旋喷技术进行了隧道超前预支护，如广州地铁 2 号线新（港东站）-磨（碟沙站）区间，在 YDK1＋940-YDK2＋020 段穿越华南新干线高速公路，采用水平旋喷搅拌桩方案加固地层，在隧道周边施做止水帷幕。采用周边全封闭形式水平搅拌桩（两排直径 500mm，间距 350mm，咬合 150mm）超前预支护，通过环向桩间咬合搭接，可有效地形成止水帷幕，防止涌水流砂事故的发生。

我国铁道科学研究院于 1987 年在内蒙古乌兰浩特附近黏质粉土层进行了首次水平旋喷试验，各施工单位、高校、研究院也开始了这方面的研究，并将水平旋喷注浆技术应用于各种工程建设中，例如 1998 年神延线沙哈拉峁隧道洞口风积沙地层预支护工程、1999 年宋家坪隧道洞内浅埋偏压段预支护工程，北京交通大学于 2001 年结合北京长安街热力隧道复线预支护工程、2005 年北京北三环热力隧道下穿光熙门车站预支护工程等均对水平高压旋喷桩开展了大量研究工作。

国内外众多隧道工程实例已经证明，在软弱地层中应用水平旋喷注浆加固技术能够很好地加固地层，且具有施工时无公害、操作简单安全、材料价格低廉等特点。同时也可以把水平旋喷产生的固结体，当做地下工程结构的一部分，加强结构物的刚度和防水性能，防止隧道坍塌，有效控制地面沉降，保证临近既有建筑物的安全使用，对隧道的顺利施工起到良好的作用，这一技术值得引用和推广。

水平旋喷注浆加固技术同其他岩土工程领域的新技术一样，有着"先实践，后理论"的特点，大量的工程应用而没有系统的理论研究作指导，这不仅使得工程设计和建设主要以经验为主，造成大量的浪费和工程隐患，也严重的阻碍了这一高新技术进一步的发展和推广应用。因此，对水平旋喷注浆加固的机理进行深入细致的研究，以便进一步改进施工工艺，提高施工质量，降低建设成本，科学规范水平旋喷注浆加固的设计及施工，为社会主义现代化建设服务。

4.4.1　作用原理

水平旋喷支护技术是利用钻机把带有喷嘴的注浆管钻进至土层的预定位置后，以高压设备使浆液或水成为 $20\sim70\mathrm{MPa}$ 的高压射流从喷嘴中喷射出来，冲击破坏土体，同时钻杆以一定的速度向外退出，将浆液与土颗粒强制搅拌混合，并通过物理、化学变化形成不同形状的胶结体，以达到防渗和加固的目的。旋喷直径一般控制在 $0.5\sim1.0\mathrm{mm}$，根据不同地层可进行调压确定。

水平旋喷桩预加固机理是在洞内开挖面前方沿隧道开挖轮廓，利用水平旋喷机按设计间距钻孔，当钻至设计长度后，高压泵开始输送高压浆液，同时钻头一边旋转一边后退，并使浆液从钻头处得喷嘴中高速射出，射流切割下的砂、土体与喷出的浆液在射流的搅拌作用下混合，最后凝固成旋喷柱体，相邻柱体之间环向相互咬合，在开挖面前方形成整体性较好的旋喷拱。由于高压射流对固结体周围砂、土体、具有挤压和渗透作用，固结体周围土层的物理力学性能得到显著改善。对于砂土类地层，固结体强度等级可以比原来围岩提高 $3\sim4$ 级，可达 $4\sim10\mathrm{MPa}$，对黏土类围岩，固结体也比原来围岩提高 $1\sim3$ 级，可达 $1\sim5\mathrm{MPa}$。

水平旋喷注浆加固原理包括高压射流状态、成桩原理和成拱原理三个方面。

（1）高压射流形态

高压射流是从 $2\sim3\mathrm{mm}$ 的喷咀孔中喷射出来，因此喷射流具有压力高、流速快和能量大的特点。

高压水经过喷咀形成高速水流，其能量的形式由压能变换成动能。从水力学可知，高压水喷射的速度计算公式为：

$$V_0=\varphi\sqrt{2g\frac{P}{r}} \tag{4-3}$$

经换算可得： $$\varphi^2 P=r\frac{V_0^2}{2g}=P_0$$

式中 V_0——喷咀出口流速（m/s）；

P——喷咀入口压力（Pa）；

P_0——喷咀出口压力（Pa）；

r——水的重度（N/m³）

g——重力加速度（9.8m/s²）；

φ——喷咀流速系数；圆锥形喷咀≈0.7。

高压水喷射流的流量计算公式：已知 $Q=F_0V_0$，$V_0=\varphi\sqrt{2g\frac{P}{r}}$

故： $$Q=\mu F_0\varphi\sqrt{2g\frac{P}{r}} \tag{4-4}$$

式中 Q——流量（m³/s）；

μ——流量系数，圆锥形喷咀 $\mu=0.95$；

F_0——喷咀出口面积（m²）。

在高压高速的条件下，喷射流在单位时间内做功是 A，则它的功率为：$N=\frac{A}{t}$。故喷射流的功率为：

$$N=\frac{A}{t}=\frac{PW}{t}=PQ \tag{4-5}$$

将 $Q=\mu F_0\varphi\sqrt{2g\dfrac{P}{r}}$ 代入上式，并按 $1\text{kW}\approx1000\text{N}\cdot\text{m/s}$，整理得出喷射流功率计算式：

$$N=3P^3L^2d_0^2\times10^{-9}$$

式中　N——喷射流功率（kW）；

$\quad\quad d_0$——喷咀直径（cm）；

$\quad\quad P$——泵压（Pa）。

如果喷射流的压力分别为 10MPa、20MPa、30MPa、40MPa 和 50MPa，喷咀出口孔径为 3mm，则它们的速度和功率见表 4-9。

喷射流的速度与功率　　　　　　　　　　　表 4-9

喷咀压力 P(Pa)	喷咀出口孔径 d_0(mm)	流速系数 φ	流量系数 μ	射流速度 V_0(m/s)	喷射功率 N(kW)
10×10^6	3	0.963	0.964	136	8.5
20×10^6	3	0.963	0.964	192	24.1
30×10^6	3	0.963	0.964	213	44.4
40×10^6	3	0.963	0.964	280	68.3
50×10^6	3	0.963	0.964	313	95.4

注：流量系数和流速系数为收敛圆锥 $13°61'$ 角咀的水力试验值。

从表中可以看出，虽然喷咀的出口孔径只有 3mm，由于喷射压力为 10MPa、20MPa、30MPa、40MPa 和 50MPa，它们是以 136m/s、192m/s、213m/s、280m/s 和 313m/s 的速度连续不断地从喷咀中喷射出来，它们携带了 8.5kW、24.1kW、44.4kW、68.3kW 和 95.4kW 的巨大能量。

（2）水平旋喷成桩原理。高压水泥浆液从喷射孔喷出后，切割破坏土体，部分土体被喷射浆液所置换，另外一部分与水泥浆混合形成水泥土，其余土体在喷射动压、离心力和重力的共同作用下，在横断面上重新排列，从而形成一个由水泥和岩土组成的固结桩体，固结体周围地层也因挤压渗透作用得到一定程度的加固。

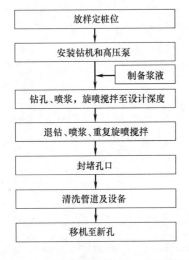

图 4-35　水平旋喷搅拌桩工艺流程图

（3）水平旋喷成拱原理。在隧道轮廓线外四周，根据设计的旋喷桩成桩直径，排布一系列旋喷钻孔，每个旋喷桩相互搭接咬合，形成一个具有承载力的类似地下连续墙的水泥-岩土固结体支护拱壳，在其保护下进行隧道掘进，从而达到提高隧道施工的安全性、防止地表下沉、降低支护费用、加快施工进度等目的。

4.4.2　施工工艺

水平旋喷搅拌桩工艺流程见图 4-35。

1. 施工要点

1）洞外试验及参数确定

原有的试验结果虽然为在进洞以前对旋喷参数的选择提供了初步的取值范围，但为了得到适用于施工现场地层条件的参数，还必须在洞外相同地层中做现场试验。水平旋喷桩施工要确定的参数主要有注浆半径、注浆压力、钻孔长度和旋喷长度、钻孔外扩角、注浆量、注浆配合比等。需经试验确定的其他参数有土体密度、孔隙率及土体渗透性等。

（1）注浆扩散半径。在旋喷注浆中一般采用球形扩散理论，也就是用 Magg 公式计算注浆半径，其计算公式为

$$R = \sqrt[3]{\frac{3rhk}{na} + t^3} \qquad (4-6)$$

式中　R——注浆有效扩散半径（cm）；

　　　　r——注浆管半径（cm）；

　　　　k——土体渗透系数（cm/s）；

　　　　h——注浆压力（以水头高度 cm 计算）；

　　　　t——注浆时间（s）；

　　　　n——土体的孔隙率（%）；

　　　　a——浆液黏度与水的黏度比。

（2）注浆压力。注浆压力值与土的密度、强度和初始应力、钻孔深度、位置及注浆次序等因素有关，而这些因素又难以确切地预测，因而需要通过现场试验确定。

（3）钻孔和旋喷长度。一般距离孔口 1.0～1.5m 范围不喷，以免破坏旋喷工作面。钻孔长度不宜太长，太长则钻孔精度不易保证，固结体端部不宜搭接成拱。

（4）外扩角。外扩角的选定除了要保证两旋喷段能搭接外，更重要的是为下一个旋喷工作面提供足够的机械活动空间。所用旋喷机的工作尺寸，顶部液压马达外缘高出钻杆中心一定距离，侧面的钻机底架在钻杆中心两侧一定距离，这些根据实际情况确定，旋喷工作面的内轮廓（包括已喷成的旋喷拱及其内部做完初期支护后）应比旋喷机活动尺寸多一定的富余空间。

（5）注浆量控制。注浆量的多少直接影响固结体的旋喷搭接效果，其计算式为

$$Q = Kvn \qquad (4-7)$$

式中　Q——注浆量（m³）；

　　　　v——注浆对象的土量（m³）；

　　　　n——土的孔隙率（%）；

　　　　K——注浆量折减系数。

（6）浆液配合比。浆液过稀，则达不到强度；浆液过稠，则不容易扩散，易堵孔及包钻，一般采用现场试验确定合适的配合比。

2）施工准备

封闭上台阶和下台阶掌子面，喷混凝土厚度不小于 20cm。精确测量中线、水平，搭设工作平台，平台上铺设竹夹板和枕木，将钻机、高压泵及其他机具一字排列就位。同时要设置临时边沟及废浆池。

3）浆液配制

浆液严格按设计配合比配制，充分拌合均匀，拌合时间不小于 3min，水泥浆从搅拌机倒入储浆桶前要经筛过滤，以防出浆口堵住。

4）钻孔及旋喷

按照"先周边、后掌子面"的顺序进行旋喷施工，周边按照每次间隔一孔，孔位从下

到上，左右交替进行。跳跃式成桩，两边强度平衡，可以减少因钻杆偏移造成桩间咬合率低的问题。

（1）按设计外插角，分孔计算每根桩的偏角和仰角，利用三维坐标，使钻机精确定位。

（2）开孔时慢进，钻至 1m 后按正常速度钻至设计深度，当浆液从喷嘴喷出并达到设计压力后开始旋喷，装前端原地旋喷不小于 30s。

（3）为保证装径和桩间咬合，弥补目前国内水平旋喷作业钻进速度快的不足，采用复喷工艺（即退一次、进一次、再退一次，共计三次旋喷作业），以提高固结体的增径效果及咬合率。

（4）在桩前端受外插角的影响，为确保加固效果，前端旋喷时加大压力或降低喷嘴的旋转提升速度。当旋喷至孔口 3m 时停止，并立即退出钻杆，用棉纱塞堵孔口，以防浆液外泄。

5）冒浆处理

在旋喷过程中，往往有一定数量的土颗粒随着一部分浆液沿着注浆管管壁冒出。通过对冒浆的观察，可以及时了解地层状况，判断旋喷的大致效果和评定旋喷参数的合理性等。根据经验，冒浆量小于注浆量 20％～30％ 为正常现象，超过 30％ 或完全不冒浆时，应查明原因并及时采取措施。

当旋喷流量不变而压力突然下降时，应检查各部位的泄漏情况，必要时拔出注浆管检查密封性能。出现不冒浆或断续冒浆时，若系土质松散则视为正常现象，可适当进行复喷。若系附近有空洞，则可继续注浆或拔出注浆管待浆液凝固后重新注浆至冒浆为止，或采用速凝浆液使浆液在注浆管附近凝固。

冒浆量过大的主要原因是有效喷射范围内注浆量大大超过旋喷固结所需注浆量，可采用提高喷射压力（喷浆量不变）或适当缩小喷嘴直径（喷射压力不变）、加快提升和旋转速度等措施。

2. 施工质量控制

（1）选料配浆。为确保顺利进行旋喷施工，所选用水泥浆应在第二级或第三级搅拌过程中进行过筛，其细度应在标准筛（孔径 0.08mm）的筛余量不大于 15％，浆液搅拌后不得超过 4h，当超过时应经专门试验，证明其性能符合要求方可使用。在配浆过程中应考虑到施工过程中纯浆液易于沉淀，易造成泵体和管道堵塞，影响加固质量，故采用以水泥为主剂再加入适量的防沉淀的外加剂，以保持浆液在施工期间处于悬浮状态。

（2）钻机就位后应进行水平、垂直校正，钻杆应与钻位吻合，偏差控制在 ±10mm 内。

（3）施工中应严格控制高压泥浆泵的压力和排量，以及水泥浆的水灰比与搅拌时间。

（4）水箱存水。在进行高压喷射注浆施工前必须将水箱蓄满，在施工过程中也必须保证水箱内有足够存水。

（5）高压喷射注浆施工时，先用清水代替浆液进行高压射水，在确保设备各管路畅通后，方可进行水泥浆注浆施工。高压喷射注浆开始后，应先喷浆，后旋转和提升，防止注浆管扭断。施工中高压喷射注浆钻杆的旋喷和提升必须连续不中断。高压喷射注浆桩的起始和终止坐标严格按照设计图纸要求执行。

（6）施工中途如机械发生故障，应停止提升、钻杆和旋喷，以防止桩体中断，并应立即检查，排除故障。

（7）在施工中要严格按照设计和施工参数要求进行施工。

（8）施工中，必须依据相关要求，指定专人做好施工记录并签字、归档。

（9）全套施工机械，必须由专人负责使用和维护保养，尤其是高压浆泵应由专人操作。

4.4.3 工程实例

实例一：广州地铁 2 号线下穿越快速干线

1. 工程概况

广州地铁 2 号线新（港东）—磨（碟沙）区间东段地下穿越快速干线，路面为双线 8 车道，路基宽 60m。隧道设计成 2 条单线隧道，其净距为 2.5m，隧道顶离地面埋深约 5m，设计净高 5.504m，净宽 5.2m，长 80m。本地区地形平缓，基岩为砂岩，埋深约 20m，其上覆土依次为：杂填上（层厚 3.3m），淤泥质土（层厚 2.2m），粉砂层（层厚 5.5m），粗砂层（层厚 7.2m）。本暗挖段隧道主要在粉砂和粗砂层中通过，为 Ⅰ 类围岩，地下水埋深约 2.5m，含水量丰富且水位受珠江潮汐影响。

2. 方案选定

隧道穿越淤泥质粉砂层，围岩松散，自稳能力差，含水量高，地下水位高且透水性强，开挖过程极易引起涌水流砂现象，对洞室开挖和稳定极为不利。根据现场这一具体情况，主要考虑了两种工法进行比较，一种是冷冻法，另一种是水平旋喷桩工法，两种工法施工工艺都是比较新，特别是长达 41m 的水平旋喷桩在国内尚属首次。冷冻法也是一种新工艺，在广州地铁建设中也只有少数几次，但是本工程地下水丰富且与珠江水相连通，随珠江水位变化而变化，冷冻较为困难。从造价上，两种工艺的造价相差不大。综合各种因素，最后采用水平旋喷桩超前支护工艺。

3. 施工技术要求

水平旋喷桩的桩径分为两种：隧道开挖轮廓线周边为 500mm，相互咬合 150mm，隧道洞内为 800mm，桩长均为 41m，其中，500mm，760 根；800mm，72 根，见图 4-36。

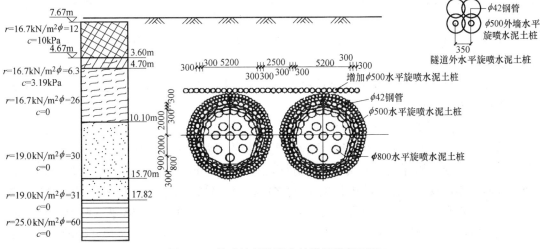

图 4-36 旋喷桩超前预支护拱棚横断面图

（1）施工参数

施工技术参数包括旋喷压力、旋进速度、旋转速度以及水泥用量等，根据本工程的水文地质情况和桩径桩长等情况，有关的施工参数如下：①旋喷压力：15～20MPa；②旋进速度：0.5m/min；③旋转速度：10～20rpm；④水泥用量：100kg/m（42.5级普通硅酸盐水泥）；⑤水灰比：0.75。

（2）施工机具

水平旋喷注浆机具包括：旋喷注浆的设备及制浆机具见表4-10。

旋喷机具设备表

表4-10

序号	机具设备名称	规格	数量	机具设备作用	备注
1	工程钻机	GY-2A	2台	水平旋喷	
2	工程钻机	XU-300	2台	水平旋喷	日本钻机
3	高压注浆泵	BWT120/30	4台	输送压力浆液	
4	旋喷管	50地质钻杆导流器及喷头	配套	旋喷注浆	
5	搅拌桶	2	4	制浆	

（3）施工程序

考虑本工程工期较紧，施工时分别在东西两侧各布置一个竖井同时施工。

① 竖井开挖：竖井土方开挖采用反铲分层进行，层厚1.5～2.0m，随深度的增加，相应增加反铲的数量。然后平整隧道外水平旋喷水泥土桩场地，铺垫砂袋和枕木，调整钻机位置并用马钉固定在枕木上，防止钻孔过程摇摆晃动。

② 钻机就位：先用仪器将两隧道的轮廓线（孔位）放在掌子面上，然后将两隧道的中轴线位置放在顶面的钢支撑上，并在前后位置分别悬吊垂线。钻机就位时钻杆对准掌子面的孔位，测量钻杆到垂线的水平距离，使钻杆轴线垂直对准钻孔中心位置。

③ 钻孔旋喷：利用GY-2A和XU-300型钻机配置合金钻头先在掌子面开孔，孔深约2m，然后换上圆锥形（加焊合金块）的旋喷头，边旋喷边推进。利用BWT-120/30型高压注浆泵以20MPa的压力输送按设计配合比拌制好的水泥浆液，旋进速度为0.5m/min，旋转速度为15rpm，水泥用量为100kg/m。旋进至41m停止推进，并继续旋喷2～3min，然后，边旋喷边退出。

④ 冲洗：施工完毕后，立即将注浆管高压注浆泵等机具设备用清水冲洗干净，以免残留的水泥浆液堵塞管路。

⑤ 移动机具：冲洗完毕后，将钻机等机具设备移到新的孔位上，进行另一个孔位的水平旋喷桩施工。

4. 施工效果及存在问题

从6月3日开始至7月23日，顺利完成了水平旋喷桩施工任务，然后进行洞内土方开挖，东侧左线开始开挖较为顺利，平均每天进尺达1.5m，但上断面开挖至21m时，拱顶部位出现崩塌现象，主要原因是拱顶部位的水平旋喷桩偏位较大，后来采取在拱部轮廓线加打一圈水平旋喷桩，其间距为0.25m，长15m。受场地限制，水平旋喷桩的仰角较大，造成桩向上偏位较大和返浆量大，成桩效果不理想。后来采取沿拱部开挖轮廓线水平方向打入长2m、间距0.25m的 ϕ22 螺纹钢，对于有空洞的地方及时用砂袋将其填充满，防止路面沉降，然后再向前开挖，效果比较好。

经过洞内土方开挖检查了成桩情况，其施工了832根桩，其中合格790根，合格率达95%。这些在隧道轮廓线形成一圈封闭的拱壳，为隧道的安全开挖奠定基础。作为一种新工艺，还存在一些问题，主要是桩的定位和旋喷过程返浆量偏大，这是因为没有配套的施工机具，用地质钻机无论是性能还是刚度稳定性方面存在缺陷，造成旋喷过程容易偏位和返浆。

实例二：北京热力外线隧道下穿城铁和平里车站

1. 工程概况

北三环热力外线隧道下穿城铁和平里车站工程属北三环热力外线工程的一部分。城铁和平里车站为单层三跨现浇钢筋混凝土双向框架结构，城铁地上二层高架车站，车站长度为120m，宽度约21m。热力隧道下穿车站第一跨。车站基础采用分离式基础＋桩基础，桩径800mm，桩长为16～21m，热力隧道穿过位置为两桩之间，隧道拱顶和和平里车站基础底距离约1.817m。隧道开挖轮廓两侧与车站钻孔桩距离2.05m。由于城铁和平里车站为正在运行的城铁线路车站，控制站内沉降，将隧道施工对城铁的影响降到最低限度，是本工程的重中之重。根据现场勘察，热力隧道底层为人工堆积的地质土层，主要成分为砖块、灰渣、碎石等，层厚3.80～5.10m，层底标高为39.16～40.20m。其下为第四系沉积的粉质黏土层，层厚7.50～9.00m，层底标高为30.46～32.30m。场区内地下水类型属于上层滞水，水位埋深4.65～5.0m，标高39.15～39.61m。

2. 水平旋喷桩现场试验

为检验水平旋喷桩质量，确定工程桩的各施工参数，为正式旋喷桩的施工提供依据，选择在东侧竖井的南侧地面下约12m，做3根旋喷试验桩，桩长24m，桩径350mm，桩中心距250mm，相互咬合100mm。旋喷试桩时，在地面沿桩轴线每6m布沉降观测点，对地面变形进行连续监测（表4-11）。从表4-11可以看出地表沉降值都非常小，施工过程中几乎没有沉降，施工后3d内沉降稳定，各测点累计沉降分别为：Q1（0＋00m）累计沉降为0.64mm，DB1（0＋6m）累计沉降为1.03mm，DB2（0＋12m）累计沉降为1.03mm，DB3（0＋18m）累计沉降为0.98mm，DB4（0＋24m）累计沉降0.55mm，从5d的沉降观测表明水平旋喷试桩施工对地表的影响非常小。

地表变形统计表（mm） 表4-11

测点	12h	24h	48h	3d	4d	5d
Q1(0)	−0.12	−0.34	−0.35	−0.31	−0.62	−0.64
DB1(6M)	−0.09	−0.25	−0.21	−0.61	−0.78	−1.03
DB2(12M)	0.01	0.04	−0.30	−0.62	−0.96	−1.03
DB3(18M)	−0.03	−0.05	−0.07	−0.29	−0.93	−0.98
DB4(24M)	−0.02	0.00	+0.29	+0.13	−0.51	−0.55

施工过程中每旋喷8m左右留取孔口流出水泥土，采用砂浆试验标准，1号、3号试桩各3组试样，2号试桩4组。共10组，每组3个试样。进行7d强度、28d强度和90d强度试验，确定水泥土强度的变化规律。7d的平均抗压强度达到2.9MPa，28d的平均抗压强度达到9.8MPa，90d的平均抗压强度达到13.3MPa。可见，水平旋喷桩在提高土体

强度，加固改善基础性能方面效果明显，从而减少土体变形，有效控制因隧道开挖引起的地面沉降。

3. 水平旋喷桩设计、施工及效果检验

（1）设计：在隧道开挖前沿隧道周围施做水平高压旋喷桩：桩长 24m，水平旋喷桩直径为 350mm，中心距 250mm，桩相互咬合 100mm；钻孔位置与设计位置偏差不宜超过 30mm。垂直度偏差不宜大于 1.5%，施工旋喷桩注浆压力为进钻压力 3MPa，旋喷压力 20MPa。每一循环在靠近掌子面 1.5～2m 内不进行高压旋喷，采用低压钻进。浆液为水泥浆，水灰比为 0.8～1.5。旋喷桩施工完 3d 后再进行隧道开挖。

（2）施工关键技术：水平旋喷桩桩长 24m，由于高压浆液对土体的削切及钻杆本身的重力，钻头在钻进过程中会发生明显的下移，为此对上拱 120° 范围内的旋喷桩，对内侧旋喷桩，预先上仰 1.5% 的设计坡度，外侧按水平旋喷施工；沿隧道初衬外边缘施做双排连续封闭旋喷桩，采用跳 3 根以上施工，跳跃式钻孔两边对打水平旋喷桩，从隧道下面往上施做、先做内圈后做外圈旋喷桩。

（3）水平旋喷超前加固效果：为了解水平旋喷桩超前加固对土层变形的影响；了解暗挖隧道支护结构和周围地层的变形情况，为施工管理提供信息，保证施工的安全和城铁的正常运行，特在车站各个基础桩、城铁轨道和道床布置多个监测点。

经过 3 个月的监测，获得了宝贵的第一手资料，为深入剖析水平旋喷桩的加固机理，验证支护结构设计和施工方案的可靠性，为支护结构设计和施工方案的调整提供反馈信息，提高地下工程的设计和施工水平提供了依据（表 4-12）。

车站结构、轨道、道床变形统计表/mm　　　　　　表 4-12

	北侧结构侧线			南侧结构侧线				道床侧线				
	1A	1B	1C	1D	2A	2B	2C	2D	D1	D2	D3	D4	D5
东侧	−0.06	1.05	1.65	2.44	2.28	0.64	1.74	3.26	0.29	1.23	2.15	2.07	1.59
西侧	1.50	2.24	2.58	1.68	1.55	2.20	2.13	2.5	0.15	2.38	4.24	4.28	2.85
贯通	1.30	1.40	1.55	1.06	1.23	1.90	1.64	1.84	0.22	1.80	2.77	3.07	2.39

	轨道变形									
	QX25	QX11	QX12	QX13	QX14	QX15	QX21	QX22	QX23	QX24
东侧	−1.25	−0.13	0.75	0.55	−0.09	0.26	−0.59	−0.43	−0.47	0
西侧	−1.43	−0.06	0.73	0.58	1.85	0.29	−0.28	0.55	+0.13	0
贯通	−0.59	−0.25	0.03	1.51	1.41	0.61	−0.28	0.03	+0.50	0.72

分析现场监测数据，得到如下结论：

（1）水平旋喷施工可能引起地面的隆起，而不仅仅是沉降，这有可能是大量水泥浆液进入土体所致，适当的隆起与隧道开挖引起的沉降相叠加，对减少地面变形是有益的。

（2）水平旋喷沿长度方向的变形是不均匀的，这不仅与上部荷载有关，钻头旋转速度、钻进速度和注浆压力的改变也必然引起不均匀变形，保持钻头旋转速度钻进速度和注浆压力的稳定至关重要。

（3）用水平旋喷做超前支护后，土体强度明显加强。在上部车站荷载作用下，最大变形仍然只有 5mm，且大部分变形控制在 1～2mm，大大小于城铁车站限制变形在 10mm 的要求，效果明显。

4.5 洞 桩 法

　　地铁建设的普遍特点是投资强度大、建设任务重工期紧，因而实际建设中，施工方法常常对结构形式的确定和地铁土建工程造价有决定性影响。伴随着城市地铁交通的高速发展，其修建技术也随之不断进步。到目前为止，经过长期的发展和不断的改进，地铁车站的施工常采用明挖法、盾构法、盖挖法、浅埋暗挖法及洞桩法等。其中，洞桩法作为一种新兴的地铁车站施工方法，特别适合于地面交通繁忙，地下管线密布，对于地面沉降要求较高的条件。该方法跳出了传统地下工程设计思路，把地面建筑的某些施工方法引入到地底下，通过小导洞、挖孔桩、扣拱等成熟技术的有机组合，从而形成一种新的工法。该方法施工安全度较高，可大量减少临时支撑，造价相对较低、工期较短。虽然在某些细部工艺上有待进一步改进，但在北京地铁建设中的多次应用已证明其在松散软弱围岩含水地层中进行浅埋大断面洞室开挖是可行的，已获得了显著的经济和社会效益，具有良好的发展前景和推广价值。

　　新工法的采用带来更高价值的同时总也伴随着更高的风险。在洞桩法的产生及使用过程中，工程实践领先于理论研究，针对该种工法的理论分析工作不充分，其施工力学效应仍不十分明确，现有设计施工规范中也没有针对该工法的相关条文。目前洞桩法在北京地铁车站建设中应用较多，施工方对该工法仍存在较多的困惑，尤其是对开挖和支护过程中受力体系的形成以及灌注桩的力学贡献等方面存在较多疑问。这也在很大程度上限制了该工法的推广使用。

4.5.1 作用原理

　　随着我国地下铁道建设的发展，地铁车站和区间隧道的结构形式多样，规模越来越大，遇到的复杂地质条件和既有建（构）筑物越来越多，施工技术也随之不断进步，不断创新，提出了许多新的施工方法，浅埋暗挖洞桩法就是其中很有代表性的一种。洞桩法是在传统浅埋暗挖法的基础上创新地吸收盖挖法的技术成果形成的新工法。该工法是我国于1992 年首次提出，最初"桩梁拱法"，后来又称"洞桩法"、"桩洞法"、"桩桩法"等，现在普遍接受的提法为"洞桩法"，又称 PBA 工法。大断面隧道下穿既有线施工技术复杂、施工难度大，具有很高的风险性，因此，施工方法的可靠性和对既有线的影响成为人们关注的重点。目前，大断面隧道施工方法主要有 CRD 法、中洞法、侧洞法、柱洞法、PBA法和洞桩法等北京地铁机场线东直门站首次采用洞桩托换法施工大断面隧道，成功地穿越了既有线，而且也很好地控制了既有线在施工过程中的变形。洞桩托换法是在洞桩法的基础上发展起来的，是用洞桩法施工形成的桩、梁和结构顶板对既有线结构进行托换，使既有线荷载从原承载物上（如地基）置换到托梁及梁下桩并传递到施工影响较小的下部地层中，隧道结构在托换体系形成后进行施工。洞桩托换法的关键是使洞桩法形成的桩、梁和拱（板）及时承受既有结构的荷载，同时满足托换和下部结构施工要求。

　　浅埋暗挖洞桩法沿用了新奥法的基本原理，并发展了自身特点。新奥法的基本原理表述可以简单归纳为以下几句：

　　（1）围岩岩体是隧道承载的主要部分；

　　（2）用最小的支护阻力设计支护结构：

（3）极力防止围岩松动；

（4）控制围岩的初始变形；

（5）适应围岩的特性，采用薄层柔性的支护结构，宁肯增加钢筋网和锚杆也不增加厚度，以防止产生弯矩；

（6）采用量测来检验设计并指导施工。

而浅埋暗挖是新奥法以加固、处理软弱地层为前提的技术发展。由于它是针对埋置深度较浅、松散不稳定的土层和软弱破碎岩层施工而提出来的，因此一般都要辅以地层预加固和预支护措施，包括大管棚注浆、小导管超前注浆、全断面注浆、开挖面深孔注浆甚至冻结法等。

洞桩法则是在传统浅埋暗挖分部开挖法的基础上综合了盖挖法的特点而发展起来的一种特殊的施工方法，该工法灵活多变，适应性较强。其核心思想在于设法形成有边桩（或边柱）和中柱支撑结构和拱部初期支护组成的整体支护体系，以保证洞室主体顺利安全的开挖。其拱部初期支护要比盖挖法的顶盖受力复杂（缘于顶拱上部的覆土）。边桩的抗倾覆能力和拱顶上部的土体稳定（一般都要注浆加固）成为洞桩法安全性的关键所在。

根据目前手头上已有的资料来总结洞桩法的技术特点和受力特点，简要叙述为以下几点：

（1）依靠边桩（或边柱）与大管棚超前支护保证拱部施工的安全，能够有效控制地表沉降量。

（2）拱部开挖时，初支支护落在桩顶冠梁上，直接将力传至桩基，使整个受力合理，易于控制沉降。根据中铁隧道设计院对采用"PBA"工法已施工完成的工程数据的统计，拱部开挖和扣拱阶段的地表沉降占到地表沉降总值的 60％以上，为地表变形控制的重点施工步骤。

（3）开挖洞身下部土方后，边桩在全高范围内承受土体侧向压力。顺作和局部顺作中，通过横向钢支撑，逆作中，通过已做好的框架结构，可以减少土体向结构内的收敛，这一点也间接地控制了地表沉降。

（4）土方开挖过程中，小间距密排的边桩形成的地下墙能有效地防止含水地层可能出现的涌水、流砂问题。

（5）如果是边桩，基底的隆起将会比一般的圆形暗挖隧道要大，在施做底板前，可能需要对基底进行加固处理，类似明挖基坑的基底处理。另外中柱的轴力比一般情况要大，也可能缘于基底隆起而拱顶已有沉降。

4.5.2　施工工艺

洞桩法施工工艺参见图 4-37。

1. 施工特点

（1）利用小导洞施做桩梁和柱作为主要传力结构，在暗挖拱盖保护下进行内坑开挖；

（2）可同步进行主体导坑施工，对地层扰动次数少，地面沉降较小；

（3）支护转换单一，施工进度快；

（4）施工不受层数、跨度的影响，可施做多跨结构；

（5）施工灵活，边桩及中柱既可在地面施做，也在导洞中施做，底部承载结构可根据地层条件做成底纵梁或桩基。边桩也可以做成边柱；如做成边柱，则需要增加两个边下导洞，并且在边下导洞内施做边柱底纵梁；

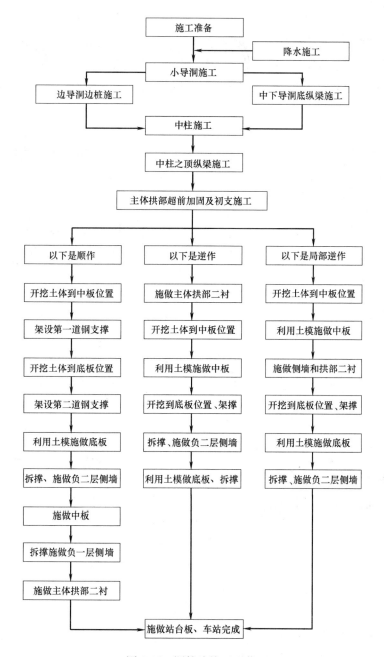

图 4-37 洞桩法施工工艺

（6）二次衬砌浇筑时作业面宽敞，防水层施工和混凝土浇筑质量都能得到较好的保证。

2. 施工主要步骤

洞桩法施工分顺作、逆作、局部逆作三种工法。

① 导洞施工，一般用 CD、CRD 等工法，如图 4-38 所示。

② 导洞开挖支护完成后，中下导洞进行基底处理，铺设底板防水层，施做部分底板结构及底纵梁，安装钢管柱定位系统，如图 4-39 所示。

③ 在上边导洞内施做围护桩，完成后，浇筑围护桩上顶梁，预留与拱相接的钢筋接

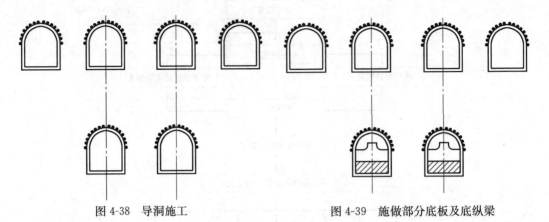

图 4-38　导洞施工　　　　　　　　图 4-39　施做部分底板及底纵梁

头，铺设防水层，预留与拱相接的防水接头，如图 4-40 所示。如果桩外侧距离导洞壁还有空间，要回填。

④ 在上面中间两个导洞内施做钢管混凝土柱，接着施工顶纵梁，预留与拱相接的钢筋接头，回填梁顶空间，如图 4-41 所示。

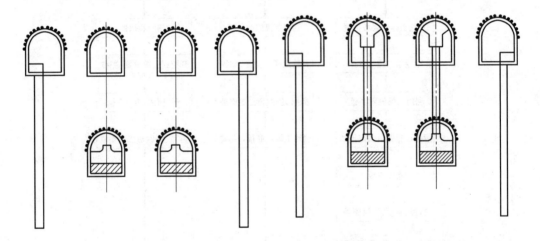

图 4-40　施做围护桩　　　　　　　　图 4-41　施做钢管混凝土柱

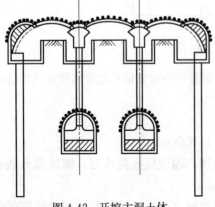

图 4-42　开挖主洞土体

⑤ 小导管＋大管棚注浆加固地层，开挖主洞土体（留核心土体），架设初期支护，回填初支外侧空间，背后注浆，如图 4-42 所示。

之后的施工根据顺作、逆作、局部逆作三种分类各有不同。

先说顺作：初支扣拱之后，一直开挖土方到底板处，用横撑支撑侧土压力，然后施做底板、负二层侧墙，换撑，再施做中板、负一层侧墙，这样从下到上一直到拱顶二衬施做完毕。如图 4-43～图 4-48 所示。

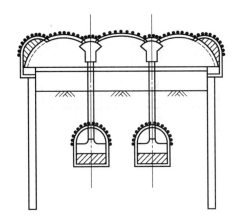

图 4-43 开挖加第一道支撑

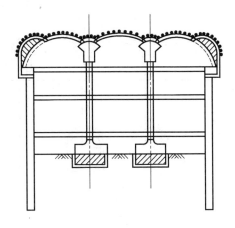

图 4-44 架设第二、三道支撑

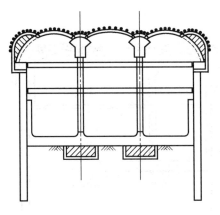

图 4-45 施做底板

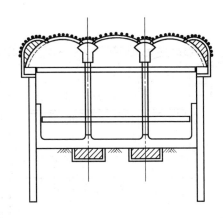

图 4-46 施做侧墙结构拆撑

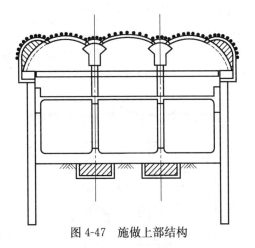

图 4-47 施做上部结构

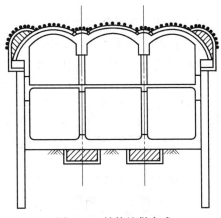

图 4-48 结构施做完成

逆作法则是相反，从上向下施做二衬，即：拱顶二衬先施做完毕，然后开挖土方至中板位置，施做负一层的侧墙和中板以后，再接着开挖土方，施做负二层侧墙，最后开挖至底板板处，施做底板，二衬完成。如图 4-49～图 4-52 所示。

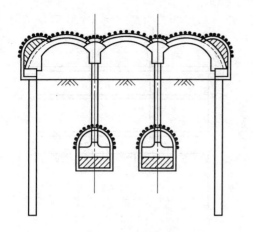

图 4-49　开挖上部土体

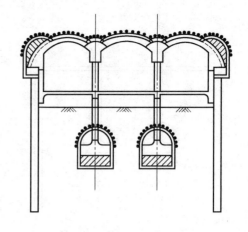

图 4-50　施做结构顶板

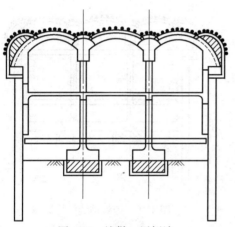

图 4-51　施做一层侧墙

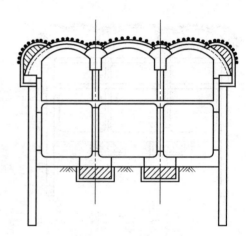

图 4-52　施做底板

　　局部顺作法则是顺作和逆作相结合，即从整体看是逆作法，先做负一层，再做负二层，但是在负一层施工中则是顺作，先做中板，然后拱顶二衬；在负二层施工中也是顺作，先做底板，然后侧墙连接中板，二衬完成，如图 4-53～图 4-57 所示。

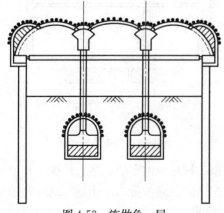

图 4-53　施做负一层

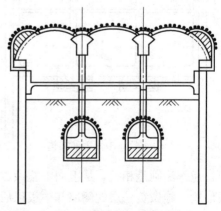

图 4-54　向下施做侧墙

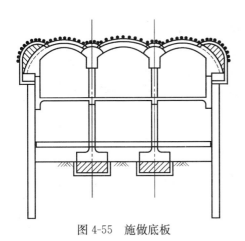

图 4-55 施做底板

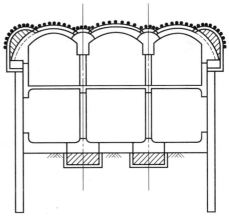

图 4-56 向上施做侧墙

4.5.3 洞桩法施工实例

实例一：北京地铁 6 号线东四站洞桩法

1. 工程概况

东四站位于东四西大街，处于美术馆东街和东四南、北大街之间，沿东四西大街在道路下方呈东西向偏南侧布置。东四站为岛式车站，车站长 192.8m，总宽 23.3m，有效站台长度 158m，站台宽 14m，顶板埋深 13.5～14m，车站主体为地下两层直墙三连拱结构，采用暗挖 PBA 工法施工。根据本工程详勘报告，车站范围自上到下主要包括以下土层：粉土层、粉细砂层、卵石圆砾层、粉质黏土层、黏土层、卵

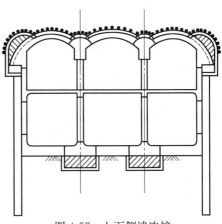

图 4-57 上下侧墙连接

石层、粉细砂层、中粗砂层。上层导洞主要穿越层间滞水及潜水，穿越土层包括圆砾—卵石、粉细砂、黏土。下层导洞主要穿越承压水，穿越土层包括卵石—圆砾、粉质黏土、中粗砂。

2. 总体施工方案

东四站车站设计总体施工顺序为：导洞开挖先开挖上导洞，后开挖下导洞，同层小导洞先开挖边导洞，后开挖中导洞。横通道一侧导洞施工长度不小于 15m 后，方可进行对侧导洞开挖。导洞开挖完成后，进行桩柱体系施工，桩柱体系完工后进行主体结构初期支护扣拱的施工。车站主体结构初期支护扣拱施工，中洞先行，边洞落后不小于两个柱跨，且导洞侧墙不得凿除。

3. 导洞及扣拱施工先后顺序（图 4-58）

第一步：自横通道进洞，施工导洞拱部超前支护结构，并注浆加固地层，台阶法开挖导洞并施工初期支护（台阶长度为 3～5m），下导洞贯通后，开挖横导洞。开挖导洞时，先开挖上导洞后开挖下导洞，先开挖边导洞后开挖中导洞。如果先施工上导洞时，在下导洞施工过程中对上导洞施做支护结构，在下导洞施工过程中对上导洞支护结构加强监控量测。

257

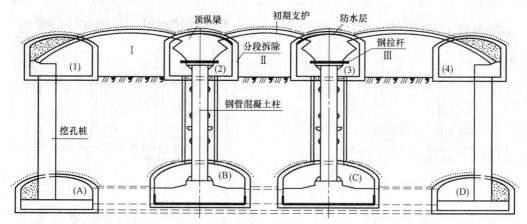

图 4-58　导洞及扣拱施工顺序

第二步：在导洞（A）、（D）及横导洞内施工条基，在两边上、下导洞内施工挖孔桩及桩顶冠梁（挖孔桩须跳孔施工，隔 3 挖 1，导洞（A）、（D）拱部开孔时仅凿除初支混凝土，格栅钢筋不切断），并在中间导洞内施工上、下导洞间钢管混凝土柱挖孔护筒。

第三步：在下导洞（B）、（C）内施工底板梁防水层及底板梁后，施工钢管混凝土柱（柱挖孔护筒与钢管混凝土柱间空隙用砂填实），然后在导洞（2）、（3）内施工顶拱梁防水层及顶纵梁，并在顶纵梁中预埋钢拉杆。

第四步：施工洞室Ⅰ、Ⅱ及Ⅲ拱顶超前支护结构，并注浆加固地层。台阶法开挖导洞Ⅰ、Ⅱ及Ⅲ土体（导洞Ⅱ先行，与导洞Ⅰ、Ⅲ前后错开不小于两个柱跨，且导洞Ⅱ、Ⅲ同步向前开挖，施工过程中不得拆除导洞中隔壁），施工顶拱初期支护，开挖步距同格栅间距，并加强监控量测。

4. 导洞施工关键工艺

导洞开挖支护施工严格遵循浅埋暗挖法"管超前，严注浆，短开挖，强支护，早封闭，勤量测"的总施工原则。采用超前支护＋钢格栅＋网喷混凝土的支护体系。

1）导洞开挖均采用预留核心土环形台阶法施工。从起拱线位置分为上、下两层台阶开挖。拱部采用人工分段分节开挖，顺着拱外弧线用人工进行环状开挖并留核心土，施工时在确保注浆效果较好的条件下，先开挖两侧起拱线位置侧土体，后开挖靠近拱部侧土体。开挖尺寸满足要求后，立即架立钢格栅，并用 C25 网喷混凝土及时封闭。施工中严格控制开挖进尺，避免冒进。保证开挖中线及标高符合设计要求，确保开挖断面圆顺，开挖轮廓线充分考虑施工误差、变形和超挖等因素的影响。

2）开挖轮廓经检查满足设计要求后，即开始架立格栅钢架，依据断面中线及标高，准确就位。导洞上、下台阶格栅连接板须紧贴，对不能密贴的连接板采用格栅钢架主筋同型号的钢筋进行帮焊，焊接长度满足单面焊≥10d，双面焊≥5d（d 为格栅主筋直径）。格栅钢架间采用 ϕ22 纵向连接筋连接，内外双层、梅花形布置，环向间距@1000mm，纵向搭接长度满足规范要求（双面焊 5d，单面焊 10d，d 为钢筋直径），保证焊接质量（焊缝饱满，平顺，无夹渣漏焊现象）。格栅钢架定位后，在迎土侧满铺 ϕ6.5，150×150 钢筋网片，搭接长度不小于一个网格，钢筋网与格栅钢架密贴，铺设平顺，用绑丝与格栅钢架绑扎牢固，确保喷混凝土时不松动脱落。锁脚锚管采用 $\phi 42 \times 3.25mm$ 钢管，长 1.5m，锚管注浆同超前小导管注浆，与格栅钢架焊接。

3）喷射混凝土

上述各项经检查符合要求并经监理工程师验收合格后，方可进行喷射混凝土封闭。喷射时由拱脚自下而上进行，先仰拱后边墙，保证混凝土喷射密实，厚度符合设计要求。

4）回填注浆

在拱顶垂直于拱部切线方向预埋 $\phi 42 \times 3.25mm$ 回填注浆管，$L=0.8m$，每 2m 布设 1 组，每组 3 根，封闭成环 3m 后回填注浆一次（注纯水泥浆），注浆压力宜控制在 0.1～0.3MPa。

其施工工艺流程如图 4-59 所示。

5. 扣拱施工

扣拱施工其主要施工工艺与导洞开挖基本相同，关键控制点在于格栅拱架与导洞的连接，扣拱与导洞之间拱顶形成三角区域的沉降控制。

1）格栅连接：为了保证扣拱与导洞能够顺利连接，在导洞开挖过程中严格控制每榀格栅的里程，后行导洞格栅必须与先行导洞格栅同步，同时认真做好预留接头格栅的保护工作。扣拱的一

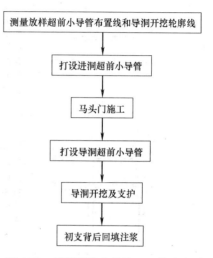

图 4-59 导洞开挖支护施工工艺流程图

端脚板与小导洞的预留钢板仍采用螺栓连接。充分考虑施工误差，对于原小导洞预留螺栓孔位和扣拱脚板螺栓孔位存在施工偏差的部分，将扣拱的脚板与小导洞的预留钢板三面满焊。小导洞内部预留格栅之间连接采用主筋帮焊。

2）扣拱与导洞之间拱顶形成三角区域的沉降控制：首先加强超前支护注浆，特别是三角区域注浆，并在三角区域埋设回填注浆管，开挖完成后及时进行回填注浆加固。

实例二：北京机场线东直门站

1. 工程概况

北京市机场线的起点东直门站位于东二环路东直门外大街路北侧。该站西侧为现状东直门立交北桥和地铁 2 号线的东直门站，北侧为城铁 13 号线东直门站，东北侧为同期建设的东华广场。根据施工方法的不同，车站结构纵向分为 A、B、C、D 及安全线 5 段。C 区上跨并下穿既有折返线结构，B、D 区为 28m 深明挖基坑。工程场区主要地层有粉质黏土、粉细砂、中粗砂、卵石层，影响施工的地下水为水头埋深 23m 左右的第一层承压水，工程环境和结构均很复杂。

穿越段影响区既有线结构分为明挖段和暗挖段。明挖段长 14m，宽 12.3m，高 7.75m，顶板覆土厚 8.8m。结构底板厚 1m，顶板厚 0.85m，侧墙厚 0.9m，模筑混凝土强度等级为 C30。暗挖段宽 12.05m，高 7.52m，初支、二衬厚度均为 0.3m，初衬喷射混凝土强度等级均为 C20，模筑混凝土强度等级均为 C30。明挖隧道结构与车站主体和暗挖隧道连接处各设置一道变形缝。穿越段影响区为整体道床，大四开道岔，道岔跨缝设置，结构和轨道均对沉降和变形非常敏感。

2. 施工方法和技术措施

　　考虑到变形缝位于结构上方，因此，中间增设临时条基＋梁托换体系，其施工步骤详见表 4-13。

施工步骤　　　　　　　　　　　　　　　　　　　表 4-13

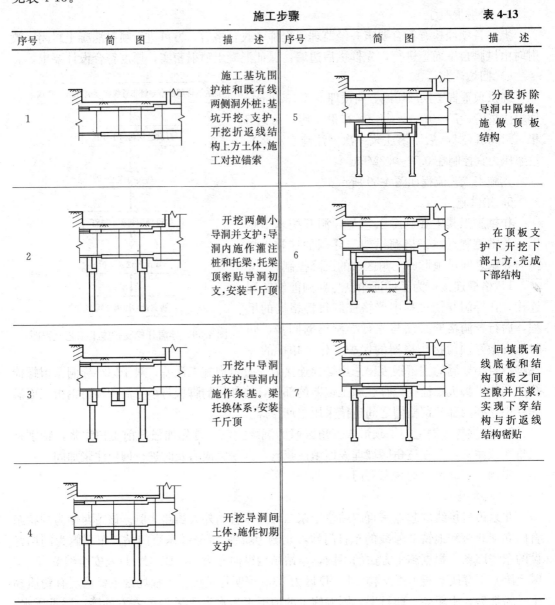

序号	简　图	描　述	序号	简　图	描　述
1		施工基坑围护桩和既有线两侧洞外桩；基坑开挖、支护，开挖折返线结构上方土体，施工对拉锚索	5		分段拆除导洞中隔墙，施做顶板结构
2		开挖两侧小导洞并支护；导洞内施作灌注桩和托梁，托梁顶密贴导洞初支，安装千斤顶	6		在顶板支护下开挖下部土方，完成下部结构
3		开挖中导洞并支护；导洞内施作条基。梁托换体系，安装千斤顶	7		回填既有线底板和结构顶板之间空隙并压浆，实现下穿结构与折返线结构密贴
4		开挖导洞间土体，施作初期支护			

　　具体技术措施如下：

　　（1）既有线上部土体开挖前，先对两侧的土体采用 $\phi 600@500$ 的旋喷桩加固至导洞的底部，加固土体强度应达到 0.4MPa。

　　（2）既有线两侧范围内的托换桩，采用机械成孔，导洞底板以上用黏土回填，并注浆充填。

　　（3）既有线两侧围护桩桩顶冠梁采用对拉锚索进行对拉，下部采用对撑支护。

　　（4）两侧明挖基坑开挖施工至导洞底板，并对洞门加固后再破桩施工导洞。导洞施工时，应注浆加固两侧土体以提高其自稳能力。

（5）为尽量减小导洞尺寸，洞内桩采用人工挖孔桩施工；另外还应采取增大桩径、减小桩长并注浆加固桩底地层的措施。

（6）结构上方变形缝是既有线的薄弱环节，为此增设中导洞，导洞内设条基＋梁托换体系。

（7）在托梁上设置千斤顶，并视既有线沉降监测情况，必要时可进行顶升，以便控制和调整既有线的沉降变形。实际施工中，既有线沉降控制较好，没有进行顶升作业。

3. 穿越施工对地铁既有线变形的影响分析

为及时掌握新建线路穿越既有线施工过程中既有线隧道结构、道床和轨道的变形情况，对既有线变形缝两侧结构和道床差异沉降，尖轨与基本轨差异沉降、密合度，结构的沉降和水平位移，变形缝开合度，轨道几何尺寸等进行检测。监测范围为预测沉降槽范围再向两侧各延伸5m，共约80m。图4-60和图4-61反映了变形缝两侧结构变形和差异沉降时序曲线。

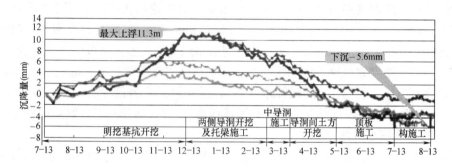

图 4-60 结构变形

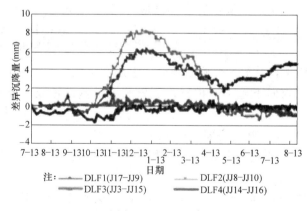

注：———— DLF1(J17-JJ9)　　———— DLF2(JJ8-JJ10)
　　———— DLF3(JJ3-JJ15)　　———— DLF4(JJ14-JJ16)

图 4-61 差异沉降

通过分析施工监测数据，可得出如下结论：

（1）施工过程中结构最大上浮值为 11.3mm，最大下沉值为 8.3mm，上浮期间最大差异沉降为 8.0mm，下沉期间最大差异沉降为 4.3mm。

（2）随着结构的变形，道床也出现变形，结构和道床变形趋势是一致的，但变形值小，差异沉降也较小，变形曲线圆滑一些。这说明道床与结构变形缝相比，表现为连续和柔性变形。

（3）随着两侧明挖结构的施工和围护结构支撑体系的拆除，折返线逐渐下沉，明挖结构施工完成后，折返线结构和轨道的纵向变形为相对规则的沉降槽，说明临近结构的施工方和措施对既有线存在影响，不可忽视。

（4）既有结构变形缝施工过程中变形值和差异变形值比结构其他部位大，是整个结构的薄弱部位。

（5）变形缝的开合度与两侧结构差异沉降值的变化成正比，与两侧结构差异沉降关系密切，但略滞后于结构差异沉降的变化。

（6）在施工过程中随着结构的差异沉降会产生一定的倾斜，但幅度普遍较小。

（7）顶板结构施工完成后，下部结构施工过程中既有线沉降量较小，说明桩、梁、板受力托换体系具有良好的托换效果。

实例三：北京地铁 14 号线蒲黄榆车站

1. 工程概况

蒲黄榆站位于蒲黄榆路与蒲方路交叉口的东侧，沿东西向布置，车站北侧为 32 层的物美大卖场，南侧为 30 层的芳群园一区，车站结构边距离北侧 32 层、南侧 30 层楼房最小间距分别约 23m、20m。车站拟建区域整体交通路网比较完善，蒲黄榆路道路规划红线宽度为 65m，蒲方路规划道路红线宽度为 45m，目前已实现规划。本车站主体结构底板附近地层以砂卵石为主，局部存在上层滞水（一），潜水（二）普遍存在，水位位于结构底板上方约 8m 位置，结构底板以下普遍存在微承压水（三），暗挖施工采取降水措施。

2. 结构形式及施工方法

本车站与既有 5 号线蒲黄榆站采用通道方式换乘，因此在车站西端设置三层段。三层段采用 14m 岛式站台，双柱三层三跨暗挖框架结构形式，设计起点里程即车站起点里程，终点里程 K22＋481.898，总长 32.7m，宽度 23.3m，结构顶覆土约为 6.6m，底板埋深约为 30m。车站过三层段后为标准段，采用 14m 岛式站台，双柱双层三跨暗挖框架结构形式，设计起点里程 K22＋481.898，终点里程即车站终点里程，总长 183.8m，宽度 23.3m，结构顶覆土约为 13.8m，底板埋深约为 30m。主体结构三跨断面采用"洞桩法"施工，共分 8 个施工导洞，上层和下层各 4 个导洞，下层导洞设置部分横导洞。在上导洞内向下施工围护桩，下导洞施工基础地梁，浇筑围护桩，桩间采用锚喷支护。

车站主体洞桩法施工方法与主要步骤如下：

（1）利用 1 号竖井、2 号竖井和 2 号风井进行 1 号横通道、2-1 号横通道和 2-2 号横通道的施工。

（2）在横通道内进行导洞施工，导洞采用全断面法或台阶法施工，先施工下导洞，下导洞采用小导管超前注浆加固地层，后施工上导洞，上导洞结合主体结构断面采用小导管＋大管棚注浆加固地层。小导洞采用台阶法预留核心土开挖，参数见图 4-62、图 4-63。

（3）上、下导洞开挖支护完成后（导洞支护参数见表 4-14），在中下导洞内进行基底处理，铺设底板防水层，施做主体结构底板板带及底纵梁，并安装钢管柱定位系统。在边下导洞内施做围护桩基础地梁。

（4）在边上导洞内施做围护桩，围护桩施工完成后，浇筑围护桩顶冠梁，铺设防水层，预留与拱、边墙相接的防水接头，回填桩外侧空间。

（5）在中上洞内施做钢管混凝土柱，钢管柱成孔，吊装钢管柱，进行钢管柱顶部定位锁定，孔与管空隙内填中粗砂，边填砂边拔护筒，最后锁定钢管柱，管内灌注混凝土，施工顶纵梁，预留与顶拱相接的钢筋接头，铺设防水层，预留与拱相接的防水接头，回填梁顶空间。

（6）小导管＋大管棚超前注浆加固地层，开挖主体结构中部土体，施工初期支护，初支背后注浆，铺设防水层，浇筑中拱，待中拱达到设计强度时，拱顶回填注浆，再对称开挖两侧拱部，施工初期支护，初支背后注浆，铺设防水层，浇筑边拱，待边拱达到设计强度时，拱顶回填注浆。

（7）拱部混凝土达到设计强度后，拆模，向下开挖至中板、中纵梁底面标高，施工地模，铺设边墙防水层，绑扎钢筋浇筑中板、中纵梁、上层边墙混凝土。并预留下层边墙和开洞处的钢筋、防水层接头（三层段同理）。

（8）混凝土达到设计强度后，向下开挖至底板底面标高，施工地模，铺设边墙、底部防水层，绑扎钢筋浇筑底板、底纵梁、下层边墙混凝土。

（9）施工内部结构，主体结构施工完成。

施工顺序见图 4-62。

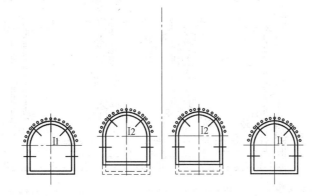

第一步：φ32 小导管超前预注浆加固地层，开挖下导洞，初期支护

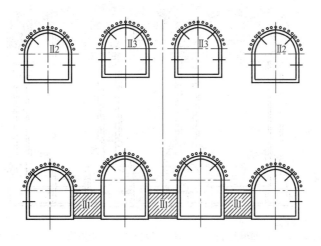

第二步：φ32 小导管超前预注浆加固地层，开挖下导洞内横洞，再开挖上导洞

图 4-62　双层横断面施工顺序图（一）

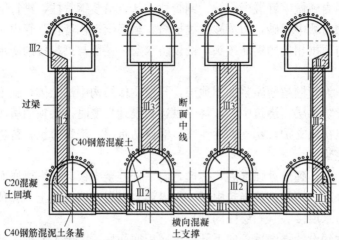

第三步：在中导洞内施做底梁下防水层，后退式施做边桩下条形基础梁，中间立柱下底纵梁，施做横向混凝土支撑，施做边桩，冠梁，回填边桩与导洞间的 C20 混凝土，施做中柱土孔

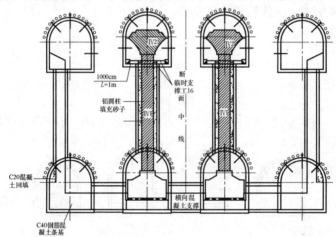

第四步：施做钢管柱及顶纵梁，预留钢筋接头，并采取有效措施对钢管柱进行支护定位

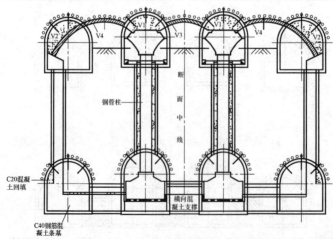

第五步：铺设防水层，回填上导洞，φ32 小导管超前预注浆加固地层，明作导洞内的大拱初期支护并回填初期支护与边导洞间的 C20 混凝土，而后开挖中跨、边跨拱部土体，施做初期支护

图 4-62　双层横断面施工顺序图（二）

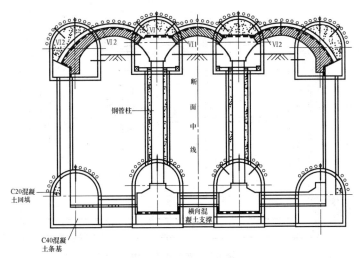

第六步：跳槽逐段退拆除导洞边墙，拆除长度根据量测确定，铺设防水层，立模浇筑结构拱部

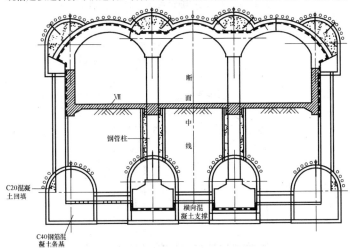

第七步：待拱顶混凝土达到设计强度以后，向下开挖至站厅板底标高；敷设防水层，施做站厅板，纵梁，结构侧墙

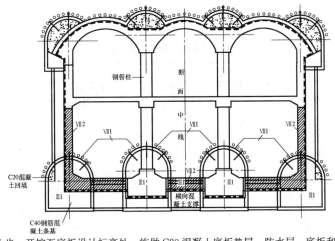

第八步：开挖至底板设计标高处，施做 C20 混凝土底板垫层、防水层、底板和侧墙

图 4-62　双层横断面施工顺序图（三）

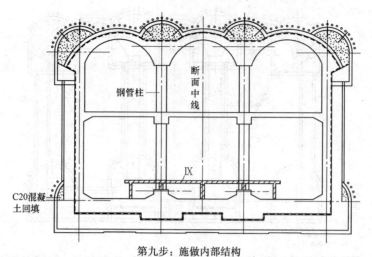

第九步：施做内部结构

图 4-62　双层横断面施工顺序图（四）

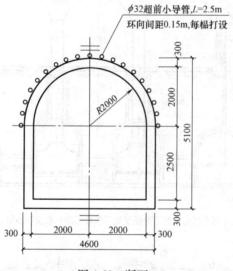

图 4-63　断面

上下导洞和横导洞支护参数表　　　　　　　　表 4-14

项目		材料及规格	结构尺寸
初期支护	超前小导管	$\phi32\times3.25,L=2.5m$	每榀格栅打设一环;环间距:0.3m、0.15m
	锁脚锚管	$\phi32\times3.25,L=2.5m$	开挖每部拱脚处,每部拱脚设一组,每组2根
	超前大管棚	$\phi103\times6,L=34m$	三层段上导洞采用,环间距0.3m,详见图纸
	浆液	水泥-水玻璃浆液	按实际发生计算
	钢筋网	$\phi8,150\times150mm$	单层钢筋网,拱墙铺设
	喷射混凝土	C20 喷混凝土	上、下导洞 0.30m,横导洞 0.25m
	格栅钢拱架	HRB335 钢筋	间距 0.5m(上、下导洞采用)
	型钢钢架	I16	间距 0.5m(横导洞采用)
	纵向连接筋	$\phi22,L=0.75m$	环间距 0.8m
临时支护	钢支撑	I22a	间距 0.5m
	喷混凝土	C20 喷混凝土	0.3m
	钢筋网	$\phi8,150\times150mm$	单层钢筋网,临时抑拱铺设

266

第5章 建筑物托换技术

5.1 概 述

5.1.1 建筑物的托换原因

到 2009 年，我国既有建筑面积达到 436.5 亿 m^2。同时由于城市化进程加快，设计、施工和管理使用存在先天不足，建筑物使用阶段可能会遇到使用不当、自然灾害、环境腐蚀等对建筑物造成损坏，或因增加荷载、移位、古建筑保护或为改善其使用功能而改建等，或受邻近新建建筑物、基坑开挖等的影响，都需要通过建筑物的托换技术进行处理。

1. 城市化进程中的建筑物托换问题

近些年来，我国建设速度加快，建筑规模也达到了前所未有的程度，一座座形状各异、功能独特的高楼大厦拔地而起。在全国一线城市，处处可以看见林立的塔吊在不分昼夜工作，建筑工人在工地上施工的热闹景象。建设经济已成为近几年来我国经济增长的主要支撑点。

随着收入水平和文化教育程度的不断提高，人们对居住环境、工作环境的要求也在发生着巨大的变化，特别是对建筑使用空间、使用功能等方面的要求也有了很大的提高。这样，相当一部分的老旧建筑物已不能满足现阶段人们的需求。十二五期间以及以后一段时间内，我们国家更将进入城市化加速建设时期，随着城市化进程的不断发展，这些老旧建筑城区必将逐渐发展过渡成为商业区。作为商业区的建筑群体一般都需要有比较大的使用空间，而老建筑物往往由于建设年代久远，房屋开间和进深均比较小，难以满足商业经营对建筑空间的使用要求。

据 1986 年国家统计局和建设部的调查，我国城镇民用建筑面积达 46.76 亿 m^2，使用期限超过 20 年的约占 64%；工业建筑 13.5 亿 m^2，使用期限超过 30 年的约占 65%，越来越多的建筑物进入老龄化。据 1995 年统计，当时在役 60 亿 m^2 城镇民用建筑中，有 30 亿 m^2 需要加固，其中 10 亿 m^2 急需修理加固。到 2009 年，城乡既有建筑面积约为 436.5 亿 m^2，专家估计约有 30%～50%的建筑物出现安全性降低或进入功能衰退期。

面对这一问题，大城市采用的解决方法一般是拆了原建筑，重新设计建设满足空间和功能要求的新建筑物。从 2002 年起，我国拆除的建筑面积都在 1 亿 m^2 以上，其中社会原因和质量原因各占 50%。在拆除的建筑中有一大部分仍具有较大的使用价值，只不过原设计建造时限于当时的经济、技术条件，开间或进深较小，不能满足现有的功能要求，这些建筑强制拆除给建设单位造成巨大的经济损失和大量的不可再生的建筑垃圾，拆除和安置重建工作直接影响建设单位的正常工作和居民的生活稳定。通过托换结构对既有建筑结构进行改造加固，扩大跨度，解决使用空间和功能等的新要求，就可以使既有建筑重新得到利用，使其再次焕发青春。

实施可持续发展战略，加强生态建设和环境保护，节约土地资源，是我国的一项基本国策。对大量具备条件的既有建筑进行改造，不仅可以充分利用既有建筑，改善其使用功能，达到物尽其用；而且可以减少拆除中的污染和拆除后的建筑垃圾，对生态环境的保护和节约土地资源起到很重要的作用。既有建筑综合改造是按照建设新型和谐社会，以及现代社会人民生活和生产的实际需要，提升既有建筑的使用功能，其中托换技术是实现既有建筑综合改造的技术之一。

2. 建筑物遭受灾害及事故处理时的建筑托换问题

1）遭遇灾害

我国是一个多自然灾害的国家。不仅有三分之二的大城市处于地震区，历次地震都在不同程度上对建筑物造成了损坏，而且风灾、水灾年年不断，仅风灾平均每年损坏房屋30 万间，经济损失 10 多亿元，每年水灾损失更难准确统计。1991 年仅江苏灾区就倒塌房屋 57 万多间，损坏房屋 80 余万间，而在安徽灾区仅倒塌房屋一项就多达 110 余万间。另外，随着国民经济的发展和城市化进程的加速，人口和建筑群的进一步密集，建筑物的火灾概率大大增加。我国平均每年发生火灾 6 万余起，其中建筑物火灾就占火灾总数的60% 左右，这些意外的灾害，使不少建筑物提前夭折，使更多的建筑物受到严重损伤。

2008 年 5 月 12 日发生的"5·12"汶川 8.0 级大地震，遇难人数超过 8.7 万人（因地震造成失踪的人生还希望很小，死亡的 6.9 万多人和失踪的 1.8 万多人），汶川地震造成直接经济损失 8451.4 亿元，其中四川的损失占到总损失的 91.3%，甘肃占 5.8%，陕西占 2.9%。2010 年 4 月 14 日发生的 4.14 玉树 7.1 级大地震，截至 2010 年 4 月 23 日 17时，玉树地震已导致 2192 人死亡，失踪 78 人。地震局做出了评估，估算损失大致在6400 亿；而民政部的评估额在 8000 亿以上（21 世纪经济报，2010 年 4 月 23 日报道）。

2）先天性缺陷（勘察、设计、施工缺陷）、使用不当及环境劣化

（1）勘察引起的缺陷

结构的先天不足首先表现在地质勘察不能准确反映地基土、地下水的真实情况，如勘察布点过稀、钻孔深度不够等，造成建筑物施工中、竣工后出现地基沉降等。

（2）设计引起的缺陷

设计人员在设计建筑物时，虽然尽量考虑了影响建筑结构安全和使用的各种各样的因素，然而在建筑物竣工使用后，每个结构实际上都有自己的特性，它不可能完全被设计时采用的数学模型所描述。原先的设计构思总是与实际使用中发生的情况有一定距离。尽管建筑技术有了很大的进步和发展，但结构仍有可能由于先天不足而出现各种缺陷。同时，我国建筑结构设计冗余度较低，为其安全使用留下隐患。另外，还可能存在设计人员疏忽、失误造成的设计缺陷。

（3）施工造成的缺陷

结构的先天不足还来源于施工。造成这类隐患的原因很多，虽然近些年施工质量得到了改善，但当前最引起人们关注的是低素质队伍施工所造成的建筑物低质量的现状。众所周知，随着建筑队伍的迅速发展，特别是农村建筑队伍的迅猛扩大，建筑队伍的技术和管理素质普遍下降。据有关部门统计，建筑队伍中受过专业训练的专业人员在全民企业中只占职工总数的 8%，在集体企业中只占职工总数的 1%，二级工以下的工人占工人总数的

60％以上。兼之，在管理方面存在的种种混乱和违纪问题，因此，不少建筑工程质量明显偏低。据 1988 年全国抽查，房屋建筑工程质量合格率不到 50％，房屋倒塌率偏高，正在施工或刚竣工就出现严重质量事故的现象在全国屡见不鲜。所有这些都给建筑物正常使用留下大量隐患。

（4）使用不当及环境劣化

建筑物的缺陷还来自恶劣的使用环境：如高温、重载、腐蚀、粉尘、疲劳、潮湿……以及由于缺乏对建筑物正确的管理、检查、鉴定、维修、保护和加固的常识所造成的对建筑物管理和使用不当，致使不少建筑物出现不应有的早衰。如建筑物使用过程中，未经鉴定而增加荷载，装修时增加荷载，增设设备等；未经相关单位鉴定或加固即拆除承重构件，造成周围或上部构件承载力不足等。

这些建筑物中很大一部分都可以通过托换技术对其进行加固处理，使建筑物可以重新得到利用，减少损失。

5.1.2　建筑物托换的优点

利用建筑物托换技术对既有建筑进行扩跨改造，具有以下优点：

（1）使既有建筑重新得到利用，使其再次焕发青春

由于既有建筑的功能难以适应新的要求而弃之不用或被拆除，是建筑物自身的巨大悲哀，但通过托换技术使其满足新的功能要求，则会使既有建筑重新得到利用，使其再次焕发青春。

（2）拆除工作量小，工期短

不需拆除或只对少量根据功能要求必须拆除的部位进行拆除，拆除工作量小，工期短。

（3）减少建筑垃圾

通过托换技术对既有建筑进行改造，就可以避免大面积、大体量的建筑物拆除，因此也就大大减少了建筑垃圾的产生。

（4）有利于保护工作环境

建筑垃圾并不像大多数垃圾那样可重新回收利用，大部分是不可再生资源，将对环境造成极大的污染。托换技术减少了垃圾，也就保护了环境。

（5）节约了堆放建筑垃圾的土地

由于大量的建筑物垃圾不能被重新回收利用，因此需要选择垃圾场进行堆放，通过建筑物托换技术对建筑物进行改造，减少了垃圾，同时也节约了堆放建筑垃圾的土地。

（6）减少拆除过程中产生的粉尘、噪声污染

无论采取何种拆除方法，建筑物拆除时都难以避免会产生粉尘和噪声，对环境和人本身都造成了极大的危害。减少拆除量，就可以从根本上减少粉尘和噪声污染。

因此，对既有建筑通过托换技术进行改造加固，使更多的既有建筑避免被拆除的命运，使其能够适应不断提高的生产工艺要求和人们生活的要求。既有建筑改造中托换技术的研究、开发和应用，不仅具有广泛市场前景，更具有深远的社会意义。

5.1.3　建筑物托换的分类

托换技术是指通过某种措施改变原结构传力途径对结构进行改造加固的技术。

建筑物的托换按部位可分为上部结构托换、基础托换；按性质可分为改造托换、灾损

事故处理托换、移位托换；按托换结构或构件是否永久作用于建筑结构可分为永久托换和临时托换。

1. 按托换部位分类

建筑物托换按部位可分为上部结构托换、基础托换。

1）上部结构托换

通过增设新的构件或加固既有结构构件，将原有构件上的荷载、作用或作用效应传递给周围其他构件或直接传递给地基基础，从而实现对建筑物上部结构的托换。例如框架结构中需要拆除某框架柱，可在拟拆除柱上层增设斜撑、腹板柱等构件将结构变成桁架结构（图 5-1）；也可加固既有框架梁、柱，将普通框架改造成框支结构，实现拆除框架柱的目的。砌体结构中拆除某道墙体或增设较大洞口，可在原楼板下设置夹墙梁（"Ⅱ"形梁），或加固既有圈梁，从而拆除该墙体或增设洞口。

2）基础托换

在结构和地基间设置构件或在地基中设置构件，改变原地基基础受力状态而采取托换技术进行地基基础加固措施的总称[1]。包括既有建筑物的地基需要处理和基础需要加固；或解决既有建筑物基础下需要修建地下工程，其中包括隧道穿越既有建筑物，以及临近需要建造新工程影响到既有建筑物的安全等[2]。如由于增加荷载，原基础不能满足增加荷载后的要求，可以通过增设"桩＋托梁"将新增加的荷载传递给新增桩并进而传递给下部较好持力层，实现基础的托换（图 5-2）。

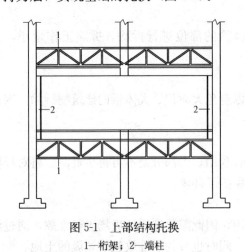

图 5-1　上部结构托换
1—桁架；2—端柱

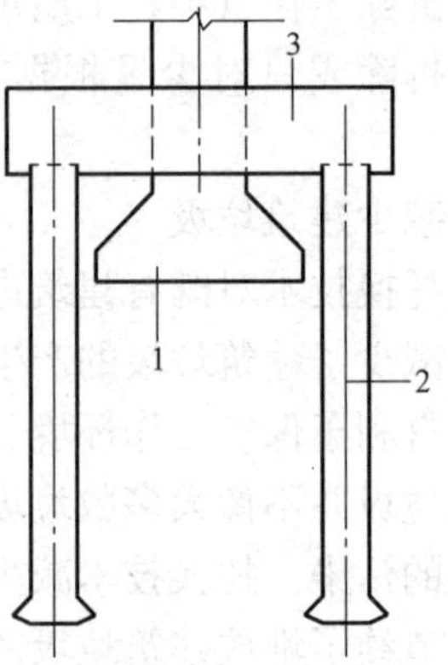

图 5-2　基础托换
1—原基础；2—新增桩；3—新增承台

关于基础托换见本书第 2 章。

2. 按性质分类

按性质可分为改造托换、灾损事故处理托换、移位托换。

1）改造托换

当建筑物进行结构改造时，需要通过托换技术拆除某些构件而进行的托换。上部结构改造托换包括增加层高、改变开间或进深、墙体开设洞口等。如在既有工业建筑改造中，原来 6m 的柱距不能满足大型货物的运输，需要设置托架将吊车梁、屋架等承担的荷载传递给两侧的排架柱，拆除某个排架柱（图 5-3），这就是属于改造托换。

再如砌体结构的办公楼，原来的开间比较小，适应于当时封闭式办公的要求。现在随着办公条件和要求的不同，开敞式办公成为主流，需要由原来的小开间改造成大开间，某些墙体需要拆除。也有的临街的砌体结构办公楼，其商业价值更为突出，可能会变成营业性场所，这也要求变成大开间。这都是砌体结构的改造托换。

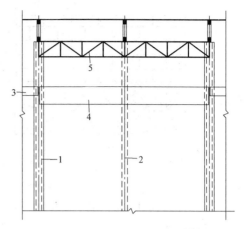

图 5-3　工业厂房抽柱扩跨改造示意图
1—加固柱；2—拟抽除柱；3—邻跨普通吊车梁；
4—新增吊车梁；5—托架

与移位托换相比，改造托换结构的特点是：

① 一般是永久性的；

② 跨度较大；

③ 可不考虑水平力；

④ 只承担自身平面方向墙体荷载。

2）灾损、事故处理托换

建筑物在遭受地震、水灾、火灾等灾害后，或施工中出现质量事故，如结构材料强度低、材料破坏，造成局部构件承载力大幅度降低，不满足安全要求。这时可通过对受损构件进行临时托换将低强材料或遭破坏的材料剔除，再用高强材料填补，这属于临时托换；也可以直接通过托换结构或构件将受损构件承担的荷载永久传递到周围构件上，进行永久性托换。如 2008 年"5.12"地震后都江堰市某小区一栋住宅楼底层柱遭受破坏，加固修复过程中就是通过对受损柱进行支撑托换，将破损柱混凝土剔除，重新浇筑了较高强度等级的混凝土，进行了临时托换处理。该工程考虑到都江堰市在"5.12"地震前后的烈度变化，通过损坏的底层柱内设置隔振支座，从而降低了上部结构的抗震要求，减小了加固修复投资，取得了非常好的社会、环境和经济效益。

再如，某框架-核心筒高层钢筋混凝土结构，23 层，当发现 4 层两个框架柱混凝土强度非常低时，施工已至 18 层，该柱承担的荷载非常大，在置换处理时，就设置了抱柱梁＋墙柱的临时托换体系，顺利置换低强混凝土柱，取得了非常好的加固效果（本例将在第 5.3 节工程实例 5-11 中进一步介绍）。

灾损、事故处理托换时的托换结构一般是临时性的。

3）移位托换

建筑物移位就是在建筑物基础的顶部或底部设置托换结构，在地基上设置行走轨道，利用托换结构来承担建筑物的上部荷载，然后在托换结构下将建筑物的上部结构与原基础分离，在水平牵引（顶推）力或竖向顶升力的作用下，使建筑物通过设置在托换结构上的托换梁沿轨道梁相对移动，最后达到新的位置（图 5-4）。

移位托换结构的特点是：

① 可能是永久性的，也可能是临时性的；

② 跨度较小；

③ 考虑水平牵引力；

④ 对于砌体结构，存在垂直方向墙体传力的问题。

关于移位工程的托换，本书不再介绍，读者朋友可参阅本系列丛书的《建筑物移位工

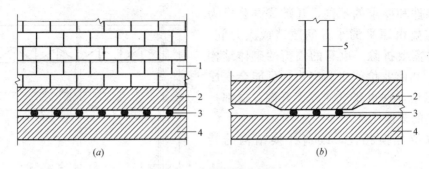

图 5-4　移位托换示意图

（a）砌体结构示意图；（b）框架结构图

1—上部砌体；2—托换结构；3—滚轴；4—轨道（基础）；5—框架柱

程设计与施工》。

3. 按是否永久作用于建筑结构分类

根据托换结构或构件是否永久作用于建筑结构可分为永久托换和临时托换。

1）永久托换

永久托换就是在结构设置了永久托换构件，该托换构件与被托换结构在改造后将共同承担、传递荷载，托换结构成为了结构的一个组成部分。如在图 5-1 中托换用的桁架在改造后与原框架梁、框架柱一起工作，承担被抽除柱以上各层的荷载。

2）临时托换

临时托换是指托换结构只在加固、改造过程中承担、传递荷载，当加固、改造完成并达到设计要求后，托换结构可以拆除。如进行低强混凝土置换时的托换结构就是临时托换结构。

永久托换结构和临时托换结构，在设计上可以有不同的要求，采取不同的标准。对于永久托换结构，荷载取值、材料强度等均应按国家现行规范、标准进行设计，应满足使用阶段的受力要求；而临时托换结构在完成托换施工后要拆除，因此不必按一般设计的荷载取用，在考虑移动安全储备的前提下可按实际荷载取用。

5.1.4　建筑物托换的基本要求

1. 设计前的准备工作

建筑物托换工程是一项复杂的综合性工程，比新建工程的制约因素更多，除了要考虑建筑物新的使用功能、地基承载力等情况，还需要考虑既有建筑结构的实际情况，因此设计前的准备工作是非常重要的。

1）现场调查，收集资料

应了解工程地质资料，既有建筑结构的使用情况，建筑结构的改造历史和现状。必要时应对原有地基进行补充勘察。

2）托换设计应以既有建筑物鉴定结果为依据

设计单位在进行现场调查、收集资料后，还必须有专门机构根据托换设计的特点对既有建筑物进行检测鉴定。因为建筑物在建造过程中，可能存在一些未留存文字、图纸资料的变更，甚至有建筑物在施工过程中不能达到设计要求，但当时未能发现；在使用过程中可能存在超载、超越设计使用环境等情况，受使用情况的影响，可能存在强度降低、开裂、钢筋锈蚀、材料老化及风化；部分结构可能有过改造的历史。所有上述资料，均应由鉴定机构给出实测结果。

2. 托换设计

1) 托换设计应遵循的基本原则

(1) 托换工程设计首先应遵循国家现行规范、标准。

由于是对既有建筑物进行托换处理，而既有建筑物是按当时的规范、标准进行设计、施工的，当时的规范、标准可能与国家现行的规范、标准不符，达不到国家现行规范、标准的要求。中华人民共和国国家标准《工程结构可靠性设计统一标准》GB 50153—2008[13]第 3.4.3 条规定"工程结构的设计应符合国家现行的有关荷载、抗震、地基基础和各种材料结构设计规范的规定"；中国工程建设标准协会标准《建（构）筑物托换技术规程》CECS 295：2011[14]第 3.0.6 条也规定"建（构）筑物的托换工程设计，应按相关国家现行有关标准，……"。因此当进行托换处理时，应根据国家现行规范、标准来复核验算和设计。

(2) 托换工程设计应充分利用既有建（构）筑物的承载力。

虽然由于种种原因既有建（构）筑物承载力或功能不满足新的使用要求，但既有结构还有一定的承载力，在保证安全的情况下，应尽可能利用既有建（构）筑物的承载力。这样做不但节约结构材料，降低工程造价，有利于环境保护，而且可以增强既有结构在托换时的安全性。

(3) 托换工程设计，应满足建（构）筑物整体性和抗震性能的要求。

建（构）筑物的托换会对既有建（构）筑物结构的规则性有一定的影响，设计时应避免结构中出现薄弱构件、薄弱层、刚度突变部位，对被托换梁、柱、墙拆除后导致的该层刚度减小，应采取措施提高其他构件的刚度，使刚度均匀、对称，尽可能保证托换后的建（构）筑物规则。

(4) 应对托换结构或构件进行设计、计算，根据计算结果采取相应处理措施。

托换工程是一种综合性很强的工程，除了砌体结构墙体局部开设小洞托换外，其他情况下都应根据既有建（构）筑物的实际情况、托换的原因和目的，进行计算、设计，不能仅凭经验。经计算不能满足要求者，应根据计算结果，采取相应处理措施，确保托换工程施工期间、施工后既有建（构）筑物的安全。

(5) 应复核托换结构、被托换构件所能影响到的其他构件，并根据复核结果采取相应措施。

此处所指"复核"包括承载力、正常使用的验算复核，也包括构造措施的复核。通过设置托换结构，使周围构件的受力状况与原来发生变化，应对这种变化进行复核，以确定是否满足托换后的承载力和正常使用要求。例如框架结构在抽柱托换时，原来柱承担的荷载通过托换结构传给周围的框架柱，并通过周围的框架柱传递给基础，因此应复核周围柱及其柱下基础的承载力。同时在拆除某些构件后，周围构件可能发生跨度、侧向支承间距发生变化的情况，在复核承载力后，尚应复核其构造措施是否满足托换后的要求。如拆除某跨的梁后，某些框架柱可能会出现长细比过大的情况，在抗震设防地区其箍筋加密区长度等构造措施可能不满足要求，也应根据复核结果采取措施。

(6) 当被托换结构出现不满足相关现行国家标准的质量指标时，应采取相应措施，或降低使用功能，但应满足安全使用要求。

因建筑物托换时，既有基础就已经发生沉降、倾斜等，既有结构已经发生了变形、开裂等，或者因遭受灾害而发生损坏，已经超过新建建筑相应的质量控制指标，因此建筑物托换工程的质量控制应以托换后的沉降、倾斜、变形、开裂为准，而不宜按新建建筑物的质量控制标准进行质量控制。当托换前的沉降、倾斜、变形、开裂等指标超过相关国家现行标准时，托换设计时应考虑到其影响，或者在设计时采取相应措施，或者根据托换工程的特点，降低使用功能。

2）托换结构应满足的要求

托换结构起着将原有结构的荷载传递、分担的作用，因此对托换结构自身应进行设计计算，并应满足相应要求。

（1）与原结构的竖向受力构件有可靠的连接，保证原结构的荷载能有效地传递到托换结构上。

根据托换的目的、既有建（构）筑物的情况、托换后的使用功能等，托换结构与被托换结构构件的空间关系，有时是上下相连，有时是水平相接（图 5-5）。当托换结构与被托换结构构件上下相连时，如托换结构在下、被托换结构在上，比较容易处理；当托换结构在上、被托换结构在下时，要保证被托换结构的荷载能够传递到托换结构上。当托换结构和被托换结构水平相接时，二者之间力的传递非常复杂，目前尚无可靠的理论分析力的传递，因此更应该采取可靠措施。

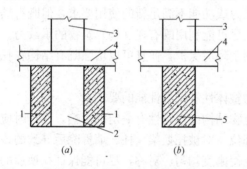

图 5-5　托换结构与被托换结构构件的空间关系
(a) 水平相连；(b) 上下相连
1—夹墙梁；2—夹墙梁范围内保留墙体；
3—上层保留墙体；4—楼板；5—矩形截面梁

（2）具有足够的强度，保证在上部结构荷载或水平牵引荷载的作用下不发生破坏。

无论是临时托换结构，还是永久托换结构，在上部荷载作用下都不能发生破坏，托换结构必须具有足够的强度。在移位托换时，尚应考虑水平牵引荷载对托换结构的承载力要求。

（3）具有足够的刚度，不能因其变形过大而在上部结构中产生附加应力，造成上部结构的破坏（增大移动阻力）或影响适用、美观。

托换结构本来就存在二次受力的问题，如果托换结构不能有足够的刚度，一旦发生过大变形，被托换的上部结构也将随之发生变形，导致托换后的整体结构产生内力的重分布，并使上部结构产生比较大的附加应力，并且原上部结构在托换前本来就已经发生了变形，如果再发生变形，可能引起开裂、破坏。因此在进行托换结构设计时，应保证有足够的刚度，必要时可比新建结构要求更严格一些。

（4）具有足够的稳定性。

当托换结构中有受压构件时，要保证其有足够的稳定性。当采用托架、托换桁架进行托换时，要保证托换结构在平面外有足够的稳定性。当采用钢托换结构时，由于钢结构强度高、相对截面尺寸小，受压时容易引起失稳，因此需特别注意。

（5）在移位工程中，能明确而有效地传递水平力，不对上部结构产生不利影响。

在移位中，托换结构要承担水平牵引荷载，并传递给上部结构，要采取措施减少水平荷载对上部结构的影响，尤其是移位刚刚开始时，克服静摩擦需要的力比较大，而且由于施工的原因可能存在轨道、托换结构不平整的问题，所以设计时要考虑到其不利影响。

3. 临时支撑

临时支撑设计与施工应符合下列规定：

（1）支撑计算的荷载取值，应不小于欲拆除墙段或柱子承受的实际荷载值；当支撑在地面时，支撑的地基应进行承载力验算，必要时应设置临时基础；

（2）应根据支撑力验算上、下端原有梁（板）的剪切（冲切）承载能力；

（3）支撑构件可根据荷载情况选用钢管、圆木等，上下端应用钢板、木板等分散集中荷载；

（4）支撑布置应根据上部梁、板的情况，宜布置在梁下；无梁时可布置在板下；

（5）支撑下端应在相对方向用铁楔或木楔楔紧并焊接（钉）牢固；

（6）重要工程宜在工程支撑旁用千斤顶临时支撑，加支顶力至设计要求后，楔紧工程支撑，千斤顶顶力值回零时，固定工程支撑，再卸除千斤顶临时支撑。

4. 托换施工

托换工程属于特种工程，具有一定的特殊性、风险性，施工单位应十分慎重。

（1）托换施工前应进行可靠支顶，托换结构完成并达到设计要求后方可进行拆除施工。

托换工程需要将既有结构的某个或某些构件拆除，在拆除前需按设计要求施工托换结构，而托换结构的施工也可能存在剔除以与既有结构结合密实并尽可能形成整体受力，而剔除时会降低既有结构的承载力，为确保安全必须在施工前进行可靠支顶。当托换结构刚刚完成，对于混凝土结构其强度尚不能满足设计要求，不能承担荷载，因此必须要使其强度达到设计要求，方可进行拆除施工。另外托换结构将要承担既有结构的荷载，因此在其施工完成后要进行相应验收，验收合格方能进行下部工作。

（2）拆除施工时，应分期分批进行。

托换施工时，拆除施工是关键阶段，也是容易出现危险的阶段，因此应分期、分批进行，先拆一水平缝，观察托换结构的状况，对托换结构及受影响结构进行变形、裂缝监测，必要时进行应力（应变）监测。确认满足规范及设计要求后，再进行下步施工，拆除下部剩余部分，确保安全。

（3）拆除完成后，应监测至变形稳定。

在拆除前、拆除过程中，都要进行变形监测。很多情况下，拆除完成后，变形并不能马上完成，还要持续一段时间，因此在拆除完成后，也应进行变形监测直至稳定为止。当变形有相应要求时应满足其要求，如地基的沉降量、梁的挠度等应满足规范或设计的相应要求。

总之，建筑物托换技术，具有综合性、特殊性和风险性，因此无论是设计，还是施工都要慎重对待，严格按照相关规范要求进行，并根据托换工程的实际情况采取措施，以确保托换工程施工中和施工后使用的安全和正常使用要求。

5.2　混凝土结构的托换技术

钢筋混凝土结构与其他结构相比还具有下列优点：就地取材；节约钢材；耐久、耐火；可模性好；现浇式或装配整体式钢筋混凝土结构的整体性好，刚度大。因此混凝土结构房屋在我国的建筑中占很大的比例，是一种应用范围非常广泛、存量很大的结构形式，从民用建筑的框架结构、剪力墙结构，到工业厂房的排架结构，都有大量的钢筋混凝土结构，因此其存在改造、事故、加固等的绝对量就大，需要进行托换的工程量也比较大。

5.2.1　混凝土框架结构托换技术

1. 混凝土框架结构托换技术的发展和方法

1）发展和现状

较之排架结构的托换技术，框架结构的托换技术起步较晚，国内较早见诸文献的是20世纪90年代，如常州机电公司12层综合楼顶层歌舞厅抽柱改造[24]，上海市某8层楼顶层会议室抽柱改造等。同时新建建筑中对于抽柱后形成的非规则框架结构，对于既有框架结构抽柱托换改造后形成的非规则框架结构有着相似的工作机理。华侨大学张云波等对底部两层抽柱后所形成的非规则框架，采用6种不同的计算简图（模型）进行力学计算，分析其对建筑功能的影响，最后得出结论：在满足建筑功能要求的情况下，适当增设一些斜柱对结构较为有利[25]。苏洁对钢筋混凝土框架底层抽柱形成的不规则框架结构受力性能及计算方法进行试验研究[26]。曾氧、陆铁坚对钢筋混凝土抽柱框架楼盖梁的设计进行了探讨[27]。

在工程改造领域，大量的框架结构抽柱托换工程实践得以实施。

文献［28］～［31］、［33］～［35］根据工程实例，对钢筋混凝土框架结构的抽柱托换进行了讨论。文献［32］华南理工大学张桂标的硕士论文《钢筋混凝土框架结构截柱扩跨改造采用实腹式托梁的应用研究》系统地对抽柱托换时采用实腹式托梁进行了研究。

李安起、张鑫、王继国以某框架结构抽柱托换为例，通过对不同计算程序内力计算结果的比较，阐述了腹板柱（肋板）空腹桁架托换结构计算截面设计内力的方法，探讨了腹板柱的位置、刚度（截面尺寸）对腹板柱空腹桁架托换结构内力的影响[36]。其后该课题组，杨红芬、徐向东、李安起通过模型试验，对附加缀板式抽柱托换结构进行了抗剪加固试验研究，对竖向荷载作用下的破坏形式进行了分析，给出了荷载与挠度、荷载与钢筋及碳纤维应变的关系，并对结构破坏机理进行了研究，得出各跨梁的危险截面，使结构达到了预期的加固效果[37]。

张志强、张轲、赵峰、李擎结合一大型冶金厂房鉴定项目，介绍"虚拟柱"法在钢筋混凝土抽柱排架结构计算中的应用，对钢屋架如何等代成实腹钢梁和"虚拟柱"方法中虚拟柱截面的确定给出具体方法，并分析了排架抽柱后内力和位移变化规律及"虚拟柱"刚度对排架内力和位移的影响[38]。

高峰、任晓崧、陈敏在上海某大厦底层抽柱改造工程中采用了吊梁加固方式[39]。

黄泰赟在广州某大型报告厅抽柱改造工程中利用原结构的梁，经适当加强后作为上下弦杆，再采用植筋技术在梁间增设多根斜、直腹杆，形成一个托换刚架作为托换结构[40]。

杨福磊等在上海某大厦抽柱工程中，采用主、被动托换加固相结合的手法，把预应力和粘钢加固综合应用在抽柱后形成的大跨度梁上，将梁、柱节点设置为铰接以减小对柱的抗弯承载力的影响，合理设置体外预应力转向块，提高了安全度，同时便于施工[41]。

淮北市建筑设计院王勇对某商店底层抽柱的设计方案比较分析，提出了采用新增钢筋混凝土框架托柱以抽除底层柱子的一种行之有效的设计方法[42]。

宫安、刘振清在沈阳玻璃厂的抽柱扩跨工程中，采用了预应力结构形式进行改造，实践证明预应力技术在大跨抽柱改造中的应用是可行、安全的[43]。

葛洪波、张伟斌、禹永哲、张明结合扬州某钢筋混凝土框架结构抽柱改造工程实例，介绍了在改建工程中应用钢筋混凝土转换桁架进行抽柱，从而形成大跨度空间的方法，可供同类建筑物加固改造参考[44]。

上海世博会园区浦西综艺大厅系由原工业厂房改建而成。设计要求对原结构进行托梁抽柱，变小跨度为大跨度。周华林通过托梁抽柱技术创新及信息化施工监测，改建工程圆满成功，为世博园区及其他工业厂方的改建提供了宝贵的经验[45]。

与丰富的、大量的工程实践相比，对于框架结构抽柱托换的科学研究较少，目前对框架结构抽柱托换的计算尚不系统。

2）抽柱托换方法

抽柱托换的主要目的是扩大跨度，满足大空间的使用要求。从结构受力途径的角度可将抽柱托换的方法分为直接法和间接法。

间接法是指拟抽柱被抽除后，拟抽柱原来承担的荷载不由托梁承担，而是通过其他结构构件将荷载转移。间接法又可分为悬挂式（图5-6）和分担式（图5-7）两种方法。

直接法是通过对拟抽柱所支承的框架梁进行加固形成托梁（或转换结构），使原来由拟抽柱承担的荷载通过托梁传给周围的柱群（图5-8）。其传力途径是：拟抽柱——托梁——框架柱——基础。

钢筋混凝土框架结构抽柱托换的方法目前主要有托梁决、桁架（或刚架）法、斜撑法等。

下面将结合文献及工程实例，对框架结构的抽柱托换技术进行介绍。

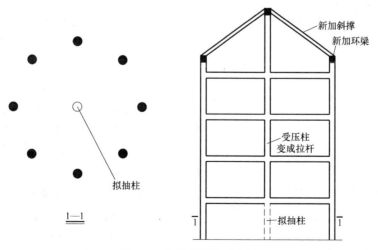

图 5-6　悬挂式托换示意图

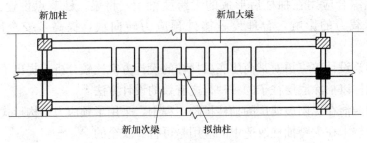

图 5-7　分担式托换示意图

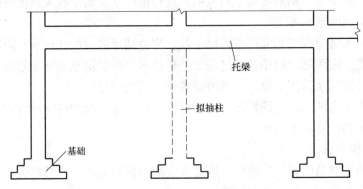

图 5-8　直接法托换示意图

2. 框架结构抽柱托换的托梁法

托梁法往往是通过对原框架梁进行加固形成托梁，来承担被抽除柱原来承担的荷载并传递给周围柱。

托梁按材料类型可分为普通混凝土托梁、预应力混凝土托梁、钢-混凝土组合托梁以及钢托梁等。

下面首先介绍托梁的布置方法，然后分类介绍混凝土框架结构抽柱托换的几种托梁法。

1）托梁布置方法

托梁在平面上根据其与框架主梁的方向，可分为沿框架主梁方向设置托梁和垂直于框架主梁方向设置托梁，也可两个方向都布置，因为沿两个方向都布置将导致需要加固的构

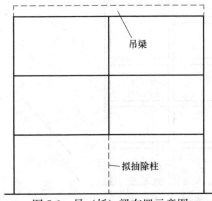

图 5-9　吊（托）梁布置示意图

件多，加固工程量大，因此除非特殊情况下，一般较少采用双向布置托梁的方案。在立面上可分为在拟抽除柱所在层的上层楼盖位置（见图 5-8）、在屋面（或上部某合适层）设置吊梁（图 5-9）。当设置吊梁时，可采用钢拉杆或预应力钢拉杆将拟抽柱的荷载传递给吊梁。

（1）沿框架主梁方向设置托梁

沿框架主梁方向设置托梁是指将原框架主梁增大截面形成托梁，将被抽除柱所承担的荷载通过该托梁传给周围柱群（图 5-10）。

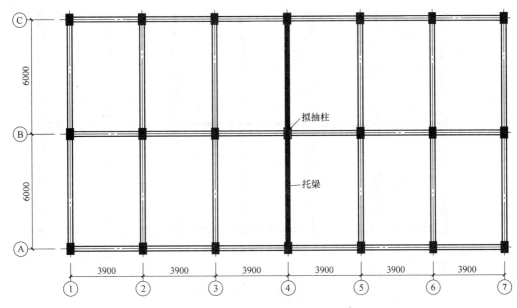

图 5-10　沿框架主梁方向设置托梁

沿原框架主梁设置托梁的优点：

① 抽柱托换后整个结构的受力状态变化不大，改造部分受力状态与整体结构一致；

② 减少了对其他构件的影响，使加固工作量减小。

该方法也存在以下问题：

① 跨度相对较大，托梁截面高度大；

② 如需对被抽柱两侧的框架柱进行加固，则因为上述两柱大部分为边柱，在非底层抽柱时，外侧脚手架搭设高度大，带来施工难度大，施工费用高，周期长；

③ 由于在外侧对柱进行处理，将影响到原建筑物的立面效果。

（2）垂直于框架主梁方向设置托梁

垂直于框架主梁方向设置托梁是指将原框架连系梁增大截面形成托梁，将被抽除柱所承担的荷载通过该托梁传给周围柱群（图 5-11）。

垂直于原框架主梁设置托梁具有以下优点：

① 施工难度小，由于新加梁在建筑物内部，相对于沿原框架主梁设置托梁施工难度减小；

② 托梁跨度相对较小，托梁截面高度也相对较小，对原使用空间净空高度影响相对较小。

该方法的缺点是：

① 抽柱托换后结构局部受力状态发生变化，对抗震不利；

② 原框架主梁仍有可能需进行处理。

2）普通钢筋混凝土托梁

普通托梁法是指利用普通钢筋混凝土托梁将拟抽柱承担的荷载传递给周围柱群。一般是增大梁的截面尺寸，以满足跨度增大后的承载力和变形等要求。

托梁的截面形式根据不同的工程实际，主要有图 5-12 所示的几种：底部增大截面，

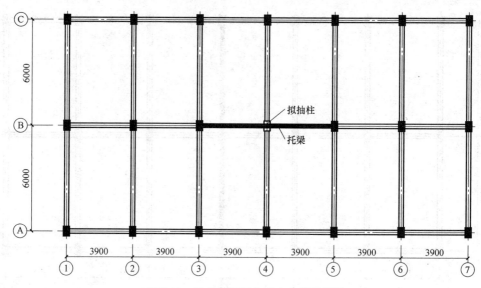

图 5-11　垂直于框架主梁方向设置托梁

底部和顶部同时增大截面，顶部增大截面，底部和侧面同时增大截面；还可分为单托梁、双托梁。

　　由于需要先施工托梁，因此普通混凝土托梁采用单梁时，存在框架柱钻孔直径或剔凿，原框架梁需要剔凿等，施工阶段是相对安全度的阶段，此时采用双梁法，可避免对原框架梁的剔凿，从而确保施工阶段的安全。杭州铁路设计院丁航春采用双梁法对浙江义乌火车站铁路派出所办公楼进行了抽柱改造，详见工程实例 5-2。

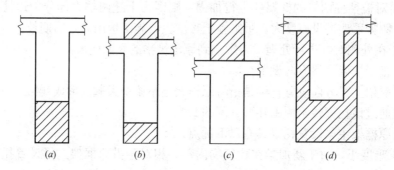

图 5-12　混凝土托梁的截面形式（图中斜线为增大截面部分）

工程实例 5-1：采用普通混凝土托梁法（单梁法）进行抽柱托换

　　山东威海某高层建筑 28 层，裙房为 4 层框架结构，裙房顶层原为普通办公空间，后变更为会议室，拟将⑬轴、⑲轴与Ⓕ轴相交处的两个框架柱抽掉（裙房示意图见图 5-13）。

　　由于拟抽除的柱位于顶层，因此增大梁的截面形成大跨度托梁成为可能，由于改造时该建筑物外装修尚未完成，因此不存在上述托梁法优缺点中横向托梁影响外装修的问题；尽管纵横向原框架梁截面高度都为 1000mm，如果加固纵向框架梁形成托梁，其跨度为 24.1m，如果加固横向框架梁形成托梁，跨度为 19.7m，经综合比较，采取加固横向框架梁形成托梁。根据使用空间及增设钢筋的要求，加固后梁截面高度为 1600mm，向屋面上

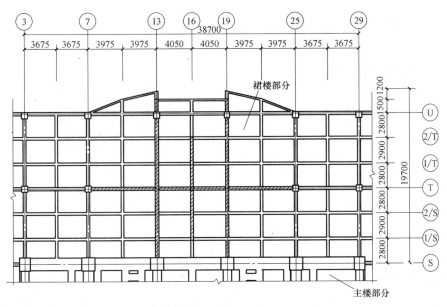

图 5-13 平面示意图（局部）

反 400mm，梁底增加 200mm，其示意图如图 5-14 所示。

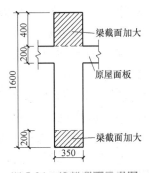

图 5-14 托梁截面示意图

需要说明的是，由于①原纵向框架梁在⑬轴、⑲轴的支座为刚性支座，抽除框架柱后支座变为弹性支座，因此其受力发生变化，也需加固处理；⑯轴次梁受力也发生一定程度的变化，也采取了措施。经对框架柱、柱下基础进行复核，承载力满足托换改造后的要求，可不进行处理。从中可以看出，抽除局部框架柱后，对周围梁产生的影响较大，进行设计时必须进行复核，并根据复核结果采取相应措施。

工程实例 5-2：采用普通混凝土托梁法（双梁法）进行抽柱托换

浙江义乌火车站铁路派出所办公楼为 4 层框架结构，1～3 层主要为羁押室、办公室等，4 层为会议室、休息室，层高均为 3.5m，屋面为不上人屋面。原结构将框架柱都伸到屋顶，使得会议室内正中间立有两根框架柱，严重影响使用，施工期间进行主体结构验收时业主方发现后提出立柱必须取消（图 5-15）。

在比较了钢托梁和钢筋混凝土单托梁后，认为均存在一定的风险，因此确定采用钢筋混凝土双托梁法，即在框架柱两侧各设一道钢筋混凝土梁，并在屋面上相连，见图 5-16。

该方案的特点是原框架柱拆除前新增托换梁不承重，托换梁达到设计强度后，再进行柱拆除，不需设置临时支撑；将原屋面板相应位置的混凝土凿除，但钢筋不截断；新增托换梁遇原有梁、柱交叉节点时直接通过，保留原来横向框架梁不受破坏，还可在其下设置吊筋，以承受其传来的集中荷载。由于屋面建筑层还未施工，托换梁突出屋面部分可隐藏在屋面保温层及找坡层内，不影响屋面排水。

（1）计算模型的确定

为了不增加 Z3、Z4 的弯矩，托换梁与柱连接采用铰接，在 Z3、Z4 边（即托换梁下）

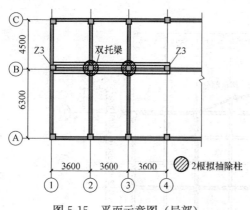

图 5-15　平面示意图（局部）

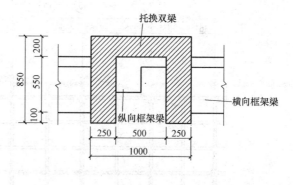

图 5-16　双托梁示意图

增设 250mm×250mm 附壁短柱，短柱自 3 层楼面梁起，并与 Z3、Z4 可靠联结（实际上短柱可看做牛腿）；根据计算结果配置钢筋后，采用结构设计软件进行房屋的整体计算，托换梁断面尺寸按 500mm×850mm 输入。根据计算结果，仅②轴、③轴横向框架梁及 Z3、Z4 内力及配筋略有变化，全楼其他既有的梁、柱均无明显变化。因原设计梁、柱、基础均有一定余量，计算结果能够满足，其他部位均无须加固。经理论计算，托换梁最大计算挠度 7.92mm，最大裂缝宽度 0.18mm，符合规范要求。

（2）托换梁施工技术

首先进行的是双梁相应位置处的屋面板以及 Z3、Z4 边填充墙的凿除；第二步：为了使新老混凝土接合牢固，除了将在新老混凝土需结合处的梁、柱表面凿毛洗净外，还另外设置植筋，植筋采用中距 200mm 的 φ12 钢筋，全长 300mm，其中 120mm 植入既有梁柱内，180mm 浇筑在新浇混凝土内；第三步，附壁柱支模、绑扎钢筋及浇灌混凝土；第四步，托换梁支模、绑扎钢筋及浇灌混凝土；最后，待混凝土达到设计强度后，采用切割机，将 Z1、Z2 拆除，拆除时采用仪器密切观测，经观测，双梁实际挠度仅 3.8mm，②轴、③轴横向框架梁也没有可观测到的裂缝；为以后观测方便，吊顶标高以上均不粉刷。工程竣工后实测挠度仅 5.6mm，小于规范 $l_0/300$ 的要求。

本工程于 2006 年 5 月完成施工，经数次设计回访，均未发现任何结构问题，各项技术指标均在允许范围内，使用单位也相当满意。因本次改造工期紧而采用了普通混凝土结构，若托换梁改为预应力结构，可以降低挠度、减小截面高度，其效果会更加好，其应用范围将进一步扩大。

3）预应力混凝土托梁

由于普通托梁法托梁截面高度大，变形大，抗裂能力差，同时梁的刚度明显高于柱的刚度，对抗震不利，因此在工程应用中受到一定程度的限制。此时可采用预应力托梁进行抽柱托换。

预应力托梁抽柱托换的优点：

（1）降低托梁截面高度，原建筑物使用空间受到的影响小；

（2）提高托梁刚度，减小托梁变形；

（3）减小托梁中拉应力，提高抗裂能力；

（4）有效利用材料强度，充分发挥混凝土抗压强度高、钢材抗拉强度高的特点；

(5) 一定程度上对拟抽除柱卸载，减小托梁二次受力的不利影响。

预应力托梁按预应力施加的部位不同，又可分为普通预应力和体外预应力两类。

(1) 普通预应力托梁

在增大原框架梁截面的同时在新加截面部分布置预应力钢筋，变普通混凝土梁为预应力钢筋混凝土梁。文献［24］即采用该方法，对某12层综合楼顶层进行了抽柱托换（详细情况见工程实例5-3）。

采用预应力托梁时，通常要加大原框架梁截面宽度及高度，以布置预应力钢筋。此时必须处理好新加部分与原有部分的结合，因为预应力的存在对新旧部分的结合要求更高。图5-17为普通预应力托梁示意图。

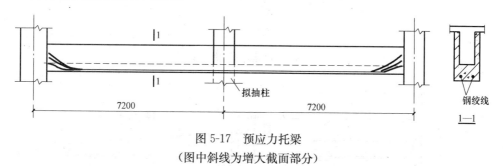

图 5-17 预应力托梁

（图中斜线为增大截面部分）

工程实例 5-3：采用普通预应力梁进行抽柱托换

东南大学的张继文、吕志涛与常州市质监站的贡浩平、姜靖（常州市郊区质监站）在《建筑结构》1996 年 26 卷第 2 期介绍了常州机电公司综合楼顶层抽柱改造的设计与施工情况[24]。

常州机电公司综合楼12层，框架剪力墙结构，屋面标高 48.70m，柱网尺寸 7.2m×8.1m（图 5-18），顶层（第12层）层高 5m，轴线⑦、⑨、Ⓐ、Ⓓ所围区域用作歌舞厅。现欲将歌舞厅面积扩大至 305m²，故需抽去顶层轴Ⓒ、⑧相交处的柱子（其截面尺寸 b_c×h_c=800mm×800mm）。然而，框架Ⓒ主梁断面仅为 $b×h$=300mm×600mm，抽去该柱后，主梁跨度增大一倍，达 14.4m，从而使它不再能满足承载力、变形和抗裂要求。更何况，屋面上还有一个贮水量 60t、底面尺寸 5.1m×6.0m、高 2.0m 的水箱，一边固接于楼梯间剪力墙上，另一边通过 2 根 400mm×400mm 的屋面小柱直接支于框架Ⓒ的柱上。

因此，为了实现扩大歌舞厅的建筑功能，必须对顶层进行改造。

抽柱改造的方案可有多种，按照既能满足安全、经济的要求，又能方便施工且不影响美观的原则，同时针对上述结构的具体特点，采用了"偷柱换梁"的改造方案，即原由Ⓒ、⑧相交处的柱子承受的荷载被新换上的跨度为 14.4m 的梁承担，再由该梁分传至位于框架Ⓒ的⑦、⑨柱上。

由于Ⓒ框架第一跨主梁顶面（屋面）至其上方的水箱边梁底面距离为 700mm，水箱边梁截面为 250mm×800mm，出水箱侧面该边梁继续延伸至轴线⑧处 WZ 柱上，该延伸段截面 250mm×900mm。根据这一特点，将"新换梁"做成无粘结部分预应力混凝土变截面梁。从左到右，截面尺寸由 420mm×700mm 变为 420mm×1000mm，再渐变为 420mm×500mm（图 5-19）。

采用预应力梁，一方面使得改造后的结构具有较好的变形和抗裂性能，另一方面，使

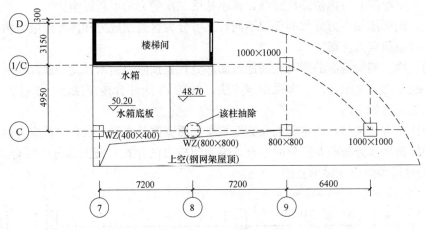

图 5-18　屋面结构平面

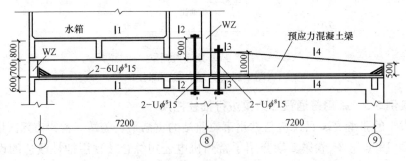

图 5-19　预应力抽柱改造方案

用高强预应力筋和混凝土，提高了结构的承载力，同时节省混凝土用量。采用竖向无粘结预应力束，充分发挥了高强钢材的抗拉强度，从而使整个改造结构显得轻盈美观，施工简便。

因需要考虑变截面预应力梁与水箱边梁的整体工作，所以有四种控制截面形状，见图 5-20。

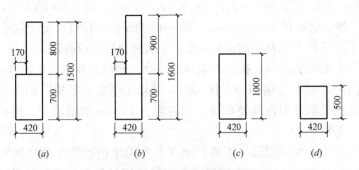

图 5-20　预应力梁截面示意图

(a) 1—1 截面；(b) 2—2 截面；(c) 3—3 截面；(d) 4—4 截面

在这个抽柱改造方案中，预应力利用了自身与水箱边梁的整体工作，上承水箱的重力荷载，同时通过竖向无粘结预应力钢丝束，下悬屋面楼层荷载，最终实现抽柱的目标。

（2）体外预应力托梁

在利用预应力托梁进行抽柱托换时，常常因为托梁截面高度较原框架梁截面高度增加不多，梁截面高度和宽度之比满足要求，不必增加梁截面宽度，这样折线形或弧线形预应力钢筋难以布置，为此常采用体外预应力。文献［34］即采用体外预应力对某框架结构进行了抽柱托换（图 5-21）。

所谓体外预应力混凝土结构是后张无粘结预应力结构的重要分支之一，它与普通的体内预应力即传统的布置于混凝土截面内的有粘结或无粘结预应力结构技术相对应。体外预应力是指布置于承载结构（梁）外的预应力钢筋或钢绞线张拉产生预应力。

与普通预应力托梁方法相同，体外预应力托梁抽柱托换也是一种主动加固技术，克服了一般方法普遍存在的应力滞后问题。

采用体外预应力，使用期间需经常维护，将会影响到建筑物的正常使用，同时对建筑的美观也有一定的影响。也可在体外预应力施加后，通过增加梁的截面或其他措施将预应力钢筋（钢绞线）加以保护。

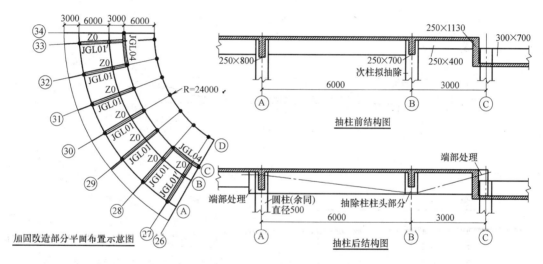

图 5-21　体外预应力托梁

工程实例 5-4：采用预应力梁进行抽柱托换

中国十七冶城建工程技术公司的王润生、林章忠在《安徽建筑》2011 年第 6 期上介绍了采用预应力对某中学报告厅进行抽柱改造的工程实例[47]。

某中学报告厅多功能厅因使用功能需要，需要扩大使用空间和面积，增强会议室效果。由于原结构净空本来就不大，如果加大原梁截面，则建筑空间无法满足，而且如果在混凝土梁内采用体内预应力，则必然要在框架柱中穿凿孔道，对框架柱造成较大的损害，故经过多种方案对比，最终确定采用体外预应力来实现托梁拔柱（抽柱托换）。需要抽除顶层Ⓑ、Ⓒ轴交②～⑥轴的 10 根框架柱（图 5-22 中涂黑的柱子），为此在横向框架梁 KL-3 向上侧进行预应力梁加固施工。由于托换柱施工前，需要对涉及的结构构件先进行加固施工，以防止断柱时破坏，故须先对纵向框架梁 KL-1、KL-2 进行粘钢加固。然后进行预应力托换梁的施工，在严密对现场进行监测的情况下，对柱子进行切割处理。

预应力转换梁配筋图见图 5-23。

施工结束后，使用裂缝显微镜对所有梁板进行了裂缝观测，未发现任何裂缝。

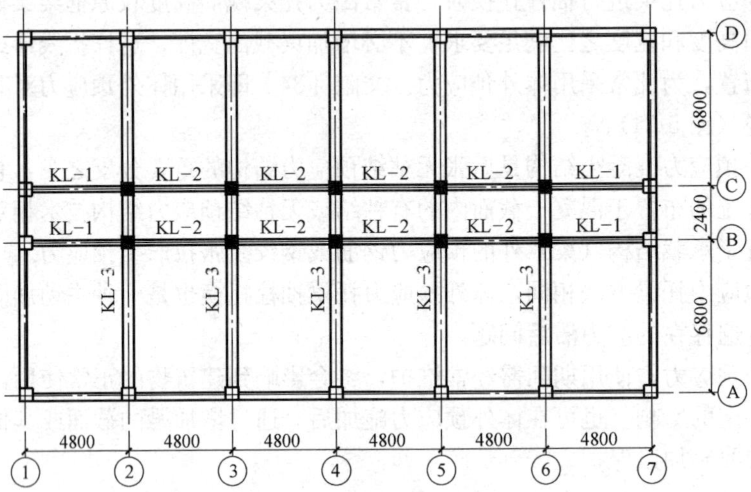

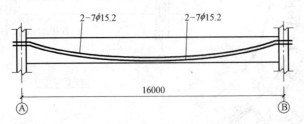

图 5-22　改造结构平面示意图

图 5-23　预应力转换梁配筋图

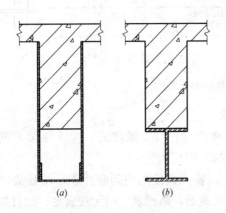

图 5-24　钢筋混凝土-钢组合托梁的截面形式

(*a*) 粘钢加固梁截面；(*b*) 钢筋混凝土-钢组合梁截面
（图中斜线部分为增大截面部分）

4）钢-混凝土组合托梁

在原钢筋混凝土框架梁的底部或侧面，通过型钢或粘贴钢板形成托梁。型钢主要有工字钢或 H 型钢、槽钢等。

该方法充分利用混凝土的受压强度高，钢材受拉强度高的优点，可以减小托梁的截面高度。但是该方法所要解决的问题是原混凝土梁与钢梁部分的可靠连接，以形成整体组合梁受力，所以必须增设剪力栓钉。同时钢结构的日常防护要求也较高。

钢-混凝土组合托梁的截面形式如图 5-24 所示。

工程实例 5-5：采用钢-混凝土组合梁进行抽柱托换

上海铁路分局设计室的杨锦明介绍了采用钢-混凝土组合梁来抽除两个框架柱的工程实例[30]。

上海市内某大楼，建于 1988 年，为 8 层商业办公建筑。该建筑平面为矩形，其中顶层为会议室。会议室中间有 4 个框架柱（图 5-25），给使用带来了不便。为此，业主要求将会议室中间的第④轴、第⑤轴上的柱子抽掉。

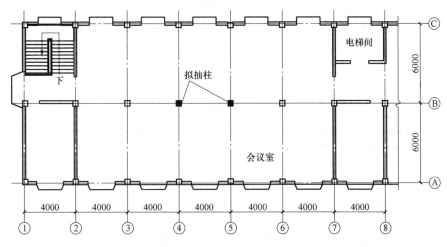

图 5-25 平面示意图（局部）

原结构为现浇钢筋混凝土梁柱、预制多孔板楼盖的框架结构。纵向框架为承重框架，框架梁截面为 240mm×650mm，横向框架梁为非承重框架，框架梁截面为 200mm×600mm。梁顶面为建筑找坡，由中柱向两边找坡。预制多孔板厚为 180mm，柱子截面均为 400mm×400mm，建筑顶层层高为 3.90m，净高为 3.25m，屋面为沥青油毛毡防水层。

如前所述横向加固时，加固梁的数量多，可能会对外墙装饰产生影响，因此确定采用沿⑧轴方向加固③～⑥轴间梁，截面形式采用钢-混凝土组合截面，实际采用的组合截面见图 5-26。在花篮梁下梁高范围内的梁侧面先是粘贴了 2 层 3mm、厚 290mm 宽的通长钢板，梁底粘贴了 2 层 3mm 厚、250mm 宽的通长钢板，然后梁侧又粘贴了 3mm 厚、450mm 宽的通长钢板，将混凝土梁和槽钢连成整体，槽钢底部焊接了 3mm 厚、250mm 宽的通长钢板。整个截面是钢-混凝土组

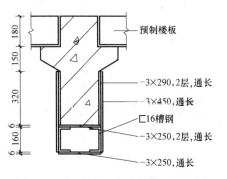

图 5-26 钢-混凝土组合梁截面示意图

合截面，在钢材部分则基本形成了箱梁。该组合梁的跨度为 12m，混凝土部分梁高为 650mm，包括钢材部分组合梁高约为 820mm，约为跨度的 1/15，挠度也满足规范的要求。

5）钢托梁

在抽柱托换时，也可采用钢托梁，利用新增加的钢托梁来承担被抽除柱原来承担的荷载，并传递给周围的框架柱。当在屋顶增设托梁时，可通过预应力钢索（钢绞线）将框架柱吊起。

上海太平洋化工公司焦化设计院的高峰和同济大学结构工程与防灾研究所的任晓崧、陈敏通过钢箱梁作为托梁吊挂拟抽除框架柱上部的两层框架柱，实现了对某 3 层框架结构的抽柱托换改造[39]，见工程实例 5-6。

工程实例 5-6：采用钢托梁进行抽柱托换

某大厦的裙房为地上 3 层、地下 2 层的钢筋混凝土框架结构，主楼和裙房设变形缝分开。地上部分层高均是 5.6m，地下部分层高分别为 3.4m、4.9m。

该大厦各层结构布置基本相同，③—⑤～Ｆ—Ｋ轴线部分是内空的中厅部分。根据底层大开间的使用要求，需要抽除底层正对入口部位的Ｈ轴上的②轴、③轴、⑤轴三个框架柱（见图 5-27）。

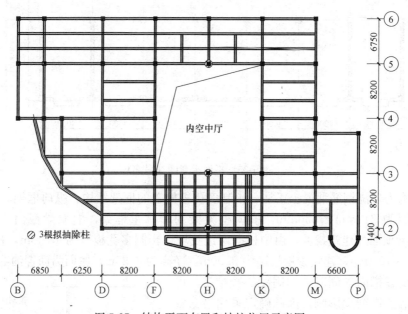

图 5-27　结构平面布置和抽柱位置示意图

柱网的间距为 8.2m，框架柱截面尺寸为 650mm×650mm（地下部分）或 600mm×600mm（地上部分），框架梁则主要为 300mm×800mm（或 850mm）。采用筏板基础，基础筏板厚 1200mm，基础筏板下布置了 PHC 管桩。

为保证底层的净空，本工程采用了屋面钢吊梁的改造加固方案。钢吊梁沿纵向布置，支承在Ｆ轴和Ｋ轴的柱上，②、③、④轴各 1 道，共 3 道钢箱梁，并通过预应力钢丝索拉结在下部的框架柱上。

利用托梁法进行抽柱托换，托梁的截面高度随托换后跨度的增大而增大，对建筑物原使用空间内净高尺寸产生一定程度的影响。而且原建筑物由于空间较小，层高也相对较低，抽柱托换成为大空间后，对净高的要求却有所提高。如果不是在顶层，而且将托梁上翻至屋面以上，解决这一矛盾是托梁法能否有效使用的关键。同时利用原有梁截面加大成为托梁时，将使原梁上侧或下侧钢筋处于新托梁截面高度接近中间位置，该处原梁纵向钢筋不能充分发挥作用。

6）采用混凝土托梁法抽柱托换时应注意的问题

采用混凝土托梁法进行抽柱托换时，要注意以下问题：

（1）托梁计算模型的确定。将原框架梁增大截面后形成的托梁实际上仍然是框架的框架梁，只不过其截面增大了，因此在计算内力时应按框架梁来进行计算。对于如工程实例 5-6 采用柱顶增加钢托梁的情况，可按简支梁来进行计算分析。因此要根据工程实际情况，确定托梁的计算模型。

（2）要特别注意托梁所在层上、下相邻楼层框架柱的复核验算。

首先，托梁将荷载传递给周围的框架柱，柱的荷载会增加，应验算框架柱是否满足托换后的安全性。

其次，由于托梁的截面高度大，刚度大，导致托梁所在层上、下相邻楼层框架柱难以满足强柱弱梁，因此在抗震设防地区，应进行复核验算，并根据复核结果采取措施，确保框架柱的抗震性能。也可通过增加周围框架柱的刚度来减小抽柱框架的地震作用；还可以通过增设构件来提高抽柱框架的抗震能力。

（3）当利用原框架梁作为托梁时，托梁的设计要注意相应的构造要求。

首先，托换前抽柱位置是原框架梁的支座，受力为负弯矩，框架梁的底部纵向钢筋受压，原设计可能按支座布置，此时其锚固长度小；托换后该位置由支座变成了梁跨中部分，受力变成正弯矩，梁底钢筋受拉，此时应满足梁中钢筋的搭接要求。如原设计不能满足要求时应采取加强措施。如：采用附加钢筋与原纵向钢筋焊接，附加钢筋与原纵向钢筋的级别、直径相同；在搭接范围内增设 U 形箍筋或 U 形纤维片材。

其次，由于梁的跨度增加，在抗震设防区的抗震构造可能不满足托换后的要求，如箍筋加密区长度等，应采取处理措施，以保证抗震构造措施满足托换改造后的要求。

3. 框架结构抽柱托换的桁架（刚架）法

采用托梁法进行框架结构的抽柱托换其优点是传力途径明确，对抽柱层的上层影响不大；但由于托梁跨度大，相应要求梁截面高度大，即便采用预应力来降低梁的截面高度，其高度也比较大，因此其使用受到一定的限制。如果抽柱层的上层对使用功能要求不是非常高，可以设置腹杆，则可利用桁架法来进行抽柱托换。

在被抽除柱的以上楼层，在两层框架梁或多层框架梁之间设置腹杆形成桁架来分担被抽柱的荷载。桁架设置在两层梁之间，不影响被抽除柱所在层的使用高度。当然根据形成的桁架进行内力计算后，可能需对原框架梁进行适当的加固处理。

根据是否设置斜腹杆，桁架托换法可分为普通桁架法和空腹桁架法。

1）普通桁架法

在两层梁之间通过设置腹杆，将原两层或多层梁变成桁架的弦杆，并形成桁架，来承担被抽除柱所承担的荷载（图 5-28）。

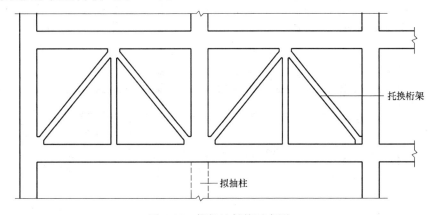

图 5-28 桁架法托换示意图

　　桁架在平面内的刚度非常大，可大幅度降低抽柱层的上层柱的竖向变形，从而保证上部结构的安全和正常使用。

　　由于普通桁架中常常设置斜杆，钢筋锚固、混凝土浇捣等施工难度大，其实际应用受到了一定的限制。

　　南京固强建筑技术有限公司的葛洪波、徐青兰在《江苏建材》2010 年第 4 期刊文《扬州某综合楼抽柱改造设计》[48]介绍了采用桁架法进行抽柱托换的工程实例，见工程实例 5-7。烟台大学的初明进等针对虹口大酒店裙楼框架结构抽柱改造工程，提出转换梁、空腹桁架结构和桁架结构 3 种改造方案，对 3 种方案进行了结构内力对比分析，结果表明，桁架结构方案受力比较合理[49]。

工程实例 5-7：采用桁架进行抽柱托换（一）

　　扬州某综合楼为 6 层钢筋混凝土框架结构，建筑总高度 23.95m，建筑面积 6694.2m²。二楼②-⑨轴与Ⓒ-Ⓗ轴所辖区域为 200 座餐厅，其结构平面布置如图 5-29 所示。由于 200 座餐厅内布置的 3 根内柱严重影响了该厅的使用功能，应甲方要求将餐厅内 3 根柱子同时抽掉，使原分割为多块的餐厅成为真正意义上的拥有约 500m² 的大餐厅。这样③、⑤及⑦轴框架梁的跨度将增加至 18m，Ⓖ轴框架梁跨度将增加至 28.2m。葛洪波、徐青兰考虑将短跨③、⑤及⑦轴梁加固成钢筋混凝土框架主梁，长跨Ⓖ轴梁成为框架次梁。由于该工程是在二层抽柱。抽柱后加固梁跨度较大，且需上抬五层楼面和四层墙体。上柱传下的集中荷载会很大，因此本工程具有一定的风险和难度。针对本工程的特殊性，葛洪波、徐青兰综合考虑了两种加固方案对③、⑤及⑦轴梁（图 5-29）进行加固。经过比较本工程采用转换桁架进行抽柱托换。

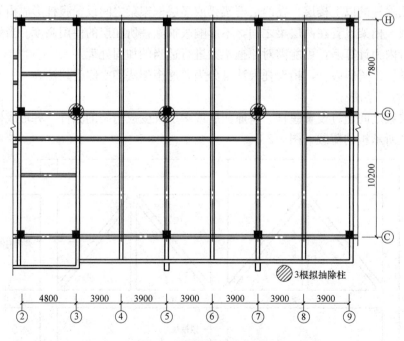

图 5-29　改造截面示意图

基本资料：

本工程二至六层楼面恒载标准值为 $4.6kN/m^2$，活载标准值为 $2.5kN/m^2$；屋面恒载标准值为 $8kN/m^2$，活载标准值为 $2.0kN/m^2$。填充墙均为 200mm 厚 KMI 空心砖。板混凝土强度等级为 C25，梁和柱混凝土强度等级为 C40，转换桁架混凝土强度等级为 C40，梁、柱主筋均为 HRB400。一、二层层高为 4.5m。三至六层层高为 3.6m。

内力计算及截面设计：

本工程抽柱前后内力计算采用 PKPM 进行分析。

上下弦杆截面均为 $700mm \times 1200mm$，腹杆截面均为 $400mm \times 800mm$。钢筋混凝土转换桁架内力计算采用 SAP2000 软件进行分析，计算转换桁架弯矩、轴力、剪力图。经计算分析得，转换桁架跨中最大挠度为 12mm。挠度与跨度的比值为 $1/1500 < l/250$。上弦杆最大弯矩为 $1459kN \cdot m$。最大轴力为 3256kN，最大剪力为 1009kN，下弦杆最大弯矩为 $1670kN \cdot m$，最大轴力为 2554kN。最大剪力为 1064kN，腹杆最大弯矩为 $293kN \cdot m$，最大轴力为 2888kN。最大剪力为 202kN。

考虑到抽柱后平面外弯矩的存在，故本工程将垂直于钢筋混凝土转换桁架方向的次梁采用加大截面法进行加固以增强其侧向支撑刚度。

工程实例 5-8：采用桁架进行抽柱托换（二）

（1）工程概况

烟台市虹口大酒店位于烟台市第一海水浴场旁边，主楼是地下 1 层、地上 19 层的钢筋混凝土框架-剪力墙结构，裙楼为地下 1 层、地上 3 层的钢筋混凝土框架结构。裙楼由 I 区和 II 区两部分组成。裙楼层 2 原结构平面见图 5-30。I 区和 II 区分两次建成，中部设沉降缝，缝宽度是 150mm。裙楼的功能分布为：I 区地下室为锅炉房，层 1 为餐厅；II 区地下室为储水池，层 1 为中央空调设备机房；I、II 区层 2 为多功能厅，层 3 为办公区。I、II 区基础为钢筋混凝土筏板基础，地下层外墙为钢筋混凝土墙体。由原结构（裙

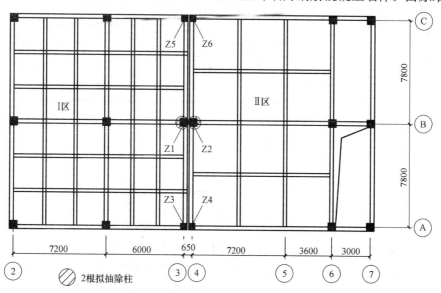

图 5-30 平面示意图

楼）平面图可知，裙楼层 2 多功能厅中部的柱 Z1、Z2（600mm×600mm）严重影响使用功能，欲将两柱拆除。改造后层 2 将形成 25.25m×15.6m 的大空间，满足多功能厅的使用要求。

（2）方案比选

在考虑上述两点的基础上，根据工程实际情况，初步选定三种改造方案（图 5-31）。

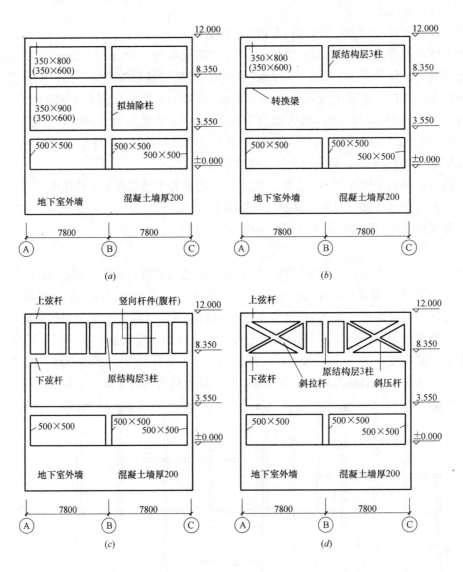

图 5-31　KJ-3 原立面及抽柱立面

（a）原结构立面图；（b）方案 1 立面；（c）方案 2 立面；（d）方案 3 立面

由于恒荷载产生的结构效应远大于活荷载、地震作用产生的效应，因此三个方案的受力性能主要通过对比恒荷载作用效应来判断，然后综合考虑使用性能和施工难易程度确定最终加固方案。采用有限元程序分析恒荷载在各方案结构上产生的效应，方案 1 层 2、3 跨中最大弯矩分别为 2341kN·m 和 1208kN·m，其他方案弯矩见图 5-32（仅给出层 2、

3，构件内力），各方案杆件的控制内力见表 5-1。

各方案恒荷载作用下结构效应   表 5-1

杆件	指标	方案 1	方案 2	方案 3
上弦杆（屋面梁）	$+M_{max}(kN \cdot m)$	1208.2	712.9	482.4
	$-M_{max}(kN \cdot m)$	−697.2	−380.0	−151.9
	$N_{max}(kN)$	−394.6	−845.0	−1172.1
	$V_{max}(kN)$	387.0	406.3	246.6
下弦杆（层 3 梁）	$+M_{max}(kN \cdot m)$	2341.0	1294.7	792.8
	$-M_{max}(kN \cdot m)$	−1061.8	−601.6	−272.7
	$N_{max}(kN)$	285.6	784.5	1128.7
	$V_{max}(kN)$	589.0	563.4	289.9
腹杆	$M_{max}(kN \cdot m)$	—	460.6	7.7
	$N_{max}(kN)$	—	−12.7	±642.4
	$V_{max}(kN)$	—	258.5	1.6

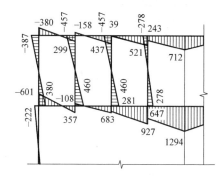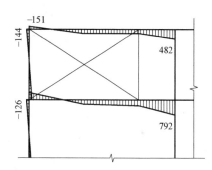

图 5-32　KJ-3（4）恒载作用下的弯矩（kN · m）

综合以上分析，该工程改造时采用方案 3。

（3）结构改造设计

在结构改造设计中，后加混凝土的强度等级为 C40；下弦杆和斜拉杆采用预应力技术，预应力钢筋采用抗拉强度标准值 $f_{ptk} = 1860N/mm^2$ 的钢绞线，单束面积 $A_P = 139mm^2$，张拉控制应力 $0.6f_{ptk} = 1116N/mm^2$；非预应力钢筋采用 HRB335 钢筋。

该工程跨度大、荷载大，新旧结构连接构造措施十分重要。设计构造措施时，把所有受拉纵筋都在原结构沉降缝中通过，锚固于新浇混凝土中，受压纵筋和构造纵筋用结构胶锚固于原结构，这样就保证了新旧结构连接安全可靠。方案 3 斜拉杆和下弦杆的配筋构造见图 5-33。

工程实例 5-9：采用刚架（桁架）进行抽柱托换

某大型报告厅原设计规模为设观众席 1000 个，主要用作大型会议及表演等用途，包括 1 层地下室，上部为大空间框架结构，观众席屋盖采用圆形正放四角锥网架结构，跨度 36.4m（直径），舞台屋盖采用矩形正放四角锥网架结构，跨度 17m。

该工程结构完工后，为满足使用要求，需将观众席数量扩至 1200 个，此时发现舞台

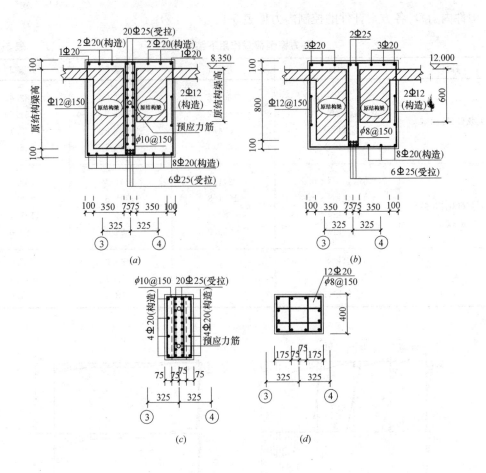

图 5-33　杆件配筋构造

(a) 下弦杆；(b) 上弦杆；(c) 拉杆；(d) 斜压杆和竖杆

口的 2 根框架柱因阻碍边上部分观众的视线，需将它们在舞台高度范围内部分切除，而这两根柱子在结构上不仅承受部分钢筋混凝土楼盖荷载，还是两边网架的支座之一，切除后对整体结构将造成很大影响，故其技术难度相当大。此外，由于其所属办公大楼即将投入使用，故该改建工程必须在 2 个月内完成，工期较紧。

图 5-34 为原结构舞台口横向框架形式，其中⑫轴柱和⑱轴柱就是前述需部分拆除的柱，为了解决这一问题，同时避免改变屋盖网架结构的受力情况，并尽量减少改建工程量，经各种方案综合分析对比，决定将它们从舞台面至标高 13.20m 范围内部分切除，并通过适当的结构托换形式将原先由它们承担的荷载传向⑪轴柱和⑲轴柱，保留被切断的两根柱标高 13.20m 以上的部分，以保证观众席和舞台的屋盖网架结构支撑条件不变，同时控制托换结构的位移量，以避免影响网架结构的内力分布。

综合原结构布置及其他条件，黄泰赟决定利用 24.0m 和 18.4m 处的两道梁，经适当加强后作为上下弦杆，再采用植筋技术在梁间增设多根斜、直腹杆，形成一个高 5.6m 的托换刚架作为主要托换结构，同时为减小网架支点挠度，在标高 13.2m 和 18.4m 间分别增设斜撑协助将网架支座反力直接传给相邻柱，托换刚架结构布置如图 5-35 所示。

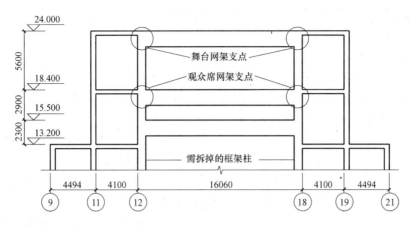

图 5-34 原舞台口横向框架示意图

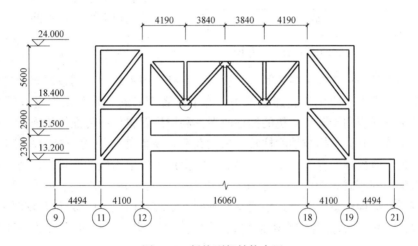

图 5-35 托换刚架结构布置

对托换刚架中的拉杆，除采用上述措施外，还增设剪力销来抵抗结合面处的纵向剪力，用 $L = 250\text{mm}$ 的 $\phi25$ 钢筋植入旧混凝土中 125mm，见图 5-36。

在腹杆交汇的节点处，钢筋密集且受力情况复杂，一旦出现问题将可能带来严重影响，故对本工程节点采取了特殊构造措施，在腹杆交汇处外包钢筋混凝土形成整体（图 5-37）。

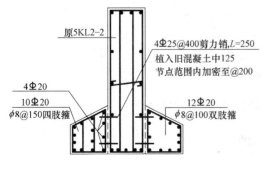

图 5-36 拉杆构造措施

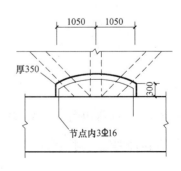

图 5-37 节点外包大样图

295

断柱过程中整体结构表现正常，网架支点处实测挠度仅 1.5mm。改造工程正式使用，取得了预想的设计效果。

2）空腹桁架法

将托换桁架中的斜腹杆去掉，只保留竖直腹杆，形成空腹桁架。由于无斜腹杆，空腹桁架的施工难度大大降低（图 5-38）。同时由于不设置斜腹杆，对于托换桁架所在楼层的门窗开设影响较小。

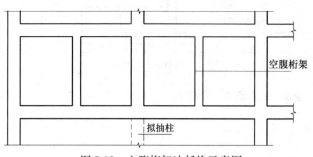

图 5-38　空腹桁架法托换示意图

采用桁架法进行抽柱托换时，腹杆与上、下弦（梁）之间为铰接，上、下弦类似于多跨连续梁，这样对上、下弦（梁）弯矩的调整取决于原来两根梁的刚度，不取决于腹杆的刚度，所以对内力的调节受到很大限制，不能根据实际情况在较大范围内对内力进行调整。

在新建建筑中，山东建筑大学赵玉星教授提出了一种在框架梁之间通过设置剪弯杆（腹板柱）来调整框架梁内弯矩峰值的方法。以前该方法主要用于新建建筑中，本书作者李安起、张鑫做为赵玉星课题组成员，将该结构形式应用于既有建筑的抽柱改造。利用后置腹板柱将框架梁连在一起，形成腹板柱托换结构，共同承担被抽除柱转移来的荷载，从而使每根梁分担的荷载相应减小，更为重要的是，腹板柱的存在，使框架梁的弯矩图形发生根本性的变化。弯剪杆的作用类似于结构力学中的刚臂，但非完全刚性，可以有一定的转动，其本身主要承担弯矩和剪力，所以该托换结构体系与空腹式桁架有所不同（空腹式桁架中的腹杆以承受轴力和弯矩为主）；但其主要受力特点与空腹桁架类似，因此本书将其作为空腹桁架的一种类型进行介绍。

（1）腹板柱托换结构的基本概念

下面给出一个简单的例子，可以看出腹板柱的作用。

一两端固支梁在均布荷载作用下的弯矩图如图 5-39 所示。

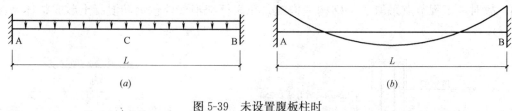

(a) 　　　　　　　　　　　　　　(b)

图 5-39　未设置腹板柱时

(a) 两端固支梁受均布荷载；(b) 弯矩图

在图 5-39 弯矩图中，A、B、C 三个截面的弯矩峰值分别是：

A 截面弯矩绝对值为：
$$M_A^0 = \frac{1}{12}qL^2$$

B 截面弯矩绝对值为：
$$M_B^0 = \frac{1}{12}qL^2$$

C 截面弯矩绝对值为：
$$M_C^0 = \frac{1}{24}qL^2$$

在某位置设置腹板柱后，均布荷载作用下的弯矩图如图 5-40。

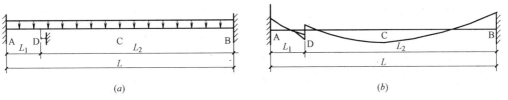

$$(a) \qquad\qquad\qquad (b)$$

图 5-40　设置腹板柱时

(a) 两端固支梁受均布荷载（D 位置为腹板柱）；(b) 弯矩图

在图 5-40 弯矩图中，因为有腹板柱的存在，有 5 个截面存在弯矩峰值，A、B、C、D 左侧、D 右侧，其大小分别为：

A 截面弯矩绝对值：
$$M_A^E = \frac{1}{12}qL_1^2 + \frac{qL}{4} \cdot \frac{L_1 L_2^3}{L_1^3 + L_2^3}$$

B 截面弯矩绝对值：
$$M_B^E = \frac{qL_2^2}{12} + \frac{qL}{4} \cdot \frac{L_1^3 L_2}{L_1^3 + L_2^3}$$

C 截面弯矩绝对值：
$$M_C^E = \frac{qL}{4} \cdot \frac{L_1^4}{L_1^3 + L_2^3} + \frac{q}{24}(L^2 - 2LL_1 - 2L_1^2)$$

D 左侧截面弯矩峰值：
$$M_{DA}^E = -\frac{qL_1^2}{12} + \frac{ql}{4} \cdot \frac{L_1 L_2^3}{L_1^3 + L_2^3}$$

D 右侧截面弯矩峰值：
$$M_{DB}^E = \frac{qL_2^2}{12} - \frac{ql}{4} \cdot \frac{L_1^3 L_2}{L_1^3 + L_2^3}$$

可以看出，由于腹板柱的存在，A、B、C 三个截面的弯矩峰值变小。而且随 L_1、L_2 大小（即腹板柱的位置）变化，上述 5 个截面的弯矩峰值也随之变化。从而可以确定腹板柱的最佳位置，以使 5 个截面峰值接近。

（2）采用腹板柱空腹桁架进行抽柱托换的优点

腹板柱空腹桁架托换结构，是从结构优化的角度来实施抽柱托换。具有很多优点：

① 充分利用原有构件的承载能力。可以根据荷载、建筑使用情况，通过调整腹板柱的数量、位置、刚度等参数，使抽柱托换后原框架梁中的弯矩图形包裹在原梁的材料（抗力）图内部，以充分利用原框架梁的承载能力，或只局部超出。

② 减小托梁截面高度，在层高既定的情况下提高净空（图 5-41）。与托梁法相比，可以大大减小托梁截面的高度，甚至不增大原框架梁截面高度，可以有效利用空间，满足增加空间后使用功能的要求。

③ 施工简便。与预应力托梁法相比，其施工难度大大降低；与桁架托换法相比，由于没有斜杆也使

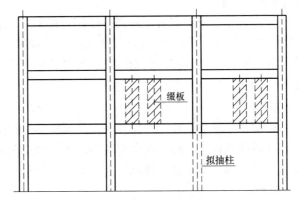

图 5-41　腹板柱后置托换示意图

得施工难度大大降低。

④ 日常维护费用低。由于没有体外预应力，避免了日常维护，不存在日常维护费用。

（3）腹板柱托换结构的试验研究

后置腹板柱托换钢筋混凝土框架结构柱是一种新型的抽柱托换形式，它通过腹板柱的调节作用，使框架梁中出现多个弯矩峰值，并使弯矩峰值趋于均匀，李安起制作了 1∶3 模型，通过试验研究、理论分析和工程应用，研究了该托换方式的破坏机理和受力特性，提出了设计建议，为该结构的推广应用提供了理论基础和工程实践经验。

研究主要结论如下：

① 后置腹板柱托换钢筋混凝土框架结构柱是一种结构性能良好的托换结构形式，它充分利用原框架梁既有的承载能力，不增大原框架梁截面或增大幅度较小，能更好地利用建筑空间，具有显著的经济效益和社会效益。

② 腹板柱在托换结构中起到了调节杆端弯矩的作用，使框架梁峰值弯矩大为减小，实现了内力的合理分布，从而可以充分发挥出材料的性能。

③ 理论分析表明设置腹板柱后，梁内将出现轴心拉力或压力，梁由受弯构件变成拉弯或压弯构件，在计算时应注意。

④ 通过工程实例，分析了腹板柱的刚度、位置和数量对结构的影响，得出了理论最优位置和合理的刚度范围。

a. 腹板柱宜设置在梁转角最大部位，对于两端固支梁 $0.211l$ 和 $0.789l$ 是最佳位置，考虑到既有建筑的布局可适当调整。

b. 腹板柱的截面尺寸（刚度）宜按下列要求设计：

腹板柱与框架梁的线刚度比设置在 1～10 间较为适宜，不宜大于 20；

腹板柱与框架柱的线刚度比的范围宜在 0.4～2.0 间，不宜超过 3.0。

⑤ 腹板柱本身的内力是比较复杂的，同时受弯、剪、拉（压）影响，设计中不能简单地将它视为普通杆件，建议对其做进一步的研究。

设计建议：

框架梁：

① 通过设置腹板柱，梁支座处的负弯矩峰值可以较小，但必须对其进行复核验算；

② 在腹板柱设置位置，原来可能承受正弯矩，但托换可能承担负弯矩，应对该部分进行复核验算；

③ 腹板柱对弯矩有明显的调节作用，但对剪力基本没有调节作用，因此框架梁端部的抗剪验算是至关重要的，必须复核验算，必要时应采取加固处理措施，以确保安全；

④ 托换后梁的挠度、截面应力、裂缝均较托换前有明显增大，设计时必须对上述指标进行复核，必要时采取相应措施。

框架柱：

① 被抽除柱上层柱，可能存在由受压变为受拉的情况，设计时应注意；

② 被抽除柱周围柱，会出现轴力增大、弯矩增大的情况，应注意复核；

③ 被抽除柱周围柱，将承担更大的水平荷载，设计时应注意。

腹板柱：

① 根据结构实际情况、建筑布置，选定腹板柱的数量、刚度、位置；

② 腹板柱主要承受剪力和弯矩，但有时也承担轴向力，设计时应注意；

③ 由于腹板柱截面尺寸与其竖向高度的比值较大，在设计时不应忽略其剪切变形；

④ 后置腹板柱存在受力滞后现象，设计时应予以考虑；

⑤ 后置腹板柱应与框架梁实现固接，因此要采取必要的措施。

结构对其他部分的影响：

腹板柱托换钢筋混凝土框架结构柱后，形成的托换结构对周围及上部或下部结构（抽柱托换可出现在中间层）产生影响，设计时也必须考虑。如该转换结构整体刚度较大，在水平荷载作用下，对上部或下部结构的影响是不应忽视的。

工程实例 5-10：采用腹板柱空腹桁架进行抽柱托换

（1）工程概况

某大厦 3 层裙房，基础形式为桩基，下部二层为框架结构，局部三层（范围在①轴与①轴之间）为轻钢结构（业主因使用方面的需要，暂不施工）。该裙房由原主楼接建而成。一层柱平面布置见图 5-42（a）。二层为会议室，三层楼面结构采用井字梁结构体系（图 5-42b）。在建成但未投入使用时，业主认为二层中钢筋混凝土柱"Z1、Z2、Z3"影响其使用功能，提出将该 3 根钢筋混凝土柱拆除。Z1、Z2、Z3 截面尺寸分别为：700mm×800mm、650mm×（650~680）mm、650mm×（650~680）mm。

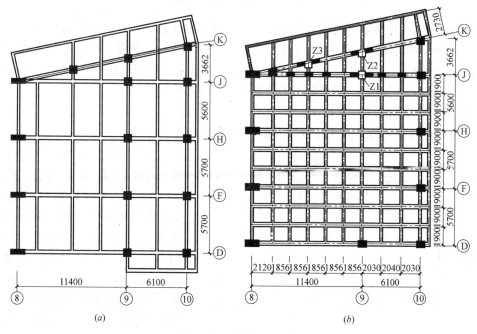

图 5-42 平面布置示意图

（a）一层平面布置图；（b）二层柱平面布置图

应业主要求，对二层柱 Z1、Z2、Z3 进行抽除改造设计。

（2）方案选择确定

钢筋混凝土框（排）架柱抽柱托换，一般有三种方案。方案一：利用原梁或新设置梁形成托梁来承担被抽除柱上部荷载。托梁的截面高度较大，有时会影响使用功能，改进的措施是在托梁中施加预应力。方案二：设置桁架来承担荷载。桁架一般用于工业厂房的排架柱托换。方案三：设置空腹桁架。空腹桁架是在两层框架梁（大部分情况下框架梁截面高度需增加）设置腹杆形成空腹桁架。一般位于被抽除柱所在层上面一层。

本工程拆除中间柱后，梁的跨度将达到 17.5m，单纯采用托梁或桁架时，托梁截面高度将很高。由于层高以及空间使用方面的要求，无法在原梁底增大截面形成托梁；而本工程①轴梁（井字梁结构的边梁）与板底之间有 400mm 的间距，也无法在原梁顶面增大截面形成托梁。因此不能采用托梁进行托换。本工程中被抽除柱位于框架结构顶层，也无法直接形成空腹式桁架。因此我们采用后置腹板柱＋新梁形成腹板柱空腹桁架托换结构的方案（图5-43）：在原框架梁（L1）上方一定距离内设置新梁（L2），L2 与 L1 之间用腹板柱连接。

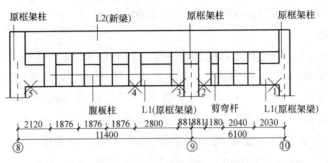

图 5-43　后置腹板柱方案

由于①轴梁为井字梁结构的边梁，是主梁，同时业主要求，新加梁出二层楼面高度不大于 1500mm，所以在①轴原梁上方设置了 400mm×1400mm 的新梁（梁底与原楼面间保留有 100mm 的间隙）。挑出部分的荷载主要有Ⓚ轴斜梁来承担，我们在斜梁上方设置了350mm×1200mm 的新梁。下面介绍①轴腹板柱空腹桁架的设计。

（3）设计计算分析

① 腹板柱设置的数量对其弯矩调节能力的影响

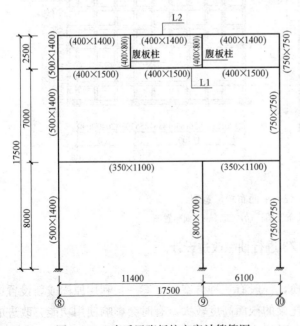

图 5-44　2 个后置腹板柱方案计算简图

由于腹板柱的概念在现有的设计软件中没有明确的体现，我们在设计中采用多种计算软件进行计算。对各种软件计算得到的内力结果进行比较，确定托换结构中 L1和 L2、两侧钢筋混凝土框架柱、井字梁结构内力，调整 L2 截面尺寸、腹板柱的数量和截面尺寸，以保证已有框架柱、井字梁结构各梁承载能力满足柱拆除后的要求。各程序内力计算的计算简图均由程序在 PMCAD 的基础上自动生成，其荷载由 PMCAD 自动生成。

首先考虑设置 2 个后置腹板柱，计算简图见图 5-44。

经验算，设置 2 腹板柱方案

的弯矩计算结果见图 5-45，原框架梁承载力不能满足改造后的要求。

考虑到原屋面结构井字梁的数量和间距，设置 8 个腹板柱，其布置示意图见图 5-46，弯矩计算结果见图 5-47。

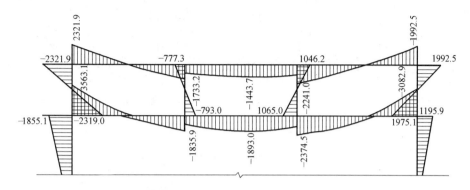

图 5-45 2 根腹板柱方案的弯矩计算结果

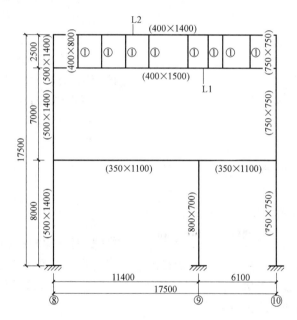

图 5-46 实际腹板柱布置示意图
（图中①杆为腹板柱）

经验算，设置 8 个腹板柱方案原框架梁不用加固即可满足改造后的承载力要求。

比较图 5-45、图 5-47，可以看到随着腹板柱数量的增多，框架梁中弯矩峰值减小，可以改善框架梁的承载能力。但理论分析表明，在腹板柱的数量多到一定数量后，再增加腹板柱的数量也不能降低弯矩峰值。腹板柱的数量根据既有建筑布局，可结合位置、截面尺寸同时进行适当调整。

② 腹板柱设置位置对其弯矩调节能力的影响

下面分析腹板柱的位置对弯矩调节能力的影响。

假定只设置一个腹板柱，腹板柱的位置分别按图 5-46 所示各腹板柱的位置进行计算，将各个位置腹板柱的调节能力绘于图 5-48 中。

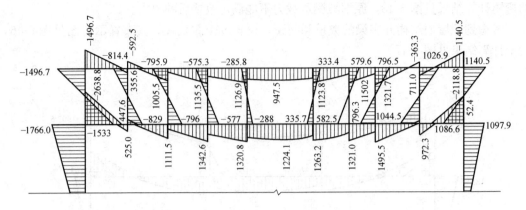

图 5-47　8 根腹板柱方案的弯矩计算结果

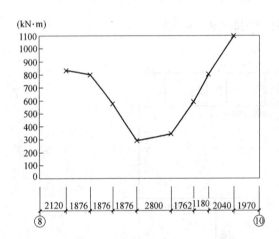

图 5-48　腹板柱调节弯矩-位置关系曲线

从图 5-48 中可以看出，随着腹板柱距离框架柱的距离越来越小，腹板柱对弯矩的调节能力越来越大。当然当腹板柱距离框架柱过近后，腹板柱的调节能力不增反降。这是因为腹板柱调节弯矩的原因是限制框架梁的弯曲变形，所以只有在框架梁曲率最大的位置，腹板柱的调节能力才最大。根据两端固支梁在均布荷载下的转角方程：

$$\theta = -\frac{q}{EI}\left(\frac{lx^2}{4} - \frac{x^3}{6} - \frac{l^2}{12}x\right)$$

可以推导，在跨度（0～l）范围内，最大转角位置在：$x=0.211l$ 和 $x=0.789l$ 处，即理论上腹板柱设置在距离框架柱 $0.211l$ 处时，腹板柱的调节能力最大。考虑到既有建筑布置已基本确定，所以腹板柱的位置有时难以设置在转角最大处，此时可根据既有建筑的布置在接近最大转角位置布置腹板柱。除门窗洞口外其他位置均可设置腹板柱。本例中第一腹板柱的距离为 $0.121l$。

③ 腹板柱尺寸（刚度）对弯矩调节能力的影响

分别按四种腹板柱的截面尺寸进行内力计算，不同截面尺寸时腹板柱的弯矩与尺寸、位置的关系见图 5-49。通过图 5-49 可以看出，随着腹板柱尺寸（刚度）的增大，腹板柱承担的弯矩也相应增大。而且，在靠近框架柱（支座）处的增大幅度远大于跨中的增大幅度。在腹板柱截面（刚度）增大到一定程度之后，再增大腹板柱截面尺寸（刚度），托换结构跨中位置腹板柱弯矩的增大已不明显。所以腹板柱的尺寸不宜过大。

腹板柱不同截面尺寸时 L1、L2 的正负弯矩最大值见表 5-2、图 5-50。随着腹板柱尺寸、刚度的增大，L1、L2 的弯矩都有不同程度的降低，腹板柱尺寸、刚度越大，梁弯矩降低越多。但是当腹板柱的尺寸（刚度）增大到一定程度后，L1、L2 跨中弯矩降低的幅度已不明显。此时，即使再增大腹板柱截面尺寸（刚度），框架梁承担的弯矩也不会降低很多。这也从另一方面说明，腹板柱的尺寸不宜过大。

不同尺寸时 L1、L2 的最大弯矩 (kN·m)　　　　　　　　　　表 5-2

尺寸	L1		L2		尺寸	L1		L2	
	M_{+max}	M_{-max}	M_{+max}	M_{-max}		M_{+max}	M_{-max}	M_{+max}	M_{-max}
400×400	2139.6	−3549.6	1706.1	−2256.1	400×800	1495.5	−2368.6	1321.8	−1496.7
400×600	1619.6	−3073.1	1269.8	−1874.3	400×1000	1463.0	−2339.8	1312.5	−1250.8

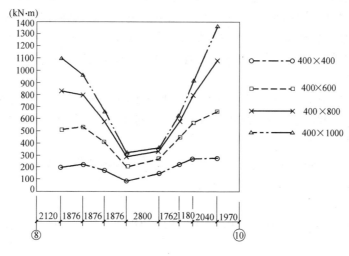

图 5-49　不同截面尺寸时腹板柱的弯矩

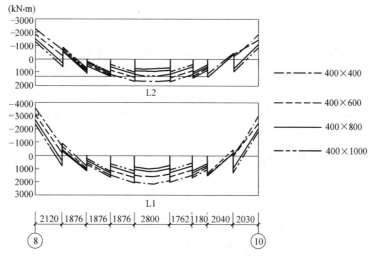

图 5-50　腹板柱不同尺寸 (刚度) 下的框架梁弯矩

实际工程中选用的腹板柱截面为 400mm×800mm。

理论和试算分析表明，腹板柱与框架梁的线刚度比设置在 1～10 间较为适宜，不宜大于 20，本例中由于腹板柱数量较多，采用的比值为 1.1～1.3；腹板柱与框架柱的线刚度比的范围宜在 0.4～2.0 间，不宜超过 3.0，本例中取为 0.6～1.3。

(4) 构造措施

① 接柱处理

本工程需要将原框架边柱向上接长，利用化学植筋达到原框架柱的配筋要求。在植筋时，保证植入原混凝土的深度和钢筋的位置。将新旧混凝土接触面凿毛增糙，并刷素水泥浆，以确保新旧混凝土结合良好。因原框架柱局部未能达到原梁顶，所以在接柱时，局部新混凝土的厚度较薄，如采用细石混凝土，浇捣质量难以保证。为此，在上述部位采用灌浆料来代替混凝土。

② 腹板柱与原梁之间的处理

腹板柱要达到调节框架梁弯矩的目的，必须使腹板柱与框架梁之间可靠连接。采取的措施除了类似于接柱时的措施外，还采取了以下措施。一是腹板柱局部钢筋在原梁位置做成"]"形，水平段分别与 L2、L1 纵筋焊接。二是为了防止混凝土在硬化过程中的收缩，在混凝土中添加微量膨胀剂，以确保腹板柱与原梁混凝土的整体性能。

③ 裂缝控制

改造后 L1 弯矩内力图形将发生变化，特别是中间支座处，将发生变号，为此通过调整腹板柱的尺寸以及在 L2 中设置预应力钢绞线，使 L1 裂缝控制在规范规定的范围内。

④ 挠度控制

虽然计算中不需施加预应力，但为了控制挠度并控制裂缝宽度，在 L2 中设置了预应力钢绞线，计算时主要考虑变形及裂缝控制。

（5）施工监测

施工过程及施工结束后 2 个月内，对框架梁的挠度及附近构件的开裂情况进行了施工监测。

① 梁挠度监测

施工过程中，对①轴梁（L1）的挠度进行了监测，并与各程序计算得到的挠度进行比较。施工期间，采用精密水准仪进行监测，间隔时间根据柱子截面截断的进度变化。测点布置在原梁底，测点位置见图 5-43。实测挠度与时间的变化关系见图 5-51。

日期	2-21	2-22	2-23	2-24	2-25	2-26	2-27	3-1	3-5	3-11	4-10
柱截面截断进度	1/3	截断 2/3	全部截断								

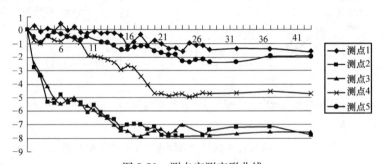

图 5-51　测点实测变形曲线

由图 5-51 可见，随着柱截面被截断的面积不断增大，框架梁的挠度也逐渐增大。当截面全部被截断后，挠度在一定时间内仍有所增加，这是结构在进行内力调整造成的。其后挠度不再发生变化，内力调整结束，说明结构已整体稳定。

对比相同荷载增量下框架梁实测的挠度和理论计算的挠度（表 5-3），可以看到，实测挠度小于各软件计算的结果。这是因为程序计算的挠度是一次性的，而实测结果为二次受力时的挠度。同样的原因，跨中（4 号测点）的挠度小于拆除柱两侧（2 号、3 号测点）

的挠度值。

② 裂缝监测

从施工截止到本书完成，已过去了较长的时间，托换结构及附近构件均未发现出现开裂现象。

梁计算挠度与实测挠度比较（mm）　　　　表 5-3

测　点	1	2	3	4	5
挠度计算结果	0	31.1	36.2	37.0	0
实测挠度	0	5.43	5.83	2.78	0

3）关于桁架托换法的探讨

（1）采用只有钢拉杆的桁架。在形成桁架时可采用只有拉杆的桁架形式，拉杆采用型钢截面或组合截面。拉杆与原框架梁（上弦杆、下弦杆）的节点可采用钢板包裹，或采用植筋的方式解决。这比采用纯混凝土桁架可减少或避免湿作业，有利于改造工作的进行和减少环境污染。

（2）采用斜腹杆为型钢和预应力拉杆的组合桁架（增设支点框架托换技术）。在抽柱部位的上一层相应位置设置型钢斜腹杆和预应力斜拉杆，通过张拉预应力杆将拟抽除柱在施工阶段所受的竖向荷载全部或大部卸除，在抽柱后由新增的型钢斜腹杆、预应力斜拉杆和上、下层框架梁组成的桁架来承受竖向荷载。

该法与体外预应力组合结构框架托换技术的不同之处主要在于以下三点：

（1）两者间斜向预应力筋布置的倾角不同，组合桁架托换时，斜向预应力筋的倾角较大，同样的张拉力能在拟拔柱处产生较大的竖向分力，有利于拟拔框架柱的卸载；

（2）组合桁架中增设了型钢斜撑，其与预应力筋、框架梁、框架柱构成了刚度很大的桁架，能有效减小改造后结构在使用阶段新增荷载作用下产生的二次变形；

（3）应用组合桁架进行托换时，在上一层相应位置处需布置型钢斜撑及预应力筋，如建筑使用要求上不允许则不能使用该法。使用体外预应力框架托换技术进行托换时无此限制。

4. 框架结构抽柱托换的其他方法

框架结构的抽柱托换工程实践比较多，人们采取了很多的托换方法。除了上述常用的托梁法和桁架法，我们下面再介绍几种较为常见的托换方法。

1）内支撑框架托换方法

原框架结构因使用需要需拆除部分框架柱，由于框架柱为框架梁的支点，去除柱后如何保证原结构的安全是框架托换技术需解决的关键性问题。托梁法是通过加大原框架梁的截面尺寸来提高梁、柱的截面，以提高其承载能力和刚度来满足抽柱托换后的要求，由加固梁、柱本身来承受拔柱后的新增内力和变形。桁架托换法则是在原框架梁间设置腹杆，形成桁架来承担柱抽除的荷载。而内支撑框架托换技术则是采用在拔柱部位设立新的支撑框架的方法给失去柱支点的框架梁以承托，使拔柱后的新增荷载传递到支撑框架上，原框架梁、柱基本上不需进行加固。无论采用钢框架还是混凝土框架作内支撑进行托换，其原理基本相同。内支撑框架托换方法是通过内支撑框架与原框架梁之间设置支点，使得内支撑框架和抽柱后的原框架梁共同承担托换后的荷载（图 5-52）；根据变形协调的原则，在荷载的分担上，将基本遵循按刚度分配的原则，因此内支撑的框架梁的刚度不宜太小。

在进行方案设计或初步设计时，可近似按刚度分配托换后荷载的变化情况，但这种变化比较复杂，而且内支撑框架给予原框架梁的支点是弹性支点，因此施工图设计时必须根据变形协调的原则来计算原框架梁的受力情况和新增内支撑框架的受力情况。

以上的托换方法主要用于结构的改造托换，属于永久性托换；当框架结构遭遇某种灾害损伤或出现事故时，可采用下述临时托换技术或方法。

2）抱柱梁＋墙柱托换技术

抱柱梁＋墙柱托换技术主要用于框架结构柱遭遇灾害或混凝土强度过低不满足设计或安全要求，需要将损伤或过低强度的混凝土剔除置换，当被托换框架柱的轴向力较大，其他托换方法很难奏效时可采用附加墙柱的方法。其思路是通过上抱柱梁将该柱承担的竖向荷载传递到附加的墙柱上，然后再由附加墙柱传递给下抱柱梁，再由抱柱梁传递给拟置换部位以下的框架柱。下面通过工程实例 5-11 来介绍这种方法。

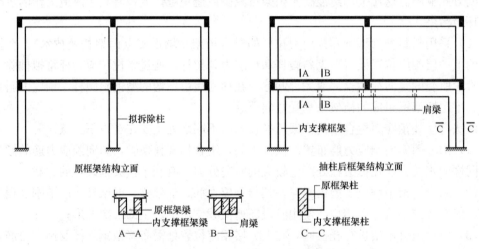

图 5-52　内支撑框架托换原理示意图

工程实例 5-11：采用抱柱梁＋墙柱进行临时托换（置换）

（1）工程概况

某高层建筑，主楼地下 4 层，地上 23 层，房屋总高度为 96.900m，框架-核心筒结构，在四层外框架㉔-Ｆ、㉔-Ｇ两框架柱的局部混凝土强度极差（位置见图 5-53），设计为 C40，实测不足 C20，通过计算不满足要求。因该工程工期紧张，因此施工单位要求加固施工不影响上部结构施工。

该工程的特点是荷载大，托换施工时框架柱的内力为 9706kN，施工单位曾进行过处理，剔除时曾发生柱局部纵向钢筋被压曲的情况。普通的支撑体系如脚手架、钢管等都不能满足支撑的要求，而且支撑时需通过周围的梁来传递荷载，而经过计算这些梁的抗剪（抗冲切）不能满足托换的要求，即便多层支撑也难以满足要求，而且增加施工的难度。

（2）托换方案

参考移位工程、托换工程中的抱柱梁设计方法，设计了采用抱柱梁＋墙柱的临时托换结构。文献给出的计算抱柱梁与原柱、桩之间新加混凝土结合面竖向承载力的公式（5-1）为：

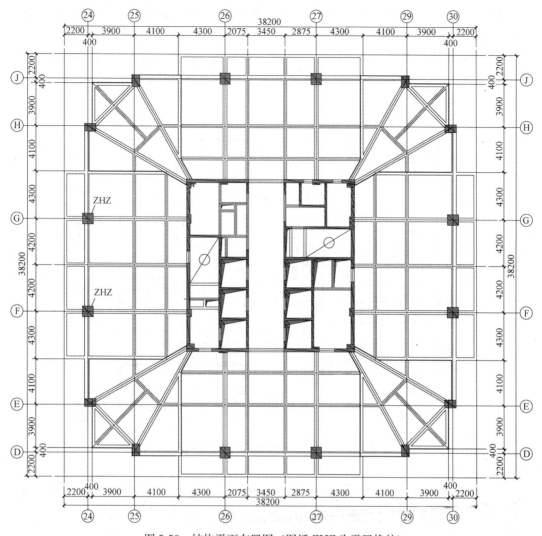

图 5-53　结构平面布置图（图纸 ZHZ 为需置换柱）

$$\gamma P \leqslant 0.16 f_c A_c \tag{5-1}$$

式中　γ——综合系数，可取 1.0～1.3；

　　　P——新旧混凝土结合面竖向承载力（kN）；

　　　f_c——梁、柱混凝土抗压强度设计值（kPa），可取较低值；

　　　A_c——新旧混凝土交接面的面积（m²）。

国家建设行业标准《建（构）筑物移位工程技术规程》JGJ 239—2011 给出了四面包裹式托换方式确定托换梁和柱结合面的高度的计算公式（5-2）。

$$h_j = \frac{N}{0.6 f_t C_j} \tag{5-2}$$

式中　h_j——托换梁和柱截面高度（mm）；

　　　N——托换柱的轴力设计值（N）；

　　　f_t——混凝土轴心抗拉强度设计值（N/mm²）；

　　　C_j——被托换柱的周长（mm）。

对比上述两式，发现两者差别较大，为保险考虑，取两式算得的高度较大值作为该工程设计的上、下抱柱梁高度，最终取为 2400mm。

考虑到原框架柱的轴力先传递到上抱柱梁，然后抱柱梁再传递给上、下抱柱梁直径的附加墙柱，因此附加墙柱应能承担原框架柱所承担的内力，据此设计了中间的附加墙柱（图 5-54）。

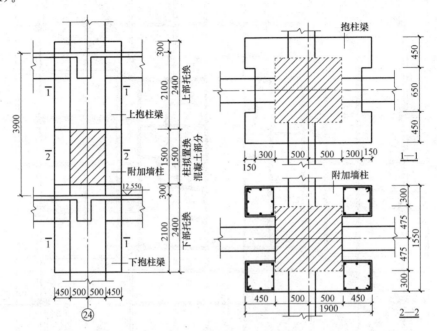

图 5-54　抱柱梁＋附加墙柱托换示意图

（3）加固效果

该工程施工单位曾自行进行过处理，但出现了柱纵向钢筋屈服的趋势，因此施工单位对此极为重视。施工单位托换施工过程中、施工完成后，经现场检查，周围梁、柱均未出现明显变形的情况，也未见开裂，取得了较好的加固效果。

3）钢支撑托换技术

当框架柱遭受损伤或混凝土强度较低，但该柱承担的荷载相对较小时，可采用钢支撑来进行框架柱的置换。工程实例 5-12 是采用钢管支撑进行置换的例子。

浙江南方建筑设计有限公司的詹佩耀、倪宏演和浙江广源建设工程有限公司的祝昌暾、杭州圣基特种工程有限公司的王擎忠在《建筑结构》2006 年增刊撰文介绍了他们采用斜向钢支撑荷载转移法进行框架柱托换的工程实例[50]。

工程实例 5-12：采用斜向钢支撑荷载转移法进行框架柱托换（置换）

（1）工程概括

某工程为地下 1 层，地上 11 层的框架剪力墙结构住宅。混凝土强度设计等级为二层以下墙柱 C35，二层以上墙柱 C30，梁板均为 C30。在主体工程封顶，并且填充墙砌筑基本完成时，经工程质量检测中心检测，七层部分墙柱和八层部分梁板混凝土强度严重不足，特别是框架柱介于 C25～C30 的有 9 根，最低强度小于 C10。检测结果与当日混凝土浇捣施工过程中因泵管堵塞时间较长导致商品混凝土超过初凝时间，搅拌车违规直接加水搅拌并再次运回现场浇捣的质量事故原因分析判断相吻合。

（2）分析与设计

由于剪力墙有一定的长度，可采用分段、分批剔除置换的方法；对混凝土梁板，施工期间可采取措施使其只承担自重，置换的难度都不大。

中柱托换支撑的内力分析结果和布置如图 5-55、图 5-56 所示。

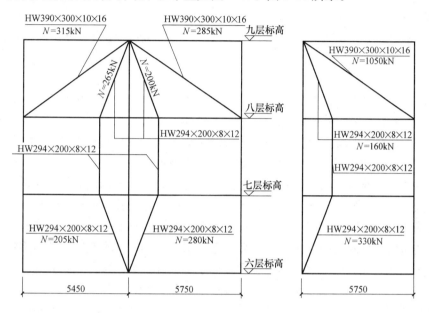

图 5-55　支撑轴力截面图

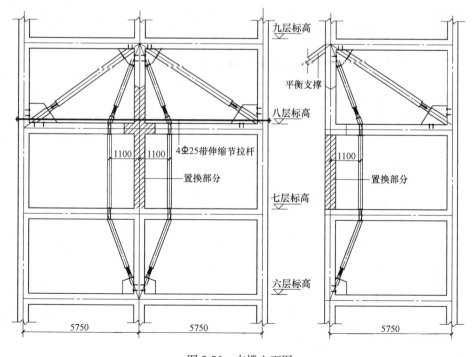

图 5-56　支撑立面图

根据内力计算的结果，用千斤顶对钢斜撑施加预应力时，钢斜撑会对边柱会产生一个向外的水平推力，在中柱八层梁柱节点凿除后，水平推力将直接传给边柱节点，这对混凝土强度存在严重缺陷的结构极不利，为平衡水平推力，增设了 4Φ25 带伸缩节的拉杆。

与剪力墙的托换相同，柱子的凿除高度不应低于原钢筋接头以上 200mm，新旧混凝土采用榫头状界面，顶部浇捣口采用 1：2 喇叭口，喇叭口宽不少于 250mm，高出凿除面不少于 200mm。

预应力的施加以取支撑最不利组合的 60%～70% 的内力作为依据，同时控制柱子的竖向位移不大于 ±3mm。

（3）施工控制与监测

本工程柱子的托换分二次进行，第一次为⑬/Ⓔ-Ⓕ轴柱，第二次为㉑/Ⓔ-Ⓕ轴柱，为确保结构在托换施工中的安全，除设计的主支撑外，根据有关方面专家和业主、施工方意见增加了一套应急备用附加支撑，附加支撑直接支承在七层楼面，上部托在十层楼面梁底，在整个托换过程中只处于松弛的接触状态，不施加应力。

施工分为六个步骤：第一步钢构件加工、钢支座定位画线和钢筋位置测定，锚栓植入和安装节点支座；安装钢支撑和千斤顶预紧，根据设计要求施加预应力，预应力取支撑最不利组合的 60%～70%，并维持 24h，观测支撑轴力和位移的变化。第二步凿柱子上部断面，凿上切口时采取对角凿，并在凿出后用千斤顶撑住，待柱子全部凿断后缓慢放松千斤顶。第三步凿八层相关梁节点。第四步凿除柱子至根部。第五步浇捣新柱混凝土。第六步待混凝土强度达 80% 以上时拆除支撑，并砌筑上部结构的填充墙。各阶段必须根据内力和位移监测情况进行施工，千斤顶预紧宜对称作业，预紧的力度以支撑刚顶紧为宜。施加预应力应根据监测数据，控制支撑预应力值，同时要专人指挥，对称同步和上下同时分级施加，即设计值的 30%、50% 和 60%。表 5-4、表 5-5 监控结果表明，内力和位移未出现较大波动，并且位移均是向上的，这表明对内力和位移的控制是有效和合理的。

各施工步骤柱子位移实测值（mm）　　　　表 5-4

轴号	步骤					
	1	2	3	4	5	6
⑬交Ⓔ-Ⓕ	0.8	1.6	1.4	1.4	1.5	1.5
㉑交Ⓔ-Ⓕ	0.3	0.5	0.6	0.6	0.6	0.2

施工时各支撑内力实测值（kN）　　　　表 5-5

轴号	杆件					
	1	2	3	4	5	6
设计者	120	171	630	96	160	190
⑬交Ⓔ-Ⓕ	90～112	175～190	570～604	60～76	120～145	180～217
㉑交Ⓔ-Ⓕ	107～121	145～175	610～636	85～97	136～160	165～190

（4）加固效果

对中柱则根据荷载转移法的概念，采用钢支撑通过施加预应力将整根柱子托换，取得了成功，实测的柱子位移和支撑内力均控制在设计要求的范围内，托换加固后的结构变形很小，各项技术指标均能满足规范要求，经省专家验收鉴定，结构安全可靠，抗震性能良好。

5.2.2 混凝土剪力墙托换技术

混凝土剪力墙结构的托换技术目前应用不太广泛，主要有开设洞口、遭受损伤或事故后临时托换情况下的置换，目前拆除整片剪力墙的工程实例较少。因为原设计为框架-剪力墙结构时，剪力墙主要承担水平荷载，一般布置剪力墙的数量较少，如再拆除整片剪力墙将对结构的整体抗震性能产生非常大的影响，而且当由剪力墙变为框支剪力墙时，要求的边缘构件也难以实施。

1. 混凝土剪力墙开洞托换

对于普通剪力墙由于墙体水平截面面积大，因此一般情况下开设洞口时，竖向承载能力能够满足要求，主要应复核水平承载能力。

根据开设洞口的相对大小，剪力墙的处理可以采取不同的措施。

1）开设小洞口

当在剪力墙上开设的洞口较小，不超过墙面面积的16％时（当只在某一层开设洞口时，墙面面积只考虑本层的面积)，同时洞口不应该是高度较小而宽度较大的洞口，此时可不必对剪力墙进行复核验算，只需在洞口位置采取相应的加强措施即可。如上、下层均开设洞口，使上、下洞口间形成连梁时，应计算连梁的受弯、受剪承载力；当不能满足时应采取加固处理措施，在抗震设防区，尚应注意抗震构造要求。

2）开设较大洞口

当开设的洞口面积超过墙面面积的16％，且洞口分布规则时，应按联肢墙复核验算剪力墙的承载能力以及整体结构的承载能力，当不能满足要求时必须采取加固处理措施。具体实施时按现行《混凝土结构设计规范》GB 50010、《建筑抗震设计规范》GB 50011、《高层建筑混凝土结构技术规程》JGJ 3 的要求进行。

2. 混凝土剪力墙置换时的临时托换

当混凝土剪力墙局部遭受灾害，如地震引起剪力墙开裂破坏，火灾引起混凝土爆裂、脱落，或因施工原因混凝土强度过低时，需要对剪力墙进行置换，此时可采取临时托换措施。这种措施可能是经分析局部改变剪力墙的受力情况，如不单独设置托换构件，而是利用剪力墙竖向承载力大的特点，进行局部分期、分批的拆除、置换处理；或通过临时剔除局部墙体形成洞口、在洞口内设置支撑等，实现临时托换。

1）分期、分批进行置换

当混凝土遭受的损伤较小，破坏不很严重；或混凝土强度不是特别低时，考虑到混凝土剪力墙竖向承载力大的特点，可分期、分批剔除混凝土，然后浇筑比原设计强度等级高一级的混凝土，待新浇筑的混凝土达到设计要求后，再剔除下一批的混凝土，这样可对所有墙体进行置换。根据混凝土强度、墙体所承担的荷载大小，可分二批、三批或更多。

2）设支撑进行临时托换实现置换

当混凝土遭受的损伤较重、破坏严重；或混凝土强度非常低时，拆除局部墙体可能产生一定的风险，此时可采取局部剔除墙体混凝土形成窄而高的洞口，上下均剔除置换好的混凝土，然后在洞口设置支撑，浇筑比原设计强度等级高一级的混凝土，待新浇筑的混凝土达到设计要求后，再剔除下一批的混凝土。第二期、第二批混凝土剔除时，如果能够满足要求，可只分期、分批剔除剩余混凝土，而不必设支撑；当不能满足要求时，还需要分期、分批剔除并设置支撑。

5.2.3　混凝土排架结构托换技术

在我国，早期建造的工业厂房的柱距一般为 6m，能够满足设计建造时的工艺要求。但是随着社会的发展，科技的进步，工艺水平不断得到提升，机械设备、产品也不断更新，有时 6m 的柱距不能满足工业要求，在此情况下便出现了抽除一根或几根柱，扩大柱距的工程改造。

抽除排架柱可将厂房屋面拆除，即先拆除屋面结构，对拟抽除柱相邻的排架柱进行加固，安装托架，更换吊车梁，然后将屋面恢复。这种方法相对安全性高，但不经济，而且对生产影响比较大、施工周期长，一般情况下不采用这样的方法。更多的是采取各种托换措施实现排架结构的抽柱托换。

排架结构的托换技术在我国颁布的《混凝土结构加固技术规范》CECS 25：90 中有专门叙述，该规范将该技术称之为"托梁拔柱"法（本书将统称为托换或托换技术），并将其分为有支撑托梁拔柱、无支撑托梁拔柱及双托梁反牛腿托梁拔柱（适用于保留上柱的型钢结构的加固）等三类方案；除此之外，还有蔡新华、胡克旭提出的反力托架技术[51]。

1. 有支撑托换技术

1）有支撑托换技术简介

有支撑托换技术是先设临时支撑承托屋架，然后拆除排架柱，最后安装托架完成排架结构的托换。根据临时承托屋架的方式有支撑托换技术可分为两种：一种是《混凝土结构加固技术规范》CECS 25：90 介绍的从地面直接设置支撑格构柱承托屋架的方法（图5-57）；另一种是陈再学在《施工技术》2003 年第 6 期上撰文提出的将支撑柱设置在拟抽除柱牛腿面上临时支撑屋架的方法[52]（见图 5-58），详见工程实例 5-13。

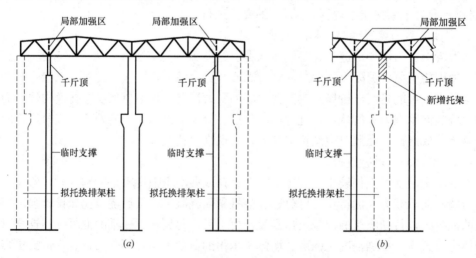

图 5-57　落地临时支撑托换技术原理图
(a) 拆除边跨柱；(b) 拆除中跨柱

从地面直接设置格构柱临时支撑，是在拟拆除柱旁另设临时性格构柱支撑，利用此支撑柱顶升上部屋盖结构，安装新增托架，然后将上部结构支承关系转换到增层的托架上，

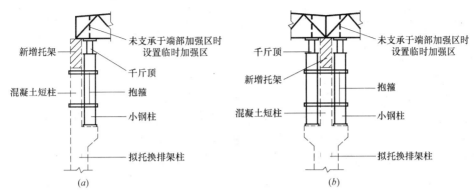

图 5-58　牛腿上设监临时支撑托换技术原理图
(a) 拆除边跨桩；(b) 拆除中跨桩

最后拆除排架柱。

从牛腿上设临时支撑，充分利用了原排架柱牛腿的承载力，因为此时吊车不再运行，所以牛腿一般有较大的承载力。在牛腿上设置小钢柱，为保证小钢柱的稳定性，可采用抱箍将小钢柱和原混凝土柱（混凝土短柱）连成整体，也可将两侧小钢柱、原混凝土柱连成整体。在小钢柱上安装千斤顶，顶升屋盖结构。安装新增托架，拆除拟抽除排架柱，千斤顶回油，将屋盖荷载转换到新增的托架上，抽掉小钢柱，从而完成托换。

2）两种方法的比较

从地面直接设置格构柱临时支撑和从牛腿上设临时支撑两种方法原理相同，但后者比前者有下列优势，因此实际工程中，当牛腿的承载力足够时或稍加加固即可利用牛腿的既有承载力时，采用从牛腿上设临时支撑的方法是较优选择。

（1）不用为钢柱单独设基础，避免了地面破坏和材料的浪费；而地面设临时支撑时要单独设置基础，需破坏地面。

（2）支撑较短，可节约材料；而地面设临时支撑时，构件高度大，从稳定性的角度讲，则其截面必须有足够的刚度，因此可能多用材料。

（3）作用点靠近屋架端部，一般情况下不必对屋架采取加固措施；地面设临时支撑因为要躲开牛腿的位置，因此支点较从牛腿设临时支撑要远一些，托换过程中屋架存在悬挑的部分较大，其受力与托换前后均不一致，需要进行屋盖验算，如不满足需要对屋架进行加固处理。

3）应注意的问题

（1）采用从牛腿上设临时支撑时，要复核牛腿的承载力，不足时要采取适当处理措施。

（2）因为要对屋盖系统进行顶升，因此应检测原屋盖的整体性，如不满足要求应采取措施，防止在顶升过程中屋盖开裂。

（3）托换过程中要进行监测，防止出现开裂、变形过大等问题，一旦出现应立即采取措施，确保安全。

工程实例 5-13：采用有支撑托换进行排架柱托换

（1）工程概况

某冶炼厂车间为装配式单层工业厂房，跨度 18m，柱距 6m，柱顶标高为 13.5m，吊车轨道标高为 10.844m，厂房檐口标高为 15.17m，18m 跨预应力钢筋混凝土折线形屋架，大型预应力屋面板。该车间建于 20 世纪 80 年代。改造要求在⑤～⑦轴间增建一座回转窑，故需要取消⑥轴线柱子，在⑤～⑦轴间增设托梁，以支承⑥轴屋盖系统。

（2）改造方案

根据原有厂房的结构，综合考虑工期、安全、技术装备等因素，选用液压顶升、托梁抽柱的改造方案。首先对⑤、⑦轴线柱及基础进行加固改造，然后在⑥轴线柱内设立小钢柱，钢柱下端立在吊车梁牛腿上，上端顶住屋架端节点。钢柱应满足屋盖系统的支承强度和稳定性要求。为确保钢柱的稳定，将钢柱和混凝土柱用槽钢围箍（抱箍）连接成整体，然后在钢柱顶部设一螺旋千斤顶（经计算采用 YQ-50t），将屋盖系统徐徐顶起 30～40mm，以满足现浇托梁的起拱高度，此时注意切除屋架和柱连接钢板焊缝，屋架升起后在钢柱顶部用铁垫块楔紧，使屋盖系统全部荷载从混凝土柱转移到钢柱，原混凝土柱上部即可凿除。先凿除现浇托梁通过范围内的柱子（约 1.4m 长），进行现浇托梁施工，待托梁混凝土强度达到 100% 后，用千斤顶将屋架稍稍顶起，抽掉小钢柱顶部的垫块后又缓缓下降，使整个屋盖系统全部支承在新增的现浇混凝土托梁上，至此原混凝土柱可全部拆除，托换作业完成（见图 5-58，其中小钢柱上部屋架实际为屋架的端节点）。

2. 无支撑托换技术

无支撑托换技术是利用原吊车梁及吊车架顶升上部结构；或先安装托架，利用托架本身顶升上部结构，实现支承关系的转换。施工时，首先在排架柱上打孔，然后完成托架上、下弦杆的安装，最后安装腹杆。整个托架安装完成后，用高强无收缩混凝土填塞孔洞，最后切断拟抽除排架柱。托架可以是一片，也可以是由两片组合而成。

工程实例 5-14：采用无支撑托换进行排架柱托换

安阳钢铁公司炼钢厂改造工程和柳钢中板厂改造中就采用两片托架，把拟抽除柱的上柱夹在中间，设法使这个上柱成为托架的一个竖杆，在截断柱子时使屋架的荷载通过预留做竖杆的上柱传到托架上。这是一种巧妙的构思，关键是如何把柱同托架连成一个整体。安阳钢铁公司炼钢厂改造工程和柳钢中板厂改造中通过 4 根钢棒把混凝土柱的力传到托架，即在上柱钻 4 个孔洞，把粗钢棒穿进去，通过挤压和剪切把力传递到托架节点（图5-59）。

另一个问题，就是钢棒怎么样穿过上柱断面，一般地说，应从平面外穿过为宜，因为平面外设置的钢筋少，钻孔时不易碰到钢筋；但当柱的断面较小时，钻一个孔满足不了需要，钻两个孔位置有时不够，没办法也得在另一个方向钻孔，但要选择位置，避免碰到受力钢筋。为了使直接传力的斜腹杆为拉杆，在靠近下弦节点处钻孔设承力钢棒较合适，当下弦节点处排孔排不下时，也可在上弦节点加钻孔，由于没有斜杆不能承受直力，则必须在混凝土柱四角包角钢，把力传到四周角钢，再传到下弦节点，无疑这将增加施工难度。

托架是由两片组成的，每片托架又要被分成几段，这是因为拟抽除柱的上柱要把它分成几段。托架的宽度与上柱的宽度相同，施工时要充分考虑制作的误差，留有调整的余地，以便使托架的宽度与柱宽吻合。为了使两片托架形成一个整体，在两片托架的每个对应的杆件之间要有缀板相连，有相当一部分缀板要在现场焊接。因此，这种方法的现场施工量是较大的。

无支撑托换技术采用直接切断柱的方法将屋架荷载直接传递到托架上，托架受荷后将

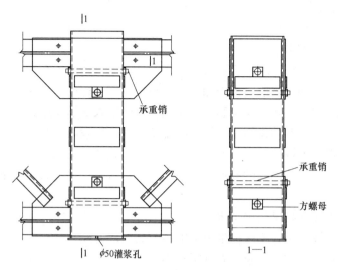

图 5-59 截断上柱后的托架节点

不可避免的下挠，如下挠值较大屋面将会因局部下沉而开裂。针对这一缺陷，在体外预应力桁架加固技术的基础上，蔡新华在其硕士论文[51]中提出了体外预应力无支撑托换技术，使用该技术对排架结构进行托换可有效克服无支撑托换技术的缺点。该技术的原理是：通过张拉设在托架两侧设置体外预应力钢丝索在拟拔柱部位产生向上的抬力，使原由拟拔柱承担的竖向荷载全部或大部分转移到托架上，完成对拟拔柱的卸载过程。托换完成后，在新增屋面荷载的作用下，预应力钢丝索作为托架的拉索与托架一起共同工作。由于预应力钢丝索对托架的加强作用，托架产生的挠度很小，从而有效地防止了屋面的开裂。

预应力钢丝穿越托架弦杆及腹杆时可在杆件上开长圆孔，在杆件强度验算时对杆件开孔引起的截面削弱应予以考虑。体外预应力无支撑托换技术的原理如图 5-60 所示。

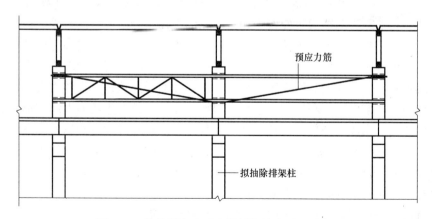

图 5-60 体外预应力无支撑托换技术原理示意图

施工步骤为：

（1）在排架柱上柱开孔部位埋置穿设预应力筋的套管，待托架安装完毕后用高强度等级无收缩混凝土将孔封死；

（2）封孔混凝土达到设计强度后，在托架两侧各穿入一束预应力钢丝，然后进行预应力钢丝的张拉和锚固工作；

（3）切断拟抽除排架柱。

3. 双托梁反牛腿托换技术

双托梁安置在钢托梁上的千斤顶顶升穿入拟抽除排架柱的加荷反牛腿，完成对拟抽除排架柱的卸载过程，同时将原由拟抽除排架柱承担的屋盖荷载全部转移到钢托梁上。为使千斤顶能够撤除可采用图在钢托梁和加荷短钢梁之间塞入支承钢梁并契紧的方法来处理。

千斤顶对屋架的顶升的作用是对拟抽除排架柱进行卸载，使其在基本不受荷的情况下被拆除，有利于保证结构拆除时的安全。同时，通过这项工作可以对钢托梁施加预压力，使其在正式工作前完成大部分的变形，减轻或基本消除由于钢托梁受荷下挠造成的屋面开裂问题。

双托架反牛腿托换技术的施工步骤如下：

（1）将拟拔柱及相邻跨排架柱牛腿上的吊车梁全部拆除；

（2）对需要加固的排架柱及基础进行加固；

（3）在拟拆排架柱上柱部位凿孔穿入加荷反牛腿（即一根工字钢梁）；

（4）在上柱左右两侧各安装一根钢托梁，在每根钢托架安置两台千斤顶；

（5）千斤顶顶部设加荷短钢梁与反牛腿紧贴；

（6）千斤顶顶升通过加荷短钢梁将顶力传至加荷反牛腿，加荷反牛腿受顶力后顶升上柱，完成对拟拆排架柱下柱的卸载过程并将屋盖荷载转移到钢托梁上；

（7）安置支承钢梁，然后将钢楔打入支承钢梁与加荷短钢梁之间的缝隙并焊死，以便千斤顶撤除后，屋面荷载可以可靠地传递到钢托梁上；

（8）撤除千斤顶并用高强度等级无收缩混凝土填塞柱上开孔；

（9）切断原排架柱。

4. 反力托架托换技术

蔡新华在其硕士论文[51]中提出了反力托架技术。采用该技术进行托换时无需在排架上柱上开孔，在抽除柱前能通过安置于托架下弦的千斤顶卸除上柱所承受的荷载，而且由于托架上、下弦杆与屋架上、下弦杆紧贴，托架位置较高，所以对提高托架部位的净空高度十分有利。该方法对采用钢屋架的多跨排架厂房使用该法进行托换较为适宜。

该托换技术的原理为：利用安置在托架下弦顶面的千斤顶顶升上传力柱，通过上传力柱将顶力传递到托架上弦，利用腹杆未完全焊接的托架上弦产生的向上的变形趋势将顶力传递到屋架上弦，完成对拟拔排架柱上柱的卸载过程。卸载过程完成后安装下传力柱，撤除千斤顶。为保证托换完成后钢托架下弦能作为钢屋架的一个端支座，施工时采取在钢托架下弦与钢屋架下弦之间的间隙打入铁片塞紧、焊接的方法进行处理。

反力托架托换技术的施工步骤如下：

（1）将拟拔柱及相邻跨排架柱牛腿上的吊车梁全部拆除；

（2）对需要加固的屋架、排架柱及基础进行加固；

（3）在相邻排架柱的上柱部位植入螺栓安装钢牛腿作为托架的支座；

（4）搭设脚手架供托架安装时使用；

（5）将两榀钢托架上、下弦杆就位并将其中一部分腹杆焊接完毕；

（6）安装工字钢上传力柱，该柱与托架上弦及顶升工字钢横梁紧贴；

（7）每榀托架的每一侧放置两只千斤顶；

（8）所有千斤顶同时施加顶力于顶升工字钢梁，通过工字钢上传力柱将顶力传到托架上弦，再由托架上弦传递到屋架上弦上，千斤顶在屋架上产生的顶升力应与屋架传来的压力基本相等；

（9）再安装下传力柱，用高强度螺栓将其与上传力柱及钢横梁连接成一体，拧紧后将所有接缝全部焊接；

（10）在下传力柱与托架下弦之间的空隙中打入钢楔将千斤顶的顶力转移到传力柱（力的转移可从千斤顶的仪表读数反映出来），钢楔打入后将其与下传力柱和托架下弦焊接；

（11）对于屋架下弦与托架下弦之间的空隙应打入钢楔塞紧后焊死；

（12）千斤顶撤除；

（13）完成其余托架腹杆与节点板的焊接及上传力柱与上弦中节点板的焊接；

（14）拆除拟抽除柱。

混凝土结构的托换目前工程实践越来越丰富，但需要不断总结、提炼，逐渐改变理论落后于实践的现状，用以指导以后的设计，并使托换工规范化。

5.3 砌体结构的托换技术

砌体结构的托换技术目前主要用于三个方面：一是由于需要对砌体结构进行移位改造，需将上部结构与基础断开，通过采取托换技术将上部结构的重量传给轨道或基础，并考虑水平牵引力的作用；二是需要在墙体上开设洞口或拆除墙体进行结构改造（如小开间改造为大开间的扩跨改造等）；三是当砖墙遭受损害（如地震、化学侵蚀、浸泡等）造成其承载力不满足要求，或不适于继续承受荷载时，此时通过局部、临时的托换技术对遭受损害的砖墙进行置换。第三种情况下一般采取临时性支撑来承担上部传来的荷载，往往不单独设计、施工托换结构或构件，因此本节不对其进行讨论；同时移位时的托换结构在移位达到指定位置后往往将其与下部轨道或基础重新连接在一起，因此有时可以说移位时的托换结构是"临时"性的，因此与作为"永久性"承担荷载的改造托换不同，移位时的托换结构在移位过程中除了要承担竖向荷载外，还要承担水平牵引力，因此与改造托换也不一致。关于砌体结构移位托换本丛书中《建筑物移位工程设计与施工》已进行介绍，因此本书不再赘述，若遇到类似问题，可参看该书。本节主要针砌体结构改造时的拆墙托换、开洞托换和遭遇灾害或施工质量问题时临时托换（置换）进行介绍。

5.3.1 砌体结构的拆墙托换

在工程中往往更多会遇到原来设计的小开间建筑物不满足现有使用功能的要求，需要拆除部分承重墙体，形成大开间，这就用到托换技术。但改造托换的托换结构形式多，按托换结构的材料可分为混凝土托换结构、钢托换结构。在混凝土托换结构中，主要采用托梁或框式托换技术，托梁的形式可分为墙下单梁托换、双梁（又称夹墙梁）等。在钢托换结构中有型钢（或焊接）梁托换、桁架托换、钢板托换等。另外也有采用预应力托换技术的工程实践。

拆除砌体结构的承重墙体时，应对该建筑整体进行验算分析，如不满足托换后的要求，应采取相应措施。

1. 混凝土托换结构

1）钢筋混凝土单梁托换技术

单梁托换就是在待拆墙体的顶部，用一根托梁来替换待拆墙体，见图 5-61，一般需要在新增梁两端下方增设混凝土柱，新增混凝土柱与原有墙体形成组合柱。

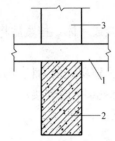

图 5-61　墙下单梁托换
1—楼板；2—托换梁；
3—上层墙体

单梁托换是砌体结构房屋改造托换中常用的托换技术，在施工时，需首先拆除墙体，才能进行托换，因此，在拆墙前必须进行可靠支撑。单梁托换的技术要点是：首先在拟拆墙顶打孔安置钢撑用来承托上部传来的荷载，然后拆除钢撑之间托梁高度范围内墙体。墙体全部拆除后绑扎托梁钢筋并浇筑一根钢筋混凝土托换梁以承托上部荷载，同时钢撑保留在梁内，完成上述工作后拆除其下墙体。

单梁托换技术主要应用于砌体结构楼板下无圈梁时的托换改造工程；房屋层高较小时，扩大空间改造后不做吊顶的工程亦常采用。

墙下单梁托换方式的优点：①托换梁与墙体等宽，外观美观；②形式简单，传力体系简洁合理；③竖向承重体系以及基础的处理较为方便；④减少了工程量；⑤当上部承重墙体满足墙梁的要求（或经过加固后满足墙梁的要求）时，可按墙梁进行设计计算，降低梁高。其缺点是：①施工时需先拆除墙体，然后浇筑混凝土托换体系，从而对原结构造成了一定的损伤，因此需要特别关注施工中结构的强度、刚度和稳定性的问题，时刻监测施工中结构的受力和变形情况；②施工要么采用支撑（一般采用钢支撑）支承上部墙体或楼板，要么分段施工。

采用单梁托换时，一般可采取两种方法来解决混凝土浇筑的问题。第一种方法是采用图 5-72（a）所示的方法，将单梁的梁顶标高设置在原板底下一定高度，可取 3～5 皮砖。这样做不影响上层的装饰，混凝土浇筑也算比较方便。但是由于上面留有一定的砖砌体，使得房间的净空有所降低。第二种方法是托梁的梁顶标高选择为板底标高，一侧的模板支设成带有浇筑混凝土的喇叭口，从上层浇筑混凝土（图 5-62b），待混凝土强度达到一定要求后，剔除多余部分混凝土，使梁截面恢复成设计的截面尺寸和形状。第二种方法的好处是房间的净空大，但施工比较麻烦，存在二次剔凿等。因此可根据工程实际情况确定具体采用哪种方法。但无论哪种方法，浇筑混凝土的难度都远大于新建建筑混凝土的浇筑，因此可采用免振捣混凝土或灌浆料等材料实现免振捣，以保证施工质量、降低施工难度。

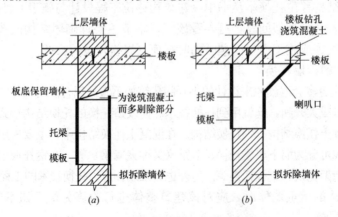

图 5-62　为托梁浇筑混凝土而采取的措施示意图
（a）板底保留局部墙体；（b）楼板钻孔

李雁、吕恒林、殷惠光在《建筑技术》2008 年第 5 期撰文《托换技术在砖混结构加固改造中的应用》介绍了采用钢筋混凝土单梁进行墙体托换的例子[54]。

工程实例 5-16：采用钢筋混凝土单梁进行墙体托换

徐州市八义集中学宿舍楼为 4 层砌体结构，自建成至改造时已有 18 年的历史。东西长度约 44m，两侧房屋进深 8.3m，中间房屋进深 6.5m，开间均为 3.3m。原结构基础形式为钢筋混凝土条形基础，上部结构大多为纵横墙承重，采用预制空心板，设有圈梁和构造柱。改造前一层建筑平面布置如图 5-63（a）所示。由于使用功能的调整，需将底层Ⓑ-Ⓒ轴线之间⑤、⑥、⑨、⑩轴线处的内横墙拆除，改造成大空间教室使用。改造后一层建筑平面布置如图 5-63（b）所示。

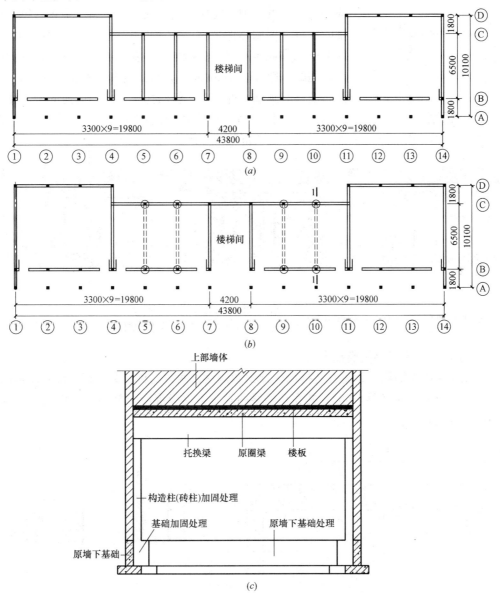

图 5-63 建筑布置示意图（部分门窗未标出）

（a）托换前；（b）托换后（图中虚线为托梁，圆圈内构造柱需加大截面）；（c）1—1 剖面图

加固改造的总体方案是在被拆除墙体的顶部设置托换梁，以便将上部荷载通过托换梁传递给相邻的墙体或柱子，然后再传递给基础。这包括与之相关的托换梁的设计、竖向承重构件的加固设计以及基础的加固处理等，见图 5-63（c）。由于被改造建筑物的结构刚度往往较差，托换体系又改变了原结构的内力传递途径，而且托换体系还承受着相当大的上部荷载，所以设计一种结构安全、构造合理、施工方便的结构加固改造方案，是砖混结构房屋大空间改造的关键。

根据本工程检测鉴定的结果，原结构施工质量较好且设有完备的构造柱、圈梁等，结构整体性优良，故综合考虑各方面的因素，采用墙下单梁的托换方式。

在墙下单梁托换施工过程中，由于墙体上下贯通，如何保持上部墙体的安全与稳定就

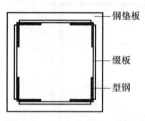

图 5-64 钢支撑示意图

成为一个难点。为解决这一问题采用了在墙体中布置钢支撑，临时支承上部墙体的方法。施工时，首先在墙体中剔出长约 200mm，高同梁高（应为砖层厚的整数倍）的孔洞，孔洞的水平间距一般为 500mm 左右，孔洞内楔入钢支撑（图 5-64），该钢支撑起到墙体拆除后，新的托换梁未形成前的传力作用。全部钢支撑就位后，拆除孔洞间的墙体，绑扎托换梁钢筋，然后支模，浇筑混凝土（图 5-65）。

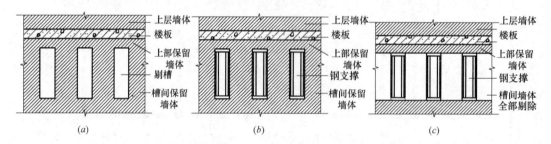

图 5-65 安放钢支撑和剔除托梁范围内的墙体
（a）剔槽；（b）安放钢支撑；（c）剔除托梁房屋内槽间墙体

2）钢筋混凝土双梁托换技术

双托梁又称夹墙梁，就是在待拆墙体顶部两侧增设两根对称托梁，通过穿越墙体的拉梁将双托梁形成整体（图 5-66），并在新增梁两端下方增设混凝土柱，新增混凝土柱与原有墙体形成组合柱。

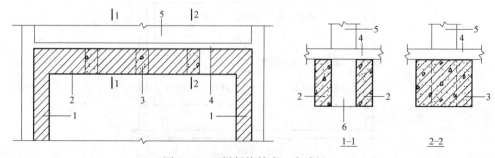

图 5-66 双梁托换技术（夹墙梁）
1—边框柱；2—夹墙梁；3—拉梁；4—楼板；5—上层保留墙体；6—夹墙梁范围内保留墙体

双梁托换可以先进行托换梁施工,待托换梁达到设计所需强度,上部荷载转移到托换梁上后,再拆除墙体。托换时先在墙体上打孔设置拉梁、托梁,上部墙体传来的荷载通过拉梁传递给托梁。双梁托换较单梁托换的承托能力更强,且对房屋净空高度的影响要小一些。

双托梁托换技术在板下有梁、板下无梁时拆除承重墙的扩大空间改造工程中均有较为广泛的应用。

双托梁托换方式的优点在于上部变形,由于可以在不损伤原承重墙体的情况下先浇筑托换体系,待混凝土框架达到设计强度后再拆除承重墙,从而最大程度上避免上部变形的发生。缺点是:①施工难度大,需在顶板开洞向下浇筑混凝土,且很难振捣密实;②原结构和新增的夹墙梁不易形成整体协同工作,需附加构造措施保证新旧结构的有效连接;③该方法对相应的基础、柱子需做较大的调整,工程量较大。

采用钢筋混凝土双梁进行墙体托换的工程实例、文献较多。其差别主要在于双梁之间的连接形式,有拉梁、混凝土销键、拉筋等(图5-67)。当拟拆除墙体顶部无圈梁时,拉梁设置在板底,有圈梁时,拉梁设置在圈梁底。双梁之间的连接其作用有二:一是将双梁拉结形成整体;二是传递拟拆除墙体的部分荷载到双梁上。从第一个作用来讲,上述三种连接方式都可以满足;从第二个作用来讲,拉梁的作用较大,混凝土销键稍次,拉筋的作用最小。

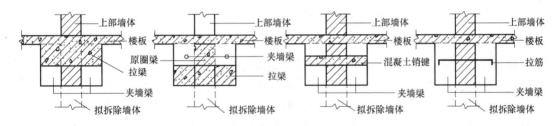

图5-67 框式托换技术示意图

双梁的梁高可按下列方法确定,层数少时可不按墙梁考虑,此时梁高宜取 $l/(12\sim8)$;层数较多,且上部墙体满足墙梁的要求(或经过加固后满足墙梁的要求)时,按墙梁中的托梁取值,承重墙梁取 $l/(10\sim8)$,非承重墙梁取 $l/(15\sim12)$。

当采用钢筋混凝土夹墙梁时,在欲拆除墙体上端两侧设置钢筋混凝土夹墙梁,在夹墙梁的两端设置钢筋混凝土边柱。在夹墙梁范围内隔 $1\sim1.5$m 设置拉梁(图5-66),拉梁截面宽度不宜小于 250mm,高度不宜小于夹墙梁高度。

工程实例 5-17:采用钢筋混凝土双梁进行墙体托换

某4层砌体结构,原为宾馆,后改变为办公楼,其中一层⑫、⑬轴线上Ⓔ、Ⓕ轴间的墙体需要拆除(图5-68)。采用双梁托换,因该工程二~

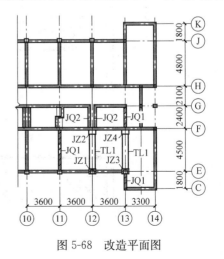

图5-68 改造平面图

四层的墙体强度较低，不能形成墙梁，因此设计时将托梁作为简支梁进行设计；双梁之间的拉结形式为混凝土销键（图 5-69）。需要说明的是，该工程由于处于较高地震烈度设防区（7 度，0.15g），因此对拆除墙体后的整体结构进行了复核验算，最后对周围的墙体进行了加固处理，以满足改造后的抗震性能要求。

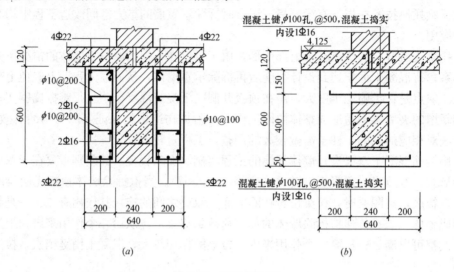

图 5-69　TL1 剖面图
(a) 无混凝土销键位置；(b) 混凝土锁键位置

3) 框式托换技术

框式托换就是用上、下夹墙梁和托换柱所组成的托换框架来替换需拆除的承重墙体，是一种在双梁托换技术的基础上加以改进而成的托换技术，托换结构由上夹墙梁、下夹墙梁、拉梁和托换柱组成封闭框架（图 5-70），封闭框架施工完成后拆除墙体。上托换夹梁支承上部墙体荷重，并与其上计算高度范围内的墙体组成墙梁结构，由两条矩形梁和多条连系梁组成。托换柱将上托换夹梁荷载传递到下托换夹梁上，柱宽与梁宽相同。下托换夹梁将由托换柱传来的上部荷载较均匀地传递到下部结构上。其结构形式与上托换夹梁相同。

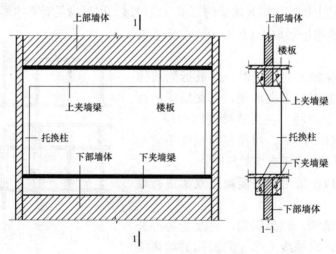

图 5-70　框式托换技术示意图

框式托换可以先进行托换梁施工，待托换梁达到设计强度，上部荷载转移到托换梁上后，再拆除墙体。荷载通过上夹梁之间的拉梁传递到上夹墙梁，经托换柱传递到下夹墙梁，再经下夹墙梁之间的拉梁传递到位于拆除墙体下部的承重墙，不必设置通至基础的扶壁柱[51]。

与单梁托换技术、双梁托换技术主要应用于托换房屋的下部楼层相比，框式托换技术在砌体房屋上部楼层托换时同样适用[55]。框式托换技术常应用于托换荷载较大的情况。

当托梁跨度大，而梁高受限时，也采用预应力混凝土来降低托换梁的截面高度，减小托换梁的挠度和裂缝。

当上层墙体中砖、砂浆的强度等级满足要求，而且上层有圈梁可作为顶梁时，其计算模型可按墙梁进行计算。

4）墙梁托换技术

上面所述三种混凝土托换结构中，托梁既可以是普通简支梁、框架梁，也可以是墙梁，但实际工程希望尽可能按墙梁进行设计。设计成墙梁，托换梁就成了墙梁的托梁，其承担的荷载小于一般的托梁，因此可以减小托梁的截面高度，能够较好地达到改造后空间大、要求净空也高的改造目的。但如果按墙梁进行设计，就需要考虑《砌体结构设计规范》GB 50003 对于墙梁的要求。由于托梁为新增构件，所以这些要求中对于托梁的要求能够满足，但对于计算范围内墙体、托梁所在层的楼板、翼墙等的要求就不一定能满足。因此需要采取措施，以满足墙梁的要求。托梁部分也应按规范要求进行加强。

（1）计算范围内墙体

① 材料要求及处理措施：承重墙梁的块体强度等级不应低于 MU10，计算范围内的墙体的砂浆强度等级不应低于 M10。进行改造的大部分房屋都是比较老的房屋，很多情况下不满足上述要求。墙梁的计算模型实际上考虑了计算范围内的墙体参与受力，除了一般墙体承担的轴力外，墙体部分还将承担剪力，托梁支座上部墙体局部受压。因此，可通过加固上部墙体来满足墙体轴力、剪力和局部受压的要求，可采取钢筋网水泥砂浆面层进行加固。

② 关于刚性方案的要求：设有承重的简支墙梁或连续墙梁的房屋，应满足刚性方案的要求。对于此项规定，当不能满足时，不能按墙梁进行设计。

③ 承重墙梁的支座处应设置落地翼墙，翼墙宽度不应小于墙梁墙体厚度的 3 倍，并与墙梁墙体同时砌筑。当不能设置翼墙时，应设置落地且上下贯通的构造柱。可采取后加构造柱的措施，以满足该项要求。

④ 当墙梁墙体在靠近支座 1/3 跨度范围内开洞时，支座处应设置落地且上下贯通的构造柱，并应与每层圈梁连接。设置构造柱或在使用条件允许的情况下，将洞口封堵，并采取钢筋网水泥砂浆面层进行加固，以确保后砌墙体与原墙体共同受力。

（2）关于托梁的要求

① 有墙梁的房屋的托梁两边各一个开间及相邻开间处应采用现浇混凝土楼盖，楼板厚度不宜小于 120mm，当楼板厚度大于 150mm 时，宜采用双层双向钢筋网，楼板上应少开洞，洞口尺寸大于 800mm 时应设洞边梁。如果原楼板为预制装配式，预制板上应有后浇层；无后浇层的预制楼板，应进行整体性加固处理。

② 托梁每跨底部的纵向受力钢筋应通长设置，不得在跨中段弯起或截断。钢筋接长

应采用机械连接或焊接。

③ 墙梁的托梁跨中截面纵向受力钢筋总配筋率不应小于 0.6%。

④ 托梁距边支座边 $l_0/4$ 范围内，上部纵向钢筋面积不应小于跨中下部纵向钢筋面积的 1/3。连续墙梁或多跨框支墙梁的托梁中支座上部附加纵向钢筋从支座边算起每边延伸不少于 $l_0/4$。

⑤ 承重墙梁的托梁在砌体墙、柱上的支承长度不应小于 350mm。纵向受力钢筋伸入支座应符合受拉钢筋的锚固要求。

⑥ 当托梁高度 $h_b \geqslant 500$mm 时，应沿梁高设置通长水平腰筋，直径不应小于 12mm，间距不应大于 200mm。

⑦ 墙梁偏开洞口的宽度及洞口两侧各一个梁高 h_b 范围内直至靠近洞口的支座边的托梁箍筋直径不宜小于 8mm，间距不应大于 100mm（图 5-71）。

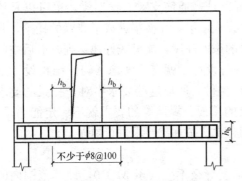

图 5-71　上部墙体偏开洞口时托梁箍筋加密区

2. 钢托换结构

砌体结构采用钢架混凝土结构进行拆墙托换，在实际操作时，均需采用大量湿作业、施工工期较长、施工过程中需使用大量模板、材料用量多、工程造价高、自重增加大、新增梁柱截面尺寸一般较大，不可避免地超出承重墙体，影响建筑的布局和外观。

近些年来，钢结构托换结构得到了应用，其形式有型钢（焊接）钢梁、钢桁架、钢-砌体组合托换梁、钢-混凝土组合托换。采用钢托换结构，不需要支护模板、施工工期短、不影响建筑美观，与传统托换技术相比有着很多优势。

钢托换的防火问题可以通过涂刷防火涂料或外包混凝土来解决。当采用外包混凝土时，应在钢桁架侧面及底面点焊钢丝网，侧面浇筑细石混凝土，底面待墙体拆除后粉刷水泥砂浆。混凝土和砂浆的厚度应满足《混凝土结构设计规范》GB 50010 和《建筑设计防火规范》GB 50016 的要求。梁两侧浇筑细石混凝土及底面粉刷水泥砂浆，还有利于梁的受力、型钢的稳定性及防腐，并能提高结构的耐久性等。

1）型钢（焊接）钢梁托换技术

型钢（焊接）钢梁和混凝土托梁类似，也有单梁和双梁，当采用单梁时（图 5-72）一般采用工字钢或 H 型钢。但这种形式比混凝土单梁施工难度还要大，因为采用混凝土单梁时，可采用支撑，而型钢单梁的支撑设置难度更大。所以采用型钢梁的大部分情况是采用双梁，双梁的形式比较多，可采用图 5-73（a）的形式，这种形式先剔除墙体的一部分，安放双梁中的一肢；经过对型钢梁与上部混凝土或墙体间空隙的填塞，型钢梁发挥作用（图 5-73b），此时再剔除剩余部分墙体时是比较安全的。型钢双梁的型钢可采用槽钢（图 5-73a）、工字钢或 H 型钢（图 5-73c）。采用型钢双梁时，也有不剔除墙体，而是在墙体外侧设置型钢梁（图 5-74），但这种方式和混凝土双梁一

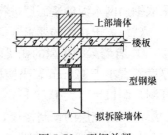

图 5-72　型钢单梁

（图中标注：上部墙体、楼板、型钢梁、拟拆除墙体）

样，两侧的柱子宽度较大，有时是不能够使用的。因此在型钢双梁中图 5-73（a）、（c）的形式比较好。当采用钢托梁时，钢托梁宜在墙体两侧对称设置，并通过穿墙螺栓等措施进行拉结。型钢双梁之间要用缀板相连，缀板的设置满足《钢结构设计规范》GB 50017 的规定。

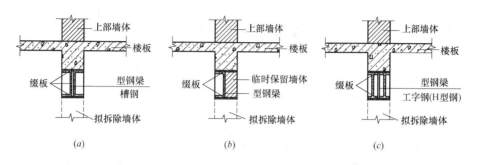

图 5-73　型钢双梁（墙内设置）

（a）槽钢双梁；（b）施工过程；（c）工字钢或 H 型钢双梁

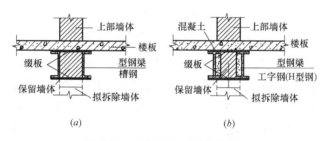

图 5-74　型钢双梁（墙外设置）

（a）槽钢双梁；（b）施工过程工字钢或 H 型钢双梁

实际工程中也可采用焊接的钢梁。

2）钢桁架托换技术

钢桁架托换梁具有不影响上部（甚至下部）建筑正常使用、便于施工、施工周期短、造价低等优点。程远兵、王三会介绍了钢桁架托换技术[57]。

（1）钢桁架的构造和施工过程

钢桁架托换结构的构造如图 5-75 所示。在墙体的两侧设置 2 个平面桁架，桁架的上、下弦及腹杆均为角钢，以便在工厂或现场焊接。2 个平面桁架通过穿过墙体水平灰缝的扁钢或角钢连接，与墙体形成受力体系，墙体及其上部作用的荷载通过水平的扁钢或角钢传至钢桁架托换梁。为便于现场施工，托换梁的顶标高一般在楼面板下第 3 到第 5 灰缝处。施工时，首先在砖墙灰缝内用电钻打出扁孔，穿入并用扁钢楔实水平扁钢①及②，焊接工厂制作的墙侧平面桁架，或在现场焊接上弦③、下弦④，腹杆⑤、⑥和端部锚固角钢⑦，然后就可拆除梁下墙体。上弦扁钢的间距一般为 500mm，下弦扁钢一般位于顺砖下的灰缝处，这时下弦扁钢的间距宜为 250mm。下弦扁钢位于顺砖的接缝处，是为了避免墙体拆除后砖体脱落。考虑到梁的两端会因上部墙体的拱作用而受力较大，所以水平扁钢的间距应适当减小。封口扁钢或角钢⑦起加强上、下弦角钢锚固的作用。

（2）结构计算

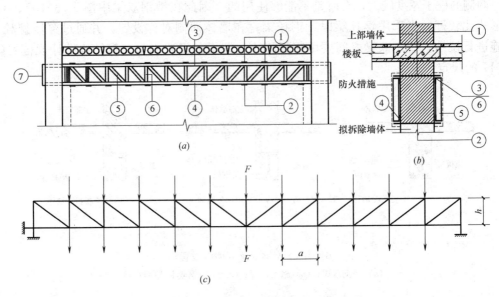

图 5-75　钢桁架托换结构的构造

(a) 托换梁的纵立面图；(b) 托换梁的剖面图；(c) 托换梁的计算简图

由于梁与墙的连接为铰接，它们的变形具有一定的独立性，可不考虑它们的共同工作。因而，为偏于安全及计算方便，将上部墙体及楼板传来的荷载等效为间距 a 的节点荷载 F，梁的计算可简化为节点荷载作用下的平面桁架，单个平面桁架梁的计算简图如图 5-75 (c) 所示。梁的计算内容包括：水平扁钢的抗剪强度、桁架梁杆件的强度、梁的挠度等。

① 水平扁钢的抗剪强度计算

不考虑下弦节点间水平扁钢的作用，节点荷载由上、下节点处的水平扁钢传至桁架。设梁上部设计荷载的分布集度为 q，则扁钢的截面面积为：

$$S_b = \frac{F}{f_v} = \frac{qa}{4f_v} \tag{5-5}$$

式中　f_v——扁钢材料的抗剪强度设计值。

当托换梁的上部有 3 层墙及 4 层板时，q 一般为 150kN/m，$f_v = 125$MPa，所以 $S_b = 150$mm²。一般选用 50mm×(6～8)mm 的扁钢即可满足强度要求。

② 桁架梁杆件的强度计算

桁架梁杆件的内力按结构力学的方法计算，可采用节点法或截面法。设第 i 个杆的内力为 N_i，则该杆的截面面积为：

$$A_i = \frac{N}{f} \text{（拉杆）} \tag{5-6}$$

或：

$$A_i = \frac{N_i}{\phi f} \text{（压杆）} \tag{5-7}$$

式中　f——杆件材料的抗拉或抗压强度设计值；

　　　ϕ——轴心受压杆件的稳定系数，为便于计算，可近似地取 $\phi = 0.90$。

当梁上荷载或梁的跨度较大时，按式（5-5）或式（5-6）计算出的杆件截面面积会很大，此时可适当考虑墙体的有利作用，但需要根据实际条件，依靠工程经验进行调整。

由于杆件的长细比较小，又有墙体的有利作用，所以可不验算杆件的稳定性。

梁的上、下弦杆穿过墙体处，应按下式对其抗剪强度进行验算：

$$\tau = \frac{11F}{A_x} = \frac{11qa}{4A_x} \leqslant f_V \tag{5-8}$$

式中　A_x——单个平面桁架梁上弦和下弦杆件的总截面面积；其他符号意义同前。

③ 桁架梁的挠度

由于托换梁改变了上部结构的内力分布和传递，因而对其挠度应严格控制，以避免引起上部结构产生新的变形。托换梁的挠度可按照下列公式计算：

$$v = \sum \frac{N_i \overline{N_i}}{EA_i} L_i \tag{5-9}$$

式中　$\overline{N_i}$——第 i 根杆件在跨中单位力作用下的内力；

　　　A_i——第 i 根杆件的截面积；

　　　L_i——第 i 根杆件的长度；

　　　E——材料的弹性模量。

按照上式算出的梁挠度，可考虑墙体及钢桁架托换梁节点的刚性，适当折减。如计算出的挠度过大，应适当加大所选杆件的截面面积。

④ 节点的焊接强度及梁端局部受压计算

节点的焊接强度计算可按照《钢结构设计规范》GB 50017 的规定进行。

梁端局部受压计算可参照《砌体结构设计规范》GB 50003，按下列公式计算：

$$N_1 \leqslant \gamma f_1 A_1 \tag{5-10}$$

式中　N_1——通过上、下弦杆传至支座的压力，按下式计算：

$$N_1 = \frac{11}{2}F = \frac{11}{8}qa \tag{5-11}$$

　　　γ——砌体局部抗压强度的提高系数，$\gamma = 2$；

　　　f_1——砌体的抗压强度设计值；

　　　A_1——局部受压面积，为单根上、下弦杆与墙体的接触面积，为增大接触面积，更可靠传力，上、下弦杆在穿过翼墙时应坐浆。

3）钢-砌体组合托换技术

在钢桁架托换技术中虽然钢桁架和砌体之间存在共同作用，但为便于计算往往不考虑二者的共同作用，只按钢桁架承担上部荷载来进行设计，这使得钢桁架的尺寸比较大。在钢-砌体组合托换方面，国内外都进行了一些工程实践和研究探索，目前主要集中于托换梁自身和托换梁与上部墙体形成墙梁两个方面。

（1）托梁

采用钢结构进行砌体结构托换时，更多的是用钢板或桁架与砌体形成组合结构来承担上部墙体。东南大学敬登虎、曹双寅、郭华忠采用后锚固技术将钢板外包在砖墙上，形成钢板-砖砌体组合结构在某砖混建筑中进行拆墙托换[58]。经过对不同方案的比对与论证，最终选择钢板-砖砌体组合结构（图 5-76）进行托换改造，并在施工过程中进行现场试验，以得到钢板-砖砌体组合结构在托换改造中的实际工作性能。

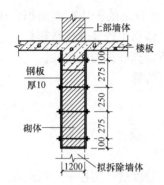

图 5-76　钢板-砖砌体组合梁

钢-砌体组合梁的受力机理：钢板通过拼装焊接形成 U 形或封闭的箱形截面外包砖砌体。如果被改造的砖混房屋设置有圈梁和构造柱，则被包裹的除了砖砌体外，也可能存在混凝土圈梁。钢板与砖砌体之间连接通过对拉螺栓的预压应力和粘结材料的粘结力，使得两者之间能够协调变形共同工作。砖砌体为脆性材料，具有一定的抗压强度，其抗拉强度极低。虽然高性能粘结材料的灌注能一定程度地改善砖砌体的力学性能，但是，相对于外包钢板而言就显得较小。钢板由于其自身具备很高的强度，其断面尺寸通常较小，故其稳定性较差。钢板外包砖砌体形成组合梁后，梁里面的砖砌体可以有效地防止外包钢板组合构件发生局部屈曲和整体失稳，以及提高组合梁的刚度；外包的钢板一方面可以提供较高的抗拉、抗压承载能力，另一方面可以约束砖砌体提高其受力性能。

计算中的近似处理：由于钢-砖砌体组合梁由钢板、砖甚至混凝土（本工程含有混凝土圈梁）组成，为复合材料构件，其计算分析相对而言有点复杂。为了便于计算分析，基于材料力学中的变换截面法，即将两种以上的材料变换为仅一种材料组成的等价横截面。所谓等价，就是指变换横截面后的梁（一种材料）必须和原梁（两种以上材料）具有相同的中性轴和抵抗弯矩的能力。考虑到建立分析模型的需要，通过上述的等价横截面按等效抗弯刚度，将组合梁变换为 C20 的混凝土梁来计算构件的内力。因此，高度为 1000mm 的组合梁转换为 240mm×1105mm。

通过现场试验以及对结构模型的计算分析，证明了该托换方案的可行性；在随后进行的跟踪观测中，并未发现裂缝等异常现象，进一步证实了钢-砖砌体组合结构的托换是安全可靠的。但该文献也指出，组合梁与上部墙体之间的共同工作性能同混凝土梁与上部墙体间的工作性能存在较大的差异，也就是说不能直接套用《砌体结构设计规范》GB 50003 中关于墙梁的设计计算方法。

东南大学敬登虎、曹双寅、石磊等又进行了钢板-砖砌体组合梁在静载下力学性能的试验研究。通过对 4 根不同控制条件下的钢板-砖砌体组合梁进行静载试验，研究组合构件的破坏过程与形态、承载力、控制截面的应变分布及变形等。该试验的进行一定程度上填补了目前关于钢-砌体组合结构托换技术在理论研究上的空白[39]。得出的主要结论是：

① 钢板-砖砌体组合梁、柱的极限状态破坏是由于受压区螺栓间钢板的压曲失稳，随后内部砌体被压碎。

② 组合梁跨中截面上钢板的应变分布在其压曲或屈服之前基本符合平截面假定；

③ 影响承载力的主要因素包括钢板组合形式（梁底有无底板）、灌注材料、钢板厚度等；随着灌注材料粘结性能的增强、钢板厚度的增大，构件的承载能力将得到提高；组合梁的抗弯刚度较大，足以满足正常使用的要求。

（2）墙梁

不论是工程实际还是试验研究，大部分只考虑钢与砌体组合结构自身的作用，而忽略了托换梁与上部墙体的共同工作（即墙梁的作用），这与实际情况是不相符的。

英国威尔士大学的 Hardy 对型钢过梁承托砖墙的共同工作性能进行了理论分析，结果表明：型钢过梁承托砖墙的工作机理不同于一般的混凝土梁承托砖墙，主要体现在钢梁与砖砌体共同工作时其两端有效接触长度发生变化[60,61]。并且认为型钢梁与上部墙体之间共同工作时的3个主要影响参数为型钢梁与砖砌体墙之间的摩擦系数、梁上部墙体的高度、相邻砌体。

山东建筑大学赵考重、王超、房晓鹏等进行了钢-砌体组合墙梁结构在砌体结构房屋托换改造中的试验研究[62,63]。考虑有无圈梁、构造柱，并对上部墙体进行钢筋-水泥网加固处理，共进行了8个构件的试验，得出的主要结论是：

① 有构造柱时试件破坏形式为典型的墙梁墙体剪切破坏形式中的斜压破坏，试件受力机理为墙梁受力机理，即受压拱形墙体与角钢、水平钢筋拉杆组成了一个整体受力体系。

② 无构造柱时，试件在竖向荷载作用下，最先在上部墙体出现顺筋竖向裂缝，随后由于裂缝的出现，结构内力重分布拱作用加强，从而产生墙体斜裂缝，随后支座上部墙体竖向裂缝不断发展，最终引起墙体局部受压破坏。

③ 托换梁为偏心受拉构件，这与墙梁结构托梁受力形式是一致的。托换梁还有桁架受力特征，即角钢、钢缀板条与砖砌体墙（砖砌体墙与圈梁）三者组成了桁架受力体系。

④ 有无构造柱均可形成墙梁。

⑤ 构造柱的存在可显著改善结构整体的承载能力，设置构造柱的试件与未设置构造柱的试件相比承载能力的提高可达一倍左右。同时设置构造柱的试件的破坏形式为斜压破坏。

4）钢-混凝土组合托换技术

钢-混凝土组合托换技术目前主要有两种方法，一是在原圈梁下设置钢梁，使钢梁和原混凝土圈梁形成组合梁（图5-77）；二是剔除墙体后设置型钢梁或钢桁架，然后浇筑混凝土，形成钢骨混凝土形式的组合梁（图5-78、图5-80）。

图 5-77　钢-混凝土组合托换梁

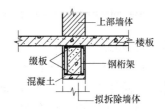

图 5-78　钢骨混凝土托换梁

（1）型钢＋混凝土圈梁的组合托换梁

采用型钢＋混凝土圈梁的组合托换梁时，圈梁的混凝土强度不宜太低，否则不能发挥各自的优势。这种组合梁需要解决的关键问题是混凝土与型钢梁之间的剪力传递，为了解决这个问题可设置化学锚栓，化学锚栓的数量应经过计算确定。大部分情况下，由于二者之间不是一次成形，因此设计时可按部分抗剪连接组合梁来进行。具体计算方法可参照《钢结构设计规范》GB 50017，并满足其相关要求。

（2）钢骨组合梁

钢桁架托换中，钢桁架位于墙体外侧，这样对于使用要求较高的房间就很难采用，此时可采用钢双梁托换的方法。文献［57］介绍了桁架＋混凝土形成的钢骨混凝土托梁，该文认为由于与梁的截面尺寸相比，托换梁中配置的型钢截面相对较小。因而。型钢-混凝土托换梁可参照钢筋混凝土墙梁进行计算。具体计算应按照现行《砌体结构设计规范》GB 50003 的要求进行，内容包括：托梁的正截面承载力计算、托梁的斜截面承载力计算、托梁上部墙体的受剪承载力计算、托换梁的端部局部受压承载力计算等。计算时，托梁的有效高度应自下角钢的重心算起。

施工时，首先在墙体中剔出宽 120mm，高同梁高（应为砖层厚的整数倍）的孔洞，孔洞的水平间距为上部空心板的宽度，一般为 500～600mm，位置在空心板的接缝处。孔洞内楔入双角钢立柱支撑（双角钢上、下端焊有水平扁钢，形成立柱支撑），起到墙体拆除后、新的托换梁未形成前的传力作用。全部立柱就位后，拆除孔洞间的墙体，然后焊接上、下水平角钢。角钢外点焊钢丝网，然后支模，浇筑微膨胀细石混凝土。待混凝土强度满足后，即可拆除梁下的墙体。为便于现场施工，托换梁的顶标高一般在楼面板下第 3 到第 5 灰缝处。在浇筑混凝土时，可在梁上部墙体中剔出浇筑及振捣孔（图 5-79）。

也可采用型钢梁＋混凝土形成钢骨混凝土的方案（图 5-80）此时由于所选型钢截面较大，可按钢骨混凝土的要求进行设计。这种情况，一般是采用型钢双梁的方式，这样梁的宽度可限定在原墙体宽度内，不影响结构的美观和使用。

混凝土浇筑时，第一次只能浇筑到型钢梁或桁架底，待混凝土强度达到后，可在梁底挂网抹高强度等级水泥砂浆替代混凝土。

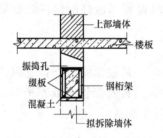

图 5-79　钢桁架-混凝土托换梁

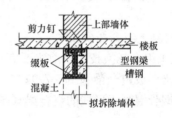

图 5-80　钢骨混凝土托换梁

5.3.2　砌体结构的开洞托换

砌体结构承重墙体上开洞后开始洞口的处理，应根据洞口的大小来确定采取的措施。为叙述方便，将洞口宽度不大于 1.0m 的洞口称为小洞口，将洞口宽度在 1.0～2.4m 且洞口宽度不超过墙体水平投影长度的 1/2 的洞口称为中洞口，将洞口宽度超过 2.4m 或洞口宽度超过墙体水平投影长度的 1/2 的洞口称为大洞口。开设洞口时，对于过梁，其荷载的计算、承载力的计算按《砌体结构设计规范》GB 50003 及《混凝土结构设计规范》GB 50010 的规定进行。

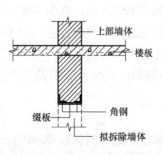

图 5-81　小洞口时的处理

1. 开设小洞口的处理

当洞口不大于 1.0m 时，开设洞口可采用双角钢与上部墙体形成过梁（双角钢砖过梁，图 5-81），从而实现开设洞口的目的。双角钢砖过梁的受力与钢筋砖过梁相似，但两者又有所不同。设计时可按钢筋砖过梁计算，具体可根据《砌体结构设计规范》GB 50003 中的要求进行，并满足其构造要求，按《砌体结构设计规范》GB 50003 中计算得到的受拉角钢（钢筋）的面积，建议乘以 1.15 的系数后配置。

开设小洞口时，且该墙体所有洞口总宽度不大于墙体长度的 1/3 时，应对该墙体的竖向承载力进行复核。

2. 中洞口的处理

开设的洞口宽度在 1.0～2.1m 之间时，可采用小洞口的处理方法，即采用双角钢与上部墙体形成过梁，洞口大时也可采用工字钢、槽钢等型钢（图 5-82）或采用混凝土过梁。洞口宽度超过 2.1m 时，除应对过梁进行计算外，对于地震设防区的砌体结构改造，尚需考虑较大洞口（宽度超过 2.1m 的洞口）边的构造柱设置的要求。对于宽度大于 1.5m 的洞口，可考虑增加型钢加强框（图 5-83）或混凝土加强框的措施，所采用加强框的材料、截面等根据洞口大小、荷载大小确定。对于不设加强框的洞口，应计算过梁下墙体的局部受压承载力。

图 5-82　型钢托梁示意图

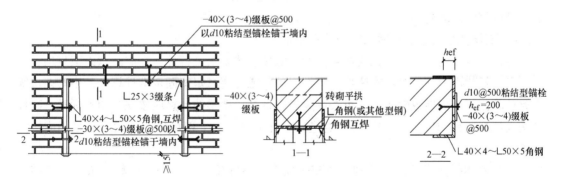

图 5-83　型钢加强框示意图

对于开设宽度大于 1.0m 的较大洞口的建筑，应对建筑物局部结构进行验算，并根据验算结果增加托换结构端柱，如加强框的承载能力满足端柱的要求，可设置加强框。

3. 大洞口的处理

开设大于 2.4m 的大洞口时，应采用工字钢、槽钢托梁（过梁）或采用混凝土托梁（过梁），且应设型钢或混凝土加强框。对于处于地震设防区且不设加强框的洞口，则应设置构造柱。此时因洞口宽度较大，楼板传来的荷载一般需要考虑，因此所需截面较大；必须验算梁下墙体的局部受压承载力。

开设大于 2.4m 的大洞口或洞口宽度超过该墙体长度 1/2 的洞口，应按拆除墙体的方法，进行整体验算，并根据验算结果采取加强措施。

5.3.3　砌体结构的置换

当遭受灾害、墙体风化等损伤或出现施工质量事故，使得墙体局部开裂或承载力不满足要求时，应首先查清原因。对尚未影响承重及安全时，可直接进行置换，置换时将墙体局部拆除，并按提高砂浆强度等级一级的要求采用整砖填砌；对于已经影响承重或安全时，应先采取临时支撑措施，确保安全，然后进行置换。

置换墙体时，应根据墙体损伤情况或承载力情况分段进行，拆砌前应对支承在墙体上的楼盖（或屋盖）进行可靠的支顶。

分段置换墙体时，分段长度不宜大于 1.0m，并可按拆一留三的方式分批进行拆换；整体拆除某片墙体并砌筑新的砌体时，应先采取临时托换支顶措施；新砌体材料应块材强度不宜低于 MU10，砂浆比原设计提高一个强度等级并不低于 M5。分段置换墙体时，应先砌部分留槎，并埋设水平钢筋与后砌部分拉结。拉结作法可采用每 5 匹砖设 3φ4 拉结钢筋，钢筋长度 1.2m，每端压入 600mm。

局部置换墙体时，新旧墙交接处不得凿水平槎或直槎，应做成踏步槎接缝，缝间设置拉结钢筋以增强新旧墙的整体性。当采用钢筋扒钉进行拉结时，扒钉可用 φ6 钢筋弯成，长度应超过接缝（槎）两侧各 240mm，两端弯成长 100mm 的直弯钩，并钉入砖缝，扒钉间距取 300mm。

如遇置换墙体位于转角处或纵横墙交接处时，应采取相应的可靠措施进行拉结锚固。

置换的最上一匹砖与上面的原砖墙相接处的水平灰缝，应用高强砂浆或细石混凝土填塞密实。

局部置换墙体时，在新旧墙或先后段接缝处，施工时应将接槎剔干净，用水充分湿润，且砌筑时灰缝应饱满。

5.3.4　墙体托换（置换）时的其他注意事项

在进行砌体结构的墙体托换或置换时，除按上述要求进行外，尚应注意以下事项。

（1）托梁内力计算时，支座按实际情况确定或支座弯矩按固定端计算，跨中弯矩按简支梁计算。当上部层数较多时，可按墙梁进行计算，墙梁的计算应按现行国家标准《砌体结构设计规范》GB 50003 的相关规定进行，托梁自身、上部墙体、顶梁应满足相应构造要求。

（2）墙体托换或置换应特别注意施工安全。拆除施工前应进行可靠支顶、托换结构完成并达到设计要求后方可进行拆除施工。拆除施工时，应分期、分批进行。先拆成水平缝，对托换结构及受影响结构进行变形、裂缝监测，必要时进行应力（应变）监测。确认满足规范及设计要求后，方可拆除下部剩余部分。拆除完成后，应监测至变形稳定。

当采用钢筋混凝土矩形截面托梁或钢单托梁时，可采取分段或掏洞设置支撑后做托梁的施工方法。支撑分段施工时，每段长度不宜大于 1m，且不大于墙体长度的 1/3；掏洞设置支撑时，支撑间距不宜大于 1m。

采用双托换结构时，应采取措施防止双托换结构中间保留部分的砌体脱落。

（3）施工应按一定的顺序进行，以确保安全和施工质量。

拆除墙体的施工可按图 5-84 的顺序进行。

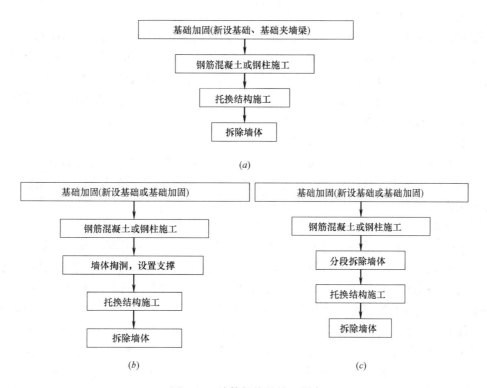

图 5-84　墙体托换的施工顺序

(*a*) 夹墙梁施工；(*b*) 矩形截面梁掏洞设置支撑施工；(*c*) 矩形截面梁分段施工

5.4　钢结构的托换技术

5.4.1　钢结构托换技术的发展

1. 钢结构在我国的发展过程

由于历史和种种其他原因，在我国建筑发展过程中，钢结构走过了一段不同于其他结构形式的道路。大体上经历了四个阶段：初盛阶段（20 世纪 50～60 年代）、低潮阶段（20 世纪 60 年代中后期～70 年代）、发展时期（20 世纪 80～90 年代）、强盛阶段（2000～2010 年）。

初盛阶段（20 世纪 50～60 年代）主要是前苏联对我国的援助，主要集中在重型工业工厂、大跨度结构等，而当时我国的钢产量不能满足建设的需要。

到了 20 世纪 60 年代中后期～70 年代，这个时期国家各部门钢材需求量增大了，但钢产量仍然不多，每年也只有 2000 万吨，国家提出节约钢材的政策，当时有人片面理解为不用钢结构，于是钢结构工程数量少了。在 1966～1976 年更是一切都停了下来，出现了低潮阶段。

20 世纪 80～90 年代的 20 年应当是钢结构发展的兴盛时期，处于复兴时期，由于钢结构具备了一些独特优点，已成为建设工程中的主要结构，特别是钢产量持续上升，在 1997 年达到了 1 亿 t，给我们发展钢结构创造了有利条件。1998 年我国已能生产轧制 H 型钢，为钢结构提供了新的钢型系列。这个阶段主要有：单层厂房排架结构、空间结构、高层建筑钢结构、轻钢结构。

强盛时期（2000～2009年至今）：近10年的钢结构工程发展之快、范围之广是空前的，我国也已堪称世界钢结构大国。2006年钢产量4亿吨，居世界首位，这也为发展钢结构工程创造了有利条件。传统的空间结构如网架、网壳等继续得到大力推广，新型空间结构开始得到广泛的应用，如张弦梁、张弦桁架、弦支穹顶等。超高层建筑继续迅速发展、钢结构住宅蓬勃发展。

2. 钢结构托换技术在我国的发展

如前所述，钢结构在我国建筑结构中所占比例，逐渐越来越多，但大部分钢结构都是新的结构，而托换主要是针对于既有建筑结构，因此钢结构的托换目前远少于钢筋混凝土结构和砌体结构。

对于钢结构的托换工程实践主要集中在工业厂房的抽柱托换（托梁拔柱）。20世纪90年代，中国京冶工程技术有限公司（原冶金部建筑研究总院）在邯郸中板厂二期改造，汉口轧钢厂 ϕ114 技改项目中，尝试使用托梁拔柱方法拆除部分柱子，取得了很好的效果。中国京冶工程技术有限公司于2004年开始对当今常用结构形式的单层钢结构厂房托梁拔柱技术进行了系统开发研究，成果于2007年底通过了中冶集团技术中心鉴定，总体上达到了国际先进水平，并成功应用于两个典型单层钢结构厂房的拔柱改造工程中。在此基础上形成了《单层钢结构厂房托梁拔柱工法》。天津大学陈志华教授指导其研究生梁绍强对单层钢结构厂房结构体系的托梁拔柱改造进行了较深入的分析和研究，完成了硕士论文《钢结构厂房托梁拔柱分析与测试》[64]，以天津钢管公司460管加工车间改造工程为背景，研究单层钢结构厂房的托梁拔柱改造工程，总结了钢结构加固与改造的原则和常见方法，柱常见的加固方案、计算假定、构造和施工要求。西安建筑科技大学的郝际平教授和中冶集团建筑研究总院的李秀川教授联合指导研究生张溯结合工程实例，对钢结构厂房托梁拔柱以及结构加固技术进行了较深入的分析和研究，在对原有厂房进行详细的调查、现场实测并了解生产工艺要求的基础上，提出了合理的托梁拔柱改造方案，完成了硕士论文《钢结构厂房托梁拔柱与结构加固技术研究》[65]。

钢结构厂房的托换方法和混凝土排架结构的托换方法类似，本节不再重复，先介绍托换前应做的准备工作，然后再介绍几个工程实例，以供参考。

5.4.2 钢结构托换的准备工作

根据托换工程的特点以及钢结构的特点，托换前应做好检测鉴定工作，做好设计，制定好施工方案。

1. 检测鉴定

对于钢结构厂房的检测鉴定可按《工业建筑可靠性鉴定标准》GB 50144—2008[66]的要求进行，根据托换工程的特点，检测鉴定应包括初步调查、详细调查与检测、可行性分析和鉴定结论等。

1）初步调查

进行托换的钢结构往往都是厂房，其工艺比较复杂，因此必须搞好初步调查，特别是对比较复杂或陌生的工程项目，更要做好初步调查工作，才能起草制定出符合实际、符合要求的鉴定方案，确定下一步工作大纲并指导以后的工作。初步调查包括下列内容：

（1）查阅图纸资料，包括工程地质勘察报告、设计图、竣工资料、检查观测记录、历次加固和改造图纸和资料、事故处理报告等。

（2）调查工业建筑的历史情况，包括施工、维修、加固、改造、用途变更、使用条件改变以及受灾害等情况。

（3）考察现场，调查工业建筑的实际状况、使用条件、内外环境，以及目前存在的问题。

（4）确定详细调查与检测的工作大纲，拟定鉴定方案。

2）详细调查与检测

详细调查与检测宜根据实际需要选择下列工作内容：

（1）详细研究相关文件资料。

（2）详细调查结构上的作用和环境中的不利因素，以及它们在目标使用年限内可能发生的变化，必要时测试结构上的作用或作用效应。

（3）检查结构布置和构造、支撑系统、结构构件及连接情况，详细检测结构存在的缺陷和损伤，包括承重结构或构件、支撑杆件及其连接节点存在的缺陷和损伤。

（4）检查或测量承重结构或构件的裂缝、位移或变形，当有较大动荷载时测试结构或构件的动力反应和动力特性。

（5）调查和测量地基的变形，检测地基变形对上部承重结构、围护结构系统及吊车运行等的影响。必要时可开挖基础检查，也可补充勘察或进行现场荷载试验。

（6）检测结构材料的实际性能和构件的几何参数，必要时通过荷载试验检验结构或构件的实际性能。

（7）检查围护结构系统的安全状况和使用功能。

3）可行性分析和鉴定结论

根据详细调查与检测结果、托换的目的、要求，进行初步可行性分析，给出是否可进行托换以及托换初步方案的建议，给出鉴定结论。

2. 托换设计

1）托换前后结构计算校核

应对托换前、托换后的结构进行分析，在对托换方案进行必选优化的基础上，分析托换后受力变化的区域、构件，确定需要加固的构件、新增构件的类型、尺寸等。

2）结构构件设计

托换工程钢结构厂房结构中存在三类不同的结构构件，即原有结构构件、需要加固处理的结构构件和新增结构构件，对它们应采用不同的结构设计规范分别进行设计[65]。

（1）原有结构构件

应根据现场对构件实测的结果，综合考虑腐蚀、损伤对其截面的削弱影响，给出每个构件定量的承载力折减系数，然后依据《钢结构设计规范》GB 50017 和构件的折减系数对构件进行强度、稳定承载力的校核。

（2）需加固处理的结构构件

根据其不同的受力状态和加固方式，依据《钢结构加固技术规范》CECS 77 中相应的设计方法对其进行强度、稳定等承载力的校核。对于需要加固处理的地基基础应根据相应规范要求进行设计。

（3）新增结构构件根据构件组合的最不利内力，依据《钢结构设计规范》GB 50017

中相应的设计方法确定其构件截面尺寸，并根据现场实际情况适当提高安全系数。

3）施工参数的确定

托换工程设计与新建工程设计不同，需要对部分施工参数给出控制指标（以下内容参照中国京冶工程技术有限公司（原冶金部建筑研究总院）的《单层钢结构厂房托梁拔柱工法》）。

为防止改造后拟抽除柱顶下沉，对与其连接构件产生附加荷载，在抽除上柱与托架或吊车梁连接前，需将抽除柱上柱及其屋盖系统进行顶升（预起拱），顶升高度根据转换构件形式不同采用以下方法进行计算：

（1）转换构件为新增托架时，顶升高度可采用托换结构体系在恒荷载标准值＋0.5倍活荷载标准值＋0.5倍积灰荷载标准值作用下柱顶的竖向位移值，并综合考虑新增托架与抽除柱上柱连接可能会存在一定的间隙，顶升产生的反拱力以及新增托架受荷载后蠕变影响，将竖向位移值适当提高作为顶升高度。

（2）转换构件为新换吊车梁（或托梁）时，顶升高度可采用托换结构体系在恒荷载标准值＋0.5倍活荷载标准值＋0.5倍积灰荷载标准值＋0.8倍吊车荷载标准值作用下柱顶的竖向位移值，并综合考虑施工误差，顶升产生的反拱力以及结构改造完成后蠕变的影响，将竖向位移值适当提高作为顶升高度。

支顶反力为支顶时实际结构（转换构件不参加工作）在恒荷载＋每级支顶位移作用下支托产生的反力，利用计算机模拟出每级支顶位移与支顶反力的对应关系，用于指导施工。

顶升反力为顶升到顶升高度时支托产生的反力，该值不宜超过实际结构（转换构件不参加工作）在两倍恒载单独作用下支托产生的反力，该值作为对顶升高度的校核，亦作为选择千斤顶吨位大小的依据。

3. 施工方案

托换施工单位应根据托换工程的特点，编制科学合理的施工方案，确保托换工程的安全和质量。施工方案一般包括：编制依据、工程概况、施工部署、施工准备、施工工艺、管理措施等。

1）编制依据

包括：相关规范、鉴定报告、原设计图纸、托换设计图纸等。

2）工程概况

包括：原结构信息、吊车信息、拟抽除柱相关信息、托换结构信息、需加固处理的结构信息，另外还包括地震设防区的设防信息、场地信息以及其他自然信息和施工现场信息，以及其他信息。

3）施工部署

包括质量、进度、安全、文明施工及其保证措施等。

4）施工准备

包括：技术培训、图纸会审、技术交底、工程难点、质量检测等技术准备；支撑系统的搭设与安全防护、拆除工程的安全措施等现场准备与施工要求；人员配置的劳动力计划、施工设备、机具等的设备计划；材料准备计划等。

5）施工工艺

包括：整体施工流程，支撑系统工艺，拆除工程工艺，加固工艺，新加托换结构工艺，现场监测要求、测点、测试方法、测试时间等，抽除柱工艺等。

6）管理措施

包括：工程质量保证措施，安全生产管理措施，消防保卫管理措施，环境管理措施，文明施工管理措施等。

5.4.3 钢结构托换的工程实例

在钢结构厂房的托换工程实践中，目前抽除柱的数量最多的是鞍钢中型板厂连续抽除9根厂房柱[68]，将厂房柱距加大到55.6m；另外将原12m柱距抽除1根排架柱后变为24m的天津钢管公司460管加工车间改造工程[64][67]和天津钢管公司原冷轧冷拔不锈钢管厂房[65]（改造后为三套轧管生产线）。还有为厂房接建而抽除厂房柱的攀钢全连铸扩建工程[69]等。下面介绍这四个工程实例。

工程实例 5-18：连续抽除 9 根厂房柱的老厂房改造

1）工程概况

鞍钢中型厂有60余年的生产历史。由于该厂生产工艺落后，鞍钢公司决定在工程现有条件下对该厂后部工序进行改造。原厂房为钢结构厂房，共3跨 Ⓒ-Ⓓ-Ⓔ-Ⓕ，跨度为22m。厂房内设中级工作制吊车，其最大吨位为30t。梯形钢屋架，瓦楞铁屋面，Ⓔ-Ⓕ跨屋面上设纵向天窗。屋面支撑系统构件残缺或很弱，构件长细比在400左右。按工艺要求，50m宽的冷床需要从Ⓔ-Ⓕ跨过渡到Ⓓ-Ⓔ跨，因此需要将Ⓔ轴柱列㉘～㉝轴间的9根厂房柱由地坪拆到6.93m吊车梁轨面标高，并形成55.6m跨距的吊车梁。经过现场勘察鉴定，该区域厂房在改造加固后仍可以继续使用。冷床区厂房柱网布置如图5-85所示。

2）方案的确定

冷床区厂房由厂房柱、屋架、托架、吊车梁等构件组成，它承受屋面荷载、活荷载、吊车荷载、水平荷载等，实际上是空间结构体系。Ⓔ轴柱列㉘～㉝轴间的9根厂房柱被抽除后，保持原厂房结构的总体功能是冷床区厂房改造成功的关键。

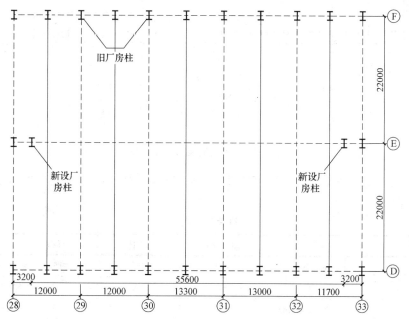

图 5-85　冷床区厂房柱网布置示意图

通过分析研究厂房结构的受力状态，最终采用加强厂房水平结构体系，增设两根厂房柱。

冷床区厂房改造后剖面如图 5-86 所示。

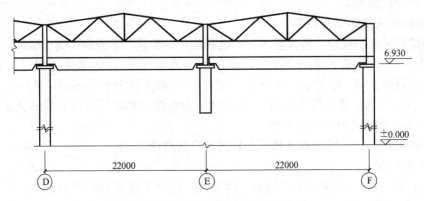

图 5-86　冷床区厂房改造后剖面示意图

桁架设计计算采用空间结构计算模型，计算时忽略了杆件自重产生的变形和旧有屋面支撑系统的影响。风荷载通过旧屋架传递给新设桁架。因此，由于旧屋架斜杆的影响，可以忽略桁架平面外变形，屋面桁架杆件布置如图 5-87 所示。

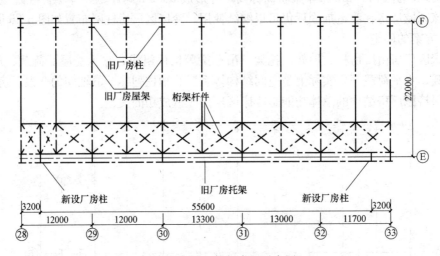

图 5-87　屋面桁架布置示意图

冷床区原厂房风荷载作用下的排架计算和抽柱后风荷载作用下厂房空间排架计算结果见表 5-6、表 5-7。

排架杆件内力　　　　　　　　　　　　　　　表 5-6

排架	杆件内力	Ⓕ轴柱	Ⓔ轴柱	Ⓓ轴柱	Ⓒ轴柱
原厂房平面排架	$M(kN \cdot m)$	419	157	157	203
	$Q(kN)$	68	15	15	36
厂房加固空间排架	$M(kN \cdot m)$	255		98	174
	$Q(kN)$	41		9	45

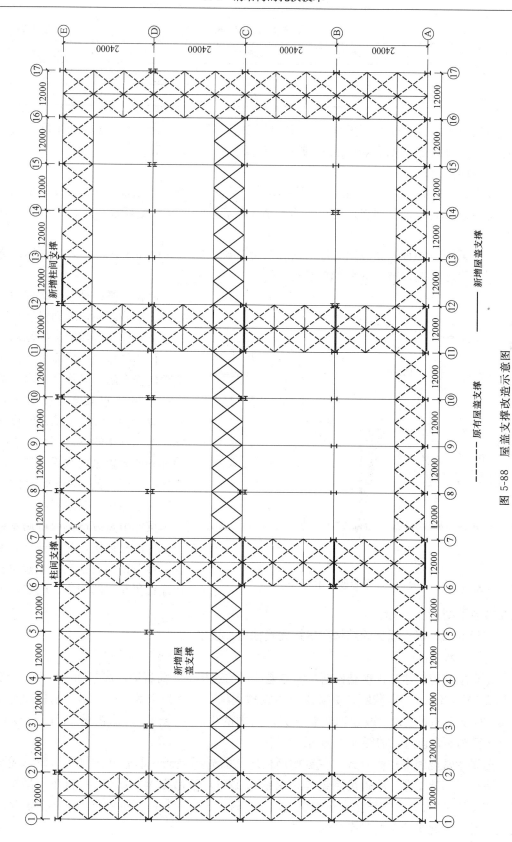

图 5-88 屋盖支撑改造示意图

------ 原有屋盖支撑

—— 新增屋盖支撑

排架节点位移 （mm）				表 5-7
排架	Ⓕ轴柱	Ⓔ轴柱	Ⓓ轴柱	Ⓒ轴柱
原厂房排架	37.9	37.9	37.9	37.9
厂房加固后排架	23.2	23.1	23.1	23.1

　　通过表 5-8、表 5-9 可以发现：厂房抽柱加固后横向刚度优于原厂房横向刚度；抽柱后原厂房柱所承受的风荷载弯矩小于原厂房排架柱的风荷载弯矩。

　　3）改造效果

　　冷床区厂房在工厂不停产的条件下加固后，经过 4 年多（该书撰写时）的使用证明：

　　① 采用增设屋面桁架将厂房承受的水平风荷载按空间分配给新设厂房柱和旧厂房柱是可行的。

　　② 采用增设屋面桁架方法，原厂房柱、柱基础不需要进行加固处理，因此该加固方案节约工程量 80%，节约资金 110 万元。

　　屋盖支撑：是屋架结构的主要组成部分之一，起到保证结构的整体工作，增强屋架的侧向稳定，传递屋盖的水平荷载，便于屋盖的安全施工等作用。由于需要抽柱的位置较多，托梁拔柱后，在⑨轴和③轴上侧向刚度变弱，考虑结构的整体刚度，在Ⓒ轴加一道屋盖纵向水平支撑（图 5-88），与原有支撑形成封闭体系，保证结构的整体刚度。

　　梁柱节点改造：原厂房梁柱节点为刚接连接，为了截柱需要把刚接改造为铰接连接，减少柱传递给吊车梁的内力。改造后的

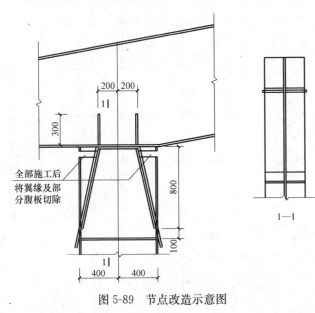

图 5-89　节点改造示意图

铰接节点如图 5-89 所示。

工程实例 5-21：重型钢结构厂房托梁换柱施工技术

（1）工程概况

　　攀钢全连铸扩建工程钢结构新厂房与老厂房的连接处，需将原厂房⑬轴边列钢柱分别在标高 23m 及 9m 高空截断，更换成双牛腿型钢柱，重量分别为 16t、29t，钢柱顶标高 40m，柱下部加固处理。改建期间要求原厂房内的生产不能停，厂房内的 125t 行车和 2 台 50t 行车照常运行，如图 5-90 所示。

　　若采用常规施工作业方式，在更换钢柱之前需先拆除⑫～⑬轴间的屋盖系统（屋面瓦、屋架、屋架支撑、单轨吊系统等，总重约 120t）及吊车梁系统（50t 行车、吊车梁等，总重约 230t），对连铸生产影响较大，施工时间长，而且施工拆卸物件的堆放和运输也是问题，为此采用了托梁换柱施工技术。

（2）托梁支撑设置

为保证连铸生产，采用尽可能少的材料，设置 1 个对屋盖系统和吊车梁系统同时支撑的简单桁架结构。由于是高跨重载厂房，支撑桁架强度和吊装作业中的抗失稳要同时考虑，吊车梁系统支撑端点的重量按 115t 考虑，为确保整个结构体系的稳定，应更换并焊接完 1 根柱后，再更换另 1 根，吊车梁上的 2 台 50t 行车应固定在暂不施工的柱的一端。吊车梁下翼缘板离地 23.48m，采用 4 根 $\phi26mm\times8mm$ 焊管形成桁架结构（现场利用了自制库存 $\phi530mm\times10mm$ 直缝焊管，在环缝处 4 根角钢均布加固）支撑吊车梁，在 23m 以下部分与厂房下半截钢柱焊接，以增加支撑桁架的稳定性，桁架底部用 30mm 厚钢板衬垫，支撑杆件应落于原柱基础上，防止沉降。顶部用 3 根 35 号工字钢并联托住吊车梁下翼缘，并加焊止动挡铁卡住吊车梁，以便于保证 125t 行车作业时不影响吊车梁移位，如图 5-91 所示。

屋盖系统单跨总重量约 60t，由托架梁承重并传至柱端，托架梁端点标高 40m，采用 2 根长 16.5m 的 $\phi273mm\times7mm$ 无缝钢管，制成单片桁架结构，底部与托承吊车梁的 35 号工字钢连接并加焊加强筋板，上部与厂房原有柱间支撑连接（图 5-91）。

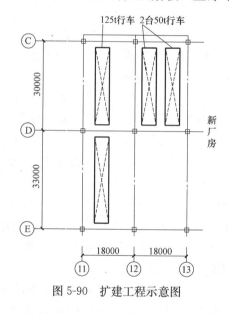

图 5-90 扩建工程示意图

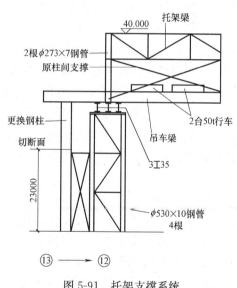

图 5-91 托架支撑系统

（3）拆卸及安装施工

在支撑杆件设置全部完成后，应对各连接点进行检查，这是一件决不可忽视的工作。新、旧柱上均设置好安装耳板，然后进行旧柱的拆卸施工，采用 150t 履带式起重机吊装作业。在起吊旧柱时绝不能触动吊车梁及托架梁，尤其是附梁敷设的氧气、氮气、煤气及压缩空气等管道。旧柱切断前，起吊钢绳预张紧力控制在 50～80kN 之间，要求起吊作业人员精确吊装。由于钢柱牛腿面与吊车梁下翼缘间空间限制，先不安装钢柱牛腿上 50mm 厚的吊车梁端垫板，待新钢柱吊装定位后再嵌入安装。为了保证安装柱子的垂直度和精确定位，使用 2 台经纬仪成 90°布置配合钢柱安装。新旧柱的连接为全焊接连接方式，高空焊接拼装钢柱采用 K 形坡口，即下柱不打坡口，上柱两边坡口，并采用相应的防热裂及冷裂措施。高空拼接重型钢柱对焊接裂纹十分敏感，局部裂纹一旦出现，就很容易延伸扩展到整体，要认真加以控制和判明原因，焊后 24h 超声波探伤。

5.5　木结构的托换技术

结构的托换技术在中国古代称为"偷梁换柱"，所以本节我们先根据文献介绍古代的托换技术——"偷梁换柱"，然后再介绍现代木结构的托换方法。

5.5.1　古代的"偷梁换柱"——置换技术

"偷梁换柱"这种被普通人认为神奇的技艺在文献记载中多零散、写意，没有具体描述。在近现代的研究中，人们发现了古代的"偷梁换柱"的迹象和部分记载。祁英涛先生在《祁英涛古建筑论文集》（华夏出版社，1992 年）和《中国古代建筑的保护与维修》（文物出版社，1986 年）[70]中都有介绍，并根据山西永乐宫迁建工程中发现的"偷梁换柱"实例，进行了介绍。下面就是该书部分内容。

1. 施工中的发现

山西省芮城永乐宫的三清殿建成于元中统三年（公元 1262 年）。永乐宫迁建工程中，发现三清殿内槽东南角的角柱的里皮（北面）有一处墨书题记，题记中记载对柱进行过更换处理。从元中统三年至正二十五年（公元 1365 年）历经一百多年，在此期间没有发现木构架大修的记录和迹象，说明这根有题记的柱子，很可能是用"偷梁换柱"的方法单独更换的。为研究其操作方法，在拆除过程中，对此柱进行了详细观察。

该柱高 5.76m，柱根直径 600mm，柱头直径 400mm，与其他角柱尺寸一致，唯柱根底部做法不同，在最底部有一道宽 120mm 的铁箍，打开铁箍后，可以明显地看出底部不是平面，被锯成角度相当大的斜面，靠墙的一面（里皮）比外面低 90mm 呈"◁"状，然后以硬木块垫平，外用铁箍包起以免受压时垫块滑脱。此种式样，木工师傅成为"马蹄式"。

根据柱根的做法，研究其操作方法应该是：先将与柱头搭接的两个方向的额枋顶牢，撤掉已经残毁的柱子，从正面安装新柱。柱根抹斜的一面向里（靠近墙的一面），先把柱头十字榫插入额枋交叉处，慢慢扶正柱子，在柱根垫好硬木块，外加铁箍钉牢。这样可以不动柱础，也不震动梁架，是相当省工而又巧妙的换柱技术（图 5-92）。

拆除三清殿过程中还发现内槽西北角柱做法与东南角柱相同，但没有题记，根部的铁箍也是 120mm 高，抹斜的角度较小，垫木高为 60mm，据此情况推断，也应是后换的柱子。但两根柱子尺寸一样，为什么柱根抹斜的角度不同呢？经过仔细观察发现，西北角柱柱头与额枋搭接，榫卯较松，东南角柱的榫卯搭接严密，归安（更换复位）柱子时前者柱子的倾斜角可以小一些，垫木可以低一些。东南角柱的倾斜角就需大一些，垫木也需稍高一些。两根柱子相比较，更可看出古代匠师的智慧。

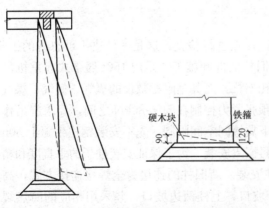

图 5-92　永乐宫三清殿更换内柱（归回情况设想）

2. 偷梁换柱的常用方法

古建筑中，最常遇到的是抽换个别残毁的檐柱。有两种方法可以参考（图 5-93）。

1）动基础更换檐柱

将柱子周围的梁头、额枋、斗拱用千斤顶或牮杆支牢，卸掉残毁柱的全部荷载，然后在柱础周围挖槽，撤出柱础石，为保证柱根管脚榫不被折断，撤出柱础前，应先将柱础石底部掏空，使柱础石下降，以露出管脚榫为准，取下残毁的柱子，将预先复制好的新柱换上，先插好柱头与额枋、大斗等相交构件的榫卯，此时柱根部悬空需支牮牢固，然后进行归安柱础。由于底部已被掏空，应补砌砖、石或灌混凝土，础石支垫牢固后，取除支撑梁头、额枋、斗拱的千斤顶，工作结束。此种方法的优点是不动上部结构。

2）不动基础更换檐柱

由于第一种方法，移动柱础费工、费时。在揭除瓦顶进行修理时，由于柱上部荷载减轻，构件有松动的余地。常取第二种方法，就是不动柱础，用千斤顶或牮杆在梁、额枋、斗拱的翘头底皮同时打牮、将柱上构件顶起，具体尺寸已露出柱根的管脚榫为准，一般为 100～150mm。牮起周围构件后，撤出残毁柱，更换新柱，然后将周围支柱落回原位。牮起构件时，应随时注意，遇有意外情况，应采取措施后再继续施工。

上述两种方法，都是柱两侧各有一根额枋的情况，如果柱子两侧各为大额枋，由额垫板、小额枋三件联用的情况，如依原来卯口更换新柱不易归安，此时常将柱上卯口，依照较宽的卯口开通槽，归安后再用硬木块粘补严实。

3. 更换额枋、穿插枋

1）更换额枋

更换额枋时，一般先撤去柱子，然后撤出额枋，更换额枋后再归安柱子，只是支承千斤顶需要加多，连同要更换的额枋的荷载同时减除。

2）更换穿插枋

更换穿插枋，与更换柱子的操作基本一致。但不需将柱子拿掉，罾将柱向外倾斜，退出枋子榫，更换穿插枋后，再将榫头插入柱内，归还原位即可（图 5-94）。

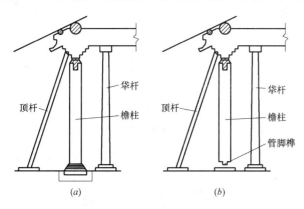

图 5-93 偷梁换柱示意图

（a）动柱础更换檐柱；（b）不动柱础更换檐柱

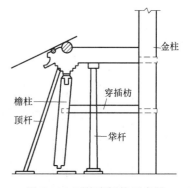

图 5-94 更换穿插枋示意图

古代这种置换技术目前也有应用。

2001～2002 年前后，广东省韶关市区风采北路的韶州府学宫（孔庙）即采用这种

"偷梁换柱"的方法更换了殿内 4 根大原木金柱和 3 根檐柱。施工时，首先计算出大殿的整体梁架自重约 30t，并妥善做好一切防护措施，确保古建筑安全。接着把备换的梁柱按原有尺寸加工好，用千斤顶和手葫芦慢慢把整个殿顶升高，再卸下旧柱换上新梁柱，接上卯口，外加铁箍加固。

2011 年山东省济南市的福慧禅林寺在顶升施工前，为确保顶升施工的安全对 4 根檐柱和 2 根金柱进行了局部"偷梁换柱"的处理，在可靠支撑的情况下将腐朽的一段柱子锯掉，换上新的木料，然后用钢箍固定。

5.5.2　木结构的托换方法

上述古代的"偷梁换柱"实际上是对构件的置换，即将损伤（残毁）的构件拆除，换成新的构件。现代建筑结构材料比之古代有了翻天覆地的变化，比如大量钢铁材料的使用、新型胶合木的出现，使得钢木结构得到很大的应用，把主要受拉或受弯的构件采用钢结构构件或胶合木结构构件来代替。比如可以用工字钢、槽钢、角钢焊接的格构梁或胶合木结构来代替原来的木梁，用钢结构的柱子代替原来的木柱等，这样不必拆除原来的木梁、柱，实现荷载的转移，施工的难度就大为降低。

1. 顶升托换

由于多种原因造成地基软化、沉陷、建筑物本身墙体酥碱，周围地势抬高，需要对木结构进行顶升处理。

1）木柱的顶升

当需要对木柱进行顶升时，首先核算该木柱承担的荷载，选择合适的临时托换梁，一般可采用槽钢、型钢或焊接的格构梁。

施工时，先确定临时吊起木柱的位置，采取措施对木柱该部位进行保护，如用棉布片将柱包裹，再用绳索等拴在这个部位，然后用挂在施工架上的导链将柱吊起，再把柱下的基础石抽去，放置事先打好孔的临时托换梁。临时托换位置在柱的正下方，然后将柱放下，随后进行顶升设备的安装。临时放置于柱底部，临时托换梁的两端设置穿孔，能够穿过丝杠或螺杆，然后通过丝杠或螺杆将结构顶升至指定的标高（图 5-95），加固基础[71]。当柱承担的荷载较大时，可采用千斤顶来顶升。

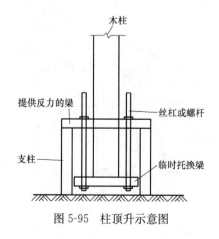

图 5-95　柱顶升示意图

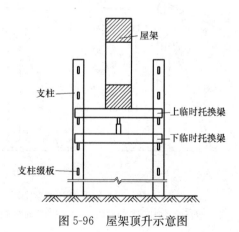

图 5-96　屋架顶升示意图

2）木屋架的顶升

需对屋架进行顶升时，可设置带有缀板的支柱，缀板是可装卸式的，缀板的竖向间距为千斤顶的有效行程，将千斤顶置于上、下临时托换梁之间，上托换梁顶紧拟顶升的屋架，千斤顶顶升，下临时托换梁提供反力，可将上临时托换梁和屋架一起顶起，顶起到一定高度。此时将装卸式缀板安装于上临时托换梁下，此时屋架的荷载由上临时托换梁承担。千斤顶回油，将下临时托换梁向上挪动，安放缀板。安放千斤顶，进行下一次的顶升。这样依次进行，逐渐将屋架顶升至所需高度（图 5-96）。要注意，支柱之间应进行可靠拉结，保证其稳定性和安全。

2. 改造托换

对于普通的木结构房屋（文物保护建筑和历史建筑除外）当需拆除某根木柱或某道墙体时，可采用增加托梁或托换桁架的方法来进行。一般的木结构房屋的屋顶采用屋架，因此采取托换桁架的较多，或对原屋架进行改造，形成新的桁架；同时加强垂直方向的支撑，使各榀木屋架形成空间屋架的形式，以使荷载在整体结构上调整，达到拆除柱或墙体的目的。

南京市某办公楼为民国时期建造的近代砖木结构，三层，需对其进行改造和加固[72]，其中三层有一道墙需要拆除。木屋架下弦杆搁置于此墙上，采用半企口连接，现由于这道承重墙需拆除，故需对木屋架进行加固，内容包括屋架本身的加固和支撑系统的加固。

计算结果表明：原有的截面均能满足承载力要求，仅需对节点进行加固处理。由于下弦杆在半企口处是互相搁置的，并不能传递轴向拉力，现通过增设钢板和螺栓来传递拉力（图 5-97）。

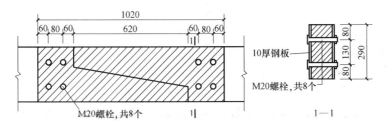

图 5-97　木架下弦半企口节点加固

第6章 托换工程监测技术

6.1 概　述

6.1.1 监测的必要性和意义

为了有针对性地进行内力和位形监测，除了要了解托换工程的具体特点及相关的场地地质构造等方面之外，还必须分析、了解特定工程产生变形的原因及潜在的变形内容，以便能针对不同的工程，在监测前制定出合理、有效的监测方案。分析、了解产生变形的各种原因，对托换工程监测工作是非常重要的。

对托换工程进行内力和位形监测，不仅可对其安全运营起到良好的诊断作用，而且还能在宏观上不时地向项目管理决策者提供准确的信息。通过对其结构及周边环境实施监测，可得到各监测项目相对应的内力和变形监测数据，因而可分析和监视托换工程及周边环境的变形情况，能对其安全性及其对周围环境的影响程度有全面的了解，以确保托换工程的顺利实施；当发现有异常变形时，立即停止施工，及时分析原因，采取有效措施，以保证工程质量和托换施工的安全。

托换工程监测的意义就在于，通过监测和分析、了解其内力、变位情况和工作状态，掌握内力和变形的一般规律，对制定下一步托换处理方案（托换施工方法、施工顺序和施工参数）提供重要的参考数据；同时能及时发现存在的安全隐患：当发现不正常现象（变位不正常和结构开裂）时，适时增加监测频率，及时分析原因和采取措施，防止托换事故发生。

6.1.2 托换工程监测系统概况

监测系统的组成及分类：

一个监测系统可由一个或若干个功能单元组成，一般包括进行监测工作的荷载系统、测量系统、信号处理系统、显示和记录系统以及分析系统等几个功能单元。目前，国内的建（构）筑物托换工程监测系统一般有人工监测系统和自动化监测系统两类。

（1）人工监测系统

由人工进行变换时间和地点的监测操作、各监测数据的读取与记录及向计算机进行输入，并进行内力和变形等结构性能分析所组成的系统，称为人工监测系统。它一般由监测设备和传感器、采集箱、测读仪器和计算机等组成。

① 监测设备和传感器

监测设备通常为传统的测量仪器和针对具体工程所设计的专用仪器。而传感器是指埋设在墙体、基础或结构构件中的测量元件，传感器通过感知（即测量）被测物理量，并把被测物理量转化为电量参数（电压、电流或频率等），形成便于仪器接受和传输的电信号。监测设备和传感器是进行建（构）筑物托换工程监测不可或缺的监测工具。

② 采集箱

采集箱是传感器与测读仪器的连接装置。利用切换开关可实现多个传感器对应一个测读仪器的连接。

③ 测读仪器

把传感器传输的电信号转变为可测读的数字信号，便于记录和后期处理成所需的物理量值。接收的数字量值成为监测值，运用相应的计算公式，由监测值计算得出物理量，最终形成监测成果。

④ 计算机

在人工监测系统中，计算机主要用于数据汇总、计算分析、制表绘图、打印监测报告等。

（2）自动监测系统

利用特定的测量技术和监测设备（如测量机器人等）来进行建（构）筑物托换工程施工过程监测，以实现全天候、实时、自动监测。这种高效、全自动、实时地进行数据采集、分析与处理，并进行评估与预报（预警）的监测系统，即为自动监测系统。它一般由传感器、测量设备、数据采集仪、通讯设备和计算机系统等构成。

① 传感器和测量设备

自动监测系统中的传感器与人工监测系统中所采用的传感器基本相同，一般根据具体的监测项目选用。而测量设备一般是指一些高精度的自动电子测量仪，如全站仪（测量机器人，见图 6-1）、GPS 接收机等。

② 数据采集仪

数据采集仪（图 6-2）通过计算机或自身进行自动切换，实现一台数据采集仪能快速读取数十个、甚至上百个测点的传感器，定时、定点地测读数据，具有数据采集、存储和显示功能，并可连接多种外围设备（如打印机、绘图仪等）。

图 6-1　测量机器人

图 6-2　数据采集仪

③ 通讯设备

目前，工程自动监测系统采用的通讯设备的通讯方式有两种：有线通讯（图 6-3）、无线通讯（图 6-4）。

④ 计算机

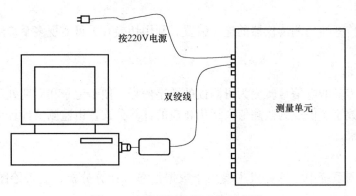

图 6-3　有线通讯监测系统示意图

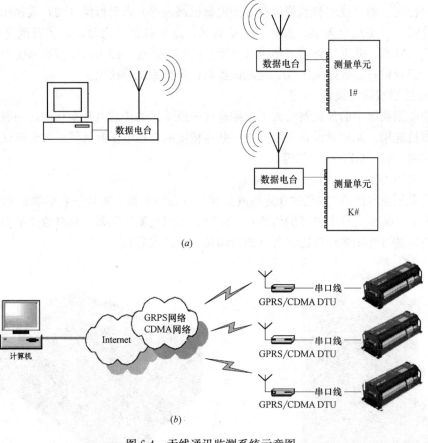

图 6-4　无线通讯监测系统示意图
（a）电台式；（b）手机网络式

　　计算机系统包括主机系统、外围设备和功能强大的软件系统，其在自动监测系统中不仅可实现对整个监测系统的控制，而且能对监测数据进行实时处理、分析和评价，从而使许多先进的技术和手段能在监测系统中应用。

6.1.3　监测新技术及发展趋势

　　监测技术是一门集多学科为一体的综合技术。随着电子技术、计算机技术、信息技术和空间技术的发展，国内外监测方法和相关理论得到了长足的发展。常规监测方法趋于成熟，设备精度、性能都具有很高的水平。监测方法多样化、三维立体化；其他领域的先进技术逐渐向监测领域进行渗透。

1. 监测技术发展趋势

（1）高精度、自动化、实时化

光学、电子学、信息学及计算机技术的发展，给监测仪器的研究开发带来勃勃生机，监测的信息种类和监测手段也越来越丰富，同时某些监测方法的监测精度、采集信息的直观性和操作简便性亦有所提高；充分利用现代通信技术，提高远距离监测数据传输的速度、准确性、安全性和自动化程度；同时提高科技含量，降低成本，为经济型监测打下基础。

（2）智能传感器的开发与应用

集多种功能于一体、低成本的智能监测传感技术的研究与开发，将逐渐转变传统的点线式空间布设模式，且每个单元均可以采集多种信息，最终可以实现近似连续的三维变形监测信息采集。

监测技术发展趋势，是一体化、自动化、数字化、智能化，将多媒体系统和仿真模拟技术应用于监测系统，在被监测目标破损刚开始或将要开始时实现安全预警功能。也就是说，在收集了前期的监测数据后，从物理力学角度运用多学科相关知识分析，输入仿真模拟系统进行下一时期的内力和变形预测；再不断地用后期收集的实测数据进行回代、校核，对比其可靠性，并加以修正。这样，仿真模拟技术成果趋于实际，并先于实际得出安全评估，以确保被监测目标安全，若发生故障则可及早补救。

（3）监测预报信息的共享

随着互联网技术的开发普及，监测信息可通过互联网在各相关职能部门间进行实时发布，如图 6-5 所示。各部门可以通过互联网及时了解相关信息，及时做出决策。

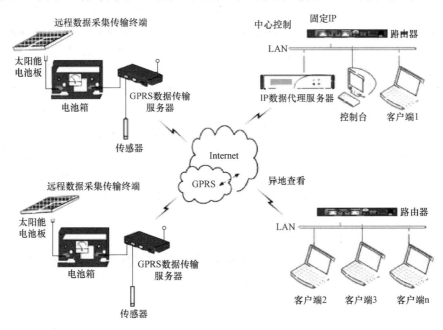

图 6-5　监测预报信息共享示意

2. 监测技术

随着科学技术的发展及对变形机理的深入研究，目前国内外变形监测技术方法已逐渐向系统化、智能化方向发展。监测内容、方法、设备日趋多样化，监测精度越来越高。近年来出现了一些有别于传统监测方法的新技术。

（1）传感器和光纤传感技术

测量自动化的初级实现是近十几年发展起来的传感器，推动了连续观测方法的兴起。它根据自动控制原理，把被观测的几何量（长度、角度）转换成电量，再与一些必要的测量电路、附件装置相配合，即组成自动测量装置。所以传感器是自动化监测必不可缺的重要部件。从外部观测的静力水准、正倒锤、激光准直到内部观测的渗压计、沉降计、测斜仪、土体应变计、土压计，其自动化遥测都建立在传感器的基础上。由于用途不同，传感器的形式和精度也不相同，可分为机械式、光敏式、磁式、电式传感器（又分为电压式、电容式、电感式），目前运用最多的是电式和磁式传感器。

光纤传感技术，光导纤维是以不同折射率的石英玻璃包层及石英玻璃细芯组合而成的一种新型纤维。它使光线的传播以全反射的形式进行，能将光和图像曲折传递到所需要的任意空间。它是近 20 年才发展起来的一种光传输材料，主要用于邮电通信、医疗卫生、国防建设等方面，在各领域的应用才刚刚开始，并受到各国研究机构的普遍重视，发展前景十分广阔。

光纤传感技术是以激光作载波，光纤作传输路径来感应、传输各种信息，是利用光纤对某些特定物理量的敏感性，将外界物理量转换成可直接测量的信号的技术。由于光纤不仅可以作为光波的传播媒质，而且光波在光纤中传播时表征光波的特征参量（振幅、相位、偏振态、波长等）因外界因素（如温度、压力、应变、磁场、电场、位移、转动等）的作用而间接或直接的发生变化，从而可将光纤用作传感元件来探测各种物理量。光纤传感器的基本原理，如图 6-6 所示。20 世纪 80 年代中后期开始，国外开展应用于测量领域的理论研究，在美国、德国、加拿大、奥地利、日本等国已应用于裂缝、应力、应变、振动等监测上。凡是电子仪器能测量的物理量，它几乎都能测量，如位移、压力、流量、液面、温度等。从 1990 年开始，国内在应用理论研究上有了较快发展，并获得多项相关专利。

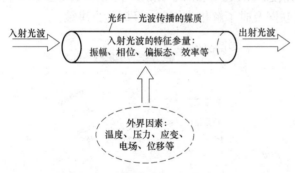

图 6-6　光纤传感器原理示意图

光纤传感技术具有如下几个优点：

① 传感和数据通道集为一体、便于组成远程监测系统，实现在线分布式监测；

② 测量对象广泛，适用于各种物理量的监测；

③ 体积小、质量轻、非电连接；

④ 灵敏度高；

⑤ 通信容量大，速度快，可远程测量；

⑥ 耐水性、电绝缘好，耐腐蚀，抗电磁干扰；

⑦ 频带宽，有利于超高速测量；

⑧ 自动化程度高，仪器利用率高，性能价格比优。

所以，光纤传感技术适用于建（构）筑物的温度、应力、位移、垂直位移等的测量，用以监测建（构）筑物关键部位的形变状况。尤其可以替代高雷区、强磁场区或潮湿地带等环境条件下的建（构）筑物监测工作。随着工程应用和不断改进，光纤传感技术在建（构）筑物及其他土木工程监测中应用将日益广泛。

（2）激光扫描技术

该技术在欧美等国家应用较早，我国已引进该技术。主要用于建（构）筑物变形监测以及实景再现，随着扫描距离的加大，逐渐向地质灾害调查方向发展。

该技术通过激光束扫描目标体表面，获得含有三维空间坐标信息的点云数据，精度较高。应用于变形监测，可以进行变形体测图工作，其点云数据可以作为变形体建模、监测的基础数据。

激光扫描技术提高了探测的灵敏度范围，减少了作业条件限制，克服了一定的外界干扰。它满足了变形监测的及时、迅速、准确的要求，同时也有自身的局限性，即激光设备要求用于直线形、可通视环境。

（3）GPS定位监测技术

GPS卫星定位技术已经渗透到科学技术的许多领域，尤其对测量界产生了深刻影响。GPS监测系统安全可靠，抗干扰能力强，具有"全天候、实时、全自动化监测"等优点，但由于SA政策和AS措施，目前民用GPS精度不高，难以满足建（构）筑物托换工程监测的要求。改善GPS定位的工作模式和数据处理方法，开发相应的软件以提高GPS精度，是建（构）筑物托换工程监测亟待解决的问题。

6.2 监测方案设计

托换工程监测方案是监测工作的实施性指导文件，监测方案的好坏在一定程度上可以决定托换工程的成败。因此，对建（构）筑物托换工程来说，为了有针对性的进行监测，以便为托换工程的设计、施工提供第一手的基础数据资料，务必制定出合理有效的托换工程监测方案。

监测方案设计是托换工程监测工作中非常重要的一项内容，方案设计的好坏将影响到托换工程监测实施的成本和效果，影响到各项监测成果数据的精度和可靠性。所以应当在充分掌握托换工程的各项基础资料和工程特点、设计方及业主方的具体监测要求的基础上，认真、仔细地进行监测方案设计。监测方案设计包括：相关工程资料的收集，监测系统、监测项目、测量方法的选择和确定，监测网布设，应达到的监测精度，监测周期的确定，监测结果处理要求和反馈制度等。

确定监测模型是托换工程监测方案设计的基础工作，通过对其诸多内力和变形影响因子的推断分析，可得到一个概略模型，由该模型计算出内力和变形的预计值及其时间特性。然后，以此为基础，可确定出监测精度、监测周期数、一周期允许的时间长短以及各监测周期间的时间间隔。但应注意，托换监测方案因建（构）筑物自身的具体特点而异，没有统一的模式。

建（构）筑物可由离散化的多个监测目标点来代表，监测目标点与监测参考点（即基准点）组合起来，便构成建（构）筑物托换监测的几何模型。参考点和目标点一般应定义在一个统一的坐标系中，根据目标点坐标随时间的变化可导出建（构）筑物的变形规律。

采用监测技术获取建（构）筑物的内力、变形等性能及其随时间变化的特征，应确定以下几项内容：

（1）描述或确定建（构）筑物状态所需要的监测精度。对于监测网而言，则为确定出监测目标点坐标或坐标差所应达到的允许精度。

（2）所要施测的次数（监测频率）和各次监测之间的时间间隔。

（3）进行一次监测所允许的监测时间。

以上三点在建（构）筑物托换监测方案设计中都应考虑。

6.2.1　监测方案的设计依据和设计原则

托换工程监测方案的设计应在充分收集相关资料的基础上进行，一般来说，在进行监测方案设计之前，应收集的资料有：原设计和施工文件，岩土工程勘察报告，检测与鉴定报告，使用及改扩建情况，托换设计和施工文件，工程场区地形图和气象资料，周边地下设施分布状况，周边受影响区内的建（构）筑物等的基础类型、结构形式、质量状况，最新监测元件和设备样本，国家现行的有关规定、规范、合同协议等；结构类型相似或相近工程的经验资料等。然后，在详细分析这些资料的基础上，按照以下原则进行监测方案设计：

（1）监测方案应以安全监测为目的，结合不同建（构）筑物的结构特点，针对监测对象安全稳定的主要指标进行方案设计。

（2）根据建（构）筑物的重要性和托换工程的复杂程度确定监测工作的规模和内容，各监测项目和测点的布置应能够比较全面地反映出建（构）筑物的性能和状态。

（3）设计科学、合理、实用的监测系统。采用切实可行的实用测试技术，选用效率高、可靠性强、有针对性的仪器和设备。托换工程监测系统通常采用两种以上方法，不同监测方法能相互佐证，以保证监测数据准确有效。现场监测的几种数据应能相互对照检查，不会因个别数据失效造成全部监测数据失效而需要重新建立一套新的监测体系。

托换工程现场监测一般由一种以专门仪器测量或专用测试元件监测为主的监测方法，以取得定量数据；同时应用一种简单直观的监测方法对照检查，以起到定性、补充的作用，保证现场监测结果能及时、真实、准确地反映托换工程的性状。

（4）为确保能提供可靠、连续的监测资料，各监测项目应能相互校验，以利于进行监测数据的处理计算、内力与变形分析和内力与变形状态及规律的研究。

（5）监测方案应在满足监测性能和精度要求的前提下，力求减少监测元件的数量和各测试用的电缆长度，减低监测频率，以降低监测成本。

（6）方案中临时监测项目（测点）和永久监测项目（测点）应相互衔接，一段时间后取消的临时项目应不影响长期监测和资料分析。

（7）在确保托换工程安全的前提下，确定各元件的布设位置和监测的测量时间，应尽量减少与托换工程施工的交叉影响。

(8) 按照国家现行的有关规定、标准编制监测方案，不得与国家规定、标准相抵触。

6.2.2 监测方案的设计步骤

监测方案的设计与编制，通常按如下步骤进行：

(1) 明确监测对象和监测目的；

(2) 收集编制监测方案所需的基础资料；

(3) 现场踏勘，了解周围环境；

(4) 编制监测方案初稿；

(5) 确定各类监测项目警戒值，并对监测方案初稿进行完善；

(6) 形成正式的监测方案。

正式的监测方案应送达托换工程建设有关的各方认定，认定后方可按监测方案实施，并将监测方案留存备档。

6.2.3 监测方案内容

托换工程的监测内容应视监测系统的类型、性质及监测目的的不同而异。要有明确的针对性，应全面考虑，以便方案的监测项目能正确地反映建（构）筑物状态信息的变化状况，达到安全监测和指导托换施工的目的。

对建（构）筑物托换工程，监测方案应包含以下主要内容：

(1) 监测目的；

(2) 工程概况；

(3) 监测内容和测点数据；

(4) 各类测点布置平面图；

(5) 各类测点布置剖面图；

(6) 各项目监测周期和频率的确定；

(7) 监测仪器、设备的选用和监测方法；

(8) 监测人员的配备；

(9) 各类警戒值的确定；

(10) 监测结果处理要求和反馈制度；

(11) 监测注意事项等。

1. 监测精度的确定

监测工作中各项监测项目监测精度的确定，取决于建（构）筑物的变形状态、结构重要性、变形允许值大小和监测目的等。一般来说，如果监测是为了确保托换工程中建（构）筑物的安全，则变形测量精度应达到允许变形值的 1/10～1/20 的精度水平；如果是为了研究托换工程中建（构）筑物变形的过程以指导后续施工，则测量精度还应更高。普遍的观点是，应采用所能获取的最好的测量仪器和技术，达到其最高的精度，变形测量的精度愈高愈好。但是由于监测精度直接影响监测成果的可靠性，同时也涉及监测方法和仪器设备，因而过高的监测精度标准也将会引起监测总费用的大幅度提高。为此，需根据建（构）筑物的具体特点、设计人员和业主的监测要求，合理确定托换工程的监测精度。

对于城市隧道穿越托换工程，隧道周边设施监测控制标准如表 6-1～表 6-8 所示。

建（构）筑物监测控制标准 表6-1

重要性等级 监控项目	一级	二级	三级	备 注
允许沉降控制值(mm)	≤15	≤20	≤30	
差异沉降控制值(mm)	≤5	≤8	≤10	指测点间的沉降差值，测点间距离一般为20m左右
沉降最大速率控制值(mm/d)	≤1	≤1.5	≤2	
倾斜率控制值	≤0.002	—	—	基础倾斜方向的沉降差值与基础长(或宽)之比

注：1. 以下各表适用于粉土、砂性土等较密实的土层的控制标准；
　　 2. 沉降平均速率为7d沉降数值的平均值。沉降最大速率为某一天的最大沉降值。

地下管线监测控制标准 表6-2

重要性等级 监控项目	一级	二级	三级
允许位移控制值(mm)	≤10	≤20	≤30
倾斜率控制值	≤0.002	≤0.005	≤0.006

注：同表6-1

城市道路沉降监测控制标准 表6-3

重要性等级 监控项目	一级	二级	三级
允许沉降控制值(mm)	≤10(停机坪) ≤20(其他)	≤30	≤40
沉降平均速率控制值(mm/d)	≤0.5(停机坪) ≤1(其他)	≤2	≤2
沉降最大速率控制值(mm/d)	≤1(停机坪) ≤2(其他)	≤3	≤4

注：同表6-1

城市桥梁监测控制标准 表6-4

重要性等级 监控项目	一级	二级	三级
桥梁墩台允许沉降控制值(mm)	≤15	≤25	≤30
纵向桥梁墩台差异沉降控制值(mm)	2	2	3
横向梁墩台差异沉降控制值(mm)	3	3	4
承台水平位移控制值(mm)	3	3	4

注：同表6-1

既有城市轨道交通结构监测控制标准 表6-5

重要性等级 监控项目	一级	二级	三级
隧道结构允许沉降控制值(mm)	≤5	≤10	≤20
隧道结构允许上浮控制值(mm)	≤5	≤5	≤5
隧道结构允许水平位移控制值(mm)	≤3	≤4	≤5
差异沉降控制值(mm)	≤1	≤2	≤4
位移平均速率控制值(mm/d)	1	1	1
位移最大速率控制值(mm/d)	1.5	1.5	1.5

注：同表6-1

既有城市轨道交通线路轨道、道床监测控制标准轨道交通线路轨道、道 表 6-6

监 控 项 目	控 制 标 准
轨道坡度允许控制值	1/2500
道床允许剥离量控制值(mm)	1
结构变形缝开合度控制值(mm)	5~7
轨道结构允许垂直位移量控制值(mm)	5~10

注：同表 6-1

既有城市轨道轨道地表沉降（隆起）监测控制标准 表 6-7

施工方法 监控项目	矿山法	盾构法
地表沉降(mm)	≤30(区间)和≤60(车站)	≤30
地表隆起(mm)	—	≤10
位移平均速率控制值(mm/d)	2	1
位移最大速率控制值(mm/d)	5	3

注：同表 6-1

既有铁路监测控制标准 表 6-8

监 控 项 目	控 制 标 准
路基沉降控制标准(mm)	10~30
路基位移平均速率控制标准(mm/d)	1.0
路基位移最大速率控制标准(mm/d)	1.5
轨道坡度允许控制标准	1/2500

注：同表 6-1

2. 监测部位和监测点的布置

托换工程的变形监测点分为基准点、工作基点和监测点。对于基准点，要求建立在影响范围以外的稳定区，要具有较高的稳定性，其平面控制点一般应埋设带有强制定位装置的监测墩；对于工作基点，要求这些点在监测期间稳定不变，用以测定各变形点的高程和平面坐标，同基准点一样，其平面控制点一般应用强制定位装置来设置标志；对于监测点，是直接埋设在被监测建（构）筑物上的监测点，其各点位应设置在能反映建（构）筑物状态（几何和物理性能）的特征部位，不但要求设置牢固，便于监测，还要形式美观，结构合理，不破坏建（构）筑物的外观，不影响建（构）筑物的托换施工和正常使用，通常用一些特制的埋设元件来表征。

托换工程监测点的布设应符合下列要求：

（1）桥梁托换工程

桥梁托换工程监测包括施工前监测、施工中监测和施工后监测，应对桥面构造、支撑构造的变形及内力变化提供实时数据。

① 应在桥面、盖梁、墩台、承台等处应布置水准测量点。

② 在连续梁的跨端、跨中及四分之一跨处应设置应变测点，对于固定的墩及钢架结构，应变测点应根据计算分析设于内力最大处。

③ 在产生相对位移的构件上应设置位移监测点。

④ 斜拉索更换时，监测索位移应符合设计规定。

⑤ 吊杆更换时应监测吊杆长度、吊杆拉力、位置和高程。

⑥ 主缆防护应监测缠丝间距、缠丝张力和防护层厚度。

（2）城市隧道穿越托换工程

对于城市隧道穿越托换工程，监测对象为被托换的建（构）筑物及周边工程设施，监测内容包括整体监测、局部监测和结构监测。整体监测包括整体沉降、倾斜、变形、裂缝等，局部监测包括局部裂缝、变形、沉降等，同时应根据需要进行结构构件应力监测。穿越既有地铁线和地面铁路时，应对结构、道床和轨道进行托换施工全过程的监测。

① 应根据被托换建（构）筑物的重要程度、地基基础类型、结构形式和现状、托换位置和方式、隧道施工穿越时间和托换时间等因素布置监测点。监测点的布置应方便监测。

② 烟囱、水塔等高耸构筑物，应在其基础周边对称布置监测点。

③ 城市桥梁应在桥墩、盖梁、梁、板结构上布置监测点。

④ 地下管线应在管线的接头处及管线对变形敏感部位布点。

⑤ 有压管线和抗变形能力差、质量现状差的管线应重点布点监测。

⑥ 当采用桩梁式托换体系主动托换方式时，监测布点每梁应不少于三点，每柱和桩头应不少于一点。在可能产生局部倾斜的位置应布点。

⑦ 当为被动托换方式时，监测布点每柱不少于 1 点，在可能产生局部倾斜的位置应布点。

（3）建筑物托换工程

建筑基础和建筑主体以及墙、柱等的变形监测，应按一定周期测定其变形值。观测周期应根据荷载情况、设计、施工要求确定。

① 基础托换时，变形的测点应沿基础轴线或边线布设，每一轴线或边线上不得少于 3 点。

② 上部结构托换监测变形时，监测点应布置在拆除施工影响范围之外，每个构件的测点数不得少于 3 点，并分别布置于构件两端和跨中某特征点。

③ 应对托换结构或构件及影响构件进行裂缝监测，裂缝监测一般包括裂缝宽度、深度、长度、走向及其变化，裂缝宽度不得超过相关国家现行规范要求。

3. 监测频率的确定

监测频率的确定取决于建（构）筑物变形状态、允许变形值和托换施工时的变形（沉降和倾斜）速率以及监测的目的。通常要求变形监测的次数既能反映出变化的过程，又不遗漏变化的时刻。应合理确定监测频率，以确保建（构）筑物的内力和变形在控制范围内，避免安全事故的发生。

托换施工过程中的监测应根据施工进度及时进行，对特别重要的建（构）筑物，施工作业时应加大监测频率或采用计算机智能系统进行实时监测控制。

4. 监测周期的确定

托换工程监测的监测周期，应根据建（构）筑的特点和重要性、变形速度和变形监测的精度要求确定。某些受外界影响较大的监测项目，还必须结合外界条件的变化，如工程地质条件等因素综合考虑；同时，还应根据建（构）筑物变形量的变化情况，适当调整监测周期。当三个监测周期的变形量小于监测精度所确定的允许值时，可作为无变形的稳定限值。

对于重要的建（构）筑物，托换工程完工后尚应继续监测，时间应满足工程技术要求和相关标准的规定。

6.3 沉降监测

6.3.1 沉降监测方法

目前，沉降监测最常用的方法有几何水准测量法和液体静力水准测量法。建（构）筑物沉降监测是用水准测量的方法，周期性地监测建（构）筑物上的沉降监测点和水准基点之间的高差变化值。对于中小型厂房、土工建（构）筑物沉降监测可采用普通水准测量；对于高大重要的混凝土建（构）筑物，例如大型工业厂房、高层建（构）筑物等，要用精密水准测量的方法。

6.3.2 沉降监测布置

建（构）筑物沉降监测布设主要包括水准基点的布设、沉降监测点的布设。

1. 水准基点的布设

水准基点是固定不动且作为沉降监测高程基准点的水准点。它是监测建（构）筑物地基及主体变形的基准，一般设置三个（或三个以上）水准点构成一组，同时在每组水准点的中心位置设置固定测站，经常测定各水准点间的高差，用以判断水准基点的高程有无变动。通常水准基点应设置在建（构）筑物变形影响范围之外的地方。水准基点在布设时必须考虑下列因素：

（1）根据监测精度的要求，应布置成网形最合理、测站数最少的监测环路。

（2）在整个水准网里，应有四个埋设深度足够的水准基点作为高程起算点，其余的可埋设一般地下水准点或墙上水准点。施测时可选择一些稳定性较好的沉降点，作为水准线路基点与水准网统一监测和平差。因为施测时不可能将所有的沉降点均纳入水准线路内，大部分沉降点只能采用安置一次仪器直接测定，因为转站会影响成果精度，所以选择一些沉降点作为水准点极为重要。

（3）水准基点应根据建筑场区的现场情况，设置在较明显且通视良好保证安全的地方，并且要求相互间便于进行联测。

（4）水准基点应布设在拟监测的建（构）筑物之间，距离一般为20～40m，一般工业与民用建（构）筑物应不小于15m，较大型并略有震动的工业建（构）筑物应不小于25m，高层建（构）筑物应不小于30m。总之，应埋设在建（构）筑物变形影响范围之外，不受施工影响的地方。

（5）监测单独建（构）筑物时，至少布设三个水准基点，对建筑面积大于500m² 或高层建筑，则应适当增加水准基点的个数。

（6）一般水准点应埋设在冻土线以下0.5m 处，设在墙上的水准点应埋在永久性建（构）筑物上，且离地面高度约为0.5m。

（7）水准基点的标志构造，必须根据埋设地区的地质条件、气候情况及建（构）筑物的重要程度进行设计。对于一般建（构）筑物沉降监测，可参照测量规范中二、三等水准的规定进行标志设计与埋设；对于高精度的变形监测，需设计和选择专门的水准基点标志。

2. 沉降监测点的布设

沉降监测点的布设位置和数量的多少，应以能准确反映建（构）筑物沉降情况并结合建（构）筑物场地的地质情况、周边环境及建（构）筑物的倾斜情况、结构特点和托换要求等情况而定，可较新建建（构）筑物适当增加观测点。

沉降监测点点位宜选设在如下部位：

（1）沉降监测点应布置在建（构）筑物基础和本身沉降变化较显著的地方，并考虑到在托换施工期间和竣工后，能顺利进行监测的地方。

（2）在建（构）筑物四周角点、中点及内部承重墙（柱）上均需埋设监测点，并应沿房屋周长每间隔 3～5m 设置一个监测点，工业厂房的每根柱均应埋设监测点。

（3）由于相邻建筑与周边环境之间相互影响的关系，在高层和低层建（构）筑物、新老建（构）筑物连接处，以及在相接处的两边都应布设监测点。

（4）在人工加固地基与天然地基交接和基础砌筑深度相差悬殊处，以及在相接处的两边都应布设监测点。

（5）当基础形式不同时，需在结构变化位置埋设监测点。当地基不均匀、可压缩性土层的厚度变化不一时需适当埋设监测点。

（6）在震动中心基础上也要布设监测点，在烟囱、水塔等刚性整体基础上，应不少于三个监测点。

（7）当宽度大于 15m 的建（构）筑物在设置内墙体的监测标志时，应设在承重墙上，并且要尽可能布置在建（构）筑物的纵横轴线上，监测标志上方应有一定的空间，以保证测尺直立。

（8）重型设备基础四周及邻近堆置重物之处，即在大面积堆荷的地方，也应布设监测点。

采用增大基础底面积法进行防复倾加固时，浇筑基础应根据沉降监测点的相应位置，埋设临时的基础监测点。在监测期间如发现监测点被损毁，应立即补埋。

6.3.3　沉降监测频率

沉降监测频率应根据建（构）筑物的特征、变形速率、监测精度和工程地质条件等因素综合考虑，并根据沉降量的变化情况适当调整。高层建筑在突然发生较大裂缝或大量沉降等特殊情况下，应增加监测次数。当建（构）筑物沉降速度达到 0.01～0.04mm/d 即视为稳定。要根据托换工程具体情况调节监测频率，如地面荷重突然增加、长时间连续降雨等一些对高层建筑有重大影响的情况；也可以根据监测时得出的变形速率确定下一步的监测频率。

6.3.4　沉降监测精度

沉降监测精度的确定，取决于建（构）筑物重要性等级、沉降速率和允许沉降量的大小及监测目的。由于建（构）筑物的种类较多，托换工程复杂程度不同，监测周期各异，所以对沉降监测精度制定出统一的规定是十分困难的。根据国内外资料分析和实践经验，按照国家标准《建筑变形测量规范》JGJ 8 的要求，对建（构）筑物托换工程沉降监测的精度要求应控制在建筑允许变形值的 1/10～1/20 之间。

一般来说，应根据建（构）筑物的特性和业主单位的要求等选择沉降监测精度的等级。在无特殊要求的情况下，一般建（构）筑物托换施工，应采用二等以上水准测量的监测方法进行监测，以满足沉降监测工作的精度要求。其相应的各项监测指标要求如下：

（1）往返较差、附合或闭合线路的闭合差：$f_h \leqslant 0.30 \sqrt{n}$mm（其中 n 表示测站数）；

（2）前、后视距：每站的后视距离、前视距离均小于等于 30m；

（3）前、后视距差：每站的后视距离与前视距离之差小于等于 1.0m；

（4）前、后视距累积差：各站后视距离与前视距离之差的累计值小于等于 3.0m；

（5）沉降监测点相对于后视点的高差容许差小于等于 0.5mm；

（6）水准仪的精度不低于 N2 级别。

6.3.5 沉降监测数据采集

高层建筑的沉降监测，通常使用精密水准仪配合铟瓦钢尺来施测，在监测之前应当对使用的水准仪和水准尺进行检校。在水准仪的检校中，应当对影响精度最大的 i 角误差进行重点检查。在施测的过程中应当严格遵循国家二等水准测量的各项技术要求，将各监测点布设成闭合环或附合水准路线，并需联测到水准基点上。沉降监测是一项较长期的系统监测工作，为了提高监测的精度，保证监测成果的正确性。同时为了正确地分析变形的原因，监测时还应当记录荷载重量变化和气象情况。这样可以尽量减少监测误差的不定性，使所测的结果具有统一的趋向性，保证各次监测结果与首次监测的结果具有可比性，使所监测的沉降量更真实。

对高层建筑沉降数据的采集，应根据编制的沉降监测方案及确定好的监测周期进行施测，然后采集各期完整的沉降监测数据。

6.3.6 沉降监测成果整理

1. 整理原始监测记录

每次监测结束后，应检查记录表中的数据和计算是否正确，精度是否合格；如果误差超限，则需重新监测，然后调整闭合差，推算各监测点的高程，列入成果表中。

2. 计算沉降量

根据各监测点本次所测高程与上次所测高程来计算两次高程之差，同时计算各监测点本次沉降量、累计沉降量和沉降速率，并将监测日期和荷载情况等记入监测成果表（表6-9）。

3. 绘制沉降曲线

为了更清楚地表示沉降量与时间之间的关系，应绘制各监测点的时间与沉降量的关系曲线，作为评定各点沉降变形的依据，并根据各点沉降变形的结果综合评定整个建（构）筑物的下沉情况。

时间与沉降量的关系曲线以沉降量为纵轴，时间为横轴。根据每次监测日期和相应的沉降量按比例绘出各点的位置，然后将各点依次连接起来，并在曲线上注明监测点号码。

4. 沉降监测资料

（1）基准点布置图；

（2）沉降监测点布置图；

（3）沉降监测记录表；

（4）沉降量—时间关系曲线；

（5）沉降监测分析与评价报告。

表 6-9

建（构）筑物沉降监测记录

工程名称：　　　　　　　建设单位：　　　　　　　施工单位：　　　　　　　测量单位：

结构形式：　　　　　　　建筑层数：　　　　　　　仪器型号：　　　　　　　起算点号：　　　　　　　起算高程：

监测日期	初次 年月日	第 次 年 月 日 时					第 次 年 月 日 时					第 次 年 月 日 时					第 次 年 月 日 时				
测点编号	高程 (m)	本次高程 (m)	本次下沉量 (mm)	累计下沉量 (mm)	下沉速度 (mm/d)		本次高程 (m)	本次下沉量 (mm)	累计下沉量 (mm)	下沉速度 (mm/d)		本次高程 (m)	本次下沉量 (mm)	累计下沉量 (mm)	下沉速度 (mm/d)		本次高程 (m)	本次下沉量 (mm)	累计下沉量 (mm)	下沉速度 (mm/d)	
平均值																					
监测间隔时间																					
监测人																					
记录人																					
备注	测点平面示意图																				

第　页　共　页

360

6.4 裂 缝 监 测

在托换施工过程中，如处理不当将导致结构构件因变形或应力过大而产生裂缝。建（构）筑物出现裂缝时，除了要增加变形监测次数外，还应立即进行裂缝监测，以掌握裂缝发展趋势。同时，要根据变形监测和裂缝监测的数据资料，研究和查明变形的特性及原因，用以判定建（构）筑物是否安全。

6.4.1 裂缝监测方法

托换工程的裂缝监测分静态监测和动态监测。裂缝静态监测可采用裂缝宽度对比卡、塞尺和裂纹观测仪等监测裂缝宽度，用钢尺等度量裂缝长度，用贴石膏片的方法监测裂缝的发展变化。

裂缝动态监测宜采用声发射监测系统，对反映裂缝存在及扩展的位移、应变、倾斜度、裂缝宽度等几何参量进行监测，亦对裂缝或裂纹的活动性、发展性以及对悬吊桥、后张力桥的缆索、缆丝崩断等状态变化进行监测。

声发射监测是利用结构裂缝扩展或断裂导致材料内部瞬态塑性变形产生声发射的原理对裂缝的活动与发展状况进行实时在线监测。声发射系统具有蓄势待发捕捉瞬态突发裂缝扩展信号的能力并可根据监测的信号到达不同通道的时间差，实现对裂缝变化状况的监测与定位。

声发射系统由多通道的传感器，前置放大器及计算机控制的集信号调理、采集、处理、分析于一体的信号采集处理器组成。声发射系统各个通道必须具有时钟同步与独立阈值触发功能，以保证准确地记录每个通道捕捉到同一个瞬态信号的时间差。系统性能应满足如下条件：

1）系统信号采集处理单元的动态范围应不小于72dB；

2）数字化分辨率应不小于16位；

3）数据采集速度应至少为最大感兴趣频率的5倍以上（含5倍）。

4）通道间的时钟同步误差应不大于$0.25\mu s$；

5）声发射监测传感器到前置放大器的电缆长度应不大于2m；

6）声发射系统应具有至少一个通道的外参数（荷载、应变、位移等）采集功能；

7）外参数通道应具有与声发射通道时间同步的特性。

此外，声发射系统性能尚应满足《金属压力容器声发射检测及结果评价方法》GB/T 18182、《无损检测常压金属储罐声发射检测及评价方法》JB/T 10764及《建（构）筑物托换技术规程》CECS 295：2011的相关要求。

根据监测对象与结构材料的不同，通常按以下原则选用声发射传感器、相应的滤波器及声发射定时参数（PDT—峰值定义时间；HDT—撞击定义时间；HLT—撞击闭锁时间）：

1）钢结构的监测宜选用频率为150kHz或300kHz的共振型或宽带传感器；PDT—$200\mu s$；HDT—$800\mu s$；HLT—$1000\mu s$。

2）混凝土结构的监测宜选用频率为30kHz或60kHz共振型或宽带传感器；PDT—$500\mu s$；HDT—$1000\mu s$；HLT—$2000\mu s$。

3）悬吊桥、后张力桥缆索、缆丝的监测宜选用频率为 20kHz 以下的共振型传感器；PDT—1000μs；HDT—2000μs；HLT—10000μs。

裂缝声发射动态监测可在托换前、托换过程及托换完成后等不同阶段进行：

1）托换前的裂缝监测主要是对关键部位或可见裂缝进行筛选普查，以确定重点观测部位并建立托换前裂缝状态档案。由此为托换后的比对检验提供参考基准。

2）托换中的裂缝监测主要是对一些关键部位与薄弱环节进行实时观察，以判断托换过程或托换施工是否对结构带来损伤。

3）托换后的裂缝监测主要包括在托换后的荷载试验过程中对关键部位的监测及此后对结构的长期监测。

根据建（构）筑物状况、托换过程、技术条件等因素的不同，声发射监测可按如下步骤进行：

1）声发射监测前，确定适当的监测模式。

2）待监测部位确定后，通过现场观察确定传感器的数量与安放位置。

在已知裂缝位置时，传感器应尽量靠近被监测的区域；当裂缝位置不确定或被监测的部位尺寸较大时，传感器的最大间距应根据现场信号衰减测试确定。

3）由传感器位置向远离传感器的方向进行信号衰减特性的测量。

信号源可为手持式模拟声发射信号发生器、中心冲或活动铅笔断铅信号。在沿远离传感器的方向每隔 250mm 为一激励信号点，每一点激励 3 次。记录每次信号的幅度，直至信号幅度相对于传感器处的信号幅度衰减 30 分贝（dB）或以上。衰减特性测试的路径应不包含裂缝、孔洞及结构不连续的部位。传感器间的最大间距，可定为信号衰减 30dB 时距离的两倍。衰减特性的检查结果应以表格或曲线的方式记录于监测报告中。

4）根据结构形状及被监测部位的不同，确定传感器排放布置方式。

5）将传感器直接附着于钢材与混凝土材料表面或油漆层上。

应保证表面平整无灰尘、无腐蚀、无离散的突起颗粒。对混凝土结构，传感器附着部位应是密实的。当上述条件无法满足时，应对表面进行平整处理或改变传感器附着位置。

6）在结构表面与传感器之间涂覆真空脂、凡士林或黄油等耦合剂。

耦合剂的用量应以传感器被挤压后能观察到少许从传感器边缘溢出的耦合剂为宜。

7）可靠固定传感器，保证传感器与结构接触表面不存在相对位移。

对钢结构监测可使用磁性吸座固定传感器；对混凝土结构监测可使用强力胶、环氧树脂粘结，绷带、胶带包缠等方式固定传感器；连接传感器的信号线亦应有效固定，避免信号线晃动引入噪声。

8）在正式监测前，应对传感器的耦合状况及声速进行现场检验。在监测完成后，还应对系统及传感器的耦合性能进行复查确认。

耦合检验可采用手持式模拟声发射信号发生器或折断铅笔芯的方式（铅笔芯硬度应为 HB 或以上，铅笔芯突出长度约为 2.5～3mm。）在距被测传感器 20mm 处激励产生声发射源以观察接收信号的大小及耦合状态。在耦合良好的情况下，声发射幅度应达到或接近由特定信号源所能获得的最大值且每一通道三次幅度响应之间的误差应不超过±2dB。

声速的测量可在已知两个传感器距离的情况下，在其中之一的传感器处用手持式模拟声发射信号发生器、中心冲或折断铅笔芯方式产生声发射信号并由所测得的信号到达两个传感器的时间差计算出声速。

9) 声发射监测的阈值应根据监测目的、载荷过程及现场背景噪声的实际情况来确定。声发射监测的阈值设置的基本原则为：

(1) 在结构不受任何附加荷载的情况下，最低阈值应高于背景噪声，亦即声发射系统在此时不会被触发并采集数据。

(2) 在轻载或正常运行荷载，如桥梁正常交通流量及非重载车辆通行的情况下，阈值的设置应保证每一通道所接收的声发射信号数或声发射率应不大于每秒 1 个或每分钟 60 个。

(3) 在进行重载或超重荷载监测时，根据轻载或正常运行荷载的条件设置阈值。

(4) 除断缆、断丝监测外，声发射监测的阈值不宜大于 60dB。如监测时背景噪声大于 60dB，则应找出噪声源并实施降低噪声的措施或对声发射系统采用适当滤波后再进行监测。

10) 根据具体监测要求与现场状况，确定声发射监测时间。

在满足监测设计要求的前提下，可按现场状况及下述原则确定声发射监测时间：

(1) 当用于普查、筛选重点监测部位时，每一测点的监测时间可在几分钟至几十分钟。在监测的时间区段内应保证有正常或高于正常的荷载。

(2) 当对重点或灾损部位进行跟踪监测时，监测时间可为数小时至数天。

(3) 当对托换过程进行监测时，监测时间应从托换开始起到托换结束止。

(4) 在静载荷试验监测时，整个试验过程应至少包括两次重复的加载-卸载过程。且第二次荷载的最大值应不小于第一次的最大值。荷载加到最大值并保持至少 5min 后方可卸载。静态荷载应逐渐、缓慢的施加或卸除。荷载过程应有详细记录。声发射监测应持续到最后一次卸载完全结束。

(5) 当进行声发射长期监测时，监测时间为数月至数年的，每天 24h 监测。

6.4.2 裂缝监测布置

裂缝监测点，应根据裂缝的走向和长度分别布设，并统一进行编号。每条裂缝应至少布设两组监测点，其中一组应在裂缝的最宽处，另一组在裂缝的末端，且每组应使用两个对应的标志，分别设在裂缝的两侧。

建（构）筑物裂缝监测，需测定各裂缝的位置、走向、长度、宽度及变化情况。

6.4.3 裂缝监测频率

裂缝监测频率应根据裂缝位置、裂缝变化速度而定。裂缝发生和发展期，应增加监测次数；当发展缓慢后，可适当减少监测。

6.4.4 裂缝监测数据采集

裂缝处应用油漆画出标志，或在混凝土表面绘制方格坐标网，进行测量。对重要的裂缝，应在适当的距离和高度处设立固定监测站进行地面摄影测量。

根据裂缝分布情况，在裂缝监测时，应在有代表性的裂缝两侧各设置一个固定的监测标志（图 6-7），然后定期量取两标志的间距，即可得出裂缝变化的尺寸（长度、宽度和深度）。

墙面上的裂缝，可采取在裂缝两端设置石膏薄片，使其与裂缝两侧固联牢靠，当裂缝裂开或加大时石膏片亦裂开，监测时可测定其裂口的大小和变化。还可以采用两铁片，平等固定在裂缝两侧，使一片搭在另一片上，保持密贴。其密贴部分涂红色油漆，露出部分涂白色油漆，如图 6-8 所示。这样即可定期测定两铁片错开的距离，以监视裂缝的变化。

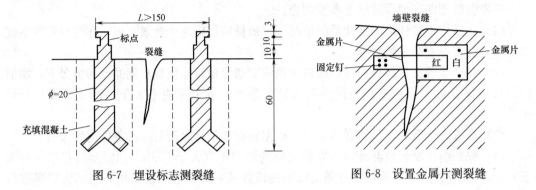

图 6-7　埋设标志测裂缝　　　　　　图 6-8　设置金属片测裂缝

6.4.5　裂缝监测成果整理

建（构）筑物的裂缝监测成果一般包括下列资料：

（1）裂缝分布图。将裂缝画在混凝土建（构）筑物的结构图上，并注明编号。

（2）裂缝观测成果表。对于重要和典型的裂缝，可绘制出大比例尺平面或剖面图，在图上注明监测成果，并将有代表性的几次监测成果绘制在一张图上，以便于分析比较。

（3）裂缝变化曲线图。包括裂缝长度、宽度等变化情况。

6.5　应　力　监　测

6.5.1　应力监测内容

对于钢筋混凝土结构，应力监测内容主要包括关键结构构件关键部位的混凝土应力和钢筋应力监测。

6.5.2　应力监测布置

根据建（构）筑物的结构形式、结构特点、应力分布状况及托换施工状况，合理布置应力监测点，并与沉降监测、倾斜监测等结合布置，使监测成果能反映关键部位关键结构构件的应力分布、大小和方向，并与模型计算结果或试验成果进行对比，以确保托换过程建（构）筑物安全可靠。

6.5.3　应力监测设备

目前，钢筋或混凝土应力监测通常采用电阻应变片、振弦式应变计、压电元件、光纤光栅传感器等，其性能比较见表 6-10。

常用监测智能材料和传感器性能比较　　　　　　表 6-10

指标	智能材料及传感元件						
	光导纤维	形状记忆合金	压电元件	电阻应变丝（箔）	疲劳寿命丝（箔）	碳纤维	半导体元件
加工工艺与成本	中等	中等	中等	低	中等	较低	中等
技术成熟性	良好	良好	好	好	良好	良好	良好

指标	智能材料及传感元件						
	光导纤维	形状记忆合金	压电元件	电阻应变丝(箔)	疲劳寿命丝(箔)	碳纤维	半导体元件
分布测量(成网)	是	是	是	是	是	是	是
嵌入性(兼容性)	优	优	优	良	良	良	优
线性度	优	良	优	优	良	良	优
灵敏度	优	优	优	良	良	良	优
变形能力	优	优	优	优	优	良	良
性能稳定性	优	良	优	良	良	优	优
耐久性	优	中	良	中	中	优	良
监测参数	多	少	少	少	少	多	多
响应频率带宽	宽	窄	宽	窄	窄	宽	宽
需外部设备量	多	少	少	少	少	多	多

6.6 位 移 监 测

6.6.1 位移监测方法

位移（或挠度，以下简称位移）监测是测定托换工程在空间位置上随时间变化的移动量和移动方向。通常，建（构）筑物的位移监测，只需测定其在某一特定方向上的位移量，可采用视准线法、激光准直法和测边角法等方法。

6.6.2 位移监测布置

位移监测点应结合托换工程的结构形式、平面形状、地基等情况确定，通常布置在以下部位：

1）建（构）筑物的主要墙角和柱基上以及建筑沉降缝的顶部和底部；

2）当建（构）筑物开裂时，主要裂缝两边；

3）大型构筑物的顶部、中部和底部；

4）竖向主要构件的顶部、中部和底部；

5）水平主要构件的两端和中部。

6.6.3 位移监测频率

位移监测频率（周期），应根据托换工程需要、场地的工程地质条件综合确定。

6.6.4 位移监测精度

位移监测精度的确定，取决于托换工程变形允许值的大小及监测的目的，其精度应满足相关标准规范的有关要求。

6.6.5 位移监测成果整理

1）整理原始监测记录

每次监测结束后，应检查记录表中的数据和计算是否正确，精度是否合格；如果误差超限，则需重新监测，并记列入成果表中。托换工程施工过程中，当监测发现有过大的位移产生时，应停止托换施工，立即采取措施限制位移的发展，进一步分析原因及对结构安全性的影响程度。

2）位移监测资料

（1）位移监测记录表（成果表）；

（2）位移监测点布置图；

（3）位移曲线；

（4）位移监测分析报告。

6.7 自动实时监测

6.7.1 监测方案设计原则

（1）实用性

自动监测系统应能满足建（构）筑物托换工程施工监测的需要，便于维护和扩充，每次扩充时不影响已建系统的正常运行，并能针对托换工程的实际情况兼容各类传感器和常用测量设备。

能在工程现场气候和环境条件下正常工作，能防雷和抗电磁干扰，系统中各量测值宜变换为标准数字量输出。

系统操作简单，安装、埋设方便，易于维护。

（2）可靠性

保证系统稳定、耐用，监测数据具有可靠的精度和准确度，能自检自校及显示故障诊断结果并具有断电保护功能；同时具有独立于自动测量仪器的人工监测接口。

（3）先进性

自动监测系统的原理和性能应具备先进性。根据需要，采用先进技术手段和元器件，使系统的性能指标达到先进水平。

（4）经济性

系统应价格低廉，经济合理，在同样监测功能下，性能价格比最优。除能在线及时测量和处理数据外，还应具有离线输入接口。

6.7.2 监测方案设计

1）监测布置

自动监测布置应根据托换工程的监测内容和监测目的确定。要有针对性，能正确反映建（构）筑物状态信息的变化状况，以保证托换工程安全施工。监测系统布置主要包括以下两种结构形式：

（1）集中式

集中式系统是将传感器通过集线箱或直接连接到采集器的一端进行集中监测。在这种系统中，不同类型的传感器要用不同的采集器控制测量，由一条总线连接，形成一个独立的子系统。系统中有几种传感器，就有几个子系统和几条总线。

所有采集器都集中在主机附近，由主机存储和管理各个采集器数据。采集器通过集线箱实现选点，如直接选点则可靠性较差。

（2）分布式

分布式系统是把数据采集工作分散到靠近较多传感器的采集站（测控单元）来完成，然后将所测数据传送到主机。这种系统要求每个监测现场的测控单元应是多功能智能型仪器，能对各种类型的传感器进行控制测量。

在这种系统中，采集站（测控单元）一般布置在较集中的测点附近，不仅起开关切换作用，而且将传感器输出的模拟信号转换成抗干扰性能好、便于传送的数字信号。

2）监测系统构成

（1）电缆

监测系统的不同部位和不同仪器需要连接不同规格的电缆。

（2）传感器

常用传感器包括电子水准仪、经纬仪、全站仪、静力水准仪、垂线仪、倾斜仪、测缝计、多点位移计、应变计、温度计、百分表等各种仪器，可感应建（构）筑物的变形、应力、温度等各种物理量，将模拟量、数字量、脉冲量、状态量等信号输送到采集站。通常选择对建（构）筑物托换安全起重要作用且人工监测又不能满足要求的关键测点纳入自动化监测系统，同时纳入自动监测系统的仪器，应预先经过现场可靠性鉴定，证明其工作性态正常。

（3）采集站（采集箱）

采集站由测控单元组成，通过选配不同的测量模块，实现对各种类型传感器的信号采集，并将所有监测结果保存在缓冲区中。

在断电、过电流引起重启动或正常关机时保留所有配置设定的信息，并具有防雷、抗干扰、防尘、防腐功能，能适用于恶劣温湿度环境。

可根据确定的监测参数进行测量、计算和存储，并有自检、自动诊断功能和人工监测接口。除与主机通讯外，还可定期用便携式计算机读取数据。根据确定的记录条件，将监测结果及出错信息与监控中心进行通信。

（4）监控中心

一个工程项目设一个监控中心。监控中心能实现以下功能：

① 数据自动采集、分析、处理与管理；

② 数据检查校核，包括软硬件系统自身检查、数据可靠性和准确度检查等；

③ 数据存储、记录、显示、打印、查询等；

④ 数据传输与通讯；

⑤ 安全评价、预报及报警等。

3）数据通讯

自动监测数据通讯有以下几种方式：

（1）有线通讯

在传感器与采集站之间通常采用有线通讯，根据传感器种类不同可采用不同的电缆。在短距离情况下，这种方式设置简便、抗干扰能力强、工作可靠性高。一般适用于有效通讯距离约 3km。

（2）光纤通讯

光纤通讯也属于有线通讯的范畴，但通讯介质不是金属，而是光缆，传送信息的媒体是激光。光纤通讯具有较强的抗电磁干扰和防雷电能力。一般适用于有效通讯距离约 15km 的情况。

（3）无线通讯

无线通讯传送高频电磁波，不受电力系统干扰，也不受雷电对线路的袭击。无线通讯具有很好的跨越能力，一般适用于有效通讯距离约 30km。

4）报警准则

(1) 进行实时监控和报警；

(2) 报警系统应可靠、有效；

(3) 分级报警，即建立高低两次报警制度；

(4) 将错误报警减至最少，保证真实报警能全部发送。

6.8 监测资料与监测报告

6.8.1 监测资料整理

1）检查野外监测记录；

2）计算有关的监测结果；

3）绘制各种变形曲线。

资料检核是比较重要的工作。监测完成后应检查各项原始记录，检查各项监测值的计算是否错误。

6.8.2 监测资料分析与处理

1）定性及成因分析。即对倾斜建（构）筑物加以分析，找出建（构）筑物变形产生的原因和规律。

2）统计分析及定量分析。根据定性分析结果，对所测数据进行统计分析，从中找出变形规律，必要时推导出变形值与有关影响因素的函数关系。

3）预报和安全判断。在定性定量分析的基础上，根据所确定的变形值与有关影响因素之间的函数关系，预测建（构）筑物未来的变形范围，并判断建（构）筑物的安全性等。

6.8.3 监测资料提交

监测结束后，应根据工程需要，提交下列有关资料：

1）监测点布置图；

2）监测成果表；

3）变形曲线图、应力曲线图等；

4）监测成果分析报告等。

6.8.4 监测报告

托换工程监测报告一般在托换工程完成后提交，但每次监测数据成果需进行分析，并递交建设方、设计方、监理方等相关单位。建（构）筑物的沉降量、沉降差、变形（挠度）等应在规范容许范围之内，如有数据异常，应及时报告有关部门，及时采取措施处理安全和质量隐患。若数据正常，应在竣工后将监测资料及数据分析判定得出的结论，提交给建设方作为质量验收的依据之一。

监测报告应包括以下内容：

1）工程项目名称；

2）委托人：委托单位名称（姓名）、地址、联系方式等；

3）监测单位：监测单位名称、地址、法定代表人、资质等级、联系方式等；

4）监测目的；

5）监测起始日期及监测周期；

6）项目概况：托换工程地质情况、现状描述等；

7）监测依据：执行的技术标准、有关本地区建（构）筑物变形监测实施细则等法规依据、其他依据等；

8）监测方法及相关监测数据、图表说明，主要有以下几个方面：

（1）监测点等监测要素说明；

（2）监测方法及测量仪器的说明；

（3）监测精度确定及依据；

（4）监测周期和频率的确定；

（5）监测数据处理原理与方法；

（6）警戒值的确定及依据；

（7）具体监测过程说明。

9）监测成果：

（1）监测成果表及其说明；

（2）监测点布置图；

（3）变形关系曲线图、内力关系曲线图等。

10）监测注意事项；

11）其他需要说明的事项。

6.9 工程实例

实例 1：某商住楼剪力墙混凝土置换监测

1. 工程概况

某小区商住楼为剪力墙结构，地下 1 层，地上 18 层，层高 2.8m，建筑总高度 50.4m。该楼 7 层①～⑥轴范围内（见图 6-9 阴影部分）混凝土由于施工原因，质量存在缺陷，最高强度仅为 15.5MPa，不满足设计强度（C30）要求。

发现质量问题后没有及时处理，在不拆模的情况下已施工到 10 层，现对 7 层质量缺陷混凝土进行置换处理。

2. 托换结构设计

为了将 8 层及以上的荷载有效地传递到 6 层结构中，保证 7 层混凝土置换施工过程中上部结构不产生较大变形而发生破坏，本工程托换结构采用钢结构。

荷载传递立柱采用 I 型钢，立柱间距为 500～

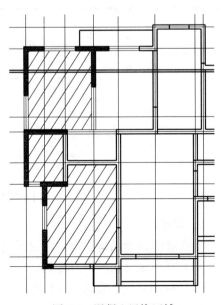

图 6-9 混凝土置换区域

1000mm，可根据上部荷载和墙体开洞情况适当调整。立柱上端与穿过 8 层剪力墙的小横梁连接，下端与穿过 6 层剪力墙的小横梁连接，如图 6-10 所示。

8 层横穿剪力墙的小横梁上表面与剪力墙墙洞上边之间填充约 20mm 的灌浆料。6 层横穿剪力墙的小横梁下表面与剪力墙墙洞下边之间填充约 20mm 的灌浆料。为了减小小横梁的变形，在小横梁下面增加牛腿，牛腿通过锚栓固定在剪力墙上。

为了增加立柱平面稳定，防止发生侧向变形，在相邻立柱间增设一道水平撑和斜撑。

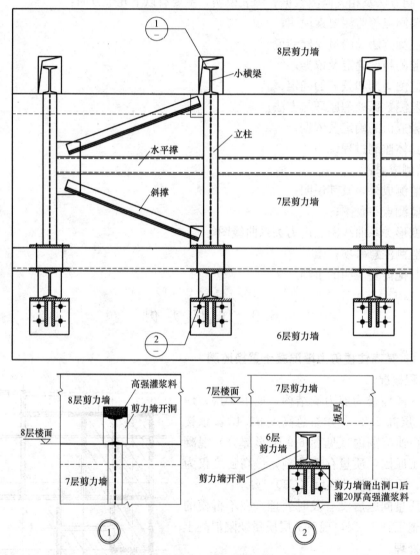

图 6-10 托换结构立面布置图

3. 监测

为保证建筑物结构安全，在混凝土置换过程中，安全监测也是一项很重要的工作。

（1）托换钢结构的内力监测

在托换钢结构上安装了 12 个表面应变计，每天进行量测，其内力变化如图 6-11 所示，内力满足要求。

（2）剪力墙变形观测

在8层①～⑥轴剪力墙上安装了6个变形监测点，在8层⑦轴以东能通视便于观测的剪力墙上安装基准点，每次观测时做好观测记录。观测时在8层楼板上选取一处通视比较好的位置作为水准仪的架设点，每次观测时均需将水准仪架设在此处。变形曲线如图6-12所示，从图中可以看出8层墙体的最大沉降变形为2.62mm，变形满足要求。

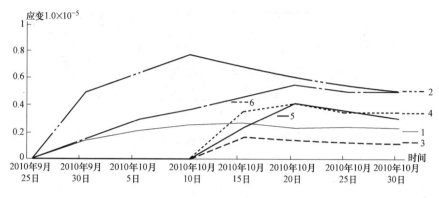

图 6-11　内力变化曲线

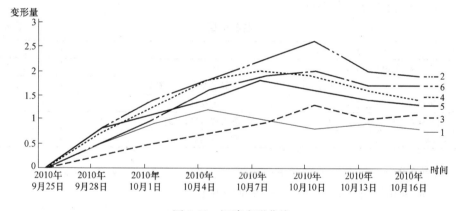

图 6-12　沉降变形曲线

4. 结论与体会

本工程历时20d完成了对7层混凝土强度较低的梁墙板的置换，置换后对新老混凝土接合部位进行钻芯取样检测，表明结合面混凝土浇筑密实，强度满足设计要求。

1）变形和内力监测是保证托换过程结构安全的重要手段，重点部位应加大监测频率、延长监测时间；

2）在混凝土置换时，要对称地剔除和置换混凝土，防止被置换构件产生不均匀受力或偏心传力。

实例 2：某城市地铁隧道穿越托换工程中桥梁变形的监测

1. 工程概况

某市地铁工程区间隧道穿越广深铁路高架桥地段采用单洞双层重叠形式，由于受到线位控制，需要对广深铁路三线桥21号和22号墩进行整跨桩基托换，托换梁采用预应力钢筋混凝土结构，共3片，各自托换一条线路下桥梁的21号、22号墩的2个承台8根管桩。托换梁位于既有承台下，与整跨被托换结构的桥墩联成整体。托换桩为直径2m的人工挖孔桩，在托换梁与桩之间设置千斤顶。桩基托换平面布置示意见图6-13。

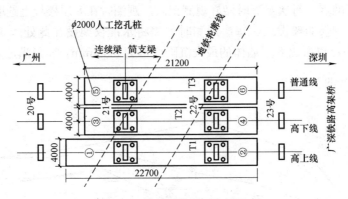

图6-13 桩基托换平面布置示意

2. 监测系统设计

1）监测项目

主要对托换大梁的挠度、应变，托换桩的应变、位移以及被托换桥墩的沉降、水平位移进行监测，监测项目见表6-11。

监测项目   表6-11

序号	监 测 项 目	监 测 仪 器	精 度
1	托换大梁、新桩应变（με）	钢筋应变计	1
2	被托换桥墩的纵横向相对位移（mm）	百分表及电子位移计	0.01
3	新桩桩顶与托换梁之间的相对位移（mm）	电子位移计	0.01
4	被托换桥墩的沉降（mm）	静力式水准仪与位移计	0.01
5	托换梁与桥墩的倾斜	倾斜倾斜倾角仪	2″

2）测点布置

（1）托换梁和托换桩的应力测点布置见图6-14。

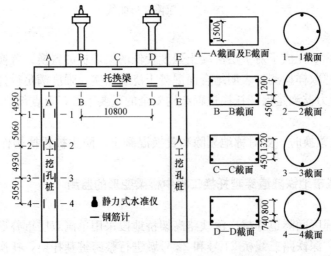

图6-14 托换梁、托换桩钢筋计布置图

（2）既有桥墩和托换桩的位移监测点布置见图 6-15。

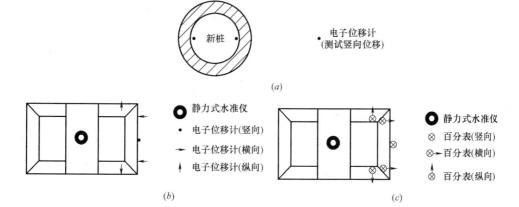

图 6-15　既有桥墩和托换桩的位移监测点布置

（a）托换桩纵向位移测点布置；（b）既有桥墩位移、水平测点
布置（前墩）；（c）既有桥墩位移、水平测点布置（后墩）

（3）托换桩和既有桥墩倾斜监测测点布置在墩顶和桩顶。

3. 监测成果

（1）托换大梁压应变

各托换梁在实施阶段的压应变变化见表 6-12。

托换梁及主动托换实施后平均压应变增量值（με）　　　表 6-12

工况	T1 梁平均应变增量			T2 梁平均应变增量			T3 梁平均应变增量	
	B 断面	C 断面	D 断面	A 断面	B 断面	C 断面	A 断面	B 断面
张拉结束后	84.1	68.5	84.0	92.0	81.5	84.0	81.6	57.7
主动托换后	86.4	72.6	81.5	96.5	92.0	85.9	80.3	56.4
工后监测	83.6	73.1	83.8	95.0	91.2	84.8	79.6	56.2

（2）托换桩应变

1 号、3 号和 6 号托换桩的压应变和内力变化见表 6-13。

托换桩压应变、内力增量值　　　表 6-13

托换桩	断面距桩顶距离（m）	张拉结束后		主动托换后	
		平均应变增量（με）	对应压力增量（kN）	平均应变增量（με）	对应压力增量（kN）
1 号	5.0	13.8	1450	18.8	1980
	20.0	2.7	280	2.2	230
3 号	3.5	24.3	2560	36.2	3740
	12.6	3.4	350	7.1	750
6 号	5.0	7.9	830	19.7	2070
	20.0	0.7	74	1.4	150

（3）被托换桥墩位移变化

被托换桥墩位移变化见表 6-14。

被托换桥墩位移变化　　　　　　　　　　表 6-14

托换梁	被托换桥墩	位移方向	张拉结束后	桩梁连接后	最大累计上抬量
T1	21 号右	竖向	0.18	0.55	0.61
		横向	0.20	0.23	
		纵向	0.18	0.23	
	22 号右	竖向	0.28	0.63	0.74
		横向	0.05	0.01	
		纵向	0.32	0.22	
T2	21 号中	竖向	0.16	0.55	0.79
		横向	0.08	0.12	
		纵向	0.17	0.42	
	22 号中	竖向	0.26	0.53	0.65
		横向	0.24	0.21	
		纵向	0.06	0.51	
T3	21 号左	竖向	0.43	0.86	1.02
		横向	0.55	0.04	
		纵向	0.50	0.12	
	22 号左	竖向	0.52	0.89	1.12
		横向	0.08	0.18	
		纵向	0.48	0.16	

（4）托换桩桩顶与托换梁之间的相对位移

在 T3 梁张拉阶段，一次张拉力过大以及千斤顶和安全自锁装置安装不密贴，引起了托换大梁的平面扭转，产生了桩顶与托换梁之间的相对位移。在 T1 和 T2 梁张拉过程中，调整了张拉、顶升的顺序和施加的荷载，改进了两个同步千斤顶和安全自锁装置的安装方法，未出现此类现象。

（5）托换梁与桥墩的倾斜

托换梁的最大倾斜为 $15.6''$，桥墩最大倾斜为 $19.8''$，方向一致。

4. 结论与体会

（1）科学地制定变形控制值，是保证结构状态稳定的客观依据。

（2）对监测结果及时分析，找出存在问题的原因，合理调整施工方案和施工工艺，使施工过程始终处于受状态是项目成功的保证。

（3）按照制定的措施做好过程控制是项目顺利完成的关键。

实例 3：既有高架桥桩基托换监测设计

1. 工程概况

某市政道路工程全线长 5.2km，桥隧结构包括 3 条车行隧道，1 座高架桥，4 座中小桥。其中区间隧道穿越时，多处与既有高架桥下部结构发生冲突，需进行桥墩基础托换。比较典型的有高架 ZR22 轴的桥墩基础托换，托换结构采用预应力地梁结构，即在隧道两侧各设一根 $\phi180$cm 钻孔灌注桩，桩顶设桩帽，通过桩帽与预应力地梁连接，由预应力地梁支承既有高架桥桥墩。当新建地梁达到设计强度后，拆除既有桩基础，使隧道从两根新桩间穿过，如图 6-16 所示。

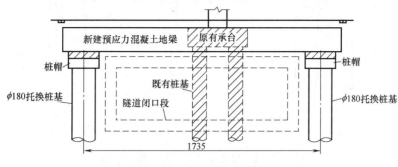

图 6-16 桩基托换示意图

新建预应力地梁长 20.25m，计算跨度为 17.35m，横截面尺寸为（4.0～4.5）m×2.5m。桩帽长 3.4m，宽 2.8m，高 1.9m。

2. 监测系统设计

（1）监测项目

桩基托换过程的监测项目，包括既有高架桥桥面竖向位移监测、既有桥墩竖向位移和水平位移监测、托换桩基沉降监测、预应力地梁挠度及应力监测等，见表 6-15。

桩基托换监测项目

表 6-15

序号	监测对象	监测项目	监测设备	测点数量	最大限值
1	既有桥墩	竖向位移	水准仪	桥墩顶部 3 个	10mm
		横向水平位移	经纬仪	桥墩顶部 2 个	20mm
		纵向水平位移			
2	新建托换桩	沉降	水准仪	桩顶 1 个	5mm
		内力	钢筋应变计	桩身 5m、10m、15m、20m 处及桩底断面	$0.8\sigma_{max}$
3	桥面	竖向位移	水准仪	桥面 3 个	10mm
4	新建地梁	挠度	百分表	地梁 $L/2$、$L/4$ 处	Δ_{max}
		应力	电阻应变计	地梁 $L/2$、$L/4$、$L/8$ 处	$0.8\sigma_{max}$

（2）测点布置

监测测点布置如图 6-17、图 6-18 所示。

3. 监测实施要点

（1）各监测项目在托换施工前应测得稳定的初始值，作为后续观测值的基准资料，要求初始值测定不少于两次。基准值测量应在同一联结构内无汽车荷载时量取。

（2）监测频率及监测内容要求：托换桩施工期间，对既有桥梁桥墩位移及上部结构应力每天监测 1～2 次；新建地梁施工（包括预应力张拉）期间，对既有桥梁桥墩位移、上部结构位移、托换帽梁或地梁的挠度及应力、新建托换桩的位移及钢筋应力每天监测 1～3 次；既有桩截断施工期间，对所有监测项目均需 24 小时跟踪监测；当变形超限时，应加密观测，当有不明因素造成监测项目变化或出现危险事故征兆时，应该加密监测频率。

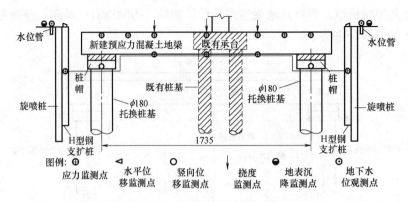

图 6-17　ZR22 轴桩基托换梁监测示意图

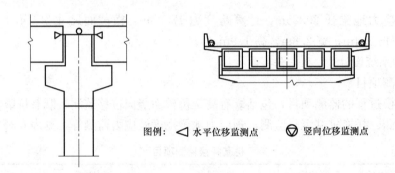

图例：◁ 水平位移监测点　　▽ 竖向位移监测点

图 6-18　ZR22 轴桩基托换桥面及桥墩监测示意图

（3）当各项监测项目的观测值达到控制值的 80％时，视为警戒值，应立即通知业主及设计单位，并查明原因，以便及时采取有效控制措施。

（4）监测数据应及时处理，绘制时态曲线；当时态曲线趋于平衡时，及时进行回归分析，并推算最终值。

4. 结论

本工程桩基托换过程中托换结构的内力及变形均控制在允许范围内，托换工作取得圆满成功。对既有高架桥墩柱、桩基础进行托换时，监测工作尤为重要。通过贯穿整个施工过程的监测，及时分析监测结果并进行反馈是托换施工顺利进行的重要保证。

第7章　地下工程安全风险管理与评估

7.1　概　　述

7.1.1　风险的定义

风险管理的研究最早可追溯到公元前 916 年的共同海损制度。共同海损是指在同一海上航程中，当船舶、货物和其他财产遭遇共同危险时，为了共同安全，有意地、合理地采取措施所直接造成的特殊牺牲、支付的特殊费用，由各受益方按比例分摊的法律制度。风险管理源于 20 世纪 30 年代的美国。开始企业针对因经济危机而设立的保险管理部门，1938 年后，美国企业对风险管理采取科学的方法，1950 年风险管理发展成为一门学科。风险管理一词形成，标志着风险管理从原来意义上用保险方式处理风险转变为真正按照风险管理的方式处置风险。20 世纪 70 年代后，美国的 Einstein. H. H. 将风险分析引入隧道与地下工程中。20 世纪 90 年代以来的隧道和地下工程施工的塌陷事故引起了人们的关注，从而风险管理在大部分地下工程中是不可缺少的一部分，因此近些年风险管理的研究也取得了一定的成果。

目前，在土木工程施工领域内风险的定义在认识上还未达到统一。Hertz and Thomas 指出，风险就是伤害或是损失的机会；Jannadi and Almishari 提到，风险为一任意事件的指标，关于其威胁可能性、严重程度跟暴露程度有关；郑灿堂指出，风险定义主要分成事故发生的不确定性与事故遭受损失的几率，其中不确定性不一定是负面的，遭受损失的几率则介于（0~1）之间；陈龙总结了四种不同的风险定义：

（1）视为给定条件下可能会给研究对象带来的最大损失的概率；

（2）把风险视为给定条件下研究对象达不到既定目标的概率；

（3）把风险视为给定条件下研究对象获得的最大损失和收益之间的差异；

（4）把风险直接视为研究对象本身所具有的不确定性。

上述关于风险的定义虽然都有一定的适用性，但都不全面，有的只是从概率等量方面来定义风险，不能将风险的含义全面阐述。风险是客观存在的，所以在实际中不能将其定义为一个数量化的指标，而是更多的要做阐述其定性分析。姜清航认为"若存在与初衷利益相悖的可能损失及潜在损失，则称该潜在损失所致的对行动主体造成危害的事态为该行动所面对的风险"。

风险是由许多方面引起的，有内在的因素也有外在因素。具体针对土木工程有以下一些因素：

（1）水文地质条件的复杂性：工程水文地质条件是隧道设计和施工中最重要的基础资料。其复杂性主要表现在：①地层层次分布情况、不同岩土介质材料的物理力学性质与参数、岩土介质在切削搅拌后的流动性、黏性和变形以及各种不良地质情况等；②水文资料主要包括：岩土的渗透性、含水量、流向与流速；水位、水压和水的冲刷力；水的腐蚀性；水的补给来源；③地层中的其他障碍物主要包括：建筑或其他构筑物基础、各种管线设施、废弃构筑物、其他孤立物，如孤石或江底沉船等。

　　工程所在区域的水文地质条件是经过漫长的地质年代形成的，经历了各种各样的自然和人为因素作用，其介质特性表现出了很大的随机变异性，同时地层中还存在大量水的活动与作用，比如地表径流、地下潜水和承压水等。由于地质勘查、现场试验和室内试验等设备条件的限制，人们只能通过个别测试点的现场试验和若干试样的室内试验对岩土性和水文参数作近似的量测估计，大量的实验表明，岩土体的水文地质参数是十分离散、不确定的，具有很高的空间变异性，这些复杂因素的存在给隧道及地下工程的建设带来了巨大的风险。

　　（2）建设中的机械设备、技术人员和技术方案的复杂性。隧道及地下工程建设中，建设队伍、机械设备、施工操作技术水平等对工程的建设风险都有直接的影响。由于工程施工技术方案与工艺流程复杂，且不同的工法又有不同的适用条件，贸然采取某种方案、技术和设备势必产生风险。同时，整个工程的建设周期长、施工环境条件差，这些对施工单位人员都很容易产生不良影响，容易导致出现各种意外风险事故。

　　（3）工程建设的决策、管理和组织方案的复杂性。在规划、设计、施工和运营期的全寿命周期内，最主要的问题就是建设的决策、管理和组织。隧道及地下工程项目具有隐蔽性、复杂性和不确定性等突出特点。

　　（4）工程建设周边环境的复杂性。所建设工程周围的地面建筑和周围环境设施一般都很复杂，尤其是繁华地带。

7.1.2　风险管理概念

　　风险管理是一门新兴的学科，已广泛应用在许多行业以规避可预期的风险。是指如何在一个肯定有风险的环境里把风险减至最低的管理过程。其中包括对风险的度量、评估和应变策略。理想的风险管理，是一连串排好优先次序的过程，使过程中可以引致最大损失及最可能发生事故优先处理，而相对风险较低的事情则随后处理。

　　在土木建筑领域，风险管理是根据风险理论逐渐发展起来的一个系统化的过程。开展土建工程的风险管理工作对于确保工程在既定目标内完成工程具有非常重要的意义，具体表现在以下方面：①有利于进一步澄清工程目标、任务和工程风险，增强业主和承包商的风险意识和合作精神；②有利于帮助决策者更加准确地估计工程工期和成本，进行科学的方案选择和工程管理；③有利于明确风险的相应措施，如进行合理的风险保留、风险转移、风险保险和风险合同分担等，以减小施工中出现问题纠纷等的产生；④风险分析过程中提出的风险避规措施，可以保证在施工中有目的地加以落实和监测，将会有效地减少工程事故的发生，从而减少工程费超支的可能；⑤有利于保证工程既定的造价、工期、质量和安全目标的实现，这对工程建设是至关重要的。

　　托换工程是城市地下工程建设中经常采用的特种工程技术，通常涉及对既有建筑物的保护，其本身和对周围环境的影响存在很大的风险，如何科学地分析存在的风险并合理地让风险降低到最低，是工程技术人员所面临的重要问题。本章以城市建设中的地下工程（特别是城市轨道建设）为主，开展地下工程风险管理与评估方面研究工作，以供从事地下工程（或托换工程）的科技工作者参考。

7.1.3　风险的存在及组织管理机构

地下空间开发是孕育风险的环境，加上致险因子（工程本身）的诱导，就有可能引发各类风险事故，进一步对各种承载体造成损失。以城市地下空间开发施工风险为例，承险体包括地下结构本身、地面建筑物、路面系统、地下管线、已建地下工程、社会群体和生态环境，其发生的损失模式也是不同的。其中以工期损失、直接经济损失、耐久性损失及人员伤亡损失属于直接损失的范畴，而环境影响、社会影响和生态环境破坏均属于间接损失。地下工程风险发生机理及造成的损失参见图 7-1。

对地下工程（或托换工程）的风险管理和组织管理机构一般分为风险分析和风险决策，其主要内容如图 7-2。

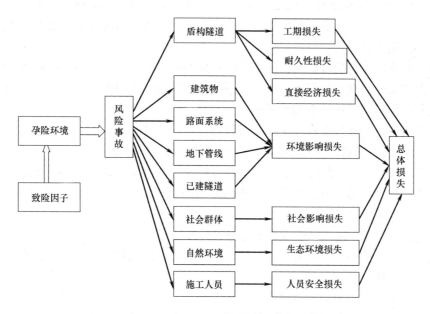

图 7-1　地下空间开发风险发生机理分析

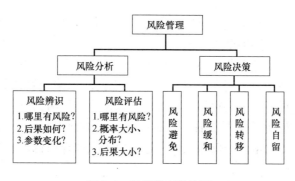

图 7-2　组织管理机构图

国际隧道协会第二工作组（ITA Group 2）于 2002 年发布了隧道工程风险管理方面的权威指南《隧道工程风险管理指南》（Guidelines for Tunneling Risk Management，2002 年 12 月 21 日，以下简称《指南》），全面系统地阐述了隧道工程风险管理的思路和方法，该《指南》的风险管理理念也基本适用于其他土建工程。其主要的思想和方法概括

如下:

1. 隧道工程风险管理工作应贯穿于从规划设计到工程建成的全过程。

早期的工程风险管理更多的关注如何选择一个适合的建设队伍和采用合适的施工工法，而《指南》突破性地提出了全过程和系统化风险管理的概念。全过程是指从工程的准备阶段（即规划和设计阶段）、招投标阶段和工程实施阶段；系统化是指风险识别、风险评估、风险分析、风险消除、风险转移和风险控制等系统化的管理工作。

2. 《指南》全面给出了风险管理的目标要求。

风险管理的目标要求包括对制定风险管理策略的要求、风险的范围和内容、风险管理阶段及方针等。

3. 对于设计、招标及合同签订、施工过程等阶段的风险管理给出了建议。

在设计阶段，对风险准则的建立、定性风险评估和特定风险评估等给予了规定，对风险分析的方法给出了建议。

在投标及合约签订阶段，对投标文件应阐述的主要风险管理活动、投标文件应提供的与风险管理有关的信息、投标人对风险管理工作的承诺、承包商选择风险的控制及合同中的风险条款等均提出了比较全面的要求。

在施工阶段，对施工方和业主方的风险管理均提出了要求。

4. 给出了风险识别、风险分级、风险评估的建议做法。

在风险分级方面，《指南》提出了按照风险发生的频率、风险事件后果的严重程度，包括人员伤亡数量、第三方损失大小、环境影响的大小、工期的延误、业主损失的大小、声誉损失等进行风险分级。

5. 《指南》详细介绍了风险分析的几种工具方法。

这其中包括：故障树分析方法、事件树分析方法、决策树分析方法、复合风险分析方法、蒙特卡罗分析方法等。

目前工程界对风险的处置主要有以下几方面。

(1) 接受风险：也称风险自留，是指项目参与方自己承担风险带来的损失，并做好相应的准备工作。

(2) 减轻风险：是指减少风险发生的概率或控制风险的损失，或者增加风险承担者，将风险各个部分分配给不同的参与方。

(3) 转移风险：是指当有些风险无法回避、必须直接面对，而自身的承受能力又无法有效地承担时，采用某种方式将某些风险的后果连同对风险应对的权力和责任转移给他人。转移风险的方法很多，主要包括非保险转移和保险转移两大类。

(4) 规避风险：是指风险评估后，项目风险发生的概率很高，而且可能的损失也很大，又没有其他有效的对策来降低该风险，这时应采取放弃项目、放弃原有行动计划或改变目标的方法。

7.2　地下工程安全风险技术管理

7.2.1　地下工程安全风险管理必要性

由于可利用的土地资源有限，而人口的膨胀压力越来越大，地下空间的开发与利用是时事所趋。但是由于周边环境的复杂及其不确定性因素太多，使地下工程建设成为工程建设中的高风险项目类型，因此对地下工程实行风险管理是十分重要的。

地下工程处于复杂的城市环境之间，周边建（构）筑物鳞次栉比，地下管网纵横交错，城市桥梁、城市轨道交通既有线、既有铁路等大量存在，不同环境对象之间相互影响，相互制约，给工程的修建带来众多设计和施工技术方面的难题。地下工程建设不可避免地影响周边环境对象的安全状态，有些工程与既有建（构）筑物、桥梁、城市轨道交通既有线紧邻或直接下穿这些周边环境对象。如果工程建设控制不当将会造成建（构）筑物、桥梁、城市轨道交通既有线的过量沉降、差异沉降、倾斜、开裂，甚至断裂、倒塌。这些都将影响城市功能的正常发挥和人民生活的安定、和谐。

以上海地区为例，人口密集、交通拥挤、市区管线密布，地面高楼耸立，再加上复杂的地质条件，造成在上海进行地下工程建设有施工难度大、工程风险高和难以满足工程耐久性要求的特点。上海轨道交通 4 号线发生重大事故之后，上海市政府已把重大工程项目的风险管理提上日程，所以及早建立操作性好的风险管理制度、发展防患于未然的保险机制已成为当务之急。

上海地区是典型的三角洲沉积平原，地下空间开发利用主要集中在地表以下 75m 范围内，而该地区主要由滨海~浅海相的黏性土与砂性土组成，尤其是 40m 以内的土层更是以饱和的软弱黏性土为主，其在地下空间开发利用及其建设过程和工程运营期间易发生环境地质问题。根据上海特有的地质环境条件，在地下空间的开发利用中主要的环境地质问题为地面沉降、砂土、粉土的液化、浅层天然气、软土、地下水等。

国务院办公厅［2003］81 号文《关于加强城市快速轨道交通建设管理的通知》中指出：要高度重视城市轨道交通建设、运营的安全问题，牢固树立"安全第一，预防为主"的思想，把确保轨道交通建设和运营安全作为头等大事切实抓好。地铁与地下工程项目是由几十个不同专业组合而成的大系统工程，具有投资大、技术复杂，工期紧张，建筑安装量大，项目涉及面广等特点。因此，在规划、设计和施工、运营四个环节上，必须严格执行国家颁布的强制性标准，确保安全设施同步规划、设计和建设，在项目的立项、科研、设计、施工到运营的各个阶段都应认真进行工程安全、周边环境和地质灾害的风险评估，防止各种灾害的发生和避免不必要的经济损失。每个城市都要设置保证安全资金的投入，建立处理突发事件的应急机制，提高对地铁与地下工程风险管理意识和管理水平。在以往的地铁和地下工程建设工程中，建设、设计、施工等单位对工程安全都给予了足够的重视，但是运用传统的经验管理方法，已不能适应当前状况对事故发生的预测和防控能力的需要。因此，建立和完善一个科学、全面的风险评估机制，建立和健全风险评估体系，以便及时地掌握反映建设过程的安全情况，同时建立具有分析、预测、防灾能力的专家委员会和风险管理系统平台，已经迫在眉睫。

由于工程风险不是独立存在的，因此必须建立科学合理的工程风险评估和防范体制，建立和健全工程风险评估和风险管理的咨询机构；用全面、系统、科学的风险评估和风险管理实施手段，以达到能在第一时间了解、掌握工程建设过程中不同阶段的第一手资料，提高工程风险的预测和防控能力，避免重大事故的发生，使工程风险降到最低。为此应开展以下工作：

（1）在全面调查分析有关地铁与地下工程建设风险经验和风险理论及其他相关资料的

前提下，提出地铁与地下工程的安全风险管理实施办法，明确重点、难点及需采取的特殊措施。

（2）加快风险评估和风险管理体制的建立，加快风险评估、管理和咨询机构的建设。

（3）逐步完善并确定各种风险评估评价的原则、指标体系和控制标准，并制定相应的风险预警和报警值。

（4）建立信息中心，及时收集、传输、分析监测数据，及时向指挥工程建设的各级组织机构提供直观、全面、形象、动态的反映工程现况和安全风险管理的有关数据。

（5）在施工过程中，执行每日有分析和定期报告制度。监测报告包括：施工进度情况；土体和岩体的稳定性；结构物和支撑系统的稳定性；临近结构沉降及倾斜分析；土、水压力及地下水位分布，地表及地中沉陷等变化情况；安全风险评估意见；设计修改和施工方法及步骤调整等内容。

7.2.2　地下工程安全风险管理的意义

1. 有利于决策科学化

地下工程的一个特点就是投资巨大，就隧道工程而言，从目前国内各个城市发展轨道交通的设计规模来看，平均造价基本上在 5 亿元/每公里左右，单条线投资一般都超过100 亿元，并且在建项目的规模达到上千亿。而地下工程与其他工程相比，又具有隐蔽性、复杂性和不确定性等特点，投资风险大，无论设计、施工、运营都会遇到很多困难和障碍。因此如何进行大型地下工程的决策，如何尽可能合理使用巨额的建设资金就成为一个值得深入研究的问题。而风险评估和决策理论就为建设各阶段和各层次的决策者们提供了一种行之有效的科学方法和途径。

2. 有利于减少工程事故的发生

地下工程项目不仅技术构成复杂，具有较多的高、新、尖端技术，而且工程各部位、各阶段、各工种和外界的衔接内容很多，正是由于这些原因，随着这几年城市地下工程项目的不断增多，世界各地的地下工程事故也频繁发生，造成的社会影响也越来越大。可参见本书第一章，例如，2003 年 8 月哈尔滨市正在兴建的"人和世纪广场"地下工程发生的崩塌事故；2003 年 10 月深圳市"世界之窗"附近的地下工地发生塌方，大量沙土及钢筋跌落 20m 深的地底。上海、广州、新加坡等地也接连发生重大地下建设工程事故，这都造成了周边建筑物及环境的严重破坏，其中以上海轨道交通 4 号线和杭州地铁基坑事故最为严重。

3. 有利于制定合理的工程投保费率

风险评估还可以为合理制定工程投保费提供依据。

7.2.3　地下工程风险管理的步骤

地下空间开发风险管理的内容大致可分为四个方面：风险识别、风险分析评估、风险应对和风险监控，这四个方面的具体内容可参见图 7-3，框图中各项具体内容目前国内外已有大量文献详细分析报道，其具体内容步骤如下：

（1）搜集工程的相关资料，了解类似工程的经验，全面熟悉工程项目文件。

（2）针对工程的具体情况，明确工程风险管理的目标、范围及策略，界定项目管理内容及接受水平。

（3）实施工程风险辨识研究，即结合具体工程资料分析其中潜在的风险事故类型及影响因素，针对工程建设全寿命周期系统开展工程风险辨识，分析工程风险发生的机理。

（4）结合具体工程及风险，针对性开展风险估计与评价研究，明确工程风险损失或不利影响。

（5）制定工程风险控制措施，研究减低风险的可能方案。

（6）针对工程中不可接受风险，提出具体的工程风险应急预案及监控报警系统。

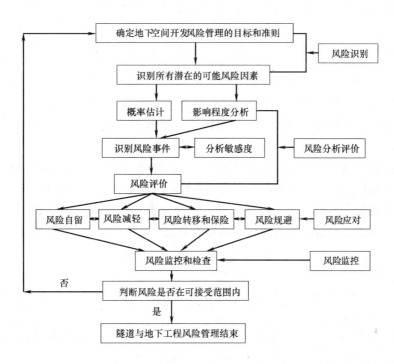

图 7-3　地下空间开发风险管理框图

7.2.4　地下工程风险分类及分级

地下工程风险技术管理工作贯穿于工程建设的全过程，即包括规划可研阶段、设计阶段（方案设计、初步设计、施工图设计）、施工阶段（施工准备期和施工过程）、工后阶段和岩土工程勘察与工程环境调查工作，各阶段应有针对性地开展安全风险技术管理工作，并采取有效的预防和控制措施。

1. 地下工程风险分类

为便于进行安全风险技术管理，地下工程风险分为自身风险工程和环境风险工程。自身风险是指因工程本身特点和地质条件复杂性等导致工程实施难度大、安全风险高的工程。环境风险工程是指因工程周边环境条件复杂，该工程施工可能导致其正常使用功能或结构安全受到影响的工程。周边环境主要指既有轨道交通工程、建（构）筑物、管线、道路、河流等。

2. 工程风险分级

地下工程建设应在安全风险识别的基础上，对自身风险工程和环境风险工程进行定性分级，并在此基础上采取分级管理。自身风险工程与环境风险工程分级如表 7-1。

地下工程风险工程分级　　　　　　　　　　　　　　　　　　表 7-1

级别	特　　征	
	自身风险工程	环境风险工程
一级	基坑深度在 25m(含 25m)以上,矿山法、超大断面矿山法等	下穿重要既有建(构)筑物,重要市政管线及河流工程,上穿既有轨道线路(含铁路)的工程
二级	基坑深度在 15～25m(含 15m)的深基坑,近距离并行或交叠的盾构法区间,不良地质段的盾构区间联络通道,不良地质段的盾构始发与到达区间,大断面矿山法施工等	下穿一般既有建(构)筑物,重要市政道路的工程,临近既有建(筑)物、重要市政管线及河流的工程
三级	基坑深度在 5～15m 的基坑工程,一般断面矿山法工程,一般盾构法区间等	下穿一般既有建(构)筑物、一般市政道路及其他市政基础设施的工程,临近一般既有建筑物,重要市政道路的工程

在设计阶段,设计单位应根据风险工程的定性分级原则,结合工程特点、周边环境特点和工程经验,在分析安全风险发生的可能性、严重程度和可控性、可接受水平的基础上,进行风险工程分级的细化,并满足相应设计阶段的深度要求。

在施工阶段,施工单位应在设计阶段风险工程分级的基础上,根据现场踏勘、环境核查、空洞普查和设计文件分析等,深入识别各种风险因素,进行风险工程分级调整。地下工程安全预警通常按监测预警、巡视预警、综合预警和突发风险进行分类,各类又以黄色、橙色和红色进行分级,各类别和级别见表 7-2。

地下工程安全预警分类、分级　　　　　　　　　　　　　　　表 7-2

类别	级别	特　　征
监测预警	黄色	"双控"指标(变化量、变化速率)均超过监控量测控制值的 70％时,或双控指标之一超过监控量测控制值的 85％时
	橙色	"双控"指标均超过监控量测控制值的 85％时,或双控指标之一超过监控量测控制值时
	红色	"双控"指标均超过监控量测控制值,或实测变化速率出现急剧增长时
巡视预警	黄色	安全隐患或不安全状态一般
	橙色	安全隐患或不安全状态较严重
	红色	安全隐患或不安全状态严重
综合预警	黄色	根据现场的监测、巡视信息,并通过核查、综合分析和专家论证等综合判定出风险工程不安全状态一般
	橙色	根据现场的监测、巡视信息,并通过核查、综合分析和专家论证等综合判定出风险工程不安全状态较严重
	红色	根据现场的监测、巡视信息,并通过核查、综合分析和专家论证等综合判定出风险工程不安全状态严重
突发风险	蓝色	风险一般(Ⅳ级)
	黄色	风险较大(Ⅲ级)
	橙色	风险重大(Ⅱ级)
	红色	风险特别重大(Ⅰ级)

7.2.5　各阶段安全风险技术管理

1. 岩土工程勘察与工程环境调查的安全风险技术管理

地下工程建设的岩土工程勘察工作一般分为可行性研究阶段勘察、初步勘察、详细勘察和施工勘察。

　　地下工程建设的工程环境调查一般分为初步调查和详细调查。初步调查是为满足初步设计阶段要求而进行的周边环境的调查。一般包括建构筑物初步调查、管线初步调查和重点管线详查等。其中重点管线详查是为满足初步设计、管线综合需提供重点管线资料的调查。详细调查是为满足施工图设计阶段要求而进行的重要环境、重点部位环境条件的详细调查。调查范围和对象一般由设计单位提出。一般包括建（构）筑物详查和管线全面详查等。

　　工程环境初步调查的管理程序框图见图 7-4，重点管线详查的管理程序见图 7-5，工程环境详细调查的管理程序见图 7-6。

　　2. 可行性研究阶段及初步设计阶段

　　在规划设计阶段主要进行区域地质评估、工程地质勘察和评估、线路比选、施工安全检验和监测计划评估等。

　　主要工作内容有制定设计方案的安全审查内容和程序，审查地质、水文勘察资料，地下管线资料和相邻建筑物的资料，审核与岩土和地下结构工程相关的设计；审核相应的施工方法、辅助方法、施工规范和特殊条款；审核施工安全措施和方法；审核施工单位监测系统的配置原则，建立完善的全线工程监测网。建立并完善资料数据库和风险管理信息系统；提出设计阶段的安全风险管理报告等，风险工程初步设计的管理流程见图 7-7。

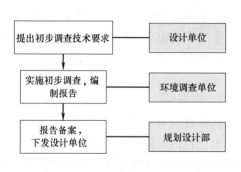

图 7-4　工程环境初步调查的管理流程

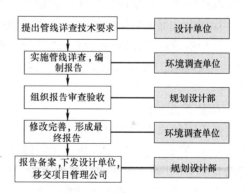

图 7-5　重点管线详查的管理流程

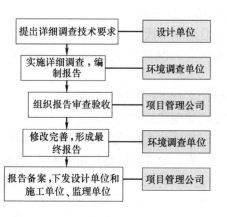

图 7-6　工程环境详细调查的管理流程

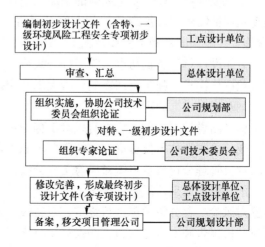

图 7-7　风险工程初步设计的管理流程

385

风险工程损失分类　　　　　　　　　　　　表 7-3

分类	风险控制目标		
	初步设计阶段	施工图阶段	运营阶段
灾难性的	造成造价的大幅度增加；或施工失败，损失严重；或路线运营严重亏损	结构毁坏、系统失效或者严重的环境毁坏，人员伤亡严重	多人致死或多人严重受伤；或对环境造成重大破坏；或主要系统损毁
严重的	造成工程造价增加；或者施工难度增加；或路线运营亏损	主要结构、主要系统或者环境破坏，有人员伤亡	少数人员死亡或人员伤害严重；或对环境造成重大破坏；或主要系统损坏
较轻的	对工程造价有影响，但在可以承受的范围内；或者施工方法改变；或路线运营略有亏损	次要结构、次要系统或环境破坏，人员轻微受伤	人员伤害小；或对环境造成很大威胁；或主要系统损坏严重
可以忽略的	规划和设计有不合理的地方，但对工程造价、后期施工、运营造成的影响小	很少引起次要结构、次要系统或环境的破坏，很少有人员受伤	人员伤害轻微；或主要系统损坏轻微

　　工点设计单位负责安全风险的识别和风险工程分级，编制风险工程分级清单；完成各级风险工程初步设计（含特、一级环境风险工程安全专项初步设计）。

　　总体设计单位负责初审风险工程分级清单，汇总编制全线风险工程分级清单专册，初审全线风险工程初步设计文件（含特、一级环境风险工程安全专项初步设计）。

　　规划设计部负责组织风险工程分级和风险工程初步设计的实施，对风险工程清单和风险工程初步设计文件进行复审，协助公司技术委员会组织专家对风险工程分级清单专册和特、一级风险工程初步设计文件（含特、一级环境风险工程安全专项初步设计）进行终审。

　　3. 施工图阶段

　　施工图阶段工作内容：包括施工图阶段应根据初步设计审查意见，对设计方案需进行重大修改的隧道进行评估；施工图阶段风险评估主要工作内容同初步设计阶段，其管理流程参见图 7-8，对高度等级的残留风险，设计单位应提出风险减缓措施，减低风险到中度及以下；对中度等级的残留风险，应在施工图注意事项中明确，在施工阶段予以监测。

　　工点设计单位负责安全风险的全面识别及风险工程分级，编制风险工程分级清单，提出现状评估需求并参加现状评估大纲及报告成果的审查验收，完成风险工程施工图设计（含施工影响预测）和工程环境施工附加影响分析，参见图 7-9。

　　总体设计单位负责初审风险工程分级清单，汇总编制全线风险工程分级清单专册，初审现状评估需求、施工附加影响分析大纲及成果和风险工程施工图设计文件，参加现状评估大纲及报告成果的审查验收。

　　施工图设计审图单位负责对风险工程施工图设计文件进行强制性审查。

　　现状检测评估单位负责完成特殊要求的工程环境的现状评估工作。

　　项目管理公司负责组织对风险工程分级清单、现状评估大纲及成果、施工附加影响分析大纲及报告成果、风险工程施工图设计文件进行审查、论证；协助公司技术委员会组织专家对风险工程分级清单进行终审，对特级环境风险工程的现状评估报告成果、施工附加影响分析报告和安全专项施工图设计进行终审、论证。

　　4. 施工阶段风险损失

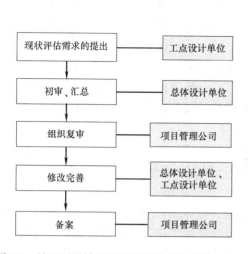

图 7-8 施工图设计阶段现状评估大纲的管理流程

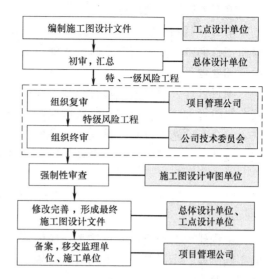

图 7-9 施工图风险工程设计的管理流程

（1）施工阶段应在施工图阶段的风险评估结果基础上，结合实施性施工组织设计，对所有隧道进行评估。其中采用矿山法施工的隧道侧重于安全，对塌方、瓦斯、突水突泥、岩爆、大变形等典型风险进行评估；采用掘进机法和盾构法施工的隧道，对设备、掘进、盾构进出洞等典型风险进行评估。

（2）施工阶段风险评估内容和成果应满足指导施工中进行风险控制的基本要求，见图7-10。

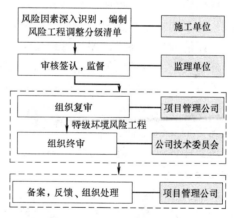

图 7-10 施工准备期风险深入识别与分级调整的管理流程

施工单位负责施工阶段安全风险管理的全面实施和执行，主要包括：设计文件的学习与分析，开展地质踏勘学习、环境核查和空洞普查及其结果的分析，风险因素深入识别、分级调整，安全专项施工方案编审（含监控实施方案）；以及施工过程安全风险监控、评估、预警、信息上报和预警的响应、处置等。

监理单位负责对施工单位施工阶段安全风险管理工作的全面监督和管理，主要包括：监督设计文件学习及地质踏勘、环境核查和空洞普查工作及其结果的分析，对风险工程分级调整进行监督审查，审批安全专项施工方案，监督检查施工单位安全风险管理体系建立及执行情况；加强施工安全巡视和评估、预警和信息报送，审查和监督施工监控、评估、预警、信息报送和预警的响应与处置等。

勘察单位负责参与施工过程出现新的地质问题或工程险情时的地质鉴定或处置工作。

设计单位（总体设计单位和工点设计单位）负责施工安全设计技术交底和施工过程变更设计，参与风险工程分级调整、安全专项施工方案、重大工程环境施工过程评估、预警处理方案的论证及处理等。

　　第三方监测单位负责第三方监测、巡视和风险评估、预警、信息报送和相关的安全风险监控咨询服务，参与施工监控实施方案、重大工程环境施工过程评估、预警处理方案的论证和处理等。

　　项目管理公司负责监督检查施工单位、监理单位和第三方监测单位等相关各参建单位安全风险管理体系的建立和落实情况，审查风险工程分级调整，参与施工安全设计技术交底、安全专项施工方案、重大工程环境施工过程评估及预警处理方案的论证，全面掌控全线安全状态，组织或监督检查参加预警处理等。

7.3　环境工程安全风险评估

　　工程建设的安全风险评估工作应体现"分阶段、分等级、分对象"的基本原则，即面向不同阶段、不同等级、不同对象分别开展安全风险评估工作，满足轨道交通工程建设的实际需要。

7.3.1　环境工程安全风险评估基本要求

　　地下工程穿越或者邻近施工环境风险工程设计中明确规定的特、一级环境风险工程和有特殊要求（指产权单位或建设方有评估要求）的其他等级环境风险工程中的既有线地铁、既有桥梁、既有建筑物的安全风险评估提供技术指导。

　　依据环境风险工程评估实施各阶段（即现状评估阶段、施工过程评估阶段、工后评估阶段）的不同特点和要求，分别从评估目的、评估对象、评估程序、评估工作内容、评估方法、评估成果及格式、评估管理流程等方面对环境安全风险评估工作进行规范。

　　环境安全风险评估的责任主体包括安全风险工程现状评估单位、设计单位和相关专业评估单位、施工单位。现状评估单位和相关专业评估单位原则上由环境风险工程产权单位或建设方推荐，由有相应资质、经验和能力的专业评估机构承担。对于没有工程先例或现场情况特别复杂的某些特级环境风险工程，宜通过招投标确定安全风险评估单位。

　　现状评估阶段、施工过程评估阶段、工后评估阶段的评估工作原则上应由同一单位分阶段完成。

　　环境安全风险评估工作是为风险工程设计服务的，但施工及第三方监测的控制指标应由设计单位综合考虑产权单位的建议给出。

　　当整个结构或结构的一部分超过某一特定状态而不能满足设计规定的某一功能要求时，则此特定状态称为该功能的极限状态。结构的极限状态可分为两类：第一类为承载能力极限状态，这种极限状态对应于结构或构件达到最大承载能力或不适于继续承载的变形；第二类为正常使用极限状态，这种极限状态对应于结构或结构构件达到正常使用或耐久性能的某项规定限值。

　　既有结构或其构件的剩余抗力指标分为承载能力极限状态剩余抗力指标（结构或其构件处于承载能力极限状态时抵抗破坏或变形的能力）和正常使用极限状态剩余抗力指标（结构或其构件处于正常使用极限状态时抵抗破坏或变形的能力）。

　　1. 安全风险评估的目的

　　评价地下工程施工对既有地铁、桥梁和建筑物结构及运营安全和正常使用状态的影响,为环境风险工程设计及优化提供参考。

为既有线地铁、既有桥梁、既有建筑物的结构加固及轨道防护设计提供参考。

2.安全风险评估的依据及标准

(1)国家、地方、行业规范、规程和技术规定;

(2)岩土工程勘察报告、现状调查报告;

(3)环境风险工程的原设计竣工文件及维护记录;

(4)安全风险设计文件;

(5)评估工作委托书或合同。

3.参考规范、规程及标准

(1)新线工程设计所采用的各种规范,包括各类结构设计规范、施工与验收规范、基坑支护设计规范、抗震设计规范等;

(2)环境风险工程变形保护设计采用的各种规范,包括各类结构设计规范、基础设计规范、耐久性设计规范或规定等。

4.行业管理文件及规定

(1)建管公司下发的管理文件及管理规定等;

(2)环境风险工程产权单位提供的相关要求或规定等;

(3)专家咨询及评审意见等。

7.3.2 风险评估的基本框架

风险评估就是对危险的发生概率及其后果作出定量的估计,也就是对风险作出定量的量测。地下工程主要是地下项目较多,因此以地下工程为例对风险评估进行阐述。基本框架参见图7-11。

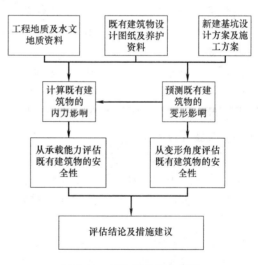

图 7-11 风险影响评估框架

地下工程项目的建设具有投资和建设规模大、工期长、技术复杂、水文地质条件和地下管线等的不确定性,与周围环境的互相作用影响大和涉及风险因素较多等诸多特点;与其他的项目相比,不可预见的水文地质条件、社会环境、施工技术的可靠度、经济发展的程度等多方面的因素影响较重,因而对地下工程的项目进行全面系统评估的难度也就更大,因此有必要以科学的方法和变化的规律,使之尽可能接近并反映工程实际的变化情况,防患于未然,以使风险发生的可能性和造成的损失率降低到最低的限度。

风险评估的对象有环境风险和地下工程的自身风险,而环境风险在地下工程建设中尤为重要。对环境风险的评估可按阶段进行,分现阶段评估阶段、施工阶段评估阶段和施工后评估阶段。不同的阶段有不同的特点和要求,评估时应根据这些不同的特点和要求,提出评估目的、评估对象、评估内容、评估方法、评估程序,并以此提出评估成果。

(1)现状评估指对环境风险工程的现状进行调查和检测。根据检测结果,对环境工程结果进行分析计算，据此评估环境风险工程的剩余抗力变形能力和承载力能力。现状阶段评估报告应提交以下内容：

① 工程概况及风险源情况；

② 现状调查及结构检测内容；

③ 环境与风险工程有关的设备等现状；

④ 评估结论。

（2）施工阶段评估指在地下工程施工的全过程，对受施工影响的环境工程风险的安全状态进行再评估。即再查环境风险的安全专项设计、对施工中的监测数据进行分析，若有突发安全事件应对现状重新评估。

施工阶段的评估内容：

① 环境风险工程和新建隧道工程的概况；

② 若有突发事件，应说明情况，分析原因，提出对环境风险工程的处理意见；

③ 对隧道施工过程安全性的判断及相关建议。

（3）工后评估阶段指隧道工程施工完毕后，对其环境风险施工阶段过程的安全评价。评价依据是现状调查、分析、必要的检测等。工后评价在隧道施工阶段后期，工程验收前，环境风险变形趋于稳定后进行。

风险评估不仅仅是评估工程风险发生事故的概率，而且还可以追溯和分析发生事故的原因，计算和分析事故造成的后果及影响程度；同时还可以以定量化的数值（而非定性分析），通过全面的分析计算来反映工程项目整个系统的安全性、可靠度、经济性等多项经济、技术指标；另外，通过对整个工程建设项目进行全面系统的风险评估和分析，可以提高政府、业主、设计单位、承包商及工程运营单位风险管理意识和风险管理能力。

目前，在国外仅有少数国家拥有对地下工程风险评估的理论体系和较为简单的风险评估评价程序；在国内，对地下工程的风险评估工作还停留在定性和简单的定量评估水平上，还没有具体针对整个项目进行风险评估的体系、模型和方法，绝大部分问题的研究，还几乎没有展开或尚处于认识初步研究阶段。

7.3.3　风险评估原则及各方的责任

设计阶段业主对风险管理全面负责，设计单位（或咨询单位、相关专业机构）在业主组织下对风险进行评估；施工阶段业主对风险管理全面负责，施工单位在业主组织下对风险进行评估。

业主的主要职责：根据工程特点相关规定，制定风险评估和风险管理工作实施办法；委托设计单位（或咨询单位、相关专业机构）进行设计阶段风险评估工作；督导施工单位开展施工阶段风险评估工作；负责对评估结果进行审查，以保证评估数据、结果的真实性、可靠性，委托相关专业机构进行风险监测；提出风险处理的决策意见；检查、监督、协调、处理评估工作中的有关问题。

设计单位的主要职责：制定设计阶段风险评估工作实施细则；进行设计阶段的风险评估工作；提出风险评估结果，供业主决策；向施工单位进行有关风险的技术交底和资料交接；在业主的组织下，参与施工期间的风险评估；根据风险监测结果，提出风险处理意见。

施工单位的主要职责：制定施工阶段风险评估工作实施细则；进行施工阶段的动态风险评估工作；根据风险评估结果提出相应的处理措施，报业主批准后实施；在施工期间对风险实时监测，定期反馈，随时与相关单位沟通；根据风险监测结果，调整风险处理措施。

监理单位的主要职责：参与制定施工阶段风险评估工作实施细则；参与和监督施工单位风险评估和管理工作，并侧重于安全风险和环境风险；检查施工单位风险处理措施的落实情况。

7.3.4 风险评估的方法

1. 专家调查法

专家调查法是用函询的方法征求专家意见进行风险分析与预测的方法，一般步骤为：

①将项目基本信息和归纳的问题提供给专家；②专家匿名提出意见；③归纳专家意见，形成意见统计结果；④反馈给专家，专家匿名再提出意见；⑤反复多次后，将归纳总结的意见提供给决策者作为决策的依据。

该方法采用归纳统计将大多数人的意见和少数人的意见都包含在内，避免了一般归纳法不全面的弊端。采用该方法的预测时间不宜过长，越长准确性越差。本方法分析结果往往受组织者、参加者的主观因素影响，可能存在偏差。

2. 头脑风暴法

头脑风暴法又称智暴法，是借助于专家的经验，通过会议，集思广益获取信息的一种直观的预测和识别方法。参加讨论的人员主要由风险分析专家、风险管理专家和相关专业人员组成。该方法要求主持人必须具有较高的素质，思维敏捷，反应灵敏，一般步骤为：

①讨论之前，讨论人员应对讨论主题有所准备；②讨论过程中，轮流发言、各抒己见，不进行判断性评论，并尽量将发言的原话记录完整；③讨论结束后，与会者共同评价讨论中的每一条意见；④主持人对讨论意见进行总结，形成最终结论。

该方法简单易行，比较客观。所得出的结论比较充分、正确，但该方法受主观因素影响，可能存在偏差。

3. 核对表法

核对表法是在系统分析的基础上，找出所有可能存在的风险，然后以提问的方式将这些风险因素列成表格进行核对的一种方法，一般步骤为：

①将工程风险系统分解为若干个子系统；②运用事故树，找出引起风险事件的风险因素，作为检查表的基本检查项目；③针对风险因素，查找有关控制标准或规范；④根据风险因素的风险等级，依次列出风险清单。

核对表一般应包括序号栏、检查项目栏、判断栏（以"是"或"否"来回答）和备注栏（与检查项目有关的需说明的事项）四个项目。

该方法能消除或减低忽视某些风险因素的可能性，是风险识别的一种有效和可靠方法，可用于施工过程中判断风险因素是否存在，也可用在发生事故后帮助查找事故原因。由于在项目过程中风险因素会发生改变，故在应用中应定期检查风险清单的内容是否齐全。

4. 风险矩阵法

风险矩阵法是采用概率理论对风险因素发生的概率和后果进行评估的方法，一般步骤为：

①确定风险评估指标；②确定每个风险因素的后果等级；③确定每个风险因素的概率等级；④将风险发生的概率等级和后果等级分别列在风险矩阵图上，二者垂直坐标交点区域即为风险等级。该方法操作简单，容易得到风险评估的结果。

5. 层次分析法

层次分析法是按照一定的规律把决策过程层次化、数量化，对多方案或多目标进行决策的方法，一般步骤为：

①建立系统的递阶层次结构；②构造两两比较判断矩阵，从层次结构的第二层开始，对于从属于（或影响到）上一层某个因素的同层诸因素，用成对比较法和 1~9 比较尺度构造成对比较矩阵，直至最下层；③针对某一标准，计算各风险因素的权重，对于每一个成对比较矩阵，计算最大特征根及对应特征向量，特征向量即为该比较矩阵中各因素权重值；④计算当前一层风险相对总目标的排序权重；⑤进行一致性检验。

该方法可以有效地对影响评估目标的风险因素进行定量化分析，并比较各因素之间权重大小。

6. 模糊综合评估法

模糊综合评估法是采用模糊理论和最大隶属度原则对多因素系统进行总体评价的一种方法，一般步骤为：①对评估项目进行分析，找到影响评估目标的各风险因素，建立评估目标的评价指标体系；②建立风险因素等级评估矩阵；③确定各风险因素概率等级和后果等级；④确定风险因素权重；⑤总体评估风险。

该方法可以通过计算得出目标风险的量化指标，但计算较复杂，难度较大。

7. 敏感性分析法

敏感性分析是用来估计可量化的变量对项目决策结果影响的方法，一般步骤为：

①选定分析目标；②确定可能对评价目标产生影响的因素；③根据实际需要选定因素变动范围；④按照不同的因素分别计算评价指标值；⑤明确敏感因素；⑥进行综合分析，根据分析结果采取相关措施，为决策者提供决策依据。

该方法能够预测各风险因素对项目的影响，从而判断项目可能容许的风险程度。但由于没有考虑影响因素发生变化的概率，具有相当大的主观随意性，故事先需做好调查研究工作，充分注意各因素之间的关联性。

8. 蒙特卡罗法

蒙特卡罗法是用统计理论并利用计算机手段研究风险发生概率和风险发生后果的统计试验方法，一般步骤为：①确定评估目标的数学模型；②对数学模型中的参数变量进行风险识别和分析，收集风险因素的相关数据；③对各参数变量进行风险后果大小及相对应的概率分析；④根据风险分析精度要求，确定模拟次数、产生随机数，将参变量的取值代入数学模型，每次求得目标变量的一个具体值，即为一个随机事件样本值；⑤重复上一步工作，得到多个目标变量值；⑥对得到的样本值进行统计分析，得到分布曲线，并检验其概率分布，估计其均值和标准差，将模拟试验结果加以解释并写成书面报告。

该方法能准确、有效地对风险进行定量评估，但需要建立评估目标的数学模型，并确定各参数变量的概率分布规律，非常复杂，实际操作困难。

9. 灰色系统理论法

灰色系统（grey system）用灰数、灰色方程、灰色矩阵和灰色度等来描述。通过对离散的原始数据处理来寻求变化规律，主要有累加生成和累减生成法。

系统是由多种因素构成，因素和因素之间及因素与系统之间都存在着关系，有些因素是主要的，有些因素是次要的。灰色关联分析是动态的量化比较分析，基本思想是根据几何形状的相似程度来判断联系是否紧密，曲线越接近，相应序列之间的关联度就越大，反之就越小。

一般的步骤是：首先，灰色系统建模，以离散的数列为基础，以微分方程拟合而建成的模型。第二，灰色预测，根据过去以及现在已知或非确定的信息，建立从过去引申到将来的 GM 模型，从而确定系统在未来发展变化的趋势，并为规划决策提供依据。第三，灰色决策，决策是指选定一个合适的对策，去对付某个事物的发生，以取得最佳效果。灰色决策是指系统中含有灰元或用灰色模型进行的决策。

10. 人工神经网络法

人的大脑是由神经细胞所组成的，每个神经元都可以看成是一个小小的处理单元，这些神经元按某种方式相互连接起来，形成大脑内部的生理神经网络。神经网络中各神经元之间连接的强弱，按照外部的激励信号作自适应变化，而每个神经元又随着接受到激励信号的综合大小呈现兴奋或抑制状态。

人工神经网络处理单元是模拟人类大脑神经细胞而成的，又称为人工神经单元。分为单层网络、多层前馈网络和反馈网络。人工神经网络的实现目前有两个途径：第一，基于传统计算机技术；该方法中主要包括几种方案，软件模拟、神经网络并行多机系统和传统计算机的神经网络元算加强技术。第二，基于全硬件实现，包括电子神经网络计算机、光学神经网络计算机和生物分子计算机。

其中 BP 网络对材料分类步骤一般如下：①确定分类的级别及影响分类的因素；确定每个因素在各级等级的取值范围；②建立神经网络，网络的输入神经单元等于分类的因素数，输出单元数目等于级别数；③在现场搜集网络训练用的样本对，利用等级范围对每个因素值进行归一化管理；④用样本对训练神经网络；⑤输入待判别分类级别材料的各因素的值（归一化处理后），网络的输出即为所求的分类。

11. 遗传算法

目前求出最优解或近似最优解的方法主要有以下三种：枚举法，启发式算法和搜索算法。遗传算法是搜索算法的一种，简单遗传算法是最基本的遗传算法，它的特点是编码方法只使用固定长度的二进制符号串来表示群体中的个体，运算只使用算子、交叉算子和变异算子这三种基本遗传算子。

步骤一般如下：①随机生成 M 个个体作为初始群体 $P(0)$；②个体评价，计算群体 $P(t)$ 中各个个体的适应度，若满足精度，停止；若不满足则编码；③选择运算，将算子作用于群体；④交叉运算，将交叉算子作用于群体；⑤变异运算，将变异算子作用于群体，得到经过选择、交叉、变异运算后下一代群体 $P(t+1)$；⑥解码，计算新群体的适应度，终止条件判断。判断群体 $P(t+1)$ 是否满足要求，若不满足，则重复以上步骤。

7.3.5 环境风险工程评估

环境风险工程评估包括现状评估、施工过程评估和施工后评估见表7-4。

环境风险工程评估　　　　　　　　　　表 7-4

项目	现 状 评 估	施工过程评估	施工后评估
目的	(1)为环境风险工程施工图设计服务； (2)为施工过程评估和工后评估提供参考； (3)为环境安全风险工程的安全责任界定提供依据	评判地下工程施工过程中对环境风险工程的影响程度，重新评估环境风险工程结构本身及其使用设备的当前安全状态； 为施工过程中设计、施工方案的优化提供参考； 及时反馈信息，重大及异常情况及时上报	判断地下工程施工后，环境风险工程的安全状态； 比较地下工程施工前后，环境风险工程安全状态的变化情况； 判断地下工程施工后，环境风险工程是否须采取加固措施，为工后恢复设计和施工处理提供依据
对象	现状评估的对象为地下工程穿越或者邻近施工环境风险工程设计中明确规定的特、一级环境风险工程和有特殊要求(指产权单位或建设方有评估要求)的其他等级环境风险工程中的既有线地铁、既有桥梁、既有建筑物。评估范围、对象的具体确定方法参考相关规范。 现状评估对象的确定需由工点设计单位提出，总体设计单位核实，并上报建管公司项目管理公司审核、备案	施工过程评估的对象为地下工程穿越或者邻近的特、一级和有特殊要求(指产权单位或建设方有评估要求)的其他等级环境风险工程。其余环境风险工程施工过程风险控制参见《施工安全风险监控指南》	受地下工程建设影响的各类环境风险工程符合下列情况之一时，需进行工后评估： 当建设单位、环境风险工程产权单位及政府相关管理部门有工后评估要求时； 监测数据达到或超过控制指标时，且影响程度较大，降低了环境风险工程的正常使用功能时
工作内容	1. 调查、检测内容： 环境风险工程调查评估单位依据工点设计单位关于现状评估的内容要求(需上报建管公司项目管理公司审核、备案)和工程实际情况及环境风险工程的重要程度，分等级、分对象，确定现状调查、检测和评估的项目、内容及范围。现状调查、检测方案的制订可参考国家、行业相关规范、标准及有关规定，并综合考虑工程实际情况及环境风险工程的特点，其内容主要包括以下方面： (1)结构的外观：混凝土的表面情况(开裂、脱皮)、钢筋外露、渗漏情况； (2)混凝土内部情况：混凝土的强度、混凝土的密度、钢筋锈蚀、碳化深度、保护层厚度、碱骨料反应、氯离子含量等； (3)结构既有变形：沉降缝两侧差异沉降、结构既有倾斜、挠曲； (4)轨道结构调查：轨道线路平面及纵断面现状测量、轨道维修养护现状、轨枕及扣件的完好情况、钢轨扣件的调整情况、整体道床的裂缝情况等。 2. 结构安全性分析评估内容 依据现状调查、检测成果，兼顾结构承载能力和正常使用要求，同时参考类似工程经验，现状评估单位对环境风险工程结构的剩余抗力指标进行分析和计算，从而得到现状评估成果文件。现状评估成果的内容应包括以下几个方面： (1)结构质量现状评估； (2)结构剩余抗力指标的评估； (3)使用设备现状评估； (4)使用设备剩余抗力指标的评估	环境风险工程施工过程评估的工作内容： 1. 环境风险工程安全专项施工方案的审查； 2. 施工过程中评估单位根据施工中的各种突发事件以及监测实际数据对环境风险工程现状进行的重新评估	依据既有线地铁、既有桥梁、既有建筑物的原设计相关规范、规程及现行相关规范、规程对既有线地铁、既有桥梁、既有建筑物进行全面的现状调查。 对地下工程所有监测数据进行深入分析，结合工后现状调查成果，通过必要的计算分析，得出环境风险工程当前状态的安全系数。通过与原设计安全系数进行比较分析，评判环境风险工程工后修复的必要性。 对工后修复的技术可行性以及经济合理性做出分析和评价，从而提出加固修复的范围、内容及措施建议

续表

项目	现状评估	施工过程评估	施工后评估
方法	现状评估的方法包括现状调查、检测、必要的结构安全性计算分析、工程类比、模型试验、现场试验及专家经验。 计算分析的目的是为了求取结构的剩余抗力指标。现状评估单位应会同环境风险工程原设计单位、地下工程工点设计单位分别以结构承载能力极限状态（以材料强度控制）和正常使用极限状态（以裂缝宽度控制）时的内力为判断标准，通过结构的预测变形曲线多次试算得出该状态结构抗变形能力指标	同现状评估阶段	工后评估的方法包括调查、检测以及必要的计算分析，具体同现状评估阶段 提供环境风险工程结构受地下工程施工影响后的安全状态的建议
成果	结构质量现状评估成果；结构剩余抗力指标评估成果；使用设备现状评估成果；使用设备剩余抗力指标评估	1. 施工过程中各关键工序的监测数据总结与分析； 2. 施工过程中环境风险工程的安全状态的判断	（1）工后现状调查、检测成果； （2）工后修复的必要性判断； （3）工后修复可行性、经济合理性分析； （4）拟采取的加固措施建议

1. 现状评估

现状评估是指在环境调查的基础上，由建设单位委托现状评估单位对环境风险工程的现状进行进一步的调查和检测，并进行适当的计算分析，从而评估环境风险工程的剩余抗力指标（含剩余抗变形能力、剩余承载能力等）。

剩余抗力指标的确定原则上需要由环境风险工程的产权单位、原设计单位共同参与确定。现状评估在环境风险工程详细调查的基础上、重点调查完成之后进行。

现状评估单位对现状评估成果报告内容、现状评估结论及剩余抗力指标的确定负有相关技术责任。

环境风险工程现状评估的程序如图 7-12 所示。

环境风险工程现状评估的管理流程：

1）工程建设安全风险评估对象的确定应在初步设计完成后，由工点设计单位在综合考虑地下工程与环境风险工程的相互位置关系、风险等级、重要程度及环境风险工程产权单位具体要求的基础上提出建议，并逐级报请总体设计单位和项目管理公司进行审核后，形成《安全风险评估项目清单》。

2）评估所属工程的工点设计单位应积极配合项目管理公司，及时向现状评估单位提供评估所需的基础资料和设计文件，并依据工程实际情况及环境风险工程的重要程度，分等级、分对象，确定现状调查、检测和评估的项目、内容及范围，提出正式的《现状评估内容及深度要求》，作为评估工作的依据。

3）现状评估单位应依据工点设计单位提出的评估内容

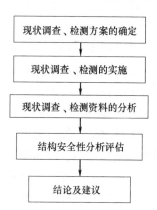

图 7-12　现状评估程序

及深度要求，确定现状调查、检测与评估的范围，并制定相应的《环境风险工程现状评估大纲》，报请环境风险工程产权单位和项目管理公司审核、备案，经批准后，进入现状调查、检测和评估阶段。

4）依据现状调查、检测成果，现状评估单位对环境风险工程的结构进行分析和计算，形成《环境风险工程现状评估报告》，报送总体设计单位、项目管理公司及环境风险工程产权单位，以专家评审会的形式进行审核，会议应邀请工程参建各方、环境风险工程产权单位及政府管理部门参加，会议形成会议纪要及专家意见。审查通过后，提交项目公司备案。

环境风险工程现状评估管理流程图如图 7-13 所示。

2. 施工过程评估

施工过程评估是指评估单位在地下工程施工过程中，对受其影响的环境风险工程的安全状态所进行的重新评估。

施工过程评估在地下工程的施工阶段进行，由评估单位负责实施，施工单位协助。

环境风险工程施工过程评估的管理流程：

1）施工期准备阶段若发生涉及评估工程的补充勘察或环境补充调查，建管公司应及时向工点设计单位或相关专业评估单位提供最新的报告文件，工点设计单位或相关专业评估单位应根据补充勘察或环境补充调查成果对环境风险工程评估工作进行修改、补充或完善，以《环境风险工程施工过程评估报告—补充文件》的形式报送工程各管理部门和参建单位。

2）施工过程中，施工单位应严格按照相关规范、规程的监控量测控制标准进行控制，并与第三方监测单位相互配合，对环境风险工程的安全状态进行实时跟踪，对监控量测数据和信息进行科学的分析和反馈，同时以《环境风险工程日常分析报告》的形式将环境风险工程监测数据及安全状态判定结果通过建设安全管理信息系统上报监控分中心。

3）具体信息报送程序参见相关规范、规程。

4）施工过程中，评估对象监控量测数据发生异常或预警情况时，施工单位和第三方监测单位协助评估单位应对环境风险工程的安全状态进行实时分析和判断，同时以《环境风险工程施工过程评估报告》的形式，报送总体设计单位、公司技术委员会或项目管理公司及环境风险工程产权单位，以专家评审会的形式进行审核，会议应邀请工程参建各方、环境风险工程产权单位及政府管理部门参加，会议形成会议纪要及专家意见。审查通过后，提交项目公司备案。

环境风险工程施工过程评估管理流程图如图 7-14 所示。

3. 工后评估

工后评估是根据地下工程施工后的实际情况，对受其施工影响的环境风险工程进行现状调查、检测和必要的分析评价，从而评估环境风险工程当前的安全状态。

工后评估一般情况下由建设单位组织有相应资质或经验的评估单位进行调查评估（原则上与现状评估阶段相同），施工单位协助。

工后评估在地下工程的施工阶段后期、工程验收前且环境风险工程变形稳定后进行。

环境风险工程工后评估的对象由建设单位确定，并需充分征询环境风险工程产权单位及政府相关管理部门的意见。

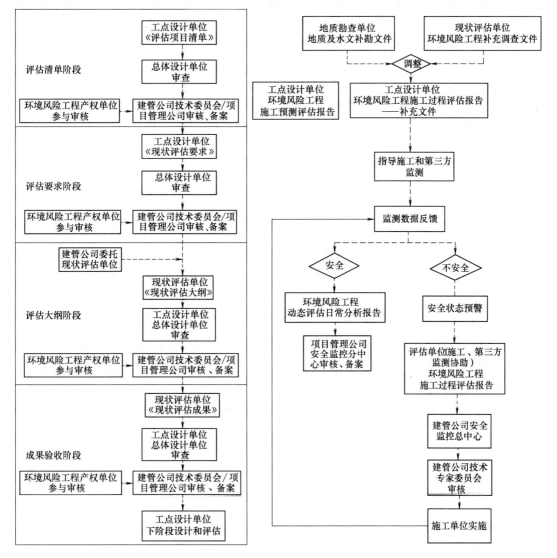

图 7-13 现状评估管理流程图 　　　　图 7-14 施工过程评估管理流程图

环境风险工程工后评估的程序见图 7-15。

工后评估的时机应选择在地下工程施工完成后一定时间内进行，此时环境风险工程的变形应趋于稳定。

1）土建工程施工完成后，施工单位及第三方监测单位会同项目公司安全风险监控管理分中心、总体设计单位、工点设计单位对评估工程的监控量测数据和信息进行分析和判断，并综合考虑环境风险工程产权单位和政府相关管理部门的意见，确定环境风险工程是否需进行工后安全性评估，经项目公司汇总后以《环境风险工程工后评估清单》的形式报送项目管理公司审批并确定进行工后评估的对象。

2）工后安全风险评估之前需对环境风险工程进行工后现状调查，形成《环境风险工程工后调查报告》。

3）专业评估单位应以环境风险工程监控量测数据和《环境风险工程工后调查报告》

397

为基础，结合原有评估成果（《环境风险工程现状评估报告》、《环境风险工程施工过程评估报告》）进行工后安全性评估，《环境风险工程工后评估报告》应逐级报送工点设计单位、总体设计单位、项目管理公司及环境风险工程产权单位，并以专家评审会的形式进行审核、备案。

4）经环境风险工程产权单位同意和专家评审后，工程施工单位负责组织和落实工后评估提出的结构恢复技术方案的设计和实施。

环境风险工程工后评估管理流程图如图 7-16 所示。

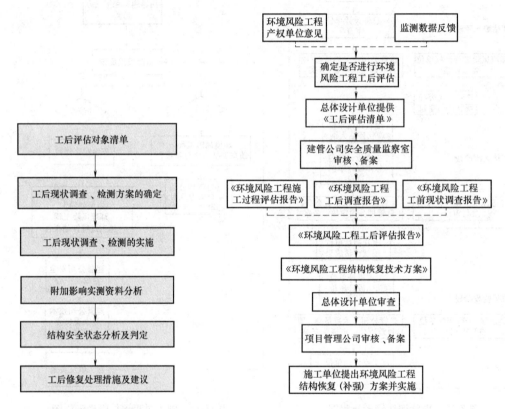

图 7-15　工后评估流程图　　　　　　图 7-16　工后评估管理流程图

7.3.6　环境风险工程评估操作实例

以下主要对既有线地铁、既有桥梁、既有建筑物三类环境风险工程安全风险评估各阶段的目的、对象、程序、工作内容、方法、成果、管理流程等作简单介绍。

1. 既有线地铁安全风险评估

既有线地铁指新建轨道交通线路施工前土建已修建完成的轨道交通线路。

1）评估范围

根据工程具体特点，结合目前的工程经验，由评估单位会同既有线地铁产权单位及工点设计单位共同确定。

2）评估目的

（1）评价各施工阶段既有线地铁结构及轨道的现状安全状态；

（2）评价各施工阶段既有线地铁的行车安全。

3）评估依据

（1）既有线地铁的结构竣工图；

（2）既有线地铁的现状调查评估报告；

（3）针对既有线地铁的环境风险工程设计图纸；

（4）针对既有线地铁的经过外部专家评审后的施工方案；

（5）地下工程及既有线轨道交通工程的岩土工程勘察报告；

（6）《工业厂房可靠性鉴定标准》；

（7）《民用建筑可靠性鉴定标准》；

（8）《地铁设计规范》；

（9）《地下铁道设计规范》；

（10）《铁路隧道设计规范》；

（11）《钢筋混凝土结构设计规范》；

（12）《北京地铁工务维修规则》。

4）评估内容

对既有线地铁结构及轨道进行全面现状调查，充分评估地下工程施工各阶段既有线地铁结构及轨道的状态。

5）既有线地铁现状调查和评估

既有线地铁现状调查与评估目的：

（1）判断既有线地铁结构的安全程度，对安全隐患进行及时治理，确保既有线地铁结构安全和运营安全；

（2）通过对既有线地铁的检测以及计算分析，对既有线地铁当前的工作状态和抵抗附加变形能力做出评估，并给出既有线地铁结构的抗变形能力指标值；

（3）为制定施工对既有线地铁的附加影响控制标准即设计、施工方案提供依据。

6）既有线地铁现状评估依据：

（1）《地铁设计规范》；

（2）《铁路隧道设计规范》；

（3）《民用建筑可靠性鉴定标准》；

（4）《工业厂房可靠性鉴定标准》；

（5）《混凝土结构设计规范》；

（6）《回弹法检测混凝土抗压强度技术规程》；

（7）《钻芯法检测混凝土强度技术规程》；

（8）《建筑结构检测技术标准》；

（9）《混凝土结构耐久性评定标准》；

（10）《混凝土腐蚀破坏的评估与修补》；

（11）《混凝土工程病害与修补技术》；

（12）《混凝土工程裂缝调查及补强加固技术规程》；

（13）《重点工程混凝土耐久性的研究与工程应用技术》；

（14）《地下铁道工程施工及验收规范》；

（15）《后装拔出法检测混凝土强度技术规程》。

既有线地铁现状评估内容及范围包括：既有线地铁的结构、限界、线路、轨道和防水等方面调查，主体混凝土、道床混凝土外观及质量评估等，最终得出量化的既有线地铁抵抗附加变形和荷载的能力以及安全运营要求的其他条件。

7）既有线地铁现状调查内容

（1）原设计图和竣工图及历次加固和改造设计图、事故处理报告、竣工验收文件和检查观测记录；

（2）原始施工资料；

（3）既有线地铁的使用条件；

（4）根据已有的资料与实物进行初步核对、检查和分析；

（5）地层调查；

（6）车辆限界、设备限界和建筑限界的调查；

（7）线路的调查；

（8）轨道的调查。

8）既有线地铁现状检测和评估

（1）混凝土强度检测；

（2）衬砌厚度检测；

（3）混凝土保护层厚度及碳化深度检测；

（4）混凝土外观及裂缝检查；

（5）既有线地铁车站梁柱构件钢筋扫描检测；

（6）氯离子含量的检测和评价；

（7）碱含量的测试；

（8）钢筋锈蚀测试；

（9）结构极限承载能力评估；

（10）轨道结构现状评估；

（11）既有线地铁断面的允许净空变化；

（12）变形缝的调查与评估。

9）既有线地铁的施工中的影响评估

在施工单位严格执行环境风险工程设计提出的相应技术措施的前提下，评估单位根据施工中的各种突发事件以及监测实际数据对既有线地铁现状进行的重新评估。

10）既有线地铁的工后评估

遇下列情况之一时，应进行工后评估：

（1）当运营公司有特殊要求时；

（2）实际施工监测超过给定控制值的；

（3）当地下工程施工完成后，降低了既有线地铁的正常使用功能时；

（4）当地下工程施工完成后，对既有线地铁的耐久性造成较严重损伤时。

工后评估的时机应选择在地下工程施工完成后一定时间内进行，此时既有线地铁的变形应趋于稳定。

工后评估的内容包括：

（1）工后评估单位对既有线地铁进行全面的现状调查。

（2）对地下工程所有监测数据进行深入分析，结合工后现状调查成果，得出既有线地铁当前状态的安全系数。通过与原设计安全系数进行比较分析，评判既有线地铁工后修复的必要性。

（3）对工后修复的技术可行性以及经济合理性做出分析和评价，从而提出加固修复的范围、内容及措施建议。

2. 既有桥梁安全风险评估指南

既有桥梁指新建轨道交通线路施工前土建已修建完成的北京地铁工程邻近的城市公路立交桥、跨河桥、人行过街天桥、城市铁路桥梁等。

1）评估范围

根据工程具体特点，结合目前的工程经验，由评估单位会同既有桥梁产权单位及工点设计单位共同确定。

2）评估目的

（1）评价各施工阶段既有桥梁（含城市铁路桥梁）结构及城市铁路桥梁轨道的现状安全状态；

（2）评价各施工阶段城市铁路桥梁的行车安全。

3）评估依据

（1）既有桥梁结构的竣工图；

（2）既有桥梁的现状调查评估报告；

（3）针对既有桥梁的环境风险工程设计图纸；

（4）针对既有桥梁的经过外部专家评审后的施工方案；

（5）地下工程及既有桥梁工程的岩土工程勘察报告；

（6）《地铁设计规范》；

（7）《地下铁道设计规范》；

（8）《铁路隧道设计规范》；

（9）《铁路隧道设计规范》；

（10）《建筑结构荷载规范》；

（11）《钢筋混凝土结构设计规范》；

（12）《公路桥涵设计通用规范》；

（13）《公路钢筋混凝土及预应力混凝土桥涵设计规范》；

（14）《城市桥梁设计荷载标准》；

（15）《城市桥梁设计准则》；

（16）《城市人行天桥与人行地道技术规范》；

（17）《北京地铁工务维修规则》。

4）评估内容

对既有桥梁结构及轨道进行全面现状调查，充分评估地下工程施工对既有桥梁的结构安全及轨道运营的影响，并对既有桥梁保护环境风险工程设计提出合理化的改进建议。

5）既有桥梁现状调查和评估

（1）判断既有桥梁结构的安全程度，对安全隐患进行及时治理，确保既有桥梁结构安全和运营安全；

（2）通过对既有桥梁的检测以及计算分析，对既有桥梁当前的工作状态和抵抗附加变形能力做出评估，并给出既有桥梁结构的抗变形能力指标值；

（3）为制定施工对既有桥梁的附加影响控制标准即设计、施工方案提供依据。

6）既有桥梁现状评估依据

（1）《城市桥梁养护技术规范》；

（2）《回弹法评定混凝土抗压强度技术规程》；

（3）《混凝土强度检验评定标准》；

（4）《公路工程技术标准》；

（5）《混凝土结构设计规范》；

（6）《钻芯法检测混凝土强度技术规程》；

（7）《建筑结构检测技术标准》；

（8）《混凝土结构耐久性评定标准》；

（9）《混凝土腐蚀破坏的评估与修补》；

（10）《混凝土工程病害与修补技术》；

（11）《混凝土工程裂缝调查及补强加固技术规程》；

（12）《重点工程混凝土耐久性的研究与工程应用技术》；

（13）《后装拔出法检测混凝土强度技术规程》。

既有桥梁现状评估内容及范围包括：既有桥梁调查、外观及质量评估、桩基工前沉降评估、桥梁结构抵抗附加变形能力与安全度、轨道和防水等方面，结合桥梁上部结构形式（简支梁或连续梁）以及桥梁结构主要构件（盖梁、主梁等）的承载能力，进行有关计算分析，最终得出量化的既有桥梁抵抗附加变形能力和极限承载能力，提出邻近桥梁墩台基础顺桥向和横桥向的极限差异沉降值，以及安全运营要求的其他条件。

选择评估的内容包括：桥梁静载试验结果评定、桥梁动载试验结果评定。

7）既有桥梁现状调查内容及成果

调查内容：

（1）原设计图和竣工图及历次加固和改造设计图、事故处理报告、竣工验收文件和检查观测记录；

（2）原始施工资料、变更洽商记录、养护资料；

（3）咨询相关人员，如设计负责人、施工技术负责人、竣工资料整理时的制图人等；

（4）既有桥梁的使用条件；

（5）根据已有的资料与实物进行初步核对、检查和分析；

（6）地层调查；

（7）桥梁基本信息（包括桥梁的位置、宽度和长度；上部结构材料、形式和跨度；下部结构材料、形式和尺寸；承台材料、形式和尺寸；桩的材料、长度、直径和布置）；

（8）线路的调查；

（9）轨道的调查。

调查成果：

（1）桥梁总平面图

显示桥梁上部结构与地铁结构在水平面上投影的相对位置关系，桥墩编号，承台在水平面上投影的形状和尺寸并注明其厚度和埋置深度，桩在水平面上投影的位置并注明其长度和直径。

必要时还可以附以邻近桥基统计表格，显示桥基的轴位、编号、规格（直径、长度、宽度）、基础底标高等。

（2）关键横断面图

显示横断面上桥桩和地铁结构之间的相对空间距离。

（3）纵断面图

显示桥梁桩基础在桥梁纵向的分布情况。

8）既有桥梁现状检测和评估

既有桥梁现状检测包括：

（1）桥梁主体结构的裂缝状况；

对所有裂缝均应检查，并测量裂缝的位置、方向及延伸长度以及主要裂缝的最大宽度和深度。

（2）桥梁主体结构的破损位置、形状、尺寸等；

（3）桥梁附属结构（支座以及其他附属设施）的破损状况；

（4）混凝土强度检测；

混凝土强度检测可视现场情况采用回弹法或超声回弹综合法进行检测，必要时需取芯进行修整。

（5）混凝土碳化深度检测；

（6）钢筋位置及混凝土保护层厚度检测；

（7）钢筋应力。

既有桥梁现状评估包括：

（1）桥梁结构材料性能劣化情况评估；

（2）桥基既有沉降及相邻桥基的差异沉降、桥墩倾斜；

（3）桩基承载状态与安全度评估；

（4）桥梁结构承载能力及抗变形能力评估；

（5）轨道结构现状评估（针对城市铁路桥梁）。

9）既有桥梁在地下工程施工中的影响评估

在施工单位严格执行环境风险工程设计提出的相应技术措施的前提下，评估单位根据施工中的各种突发事件以及监测实际数据对既有桥梁（含城市铁路桥梁）现状进行的重新评估。

10）既有桥梁的工后评估

遇下列情况之一时，应进行工后评估：

（1）当公联公司或者桥通所有特殊要求时。

（2）当监测数据达到或超过控制指标时，且影响程度较大，降低了环境风险工程的正常使用功能时。

工后评估的时机应选择在地下工程施工阶段后期、工程验收前且既有桥梁的变形应趋于稳定。

工后评估的内容包括：

（1）工后评估单位对既有桥梁进行全面的现状调查。

（2）对地下工程所有监测数据进行深入分析，结合工后现状调查成果，得出既有桥梁当前状态的安全系数。通过与原设计安全系数进行比较分析，评判既有桥梁工后修复的必要性。

（3）对工后修复的技术可行性以及经济合理性做出分析和评价，从而提出加固修复的范围、内容及措施建议。

3. 既有建筑物安全风险评估指南

既有建筑物是指地下工程施工前已经施工完毕或正在使用的既有的各种工业与民用建筑物。

1）评估范围

根据工程具体特点，结合目前的工程经验，评估单位应根据新建工程与建筑基础的相对位置关系（平面位置、垂直关系、水平关系）、同时考虑新建工程的沉降槽、地基压力扩散角（参考《建筑地基基础设计规范》GB 50007—2002 5.2节规定及相关条文说明表2）、基础形式及埋深、上部结构形式、高度等关键要素和变形缝、主体高层与裙房结合处等关键部位综合确定评估范围，评估范围尽量全面，并能保证达到有效了解差异沉降变形及建筑物倾斜的目的。

地基压力扩散角　　　　　表 2

E_{S1}/E_{S2}	z/b		E_{S1}/E_{S2}	z/b	
	0.25	0.50		0.25	0.50
3	6°	23°	10	20°	30°
5	10°	25°			

注：1. E_{S1} 为上层土压缩模量；E_{S2} 为下层土压缩模量；

　　2. z/b<0.25 时取 θ=0°，必要时，宜由试验确定；z/b>0.50 时 θ 不变。

2）评估目的

（1）评价地下工程施工附加变形对既有建筑物结构的影响；

（2）地下工程施工完成后综合评价其对既有建筑物结构的影响；

（3）提出地下工程施工的沉降控制指标；

（4）对既有建筑物保护环境风险工程设计提出合理化建议；

（5）为既有建筑物保护的工后修复及轨道防护提供依据。

3）评估依据

（1）既有建筑物结构的竣工图；

（2）既有建筑物的现状调查评估报告；

（3）针对既有建筑物的环境风险工程设计图纸；

（4）针对既有建筑物的经过外部专家评审后的施工方案；

（5）地下工程及既有建筑物工程的岩土工程勘察报告；

（6）《地铁设计规范》；

（7）《地下铁道设计规范》；

（8）《铁路隧道设计规范》；

（9）《建筑结构荷载规范》；

（10）《混凝土强度检验评定标准》；

（11）《混凝土结构设计规范》；

（12）《混凝土结构耐久性评定标准》；

（13）《高层建筑混凝土结构技术规程》；

（14）《建筑结构抗震规范》；

（15）《钢结构设计规范》。

4）评估内容

对既有建筑物结构进行全面现状调查，充分评估地下工程施工对既有建筑物的结构安全的影响，并对既有建筑物保护环境风险工程设计提出合理化的改进建议。

5）既有建筑物现状调查和评估

既有建筑物现状调查与评估目的：

（1）判断既有建筑物结构的安全程度，对安全隐患进行及时治理，确保既有建筑物结构安全；

（2）通过对既有建筑物的调查、检测及计算分析，对既有建筑物当前的工作状态和抵抗附加变形能力做出评估，并给出既有建筑物结构的抗变形能力指标值；

（3）为制定施工对既有建筑物附加影响控制标准及设计、施工方案提供依据。

6）既有建筑物现状评估依据

（1）既有建筑物结构的竣工图；

（2）《回弹法评定混凝土抗压强度技术规程》；

（3）《混凝土强度检验评定标准》；

（4）《混凝土结构设计规范》；

（5）《钻芯法检测混凝土强度技术规程》；

（6）《建筑结构检测技术标准》；

（7）《混凝土结构耐久性评定标准》；

（8）《混凝土腐蚀破坏的评估与修补》；

（9）《混凝土工程病害与修补技术》；

（10）《混凝土工程裂缝调查及补强加固技术规程》；

（11）《重点工程混凝土耐久性的研究与工程应用技术》；

（12）《后装拔出法检测混凝土强度技术规程》；

（13）《高层建筑混凝土结构技术规程》；

（14）《建筑结构抗震规范》；

（15）《钢结构设计规范》。

7）既有建筑物现状评估内容及范围

既有建筑物现状评估内容及范围包括：既有建筑物的结构、限界和防水等方面调查，主体混凝土外观及质量评估等，最终得出量化的既有建筑物抵抗附加变形和荷载的能力。

既有建筑物现状调查内容：

（1）建筑概况

包括建筑名称和用途，使用单位与管理单位；建筑平面、立面尺寸，层数、层高，底层标高，地下室情况，竣工时间。收集地质勘查报告、结构图、施工图、设计变更资料、已有调查结果等。

（2）建筑结构

承重结构形式、材料，附属结构情况，基本柱距/开间尺寸（m），结构布局与结构形式，圈梁、支撑布置等结构基本情况，基础的工作状态（老化、腐蚀）评价。

（3）建筑现状

裂缝开展情况，是否危房或者有部分构件危险。

（4）建筑与地铁结构空间位置关系，绘制建筑物平面、立面以及与地铁结构关系示意图，要求包含地质剖面、土层参数和地下水位。

（5）建筑现有水平位移、沉降、差异沉降、倾斜与角扭。

8）既有建筑物现状检测内容

（1）混凝土强度检测；

（2）衬砌厚度检测；

（3）混凝土保护层厚度及碳化深度检测；

（4）混凝土外观及裂缝检查；

（5）碱含量的测试；

（6）钢筋锈蚀测试；

（7）结构极限承载能力评估；

（8）变形缝的调查与评估。

既有建筑物现状评估：

根据上述对建筑上部结构和基础的现状外观、工作状态等检测和分析，对建筑的现状进行评估，推断建筑剩余寿命、剩余抗力、剩余允许变形和地基基础剩余允许承载力。

9）对施工中既有建筑物的影响评估

在施工单位严格执行环境风险工程设计提出的相应技术措施的前提下，评估单位根据施工中的各种突发事件以及监测实际数据对既有建筑物现状进行的重新评估。

10）既有建筑物的工后评估

遇下列情况之一时，应进行工后评估：

（1）当既有建筑物产权单位或建设方有特殊要求时；

（2）实际施工监测超过给定控制值的；

（3）当地下工程施工完成后，降低了既有建筑物的正常使用功能时；

（4）当地下工程施工完成后，对既有建筑物的耐久性造成较严重损伤时。

工后评估的时机应选择在地下工程施工完成后一定时间内进行，此时既有建筑物的变形应趋于稳定。

工后评估的内容包括：

（1）工后评估单位对既有建筑物进行全面的现状调查；

（2）对地下工程所有监测数据进行深入分析，结合工后现状调查成果，得出既有建筑物当前状态的安全系数。通过与原设计安全系数进行比较分析，评判既有建筑物工后修复的必要性。

（3）对工后修复的技术可行性以及经济合理性做出分析和评价，从而提出加固修复的范围、内容及措施建议。

7.4 风险工程设计

为了最大限度地降低工程风险，保证工程自身的安全和周边环境的正常使用，地下工程建设的风险工程设计应遵循"分阶段、分等级、分对象"的基本原则，即面向不同设计阶段、不同安全风险等级、不同风险工程分别开展风险工程设计工作。通过风险工程设计全面掌握风险工程特点，深化设计内容，通过技术、经济比较分析，制定针对性和可操作的风险控制措施，保证工程自身和周边环境的安全及正常使用。风险工程设计是常规设计的重要补充和延伸，着重从安全风险方面强化了安全风险分级、安全风险分析评估和针对安全风险的设计控制方案等内容，并加强了过程的技术论证、审查程序和成果形式要求。

7.4.1 风险工程设计依据和原则

风险工程设计依据应包括：地下工程设计相关的各种规范、规程、规定；地下工程岩土工程勘察报告、周边环境调查报告；环境安全风险评估报告；建管公司发布的管理文件及管理规定等；总体设计单位发布的技术要求及管理规定等；周边环境原设计采用的相关规范及变形控制指标；周边环境的竣工图纸；周边环境产权单位提出的相关要求；专家咨询及评审意见等。

风险工程设计原则应包括：地下工程结构（包括永久结构和临时结构）的强度、刚度及稳定性，应保证工程的安全和周边环境的正常使用；根据地下工程及受影响周边环境的特点选择适当的施工方法，确定合理施工步序；通过工程类比、数值模拟、解析法等计算分析制定合理的控制指标；风险工程设计采取的技术措施具有可操作性且工程造价合理；风险工程设计成果中应包括有关风险识别、分级和风险分析、评价的内容，以专章或专节的形式纳入到常规设计文件中。

风险工程设计应贯穿轨道交通工程建设的设计全过程。风险工程设计可按三个阶段进行，即方案设计阶段、初步设计阶段和施工图设计阶段。各设计阶段风险工程设计需求的资料内容和深度参见 7.4.2 节。

7.4.2 风险工程设计基础资料和方法

1. 风险工程设计基础资料

风险工程各设计阶段需求的资料内容和深度参见表 7-5。

各设计阶段风险工程设计基础资料   表 7-5

资料类型	资料来源	资料内容	资料深度要求		
			方案设计阶段	初步设计阶段	施工图设计阶段
地质资料	由勘察部门提供	对地层及地下水分布情况的描述	可研阶段地质资料或岩土工程初勘报告	岩土工程初勘报告或岩土工程详勘报告	岩土工程详勘报告及补充勘察报告

续表

资料类型	资料来源	资料内容	资料深度要求		
			方案设计阶段	初步设计阶段	施工图设计阶段
既有轨道交通线资料	设计单位档案资料、业主单位档案资料、档案馆资料	既有地铁结构、建筑、轨道、线路设计图、竣工图、维修保养资料、现状检测报告等	既有地铁结构的施工工法、结构类型等	既有地铁结构施工工法、结构类型；既有地铁结构现状病害情况等	既有地铁结构的建设年代、施工工法、结构类型、结构配筋等；既有地铁结构现状病害情况、裂缝分布等；既有地铁结构及轨道变形控制值
既有铁路资料	测绘部门提供、铁路部门资料	既有铁路路基、涵洞、轨道、线路设计图、竣工图、维修保养资料、现状检测报告、安全评估报告等	铁路等级；铁路构筑物的施工工法、结构类型等	铁路的产权单位；铁路等级；铁路构筑物的施工工法、结构类型等	铁路的建设年代、产权单位；铁路等级、交通流量等；铁路构筑物的施工工法、结构类型、结构配筋等；轨道、道床及路基不均匀沉降量允许值
房屋结构资料	设计单位档案资料、业主单位档案资料、档案馆资料	房屋结构设计图、基础设计图、竣工图、现状检测资料等	房屋的层数、结构类型、用途等；房屋的地下室设计、基础形式	房屋的建设年代；房屋的层数、高度、结构类型、用途等；房屋的地下室设计、基础形式；房屋的现状使用情况等	房屋的建设年代、产权单位；房屋的层数、高度、结构类型、用途等；房屋的地下室设计、基础形式；房屋的现状使用情况、裂缝分布等；房屋整体沉降及不均匀沉降量允许值
管线资料	测绘部门提供、产权单位档案资料、管理单位档案资料、物探资料等	地下管线空间分布	管线类型、管径；管线在管网中的位置及重要性等	管线类型、管径、走向、数量等；管体材料等；管线的产权单位、在管网中的位置及重要性等	管线的建设年代、使用现状、病害情况等；管线类型、管径、走向、标高、数量等；管体材料、接头位置及构造、工作情况、检查井位置等；管线的产权单位、在管网中的位置及重要性等；管线不均匀沉降允许值及接头允许转角或张开量等
桥梁及基础资料	测绘部门提供、产权单位档案资料、管理单位档案资料、物探资料等	桥梁结构及基础设计	桥梁上部结构形式；桥梁基础类型	桥梁的产权单位；桥梁的使用现状等；桥梁上部结构形式、跨度、截面类型等；桥梁基础等	桥梁的建设年代、产权单位；桥梁的使用现状、病害情况等；桥梁上部结构形式、跨度、截面类型等；桥梁基础类型、基础设计参数、安全系数等；基础及上部结构允许沉降量
水文资料	测绘部门提供、河湖管理单位档案资料、物探资料等	河流、湖泊水文资料	河湖水面宽度、水深	河湖管理单位；水面宽度、水深；河床构造	河湖水文特点，管理单位；水面宽度、水深；河床构造、淤积程度、有无防渗；流速、流量、冲刷线、是否有防洪功能、是否有断流或导流条件等
道路资料	测绘部门提供、交管部门	公路路面、路基资料	公路等级等；路面、路基类型；构筑物的施工工法、结构类	公路等级等；路面、路基类型；构筑物的施工工法、结构类型等	公路等级、交通流量等；路面、路基类型；构筑物的施工工法、结构类型、结构配筋等；道路允许沉降量

2. 不同阶段风险工程设计方法

（1）方案设计阶段：一般采用定性分析的方法，主要是工程类比法，根据地下工程及周边环境的影响程度，辅以必要的定量分析。

（2）初步设计阶段：以定性分析为主，重要风险工程辅以定量分析相结合的方法，主要分析方法有工程类比法、解析法、数值分析法等。计算模型可采用荷载结构模型或地层结构模型，二维或三维计算均可采用。

（3）施工图设计阶段：以定性分析为基础，需大量采用定量分析。主要分析方法有工程类比法、解析法、数值分析法、反分析法等。计算模型可采用荷载结构模型或地层结构模型，以三维计算为主，以充分模拟风险工程的复杂特点。

3. 风险工程设计流程

（1）风险工程设计遵循风险管理的思想，一般流程为收集相关资料，进行风险识别、分析、确认和风险控制设计，流程如图 7-17 所示。

（2）方案设计阶段风险工程设计流程如图 7-18 所示，主要包括收集可研阶段地质资料（或岩土工程初勘报告）和周边建（构）物基本资料。识别不良地质条件和工程周边环境，分析不良地质和周边环境与工程实施的相互影响。编制各线、站位方案的风险工程清单和方案设计文件。对影响线、站位选择的重要的古建、城市、国家标志性建筑，需要做专题研究，必要时进行施工影响预测和施工附加影响分析。编制推荐方案的风险控制方案，并进行费用估算。

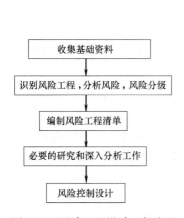

图 7-17 风险工程设计一般流程

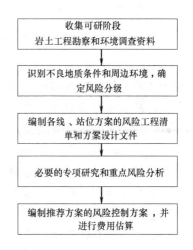

图 7-18 方案设计阶段风险工程设计流程

（3）初步设计阶段风险工程设计流程如图 7-19 所示，包括收集岩土工程初勘报告（或岩土工程详勘报告）和环境调查资料。在方案设计的基础上，全面识别特、一级风险工程，进一步分析工程自身和环境的相互影响。编制风险工程清单，分级报审并审批后进行风险工程初步设计。对重大的周边建（构）物和采用新技术、新工艺、新设备的工程要进行施工影响预测和施工附加影响分析。编制风险控制方案和监控量测要求，进行费用概算。

（4）施工图设计阶段风险工程设计流程如图 7-20 所示，包括收集岩土工程详勘报告（或补充、专项勘察）和环境详细调查资料。根据设计需求，提出对重要周边环境的现状评估要求，并在业主的管理下得到现状评估报告。在初步设计的基础上，深入识别全部风险工程并进行风险分级确认。施工图设计文件应结合具体施工工艺流程，深入分析潜在的不良地质、工程自身风险和环境风险发生的可能性与后果。编制风险工程清单，分级报审后按风险等级进行风险工程施工图设计。根据风险等级和详细调查资料，制定施工变形控制指标。采用量化分析方法对周边环境进行施工影响预测和施工附加影响分析，进而确定详细的风险控制设计。施工图设计文件还应提出具体的风险控制措施、施工注意事项及应急预案。在施工配合阶段，根据施工反馈信息，对风险工程施工图设计进行动态调整。

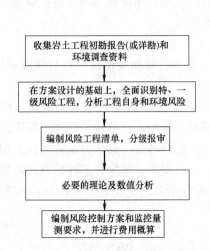

图 7-19 初步设计阶段风险工程设计流程

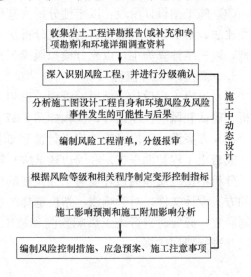

图 7-20 施工图设计阶段风险工程设计流程

7.4.3 风险工程分级

风险工程分级应考虑多种因素综合确定，重点考虑新建工程与周边环境的相对位置关系、周边环境的重要程度和自身特点、地下工程工法特点和工程难度、工程地质和水文地质对不同工法的影响程度等因素。

1. 新建工程与周边环境的相对位置关系

环境风险工程分级时需要定量描述轨道交通工程与周边环境的接近度或相互影响程度，为此，参照国内外相关规范或文献，提出了接近度和影响分区两个概念。

（1）接近度

新建工程与既有轨道交通线因体量和属性相当，其相对位置关系用接近度表示。根据相对距离远近可以分为四种：非常接近、接近、较接近和不接近。具体内容参见表 7-6。

按施工方法确定接近度 表 7-6

接近度	施工方法（与隧道水平距离）		
	明挖法	矿山法	盾构法
非常接近	$<0.7H$	$<0.5B$	$<0.3D$
接近	$1.0H \sim 2.0H$	$0.5B \sim 1.5B$	$0.3D \sim 0.7D$
较接近	$0.7H \sim 1.0H$	$1.5B \sim 2.5B$	$0.7D \sim 1.0D$
不接近	$>2.0H$	$>2.5B$	$>1.0D$

注：1. B—矿山法隧道毛洞宽度；D—新建隧道的外径；H—新建基坑深度；

2. 新建隧道采用爆破法施工时，应另外研究爆破振动的影响；

3. 表中的数值指标为参考值。

地下工程施工将对周边环境及其自身产生不良影响，此时的施工称为接近施工。根据地下工程的施工方法确定接近度。

（2）工程影响分区

新建地下工程与除既有轨道交通线外的其他环境条件（如建筑物、桥梁、管线、道路、水体）因体量和属性差异，其相对位置关系用工程影响区表示。根据基坑、隧道周围地质及环境受工程扰动的程度将基坑、隧道周边划分为强烈影响区、显著影响区和一般影响区三个区域，参见表 7-7。

基坑周围影响分区、矿山法隧道周围影响分区、盾构法隧道周围影响分区分别见表 7-7 和图 7-21～图 7-23。

地下工程周边影响分区表 表 7-7

影响程度分区	区域范围（距离）		
	基坑工程	矿山法浅埋隧道	盾构法隧道
强烈影响区（Ⅰ）	基坑周边 $0.7H$ 范围内	隧道正上方及外侧 $0.7H_i$ 范围内	隧道正上方及外侧 $0.5H_i$ 范围内
显著影响区（Ⅱ）	基坑周边 $0.7H\sim1.0H$ 范围内	隧道外侧 $0.7H_i\sim1.0H_i$ 范围内	隧道外侧 $0.5H_i\sim0.7H_i$ 范围内
一般影响区（Ⅲ）	基坑周边 $1.0H\sim2.0H$ 范围	隧道外侧 $1.0\sim1.5H_i$ 范围	隧道外侧 $0.7H_i\sim1.2H_i$ 范围

注：1. H—基坑开挖深度；H_i—矿山法施工隧道底板埋深或盾构法施工隧道底板埋深。

2. 本表适用于深度大于 5m 小于 35m 的基坑；大于 35m 的深基坑可参照接近度概念；适用于埋深小于 $3B$（B 为矿山法隧道毛洞宽度）的浅埋隧道；大于 $3D$ 的深埋隧道可参照接近度概念；适用于埋深小于 $3D$（D 为盾构隧道洞径）的隧道，大于 $3D$ 时可参照接近度概念。

3. 表中的数值指标为参考值（影响分区的内容摘自《北京地铁工程监控量测设计指南》）。

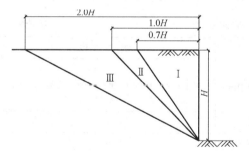

图 7-21 基坑周边影响分区

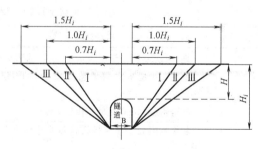

图 7-22 矿山法浅埋隧道周边影响分区

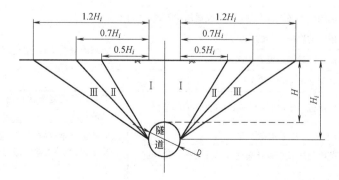

图 7-23 盾构法隧道周边影响分区

2. 工程地质因素

不同工法应重点考虑的不良工程地质、水文地质因素，参见表 7-8。

不同工法应重点考虑的不良地质因素　　表 7-8

工法	工程地质因素	水文地质因素
明挖法	1. 围护结构背后的空洞； 2. 基坑范围内的软弱夹层	1. 地下水位较高，降水困难； 2. 上层滞水
矿山法	1. 结构范围有无含水粉细砂层； 2. 初支背后的空洞	1. 地下水位较高，降水困难； 2. 上层滞水，层间水
盾构法	1. 隧道范围有无大卵石层、漂石； 2. 空洞	始发、接收位置水、压力、砂同时存在

注：不良地质因素在风险分级时应给予考虑。

3. 自身风险工程分级

以地下工程自身的特点为基础，自身风险工程的基本分级重点考虑因素为基坑深度、暗挖结构层数、跨度、断面形式、覆土厚度、开挖方法等。

明挖基坑工程分级以地下结构的层数及深度为基本分级依据。暗挖车站以车站的层数和跨度为基本分级依据，暗挖区间以隧道的跨度、断面复杂程度为基本分级依据。盾构隧道以隧道相互之间的空间位置关系为基本分级依据。

在自身风险工程基本分级的基础上，当工程地质及水文地质条件复杂时，一般可上调一级；当地下工程采用与工程施工安全有关的新技术、新工艺、新设备、新工法施工时，根据具体情况结合相关工程经验进行调整；结合地下工程风险因素的识别和深入分析，确有需要调整时。自身风险工程根据工程特点分为一、二、三级参见表 7-9。

自身风险工程分级参考表　　表 7-9

风险等级	自身风险工程	级别调整
一级	地下四层或深度超过 25m(含 25m)的深基坑	
	双层矿山法车站、净跨超过 15.5m 的单层矿山法车站	
	净跨超过 14m 的区间矿山法工程	
	较长范围处于非常接近状态的并行或交叠盾构隧道	
二级	地下三层或深度 15~25m(含 15m)的深基坑	对基坑平面复杂、偏压基坑等，风险等级一般可上调一级
	较长范围处于接近状态的并行或交叠盾构隧道	
	不良地段的盾构区间的联络通道	
	不良地段的盾构始发到达段	对断面复杂、存在偏压、受力体系多次转换的暗挖工程，风险等级一般可上调一级
	断面大于 9m 的矿山法工程	
三级	地下二层或一层或深度 5~15m(含 5m)的基坑	对基坑平面复杂、偏压基坑等，风险等级一般可上调一级
	断面小于 9m 的矿山法工程	
	较长范围处于较接近状态的并行或交叠盾构隧道	对断面复杂、存在偏压、受力体系多次转换的暗挖工程，风险等级一般可上调一级
	一般的盾构法区间	

注：当表中不能涵盖时参考大体系进行分级。

4. 环境风险工程分级

以地下工程与周边环境的相对位置关系、周边环境的重要性及自身特点为基础，环境风险工程的基本分级重点考虑因素为：周边环境与地下工程的接近度；周边环境所处的工程影响区；周边环境的重要性及自身特点；地下工程的工法特点等；周边环境的重要性可按下列规定分为重要和一般两种情况。

1）重要周边环境主要包括既有轨道交通线路和铁路；既有建（构）筑物（国家级、世界级古建筑物、国家、城市标志性建筑、高层民用建筑、使用时间较长的一般建筑物、古建筑、基础条件差的建筑物、需重点保护的建筑物、重要的烟囱、水塔、油库、加油站、汽罐、高压线铁塔等）；既有地下构筑物（地下商业街、热力隧道、大型雨污水管沟及人防工程等）；既有市政桥梁（高架桥、立交桥等）；既有市政管线（污水管、雨水管干管、使用时间较长的铸铁管、承插式接口混凝土管、煤气管、上水管、中水管、军缆等）；既有市政道路（城市主干道、快速路等）；水体（河道、湖泊）（自然、人工河湖等；古树）。

2）一般周边环境包括既有建（构）筑物（一般的中、低层民用建筑、厂房、车库等构筑物等）；既有地下构筑物（地下通道等；既有桥梁：匝道桥、人行天桥等）；既有市政管线（电信、通讯、电力管道（沟）等）；既有市政道路（城市次干道和支路等）。

在环境风险工程基本分级的基础上，当遇到以下情况时可进行调整：

（1）当工程地质及水文地质条件复杂时，一般可上调一级；

（2）当地下工程采用盾构施工时，一般可下调一级；

（3）当地下工程采用与工程施工安全有关的新技术、新工艺、新设备、新工法施工时，根据具体情况结合相关工程经验进行调整；

（4）对保护标准要求高的古建、国家城市标志性建筑等应提高一级；

（5）结合地下工程风险因素的识别和深入分析，确有需要调整时。

环境风险工程根据工程特点和周边环境特点分为特、一、二、三级：

（1）特级环境风险工程：下穿既有轨道线路（含铁路）的工程；

（2）一级环境风险工程：下穿重要既有建（构）筑物、重要市政管线及河流的工程，上穿既有轨道线路（含铁路）的工程；

（3）二级环境风险工程：下穿一般既有建（构）筑物、重要市政道路的工程，临近重要既有建（构）筑物、重要市政管线及河流的工程；

（4）三级环境风险工程：下穿一般市政管线、一般市政道路及其他市政基础设施的工程，临近一般既有建（构）筑物、重要市政道路的工程。

环境风险工程分级及分级调整参见表 7-10。

环境风险工程分级参考表　　　　　　　　　　　　　　　　表 7-10

风险等级	环境风险工程	新建工程与周边环境关系	备 注
特级	矿山法下穿既有线（地铁、铁路）	下穿	1. 显著影响区外一般可降低一级； 2. 线间距大于 12m 的单线矿山法隧道下穿时一般可降低一级

风险等级	环境风险工程	新建工程与周边环境关系	备　注
一级	盾构法下穿既有线(地铁、铁路)	下穿	线间距小于 12m 时可上调一级
	矿山法、盾构法上穿既有线(地铁)	上穿	1. 线间距小于 2D 时可上调一级; 2. 矿山法断面大于 9m 时可上调一级
	矿山法邻近既有线(地铁)	非常接近范围内(距离小于 0.5B)	其他邻近程度根据具体情况可降低一级
	盾构法邻近既有线(地铁)	非常接近范围内(距离小于 0.3D)	其他邻近程度根据具体情况可降低一级
	明挖法邻近既有线(地铁)	非常接近范围内(距离小于 0.7H)	其他邻近程度根据具体情况可降低一级
	盾构、矿山、明挖邻近重要桥梁	邻近,强烈影响区(穿越距离小于 2.5D,且破裂面影响桩长大于 1/2(D 桩径))	1. 盾构法可降低一级; 2. 其他邻近程度根据具体情况可降低一级
	矿山法、盾构法下穿重要市政管线	下穿,强烈影响区	1. 盾构法可降低一级; 2. 强烈影响区外一般可降低一级
	矿山法、盾构法下穿重要既有建(构)筑物	下穿,显著影响区	1. 盾构法可降低一级; 2. 其他影响区范围结合建筑物特点可进行调整
	明挖法邻近重要既有建(构)筑物	邻近,强烈影响区(邻近距离小于 1.0H,且破裂面影响基础面积大于 1/2(H 坑深)或者地基压力扩散角在基坑范围内)	其他邻近程度降低一级
	矿山法、盾构法下穿既有河流、湖泊	下穿	1. 盾构法一般可降低一级; 2. 具体还应根据河流、湖泊水量、水深等因素进行具体调整
二级	矿山法邻近既有线(地铁)	接近范围内(0.5B~1.5B)	其他邻近程度降低一级
	盾构法邻近既有线(地铁)	接近范围内(0.3D~0.7D)	其他邻近程度降低一级
	明挖法邻近既有线(地铁)	接近范围内(0.7H~1.0H)	其他邻近程度降低一级
	盾构、矿山、明挖法邻近重要桥梁	邻近,显著影响区(穿越距离大于 2.5D,且破裂面影响桩长小于 1/2 且大于 1/3(D 桩径))	1. 盾构法可降低一级; 2. 其他邻近程度根据具体情况可降低一级
	盾构、矿山法下穿重要市政管线	下穿,显著影响区	1. 盾构法降低一级; 2. 一般影响区根据具体情况可降低一级
	矿山法、盾构法下穿重要既有建(构)筑物	下穿,一般影响区	
	明挖法邻近重要既有建(构)筑物	邻近,显著影响区(邻近距离大于 1.0H,且破裂面影响基础面积小于 1/2 且大于 1/3(H 坑深))	
	盾构、暗挖、明挖邻近重要桥梁	邻近,显著影响区(穿越距离大于 2.5D,且破裂面影响桩长小于 1/3(D 桩径))	

风险等级	环境风险工程	新建工程与周边环境关系	备 注
三级	盾构法、矿山法下穿一般市政管线	下穿,显著影响区	强烈影响区根据具体情况可上调一级
	盾构法、矿山法下穿一般市政道路及其他市政基础设施的工程	下穿,显著影响区	强烈影响区根据具体情况可上调一级
	矿山法、盾构法、明挖法邻近一般既有建(构)筑物、重要市政道路的工程	邻近,显著影响区	强烈影响区根据具体情况可上调一级

注:1. 以上风险分级还需根据产权单位的特殊要求进行调整;

2. 当表中不能涵盖时参考大体系进行分级;

3. 表中的数值指标为暂定值,供参考值。

5. 风险控制原则

风险工程设计应对地下工程自身及受地下工程影响的环境进行风险识别、风险分析、风险控制,通过分析比较提出合理的控制指标和具体技术措施,保证正常施工条件下地下工程自身安全及受影响的周边环境正常使用。

1) 风险控制的原则为规避原则、降低原则、控制原则。

(1) 规避原则:对特、一级环境风险工程优先对车站站位、线路走向的布置方案进行分析比较,使重要周边环境处在地下工程的显著影响区外;对工程自身,在工法选择上遵从"车站能明则明、区间能盾则盾"的原则、从车站层数、基坑深度等方面尽量减小工程规模。

(2) 降低原则:对于处在地下工程的强烈影响区内的周边环境,优先考虑采取改移、拆除、补强等方式将风险降至最低;对工程自身,应针对工程的具体特点及所处的地质条件,选择安全适宜的施工工法。

(3) 控制原则:对于处在地下工程的影响区内的无法规避的周边环境或者无法降低风险等级的特、一级风险工程,需对地下工程的施工方法及施工参数进行分析比较,确定对周边环境影响较小的设计方案。另外需对周边环境的保护措施和自身风险控制措施进行技术经济分析,制定出安全、经济、合理的具体技术措施。

2) 不同设计阶段风险控制原则

(1) 方案设计阶段应遵循规避不良地质、重要周边环境的原则进行线路走向、车站站位的选择和布置。对于难以规避的重要周边环境应进行深入的风险分析、风险评估,并提出能有效控制风险且经济合理的技术方案。

(2) 初步设计阶段应在方案设计的基础上全面识别、分析工程存在的风险,评估风险的影响,本着降低风险的原则确定施工工法,提出初步的技术措施,工程造价应合理。

(3) 施工图设计阶段应在初步设计的基础上深入分析工程存在的风险,预测并评估工程施工的影响,本着控制风险的原则制定控制指标提出具体技术措施,必须具有可操作性,并且进行造价比较,使措施经济合理。

6. 动态风险控制设计

施工过程中根据监控量测结果反馈信息,分析变形控制指标的科学性和有效性,必要时进行指标调整。当在施工过程中因地质条件和现场施工条件的变化需要做变更设计的

（在接受施工单位或建管公司的委托后），根据风险工程等级重新进行施工影响预测和施工附加影响分析，并根据规范规定的变形控制指标，进行动态风险控制设计。

7.4.4 各阶段风险工程设计

以下结合风险工程设计各设计阶段应重点满足的设计要求进行设计。设计单位在进行特定的风险工程设计时，应结合各自工程的特点把常规设计和风险工程设计有机的纳入同一设计文件中，对特、一级及产权单位有特殊要求的其他等级环境风险工程其设计成果单独成册。

1. 方案设计阶段风险工程设计

方案设计阶段包括自身风险工程设计和环境风险工程设计，其设计内容分别有明挖法、矿山法、盾构法，各种方法的自身风险工程设计要求和环境风险工程设计要求参见表7-11。

方案设计阶段风险工程设计要求　　　　　　　　　　　　表 7-11

施工方法	自身风险工程设计	环境风险工程设计
明挖法	根据基坑的深度及工程地质和水文地质进行围护结构及支撑体系的技术经济比较。当底板埋深超过25m或结构邻近水体时，研究降水的可靠性并结合围护结构选型采取对策	避重大风险：线位、站位确定时，尽量远离重大周边环境，使其位于本基坑工程的强烈影响区之外
矿山法	1）埋深初定：考虑洞身避开不良地层如含水层、拱顶避开粉细砂层，并初定区间矿山法隧道的埋深和线路平、纵断面设计参数。 2）设计参数：断面形式、跨度等。从减少施工风险角度出发，减少车站洞室的跨度，避免接近开挖的相互影响。 3）进洞方式：结合场地条件和周围环境条件选择进洞方式。车站端部有条件时尽可能采用明、盖挖法施工，以利暗挖车站进洞和区间盾构作业，减少施工风险和工程难度。 4）出入口和风道：平面设计避免采用直角转弯，通过圆顺过渡减少施工风险。 5）变断面：为规避重大风险，应避免区间隧道内断面的多次变化。宜尽量优化线路减小断面的跨度，结合车站工法综合考虑变断面的施工方法	1）车站埋深和站位的确定：应把重要周边环境与车站（区间）隧道的相互影响控制在双方均可接受的范围内（施加各种保护措施以后）。 2）出入口尽可能采用明挖法施工，当出入口必须采用暗挖法施工时，人防段应尽量避开管线区。 3）在邻近风险工程的区段，根据工程经验，大体确定线路与风险工程之间的空间关系。 4）区间附属建筑物（如风井）及施工竖井尽量避开建、构筑物，创造明挖施工条件
盾构法	1）根据工程地质和水文地质等，初定区间盾构隧道的埋深和线路平、纵断面的设计参数。尽量避开软、硬不均的地层、大卵石地层。 2）在超近的单线并行或交叠隧道之段，初定盾构隧道的最小净距和空间线型	1）在邻近周边环境的区段，根据工程经验，大体确定线路与周边环境之间的空间关系。 2）初定区间联络通道或风井的位置，尽量避开水域、建、构筑物和地下管线，隧道顶部尽量躲开粉细砂地层

方案设计阶段的自身风险工程，设计文件中应包含自身风险工程设计内容，给出风险工程清单，并对风险工程设计方案及风险控制方案给予初步说明。方案设计文件中应重点突出风险工程情况介绍、工程自身风险分析、风险工程控制方案、初步设计阶段风险工程设计优化的方向和建议。

方案设计阶段环境风险工程，设计文件中应包含环境风险工程设计内容，给出风险工程清单，并对风险工程设计方案及风险控制措施给予初步说明。方案设计文件中应重点突出、周边环境情况介绍、周边环境保护措施、初步设计阶段风险工程设计优化的方向和建议。

对存在优化可能的线、站位布置方案提出初步设计阶段设计方向,以期进一步降低风险等级。对初步设计阶段设计中可能遇到的特殊地段的勘察、环境调查和现状评估工作进一步提出深度要求,提出需环境调查、勘察、评估单位配合和建管公司相关部门协调解决的问题及建议。

方案设计阶段自身风险工程和环境风险工程设计文件的组成及格式见表 7-14、表 7-15。

2. 初步设计阶段风险工程设计

初步设计阶段风险工程设计也必须针对自身风险工程和环境风险工程分别进行设计,而设计内容涉及明挖法、矿山法和盾构法。初步设计阶段自身风险工程设计要求和环境风险工程设计要求见表 7-12。

初步设计阶段风险工程设计要求　　　　　　　　　　　　　　　表 7-12

施工方法	自身风险工程设计	环境风险工程设计
明挖法	1)在方案设计确定的技术条件的基础上,根据初勘资料,进一步优化设计。 2)对于明显承受偏载作用的基坑,计算简图和计算方法应能正确反映偏载对基坑围护结构受力和变形的影响。 3)计算参数的确定:作用在围护桩主动区的侧土压力,应与围护桩的变形控制条件相适应。当环境保护要求必须严格控制桩身水平位移时,侧土压力应提高主动土压力的设计值,采用静止土压力或介于主动土压和静止土压力的中间值。 4)提出针对自身风险工程的监控量测要求	1)根据初勘地质资料及周边环境的调查结果,结合对其允许附加变形的定量分析,确定周边环境的保护措施和基坑变形的控制要求,据以完成支护结构的初步设计并提出相关的施工建议和要求。 2)进行针对周边环境的监控量测初步设计; 3)基本落实管线处理和保护方案
矿山法	1)根据初勘地质资料和场地条件等,调整和基本落实方案设计阶段初拟定的技术条件。 2)结构形式和施工工法:结合环境地质调查,通过理论计算和进一步的比选,基本确定车站和区间隧道的结构形式和施工工法。 当车站采用 PBA 工法时,应结合地层组成、地下水情况、环境条件和施工机具的适应性等,从减少施工对环境的影响考虑,进行结构形式和施工工况的比选。 当采用分步开挖施工时,应进行"中洞法"和"侧洞法"的比选。 3)受力转换:从减少施工风险角度出发,着重从车站的布局、体量和施工方法考虑,尽量减少车站洞室的交叉和开挖的群洞效应,减少施工对土体的反复扰动。 4)附属结构:对于暗挖工程,为规避重大风险,应结合风道和联络通道布置考虑施工竖井的进洞方式;配线位置的大断面宜尽量优化线路减小大断面的跨度。有条件时施工竖井和横通道宜选在大断面处,以利隧道开挖时从大断面向小断面过渡。 5)降、堵、止水:当车站或区间隧道底板埋深超过 25m 或洞体处于丰富的含水层中时,应研究降水、堵水和止水的可靠性及对策。 6)提出针对自身风险工程的监控量测要求	1)根据初勘地质资料及周边环境的调查结果,结合对其允许附加变形的定量分析,确定周边环境的保护措施及隧道开挖引起的地面沉降和地层位移控制要求,据以完成矿山法车站和区间隧道的初步设计(包括结构形式、断面尺寸、施工方法、施工步序及辅助措施等)。 2)基本落实管线处理和保护方案。 3)对区间附属建筑物(如风井)及施工竖井附近的建、构筑物,根据初勘地质资料及周边环境的调查结果,结合定量分析,确定周边环境的保护措施及变形控制要求。 4)进行针对周边环境的监控量测初步设计

续表

施工方法	自身风险工程设计	环境风险工程设计
盾构法	1)结合初勘地质资料基本确定区间隧道的线位和附属工程的位置。 2)提出附属工程的施工方法和减少施工风险的技术方案。 3)对于超近并行或交叠隧道,还应增加以下设计内容: ① 确定各条隧道的掘进顺序。 ② 根据并行或交叠隧道结构受力和围岩变形的特性,选择能反映并行或交叠盾构隧道施工及使用期间受力和变形特点的结构计算方法和计算简图等。 ③ 根据受力和控制沉降需要,分段提出设计和施工措施(如管片加强、地层加固、在先行隧道中设置内支撑等)。 ④ 对于盾构始发、到达端头部位尤其注意水、砂、压力同时存在情况下的加固体尺寸(长度、宽度、高度)计算和强度设计,使设计加固参数(如加固土体的 C、Φ 值、纵向加固长度、加固宽度、上下方加固高度、渗透系数)和加固方法合理可行。 ⑤ 对联络通道着重考虑其设置部位应避开不良地质及周边环境。对带泵房的联络通道,应从设备选型出发(立式泵或卧式泵),尽量减小泵房开挖尺寸,优化开挖断面,减小施工风险。 ⑥ 提出针对自身风险工程的监控量测要求。 ⑦ 初步提出盾构选型和配置的建议	1)根据初勘地质资料及周边环境的调查结果,结合对其允许附加变形的定量分析,确定周边环境的保护措施及盾构施工引起的地面沉降和地层位移控制要求。对于近距离下穿、侧穿桥梁桩基或建、构筑物基础的情况,必要时还应考虑对盾构隧道自身的加强或防护措施。 2)进行针对周边环境的监控量测初步设计

　　初步设计阶段自身风险工程设计文件中应包含自身风险工程设计内容,给出特、一级风险工程清单,在对风险进行初步调研,收集相关资料的基础上,对设计方案进行技术经济比较,推荐在风险控制及造价控制方面均较优的方案。

　　在初步设计阶段环境风险工程设计文件中应包含环境风险工程设计内容,并形成特级、一级、二级和三级风险工程清单专册,在对风险工程进行充分调研及资料收集的基础上,对风险保护措施进行技术经济比较,确定具体的风险工程保护措施,进行环境保护专项设计。对于识别出的特、一级及产权单位有特殊要求的其他等级环境风险工程应做风险工程专项设计,特殊要求时以专册的形式提供相对独立的风险工程设计。

　　在稳定线位、站位、工法后,对周边环境的保护措施通过进一步的分析与评价进行优化。对施工图阶段设计中可能遇到的特殊地段的岩土工程勘察、环境调查和现状评估工作进一步提出深度要求,提出需环境调查、勘察、评估单位、产权单位配合和建管公司相关部门协调解决的问题及建议。

　　初步设计阶段自身风险工程、环境风险工程设计文件的组成及格式见表 7-14、表 7-15。

　　3. 施工图设计阶段风险工程设计

　　施工图设计阶段风险工程设计同样应针对自身风险工程和环境风险工程进行设计,其设计内容包括明挖法、矿山法、盾构法,施工图设计阶段自身风险工程设计要求和环境风险工程设计要求见表 7-13。常用风险控制或环境保护工程措施见表 7-13。

　　在施工图设计阶段,自身风险工程设计文件中应包含自身风险工程设计内容,并形成特级、一级、二级和三级风险工程清单专册,在对风险工程进行充分调研及资料收集的基础上,提出具有实施性的结构自身风险工程设计方案。

施工图设计阶段风险工程设计要求 表 7-13

施工方法	自身风险工程设计	环境风险工程设计	常用风险控制措施
明挖法	1)在初步设计确定的技术条件的基础上,根据详勘资料,进一步优化、细化设计,反映到施工图中。 2)根据自身风险工程特点指出关键风险点,要求施工单位针对各种可能的突发事故制定相应的应急预案	1)根据详勘地质资料和周边环境的详细调查结果进行施工影响性预测,提出基坑及周边环境的变形控制指标,细化周边环境的保护措施。具体风险控制指标见本章 7.5 节。监控量测控制指标参考资料。 2)针对周边环境的监控量测进行详细的设计如测点布置、监测频率等,具体监控量测设计要求参见《北京地铁工程监控量测设计指南》。 3)根据周边环境特点指出关键风险点,要求施工单位针对各种可能的突发事故时制定相应的应急预案	1)支撑加强措施:为严格将基坑开挖引起的地层变形限制在需要的范围内,一般需采取支撑加强措施。如增加钢支撑的道数、提高预加轴力值、采用混凝土支撑等。 2)围护结构加强措施:当一般的围护结构设计(如钻孔桩、SMW 桩等)不能满足风险工程设计对围护结构刚度及止水性能的要求时,可采用更强的围护结构形式,如钻孔咬合桩、地下连续墙等。连续墙的槽段接头形式可根据需要采用十字钢板、工字钢、预制桩等受力性能和止水性能均较优越的接头形式。 3)坑外注浆:当基坑外地层有空洞,或为保护与基坑侧壁距离较近的建构筑物,可从地面或基坑内向坑外地层中注浆,以填充地层孔隙及空洞,或加固建构筑物地基,达到保护基坑稳定和限制建构筑物变形的目的
矿山法	1)在初步设计确定的技术条件的基础上,根据详勘资料,进一步优化、细化设计,反映到施工图中。 2)特大断面:对在开挖和浇注二衬过程中,支护体系受力转换复杂以及初、二衬交替受力的大断面或体型复杂的结构,应着重从洞室分割、开挖步序、初支和临时支撑的连接构造以及初支破除或二衬浇筑过程中临时支撑的顶替与置换等方面优化设计,确保施工过程中围岩和支护体系的稳定以及结构受力可靠。 3)马头门:优先采用"先衬砌后开口"的原则,提出确保马头门施工安全的结构措施和施工措施。 4)出入口或风道转弯段:提出出入口或风道转弯段的详细设计和施工要求。 5)变断面:着重从开挖步序、初支和临时支撑的连接构造以及临时支撑的顶替与置换方面优化设计,确保矿山法变断面的支护体系稳定与结构受力可靠。 6)明暗分界面:着重从明、暗挖施工步序等方面优化,确保结构和围岩的稳定。 7)根据自身风险工程特点指出关键风险点,要求施工单位针对各种可能的突发事故时制定相应的应急预案	1)根据详勘地质资料和周边环境的详细调查结果对周边环境进行施工影响性预测,提出周边环境的变形控制指标和保护措施。具体控制指标见本章 7.5 节地下工程安全风险监控。 2)对于隧道拱部横穿或平行设置的污水管、有压水管和煤气管等由于渗漏和破坏可能引发灾难性后果的管线,应提出明确的防护措施和监控要求(包括施工前探明管线渗漏及管底土体的软化情况,对管内水体的引排、防渗或对管体的加固措施,施工中对管线附近掌子面渗漏情况的超前探测以及对管线变形和渗漏情况的全过程监控等)。 3)针对周边环境的监控量测进行详细的设计如测点布置、监测频率等,具体监控量测设计参见《北京地铁工程监控量测设计指南》。 4)根据周边环境特点指出关键风险点,要求施工单位针对各种可能的突发事故时制定相应的应急预案	1)超前地层加固:矿山法隧道近距离穿越桩基、地下管线等地下构筑物或重要道路前,可采用小导管注浆、长导管注浆、水平旋喷桩等工法,对前方地层进行预加固,以加强地层的强度及刚度,降低隧道开挖造成的不利影响。超前地层加固措施可与大管棚等其他措施结合应用。 2)隔离桩:当矿山法隧道近距离侧向穿越房屋、大型地下构筑物等重要设施前,可在隧道与重要设施之间,从地面施作隔离桩,将隧道开挖引起的地层扰动及变形限制在隧道与隔离桩范围以内,保护周边的重要设施免受或少受隧道开挖的不利影响。 3)建(构)筑物加固或临时功能限制措施:在采用了所有可采用的施工辅助措施后,隧道施工仍然不能保证周围建(构)筑物的结构安全或正常使用时,可对该建(构)筑物采用结构加强措施或临时功能限制措施。如当矿山法隧道下穿既有轨道交通车站或区间、侧向穿越立交桥桩基等,可采取既有隧道衬砌加固、桩基加固或托换、限速或管制交通等措施

419

续表

施工方法	自身风险工程设计	环境风险工程设计	常用风险控制措施
盾构法	1)在初步设计确定的技术原则和技术方案的基础上(一般在不影响站位和车站纵断面的前提下,允许微调),根据详勘提供的地质资料,完成各项施工图设计。 2)明确施工管理要求,包括掌子面稳定控制、隧道线型控制、壁后注浆管理及接近施工管理等。 3)盾构始发、到达端头部位:着重考虑水、砂、压力同时存在情况下的加固工法选择、加固体尺寸、加固体强度、加固体渗透性,洞门破除、临时止水装置等的优化设计,确保始发和接收的安全。 4)联络通道:着重考虑联络通道部位加固工法选择、加固体尺寸、加固体强度、加固体渗透性,管片破除时的临时支撑的优化,确保整体的稳定。 5)根据自身风险工程特点指出关键风险点,要求施工单位针对各种可能的突发事故时制定相应的应急预案	1)根据详勘地质资料和周边环境的详细调查结果对周边环境进行施工影响性预测,提出周边环境的变形控制指标和保护措施。具体控制指标见本章 7.5 节工程风险监控控制。 2)针对周边环境的监控量测进行详细的设计如测点布置、监测频率等,具体监控量测设计参见《北京地铁工程监控量测设计指南》。 3)根据周边环境特点指出关键风险点,要求施工单位针对各种可能的突发事故时制定相应的应急预案	1)地面加固措施:由于盾构设备的限制,很难从洞内对地层进行加固。所以,当盾构隧道近距离穿越桥桩、重要管线等设施,且在已采取加强盾尾同步注浆、衬背二次注浆等一般性施工措施后仍不能满足地层变形控制要求时,可提前在地面对需保护的设施周边地层进行加固,可有效地降低盾构施工对其的不利影响。 2)地层冻结:当地下水丰富,且隧道周边地层为粉细砂、粉土、砂卵石等渗透性地层时,盾构机掘进时的风险较大。特别是当隧道埋深也较大(或超浅),盾构机在上述地层中进行始发、接收或联络通道施工时,可考虑采用冻结法加固地层,以保证地层强度和止水性能的均一性,保证盾构区间关键节点处的施工安全

在施工图设计阶段,环境风险工程设计文件中应包含环境风险工程设计内容,并形成特级、一级、二级和三级风险工程清单专册,在对风险工程进行充分调研及资料收集的基础上,进行施工图设计。

对于识别出的特、一级及产权单位有特殊要求的其他等级环境风险工程应做环境风险工程专项设计,特殊要求时以风险工程设计专册的形式提供相对独立的风险工程设计,一般的应在施工图设计文件中以明确的形式包含安全风险设计的说明及图纸。

对于二级及二级以下环境风险工程,应在设计文件中以明确的形式包含安全风险设计的说明及图纸。

施工图设计阶段自身风险工程、环境风险工程设计文件的组成及格式见表 7-14、表 7-15。

各阶段自身风险工程设计文件组成及格式　　　　　　　　表 7-14

项次	组成项目	格式要求		
		方案设计阶段(总体设计)	初步设计阶段	施工图设计阶段
1	风险工程简介	对风险工程进行简要说明	对风险工程进行说明	对风险工程进行详细说明
2	专家审查意见及执行情况	无	对方案设计专家评审意见的回复与执行情况的简要介绍	对初步设计专家评审意见的回复与执行情况的具体介绍

续表

项次	组成项目	格式要求		
		方案设计阶段(总体设计)	初步设计阶段	施工图设计阶段
3	工程自身风险分析	初步的环境调查与资料收集,对风险工程进行初步定级	初步的环境调查与资料收集,对风险工程进行定级	充分的环境现状调查,收集详细的图文资料,重新确认风险工程定级
4	变形控制指标	无	根据《北京城市轨道交通工程技术标准》及工程特点,提出变形的最大允许值	提出具体的变形控制指标(根据工法特点提出施工过程各阶段的变形控制值等)
5	风险控制的工程技术措施	结合地铁结构设计进行重、难点的识别和保护方案的制订	提出初步的风险控制工程技术措施	提出具体的风险控制工程技术措施,包括基坑支护、地层加固、结构加强等
6	专项监控量测设计	无	提出初步的监控量测项目	提出详细的专项监控量测设计,包括监控量测项目、监测频率、测点布置
7	下一步工作建议和风险工程设计优化方向	提出初步设计阶段风险工程设计优化方向和建议	提出施工图设计阶段风险工程专项设计优化方向和建议	提出施工注意事项和设备选型建议

各阶段环境风险工程设计文件组成及格式 表7-15

项次	组成项目	格式要求		
		方案设计阶段	初步设计阶段	施工图设计阶段
1	风险工程简介	对重点风险工程进行说明	对重点风险工程进行说明	应对进行安全风险设计的所有风险工程分别进行说明
2	专家审查意见及执行情况	无	对方案设计专家评审意见的回复与执行情况介绍	对初步设计专家评审意见的回复与执行情况的介绍
3	周边环境调查	初步的环境调查与资料收集,对风险工程进行初步定级	初步的环境调查与资料收集,对风险工程进行初步定级	充分的环境现状调查,收集详细的图文资料,明确新建工程与风险工程构筑物的空间相对位置关系,重新确认风险工程定级
4	施工影响性预测	定性分析安全风险程度	定性分析与定量分析相结合,对风险工程设计方案进行技术经济比选,确保设计方案的安全风险水平可控确保方案具有可操作性满足风险工程的正常使用	以定量分析为主,进行详细的计算分析,和与施工过程相匹配的每一开挖过程的预测与控制,给出量化的预测变形指标,从风险工程保护角度,确保风险工程变形在允许值范围内,并在施工过程中进行信息化动态设计

421

续表

项次	组成项目	格式要求		
		方案设计阶段	初步设计阶段	施工图设计阶段
5	环境安全风险评估结论	特殊要求时应包含	特殊要求时应包含	对特、一级及产权单位有特殊要求的其他等级环境风险工程应包含
6	变形控制指标	无	提出初步的变形控制指标	提出具体的变形控制指标(根据工法特点,施工各阶段变形允许值、变形预警值、报警值等)
7	风险工程保护措施	不单独提供	提出初步的工程技术措施和风险工程保护措施,包括基坑支护、洞内洞外加强措施、地层加固、结构加强、隔离措施等	细化风险工程保护措施,提出实施要求
8	专项监控量测设计	无	提出初步的监控量测项目和变形控制指标	进行详细的专项监控量测设计,包括监控量测项目、监测频率、测点布置
9	应急预案	无	无	考虑环境条件的复杂性及风险的不确定性,根据不同的施工方法提出关键风险点,要求施工单位相应的应急措施,从应急程序、救援物资储备、组织机构、联络渠道及技术措施等方面有针对性的制订应急预案
10	下一步工作建议和风险工程设计优化方向	从方案角度提出下一步工作建议和风险工程设计优化方向	从实施角度提出下一步工作建议和风险工程设计优化方向	从应急角度提出施工注意事项和设备选型建议

7.4.5　风险工程各阶段设计汇总报表

风险工程分级清单报审表和分级审批汇总主要有初步设计阶段风险工程分级报审表,初步设计阶段特、一级风险工程分级审批汇总表,施工图设计阶段风险工程分级报审表,施工图设计阶段风险工程分级审批汇总表四种形式。表 7-16 为北京 9 号线某标段风险工程清单报审表和分级审批汇总案例参考表(样表),四种类型表分别为表 A、表 B、表 C、表 D,为了说明表的格式和内容各表中仅选取该标段部分工程名称进行分析,并不代表该标段的全部风险工程。

表 7-16

风险工程分级清单审报表及分级审批汇总

初步设计阶段风险工程分级报审表（以北京 9 号线某标段为例）

表 A

设计标段：04 标段　　工点设计单位：　　　　　　总体设计单位：北京城建设计研究总院

序号	风险工程名称	位置、范围	风险基本状况描述	风险工程等级				备注
				工点设计单位申报	总体设计单位初审	规划设计部复审	公司技术委员会终审	
1	军事博物馆站	K11+927.850～ K12+128.650	中部筏层结构，两端双层结构的"端进式"暗挖车站，主体下穿既有环线，邻近重要建筑物，下穿重要管线	特级				
1.1	自身风险工程							
1.1.1	车站北端双层暗挖车站主体	K12+067.300～ K12+128.300	车站总长度为 200.8m，标准段宽度为 22.4m，底板埋深为 23.73m。车站形式拟采用中部分离双层岛式双层结构，两端双层三跨结构，"PBA"法施工	一级				
1.1.2	车站中间单层暗挖车站主体	K12+041.300～ K12+067.300	车站中间段长 25.5m，拟采用双洞单拱直墙结构，CRD 法施工，中间单洞每个单洞净宽 7.55m	三级				
1.2	环境风险工程							
1.2.1	车站中间单层暗挖车站主体下穿既有地铁 1 号线	K12+50.7～ K12+61.3	主体结构下穿既有地铁 1 号线区间，既有区间结构为双跨单层矩形钢筋混凝土结构，顶板厚 0.75m，底板厚 0.7m，侧墙厚 0.7m。新建结构与既有结构紧贴	特级				
1.2.2	车站北端双层暗挖车站主体下穿管线	K12+059.6～ K12+110.4	车站下穿 2400×1250 的热力方沟约 5.6m；Φ1950 电力，主体结构顶板与沟底最小竖向距离 1.3m；Φ900 雨水，主体结构顶板与管底最小竖向距离 5.3m 上水；Φ1200 上水、主体结构顶板与管底最小竖向距离 4.4m	一级				
1.n	×××区间							

注：1. 风险基本状况描述应包含车站或区间各车站区间主体和附属工程的风险基本状况描述，如基坑深度、隧道断面大小、地质状况、工程环境描述（含环境特征及其与轨道工程关系）等。

2. 各级审核需给出审核意见。

工点设计单位：

工点设计编制人：　　　复核：　　　　　　　申报时间：　年 月 日　　时间：　年 月 日　　总体设计单位审核：　年 月 日　　公司技术委员会终审时间：　年 月 日

规划设计部复审：　　　审核时间：　　　　审核时间：

423

总体设计单位：北京城建设计研究总院

初步设计阶段特、一级风险工程分级审批汇总表（以北京 9 号线为例）　表 B

序号	风险工程名称	位置、范围	风险基本状况描述	风险工程等级	设计标段及工点设计单位	备注
1	军事博物馆站	K11+927.850~K12+128.650	中部单层结构，两端双层结构的"端进式"暗挖车站，主体下穿既有线，邻近重要建筑物，下穿重要管线	特级	04/xxx	
1.1	自身风险工程					
1.1.1	车站北端双层暗挖车站主体	K12+067.300~K12+128.300	车站总长度为 200.8m，标准宽度为 22.4m。底板埋深为 23.73m。车站形式拟采用中部分离岛式双层双跨结构，两端双层三跨结构，"PBA"法施工	一级	04/xxx	
1.2	环境风险工程					
1.2.1	车站中间单层暗挖车站主体下穿既有地铁 1 号线	K12+50.7~K12+61.3	主体结构下穿既有地铁 1 号线区间，既有区间结构为双跨单层矩形钢筋混凝土结构，顶板厚 0.75m，底板厚 0.7m，侧墙厚 0.7m。新建结构与既有结构紧贴	特级	04/xxx	
1.2.2	车站北端双层暗挖车站主体下穿管线	K12+059.6~K12+110.4	车站下穿 2400×1250 的热力方沟，Φ1950 电力，主体结构顶板与管底最小竖向距离 1.3m；Φ900 雨水，主体结构顶板与管底最小竖向距离 5.3m，Φ1200 上水，主体结构顶板与管底最小竖向距离 4.4m	一级	04/xxx	
1.n	×××区间	...	...	...	...	

注：风险基本状况描述应包含各主体和附属工程或区间各主体和附属工程的风险基本状况描述，如工法、基本状况描述，工程环境描述（含环境特征及其与轨道工程关系）等

总体设计单位编制人：　　复核：　　时间：　　年　月　日　　规划设计部审批：　　时间：　　年　月　日

施工图设计阶段风险工程分级报审表（以北京9号线为例）　　表C

设计标段：04标段　　工点名称：军事博物馆站

总体设计单位：北京城建设计研究总院

工点设计单位：

序号	风险工程名称	位置、范围	风险基本状况描述	风险工程等级				备注
				工点设计单位申报	总体设计单位初审	项目管理公司复审	公司技术委员会终审	
1	自身风险工程							
1.1	车站中间单层暗挖车站主体	K12+041.300～K12+067.300	车站中间段长25.5m，拟采用双洞单拱直墙结构，CRD法施工，中间单洞每个洞净宽7.55m，洞间净距3.6m	三级				
1.1.1	车站南端双层暗挖车站主体	K11+928.200～K12+041.300	车站总长度为200.8m，标准段宽度为22.4m。底板埋深为23.73m。车站形式拟采用中部分离岛式双层结构，两端双层三跨结构，"PBA"法施工	一级				
1.2	1号浅埋暗挖法施工的换乘通道与车站主体合建段	接主体，长1.8m		三级				
1.n	...			...				
2	环境风险工程							
2.1	车站中间单层暗挖车站主体下穿既有地铁1号线							
2.n	...			...				

注：1. 风险基本状况描述应包含车站或区间工点的主体或附属工程的各风险区段工程的风险基本状况描述，如基坑深度、断面大小、地质状况、工程环境描述（含环境特征及其与物道工程关系状况）等。

2. 各级审核需要委给出审核意见

工点设计单位编制人：　　复核：　　　　　总体设计单位审核：　　审核时间：　　年　月　日

项目管理公司复审　　时间：　　申报时间：　　公司技术委员会终审时间：　　年　月　日　　年　月　日

施工图设计阶段风险工程分级审批汇总表（以北京 9 号线为例）　　表 D

设计标段：04 标段　　工点名称：军事博物馆站

设计标段：　　　　工点设计单位：　　　　总体设计单位：北京城建设计研究总院

序号	风险工程名称	位置、范围	风险基本状况描述	风险工程等级	备注
1	自身风险工程				
1.1	车站北端双层暗挖车站主体				
1.1.1	车站北端双层暗挖车站主体标准段	K12+081.95～K12+128.300	北端双层暗挖车站主体标准段宽 22.4m，双层三跨结构，断面高 15.65m，底板埋深 23.73m，共开 8 个导洞，先开挖上导洞后开挖下导洞，边桩比底板深 5.65m 洞，先开挖边导洞后开挖中导洞	一级	
1.2	车站中间单层暗挖车站主体	K12+041.300～K12+067.300	车站中间段长 25.5m，拟采用双洞单拱直墙结构，CRD 法施工，中同单洞每个洞净宽 7.55m，洞间净距 3.6m	三级	
2	环境风险工程				
2.1	车站中间单层暗挖车站主体下穿既有地铁 1 号线				
2.2	车站北端双层暗挖车站主体下穿热力方沟				
2.2.1	车站北端双层暗挖车站主体下穿热力方沟	K12+108.15～K12+128.65	热力管沟 2400×1250，主体结构顶板与沟底最小竖向距离约 5.6m，北端双层暗挖车站主体标准段宽 22.4m，双层三跨结构，断面高 15.65m，底板埋深 23.73m	一级	
2.n	...	...	...	...	

注：风险基本状况描述应包含车站或各区间工点的主体或附属工程的各风险区段工程的风险基本状况描述，如基坑深度、断面大小、地质状况、工程环境描述（含环境特征及其与轨道工程关系状况）等

总体设计单位编制人：　　　复核：　　　时间：　年　月　日　　项目管理公司审批：　　　时间：　年　月

7.5 地下工程安全风险监控

为了尽量避免或减少工程事故，降低经济损失和社会影响，规范施工安全风险评估管理工作，对地下工程建设的施工安全风险监控十分必要。安全风险因素是导致安全风险事件发生、发展的潜在原因。

地下工程建设中施工安全风险因素一般包括地质因素、环境因素、工法工艺设计因素、施工工艺及设备因素和施工组织管理因素等。

1. 地质因素主要指影响工程施工安全的工程地质、水文地质条件，如空洞、漂石、滞水等。

2. 环境因素主要指地面建（构）筑物、文物古建、古树、既有轨道交通、桥桩、地下管线、地下建（构）筑物、地下障碍物、道路、绿地、地表与地下水体等。

3. 工法工艺设计因素主要指工法方案、工艺方案、环境保护措施及地下水控制工艺方案等的选择。

4. 施工工艺及设备因素主要指施工工艺方法、设备类型及施工参数等。

5. 施工组织管理因素主要指施工部署、施工准备、安全风险组织机构及专业人员配置、安全风险管理体系建立等。

安全风险事件是指工程施工中发生、可能影响到工程自身及环境安全的偶然性事件，一般由地质、环境、设计、施工工艺设备和施工组织管理等方面的安全风险因素导致，主要包括工程自身安全风险事件和环境安全风险事件。

6. 施工过程安全风险监控、评估与预警是指在施工过程中通过对安全风险事件或安全风险因素的监测、巡视，对可能或已经发生的工程自身安全风险事件和环境安全风险事件进行分析、评估和预警级别的判定，主要从以下几个方面进行监控、评估与预警：

1）开挖面地质状况监控、评估与预警；

2）支护结构体系监控、评估与预警；

3）周边环境监控、评估与预警；

4）施工工艺及设备监控、评估与预警；

5）施工组织管理及作业状况监控、评估与预警。

施工监测的对象、项目、方法、频率及相关要求参见"地铁工程监控量测技术规程"和"北京市地铁施工监控量测设计指南"。

施工过程安全风险巡视方法主要有观察、拍照、描述等，必要时辅以量测、素描和摄像。施工过程安全风险评估与预警是指施工过程中对安全风险监控结果出现的异常情况进行分析评估，当异常情况可能引起工程自身或周边环境安全风险事件时，分析安全风险事件发生的可能性和后果严重程度，并据此启动警戒预报，分为监测预警、巡视预警和综合预警，均采用黄色、橙色、红色三级预警。

7.5.1 施工影响预测和附加影响分析

施工影响预测与附加影响分析的目的是尽可能制定科学合理的风险控制指标，优化风险工程设计措施。在施工图设计阶段，对识别出的特、一级及产权单位有特殊要求的其他等级环境风险工程应进行施工影响预测。

以初步拟定的设计方案为基础，采用数值分析方法，充分考虑周边环境及地下工程的结构特点、工法、施工步序、地质等因素，预测地下工程施工对周边环境产生的附加变形值及影响范围。

施工附加影响分析是指在施工影响预测的周边环境附加变形的基础上，针对不同类型周边环境和使用设备的特点，采用相应的计算程序和计算方法，分析评价该附加变形对既有建（构）筑物的不利影响，以确认其正常功能和安全性是否可接受。

对于不同类型的周边环境，施工附加影响分析的内容、方法均不相同，一般应以周边环境的现状检测及评估资料为基础，以与周边环境类型相对应的设计规范为依据，并结合周边环境产权单位的要求及意见，由周边环境的原设计单位或专业的设计或评估机构进行。

施工附加影响分析应在附加影响分析专题报告中给出明确的结论，以确定受地下工程影响的周边环境的结构本身是否安全、使用功能可否保证。若结论为肯定，则应将该专题报告提供给地下工程设计单位，作为该风险工程设计的依据；若以上结论为否定，则应对该风险工程采用优化设计或加强措施，重新进行施工影响预测及施工附加影响分析，直到可以得出肯定的结论。

为保证周边环境的正常功能，附加影响分析除应包括对周边环境的结构安全（含结构耐久性）影响分析外，尚应包括对周边环境重要功能性构件的安全影响分析。以既有轨道交通工程为例，新线轨道交通工程对其的施工附加影响分析应包括对既有轨道交通工程主体结构（如隧道结构）的安全影响分析和对道床结构的附加变形影响分析，以确保既有轨道交通工程的正常运营。

7.5.2　风险工程控制指标

1. 自身风险工程控制指标

工程自身的变形控制指标的确定可参考相关规范和工程建设监控量测控制指标制定。自身风险工程变形控制指标制定的程序如下：

1) 风险工程分级；

2) 根据规范要求初步制定监控量测变形控制指标；

3) 在工程安全风险分级的基础上，对工程建设监控量测控制指标进行综合分析和计算；

4) 结合类似工程经验修正得出工程结构和支护结构的变形控制指标。

自身风险工程监控量测变形控制指标制定流程见图 7-24。

2. 周边环境风险工程控制指标

对特、一级及产权单位有特殊要求的其他等级的周边环境，存在历史变形资料时，应根据已有变形值结合剩余变形能力制定变形控制指标；没有历史变形资料时，应对其进行现状评估，根据现状评估结果确定变形控制指标。对特、一级及产权单位有特殊要求的环境风险工程的变形控制指标制定的程序一般如下：

1) 调查历史变形资料。

2) 进行现状评估。

3) 进行施工影响预测和附加影响分析，得出施工引起的周边环境的附加变形，并对其附加影响进行分析。

4）当地下工程施工引起的附加变形远远超过周边环境的剩余变形能力时，应对周边环境进行加固处理，重新进行变形控制指标的制定。

5）根据施工附加影响分析和现状评估资料，同时参考规范、类似工程经验，制定变形控制指标（含关键步序变形控制指标）。

特、一级及产权单位有特殊要求的环境风险工程变形控制指标制定流程见图 7-25。

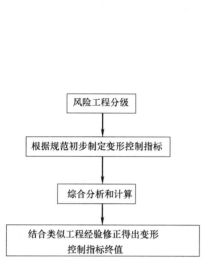

图 7-24　自身风险工程控制指标制定流程

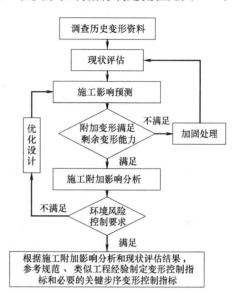

图 7-25　环境风险工程变形控制指标制定流程

对二级及二级以下的环境风险工程，变形指标的制定可参考相关规范、规定及类似工程经验，给出变形控制指标。特殊情况需要进行施工影响预测和施工附加影响分析参考特、一级及产权单位有特殊要求的环境风险工程变形控制指标的制定。

7.5.3　施工过程周边环境监控

工程建设中周边环境主要有建（构）筑物、城市桥梁、既有线（铁路）、道路（地面）、河流湖泊、地下管线等。施工过程周边环境监控、评估分为一般工程环境过程评估和特殊工程环境过程评估。

（1）一般工程环境过程评估是根据国家、行业、地方有关规范、规程和设计阶段确定的监控量测控制指标值，判别施工过程中监测点的预警状态，或根据周边环境巡视发现安全隐患或不安全状态而进行预警。

（2）特殊工程环境过程评估是根据前期特殊工程环境现状评估、施工影响预测及附加影响分析定出的监测控制指标判别监测点的预警状态，或根据周边环境巡视发现安全隐患或不安全状态而进行预警，并综合分析每道工序实际监测数据、预测监测最终变形值，结合巡视信息，修正前期评估得到的控制指标，具体技术程序见图 7-26。

1. 周边环境巡视、评估

工程施工过程中应对明挖基坑、矿山法隧道、盾构法隧道周边 $2.0H$ 影响范围内的环境进行巡视。施工现场周边建构筑物、桥梁、既有线（铁路）主要应巡视、评估内容参见表 7-17。

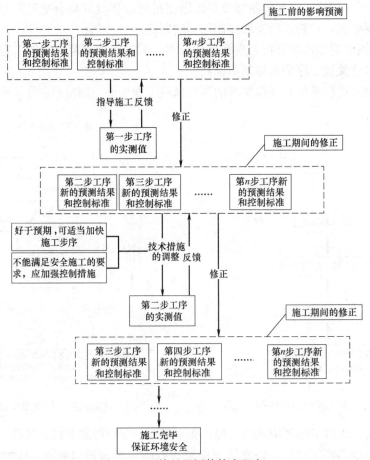

图 7-26　环境过程评估技术程序

施工现场周边巡视评估内容　　　　　　　　　　　　　　表 7-17

项目	内　　　容	备注
建构筑物	开裂、剥落：包括裂缝宽度、深度、数量、走向、剥落体大小、发生位置、发展趋势等；地下室渗水：包括渗漏水量、发生位置、发展趋势等	
桥梁	评估墩台或梁体开裂、剥落情况，包括裂缝宽度、深度、数量、走向、剥落体大小、发生位置、发展趋势等	
既有线（铁路）	结构开裂、剥落：包括裂缝宽度、深度、数量、走向、剥落体大小、发生位置、发展趋势等；结构渗水：包括渗漏水量、发生位置、发展趋势等；道床结构开裂：包括裂缝宽度、深度、数量、走向、发生位置、发展趋势等；变形缝开合及错台：包括变形缝的扩展和闭合大小、变形缝处结构有无错开、位置、发展趋势等	
道路（地面）	地面开裂：包括裂缝宽度、深度、数量、走向、发生位置、发展趋势等；地面沉陷、隆起：包括沉陷深度、隆起高度、面积、位置、距墩台的距离、距基坑（或隧道）的距离、发展趋势等；地面冒浆/泡沫：包括出现范围、冒浆/泡沫量、种类、发生位置、发展趋势等	
河流湖泊	水面漩涡、气泡：包括水面有无出现漩涡、水泡、出现范围、发生位置、发展趋势等；堤坡开裂：包括裂缝宽度、深度、数量、走向、位置、发展趋势等	
周边地下管线	管体或接口破损、渗漏：包括位置、管线材质、尺寸、类型、破损程度、渗漏情况、发展趋势等；检查井等附属设施的开裂及进水：包括裂缝宽度、深度、数量、走向、位置、发展趋势、井内水量等	
邻近施工情况	邻近在施工程项目规模、结构、位置、进度、与轨道交通工程水平距离、垂直距离等	

2. 环境监控量测控制指标

城市轨道交通工程建设必然受到复杂周边环境条件的制约，地下工程建设不可避免地需穿越或邻近既有轨道线路、桥梁、建筑物等周边环境，轨道交通建设中既要满足工程自身的安全，还要确保周边环境设施的安全和正常使用，这对地下工程建设的设计和施工都提出了新的要求。

为了加强地下工程建设对监控量测控制指标的确定工作，为设计提供充分的技术依据，监控量测控制指标主要是针对地下工程周边环境和围（支）护结构体系两大监测对象的监测项目进行制定。

周边环境监测对象主要包括建（构）筑物、地下管线、城市道路和地表、城市桥梁、城市轨道交通既有线和既有铁路等。下面针对周边环境控制指标给出监控量测控制指标。另外还收集整理了部分北京地区的工程实例，其中周边环境控制指标和围（支）护结构控制指标包括了国内规范、规程和工程标准。

表中内容只作为监控量测控制指标确定的参考资料，控制指标的确定，应根据工程特点和监测对象特点进行具体确定。

1）建（构）筑物

建（构）筑物监控量测控制指标应包括允许沉降控制值、差异沉降控制值和位移最大速率控制值，对高耸建（构）筑物还应包括倾斜控制值。建（构）筑物控制指标的确定主要受其功能、规模、修建年代、结构形式、基础类型、地质条件等因素的影响。根据建（构）筑物的影响因素调查分析、结构材料性能检测和计算分析，对其基础现状承载力和结构安全性进行评价，综合确定建（构）筑物的安全性，并结合其与地下工程的空间位置关系，确定其控制指标。

建（构）筑物的重要性等级划分和控制指标参考值见表7-18。

建（构）筑物重要性等级划分和控制指标 　　　　　表7-18

| 重要性等级 | 破坏后果 | 建（构）筑物类型 | 变形控制值 | | | |
		使用性质和规模	沉降(mm)	差异沉降(mm)	位移最大速率(mm/d)	倾斜
Ⅰ	很严重，重大国际影响或非常严重的国内政治影响，经济损失巨大	古建筑物、近代优秀建筑物，重要的工业建筑物，10层以上高层、超高层民用建筑物，大于24m的地上构筑物及重要的地下构筑物	≤15	≤5	1	≤0.002
Ⅱ	严重，严重政治影响，经济损失较大	一般的工业建筑物，4~6层的多层建筑物，7~9层中高层民用建筑物，10~24m的地上构筑物，一般地下构筑物	≤20	≤8	1.5	—
Ⅲ	一般，有一定的政治影响和经济损失	次要的工业建筑物，1~3层的低层民用建筑物，小于10m的地上构筑物，次要地下构筑物	≤30	≤10	2	—

注：差异沉降即基础倾斜，指测点之间的差值，测点间距一般为20m；倾斜指基础倾斜方向建筑物的整体沉降差与其基础长度的比值。

2）地下管线

地下管线控制指标应包括管线允许位移控制值和倾斜率控制值，也可对管线曲率、弯矩、最外层纤维的挠应变、接头转角、管线变形与地层变形之差、管线轴向应变等设置控制指标。地下管线控制指标的确定主要受工作压力情况、功能、材质、铺设方法、埋置深度、土层压力、管径、接口形式、铺设年代等因素的影响。

根据地下管线的影响因素调查分析，采用经验法、理论方法、工程类比法或数值模拟法等方法，结合地下管线与城市轨道交通工程的空间位置关系，确定其控制指标。

根据地下管线的重要性等级对控制指标进行调整，地下管线的重要性等级根据压力和使用情况，分为Ⅰ（有压管线）、Ⅱ（无压雨水、污水管线）和Ⅲ（无压其他管线）。

地下管线重要性等级和控制指标参考数值见表 7-19。

地下管线控制指标参考值　表 7-19

重要性等级	允许位移控制值(mm)	倾斜率控制值
Ⅰ（有压管线）	≤10	≤0.002
Ⅱ（无压雨水、污水管线）	≤20	≤0.005
Ⅲ（无压其他管线）	≤30	≤0.004

3）城市道路和地表控制指标

城市道路和地表沉降（隆起）控制指标应包括允许位移控制值、位移平均速率控制值、位移最大速率控制值、U 形槽变形控制值和路堤、路堑倾斜控制值，也可对道路或地表纵横向曲率变化进行控制。城市道路和地表沉降（隆起）控制指标的确定受施工工法、地层性质、基坑深度（隧道覆土厚度）、地下水位变化、基坑周围（隧道上部）荷载、隧道结构断面形式与大小、围护（支护）结构形式、地层损失、施工管理、道路等级、路基路面材料和养护周期等因素的影响。

根据城市道路和地表的影响因素调查分析，结合工程施工方法，采用经验法或数值模拟法等方法，确定城市道路和地表变形的控制指标。

（1）根据城市道路的重要性等级，对地表变形的控制指标进行调整，城市道路根据道路在城市内部道路网中的地位和交通功能划分重要性等级见表 7-20。

城市道路重要性等级划分和控制指标　表 7-20

重要性等级	地位和交通功能	控制指标参考考值		
		允许位移(mm)	位移平均速率(mm/d)	位移最大速率(mm/d)
Ⅰ	停机坪	10	0.5	1
	快速路、主干路、高速路	≤20	1	2
Ⅱ	城市次干路	≤30	2	3
Ⅲ	城市支路、人行道	≤40	2	4

注：位移平均速率为任意 7d 的平均值；位移最大速率为任意 1d 的最大值。

（2）地表沉降（隆起）控制指标参考值见表 7-21。

地表沉降（隆起）控制指标参考数值　表 7-21

施工工法	监测项目及范围	允许位移控制值 U_0(mm)			位移平均速率控制值(mm/d)	位移最大速率控制值(mm/d)
		一级基坑	二级基坑	三级基坑		
明挖(盖)法及竖井施工	地表沉降	≤0.15%H 或≤30，两者取小值	≤0.2%H 或≤40，两者取小值	≤0.3%H 或≤50，两者取小值	2	2
盾构法	地表沉降	≤30			1	3
	地表隆起	≤10			1	3
浅埋暗挖法	地表沉降 区间	≤30			2	5
	车站	≤60				

注：1. H 为基坑开挖深度。
　　2. 位移平均速率为任意 7d 的平均值；位移最大速率为任意 1d 的最大值。
　　3. 本表中区间隧道跨度为<8m；车站跨度为>16m 和≤25m。

（3）U形槽变形控制值为 50mm；路堤倾斜控制值为 0.002；路堑倾斜控制值 0.002。

4）城市桥梁

城市桥梁控制指标应包括桥梁墩台允许沉降控制值、纵横向相邻桥梁墩台间差异沉降控制值、承台水平位移控制值和挡墙沉降、倾斜度控制值。城市桥梁控制指标主要受其规模、结构形式、基础类型、建筑材料、养护情况等因素的影响。根据城市桥梁的影响因素调查分析和结构检测，采用大型原位试验、经验公式法、解析经验公式法或数值模拟法等方法，对城市桥梁的结构现状、承载能力及抗变形能力进行评估，结合城市桥梁与城市轨道交通工程的空间位置关系，确定其控制指标。

（1）根据城市桥梁的重要性等级对控制指标进行调整，城市桥梁重要性等级根据其功用、跨越对象和结构形式等按表 7-21 进行划分。城市桥梁控制指标参考数值见表 7-22。

城市桥梁重要性等级划分和控制指标　　　表 7-22

重要性等级	功用、跨越对象	桥梁墩台允许沉降控制值(mm)	纵向相邻桥梁墩台间差异沉降控制值(mm)	横向相邻桥梁墩台间差异沉降控制值(mm)	承台水平位移控制值(mm)
I	铁路桥梁、城市高架桥、立交桥主桥连续箱梁	≤15	2	3	3
II	立交桥主桥简支 T 梁、异形板、立交桥匝道桥	≤25	2	3	3
III	人行天桥及其他一般桥梁	≤30	3	4	4

注：城市轨道交通整体道床桥梁对变形要求严格，不在本表分类之内。

（2）挡墙沉降控制值为 10mm；挡墙倾斜度控制值为 3/1000。

5）城市轨道交通既有线

城市轨道交通既有线控制指标应包括隧道结构允许沉降控制值、隧道结构允许上浮控制值、隧道结构允许水平位移控制值、平均速率控制值、最大速率控制值、差异沉降控制值、轨道几何尺寸容许偏差控制值、轨道坡度允许控制值、道床剥离量允许控制值、结构变形缝开合度和轨道结构允许垂直位移控制值。城市轨道交通既有线控制指标主要受地层情况、隧道结构、轨道结构、线路部位、修建年限等因素的影响，工程施工必须保证既有线的运营安全。

根据城市轨道交通既有线的影响因素调查分析和结构检测，采用经验公式法、解析经验公式法或数值模拟法等方法，对结构承载能力和轨道安全性等进行评估，结合工程穿越方式（上穿、下穿和侧穿），确定相应的控制指标。

根据城市轨道交通既有线的重要性等级对控制指标进行调整，既有线重要性等级根据结构部位和相对地面位置按表 7-22 进行划分。既有线隧道结构控制指标参考值见表 7-23。

城市轨道交通既有线重要性等级划分和结构控制指标参考值　　　表 7-23

重要性等级	结构部位和相对地面位置	隧道结构允许沉降控制值(mm)	隧道结构允许上浮控制值(mm)	隧道结构允许水平位移控制值(mm)	差异沉降控制值(mm)	位移平均速率控制值(mm/d)	最大速率控制值(mm/d)
I	地下区间轨道岔区	≤5	≤5	≤3	≤1	1	1.5
II	地下车站、地下区间其他部位、地面车站	≤10	≤5	≤4	≤2	1	1.5
III	通风竖井、风道、联络通道、地下车站出入口	≤20	≤5	≤5	≤4	1	1.5

既有线轨道、道床控制指标参考值见表 7-24。

城市轨道交通既有线轨道、道床控制指标参考值　　　　表 7-24

控 制 指 标	参 考 数 值	控 制 指 标	参 考 数 值
轨道坡度允许控制值	1/2500	结构变形缝开合度	5~7mm
道床剥离量允许控制值	1mm	轨道结构允许垂直位移控制值	5~10mm

6）既有铁路

既有铁路控制指标应包括路基沉降控制值、位移平均速率控制值、最大速率控制值、轨道几何尺寸容许偏差控制值和轨道坡度允许控制值。既有铁路控制指标主要受路基、线路、轨道和保养情况等因素的影响，工程施工必须保证既有铁路的安全运营。

根据工程下穿地段的特点，进行结构检测（铁路桥梁、箱涵等），采用经验公式法或数值模拟法等方法，结合铁路部门的要求，确定其控制指标。路基、轨道控制指标参考值见表 7-25。

既有铁路控制值参考数值表　　　　表 7-25

控 制 指 标	参 考 数 值	控 制 指 标	参 考 数 值
既有铁路路基沉降	10~30mm	路基最大速率	1.5mm/d
路基位移平均速率	1.0mm/d	轨道坡度允许控制值	1/2500

注：变形控制指标是指在轨道原有基础上的附加变形（如轨道曲线段的外轨道超高、加宽处等）。

7.5.4　施工自身安全风险监控

施工自身（围护结构）安全风险监控对象主要包括明（盖）挖法及竖井施工围（支）护结构（围护桩墙、水平支撑、立柱、锚索、锚杆等）、隧道盾构法管片衬砌及浅埋暗挖法初期支护结构和临时支护结构。

1. 围（支）护结构变形控制指标

1）明（盖）挖法及竖井施工围（支）护结构变形控制指标应包括桩（墙）顶沉降和水平位移、桩（墙）体水平位移、支撑立柱沉降和倾斜、初期支护竖井井壁净空收敛的允许位移控制值、位移平均速率控制值和位移最大速率控制值。

2）盾构法隧道围（支）护结构变形控制指标应包括管片衬砌拱顶沉降的允许位移控制值、位移平均速率控制值和位移最大速率控制值。

3）浅埋暗挖法隧道初期围（支）护结构变形控制指标应包括隧道初期围（支）护结构拱顶沉降、拱底隆起、净空收敛、中柱沉降的允许位移控制值、位移平均速率控制值和位移最大速率控制值。

2. 围（支）护结构受力控制指标

1）明（盖）挖法及竖井施工围（支）护结构受力控制指标应包括支撑轴力设计值、锚杆（锚索、土钉）拉力设计值和支撑立柱内力设计值。

2）盾构法隧道围（支）护结构受力控制指标为管片内力设计值。

3）浅埋暗挖法隧道初期围（支）护结构受力控制指标应包括围（支）护结构内力设计值、中柱内力设计值。

4）工程围（支）护结构控制指标主要受施工工法、工程自身特点、结构类型、结构受力情况等因素的影响。

5）工程围（支）护结构力学的控制值一般取设计允许内力值的80%，也可根据设计允许内力值与实测值的比值大小划分为危险、注意和安全三个状态进行判别，具体内容见表7-26。

围（支）护结构受力控制值预警状态 表7-26

监测项目	判别的内容	预警状态			
		判别标准	安全	黄色预警	橙色预警	红色预警
墙体内力	钢筋拉应力	F_1＝实测（或预测值）拉应力/钢筋抗拉强度	$F_1<0.7$	$0.7\leqslant F_1\leqslant 0.85$	$0.85\leqslant F_2<1.0$	$F_1>1.0$
支撑轴力	允许轴力	F_3＝实测（或预测值）轴力/允许轴力	$F_3<0.7$	$0.7\leqslant F_3\leqslant 0.85$	$0.85\leqslant F_3<1.0$	$F_3>1.0$

注：支撑允许轴力为其在允许偏心下，极限轴力除以等于或小于1.4的安全系数。

3. 常见安全风险事件

地下工程不同工法常见的安全风险事件见表7-27。

不同工法常见的安全风险事件 表7-27

安全风险事件 \ 工法		明 挖 法	矿 山 法	盾 构 法
工程自身	开挖面地质	基坑边坡滑移、基坑底部隆起、承压水突涌、土体塌落、抽水出砂	工作面涌水突泥、工作面坍塌、隧道底部隆起、抽水出砂	开挖面土体坍塌、开挖面土体失稳
	支护结构体系	基坑支护倒塌、围护结构过大变形、支撑扭曲变形、支护渗漏、支护与背后土体脱开、围护开裂	支护结构失稳、支护结构过大变形、支撑扭曲变形、支护结构拱脚下沉、支护渗漏、支护与背后土体脱开	盾构铰接涌水（涌砂）、管片间渗水（漏砂）、管片错台、管片破损
环境		建构筑物：建构筑物倾斜、建构筑物沉降（或差异沉降）过大、建构筑物开裂（或剥落）、地下室渗水 桥梁：墩台或梁体开裂（或剥落） 既有线（铁路）：结构开裂（或剥落）、结构渗漏水、道床结构开裂、变形缝错台 道路（地面）：地面开裂、沉陷、隆起，地面冒浆 河流湖泊：水面漩涡、气泡、堤坝开裂 地下管线：管体或接口破损、渗漏，检查井等附属设施的开裂及进水管线变形过大		

4. 明挖法施工安全风险监控

明挖法施工一般包括围护结构施做、土方开挖、支撑体系施做、基坑降水等过程。明挖法安全风险评估主要适用于桩加内支撑支护、桩加锚杆（索）支护、土钉墙支护及自然放坡等方法开挖的轨道交通车站、区间及其他附属。

在分析岩土工程勘察与环境调查资料、地质踏勘、环境核查及空洞普查的基础上，对地质、环境安全风险因素和地下水难以控制等地质条件复杂、紧邻地下管线等环境条件复杂的部位进行识别，分析可能带来的安全风险。

明挖法施工巡视内容和安全状态描述参见表7-28。施工开挖面地质状况主要应巡视层性质及稳定性、土质性质及其变化情况、开挖面土体渗漏水情况、土体塌落等。支护结构巡视支护体系开裂、变形变化情况、支护体系施工质量缺陷、支撑装配整体完好性、支撑与围檩连接是否符合规定、围檩与桩身密贴情况、支护体系破损情况等。

明挖法施工周边环境主要巡视坑边超载、地表积水、周边建构筑物、管线、地面开裂、变形等情况。

明挖法施工工艺主要应巡视开挖坡度、开挖面暴露时间、施工工序、成桩（支撑、锚杆、土钉）、土方开挖及支撑架设、拆除等是否满足施工组织设计要求。

明挖法施工组织管理及作业状况主要应巡视人员、设备、应急物资等资源到位情况、安全保护措施落实情况、设计文件落实情况、支撑安装与拆卸、锚杆施做、混凝土护壁施做、土钉墙支护施做。

明（盖）挖法及竖井施工围（支）护结构控制指标综合表　　　表 7-28

监测项目	控制指标	规范、规程、工程标准	
		国标	北京
围护桩(墙)顶部沉降	允许位移控制值 U_0(mm)		10
	位移平均速率控制值(mm/d)		1
	位移最大速率控制值(mm/d)		1
竖井井壁净空收敛	允许位移控制值 U_0(mm)		50
	位移平均速率控制值(mm/d)		2
	位移最大速率控制值(mm/d)		5
支撑立柱沉降	允许位移控制值 U_0(mm)	不得超过 10mm,下降速率不得超过 2mm/d	
	位移平均速率控制值(mm/d)		
	位移最大速率控制值(mm/d)		

监测项目	控制指标	规范、规程、工程标准						
		国标	北京	天津	上海	广州	深圳	武汉
围护桩(墙)水平位移	允许位移控制值 U_0(mm)	$H_i/300 \sim H_i/150$(H_i 为基坑当时的开挖深度)	≤0.15%H 或≤20,两者取小值 ≤0.2%H 或≤30,两者取小值 ≤0.3%H 或≤40,两者取小值	一级基坑,0.0014h;二级基坑,0.003h 为基坑开挖深度)。	一级基坑≤0.14%H,二级基坑≤0.3%H,一级基坑≤0.7%H。(H 为基坑开挖深度):墙顶位移:一级工程控制值 30mm,设计值 50mm,变化速率 2mm/天;二级工程控制值 60mm,设计值 100mm,变化速率 3mm/d。墙体最大位移:一级工程控制值 50mm,设计值 80mm,变化速率 2mm/d;二级工程控制值 80mm,设计值 120mm,变化速率 3mm/d。	一级 30mm,二级 60mm,三级 150mm 0.005~0.045H	一级 0.0025H,二级 0.005~0.01H,三级 0.01~0.02H	一级 30mm,二级 60mm
	位移平均速率控制值(mm/d)		2					
	位移最大速率控制值(mm/d)		3					

5. 矿山法施工安全风险监控

矿山法施工过程的安全风险评估与预警范围一般为洞内隧道工作面 2~3 倍洞径,主要包括矿山法施工开挖面地质状况监控、评估与预警,矿山法支护结构体系监控、评估与预警,矿山法施工周边环境监控、评估与预警,矿山法施工工艺监控、评估与预警,矿山法施工组织管理及作业状况监控、评估与预警,矿山法地质、环境安全风险识别与分析主要包括地质安全风险因素识别与分析、环境安全风险因素识别与分析,矿山法易出现安全风险的部位识别主要包括地质条件复杂部位、环境条件复杂部位等。

矿山法施工巡视内容和安全状态描述参见表 7-29。

矿山法设计方案实施安全风险识别与分析主要包括施工工艺主要对超前支护工艺、初期支护工艺、其他临时支护工艺、开挖工序等实施的重、难点及可能的安全风险进行识别与分析;受力复杂部位,主要对特大断面、马头门、变断面、陡坡段、出入口、明暗法结合处、施工工序转换等受力复杂部位进行识别,分析工法工艺方案实施重、难点及可能的安全风险;环境保护措施,对降水方案、工艺参数等实施的重、难点及可能的安全风险进行识别与分析。

矿山法施工开挖面地质状况主要应巡视、评估土层性质及稳定性、土质性质及其变化情况,土质密实度、湿度、颜色等性质、分布情况,与地质勘察及踏勘结果和设计条件的差异情况。开挖面土体渗漏水情况、渗漏水量、气味、颜色、是否伴有砂土颗粒、发生位置、发展趋势等。工作面坍塌、坍塌位置、坍塌体大小、发展趋势、塌落原因等。

　　矿山法施工支护结构体系主要应巡视、评估支护体系施做及时性情况；渗漏水情况、渗漏水量、水质、颜色、气味、是否伴有砂土颗粒、发生位置、发展趋势等；支护体系开裂、变形变化情况、初期支护扭曲变形部位、变形程度、发展趋势、可能后果等；喷混凝土出现裂缝及剥离长度、位置、宽度、发展趋势、可能后果等；临时支撑脱开，包括发生位置、周边变化、可能后果等。

浅埋暗挖法围（支）护结构控制指标综合表 表 7-29

监测项目		控制指标	规范、规程、工程标准		工程实例	
			国标	北京	设计控制值	10 号线实测值统计结果
拱顶沉降	区间	允许位移控制值 U_0(mm)	相对下沉 0.01~0.08	30	30~50mm	实测值 60%≤25mm,70%≤35mm, 80%≤35mm
		位移平均速率控制值(mm/d)		2		
		位移最大速率控制值(mm/d)		5		
	车站	允许位移控制值 U_0(mm)		40	30~60mm	实测值 60%≤30mm,70%≤32mm, 80%≤40mm。附属结构实测值 60%≤20mm,70%≤22mm, 80%≤30mm
		位移平均速率控制值(mm/d)		2		
		位移最大速率控制值(mm/d)		5		
净空收敛		允许位移控制值 U_0(mm)	拱脚水平相对净空变化值 0.10~0.50	20	20~30mm	暗挖车站、区间实测值 60%≤10mm, 70%≤20mm,80%≤25mm。附属结构 60%≤10mm,70%≤15mm, 80%≤20mm
		位移平均速率控制值(mm/d)		1		
		位移最大速率控制值(mm/d)		3		

　　6. 盾构法施工安全风险监控

　　（1）盾构始发（到达）、联络通道等施工评估主要对盾构施工中最容易出现安全风险事故的工序——始发和到达的施工、区间联络通道和（或）泵房等区间构筑物与区间隧道连接处的管片破除施工等进行安全风险评估。

　　（2）盾构施工现场监控、评估与预警：对不能实时监控的盾构施工情况，通过现场巡视方法对这些安全风险事件进行评估。

　　（3）盾构法施工周边环境监控、评估与预警：对周边建（构）筑物、管线、地面开裂变形情况进行监控、评估与预警。

　　（4）盾构施工参数监控、评估与预警：对盾构施工参数进行实时的监控和预警，并确定主要施工参数的控制准则，控制范围和预警范围。

　　（5）换刀施工评估：对正常的换刀施工，突发性的刀盘和（或）刀具维修和更换方案与施工进行安全与风险评估。

　　（6）盾构法施工组织管理及作业状况监控、评估与预警：对盾构法施工人员、设备、应急物资等资源到位情况，安全保护措施落实情况，设计文件落实情况，施工组织设计及施工专项方案落实情况，违章作业情况及安全风险管理体系运行情况进行监控、评估与预警。同时对盾构施工的管理与协调能力、管理人员和组织、管理人员的经验与素质、对盾构施工队伍的掌控水平和紧急情况的处理能力、隧道内施工队伍及盾构操作能力进行评估。

　　（7）盾构施工环境组合安全风险因素

Ⅰ级：盾构下穿或上穿既有轨道线路，下穿（临近）重要建（构）筑物，或下穿重要市政管线和河流工程，或土层中有漂石、孤石等特殊地质情况，或隧道埋深小于 9m 的浅埋隧道，或以上两种及以上情况的组合。Ⅱ级：隧道埋深大于 9m，或隧道上方地层中有一般的市政管线，或隧道临近或者下穿一般建筑物，或下穿重要市政道路，或地层中的不良地质情况对盾构施工影响较小并没有特殊地质情况。Ⅲ级：隧道埋深大于 13m，或隧道上方地层中没有管线或者只有对沉降不敏感的管线（如电力管线、电信管线、广播管线等）且管线埋深较浅，或隧道与建筑物基础和重要市政道路距离较远，或地层中无不良地质情况等特殊地质情况。

（8）加固设计方案安全风险识别与分析

加固设计方案安全风险识别与分析主要对盾构始发（到达）端头加固方案、区间联络通道和（或）泵房等区间构筑物的位置、加固方案实施的重、难点及可能的安全风险进行评估。

（9）施工组织设计评估的主要内容

施工前工程地质和水文地质条件调查情况；施工环境调查情况，主要包括各类管线、建筑物、构筑物、地下基础和其他施工环境的调查情况；换刀地点的选择和换刀方案的确定；工期安排和施工场地布置情况；施工组织机构、施工队伍、人员安排情况；施工组织设计、专项施工方案和应急施工预案情况。

（10）施工现场监控、评估与预警

对于盾构实时安全风险管理系统不能监控到的现场施工状况，例如盾构铰接密封、管片破损、管片错台和管片间渗漏水情况等，采用现场巡视评估方法来对这些安全风险因素进行评估。

盾构施工巡视内容和安全状态描述参见表 7-30。

盾构姿态和转动角的预警参见表 7-31。

盾构法围（支）护结构控制指标综合表　　　　　　　　表 7-30

监测项目	控制指标	规范、规程、工程标准	工程实例	
		北京	设计控制值	10 号线实测值统计结果
拱顶沉降	允许位移控制值 U_0(mm)	20	30mm	实测值 60%≤20mm，70%≤28mm，80%≤30mm
	位移平均速率控制值(mm/d)	1		
	位移最大速率控制值(mm/d)	3		

盾构姿态和转动角的预警准则　　　　　　　　表 7-31

级别	盾构姿态	
	曲线半径大于 500m	曲线半径小于 500m
黄色报警	盾构水平偏差在 40~45mm，竖向偏差在 20~23mm，转动角在 -4°~-3°或 3°~4°	盾构水平偏差在 70~75mm，竖向偏差在 20~23mm，转动角在 -4°~-3°或 3°~4°
橙色报警	盾构水平偏差在 45~50mm，竖向偏差在 23~25mm，转动角在 -5°~-4°或 4°~5°	盾构水平偏差在 75~80mm，竖向偏差在 23~25mm，转动角在 -5°~-4°或 4°~5°
红色报警	盾构水平偏差大于 50mm，竖向偏差大于 25mm，转动角小于 -5°或大于 5°	盾构水平偏差大于 80mm，竖向偏差大于 25mm，转动角小于 -5°或大于 5°

附录1　轨道交通工程建设各阶段安全风险技术管理

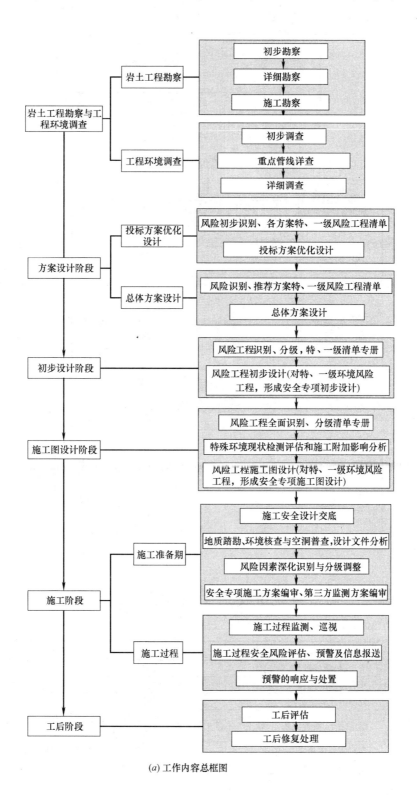

(a) 工作内容总框图

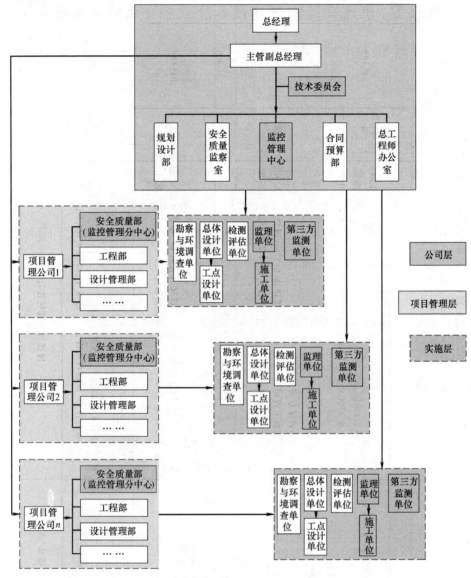

(b) 组织机械框图

附录 2　北京市轨道交通工程常见的地质风险因素

序号	施工方法	地质风险因素	可能发生的风险事件
1	明挖法	饱和、松散的砂层、粉土层	流砂
		基底土层的回弹	中柱桩与周边围护结构的差异沉降
		较厚的软弱下卧层	沉降过大
		厚层填土、新近沉积土、软土等不良土层	既有建(构)筑物变形或沉降增大、倾斜、开裂及地下管网的破坏
		含有害气体地层、污染土	施工人员中毒、对运营可能造成不良影响
		厚层填土、新近沉积土、软土等不良土层	边坡失稳

序号	施工方法	地质风险因素	可能发生的风险事件
1	明挖法	卵石地层	护坡桩、地连墙施工困难
		饱水砂层透镜体、局部的上层滞水、未疏干的地下水	突水、涌水
		承压水	底鼓、突涌
		降水工程在渗透系数很小的地层或含水层与隔水层交界处	疏不干效应
		在颗粒级配不良或粉土、粉细砂含水层中降水	地面坍塌
		第三系风化岩	膨胀、收缩、场地泥泞
		钻孔未封填或封填不实	漏浆
		孤石、废弃的构筑物、古井等地下障碍物	护坡桩、地连墙施工困难
2	矿山法施工	厚层填土、新近沉积土、软土等不良土层	既有建(构)筑物变形或沉降增大、倾斜、开裂及地下管网的破坏
		卵石地层	管棚施做困难
		厚层填土、新近沉积土、软土等不良土层	隧道变断面处、马头门、等特殊部位坍塌
		卵石地层	小导管注浆效果不良、注浆压力上不去
		含有害气体地层、污染土	施工人员中毒、对运营可能造成不良影响
		砂质粉土、砂卵石地层	围岩坍塌、地面塌陷
		掌子面上遇到软土层、松散的砂土、粉土或人工填土	掌子面失稳
		土层与砂层相间分布的双层结构	地面塌陷
		在颗粒级配不良或粉土、粉细砂含水层中降水	地面坍塌
		降水工程在渗透系数很小的地层或含水层与隔水层交界处	疏不干效应
		饱水砂层透镜体、局部的上层滞水、未疏干的地下水	突水、涌水
		承压水	底鼓、突涌
		含水率在10%以下的土层或地下水流速为1~5m/d时	冻结困难、冻结失效
		钻孔未封填或封填不实	漏浆
		孤石、废弃的构筑物、古井等地下障碍物	管棚施做困难
		人工空洞(墓穴、菜窖、施工扰动地层)	地面塌陷
3	盾构法施工	厚层填土、新近沉积土、软土等不良土层	既有建(构)筑物变形或沉降增大、倾斜、开裂及地下管网的破坏
			地表隆起
		卵石地层	盾构异常停机
		含有害气体地层、污染土	施工人员中毒、对运营可能造成不良影响
		黏粒含量高的黏性土地层	形成泥饼
		松散的砂土地层	盾构施工刀具抱死
		复合地层(软硬地层交界部位)	盾构偏移
		卵石地层	刀具磨损过度
		无黏聚力的土层	掌子面失稳
		第三系风化岩	形成泥饼、盾构异常停机
		饱水粉细砂地层、土层与砂层相间分布的双层结构、人工空洞(墓穴、菜窖、施工扰动地层)	地面塌陷
		孤石、废弃的构筑物、古井等地下障碍物	盾构异常停机

续表

序号	施工方法	地质风险因素	可能发生的风险事件
4	其他风险	未封填的钻孔	漏浆、承压水上升、地表水体渗漏、地面塌陷
		管线部位钻孔不能实施	管线附近回填土未能准确查清
		勘察时间与施工时间间隔过长	环境条件及地质条件可能发生变化

附录 3 周边环境监测布点原则

附录 3-1 明(盖)挖法、矿山法车站监测布点原则

工法 监测项目		明(盖)挖法	矿山法
建(构)筑物沉降	布点部位	建筑物的四角、拐角处及沿外墙;高低悬殊或新旧建(构)筑物连接处、伸缩缝、沉降缝和不同埋深基础的两侧;框架(排架)结构的主要柱基或纵横轴线上;受堆载和震动显著的部位,基础下有暗沟、防空洞处	
	布点间距	建筑物四角,沿外墙每 10~20m 处或每隔 2~3 根柱基上	
建(构)筑物倾斜	布点部位	在重要的高层、高耸建(构)筑物上垂直于基坑或隧道方向的结构顶部及底部	
	布点间距	同一断面顶部及底部各设置 1 个测点	
桥梁墩柱沉降及差异沉降	布点部位	桥梁墩柱上	
	布点间距	影响范围内每个墩柱上设 1 点	
地下管线沉降及差异沉降	布点部位	测点宜布置在管线的接头处,或者对位移变化敏感的部位,隧道下穿范围内布置在管线管顶,其他情况布置在管线对应地表	
	布点间距	1 倍开挖深度范围内测点间距 5~20m,1~2 倍开挖深度范围内测点间距 20~30m	
道路及地表沉降	布点部位	明挖基坑四周	导洞上方、拐角处
	布点间距	沿基坑边设 2 排沉降测点,排距 3m,点距 20m,明(盖)挖车站设置 2 个横断面,每侧横断面上 3~5 个点	沿导洞开挖方向,每个导洞上方每 30~50m 设 1 点,暗挖车站设置 2 个横断面,横断面点间距 5~10m

附录 3-2 明挖法、矿山法、盾构法区间监测布点原则

工法 监测项目		明挖法	矿山法	盾构法
建(构)筑物沉降	布点部位	建筑物的四角、拐角处及沿外墙;高低悬殊或新旧建(构)筑物连接处、伸缩缝、沉降缝和不同埋深基础的两侧;框架(排架)结构的主要柱基或纵横轴线上;受堆荷和震动显著的部位,基础下有暗沟、防空洞处		
	布点间距	建筑物四角,沿外墙每 10~20m 处或每隔 2~3 根柱基上		
建(构)筑物倾斜	布点部位	在重要的高层、高耸建(构)筑物上垂直于基坑或隧道方向的结构顶部及底部		
	布点间距	同一断面顶部及底部各设置 1 个测点		
桥梁墩柱沉降及差异沉降	布点部位	桥梁墩柱上		
	布点间距	影响范围内每个墩柱上设 1 点		
地下管线沉降及差异沉降	布点部位	测点宜布置在管线的接头处,或者对位移变化敏感的部位,区间下穿范围内布置在管线管顶,其他范围布置在地表		
	布点间距	1 倍开挖深度范围内测点间距 5~20m,1~2 倍开挖深度范围内测点间距 20~30m		
道路及地表沉降	布点部位	明挖基坑两侧	矿山法隧洞上方	盾构隧道上方
	布点间距	沿坑边设 2 排沉降测点,排距 3m,点距 20m,每个区间设置 2~6 个横断面,每个横断面 3~5 个点	沿隧洞开挖方向每 30~50m 设 1 点,区间设置 1~2 个横断面,横断面点间距 5~10m,点数 3~7 个由密到疏布设	盾构始发端、到达端 100m 范围内沿开挖方向每 10~30m 设 1 点,其他位置每 30~50m 设 1 点,区间设置 1~2 个横断面,横断面点间距 5~10m,点数 3~7 个由密到疏布设

注:既有铁路、地铁按评估及轨道防护设计要求布置监测点。

附录 3-3　明（盖）挖法施工围护结构体系监测布点原则

监测项目 \ 工法		明（盖）挖法
围护结构桩(墙)顶水平位移	布点部位	基坑四周围护桩(墙)顶
	布点间距	沿基坑四周围护结构顶每 20m 布置 1 点
围护结构桩(墙)体变形	布点部位	基坑四周围护桩(墙)体内
	布点间距	沿基坑长边围护结构桩(墙)每 40m 布置 1 个监测孔,在基坑短边中点各布 1 个监测孔
支撑轴力	布点部位	基坑内钢支撑端部,混凝土支撑中部
	布点间距	沿主体基坑长边支撑体系每 40m 布置 1 点,在同一竖直面内每道支撑均应布设测点
锚杆拉力	布点部位	锚杆端部
	布点间距	沿主体基坑长边支撑体系每 40m 布置 1 点,在同一竖直面内每支锚杆(土钉)均应布设测点

附录 4　施工巡视预警参考表

附录 4-1　明挖法施工巡视预警参考表

巡视内容		巡视状况描述	安全状态评价			
			正常	黄色预警	橙色预警	红色预警
开挖面土质情况	土层性质及稳定性状况	支撑或锚杆周围出现土体塌落范围大,严重影响围护体系的稳定				★
		土体塌落范围较大,影响围护体系的稳定			★	
		其他部位,土体塌落范围较小,仅局部影响围护体系发挥,但不影响稳定		★		
		导致桩(锚、土钉)无法钻进、成孔等,影响施工工艺适应性和设计功能需求			★	
		导致锚杆、土钉握裹力不够,引起土压力增大,土体自稳能力降低等,减小设计、规范要求的安全系数		★		
	开挖面土体渗漏水情况	大股涌水并带砂,或导致周边地面局部塌陷				★
		大股涌水,影响边坡稳定,有恶化情形				★
		小股涌水,引起边坡较大变形,暂时稳定			★	
		小股涌水,未引起边坡变形		★		
	地下水控制效果	抽水持续出砂,附近地面有明显沉陷			★	
		地下水位降不下去,施工安全性受到影响		★		
		降水系统能力不足		★		
支护结构体系	渗漏水情况	大股涌水并带砂,或导致周边地面局部塌陷				★
		大股涌水,影响边坡稳定,有恶化情形				★
		小股涌水,引起边坡较大变形,暂时稳定			★	
		小股涌水,未引起边坡变形		★		
	支护体系开裂、变形变化情况	安全风险较高部位(如阳角、明暗挖结合等关键部位)支护与背后土出现脱开,且有扩大情形			★	
		其他部位支护与背后土出现脱开,且有扩大情形		★		
		安全风险较高部位(如阳角、明暗挖结合等关键部位)支护与背后土出现脱开,暂无扩大情形		★		
		支撑明显扭曲变形				★
		支撑目视可见变形、移位			★	

巡视内容		巡视状况描述	安全状态评价			
			正常	黄色预警	橙色预警	红色预警
支护结构体系	支护体系开裂、变形变化情况	锚头滑脱或损坏			★	
		施工造成腰梁混凝土开裂、与土脱开、有扩大情形			★	
		施工造成腰梁混凝土开裂、与土脱开,暂无扩大情形		★		
		开挖施工造成面层开裂,有扩大情形			★	
		开挖施工造成面层开裂,暂无扩大情形		★		
		施工造成冠梁与桩身较大脱开,或护壁开裂,且有扩大情形				★
		施工造成冠梁开裂,或施工造成护壁开裂,暂无扩大情形		★		
	支护体系施工质量缺陷	支撑装设、螺栓衔接、焊接或围檩、支撑补强不符规定		★		
		土钉安装不符合设计及规范要求		★		
		安全风险较高部位(如阳角、明暗挖结合等关键部位)出现断桩、严重夹泥				★
		其他部位出现断桩、严重夹泥		★		
	支护体系施做及时性情况	支撑(或锚杆、土钉)施做不及时		★		
施工工艺	开挖坡度	土钉墙或边坡不符合设计,出现直坡、逆坡现象,或较大范围内超出设计坡度30%以上			★	
		土钉墙或边坡较大范围内坡度超出设计坡度10%~30%		★		
		土钉墙或边坡坡度超出设计的其他情况		★		
	基坑开挖面暴露时间	开挖面暴露时间过长,局部土体出现剥落、开裂,支护产生较大变形			★	
		开挖面暴露时间过长,局部土体出现剥落、开裂		★		
		开挖面暴露时间过长,支护产生较大变形		★		
	工序	工序不符合施工组织设计,引起土体、支护体系出现较大位移			★	
		工序不符合工组织设计,影响工程和周边环境的安全性			★	
		工序不符合工组织设计		★		
	超挖	靠近围护侧,大范围内超挖超过1m,一定程度上影响支护结构或周围土体的稳定			★	
		靠近围护侧,局部超挖超过1m,其他位置大范围内超挖超过1m		★		
		其他位置大范围超挖超过1m		★		
基坑周边环境	基坑影响区域内超载情况	基坑强烈影响区荷载超出设计,围护受力变化大,支护体系产生不利影响			★	
		基坑强烈影响区外荷载超出设计,围护受力变化较大,支护体系产生不利影响		★		
	地表积水	强烈影响区大面积积水,地面硬化不完善,且截排水系统不完善,流入开挖区或下渗、冲刷或淘空,或引起支护结构受力变化,可能严重影响安全系数			★	
		显著影响区大面积积水,地面硬化不完善,且截排水系统不完善,地表水下渗,影响安全系数		★		

附录 4-2 矿山法施工巡视预警参考表

巡视内容		巡视状况描述	安全状态评价			
			正常	黄色预警	橙色预警	红色预警
开挖面土质情况	土层性质及稳定性状况	局部冒顶塌方				★
		工作面掉块、岩块,无故尘土飞扬			★	
		拱顶少量漏砂			★	
		掌子面出现土体坍塌				★
		边墙出现土体坍塌				★
	开挖面土体渗漏水情况	工作面湿渍(润),渗水量<10L/(min. 10m)	★			
		工作面渗水,渗水量 10~25L/(min. 10m)		★		
		工作面小股涌水,渗水量 25~125L/(min. 10m)			★	
		工作面大股涌水,且含砂				★
	降水效果	抽水持续出砂,附近地面有明显沉陷			★	
		地下水位降不下去,施工安全性受到影响		★		
		降水系统能力不足		★		
支护结构体系	渗漏水情况	工作面湿渍(润),渗水量<10L/(min. 10m)	★			
		工作面渗水,渗水量 10~25L/(min. 10m)		★		
		工作面小股涌水,渗水量 25~125L/(min. 10m)			★	
		工作面大股涌水,且含砂				★
	支护体系开裂、变形变化情况	初期支护结构出现扭曲变形				★
		掉拱				★
		喷混凝土出现裂缝,且裂缝有扩大趋势				★
		喷混凝土出现离层或剥离		★		
		临时支撑脱开			★	
	支护体系施工质量缺陷	临时支撑安装、螺栓连接、焊接、挂网、连接筋焊接、喷混凝土不符合规定		★		
		临时支撑的拆除过早,且后续工序未及时进行		★		
		临时支撑一次拆除范围超过 1D,且后续工序未及时进行,拆除范围超过要求时			★	
		钢拱架安装、喷混凝土不符合规定		★		
		锁脚锚管规格尺寸、施做等不符合规定		★		
		背后注浆施做质量达不到要求		★		
		超前支护施做与实施性施工组织设计不符		★		
	支护体系施做及时性情况	超前支护施做不及时				★
		初期支护施做不及时,未封闭成环		★		
		锁脚锚管施工不及时		★		
		拱架螺栓连接处(局部超挖)没有及时回填注浆			★	
		临时支撑安装不及时			★	
		联络通道施工与正洞交叉处未及时进行超前支护			★	
	支护体系拱背回填情况	衬砌背后空洞,未进行回填				★
		拱背回填材料不符要求		★		

续表

巡视内容		巡视状况描述	安全状态评价			
			正常	黄色预警	橙色预警	红色预警
施工工艺	开挖进尺	开挖进尺超过施组要求,多部开挖时超过 1~1.5D	★			
		多部开挖各部工作面距离不满足规定	★			
		核心土的尺寸不符合规定	★			
	工序	施工工序不符合施做要求	★			
		特大断面施工顺序不正确,由于群洞施工影响,引起围岩变形过大			★	
		特大断面工序安排不合理,或者漏序		★		
		特大断面复杂工法工序转换中,不平衡力产生过大变形				★
	超挖	径向超挖超过规定(5cm),且未采取措施		★		

附录 4-3　盾构法施工巡视预警参考表

巡视内容	巡视状况描述	安全状态评价			
		正常	黄色预警	橙色预警	红色预警
铰接密封情况	严重漏水				★
	滴水~小股流水			★	
	渗水~滴水		★		
管片破损情况	严重破损(对隧道安全影响严重,立刻停工组织专业人员抢修)				★
	较严重破损(对隧道安全影响较大,需要立即修复)			★	
	一般破损(对隧道安全影响较小,今后修复即可)		★		
管片错台情况	>15mm				★
	10~15mm			★	
	5~10mm		★		
管片渗漏水情况	流水				★
	滴水~小股流水			★	
	渗水~滴水		★		
盾尾漏浆状况	浆液剧烈喷出(喷出长度>0.5m)				★
	浆液喷出(喷出长度<0.5m)			★	
	一般流浆		★		
测量基点情况核查	>10″				★
	5″~10″			★	
	3″~5″		★		

附录 4-4　周边环境巡视预警参考表

巡视内容		巡视状况描述	安全状态评价			
			正常	黄色预警	橙色预警	红色预警
建构筑物	建构筑物开裂、剥落	施工造成建构筑物承重墙体、柱或梁出现开裂、剥落				★
		施工造成建构筑物非承重墙体出现开裂、剥落,影响正常使用			★	
		施工造成建构筑物非承重墙体出现开裂、剥落,不影响正常使用		★		
	地下室渗水	墙面或顶板涌水			★	
		墙面或顶板渗水、滴水		★		

巡视内容		巡视状况描述	安全状态评价			
			正常	黄色预警	橙色预警	红色预警
桥梁	墩台或梁体开裂、剥落	墩台、梁板或桥面裂缝 0.5mm 以上，混凝土剥落、露筋				★
		墩台、梁板或桥面裂缝 0.2～0.5mm			★	
		墩台、梁板或桥面裂缝 0.2mm 以下		★		
既有线（铁路）	结构开裂、剥落	结构裂缝 0.5mm 以上，混凝土剥落、主筋外露				★
		结构裂缝 0.2～0.5mm			★	
		结构裂缝 0.2mm 以下		★		
	结构渗水	涌水			★	
		渗水、滴水		★		
	道床结构开裂	结构裂缝 0.5mm 以上				★
		结构裂缝 0.2～0.5mm			★	
		结构裂缝 0.2mm 以下		★		
	变形缝开合及错台	出现明显错台				★
		变形缝开合较大，填塞物与结构脱开，或填塞物被挤坏			★	
道路（地面）	地面开裂	强烈影响区内地面产生开裂，且裂缝宽度、深度或数量有增加情形				★
		开挖施工影响区内造成局部地面开裂，裂缝宽度在 5～10mm，暂无扩大情形			★	
		开挖施工影响区内造成局部地面开裂，裂缝宽度在 5mm 以下，暂无扩大情形		★		
	地面沉陷、隆起	在基坑边坡滑移面附近或隧道中心线上方出现沉陷或隆起，或沉陷严重影响交通				★
		地面出现明显沉陷或隆起，轻微影响交通			★	
		地面出现沉陷或隆起，暂不影响交通，或在建构筑物、墩台周边出现明显的相对沉陷		★		
	地面冒浆（泡沫）	盾构背后注浆（泡沫）、矿山法隧道超前支护注浆等施做时引起地面冒浆		★		
河流湖泊	水面漩涡、气泡	在施隧道上方河流湖泊水面出现漩涡或密集的水泡				★
		在施隧道上方河流湖泊水面出现稀疏的水泡			★	
	堤坡开裂	施工影响范围内堤坡裂缝宽度在 5～10mm			★	
		施工影响范围内堤坡裂缝宽度在 5mm 以下		★		
地下管线	管体或接口破损、渗漏	地下管线持续漏水（气），且有扩大趋势			★	
		地下管线持续漏水（气），暂无扩大趋势		★		
		地下通信电缆被切断				★
		地下输变电管线破坏				★
	管线检查井等附属设施的开裂及进水	施工影响范围内地下管线的检查井等附属设施出现开裂或进水		★		
邻近施工		严重扰动工程周边地质，支护结构受力变化大，对支护体系产生不利影响			★	
		扰动工程周边地质，支护结构受力变化较大，对支护体系产生不利影响		★		

附录 4-5　盾构施工主要参数控制范围参考表

组段	参数	土压力（bar）	刀盘扭矩（kN·m）	总推力（kN）	推进速度（mm/min）	刀盘转速（rpm）	贯入度（mm/rpm）	同步注浆压力（bar）	同步注浆量（m²）	推进油缸伸缩组数	盾构姿态（mm）	TBM滚动角
A	A_I	$E_0 \sim E_p$	1500~2500	15000~20000	40~60	1.0~1.2	40~60	$1.8P \sim 2.0P$	4.5~5	2	50/25	-5~5
	A_{II}	$1.2E_a \sim 1.2E_0$	1500~2500	15000~20000	40~60	1.0~1.4	40~60	$1.5P \sim 2.0P$	4~4.5	2	50/25	-5~5
	A_{III}	$E_a \sim E_0$	1500~2500	15000~20000	40~70	1.0~1.4	40~60	$1.2P \sim 2.0P$	3.5~4	2	50/25	-5~5
B	B_I	$E_0 \sim E_p$	4000~5000	25000~30000	10~20	0.4~0.5	15~50	$1.8P \sim 2.2P$	4.5~5	2	50/25	-5~5
	B_{II}	$1.2E_a \sim 1.2E_0$	4000~5000	25000~30000	10~20	0.4~0.6	15~50	$1.6P \sim 2.0P$	4.5~5	2	50/25	-5~5
	B_{III}	$1.2E_a \sim 1.2E_0$	4000~5000	25000~30000	10~30	0.4~0.8	15~50	$1.4P \sim 2.0P$	4~4.5	2	50/25	-5~5
C	C_I	$E_0 \sim E_p$	3000~4000	20000~25000	10~20	0.4~0.5	15~50	$1.8P \sim 2.0P$	4.5~5	2	50/25	-5~5
	C_{II}	$1.2E_a \sim 1.2E_0$	3000~4000	20000~25000	10~20	0.4~0.6	15~50	$1.5P \sim 2.0P$	4~4.5	2	50/25	-5~5
	C_{III}	$1.2E_a \sim 1.2E_0$	3000~4000	20000~25000	10~30	0.4~0.8	15~50	$1.4P \sim 2.0P$	3.5~4	2	50/25	-5~5
D	D_I	$E_0 \sim E_p$	3000~4000	20000~30000	10~20	0.6~0.8	10~50	$1.8P \sim 2.0P$	4.5~5	2	50/25	-5~5
	D_{II}	$1.2E_a \sim 1.2E_0$	3000~4000	20000~30000	10~30	0.6~0.8	10~50	$1.5P \sim 2.0P$	4.5~5	2	50/25	-5~5
	D_{III}	$E_a \sim E_0$	3000~4000	20000~30000	20~50	0.6~1.0	20~50	$1.4P \sim 2.0P$	4~4.5	2	50/25	-5~5
E	E_I	$E_0 \sim E_p$	4000~5000	25000~30000	10~20	0.4~0.5	15~50	$1.8P \sim 2.2P$	4.5~5	2	50/25	-5~5
	E_{II}	$1.2E_a \sim 1.2E_0$	4000~-5000	25000~30000	10~20	0.4~0.6	15~50	$1.5P \sim 2.0P$	4.5~5	2	50/25	-5~5
	E_{III}	$1.2E_a \sim 1.2E_0$	4000~5000	25000~30000	10~30	0.4~0.8	15~50	$1.4P \sim 2.0P$	4~4.5	2	50/25	-5~5
F	F_I	$E_0 \sim E_p$	3000~4000	20000~30000	10~20	0.4~0.5	10~30	$1.8P \sim 2.0P$	4.5~5	2	50/25	-5~5
	F_{II}	$1.2E_a \sim 1.2E_0$	3000~4000	20000~30000	10~20	0.4~0.6	10~40	$1.5P \sim 2.0P$	4.5~5	2	50/25	-5~5
	F_{III}	$E_a \sim E_0$	3000~4000	20000~30000	10~30	0.4~0.8	15~50	$1.2P \sim 2.0P$	4~4.5	2	50/25	-5~5

注：本表仅供参考，需结合各标段的具体情况确定盾构施工参数

附录 5　施工过程巡视频率表

附录 5-1　明挖法施工过程巡视频率表

项目	工况／频次	基坑开挖期间	基坑开挖结束后 1~7 天	7~15 天	15~30 天	主体底板完成后	主体结构施做过程中
开挖面地质状况	土层性质	1次/2天					
	土体稳定性（土体塌落）	1次/1天	1次/1天	1次/2天	1次/3天	1次/1周	
	降水效果	1次/1天	1次/1天	1次/2天	1次/3天	1次/1周	
支护结构体系	支护及时施做情况	1次/1天					
	渗漏水情况	1次/1天	1次/1天	1次/2天	1次/3天	1次/1周	
	支护体系开裂、变形情况	1次/1天	1次/1天	1次/2天	1次/3天	1次/1周	1次/1周，倒撑前后一周内1次/1天
	支护体系施工质量缺陷	1次/2天					

项目	工况 频次	基坑开挖期间	基坑开挖结束后				主体结构施做过程中
			1~7 天	7~15 天	15~30 天	主体底板完成后	
施工工艺	开挖坡度	1 次/3m 进尺					
	开挖面暴露时间	1 次/各区段每层开挖后					
	施工工序	1 次/2 天					1 次/1 周,倒撑前后一周内 1 次/1 天
	基坑超挖情况	1 次/1 天					
周边环境	坑边超载	1 次/1 天	1 次/1 天	1 次/2 天	1 次/3 天	1 次/1 周	1 次/1 周
	地表积水	1 次/1 天	1 次/1 天	1 次/2 天	1 次/3 天	1 次/1 周	
	建构筑物、既有线、桥梁、道路、管线等环境	1 次/1 天	2 次/1 天	1 次/1 天	1 次/3 天	1 次/1 周	1 次/1 周
施工组织管理及作业情况		1 次/1 周					1 次/1 周

备注:1. 正常情况下,巡视按此表执行;

2. 冬/雨季施工,因特殊原因导致工程停滞,在阳角、明暗挖结合等易出现安全风险的部位,巡视项目出现预警等情况下,均应增大巡视频率;

3. 相应巡视部位的监测项目数据稳定后,该部位不再继续巡视。

附录 5-2　矿山法施工过程巡视频率表

项目	工况 频次	距开挖面的距离（一表示尚未开挖段,B 表示隧道直径或跨度）					二衬结构施做完成后		
		−1B~0	0~1B	1B~2B	2B~5B	>5B	0~7 天	7~15 天	15 天后
开挖面地质状况	土层性质		1 次/1 天						
	土体稳定性（工作面坍塌）		2 次/1 天,至支护完毕						
	降水效果	1 次/1 天	1 次/1 天	1 次/2 天	1 次/3 天	1 次/1 周			
支护结构体系	支护及时施做情况		1 次/每循环						
	渗漏水情况		1 次/1 天	1 次/2 天	1 次/3 天	1 次/1 周	1 次/3 天	1 次/1 周	1 次/1 月
	支护体系开裂、变形情况		1 次/1 天	1 次/2 天	1 次/3 天	1 次/1 周	1 次/3 天	1 次/1 周	1 次/1 月
	支护体系施工质量缺陷		1 次/每循环						
	支护体系拱背回填情况		1 次/每循环						
施工工艺	开挖面暴露时间		1 次/每循环						
	开挖进尺		1 次/1 天						
	超前支护情况		1 次/每循环						
	背后注浆情况		1 次/每循环						
	施工工序		1 次/每循环						
	超挖情况		1 次/每循环						
建构筑物、既有线、桥梁、道路、管线等周边环境		1 次/1 天	2 次/1 天	1 次/1 天	1 次/2 天	1 次/1 周			
施工组织管理及作业情况		1 次/1 周							

备注:1. 正常情况下,巡视按此表执行;

2. 临时支撑安装拆除、工序转换等关键工序,断面变化、复杂大跨、联络通道等关键部位,巡视项目出现预警等情况下,均应增大巡视频率;

3. 相应巡视部位的监测项目数据稳定后,该部位不再继续巡视。

附录 5-3　盾构法施工过程巡视频率表

项目	频次　工况	距开挖面的距离（−表示尚未开挖段，H 表示隧道埋深）				
		−1H~0	0~2H	2H~3H	3H~4H	>4H
开挖面状况	铰接密封情况	1次/1天				
	管片破损情况	1次/1天				
	管片错台情况	1次/1天				
	渗漏水情况	1次/1天				
	测点基点情况核查	1次/1周				
建构筑物、既有线、桥梁、道路、管线等周边环境		2次/1天	1次/1天	1次/2天	1次/1周	
施工组织管理及作业情况		1次/1周				

备注：1. 正常情况下，巡视按此表执行；

　　　2. 巡视项目出现预警等情况下，均应增大巡视频率；

　　　3. 相应巡视部位的监测项目数据稳定后，该部位不再继续巡视。

附录6　差异沉降和相应建筑物的反应

建筑结构类型	δ/L(L 为建筑物长度、δ 为差异沉降)	建筑物反应
1. 一般砖墙承重结构，包括有内框架的结构；建筑物长高比小于 10；有圈梁；天然地基（条形基础）	达 1/150	分隔墙及承重砖墙发生相当多的裂缝，可能发生结构破坏
2. 一般钢筋混凝土框架结构	达 1/150	发生严重变形
	达 1/150	开始出现裂缝
3. 高层刚性建筑（箱形基础桩、桩基）	达 1/250	可观察到建筑物倾斜
4. 有桥式行车的单层排架结构的厂房；天然地基或桩基	达 1/300	桥式行车运转困难，不调整轨面水平难运行，分隔墙有裂缝
5. 有斜撑的框架结构	达 1/600	处于安全极限状态
6. 一般对沉降差反应敏感的机器基础	达 1/850	机器使用可能会发生困难．处于可运行的极限状态

附录7　各规范、规程和工程标准对环境变形控制指标

附录 7-1　建（构）筑物控制指标综合表

环境监测对象	控制指标	规范、规程、工程标准				工程实例		
		国标	北京	上海	广州	设计控制值	10 号线实测值统计结果	机场线实测值统计结果
建(构)筑物	允许沉降控制值（mm） 差异沉降控制值(mm) 位移最大速率控制值（mm/d） 倾斜控制值	砌体局部倾斜 0.002，相邻柱基的沉降差(0.0007~0.005) l，柱基的沉降量 120mm；整体倾斜 0.002~0.004，平均沉降量 200mm	多层建筑长期最大沉降量 30~120mm，高层建筑倾斜 0.0015~0.002，长期最大沉降量 60~160mm	20~60mm，1~3mm/d；多层和高层建筑物基础倾斜 0.0015~0.004，高耸结构基础倾斜 0.002~0.008	桩基础允许最大沉降值 10mm，天然地基建筑物允许最大沉降值 30mm，高耸结构基础倾斜 0.002~0.008	10~30mm	实测值 60%≤8mm， 70%≤12mm， 80%≤20mm	34.9~50mm 出现结构裂缝

附录 7-2　地下管线控制指标（1）

规　范　名　称	地下管线控制指标
天津地铁二期工程施工监测技术规定	煤气管线允许沉降 10mm；其他管线允许沉降：20mm
基坑工程技术规程（DB 42/159—2004）（湖北）	煤气管道变形：沉降或水平位移不超过 10mm，连续 3 天不超过 2mm/d。供水管道变形：沉降或水平位移不超过 30mm，连续 3 天不超过 5mm/d
基坑工程施工监测规程（DG/TJ08—2001—2006）（上海）	煤气、供水管线（刚性管道）位移：累计值 10mm，变化速率 2mm/d。电缆、通讯管线位移（柔性管道）位移：累计值 10mm，变化速率 5mm/d
广州地区建筑基坑支护技术规定（98-02）	采用承插式接头的铸铁水管、钢筋混凝土水管两个接头之间的局部倾斜值不应大于 0.0025；采用焊接接头的水管两个接头之间的局部倾斜值不应大于 0.006；采用焊接接头的煤气管两个接头之间的局部倾斜值不应大于 0.002

附录 7-2　地下管线控制指标综合表（2）

周边环境监测对象	控制指标	规范、规程、工程标准				工程实例	
		天津	上海	武汉	广州	设计控制值	10 号线实测值统计结果
地下管线	允许位移控制值(mm)	煤气管线允许沉降：10mm；其他管线允许沉降：20mm	煤气、供水 10mm，2mm/d；电缆、通讯 10mm，5mm/d；其他 20mm	沉降或水平位移：煤气 10mm，连续 3 天 2mm/d；供水 30mm，连续 3 天 5mm/d	承插式接头的铸铁水管、钢筋混凝土水管局部倾斜值 0.0025，焊接接头的水管局部倾斜值 0.006，焊接接头的煤气管局部倾斜值 0.002	20～40mm，一般 30mm	实测值 60%≤30mm，70%≤45mm，80%≤60mm
	倾斜率控制值						

附录 7-3　城市道路和地表控制指标（1）

规　范　名　称	城市道路和地表控制指标
天津地铁二期工程施工监测技术规定	周围地表沉降：一级基坑，0.001h mm；二级基坑，0.002h mm（h 为基坑开挖深度）盾构隧道：地表垂直变形控制值为 $-30～+10$mm，速率控制值为 5mm/d
广东省建筑基坑支护工程技术规程（DBJ/T 15—20—97）	周围地表沉降：一级基坑，0.0015H 且不大于 20mm；二级基坑，0.003H 且不大于 40mm（H 为基坑开挖深度）
上海地铁基坑工程施工规范	地面最大沉降量：一级基坑≤0.1％H；二级基坑≤0.2％H；三级基坑≤0.5％H
上海地铁基坑工程施工规程（SZ—08—2000）	地面最大沉降量：一级基坑≤0.1％H；二级基坑≤0.2％H；三级基坑≤0.5％H
上海市基坑工程设计规程（DBJ 08—61—97）	地面最大沉降量：一级工程控制值 30mm，设计值 50mm，变化速率 2mm/d；二级工程控制值 50mm，设计值 100mm，变化速率 3mm/d
基坑工程施工监测规程（DG/TJ 08—2001—2006）（上海）	地面最大沉降量：一级基坑 25～30mm，变化速率 2～3mm/d；二级基坑 50～60mm，变化速率 3～5mm/d；三级基坑宜按二级基坑的标准控制，当条件许可时可适度放宽
地基基础设计规范（DGJ 08—11—1999）（上海）	基坑工程的开挖深度为 14～20m，坑外地表沉降最大值 $\delta_{v\,max}=1‰h_0$（h_0 基坑开挖深度）
基坑工程技术规程（DB 42/159—2004）（湖北）	边坡土体：一级基坑，监控报警值为 30mm；二级基坑，监控报警值为 60mm

附录 7-3　城市道路和地表控制指标（2）

（2）明（盖）挖法及竖井施工地表变形控制指标综合表

周边环境监测对象	控制指标	规范、规程、工程标准				工程实例	
		国标	北京	天津	上海	设计控制值	10 号线实测值统计结果
明(盖)挖法及竖井施工城市道路和地表沉降	允许位移控制值 U_0 (mm)	一级基坑，0.0015H 且不大于 20mm；二级基坑，0.003H 且不大于 40mm	30～50mm，0.15%≤H≤0.3%H，两者取小值	一级基坑≤0.1% H；二级基坑≤0.2% H；三级基坑≤0.5% H。地面最大沉降：一级基坑 25～30mm，变化速率 2～3mm/d；二级基坑 50～60mm，变化速率 3～5mm/d	20～70mm，一般车站 60mm，区间 30mm	明挖车站区间实测值：60%≤20mm，70%≤30mm，80%≤40mm。竖井、盾构始发井、区间通风井等 60%≤60mm，70%≤65mm，80%≤70mm
	位移平均速率控制值 (mm/d)		2mm/d				
	位移最大速率控制值 (mm/d)		2mm/d				

附录 7-3　城市道路和地表控制指标

（3）盾构法地表变形控制指标综合表

周边环境监测对象		控制指标	规范、规程、工程标准		工程实例	
			北京	上海	设计控制值	10 号线实测值统计结果
盾构法	地表沉降	允许位移控制值 U_0(mm)	30mm	盾构隧道地表垂直变形控制值为 -30～+10mm	+10～-30mm	60%实测值 60%≤25mm，70%≤28mm，80%≤30mm
		位移平均速率控制值(mm/d)	1mm/d			
		位移最大速率控制值(mm/d)	3mm/d			
	地表隆起	允许位移控制值 U_0(mm)	10mm	盾构隧道地表垂直变形控制值为 -30～+10mm	+10～-30mm	60%实测值 60%≤25mm，70%≤28mm，80%≤30mm
		位移平均速率控制值(mm/d)	1mm/d			
		位移最大速率控制值(mm/d)	3mm/d			

附录 7-3　城市道路和地表控制指标

（4）浅埋暗挖法地表变形控制指标综合表

周边环境监测对象		控制指标	规范、规程、工程标准	工程实例			
			北京	设计控制值	10 号线实测值统计结果	5 号线实测值统计结果	机场线实测值统计结果
浅埋暗挖法地表沉降	区间	允许位移控制值 U_0(mm)	30mm	20～70mm，一般区间 30mm	暗挖车站、区间实测值 60%≤40mm，70%≤56mm，80%≤60mm。附属结构 60%≤30mm，70%≤35mm，80%≤50mm	区间 56.06%≤35mm，69.20%≤40mm，79.58%≤45mm	京顺路路面 -53.2mm，机场高速路路面 -31.2mm
		位移平均速率控制值(mm/d)	2mm/d				
		位移最大速率控制值(mm/d)	5mm				
	车站	允许位移控制值 U_0(mm)	60mm	20～70mm，一般车站 60mm	暗挖车站、区间实测值 60%≤40mm，70%≤56mm，80%≤60mm。附属结构 60%≤30mm，70%≤35mm，80%≤50mm	车站 80%≤109.5mm，70%≤91mm，60%≤76.5mm	
		位移平均速率控制值(mm/d)	2mm/d				
		位移最大速率控制值(mm/d)	5mm/d				

附录 7-4　城市桥梁控制指标综合表（1）

（1）控制指标

周边环境监测对象	控制指标	规范、规程、工程标准	工程实例		
		国标	设计控制值	10 号线实测值统计结果	机场线实测值统计结果
城市桥梁	桥梁墩台允许沉降控制值(mm)	10～－30mm		人行天桥实测值 60%≤22mm，70%≤25mm，80%≤30mm。其他桥 60%≤12mm，70%≤20mm，80%≤25mm	T2 航站楼前高架桥的 2、3 号连接桥－12.0mm
	纵向相邻桥梁墩台间差异沉降控制值(mm)				
	横向相邻桥梁墩台间差异沉降控制值(mm)				
	承台水平位移控制值(mm)				

附录 7-4　城市桥梁控制指标综合表（2）

（2）桥梁墩台沉降规定

规范名称	墩台沉降规定
城市桥梁养护技术规范 (CJJ 99—2003 J 281—2003)	1. 简支梁桥的墩台基础均匀总沉降值大于 $2.0\sqrt{L}$cm、相邻墩台均匀总沉降差值大于 $1.0\sqrt{L}$cm 或墩台顶面水平位移值大于 $0.5\sqrt{L}$cm 时，应及时对简支梁的墩台基础进行加固(总沉降值和总差异沉降值不包括基础和桥梁施工中的沉降，L 为相邻墩台间最小的跨径长度，以 m 计，跨径小于 25m 时仍以 25m 计)； 2. 当连续桥梁墩台和拱桥的不均匀沉降值超过设计允许变形时，应查明原因，进行加固处理和调整高程
地铁设计规范 (GB 50157—2003)	对于外静定结构，墩台均匀沉降量不得超过 50mm，相邻墩台沉降量之差不得超过 20mm；对于外不静定结构，其相邻墩台不均匀沉降量之差的容许值还应根据沉降对结构产生的附加影响来确定
基地基础设计规范 (DGJ 08-11—1999)	简支梁桥墩台基础中心最终沉降计算值不应大于 200mm，相邻墩台最终沉降差不应大于 500mm；混凝土连续桥墩台基础中心最终沉降计算值不应大于 100～150mm，且相邻墩台最终沉降计算值宜大致相等。相邻墩台不均匀沉降的允许值，应根据不均匀沉降对上部结构产生的附加内力大小而定
公路桥涵地基与基础设计规范 (JTJ 024-85)	墩台的均匀总沉降不应大于 $2.0\sqrt{L}$cm(L 为相邻墩台间最小的跨径长度，以 m 计，跨径小于 25m 时仍以 25m 计)。对于外超静定体系的桥梁应考虑引起附加内力的基础不均匀沉降和位移
铁路桥涵设计基本规范 (TB10002.1—2005J460—2005)	墩台基础的沉降应按恒载计算。对于外静定结构，有砟桥面工后沉降量不得超过 80mm，相邻墩台均匀沉降量之差不得超过 40mm；明桥面工后沉降量不得超过 40mm，相邻墩台均匀沉降量之差不得超过 20mm。对于外超静定结构，其相邻墩台均匀沉降量之差的容许值应根据沉降对结构产生的附加应力的影响而定

附录 7-5　桩（墙）体水平位移控制指标

规范名称	桩(墙)体水平位移控制指标
天津地铁二期工程施工监测技术规定	围护结构侧向位移(mm)：一级基坑，0.0014h；二级基坑，0.003h(h 为基坑开挖深度)
上海地铁基坑工程施工规范	围护结构最大水平位移：一级基坑≤0.14%H，二级基坑≤0.3%H，三级基坑≤0.7%H(H 为基坑开挖深度)
上海地铁基坑工程施工规程 (SZ-08—2000)	围护结构最大水平位移：一级基坑≤0.14%H，二级基坑≤0.3%H，三级基坑≤0.7%H
上海市基坑工程设计规程 (DBJ08-61-97)	墙顶位移：一级工程控制值 30mm，设计值 50mm，变化速率 2mm/d；二级工程控制值 60mm，设计值 100mm，变化速率 3mm/d 墙体最大位移：一级工程控制值 50mm，设计值 80mm，变化速率 2mm/d；二级工程控制值 80mm，设计值 120mm，变化速率 3mm/d
地基基础设计规范 (DGJ08-11—1999)(上海)	基坑工程的开挖深度为 14～20m，挡墙水平位移最大值 $\delta_{hmax}=1.4‰h_0$(h_0 基坑开挖深度)
基坑工程技术规程 (DB42/159—2004)(湖北)	围(支)护结构水平位移(最大值)：一级基坑监控报警值为 30mm；二级基坑监控报警值为 60mm

附录 7-6　各类管子接头的技术标准

管材尺寸 / 管内径(mm)	铸铁管								钢筋混凝土管			钢管	
	接头类型					管节长度(m)	管壁厚度(mm)	每100只接头允许漏水量(公升/15分)	管节长度(m)	承插接头接口间隙(mm)	每100只接头允许漏水量(公升/15分)	管壁厚度(mm)	焊接接头每100只接头允许漏水量(公升/15分,水压<7kg/cm²)
	承压式接头				法兰接头								
	承口长度P(mm)	调剂借转角θ	限制开口F(mm)	接口间隙Δ(mm)	橡皮垫厚度(mm)								
75	90	5°00′	8.1	3~5	3~5	3	9	—	—	—	—	4.5	—
100	95	4°00′	8.2	3~5	3~5	3	9	3.15	3	10	5.94	5	1.76
150	100	3°30′	10.3	3~5	3~5	4	9	5.27	3	15	8.91	4.5~6	2.63
200	100	3°05′	12.5	3~5	3~5	4	10	7.02	3	15	11.87	6~8	3.51
300	105	3°00′	16.9	3~5	3~5	4	11.4	10.54	4	17	17.81	6~8	5.27
400	110	2°28′	18.3	3~5	3~5	4	12.8	14.05	4.98	20	23.75	6~8	7.02
500	115	2°05′	19.2	3~5	3~5	5	14	17.56	4.93	20	29.63	6~8	8.78
600	120	1°49′	20.0	3~5	3~5	5	15.4	21.07	4.98	20	35.62	8~10	10.54
700	125	1°37′	20.8	3~5	3~5	5	16.5	24.58	4.98	20	41.56	8~10	12.20
800	130	1°29′	21.7	3~5	3~5	5	18.0	28.10	4.98	20	47.49	8~12	14.05
900	135	1°22′	22.5	3~5	3~5	5	19.5	31.61	4.98	20	53.43	10~12	15.80
1000	140	1°17′	23.3	3~5	3~5	5	22	35.12	4.98	20	59.37	10~12	17.55
1200	150	1°09′	25.0	3~5	3~5	5	25	42.15	4.98	20	71.24	10~12	21.07
1500	165	1°01′	27.5	3~5	3~5	5	30	52.63	—	—	89.05	10~12	23.34
1800	—	—	—	—	3~5	5	—	—	—	—	106.86	10~14	31.61
2000	—	—	—	—	—	5	—	—	—	—	118.73	10~14	35.12

注：1. 钢筋混凝土管：直径 75~300 为有应力钢筋混凝土管；直径 400~1200 为预应力钢筋混凝土管。管节接头用橡胶圈止水。

2. 铸铁管承插式接头中调剂借转角等参数如附录图 7-1。承插接头中嵌缝材料用浇铅或石棉水泥。

3. 钢管材料一般为 16Mn 钢或 A₃ 钢。

4. 接头是管线最易受损的部位，本表列出的几种接头技术标准，可作为管接头对差异沉降产生相对转角的承受能力的设计和监控依据。对难以查清的煤气管、上水管及重要通讯电缆管，可按相对转角 1/100 作为设计和监控标准。

5. 本表是上海市政工程管理局于 1990 年对各类地下管线接头调研后列出的技术标准。有的地下管线年代已久，难以查清，但又很易损坏，应予以重视。常见的地下管线每节长度在 5m 之内，1/100 转角相当于 0.6°，其标准高于表中列出的其他接头。

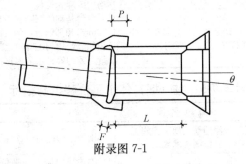

附录图 7-1

附录 8　事故等级与响应单位、到场领导级别参考表

等级	死亡	重伤	直接经济损失	牵头处置单位	担任现场指挥领导级别
一级：特别重大事故	>30 人	100 人以上（包括急性中毒）	>1 亿元	市政府（市应急委员会）	市委、市府主要领导

续表

等级		死亡	重伤	直接经济损失	牵头处置单位	担任现场指挥领导级别
二级:重大事故		10~30 人	50~100 人	5000 万元~1 亿元	市政府(市应急委员会)	20~30 人:市府领导;10~20 人:市府分管领导
三级:较大事故		3~10 人	10~50 人	1000 万元~5000 万元	市政府(市应急委员会)	6~10 人:市府分管秘书长、建委、交通委主要领导;3~5 人:建委主要领导、交通委主要领导
四级:一般事故	A 级	1~2 人	3~10 人	500 万元~1000 万元	市建委、交通委(市轨道建设指挥部)、建管公司	死人或重大环境破坏、社会影响事故:建委、交通委分管领导;其他环境破坏、伤人等较大社会影响事故:指挥部领导,建管公司主要领导
	B 级		1~2 人		建管公司	建管公司分管领导、项目管理公司主要领导、施工单位分管领导
	C 级				监理单位	项目总监、施工单位项目经理

附录 9　应急处置流程表

序号	名称	内　　容
1	事故接报	项目管理公司领导接到事故报告后,应对事故进行初步判断,如有可能发生或发生三级及以下事故的,立即报建管公司总工程师办公室;重大事故直接向建管公司主要领导或分管领导报告,并告知总工程师办公室,建设事业部向分管领导报告,同时赶赴事故现场,途中进一步了解事故情况,及时向分管领导报告,并通知办公室分管领导向主要领导通报事故进展情况;由总工程师办公室统一对外报告
2	赶赴现场	立即赶赴现场。建管公司领导接到发生或有可能发生三级事故报告后,立即赶赴现场。 启动预案。赶赴现场并立即了解事故情况,研究决定是否启动预案,若需启动预案,则由项目管理公司负责通知专家,抢险及应急救援联动单位进场
3	现场踏勘	踏勘现场。组织有关人员踏勘现场,了解第一手情况。 向上汇报。向上级领导汇报事故简要情况,必要时建议有关领导赶赴现场。 请求支援。必要时通过市应急联动中心(110),协调其他单位参加救援。 准备首次会议。指示总工程师办公室等职能部门落实现场办公场所,通知事故单位、技术专家组、救援单位、应急联动单位(公安、武警、卫生、消防等)以及地方政府等单位领导参加现场首次会议
4	首次会议	确定应急处置方案。听取事故单位简要汇报事故,听取技术专家组和救援单位抢险方案设想,并做出决策确定抢险方案。 设立轨道交通抢险指挥部及其组成机构。确立指挥部 2 名副指挥、现场总工程师办公室、综合协调组、技术专家组、紧急疏散组、现场治安组、交通保障组、医疗救护组、后勤保障组、善后工作组等现场应急处置机构,明确各自职责,督促其立即开展工作
5	指挥抢险	领导现场抢险工作。及时了解抢险等工作的进展及运转情况。 请求支援。必要时通过市应急联动中心(110)、市领导等协调其他力量支援抢险。 组织事故信息发布工作。安排现场指挥部总工程师办公室草拟事故快报、新闻统发稿等,协助市政府新闻总工程师办公室统一对外发布事故信息
6	后期处置	督促善后工作组继续做好工作。保障伤亡等有关人员合法权益,维护社会稳定。 组织事故调查工作。根据国务院第 75 号令《主业职工伤亡事故报告和处理规定》等法规组成事故调查组,开展事故调查及查处工作。 落实抢险费用,安排副指挥组织测算抢险直接费用,报送事故调查组,计入事故直接经济损失,由后者责成事故责任单位支付

附录 10　工 程 实 例

附录 10-1　周边环境监控量测控制工程实例

1. 建（构）筑物控制实例

表 10-1.1

工程名称	北京市轨道交通首都国际机场线工程东直门～三元桥区间暗挖段施工对周围建筑物监测
工程概况	北京市轨道交通首都国际机场线工程东直门站～三元桥站区间中东直门站至东直门长途汽车站场的盾构接收井段为暗挖段，从东直门长途汽车站场的盾构接收井至三元桥站结束为盾构段，盾构由三元桥站始发。本工程所在地地面场地环境较为复杂，盾构区间从东华广场旁经过，从察慈小区住宅楼（2 栋 12 层）旁通过，下穿亮马河桥、三元桥及几处民房区，其中暗挖段通过的察慈小区、东直门长途汽车站、新源西里等多处建筑物，为保证盾构施工期间上部建筑物的安全，拟对地上建筑物进行沉降监测
工程地质	1. 工程地质条件：区间自上而下可分为人工堆积层和第四纪沉积层两大类，按地层岩性及其物理力学性质进一步分为 8 个大层及其亚层：①1 杂填土、③ 粉土、③1 粉质黏土、④粉质黏土、④2 粉土、⑥3 粉细砂、⑥ 粉质黏土、⑥2 粉土、⑦1 中粗砂、⑦卵石、⑧ 粉质黏土。 2. 水文地质条件：场区内在勘察深度范围内存在五层地下水：（1）上层滞水（一）：水位标高为 36.83～37.97m，水位埋深为 2.60～4.00mm，观测时间为：2004 年 6 月 10 日～2005 年 5 月 13 日。含水层为杂填土①1 层、粉土③层，补给来源为管沟渗漏及大气排水，以蒸发的方式排泄。（2）潜水（二）：本段勘察未测至此层水，粉土④2 层的状态为湿，主要接受侧向径流补给，以侧向径流向下越流补给承压水及人工开采的方式排泄。（3）层间潜水（三）：水位标高为 24.33～24.34m，水位埋深为 16.50～16.82m，观测时间为：2005 年 5 月 5 日～2005 年 5 月 6 日。含水层为粉土⑥2 层，粉细砂⑥3 层，主要接受侧向径流补给。（4）承压水（四）：受周围地表施工降水的影响，本次测得该层水已不具有承压性，水位标高为 16.34～19.26m，水位埋深为 21.90～23.90m，观测时间为：2004 年 6 月 11 日～2005 年 5 月 8 日。含水层为圆砾⑦层、中粗砂⑦1 层、粉细砂⑦2 层，主要接受侧向径流补给，以侧向径流、向下越流补给承压水及人工开采的方式排泄。（5）承压水（五）：本场区的该层承压水头标高为 10.64～12.57m，水位埋深 27.90～29.60m，水头高度为 4.10～5.10m，观测时间为：2005 年 5 月 5 日～2005 年 5 月 8 日。含水层为圆砾⑨层、中粗砂⑨1 层、粉细砂⑨2 层和粉土⑧2 层，主要接受侧向径流补给，以侧向径流、向下越流补给承压水及人工开采的方式排泄

施工方法	监测对象	监测对象概况	与工程关系	控制值（mm）	实测值最大值（mm）	最大变形速率（mm/d）	最大差异沉降（mm）	监测效果分析	破坏情况及处理措施
盾构法	东平里 3 栋 6 层建筑	砖混结构，筏板基础	最近水平距离分别为 7.7m、5m、2.8m，隧道埋深约 7m	−10.0	−3.4	−2.7	2.1（测点距离 8m）	—	无
	察慈小区 12、14 号楼	12 层框架结构，独立柱基，埋深约 4m	最近水平距离 9.7m，隧道埋深约 19m	−10.0	−6.7	−0.9	5.5（测点距离 10m）	—	无
	新源西里中街 2 号楼	6 层砖混结构，筏板基础	最近水平距离 7.44m，隧道埋深 15.6m	−10.0	−8.1	−1.3	1.7（测点距离 10m）	—	无
	中国艺术研究院研究生院楼	6 层砖混结构，筏板基础	最近水平距离 10.5m，隧道埋深 15.8～17.2m	−10.0	−4.4	−1.1	0.7（测点距离 10m）	—	无
	K0＋832～K1＋220 亮马河东侧建筑	2 层砖结构，基础不明	下穿建筑，隧道埋深 17.4m	−10.0	−48.3	−8.8	17.5（测点距离 10m）	该处位于亮马河边，地质情况差，盾构施工在该处有停工现象	结构裂缝约 5mm

表 10-1.2

工程名称	北京市轨道交通首都国际机场线工程 T2 支线地下段施工对周边建筑监测
工程概况	T2 支线地下段主要由一个明挖区间、一个盾构隧道区间和一个矿山法隧道区段构成。区间左线全长 4575.287m,右线全长 4562.055m。本段区间线路在天竺苗圃场处转为地下,下穿西单商场超市机场分店后转入现状岗山路下,穿越规划机场东西站区联络线和规划机场贵宾专用道后,线路转入机场 1 号路东侧的绿地下,与机场一号路平行。在 T2K+700 附近线路以 R=600m 的半径向东北方向偏转,从中国民用航空华北管理局与国航办公楼之间的空地穿过,通过停机坪至 T2 航站楼前的绿地下。沿线有西单商场超市机场分店、中国民用航空华北管理局办公楼、国航办公楼、多层车库楼等建筑;区间下穿停机坪、通往 T2 航站楼的匝道桥、连接 T2 航站楼和多层车库楼的连接桥等构筑物
工程地质	根据勘察资料,右 T2K0+910～右 T2K2+451 区间结构底板埋深最深处约为 17.00m,隧洞结构围岩土层包括:粉土②层,粉质黏土②1 层,黏土②2 层,细沙③层,粉质黏土③1 层,粉土③2 层,粉质黏土④层,粉土④1 层,黏土④2 层,围岩分级均属Ⅳ级。本区段拟建场区主要分布有台地潜水和承压水 2 种类型的地下水。台地潜水主要分布于第 2 大层的粉土、砂土中,该地下水主要受大气降水的入渗补给,并以蒸发、径流或越流方式排泄。场区承压水受地层分布特点的影响分层分布,其含水层主要为第 3、5、7 大层砂土层。其中第 2、3 层承压水有着密切的水力联系。右 T2K2+451～T2 站主要土层包括:粉土素填土①层,粉土②层,粉土③层,粉质黏土④层,粉细砂⑤层,粉质黏土⑥层,细中砂⑦层,粉质黏土⑧层。本区段场区主要分布有上层滞水、潜水和承压水 3 种类型的地下水。上层滞水分两层,第 1 层初见水位埋深 1.8～6.0m,第 2 层初见水位埋深 8.0～12.0m,上层滞水主要接受大气降水,绿地灌溉、和自来水,雨水,污水等地下管线的垂直渗漏补给。潜水初见水位埋深 15.7～19.5m,主要含水层为粉土④2 层,粉细砂④3 层,粉细砂⑤层及粉土⑤1 层。潜水以径流补给及大气降水、灌溉水和上层滞水的垂直渗透补给为主,以侧向径流、及向下越流补给承压水方式排泄。场区承压水初见水位 31.8～36.0m,其含水层主要为细中砂⑦层,静止水位远低于隧道底板,可不考虑其对隧道施工影响

施工方法	监测对象	监测对象概况	与工程关系	控制值 (mm)	实测值最大值 (mm)	最大变形速率 (mm/d)	最大差异沉降 (mm)	监测效果分析	破坏情况及处理措施
T2 支线地下段主要由一个明挖区间、一个盾构隧道区间和一个矿山法隧道区段构成。明挖区间线路里程右 T2K0+910～右 T2K1+288.2,施工工法为明挖;盾构区间里程盾构始发井右 T2K1+295～中间检修井 T2K3+170～盾构到达井右 T2K5+397,施工工法为盾构;暗挖段里程右 T2K5+397～右 T2K5+461.055,施工工法为暗挖	国航办公楼主楼	框架结构,独立柱基,埋深 3.05m	最近水平距离 5.6m,隧道埋深 10.4m	−10.0	−17.7	−3.3	7.3(测点距离 6m)	—	无
	民航华北管理局办公楼	框架剪力墙结构,独立柱基,埋深 2m	最近水平距离 5.8m,隧道埋深 10.5m	−10.0	−11.2	−3.0	6.5(测点距离 5m)	—	无
	机场西路路堑	U 形槽为 800mm 厚 C30 混凝土结构,穿越部位宽 10.5m,深 5m	下穿,隧道埋深约 3.4m	−10.0	−2.5	−1.3	1.7(测点距离 9m)	—	无

表 10-1.3

工程名称	北京市轨道交通首都机场线工程三元桥站～出洞口区间监测
工程概况	(1)区间线路:机场线三元桥站～出洞口区间线路呈西南—东北走向,大致与机场高速公路平行,区间里程范围 K3+180.237～K4+035.000 在平面上线路出三元桥站后在京顺公路北侧沿公路前进,右拐在 K3+400 下穿京顺公路,在 K3+680 移至京顺公路与机场高速公路间绿化带内,在绿化带内出洞后线路沿机场高速公路继续前进。在纵剖面上线路出三元桥站后上坡上跨北京地铁十号线三元桥站～亮马河站盾构区间(两者最小净距 1.254m)隧道后,下坡下穿若干条雨水管和京顺公路,然后上坡在 K4+035 出地面进入地面线。 (2)沿线环境:区间线路基本在京顺公路两侧附近或下方。京顺公路为北京市交通主干道,基本上为西南-东北走向,道路宽约 30m,交通流量非常大,在京顺公路北侧建筑物较多,主要为单层的临时建筑物、多层永久建筑物(主要是中国航空综合技术研究所)。京顺公路南侧主要为京顺公路与机场高速间绿化带,基本没有建筑物,场地较开阔,工程实施条件较好。区间沿线地势平缓,略有起伏,地面高程 39.74～37.17m。 (3)区间结构:区间在里程 K3+180.237～K3+679.799 范围内隧道结构形式为单线单洞马蹄型断面,暗挖法施工,隧道埋深 10.2～17.2m。在 K3+870.000～K4+035.000 范围内区间结构为 U 形槽结构,明挖法施工。区间设两座排水泵房,中心里程分别为 K3+646.000 于 K3+860.000,区间在两处设射流风机,中心里程分别为 K3+695.000 与 K3+795.000。 (4)区间由出洞口至三元桥站和三元桥站至出洞口双向开挖,由北京城建设计研究总院有限责任公司设计,由中铁电气化局集团有限责任公司施工,由北京致远工程建设监理有限责任公司监理

续表

工程名称	北京市轨道交通首都机场线工程三元桥站~出洞口区间施工对周边建筑物监测
工程地质	(1)工程地质概况:a 区间隧道底板穿过的主要土层在 K3+180~ K3+400 范围内为粉土④2 层,粉质黏土④层,K3+400~3+600 范围内为粉细砂④3 层,K3+670~K3+750 范围内为粉质黏土③1 层,其余上穿粉土③层,均属Ⅳ级围岩,粉细砂④3 层为潜水含水层,易发生涌砂。 　b 区间隧道底板穿过主要岩土层为粉质黏土③1 层和粉土③层,均属Ⅳ级围岩;湿~很湿的粉土层稳定性差。 　c 区间隧道边墙穿过的岩土层主要为粉质黏土③1 层,粉土③层,粉质黏土④层,粉土④2 层,粉细砂④3 层,侧壁围岩均属Ⅳ级围岩,侧壁围岩土体的自稳能力差,尤其是砂土层易产生坍塌,同时受地下水影响,易产生局部潜蚀、涌砂、流砂等。 (2)水文地质概况依据岩土工程勘察报告,本区间范围内存在三层地下水: 　a 上层滞水:水位标高位 32.65m,水位埋深为 5.44m,含水层为粉土层③层,补给来源为管沟渗漏及大气降水,以蒸发的方式排泄。 　b 潜水:水位标高为 26.3~27.61m,水文埋深 11.32~22.71m,含水层为粉细砂③3 层,主要接受侧向径流补给,以侧向径流及向下越流补给地下层地下水的方式排泄。 　c 承压水:水头标高为 16.2~17.54m,水头埋深为 21.5~22.71m,含水层为粉土⑥2 层、卵石⑦层、中粗砂⑦1 层和粉细砂⑦2 层,主要接受侧向径流补给,以侧向径流和人工抽取地下水方式排泄。受附近施工降水以及含水层顶板埋深的变化影响,该层水在本区间大部分地段表现为无承压性,头水高度为 0~0.70m

施工方法简述	监测对象	监测对象概况	与工程关系	控制值 (mm)	实测值最大值 (mm)	最大变形速率 (mm/d)	最大差异沉降 (mm)	监测效果分析	破坏情况及处理措施
浅埋暗挖法,最大变形位于左线中线上方,变形速率最大时,施工断面处于监测对象下方,上下台阶法施工	中国航空综合技术研究所门卫房	门卫房为砖结构,无基础	隧道下穿,隧道埋深约 5m	−10	−45.3	−3.6	16.3	监测对象处于整体下沉的状况,最大沉降速率较小,监测对象未遭到破坏	无破坏,采用超前注浆与二次补浆结合的措施,监测对象无特殊加固措施

表 10-1.4

工程名称	北京市轨道交通首都国际机场线(地铁)T2 支线地下段 2 号航站楼与车库楼间地下通道监测
工程概况	T2 支线地下段主要由一个明挖区间、一个盾构隧道区间和一个矿山法隧道区段构成。区间左线全长 4575.287m,右线全长 4562.055m。本段区间线路在天竺苗圃场处转入地下,下穿西单商场超市机场分店后转入现状岗山路下,穿越规划机场东西航站区联络线和规划机场贵宾专用道后,线路转入机场 1 号路东侧的绿地下,与机场一号路平行。在 T2K+700 附近线路以 R=600m 的半径向东北方向偏转,从中国民用航空华北管理局与国航办公楼之间的空地下穿过,通过停机坪至 T2 航站楼前的绿地。沿线有西单商场超市机场分店、中国民用航空华北管理局办公楼、国航办公楼、多层车库楼等建筑;区间下穿停机坪、通往 T2 航站楼的匝道桥、连接 T2 航站楼和多层车库楼的连接桥等构筑物。T2 支线暗挖区间大跨矩形隧道下穿 T2 航站楼与车库楼间地下一层通道,隧道结构顶距通道底板 1.2m,线路里程右 T2K5+420。
工程地质	工程地质概况:根据勘察资料,右 T2K0+910~右 T2K2+451 区间结构底板埋深最深处约为 17.00m,隧洞结构围岩土层包括:粉土②层、粉质黏土②1 层、黏土②2 层、细沙③层、粉质黏土③1 层、粉土③2 层、粉质黏土④层、粉土④1 层、黏土④2 层,围岩分级均属Ⅳ级。本区段拟建场区主要分布有台地潜水和承压水 2 种类型的地下水。台地潜水主要分布于第 2 大层的粉土、砂土中,该地下水主要受大气降水的入渗补给,并以蒸发、径流或越流方式排泄。场区承压水受地层分布特点的影响分层分布,其含水层主要为第 3,5,7 大层砂土层。其中第 2,3 层承压水有着密切的水力联系。水文地质概况:右 T2K2+451~T2 站主要土层包括:粉土素填土①层、粉土②层、粉土③层、粉质黏土④层、粉细砂⑤层、粉质黏土⑥层、细中砂⑦层、粉质黏土⑧层。本区段场区主要分布有上层滞水、潜水和承压水 3 种类型的地下水。上层滞水分两层,第 1 层初见水位埋深 1.8~6.0m,第 2 层初见水位埋深 8.0~12.0m,上层滞水主要接受大气降水、绿地灌溉、和自来水、雨水、污水等地下管线的垂直渗漏补给。潜水初见水位埋深 15.7~19.5m,主要含水层为粉土④2 层、粉细砂④3 层、粉细砂⑤层及粉土⑤1 层。潜水以径流补给及大气降水、灌溉水和上层滞水的垂直渗透补给为主,以侧向径流、及向下越流补给承压水方式排泄。场区承压水初见水位 31.8~36.0m,其含水层主要为细中砂⑦层,静止水位远低于隧道底板,可不考虑其对隧道施工影响

续表

工程名称	北京市轨道交通首都国际机场线(地铁)T2支线地下段2号航站楼与车库楼间地下通道监测								
施工方法简述	监测对象	监测对象概况	与工程关系	控制值(mm)	实测值最大值(mm)	最大变形速率(mm/d)	最大差异沉降(mm)	监测效果分析	破坏情况及处理措施
浅埋暗挖法	2号航站楼与车库楼间地下通道	通道结构宽4.2m,高2.8m	隧道结构顶距离通道底板1.2m	−10	−19	−0.7	8.8(测点距离10m)	—	无

地下管线控制实例 表 10-1.5

工程名称	北京市轨道交通首都国际机场线工程东直门站监测
工程概况	车站主体结构分由6段独立结构组成,分为A区~F区及安全线,主体结构总长191.68m,车站采用明暗挖结合的施工方法。基坑深度较大,坑内底高程约14.2m,基坑深度约为28m(地面高程41~42m),基底位于砾砂层或粉质黏土层。据已有掌握的地下水资料来看,基坑已穿过第三层水(层间水),据第四层(承压水)约5m,基底为粉质黏土隔水层。
工程地质	地层最大深度为52.0m,地层层序自上而下依次为:粉土填土①层,杂填土①1层。该层总厚度0.80~14.40m,层底标高为29.89~40.17m。粉土③层,粉质黏土③1层。该层厚度变化较大,总厚度1.20~10.70m,层底标高28.87~32.37m;粉质黏土④层,粉土④2层,粉细砂④3层。该层总厚度1.40~3.50m,层底标高27.39~31.00m。圆砾⑤层,中粗砂⑤1层,粉细砂⑤2层,粉土⑤3层。本层总厚度1.00~8.80m,层底标高为20.86~24.87m;粉质黏土⑥层,黏土⑥1层,粉土⑥2层,粉细砂⑥3层。本层厚度0.80~6.30m,层底标高19.48~20.65m。卵石⑦层,中粗砂⑦1层,粉细砂⑦2层,粉质黏土⑦3层。本层总厚度为6.00~8.70m,层底标高11.07~14.47m;粉质黏土⑧层,粉土⑧2层,细中砂⑧3层。本层厚度3.30~6.40m,层底标高6.73~8.80m;卵石⑨层,中粗砂⑨1层,粉细砂⑨2层,粉土⑨3层。本层厚度10.40~16.20m,层底标高−6.40~−8.43m;粉质黏土⑩层,本层厚度0.50~1.40m,层底标高为−9.03~−10.25m。 (1)上层滞水:场区内未发现上层滞水水位,但考虑周边地下管道较多,不排除局部因管沟渗漏而存在上层滞水的可能。 (2)潜水:该层水水位标高为26.31~26.65m,水位埋深为14.40~14.80m。 (3)承压水:水头标高为17.13~17.50m,水头埋深23.10~23.90m。 (4)承压水:水头标高为12.00~12.57m,水头埋深27.90~28.60m。 拟建场区地下水对混凝土结构无腐蚀性,对钢结构有弱腐蚀性,在干湿交替环境下对钢筋混凝土中的钢筋具弱腐蚀性

施工方法	监测对象	监测对象概况	与工程关系	控制值(mm)	实测值最大值(mm)	最大变形速率(mm/d)	最大差异沉降(mm)	监测效果分析	破坏情况及处理措施
车站主体结构B、D区采用明挖法施工	地下管线沉降				34.1		1.9		无

2. 城市道路和地表

城市道路和地表控制实例 表 10-1.6

工程名称	北京市轨道交通首都机场线工程三元桥站~出洞口区间监测
工程概况	(1)区间线路: 机场线三元桥站~出洞口区间线路呈西南—东北走向,大致与机场高速公路平行,区间里程范围K3+180.237~K4+035.000。在平面上线路出三元桥站后在京顺路北侧沿公路前进,右拐在K3+400下穿京顺公路,在K3+680移至京顺公路与机场高速公路绿化带内,在绿化带内出洞后线路沿机场高速公路继续前进。在纵剖面上线路出三元桥站后上坡上跨北京地铁十号线三元桥站~亮马河站盾构区间(两者最小净距1.254m)隧道后,下坡下穿若干条雨水管和京顺公路,然后上坡在K4+035出地面进入地面线。 (2)沿线环境: 区间线路基本在京顺公路两侧附近或下方。京顺公路为北京市交通主干道,基本上为西南—东北走向,道路宽约30m,交通流量非常大,在京顺公路北侧建筑物较多,主要为单层的临时建筑物、多层永久建筑物(主要是中国航空综合技术研究所)。京顺公路南侧主要为京顺公路与机场高速间绿化带,基本没有建筑物,场地较开阔,工程实施条件较好。区间沿线地势平缓,略有起伏,地面高程39.74~37.17m。 (3)区间结构: 区间在里程K3+180.237~K3+679.799范围内隧道结构形式为单线单洞马蹄型断面,暗挖法施工,隧道埋深10.2~17.2m。在K3+870.000~K4+035.000范围内区间结构为U形槽结构,明挖法施工。区间设两座排水泵房,中心里程分别为K3+646.000于K3+860.000,区间在两处设射流风机,中心里程分别为K3+695.000与K3+795.000。 (4)区间由出洞口至三元桥站和三元桥站至出洞口双向开挖,由北京城建设计研究总院有限责任公司设计,由中铁电气化局集团有限公司施工,由北京致远工程建设监理有限责任公司监理

459

续表

工程名称	北京市轨道交通首都机场线工程三元桥站～出洞口区间监测
工程地质	a. 区间隧道底板穿过的主要土层在 K3＋180～ K3＋400 范围内为粉土④2 层，粉质黏土④层，K3＋400～600 范围内为粉细砂④3 层，K3＋670～K3＋750 范围内为粉质黏土③1 层，其余上穿粉土③层，均属Ⅳ级围岩，粉细砂④3 层为潜水含水层，易发生涌砂。 　　b. 区间隧道底板穿过主要岩土层为粉质黏土③1 层和粉土③层，均属Ⅳ级围岩；湿～很湿的粉土层稳定性差。 　　c. 区间隧道边墙穿过的岩土层主要为粉质黏土③1 层，粉土③层，粉质黏土④层，粉土④2 层，粉细砂④3 层，侧壁围岩均属Ⅳ级围岩，侧壁围岩土体的自稳能力差，尤其是砂土层易产生坍塌，同时受地下水影响，易产生局部潜蚀、涌砂、流砂等。 　　(5)水文地质概况依据岩土工程勘察报告，本区间范围内存在三层地下水： 　　a. 上层滞水：水位标高位 32.65m，水位埋深为 5.44m，含水层为粉土③层，补给来源为管沟渗漏及大气降水，以蒸发的方式排泄。 　　b. 潜水：水位标高为 26.3～27.61m，水文埋深 11.32～22.71m，含水层为粉细砂④3 层，主要接受侧向径流补给，以侧向径流及向下越流补给地下层地下水的方式排泄。 　　c. 承压水：水头标高为 16.2～17.54m，水头埋深为 21.5～22.71m，含水层为粉土⑥2 层、卵石⑦层、中粗砂⑦1 层和粉细砂⑦2 层，主要接受侧向径流补给，以侧向径流和人工抽取地下水方式排泄。受附近施工降水以及含水层顶板埋深的变化影响，该层水在本区间大部分地段表现为无承压性，水头高度为 0～0.70m

施工方法简述	监测对象	监测对象概况	与工程关系	控制值（mm）	实测值最大值（mm）	最大变形速率（mm/d）	最大差异沉降（mm）	监测效果分析	破坏情况及处理措施
浅埋暗挖法，最大变形位于 K3＋480 左线中线上方，变形速率最大时，施工断面处于监测对象下方，上下台阶法施工	京顺路路面	为沥青路面	隧道结构顶部距路面 5～8m	－30	－84.7	－3.2		除最大变形位于 K3＋480 左线中线上方出现裂缝外，其余地方控制变形效果较好，沉降槽沿隧道成带状分布	路面出现 3～5mm 裂缝，采用超前小导管注浆与二次补浆结合的措施，监测对象无特殊加固措施

表 10-1.7

工程名称	北京市轨道交通首都机场线工程下穿机场高速路及北皋匝道桥监测
工程概况	北京市轨道交通首都机场线工程下穿首都机场高速路段位于机场高速公路北皋桥处。地下区间隧道上方首都机场高速路段为全封闭式高速公路。下穿段隧道为单洞单线马蹄型隧道，采用矿山法施工，其中左线长 218.40m，结构拱顶距离高速路面 5.42～6.14m，右线长 225.98m，结构拱顶距离高速路面 4.77～6.01m，距道桥路面约 9～13m，结构净高 5.48m，净宽 10.13～11.11m，两隧道结构外皮净距 3.48～4.46m。下穿施工分两个工区，二工区位于高速公路西北侧，三工区位于高速公路与北皋匝道桥之间。两个工区均由中铁三局集团有限公司轨道交通机场线 06 标段施工，由北京塞瑞斯国际工程咨询有限公司监理
工程地质	机场线高速路段隧道上覆地层以砂质粉土为主，地下区间结构主要穿过的土层为粉土填土①层，粉土③层，粉质黏土④层，粉土④2. 层，粉细砂④3. 层，局部为粉质黏土③1. 层，黏土④1. 层，穿越的地层均为Ⅳ级围岩。地下水位标高为 24.27～25.20m。机场高速路路面结构从上到下依次为：(1)中粒式沥青混凝土(玄武岩碎石)－4cm(2)粗粒式沥青混凝土(石灰岩碎石)－6cm(3)沥青碎石(石灰岩碎石)－8cm(4)水泥稳定砂砾－16cm(5)石灰土(12%)－15cm(6)级配碎石－调查缺省。厚度不明)根据调查，高速公路路基下方原状土标高约为 32.5m，距离隧道拱顶 2.77～4.14m

施工方法简述	监测对象	监测对象概况	与工程关系	控制值（mm）	实测值最大值（mm）	最大变形速率（mm/d）	最大差异沉降（mm）	监测效果分析	破坏情况及处理措施
本段暗挖隧道采用台阶法开挖，上台阶每次开挖 0.5m，并进行初期支护，每施工开挖 1.0m，进行一次导管注浆，开挖台阶长度 5～6m；下台阶每次开挖 0.5m。上台阶施工时候设置临时拱封闭，临时仰拱采用 I22b 工字钢，两侧各设置两根锁脚锚杆，置入角度 60°；下台阶施工时及时支撑开挖后的拱脚，拱脚两侧各设置两根锁脚锚杆。掌子面注浆每一循环 8m，开挖 6m，预留 2m 作为下一循环的止浆墙。必要时止浆墙面网喷 30cm 厚 C20 混凝土。最大变形位于左线中线 K11＋188.2 拱顶，变形速率最大时，施工断面处于监测对象下方，上下台阶法施工	机场高速路路面	全封闭式，路面结构从上到下依次为中粒式沥青混凝土、粗粒式沥青混凝土、沥青碎石、水泥稳定砂砾、石灰粉煤灰稳定砂砾、石灰土、级配碎石	隧道结构拱顶距高速路面 4.77～6.01m	－20	－42.5	－4.4		高速路沉降变形明显，路面出现裂缝	路面出现 17 条裂缝，采用超前小导管注浆与二次补浆结合的措施，监测对象无特殊加固措施

表 10-1.8

工程名称	北京市轨道交通首都国际机场线工程东直门站监测
工程概况	车站主体结构分由 6 段独立结构组成,分为 A 区~F 区及安全线,主体结构总长 191.68m,车站采用明暗挖结合的施工方法。基坑深度较大,坑内底高程约为 14.2m,基坑深度约为 28m(地面高程 41~42m),基底位于砾砂层或粉质黏土层。据已有掌握的地下水资料来看,基坑已穿过第三层水(层间水),据第四层(承压水)约 5m,基底为粉质黏土隔水层
工程地质	地层最大深度为 52.0m,地层层序自上而下依次为:粉土填土①层、杂填土①1层。该层总厚度 0.80~14.40m,层底标高为 29.89~40.17m。粉土③层,粉质黏土③1层。该层厚度变化较大,总厚为 1.20~10.70m,层底标高为 28.87~32.37m;粉质黏土④层,粉土④2层,粉细砂④3层。该层总厚度 1.40~3.50m,层底标高 27.39~31.00m。圆砾⑤层,中粗砂⑤1层,粉细砂⑤2层,粉土⑤3层。本层总厚度 1.00~8.80m,层底标高为 20.86~24.87m;粉质黏土⑥层,黏土⑥1层,粉土⑥2层,粉细砂⑥3层。本层厚度 0.80~6.30m,层底标高 19.48~20.65m;卵石⑦层,中粗砂⑦1层,粉细砂⑦2层,粉质黏土⑦3层。本层总厚度 6.00~8.70m,层底标高为 11.07~14.47m;粉质黏土⑧层,粉土⑧2层,细中砂⑧3层。本层厚度 3.30~6.40m,层底标高为 6.73~8.80m;卵石⑨层,中粗砂⑨1层,粉细砂⑨2层,粉土⑨3层。本层厚度 10.40~16.20m,层底标高为 -6.40~-8.43m;粉质黏土⑩层,本层厚度 0.50~1.40m,层底标高为 -9.03~-10.25m。 (1)上层滞水:场区内未发现上层滞水水位,但考虑周边地下管道较多,不排除局部因管沟渗漏而存在上层滞水的可能。 (2)潜水:该层水水位标高为 26.31~26.65m,水位埋深 14.40~14.80m。 (3)承压水:水头标高为 17.13~17.50m,水头埋深 23.10~23.90m。 (4)承压水:水头标高为 12.00~12.57m,水头埋深 27.90~28.60m。 拟建场区地下水对混凝土结构无腐蚀性,对钢结构有弱腐蚀性,在干湿交替环境下对钢筋混凝土中的钢筋具弱腐蚀性

施工方法	监测对象	监测对象概况	与工程关系	控制值(mm)	实测值最大值(mm)	最大变形速率(mm/d)	最大差异沉降(mm)	监测效果分析	破坏情况及处理措施
车站主体结构 B、D 区采用明挖法施工	基坑周围地表沉降			20	40.7		36.2		无

表 10-1.9

工程名称	北京地铁 10 号线一期工程监测
工程概况	北京地铁 10 号线一期工程成半环形围绕北京城北部和东部,西起万柳站,向东沿巴沟路、海淀南路、知春路、北土城西路、北土城东路至太阳宫,在太阳宫乡折向南行,在三元桥附近进入三环路,沿三环路向南延伸至劲松立交桥南侧。沿线设万柳站、苏州街站、黄庄站、科南路站、知春路站、学院路站、花园东路站、八达岭高速站、熊猫环岛站、安定路站、北土城东路站、芍药居站、太阳宫站、麦子店西路站、亮马河站、农展馆站、工体北路站、呼家楼站、光华路站、国贸站、双井站、劲松站等 22 座车站,均为地下车站,线路全长 24.55km
工程地质	根据岩土工程勘察报告揭露地层层序自上而下依次为:粉土填土①层:黄褐色,稍密,稍湿~湿,含砖渣、灰渣等。杂填土①1层:杂色,稍密,稍湿~湿,以碎石填土的路基为主,含砖块、混凝土块等。粉土③层:灰色~褐黄色,密实,湿,含云母、氧化铁等。粉质黏土③1层:灰色~褐黄色,软塑,含氧化铁、姜石。黏土③2层:褐黄色,软塑,中压缩性,含氧化铁、姜石。粉质黏土④层:黄褐色,软塑,含氧化铁、姜石。黏土④2层:褐黄色,软塑,含氧化铁、姜石。粉土④2层:褐黄色,密实,很湿,含云母、氧化铁。中细砂⑤1层:褐黄色,密实,饱和,低压缩性,含云母、氧化铁、砾石。粉土⑤2层:褐黄色,密实,很湿,含云母、氧化铁。卵石⑦层:杂色,密实,饱和,亚圆形。中粗砂⑦1层:褐黄色,密实,饱和,低压缩性,含云母、氧化铁、砾石。 场区内在勘察深度范围内存在三层地下水:上层滞水:水位标高为 31.88~35.22m,含水层为粉土填土①层、杂填土①1层、粉土③层,主要接受管道漏水及大气降水补给;潜水:该层水水位标高为 28.82~29.51m,含水层为中粗砂⑤1层、粉细砂⑤2层,主要接受大气降水及侧向径流补给;承压水:水头标高为 15.66~18.49m,含水层为卵石圆砾⑦层、中粗砂⑦1层、粉细砂⑦2层,主要接受侧向径流补给和上层地下水径流补给

续表

工程名称	北京地铁 10 号线一期工程监测								
施工方法简述	监测对象	监测对象概况	与工程关系	控制值(mm)	实测值最大值(mm)	最大变形速率(mm/d)	最大差异沉降(mm)	监测效果分析	破坏情况及处理措施
明暗挖法	3 标(科南路站)φ1550 雨水管			−30	−78.47				
明暗挖法	4 标(学院路站)φ1550 污水管			−60.0	管顶沉降−52.1,深部土体沉降−75.2				
明挖法	8 标(安定路站、安北区间)雨水管			−30	−11.03				
浅埋暗挖法	10 标(太三区间、三元桥站)污水管			−20	−20.4				
明挖法	11 标(麦子店)φ1600 污水管线			−30	−27.16				
明挖法	11 标(麦子店)φ2150 污水管线			−30	89.04				
明挖法	11 标(麦子店)污水管线			−30	−80.22				

3. 城市桥梁

城市桥梁控制实例　　　　　　　　　　　　　　　　表 10-1.10

工程名称	北京市轨道交通首都国际机场线工程东直门站监测
工程概况	车站主体结构分由 6 段独立结构组成,分为 A 区~F 区及安全线,主体结构总长 191.68m,车站采用明暗挖结合的施工方法。基坑深度较大,坑内底高程约为 14.2m,基坑深度约为 28m(地面高程 41~42m),基底位于砾砂层或粉质黏土层。据已有掌握的地下水资料来看,基坑已穿过第三层水(层间水),据第四层(承压水)约 5m,基底为粉质黏土隔水层
工程地质	地层最大深度为 52.0m,地层层序自上而下依次为:粉土填土①层,杂填土①1层。该层总厚度 0.80~14.40m,层底标高为 29.89~40.17m。粉土③层,粉质黏土③1层。该层厚度变化较大,总厚为 1.20~10.70m,层底标高为 28.87~32.37m;粉质黏土④层,粉土④2层,粉细砂④3层。该层总厚度 1.40~3.50m,层底标高 27.39~31.00m。圆砾⑤层,中粗砂⑤1层,粉细砂⑤2层,粉土⑤3层。本层总厚度 1.00~8.80m,层底标高为 20.86~24.87m。粉质黏土⑥层,黏土⑥1层,粉土⑥2层,粉细砂⑥3层。本层厚度 0.80~6.30m,层底标高为 19.48~20.65m,卵石⑦层,中粗砂⑦1层,粉细砂⑦2层,粉质黏土⑦3层。本层总厚度为 6.00~8.70m,层底标高为 11.07~14.47m;粉质黏土⑧层,粉土⑧2层,细中砂⑧3层。本层厚度 3.30~6.40m,层底标高为 6.73~8.80m,卵石⑨层,中粗砂⑨1层,粉细砂⑨2层,粉土⑨3层。本层厚度 10.40~16.20m,层底标高为-6.40~-8.43m;粉质黏土⑩层,本层厚度 0.50~1.40m,层底标高为-9.03~-10.25m。 (1)上层滞水:场区内未发现上层滞水水位,但考虑周边地下管道较多,不排除局部因管沟渗漏而存在上层滞水的可能。 (2)潜水:该层水水位标高为 26.31~26.65m,水位埋深为 14.40~14.80m。 (3)承压水:水头标高为 17.13~17.50m,水头埋深为 23.10~23.90m。 (4)承压水:水头标高为 12.00~12.57m,水头埋深为 27.90~28.60m。 拟建场区地下水对混凝土结构无腐蚀性,对钢结构有弱腐蚀性,在干湿交替环境下对钢筋混凝土中的钢筋具弱腐蚀性

施工方法简述	监测对象	监测对象概况	与工程关系	控制值(mm)	实测值最大值(mm)	最大变形速率(mm/d)	最大差异沉降(mm)	监测效果分析	破坏情况及处理措施
车站主体结构 B、D区采用明挖法施工	桥梁沉降				1		1.5		无

表 10-1.11

工程名称	北京地铁首都机场线 T2 航站楼前高架桥的 2、3 号连接桥
工程概况	T 连续梁桥,桩径 1m,钢筋混凝土桩或带承台的钢管混凝土桩
工程地质	根据勘察资料,T2 支线地下段右 T2K0+910~右 T2K2+451 区间结构底板埋深最深处约为 17.00m,隧洞结构围岩土层包括:粉土②层,粉质黏土②1层,黏土②2层;细沙③层,粉质黏土③1层,粉土③2层,粉质黏土④层,粉土④1层,黏土④2层,围岩分级均属Ⅳ级。本区段拟建场区主要分布有台地潜水和承压水 2 种类型的地下水。台地潜水主要分布于第 2 大层的粉土、砂土中,该层地下水主要受大气降水的入渗补给,并以蒸发、径流或越流方式排泄。场区承压水受地层分布特点的影响分层分布,其含水层主要为第 3、5、7 大层砂土层。其中第 2、3 承压水有着密切的水力联系。右 T2K2+451~T2 站主要土层包括:粉土素填土①层,粉土②层,粉土③层,粉质黏土④层,粉细砂⑤层,粉质黏土⑥层,细中砂⑦层,粉质黏土⑧层。本区段场区主要分布有上层滞水、潜水和承压水 3 种类型的地下水。上层滞水分两层,第 1 层初见水位埋深 1.8~6.0m,第 2 层初见水位埋深 8.0~12.0m,上层滞水主要接受大气降水,绿地灌溉,和自来水、雨水、污水等地下管线的垂直渗漏补给。潜水初见水位埋深 15.7~19.5m,主要含水层为粉土④2层、粉细砂④3层、粉细砂⑤层及粉土⑤1层。潜水以径流补给及大气降水、灌溉水和上层滞水的垂直渗透补给为主,以侧向径流、及向下越流补给承压水方式排泄。场区承压水初见水位 31.8~36.0m,其含水层主要为细中砂⑦层,静止水位远低于隧道底板,可不考虑其对隧道施工影响

续表

工程名称		北京地铁首都机场线 T2 航站楼前高架桥的 2、3 号连接桥							
施工方法简述	监测对象	监测对象概况	与工程关系	控制值(mm)	实测值最大值(mm)	最大变形速率(mm/d)	最大差异沉降(mm)	监测效果分析	破坏情况及处理措施
盾构法	T2 航站楼前高架桥的 2、3 号连接桥		线路中间一组桥桩为无承台的钢筋混凝土桩,桩底在隧道底下 12m;线路右边一组为带承台的钢管混凝土桩,盾构区间距离桥桩最近 1.58m,对应线路里程右 T2K5+340	-10.0	-12.0	-4.3	11.1(桥柱间距 8m)		桩基承载力降低,桥梁降级使用

4. 城市轨道交通既有线

城市轨道交通既有线控制实例   表 10-1.12

工程名称	南水北调总干渠下穿地铁五棵松站工程——地铁五棵松站第三方监测
工程概况	南水北调总干渠在北京市西四环段,暗涵在左 K5+102.694 或右 K5+115.361 处穿越地铁 1 号线五棵松车站,左右隧道中心线的距离为 8.2m,分别与地铁 1 号线里程 B87+26.3、B87+38.7 交叉,毛洞开挖的顶部距车站底部仅为 3.667m。 西四环暗涵结构形式为由断面两孔联体 3.8×3.8m 钢筋混凝土方涵和两孔分离 Φ4.0 钢筋混凝土圆涵组成的有 压暗涵,其中暗挖段方涵 0.185km;暗挖圆涵 10.96km。在西四环路下及穿越京石高速、永定路立交等公路时采用浅埋暗挖方法施工。暗涵穿越土层主要为碎石类土层。 北京地铁 1 号线五棵松车站呈东西走向,K8+634.593~K8+809.600 为车站主体,车站的中心里程为 K8+734。车站主体全长 174.98m,宽 19.5m,底板高程为 46.767m,为三跨框架结构,设六个变形缝,将车站结构分为七个区段,每段大约 25m 长,各自相互独立。第三方监测范围为地铁里程 B86+91~B87+77
工程地质	本施工区段范围内输水隧洞主要穿越卵石③层及卵石、漂石④层。其中卵石③层粒径大为 190mm,一般为 90~140mm,亚圆形,级配好,亚砂土夹层,含砂量 15~30%;卵石、漂石④层粒径大为 200mm,一般为 140~160mm,亚圆形,级配好,细砂、卵石混composite亚黏土夹层,含砂量 15~30%。 根据输水隧洞其他区段施工情况,地下水位埋藏深度较深,输水隧洞为无水施工

施工方法简述	监测对象	监测对象概况	与工程关系	控制值(mm)	实测值最大值(mm)	最大变形速率(mm/d)	最大差异沉降(mm)	监测效果分析	破坏情况及处理措施
初期支护采用"正台阶法"施工,先进行右线施工,右线初期支护完后进行左线初期支护施工。右线由南向北施工,左线由北向南施工。开挖循环进尺为每榀格栅间距为每 m³ 榀。 当开挖至车站结构正下方时,变形速率最大。贯通至二衬做完,特别是注浆横通道回填时仍有一定的沉降量,二衬之后属于工后沉降阶段。工后沉降大概有 0.8 的下沉量	隧道结构沉降			-5/+2	-4.8	±0.01		当发现有突然较大的变形量时,通知各方,及时查找原因,一般都是及时采取补充注浆措施,密切关注自动化监测数据,从而有效指导注浆量,取得了良好效果	无破坏,发生较大变形量时,采取的处理措施是及时补偿注浆
	轨道结构沉降			-5/+2	-4	0.04			
	结构变形缝差异沉降			±2	-2.5	0.04			
	变形缝开合度			±2	0.24	±0.01			
	轨道高低			±4	3	±1			
	轨道轨距			-2,+4	-1,+2	±1			
	无缝钢轨位移			±2	-0.3	0.01		无	

表 10-1.13

工程名称	北京市轨道交通首都机场线工程东直门站穿越既有 13 号线折返线监测
工程概况	折返线明挖段长 14m,宽 12.3m,高 7.75m,底板厚 1m,顶板厚 0.85m,侧墙厚 0.9m;暗挖段宽 12.05m,高 7.52m,初支、二衬厚均为 0.3m
工程地质	地质:根据北京城建勘测设计研究院提供的《岩土工程勘察报告》(2005 地铁详勘 J—1),勘察揭露地层最大深度为 52.0m,地层层序自上而下依次为:人工填土层、第四纪全新世冲洪积层、第四纪晚更新世冲洪积层。 水文:场区内在勘察深度范围内存在四层地下水: (1)上层滞水:场区内未发现上层滞水水位,但考虑周边地下管道较多,不排除局部因管沟渗漏而存在上层滞水的可能。 (2)潜水:该层水水位标高为 26.31~26.65m,水位埋深为 14.40~14.80m。 (3)承压水:水头标高为 17.13~17.50m,水头埋深为 23.10~23.90m。 (4)承压水:水头标高为 12.00~12.57m,水头埋深为 27.90~28.60m。 拟建场区地下水对混凝土结构无腐蚀性,对钢结构有弱腐蚀性,在干湿交替环境下对钢筋混凝土中的钢筋具弱腐蚀性

施工方法简述	监测对象	监测对象概况	与工程关系	控制值(mm)	实测值最大值(mm)	最大变形速率(mm/d)	最大差异沉降(mm)	监测效果分析	破坏情况及处理措施
浅埋暗挖法,施工结束后一个月达到最大变形值 最大变形速率发生在中导洞开挖时,当时施工断面位于监测对象正下方,矿山法施工采用导洞开挖,每个导洞采用上下台阶法	隧道结构沉降监测			−13.5	−12.8	−0.7		变形基本稳定,控制效果明显,尤其是千斤顶顶升,对变形控制很有效果	无破坏,采取千斤顶同步液压顶升系统,回填完毕后采用注浆加固方法
	隧道结构变形缝差异沉降监测		折返线底板与C区顶板净距1.0m	4.0	9.1	0.4			
	折返线结构变形缝开合度监测			2.0	9.33				
	轨道结构沉降监测			−13.5	−12.8	−0.7			
	走行轨左右轨高差变化监测			4	−2.4	−0.6			
	走行轨轨距变化监测			6	(−1,+2)				
	岔区特征点监测			3	(−2,+2)				
	机场西路路堑	U形槽为800mm厚C30混凝土结构,穿越部位宽10.5m,深5m	隧道埋深约3.4m	−10.0	−2.5	−1.3	1.7(测点距离9m)	无	无

表 10-1.14

工程名称	北京市南水北调配套工程团城湖至第九水厂输水工程(一期)穿越城铁 13 号线清河高架桥监测 北京地铁 13 号线东直门~柳芳区间隧道及东直门站 2 号出入口监测
工程概况	团城湖至第九水厂输水工程是北京市南水北调配套工程的重要组成部分,其主要任务为实现向第九水厂输送南水北调及河北四座水库来水。一期工程输水隧洞起点为新建龙背村闸后,向东穿地铁 4 号线、穿老龙口排水沟,沿清河北岸,先后过圆明园西路(肖家河桥区)、圆明园东路、地铁 13 号线、京包铁路、八达岭高速至南马坊向南穿清河后,与关西庄泵站相接。其中穿越地铁 13 号线两侧各一跨共两跨四对桥桩范围内因受地铁结构影响而采取专项监测,以确保地铁的结构安全和正常运营。地铁 13 号线在该处为高架桥形式,输水隧洞中心线距 13 号线高架桥的桥墩水平距离分别为 10.1m、13.1m,隧洞结构与桥墩水平净距为 7m 和 10m,隧洞底距桥墩底垂直距离为 13.11m。13 号线在该处为钢筋混凝土箱型连续梁结构,梁长 72m。桥基为钻孔灌注桩基础,桩长 27m,桩径 5.5m。隧洞穿越段线路基本上为直线,整体道床坐落于桥梁上 东直门~柳芳区间隧道该段为暗挖双连拱结构形式

工程名称	北京市南水北调配套工程团城湖至第九水厂输水工程(一期)穿越城铁 13 号线清河高架桥监测 北京地铁 13 号线东直门～柳芳区间隧道及东直门站 2 号出入口监测								
工程地质	输水管线穿越段在地面以下 30m 深度范围内的地层主要为人工堆积层、第四纪沉积层,地层岩性情况详述如下:①杂填土:该层填土的工程性质很差。层厚约 0.70～5.0m,层底高程 39.14～40.40m。②黏质粉土、砂质粉土:该层土较薄,场区内以透镜体形式存在。③中细砂:层厚 0.70～0.90m,层底高程 36.60～37.34m。④圆砾:层厚 5.30～3.40m,层底高程 32.94～33.90m。⑤粉质黏土:揭露最大层厚 6.00～7.80m,揭露层底高程 26.1～26.94m。⑤1 黏质粉土层:褐黄色,中密,饱和,可塑,连续分布。⑥圆砾:该层分布连续稳定,厚度大,揭露最大层厚 11.00～9.80m,揭露层底高程 15.94～17.92m。⑦粉质黏土揭露层顶高程 15.94～17.92m。勘察期间(2006 年 10 月下旬),场区勘探深度内(最大深度 30.0m)揭露两层地下水,地下水类型分别为潜水和承压水。潜水埋深约 4.80～5.00m,水位标高约 36.10～36.23m;承压水顶板高程 25.93～26.10m,水头高度 3.00～4.70m								

施工方法简述	监测对象	监测对象概况	与工程关系	控制值 (mm)	实测值 最大值 (mm)	最大变形速率 (mm/d)	最大差异沉降 (mm)	监测效果分析	破坏情况及处理措施
盾构法,最大变形位于隧道中线上方的右线,盾构法施工	轨道结构沉降	该处为高架桥形式,钢筋混凝土箱型连续梁结构,梁长 72m。桥桩为钻孔灌注桩,深约 30m	13 号线与输水隧道交角 83°,输水隧道中心线距 13 号线高架桥的桥墩分别为 10.1m、13.1m,桥梁结构与桥墩净距为 7m 和 10m,盾构隧道的埋深为 10m,隧道穿越段基本上为直线	−2	−1.9	−0.7		变形控制效果明显,监测对象整体变形不大	无破坏,对高架桥采取钻孔灌注桩隔离措施
	结构变形缝差异沉降			2	2	0.6			
	轨道结构沉降			2	2.2	0.5			
	轨道轨距			−2,+4	−1,+3	1			
0+000～0+060m 采用暗挖复合衬砌电缆隧道,0+060～0+109m 采用明开电缆隧道	东直门 2 号出入口竖向变形		新建隧道在车站 2 号出入口正上方	1.5	1.3	0.7	0.4		伸缩缝处渗水
	隧道结构竖向变形		明挖隧道底部在 13 号线区间结构上方 4～5m 之间		1.8	−1.3	2.1		
	轨道结构竖向变形			1.5	±1.4	−1.3	2.1		
	轨道轨距变形			−3/+6	−1/+2	1			
	轨道水平变形			6	−2/1.5	2			
	轨道爬行			2	−2.1	0.4			

表 10-1.15

工程名称	北京地铁 13 号线望京西站～北苑站区间第三方监测								
工程概况	团新建奥林匹克公园市政配套工程成府路湖光中街立交道路工程新建路段东起北湖渠西路,西至南湖渠西路,道路全长约 1411m。其中非机动车上部下穿 Z3 匝道桥、京承高速公路、城铁 13 号线及 Z8 匝道桥。主路桩号 6+189～6+427 路段采用钢筋混凝土 U 形结构。 湖光中街立交桥自行车道和人行步道采用单孔箱涵 U 形槽结构形式暗挖下穿地铁 13 号线预埋盖板。U 形槽全长 238m,净宽 8m,侧墙厚 0.7m,底板厚 0.8m。侧墙高度变化范围为 6.483～8.046m								
工程地质	根据现场钻探和室内土工试验成果,按沉积年代、成因类型将勘探深度范围内地基土层划分为人工堆积层、第四纪沉积层 2 大类,按基岩性、物理力学性质及工程特性进一步划分为七个大层。场地土判别按Ⅲ类考虑。 现场勘探时于钻孔内实测 3 层地下水,第一层为台地潜水,第二层为层间潜水,第三层为潜水,场地第 1、2、3 层地下水对混凝土结构均无腐蚀性								

施工方法简述	监测对象	监测对象概况	与工程关系	控制值(mm)	实测值最大值(mm)	最大变形速率(mm/d)	最大差异沉降(mm)	监测效果分析	破坏情况及处理措施
湖光中街立交桥自行车道和人行步道采用单孔箱涵 U 形槽结构形式暗挖下穿地铁 13 号线预埋盖板。施工工序如下: 1)测量放线,进行护坡桩及降水井的施工; 2)布置暗挖工作面,开挖第一步基坑(H=3.6m),在导洞结构外侧做 ϕ108 钢管大棚棚,再进行上导洞 1 和 2 的施工; 3)上导洞完成后,进行第二步基坑开挖(H=3.6m),做大管棚后进行下导洞的施工; 4)施工 U 形槽,在格栅背后注浆,注浆压力 0.2MPa,浆液为纯水泥浆; 5)开挖 U 形槽侧墙内其余部分土体,并施工剩余部分底板,在预埋顶板与暗挖结构间注浆缝进行注浆; 6)凿除小导洞初衬结构混凝土,实现一孔框架结构	预埋盖板结构沉降	预埋盖板厚 1.0m,长 80m,考虑了下穿施工影响;地铁 13 号线在此处为地面线,碎石道床,无缝线路	U 形槽下穿 13 号线紧贴预埋盖板底板	−2.3	−2.3	−0.5		无破坏,对开挖两侧及中间土体采用注浆加固措施	
	轨道沉降			−4	3.7/−1.2	−0.8			
	轨距变化			6/−3	2/−1	1			
	轨道爬行			2.0	5.3	0.5			

附录 10.2　围（支）护结构监控量测控制指标工程实例

表 10-2

工程名称	北京市轨道交通首都国际机场线工程东直门站监测								
工程概况	车站主体结构分由 6 段独立结构组成，分为 A 区～F 区及安全线，主体结构总长 191.68m，车站采用明暗挖结合的施工方法。基坑深度较大，坑内底高程约为 14.2m，基坑深度约为 28m（地面高程 41～42m），基底位于砾砂层或粉质黏土层。据已有掌握的地下水资料来看，基坑已穿过第三层水（层间水），据第四层（承压水）约 5m，基底为粉质黏土隔水层								
工程地质	地层最大深度为 52.0m，地层层序自上而下依次为：粉土填土①层，杂填土①1 层。该层总厚为 0.80～14.40m，层底标高为 29.89～40.17m。粉土③层，粉质黏土③1 层。该层厚度变化较大，总厚为 1.20～10.70m，层底标高为 28.87～32.37m；粉质黏土④层，粉土④2 层，粉细砂④3 层。该层总厚 1.40～3.50m，层底标高 27.39～31.00m。圆砾⑤层，中粗砂⑤1 层，粉细砂⑤2 层，粉土⑤3 层。本层总厚度 1.00～8.80m，层底标高为 20.86～24.87m；粉质黏土⑥层，黏土⑥1 层，粉土⑥2 层，粉细砂⑥3 层。本层厚度 0.80～6.30m，层底标高 19.48～20.65m；卵石⑦层，中粗砂⑦1 层，粉细砂⑦2 层，粉质黏土⑦3 层。本层总厚度为 6.00～8.70m，层底标高为 11.07～14.47m；粉质黏土⑧层，粉土⑧2 层，细中砂⑧3 层。本层厚度 3.30～6.40m，层底标高为 6.73～8.80m；卵石⑨层，中粗砂⑨1 层，粉细砂⑨2 层，粉土⑨3 层。本层厚度 10.40～16.20m，层底标高为 -6.40～-8.43m；粉质黏土⑩层，本层厚度 0.50～1.40m，层底标高为 -9.03～-10.25m。 （1）上层滞水：场区内未发现上层滞水水位，但考虑周边地下管道较多，不排除局部因管沟渗漏而存在上层滞水的可能。 （2）潜水：该层水水位标高为 26.31～26.65m，水位埋深 14.40～14.80m。 （3）承压水：水头标高为 17.13～17.50m，水头埋深 23.10～23.90m。 （4）承压水：水头标高为 12.00～12.57m，水头埋深 27.90～28.60m。 拟建场区地下水对混凝土结构无腐蚀性，对钢结构有弱腐蚀性，在干湿交替环境下对钢筋混凝土中的钢筋具弱腐蚀性								
施工方法简述	监测对象	监测对象概况	与工程关系	控制值（mm）	实测值最大值（mm）	最大变形速率（mm/d）	最大差异沉降（mm）	监测效果分析	破坏情况及处理措施
车站主体结构 B、D 区采用明挖法施工	城铁通道结构沉降			15	37.2		33.4		无
	围（支）护结构桩顶沉降				5.3		9.4		
	围（支）护结构桩顶水平位移			20	23.1				

第8章　托换工程实例

8.1　既有建筑地基基础托换工程实例

实例1　上海外滩天文台侧向托换加固

1. 工程概况

上海外滩天文台建于1884年，自无线电通讯发展以来，该气象信号台被废除，目前是水上派出所驻地，也是上海市属保护性范畴内的旧建筑之一。

上海越江隧道从浦东穿越过黄浦江到达浦西时，位于延安东路外滩的天文台是首当其冲的一座重点保护的建筑物。塔顶为12.4m长的工字形铁桅杆。整个结构支承在直径为14m的桩台上，其下估计为8～10m长的木桩。桩台离地表2.7m，桩台边线离隧道中心线14.5m，隧道在灰色黏土和粉质黏土中通过，隧道顶部为淤泥质黏土，隧道中心线在地面下20m（图例1-1）。该建筑物由上海市隧道工程设计院担任托换加固工程的设计。

2. 设计计算和施工工艺

设计方案如图例1-2所示。离天文台外4m处，顺隧道推进轴线方向设置两排树根桩，每排长度14m，排距60cm，桩距30cm，钻孔直径20cm，配筋4ϕ25。隧道在该地点的底标高为25.5m，故桩长定为30m。桩顶浇筑截面为1m×1m的横梁，将树根桩连成一体，由于上海地区的软土常呈成层夹砂，压浆工艺将使水泥浆液向四周土层扩散，因而桩间的浆液是贯通的，施工后形成两排中心距为60cm的连续墙，从墙中间60cm范围内

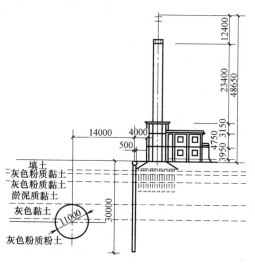

图例1-1　上海天文台树根桩加固剖面图

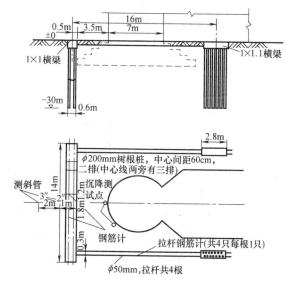

图例1-2　树根桩加固详图和监测点布置图

取出的岩芯是硬化状态的水泥土。

为了减小隧道施工时树根桩的侧向位移，在距排桩 16cm 处设置了两群锚桩，并使用 $\phi50$ 的拉杆与前面排桩上的横梁相连接，锚桩尺寸和排桩相同，锚桩总数为 46 根。

压浆量通常不低于钻孔净孔隙计算量的 3 倍。水灰比为 0.35～0.40，水泥强度等级为 C40，外加复合早强剂和减水剂 3F 各 2%，石子粒径为 1.0～2.5cm。

除地表部分需用套管护孔外，其他部位均不使用套管以便压浆，在可能发生缩孔时需用泥浆护壁，可在填筑好石子后再进行清孔。

3. 现场监测

(1) 盾构施工时地表隆起

地表在盾构通过前后都呈隆起现象，地表南北向的裂缝发展明显，最大宽度约 10cm，但都没有超出树根桩的 14m 的加固线。隆起量约为 20cm，盾构通过后隆起量不断减小，位于天文台边缘的测点均小于 1cm，从而可见树根桩起了有效的隔离作用。

(2) 桩墙及桩前土体的侧向位移

共埋设 3 根测斜管，2 根在土中 (2 号和 3 号)，1 根在桩内 (1 号)，长度均为 30cm。

3 号测斜管距隧道边线 5m，土体受挤压偏向天文台一边，在深度 10～25m 范围内位移较大，最大位移量 2～3cm。

1 号测斜管设在树根桩中，距隧道边线 8m。在整个盾构推进过程中，所测得的变化在数毫米内，基本上在侧斜仪测量的系统误差范围内，另外，在 30m 长的范围内即使产生几毫米的挠度，其影响也是很小的。

(3) 塔顶倾斜

采用精密经纬仪对塔顶倾斜进行测量，在盾构自东向西推进过程中，塔尖向东偏斜；当盾构在天文台北面通过时，使塔尖向北偏斜，这主要是与盾构推进时挤压前方土体有关，总的趋势是向东北方向偏斜。由于树根桩的加固，使塔顶倾斜降低到 3cm 左右，不超过相应倾斜度容许值 3‰。

(4) 桩身和拉杆应力

由于盾构施工期中始终保持地面隆起，桩承受挤压力，桩身中的钢筋计均布置在树根桩靠隧道的一侧，故而所测得的以压应力为主。因此设计桩身内的钢筋是对称分布的，钢筋计布置在四个不同深度：8.5m、14.5m、20.5m 和 26.5m。拉杆受力变化甚小，以压力为主，幅度不超过 20kN。

4. 结论

根据以上实践可知，如能控制树根桩的间距，可形成一排以桩身为"立柱"的隔墙，不但可承受土体侧向压力，还能起到抗渗和抗流砂的作用。

实例 2　树根桩托换及灌浆加固在某危房地基处理中的应用

1. 工程概况

云南省昆明市某 3 层住宅楼于 1980 年建成，建筑物长约 43m，宽约 10m，其毛石浅基础埋深为现状自然地坪下约 1.15m，砖混结构。2002 年 9 月，由于地基土不均匀沉降变形等原因导致该住宅楼基础下沉，内外墙体多处开裂、破坏已成危房。该住宅楼建设较早，房屋产权已归属住户，为保证居民居住的安全，必须进行地基处理加固。

2. 引起建筑墙体开裂的原因分析

该建筑物建设前未进行场地工程勘察，为查明地基土条件，提供地基处理依据，由勘察单位进行场地补充勘察。场地揭露深度范围的土（岩）层为：①人工填土，厚1.10～1.90m，全区分布；②红黏土，厚5.50～15.10m，全区分布，局部为膨胀土；③有机质黏土，厚0.20～0.80m，局部有分布；④灰岩，厚0.20～2.00m，局部有揭露。

勘察单位提供的引起建筑墙体开裂原因为：

1）地表水下渗的原因

该住宅楼建于20世纪80年代初期，为3层砖混建筑，基础采用毛石基础，基底埋深约1.15m，置于红黏土及填土中。设置于住宅楼北侧沿纵墙下的自来水管，因年久失修，断裂漏水，大量漏失的自来水下渗入地基土中长达一个多月之久，加上多年来沿外墙脚周边的雨水沟损坏漏水及部分下水道化粪池的漏水，导致地基土中的红黏土浸水饱和，软化沉陷变形，引起住宅楼基础差异沉降变形，纵横墙开裂破坏。

2）地基土的原因

该住宅楼建于岩溶区红黏土山体斜坡的人工台阶状地形部位，场地内红黏土具有孔隙比大、网纹状裂隙发育的特点，遇水易软化并产生软化沉陷变形。同时，该类土还具有一定的膨胀土特征，在膨胀土分布部位，当基础埋深小于大气影响急剧层深度（约2.2m）时，也易因地基土随季节性的胀缩变形引起基础结构的升降变形破坏。

3）结构原因

该住宅建筑采用毛石基础，承重砖墙直接砌置于毛石基础上，从基础到房顶，均未设置钢筋混凝土圈梁，因此建筑结构整体性差，抗变形破坏能力差，地基的沉降变形易引起上部结构的开裂变形破坏。

3. 针对性的方案选择

针对引起该住宅楼基础下沉、墙体开裂三个方面的原因，该住宅楼地基处理加固方案应着重从三个方面进行：（1）托换，地基的沉降变形引起上部结构的开裂变形，原地基的承载作用受破坏，必须形成新的承载力支承住宅楼；（2）充填，已受到破坏的住宅楼原毛石基础产生的孔隙以及毛石基础与沉陷变形的地基土之间产生的孔隙，应予以充填；（3）改良，遇水软化沉陷变形的地基土，其性状已发生变化，需进行改良加固。

经综合分析比较，该住宅楼地基处理加固确定为树根桩托换及灌浆加固综合方案，具体为：

1）树根桩托换

沿建筑物外围边施工一排树根桩，桩长以自然地坪下11m或进入强风化岩2m控制，桩间距2.0～2.5m，桩径≥280mm，混凝土强度等级C20，树根桩与地面成75°角并穿过毛石浅基础。

2）灌浆加固

树根桩施工完成后，在树根桩外侧1.8m，两根树根桩间施工一排倾角45°、长8m的ϕ110灌浆孔（亦穿过毛石浅基础）并灌浆，水泥掺量150kg/m，水泥浆液水灰比0.5～0.8，灌浆压力3～5kg/cm^2。

4. 工程施工

1）树根桩托换

根据有关技术规范及施工经验，确定的树根桩施工工艺为：钻进取土成孔→清孔捞渣→下钢筋笼→下注浆管并进行注浆→孔口溢出注浆后投直径 20～25mm 的碎石（边投边振捣）→碎石至孔口成桩结束。

树根桩施工应注意：

（1）选用能完成孔径>280mm、钻穿毛石并干钻取土的施工机械；

（2）施工从住宅楼变形较大的位置开始，为避免钻穿毛石基础对住宅楼基础连续集中震动，按隔孔施工原则进行；

（3）除钻穿毛石基础时可以从孔口加少量水浸润钻头外，其余全孔干钻取芯；

（4）注浆管的下置距离成孔孔底≤10cm；

（5）钢筋笼的制作和焊接符合设计及规范要求；

（6）树根桩孔为斜孔，为防止所投碎石不能到达孔底，配制的水泥砂浆液强度等级需达到 C20；

（7）灌注的水泥砂浆液应充分渗透、扩散，至确定浆液面不再回落下降后方可投碎石；

（8）所投碎石应充分振捣。

2）灌浆加固

灌浆的施工工艺为：成孔→孔口密封止浆→灌浆。

（1）成孔全孔干钻取芯，并按隔孔施工原则进行；

（2）孔口密封需有效，防止灌注浆液从孔口溢出；

（3）灌浆选用缓慢灌注的施工机械；

（4）遇到无压力或低压力的灌浆孔，注意对周围进行观察，并按尽量多灌的原则灌注；

（5）灌浆以压力达到 3～5kg/cm² 或地面冒浆、漏浆为停止标准。

5. 效果评价

树根桩及灌浆加固的工程结束后，由建设方委托第三方对住宅楼进行沉降观测。沉降观测点按住宅楼长轴方向均分为 4 点，共 8 点布设，沉降观测结果表明住宅楼基础沉降变形已趋于稳定。

树根桩成桩水泥砂浆灌注量均较大，表明水泥砂浆已充填了原基础下较大孔隙，并使基础受破坏的毛石间孔隙得到充填固结，与树根桩结为一体共同承担住宅楼荷载。在灌浆施工中大部分灌浆孔灌浆压力较低，且多出现地面冒浆的现象，表明地基土裂隙均得到充分的充填加固，加强了地基土的抗渗能力。沉降观测资料表明住宅楼基础沉降已趋稳定。综合以上情况，此次设计选用的树根桩托换加固及灌浆加固措施，对于住宅楼地基基础的加固效果是良好的。

6. 结束语

（1）危房的地基处理方式较多，关键是如何针对危房的"危"产生的原因，选择全面而有效的地基处理方式。本实例中某住宅楼出现基础沉降变形的原因及针对方案的选择，具有一定的代表性。

（2）树根桩托换及灌浆加固，作为广泛应用的地基处理方式，根据其应用对象，在实施时应在关键环节有所侧重和加强。

实例3 丰镇电厂五号机组发电机座水下静压桩加固

1. 工程概况

内蒙古丰镇电厂装机容量 $6\times200MW$，1994 年已将 6 台机组全部建成投产。其中 5 号机组是 1992 年秋动工，当年年底基础施工完毕。

由于施工场地平整前地貌形态是丘陵坡地，所以采用填方挖方整平地面。

场地工程地质条件为：

1.0～1.5m 是以粉土成分为主的疏松素填土；

1.5～4.5m 为褐黄、棕红色粉土和粉质黏土，饱和，可塑到软可塑状态；

4.5m 以下为硬可塑到坚硬状态红色粉质黏土或红砂岩强风化层，具有膨胀性，为桩基的良好持力层。

发电机承台荷载大，天然地基满足不了设计要求，前 4 台机组都经过地基处理，所以 5 号机组设计了振动沉管灌注桩，持力层为基座底面 5m 以下风化砂岩层，在桩上设计钢筋混凝土承台和承台拉梁。其中最大的承台是主机汽轮发电机的机座，长×宽×高为 $20m\times12m\times1.8m$。

2. 事故情况及处理方案

由于桩基施工中施工人员片面追求进尺效益，沉管振动桩拔管速度过快；没有实行监督检查制度，这种桩的施工质量中弊病如缩径、露筋和断桩在本工地全发生了。

施工中又没有遵守检测程序，打基础承台前没有进行桩静载荷试验。只是在承台打完后才补做了载荷试验。试验结果表明，单桩承载力只有设计单桩承载力的一半。经开挖和桩的动测检查，绝大多数桩都出现了严重的桩基质量事故。经反复研究分析后，对没有打承台的部分重新补打钢管桩和旋喷桩进行了地基加固。而对于汽轮发电机座这样大型承台，许多地基处理方法都无法实施，设计上经认真计算复核，除了桩施工中存在缺陷，设计中也漏算了荷载，最后复查结论是汽轮机座基础总共需要补强 2×10^4kN 支承力才能满足设计要求。

当时 1～4 号机组正在运转发电，地下水位高，基座底接近地下水面，增加了托换加固的难度。讨论了各种托换方案，设备都无法靠近，更无法伸入这样大型基础底下作业，唯一可行的是在大型机座下带水进行静压桩托换。

3. 静压钢管桩加固设计

桩材选用包钢产的外径 219×7 无缝钢管，施工前先将钢管加工到所需要的平口短节，管外涂防锈漆和沥青两层防腐剂。

根据地基资料，从基础承台底面计算预估桩的压入深度平均 5m，要求桩端进入持力层以压桩到最后快速增长 1.5 倍稳定桩阻力为控制标准。根据钢管桩截面大小和桩端落在软风化岩层的承载力标准值，并忽略桩端摩阻力后，算得每根静压桩的竖向承载力为 207kN。

压桩的数量是让施工残缺不合格的桩承受设计荷载的一半；让新增设的静压桩承受另一半荷载，故总补强荷载为 2×10^4kN，需要补桩 100 根，才能满足设计要求，而实际补桩 113 根，而实测桩阻力达到 2.34×10^4kN。

对这样超大型设备承台基础，要确保压桩到位，承台均匀受力、不偏不斜，施工的难度很大。采用逐个挖导向坑和逐个压桩回填的办法是行不通的，最后决定在承台的南侧从

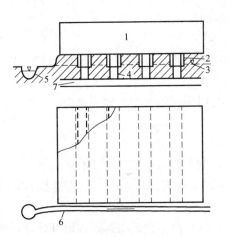

图例 3-1　5 号发电机承台补强托换
1—承台；2—托换洞；3—地下水；4—钢管桩；
5—集水井；6—排水沟；7—风化岩

承台的底面下开挖高 1.7m 和宽 2.0m 南北方向施工作业洞。洞长挖至接近承台北边缘，然后沿洞的两侧布设钢管桩 8 排（图例 3-1）。

4. 承台下静压桩施工

1）适当抽降地下水

5 号机组地下水接近承台底面，影响了工程作业洞的开挖和托换的施工作业，所以必须适当抽降地下水，因为如不抽降地下水就无法施工；但如果大幅度降水，则就容易造成 5 号汽轮机基础及临近 4 号和 6 号机等大型设备基础的下沉和倾斜。

施工时采用了明沟和集水井办法排降地下水。亦即在基础承台南侧通过 4 个托换作业洞口开挖一条比洞底深 0.8m、宽 0.6m 的排水沟，坡向集水井。集水井直径 2.0m，深 1.5m，井内安装污水泵，施工时昼夜不停地抽水。施工洞中的水流向排水沟，排水沟中的水流进集水井，再用泵和排水胶管送到远离施工场地流走。由于 1～4 号机组在发电，而上、下水管道在跑水，致使地下水抽降成为十分困难，渗透水流仍不断地由施工洞侧壁流进施工洞，施工人员只好在施工洞中带水作业。

2）开洞与压桩托换

由于托换补强汽轮发电机承台上尚没有上部结构荷载，此时只有承台本身自重，所以采用了从洞口直接开挖，边开挖边倒土和运土到场地以外，深度延伸至北边缘附近。为避免开挖造成承台受力不均，先开挖中间两条洞，然后再开挖外边两条洞。开挖中对原来的缺陷桩予以保护，尽量不减少原桩的支承作用。

当中间的两条洞开好后，便可从里向外，即从北向南逐段分组进行托换压桩作业。在桩力靠 50t 油压千斤顶加压，以洞顶巨型承台提供支承反力。压桩时认真记录每根桩的压入深度和压桩阻力，并必须满足单桩承载力的 1.5 倍要求。接桩时先点焊，从不同角度校正垂直度，然后满焊，压桩到位后超载加预应力，撤出千斤顶，管内灌满 C20 素混凝土，再加钢管短节，垫好钢板，拧紧螺栓封顶。用同样的程序办法完成其他桩位和外侧两个施工洞里的压桩托换作业。

3）作业洞回填

静压桩补强的最后工序是回填，使用碎石分段分层填实。所谓分段是将每个施工洞分成几段回填，从里向外一段一段填实。分层要以 25～30cm 厚从下向上一层一层先虚铺后压（或振）实。铺至基座底面时预留一定的空间，然后用掺加膨胀剂的干硬性细石混凝土塞满捣实。

5. 技术经济效果

施工从 1994 年 7 月初开始，8 月 20 日加固工程竣工。在上部设备安装荷载不断增加的情况下基座没有沉降，多年来一直正常运转发电。

实例4 呼和浩特市政公司1号住宅楼基础加深加固

1. 工程概况

呼和浩特市市政公司1号住宅楼,建筑面积为2500m²,4层砖混结构,毛石基础。

1983年进行设计和施工,由于设计前没有进行勘察,只是根据附近资料将表层粉土作持力层和4m以下是粗砾砂层进行设计。

当宿舍楼施工到二层时才得知西邻的粮食机械厂多数房屋地基土存在淤泥层,该厂房屋都经地基处理后才砌筑基础,有的建筑物基础还采用了桩基础。为此,施工到二层时停工后补做勘察工作。勘察结果查清了4个单元中西边两个单元持力层位置含有0.8~1.2m的淤泥透镜体,埋藏深度在毛石基础底面下0.5m处(图例4-1),经设计和施工单位共商研究后决定,将条形基础底面下的淤泥挖除,再将原基础加深,加深部分用C20素混凝土回填(图例4-2)。

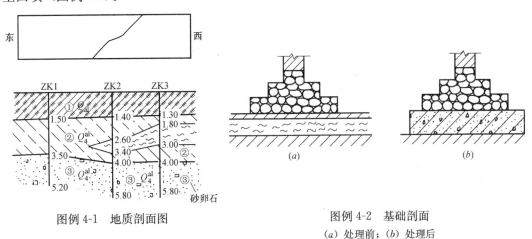

图例4-1 地质剖面图

图例4-2 基础剖面
(a)处理前;(b)处理后

2. 施工方法

在基础的一侧间跳式沿条形基础长方向分段开挖长1.5m和宽1.0m的竖向导坑,先开挖到基础底面,再往深挖至淤泥土底面停止。如此每隔2~3段开挖一段,纵墙在室外开挖,横墙可在房间内开挖。

基础底下的淤泥土待浇灌混凝土的机械和材料都准备好后再挖出,然后及时向基底下坑内浇灌拌有膨胀剂的素混凝土,并形成扩大基础底面加深基础的台阶。加深和加宽的大小视淤泥土层的厚度和建筑物的每延米的荷载大小而定。浇灌混凝土时要求一次灌密振实。混凝土初凝后要仔细检查,如发现新浇筑混凝土与基础底面有混凝土收缩后的缝隙或未灌满的部分,再用干硬性高强度等级快凝固的混凝土补满填实。

如上述一段一段开挖加深后灌满振实素混凝土,而这些混凝土体积便形成连续的混凝土的一个基础底台阶。

对于荷重小的墙基础,如局部加深、加宽已满足承载力要求,则局部加深、加宽的混凝土可不连成一体,这实际上已成为墩式基础。

实例5 锚杆静压桩和压力注浆法在增层加固中的综合应用

1. 工程概况

某学院教学主楼原设计为7层(局部8层),两侧4层,为现浇混凝土框架结构,柱下独立基础，埋深 2.50m 左右。基础及地上部分已经施工完毕。现需要将两侧 4 层增加至 5 层。由于荷载的增加，原地基承载力不能满足上部荷载要求，需要对地基及基础进行加固处理。

2. 场地工程地质概况

该场地位于第四纪冲积平原，地形平坦，无液化土，无不良地质现象。该场地钻探期间未见地下水。各土层主要物理力学指标如表例 5-1 所示。

各土层主要物理力学指标 表例 5-1

土层	层底埋深(m)	土层厚度(m)	W	e	I_L	C	φ	N	a_{1-2}	E_{s1-2}	f_{ak}(kPa)
①	1.4～2.0	1.4～2.0									
②	4.1～5.3	2.4～3.5	27.9	0.805	0.37	39	16.5	8	0.33	5.6	200
③	6.0～7.0	1.2～2.2	26.4	0.845	0.42	33	16.0	6.3	0.35	5.2	165
④	6.4～8.0	0.4～2.0	31.2	0.942	0.41	35	15.0	5.8	0.33	5.3	150
⑤	8.8～9.6	1.1～3.2	25.3	0.750	0.45	43	16.9	8.9	0.29	6.6	215
⑥	10.2～10.7	1.5～1.9	27.0	0.846	0.43	38	19.4	7.2	0.30	6.2	185
⑦	12.1～12.8	1.6～2.3	28.9	0.813	0.70	35	17.1	6.6	0.33	5.6	175
⑧			27.8	0.859	0.34	36	19.8	7.8	0.36	5.2	190

3. 加固原理

（1）压力注浆法

压力注浆是将水泥浆通过注浆设备用较高的压力压入需要加固的土层当中。通过浆液在土体中劈裂、渗透、挤压等作用，使土体与浆液充分混合，将土体的孔隙压缩、充填，形成一个固结体，提高地基承载力，达到加固的目的。

（2）锚杆静压桩法

锚杆静压桩是利用压力设备将预制的混凝土桩或钢管桩压入到持力层，桩对土体有挤压作用；桩顶与承台连接，形成基础托换。两者共同作用，提高地基承载力。

单独使用压力注浆法，注浆时容易产生附加沉降，而压力注浆与锚杆静压桩同时施工，则可以减轻或者避免附加沉降。

4. 方案选择

后接的顶层为大跨度阶梯教室，荷载增加较大，可以采用扩大基础的方法进行基础处理。由于基础工程已经完成，外墙已经砌筑，机械和运输车辆都没有作业空间及运输通道，且挖出回填土并拆除挡土墙需要很大的堆放空间。另外拆除挡土墙经济损失极大，所以不能采用扩大基础的方法。

压力注浆法和锚杆静压桩法对于空间的要求则小很多，只需开挖出独立基础，且开挖出来的土可以堆积在室内，避免了二次运输，节约大量人力。

由于两侧增层，其两侧柱下独立基础荷载增加 244～2478kN，根据荷载差异及工程地质条件，决定采用锚杆静压桩联合压力注浆法对地基进行处理。

根据以往经验，压力注浆法能提高地基承载力 30%～40%，而静压桩通过调整桩长、桩径，也可大幅度提高承载能力。

两种方法结合应用，安全、经济、合理，还可保证工期。

5. 方案设计

根据场地工程地质条件及增加荷载分布情况，经过计算，以下承台下地基土用注浆法加固可以满足要求。即①轴的 J-7、J-8、J-9、J-10，②轴的 J-9、J-10，③、④轴的 J-5、J-9、J-10，⑥轴的 J-7、J-11、J-14，㉝、㉞轴的 J-14，㊱、㊲轴的 J-5、J-9，㊴轴的J-7、J-9、J-10，㊲～㊴轴的 J-11。其余基础承台采用锚杆静压桩进行托换加固处理。

（1）注浆加固参数

注浆加固部位为基底下 1.5～3.0m 范围内；

注浆点间距为 1.0～2.0m；

浆液采用普通硅酸盐水泥，水灰比为 0.8～1.0；

注浆压力为 0.2～0.3MPa；

注浆量 $Q = KVn \times 1000$，K 取 0.3～0.5（黏性土）。经计算，单孔注浆量 Q 为 300～400kg。

（2）锚杆静压桩参数

桩型为 200mm×200mm 预制钢筋混凝土方桩；

根据承台大小，单个承台可以布置 4～6 个锚杆静压桩。根据增加荷载分布情况，确定单桩承载力。用公式：

$$p_a = u_p \sum_{i=1}^{n} q_{si} I_i + q_p A_p$$

进行估算，计算桩长。

通过计算，桩长为 8m，单桩承载力为 280kN。

根据《锚杆静压桩技术规程》，设计最终压桩力按下式计算

$$p_p(L) = K_p \cdot P_a$$

式中　K_p——压桩系数，当桩长小于 20m 时，取 1.5；

　　　P_a——设计单桩垂直容许承载力；

　$p_p(L)$——设计最终压桩力。

$$p_P(L) = 420kN$$

依据上述计算结果，共布置注浆孔 162 个，锚杆静压桩 55 根。

6. 施工难点及解决方法

（1）桩孔成孔

基础为混凝土独立基础，厚度最大处达 1.10m。采用大直径钻头，由于其扭矩大，小型钻孔机械无法提供足够的动力。静压桩孔要求下部大、上部小，若采用大直径钻头成孔，成孔后的桩孔直径上下大小一致，不能满足要求。采用小直径钻头，利用钻孔重叠的方法在基础上形成方形桩孔，并且在边孔钻进时给予一定的角度，这样形成的钻孔可以达到下部大、上部小的要求。如图例 5-1 所示。

（2）锚杆成孔

独立基础的顶面为斜面，按照对角施工的原理，每个桩孔所在的平面都有两个斜面，在设置锚杆时既要保证锚固深度，又要保证锚固螺栓顶面在同一水平面上。对此采用不同长度的锚固螺栓，经过计算，在基础上钻锚固孔，如图例 5-2 所示。

（3）静压桩的导向

由于混凝土桩是 2.0m 长，而设计的桩长为 8.0m 左右，故需要接桩。桩的连接采用

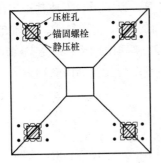

图例 5-1　静压桩桩孔成孔示意图

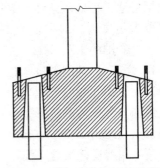

图例 5-2　锚杆成孔及植筋示意图

植筋胶，待其达到一定强度后才能进行压桩。在胶没有达到强度时，其连接是软性连接，在压力作用下，上部桩身容易产生侧移，使连接处受到破坏。需要对混凝土桩进行导向。采用夹板的形式对混凝土桩进行导向，既可保证桩的垂直度，又能保证桩间的连接不被破坏。

（4）桩头的保护

压桩时，混凝土桩头受到很大压力，容易破碎。为了解决这一问题，采用钢板制作一组钢箍和桩帽。压桩时在桩帽内垫橡胶板（较厚），避免桩头与液压设备硬碰硬，使桩头得到有效保护。

（5）注浆孔的封孔

由于施工期间正值雨季，雨水通过回填土渗入到基底处。基坑开挖后，发现建筑物基础外围地基土已受浸泡；室内由于现浇混凝土楼板的养护，也有很多积水。地基土经过浸泡，强度已经很低。若沿着基础外边缘布置注浆孔，注浆孔的封孔工作很难达到理想效果。采用金刚石钻机在基础上开孔，用洛阳铲人工成孔，下管后在原有基础上进行封孔，解决了封孔难的问题。

（6）附加沉降的处理

因注浆过程中容易产生附加沉降，采取大间隔多次少量注浆的方法，并配合锚杆静压桩同时施工，以减少产生附加沉降。

7. 现场施工关键点控制

（1）注浆顺序应按照对角注浆方式进行，压桩也应如此。

（2）浆液应搅拌均匀后才能开始压注，且在注浆过程中缓慢搅拌。浆液泵送应经过筛网过滤。

（3）采用分段注浆时每提升高度宜为 0.5m。

（4）静压桩桩尖应到达设计持力层、压桩力应达到规范规定的单桩承载力标准值的1.5 倍，且持续时间不应小于 5mm。

（5）锚杆的锚固深度可采用 10~12 倍锚栓直径，并不应小于 300mm。

（6）压桩架应保持竖直，锚固螺栓的螺母或锚具应均衡紧固，压桩过程中应随时拧紧松动的螺母。

（7）就位的桩节应保持竖直，使千斤顶、桩节及压桩孔轴线重合，不得偏心加压。桩位平面偏差不得超过 20cm，桩节垂直度偏差不得大于 1%的桩节长。

（8）第一根桩压入的垂直度允许偏差必须控制在 5mm 内，上、下节桩用植筋胶接桩时，其桩身垂直度允许偏差不大于 3mm，上、下节桩的轴线位移偏差不应大于 3mm。

8. 施工过程及沉降观测

压桩施工时，根据设计方案所给的桩长参数和压力参数对压桩过程进行监控。当压力满足要求，桩长未达到要求时，应保证桩长；当桩长满足要求，压力未达到要求时，应继续压桩，直到压力参数也满足要求。

注浆施工时，严格按照设计参数进行施工。当压力超过一定范围，注浆量不足时，应在邻近注浆孔补浆，直到整个承台注浆量满足要求。

由于注浆过程中容易产生附加沉降，故施工前在需要增层的两侧建立了 20 个沉降观测点，施工时及施工后对增层的部位进行了长时间的沉降观测。结果表明，施工中未产生附加沉降。

9. 结语

通过方案对比，应用锚杆静压桩联合压力注浆法对地基进行处理，可节约投资 20 余万元。而且通过加固处理，使接层工作顺利进行，提高了教学楼的使用面积。

混凝土桩和钢桩比较，一是大大减少了钢材的消耗，节省了大量资金。二是钢管桩经过若干年的氧化腐蚀后，强度会有很大的折减；而混凝土桩因有混凝土保护层，钢筋几乎没有腐蚀，其强度不会随时间的增长而减弱。

该工程于 2005 年初投入使用，至今未发现异常情况。

使用混凝土桩做锚杆静压桩，取得了很好的社会效益和经济效益，具有推广价值。

实例 6　锚杆静压桩在特殊地基土中的应用研究

1. 工程概况

山西某铝厂 110kV 种分槽保安变电站，拟建建筑物包括 6kV 高压室、控制室、电容器室、道路及变压器等电器设施。长 46.00m，宽 33.00m。该场地位于山西省河津县中国铝业山西分公司原赤泥堆场。

赤泥是氧化铝工业生产的废料，属于有害废液，化学成分极其复杂，为强碱性土。天然状态的赤泥压缩系数为 1.0～1.6MPa，属高压缩性土，强度差异性较大。一般每生产 1t 氧化铝约产出 1.0～1.3t 赤泥，赤泥废料的排放侵占了大量的农田、工业场地。多年来，赤泥堆场一直无法得到利用，给企业造成了很大的经济损失。

2. 工程地质条件

根据岩土工程勘察报告，该场地属黄河南岸一级阶地，原地貌单元属黄河东岸 Ⅲ 级阶地，现为赤泥堆积场地，地势平坦。场地出露的地层主要为杂填土、赤泥、黄土状粉土、粉细砂、粉质黏土（未穿透）。其工程地质特征如下：

① 杂填土（Q_4^{ml}）：分布于整个场地，厚度 0.30～2.50m，杂色，主要由垃圾、砖块、煤屑、赤泥组成，结构松散，力学性质差。

② 层赤泥（Q_4^{ml}）：分布于整个场地，厚度为 10.20～19.80m，杂色，主要矿物成分为文石、方解石，含量为 60%～65%。粒径大多在 0.005～0.075mm，稍湿～饱和。天然密度为 1.45～1.51g/cm³，天然孔隙比变化在 0.253～0.295。压缩系数为 1.0～1.6MPa⁻¹，具有高压缩性，强度差异性大。且具有强碱腐蚀。E_s=2MPa，f_{ak}=40kPa。

③ 层黄土状粉土（Q_4^{apl}）：黄褐色，厚度 0.00～5.10m，局部夹薄层黏土、砂土等，呈硬塑～可塑状态，稍湿～湿，稍密～中密。E_s=4MPa，f_{ak}=120kPa。

④ 层细砂（Q_4^{apl}）：黄褐色，分布于整个场地，埋深 17.10～30.1m，中密～密实状态，级配均匀，局部夹黄色或红色粉质黏土薄层，湿～饱和。$E_0 = 22$MPa，$f_{ak} = 350$kPa。

⑤ 层粉质黏土（Q_4^{apl}）：黄褐色，本地层最大揭露深度为 3.40m，未穿透，土质均匀，饱和，稍密～中密。

地下水类型为潜水，稳定水位埋深为 20.10～20.40m，局部地段为 14.3～15.6m，存在上层滞水。根据水质分析报告，地下水具有强碱腐蚀。

3. 地基处理方案

根据该场地工程地质条件，地基处理可采用桩基。桩基可采用机械钻孔灌注桩、机械冲击成孔灌注桩、打入桩或静力压桩。但由于该地基土具有高压缩性，②层赤泥及地下水具有强碱性腐蚀，采用机械钻孔灌注桩、机械冲击成孔灌注桩设备进驻现场困难，施工工期长，且桩身防腐处理成本较高，不能满足建设单位的要求。静力压桩可采用锚杆静压桩逆作法。该方法是采用桩筏基础，先施工筏板并预留洞口，后压桩。压桩力与标高双控制，直观、明确、便捷，效果明显，是一种直观可靠的地基处理方法，能保证地基处理质量及建筑物使用年限，施工工期短，能满足建设单位的要求，适合于该场地建筑物地基处理。

经方案比较，根据场地工程地质条件、建筑物结构形式，场地施工前对杂填土、赤泥进行开挖，开挖深度约 10.00m。控制室、6kV 高压室地基土为粉质黏土，可作天然地基。其他建筑场地地基土为赤泥，赤泥厚度约 10.00m，地基处理采用锚杆静压桩逆作法方案。

4. 地基处理设计

根据《建筑结构设计手册》及"岩土工程勘察报告"，赤泥开挖回填 500mm 厚 3∶7 灰土垫层，其承载力特征值按 $f_{ak} = 80$kPa 进行设计。静压桩尺寸为 250mm×250mm，单桩承载力标准值按 $P_s = 300$kN 进行设计。砂层标贯锤击数＞30，密实、无液化，压桩深度进入砂层即可。由于②层赤泥及地下水具有强碱腐蚀，需对预制桩身进行严格防腐蚀处

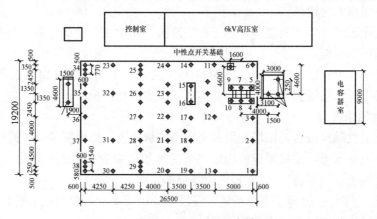

图例 6-1 锚杆静压桩桩位

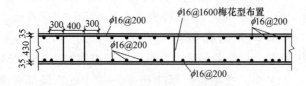

图例 6-2 筏板配筋剖面图

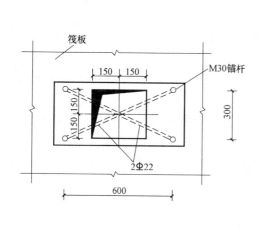

图例 6-3 压桩孔、锚杆布置图

图例 6-4 锚杆静压桩剖面图

理。根据上部的荷载及桩筏共同作用，经计算后具体设计如图例 6-1～图例 6-4 所示，设计参数如下：

（1）共布置静压桩 38 根；基础筏板 26.5m×19.2m×0.5m。

（2）静压桩采用 250mm×250mm 耐碱钢筋混凝土方桩，每节长 1.5m，桩尖长 1.5m，C30 混凝土。

（3）压桩反力采用预埋 M30 锚杆，锚杆根数 4 根/桩。

（4）桩体采用 2 道环氧沥青漆进行防腐蚀处理。接桩采用焊接，接头进行防腐蚀处理。

（5）压桩进入砂层，平均深度为 12m。采用标高和压桩力双控制，压桩力为 450～500kN。

（6）基础筏板厚度 500mm，桩头伸入筏板长 100mm，筏板下为 100mm 厚素混凝土垫层及 500mm 厚 3：7 灰土垫层。

5. 施工

1）施工程序

施工准备→定位放线→垫层抄平→支垫层及压桩洞口模板→现浇垫层混凝土→放筏板钢筋线→绑扎筏板钢筋→支基础洞口模板预埋螺栓→现浇筏板混凝土→预制混凝土方桩→刷防腐涂料→压混凝土方桩→浇注微膨胀混凝土封压桩洞口→养护。

2）施工要求

（1）该施工为后施工法，先进行筏板施工，后进行静压桩施工。

（2）筏板制作时，压桩洞口边缘应增加加强筋。

（3）预埋锚杆螺栓为爪式或墩式，在基础混凝土整浇时定位。

（4）压桩反力架要保持竖直，锚固螺栓的螺母应均衡拧紧。在压桩过程中，随时检查螺母是否松动，并拧紧。

（5）当压桩深度未达到设计要求，但压桩力已达到设计要求时，即可终止压桩。此时对于外露桩头必须切除。切割桩头前应先用楔块将桩固定，然后用凿子凿除外露混凝土，严禁在悬臂情况下乱砍乱凿。

（6）封桩采用 C30 微膨胀早强混凝土，封桩孔不得渗漏水。

6. 结论

（1）根据不同的场地工程地质条件，采用不同的地基处理方法是地基处理成功的关键。

（2）当新建建筑物基础不能设计为天然地基，工期要求短时，采用锚杆静压桩逆作法施工，可获得良好的技术和经济效果。

（3）锚杆静压桩逆作法地基处理技术在特殊工程地质条件下，可使施工难度很大的工程得以顺利实施。

（4）该工程筏板施工后，上部建筑物和压桩同时施工，大大缩短了工期。实践证明该地基处理技术的应用是成功的，值得推广。

8.2 隧道穿越建筑托换工程实例

实例 1 成都市成绵乐铁路穿越 10 座桥托换工程

1. 工程概况

机场路隧道起止里程为 DK165＋530～DK170＋920，全长 5390m。隧道位于成都市区，除三环路段采用暗挖法施工，其余地段均采用明挖顺作法。隧道从成都南站出站后在 DK165＋530 开始下穿，紧沿机场高速公路左侧行进，分别下穿西环联络线铁路桥、三环路蓝天立交桥、三环路蓝天立交匝道桥、成雅高速公路立交桥，下穿时部分桩基与基础侵入机场路隧道的主体，根据设计图纸要求，对侵入主体的桩基及基础分别采用了桩基托换通过立交的施工，我司根据以往施工经验作出施工方案。

机场路隧道多次下穿既有公路和铁路桥，分别在 DK165＋984.25（过西环联络线铁路桥）、DK166＋582（过成雅高速立交桥）要穿过既有桥的基础，隧道区段与桥梁的部分桥墩基础发生交叉干扰，设计对桥梁采取必要的桩基托换措施。既有桥梁受影响桩基分布统计见表例 1-1。

须托换桩基统计表 表例 1-1

序号	工程项目	托换部位编号
1	西环联络线铁路桥	52 号墩
2	成雅高速公路桥	L-91-1 号墩
3	成雅高速公路桥	L-91-2 号墩
4	蓝天立交桥	C1 号墩
5	蓝天立交桥	C2 号墩
6	蓝天立交桥	B8 号墩
7	1 号人行天桥	DK166＋012.3
8	2 号人行天桥	DK166＋514.26
9	3 号人行天桥	DK167＋366.24
10	4 号人行天桥	DK168＋075.43

1）西环联络线铁路桥现状

成绵乐机场隧道（明挖施工）下穿三环路与既有成都西环联络线铁路桥主跨边墩（DK1＋824.36 第 52 号墩）干扰，需进行托换处理（轴力较大，采取主动托换施工）；既有铁路桥跨越三环路，主跨为 20.5＋33.1＋20.5m 预应力 Y 形连续刚构。需托换的桥墩为连续钢构边跨桥墩，该墩一侧为 20.5＋33.1＋20.5m 预应力 Y 形连续钢构的边跨，一侧为 20m 简支 T 梁，既有桥墩为双柱式墩，基础为明挖双层基础，基础下 4m 深度范围采用加固基础（图例 1-1～图例 1-3）。

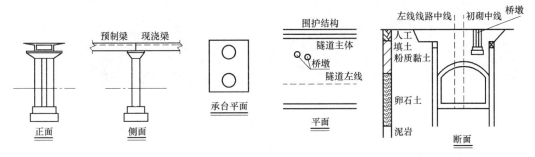

图例 1-1　西环联络线铁路桥桥梁现状　　　　图例 1-2　西环联络线铁路桥

图例 1-3　西环联络线铁路桥与隧道关系图

2）三环路蓝天立交匝道桥现状

成绵乐机场路隧道下穿三环路与既有成都市三环路蓝天立交匝道桥桥墩（B 匝道 B8 墩、C 匝道 C1、C2 墩）干扰，需进行托换处理，托换处既有匝道桥为 17.812m＋18.188m＋16.00m 三跨连续梁，桥面宽为 8.5m，匝道相接变宽处为 18m，C 匝道为 5×21.5m 五跨连续梁，桥面宽 7.5m；D 匝道为 4×18m 四跨连续梁，桥面宽 7.5m。需托换的桥墩为 B8、C1、C2 共 3 个，其中 B8 为 φ1.5m 的独柱墩，基础为 φ1.5m 的单桩基础。C1 为 φ1.5m 独柱墩，基础为 φ1.2m 的双桩基础。C2 为 φ1.4m 独柱墩，基础为 φ1.5m 的单桩基础（图例 1-4～图例 1-6）。

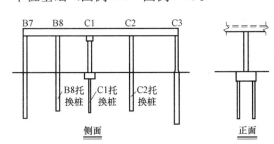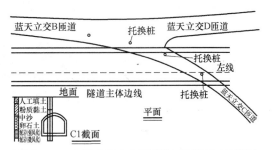

图例 1-4　三环路蓝天立交匝道桥桥梁现状图　　图例 1-5　三环路蓝天立交匝道桥与隧道相对关系图

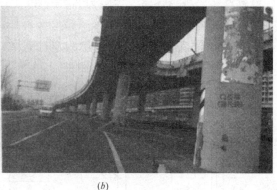

图例 1-6　三环路蓝天立交匝道桥

3）成雅高速立交桥现状

成雅高速公路立交桥采用 3×26m 斜交连续梁跨机场高速，成绵乐机场路隧道下穿机场高速与既有成都成雅高速公路立交桥 26m 连续梁边跨桥墩干扰，需进行托换处理。既有立交桥由两个单幅桥组成，单幅桥面行车道宽 1200cm，单幅桥面总宽为 1308cm，两幅桥间距 136～236cm，采用混凝土板搭接。桥墩为独柱桩基础。需要托换的墩身为 $\phi1.4m$ 独柱墩，桩基为 $\phi1.5m$ 的挖孔桩，需要托换的桩基础为 2 根（图例 1-7～图例 1-9）。

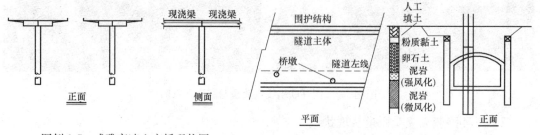

图例 1-7　成雅高速立交桥现状图　　　　图例 1-8　成雅高速立交桥桩基托换断面图

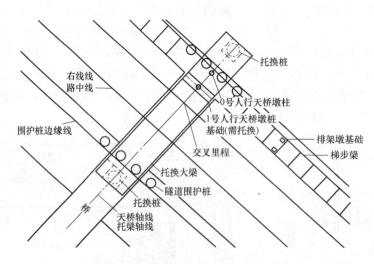

图例 1-9　人行天桥 1 号墩桩基托换平面图

482

4）1号墩人行天桥现状

成绵乐机场路隧道 D3K166＋012.3 处（明挖施工）开挖施工与既有人行天桥（18m＋28m＋18m三跨连续刚构）1号边墩基础相干扰，需进行托换处理。既有人行天桥桥面宽为450cm，1号边墩尺寸为直径60cm的圆柱＋1.4m 长 70cm×70cm 的方柱墩，基础为扩大基础，埋深2.35m，基底尺寸为 4.2m 长×1.0m 宽（图例1-9、图例1-10）。

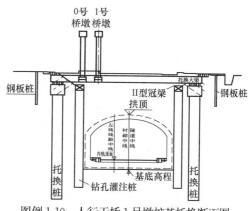

图例 1-10 人行天桥1号墩桩基托换断面图

5）2号墩人行天桥现状

成绵乐机场路隧道 DK166＋514.26 处（明挖施工）开挖施工与既有人行天桥（18m＋28m＋18m三跨连续刚构）2号边墩基础相干扰，需进行托换处理。既有人行天桥桥面宽为450cm，1号边墩尺寸为直径60cm的圆柱＋1.4m 长 70cm×70cm 的方柱墩，基础为扩大基础，埋深2.35m，基底尺寸为 4.2m 长×1.0m 宽（图例1-11、图例1-12）。

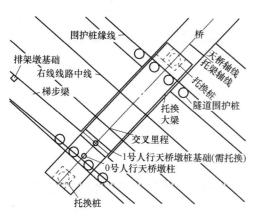

图例 1-11 人行天桥2号墩桩基托换平面图

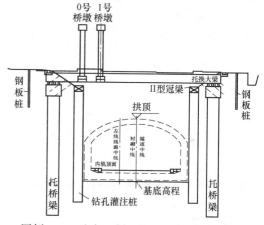

图例 1-12 人行天桥2号墩桩基托换断面图

6）3号墩人行天桥现状

成绵乐机场路隧道 DK167＋366.24 处（明挖施工）开挖施工与既有人行天桥（18m＋28m＋18m三跨连续刚构）3号边墩基础相干扰，需进行托换处理。既有人行天桥桥面宽为450cm，3号边墩尺寸为直径60cm的圆柱墩，基础为扩大基础，埋深0.98m，基底尺寸为 4.2m 长×1.0m 宽（图例1-13、图例1-14）。

7）4号墩人行天桥现状

成绵乐机场路隧道 DK168＋075.43 处（明挖施工）开挖施工与既有人行天桥（18m＋28m＋18m三跨连续刚构）4号主墩基础相干扰，需进行托换处理。既有人行天桥桥面宽为450cm，4号主墩尺寸为 250cm×60cm，基础为二层扩大基础，埋深1.866m，第一层基础为素混凝土，尺寸 4.5m 长×2.6m 宽×1.0m 高；第二层基础为钢筋混凝土，尺寸 3.5m 长×1.6m 宽×1.0m 高（图例1-15、图例1-16）。

2. 工程特点、重点、难点

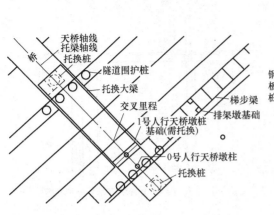

图例 1-13　人行天桥 3 号墩桩基托换平面图

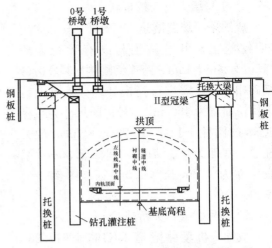

图例 1-14　人行天桥 3 号墩桩基托换断面图

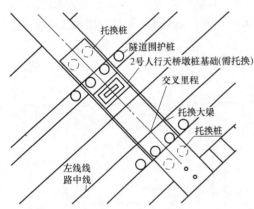

图例 1-15　人行天桥 4 号墩桩基托换平面图

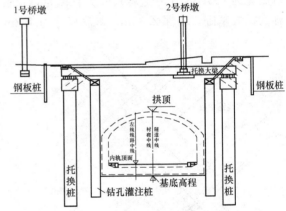

图例 1-16　人行天桥 4 号墩桩基托换断面

1）工程特点

（1）该工程地面道路交通疏解难度大

本工程施工期间，被托换的桥梁仍处于正常交通运行状态，桥面车流量较大，在托换梁预应力张拉、顶升等关键工序施工过程中对交通的有效疏解，是本工程的特点之一。

（2）安全隐患大

整个托换施工期间，桥面要保持正常的行车来往，托换过程必须谨慎、专业、安全地进行，一旦关键工序出错将带来严重的人员伤亡与财产损失。

（3）体系转换工艺较复杂

桥梁单墩轴力大，墩柱位置偏心大，托换施工中大体积混凝土浇筑、托换梁预应力张拉、顶升施工、连接部位进行可靠连接等均为施工的特点。

（4）工程工期紧

该工程需托换 10 个桥墩，每个桥墩工期约 60d，总工期为 90d，整个托换工程需安排紧凑、严密、具体的施工进度计划，工期紧。

（5）成本高

484

此工程距离我公司远,运输设备及人员调动距离大。

2)工程重点与难点

(1)本工程的重点

① 托换大梁高密度钢筋制安

本项目为高密度钢筋制安,横纵向钢筋布置顺序、钢筋定位锚固、夜间施工的安全措施是本工程的重点。

② 托换大梁控制架模板安装

本项目为现浇整体式模板工程,模板在运输传递过程中,要放稳接牢,防止倒塌或掉落伤人;支模应严格按照工序进行,模板没有固定前,不得进行下道工序的施工;模板及其支撑系统在安装过程中必须设置临时固定设施,而且牢固可靠,严防倾覆。

③ 大体积混凝土浇筑

本项目浇筑的混凝土为大体积、高强度混凝土,混凝土的掺入物、初凝时间、散热方法以及混凝土浇筑后测温管的使用、养护是本工程的重点。

④ 托换大梁预应力张拉

应注意确保锚下钢垫板与预应力孔道中心保持垂直。钢绞线穿入管道之前两端应封口并加以防护严禁将水及其他物质灌入孔道。

⑤ 千斤顶定位摆设,自锁装置固定及钢支撑的预埋

千斤顶安装之前切断桩帽与托换梁之间的钢筋,并拨开钢筋,使千斤顶能顺利地放置在桩帽钢垫板之上,千斤顶定位摆设按设计要求,形成以桩中心对称的等边三角形布置,千斤顶摆设、自锁装置固定与钢支撑的预埋位置的准确性关系到下部桩帽的受力与托换梁的稳定性。

⑥ 预顶施工

预顶时,必须严格控制千斤顶的顶升力和托换梁两端的位移,使得各千斤顶顶升力达到控制值而梁端位移未超出位移范围值。预顶分级加载如何通过监测数据指导施工是本工程信息化施工的重要体现。如何确保自锁装置与钢支撑打钢锲块同步升降是本工程的重点之一。

⑦ 千斤顶拆除、自锁装置锁定与打入钢锲块

完成预加顶力,即完成力的转换和桩的沉降变形后,调整自锁予以锁定。必须确保安全装置及钢支撑安全可靠后才能拆除千斤顶。

⑧ 托换桩与托换梁安全连接

对桩帽顶面及托换梁底面实施凿毛、清洗处理,确保与连接体混凝土的可靠结合。在连接体混凝土养护 7d 后,在连接体上部周围打 V 形槽埋注浆咀,注入改性环氧树脂。

⑨ 施工全过程监测托换大梁的挠度及托换桩的沉降

通过采用静态应变测试系统、电子位移计、倾角仪、裂缝观测仪对于托换梁的挠度、沉降、倾斜度、裂缝进行高精度的监测,得出同步顶升时托换梁的变化情况,从而指导托换梁顶升工作。

⑩ 截桩

在完成预顶、全面观测变形稳定后,进行锁定,封好连接部位混凝土,待混凝土强度达到设计强度值后,开始切断被托换的旧桩,切桩采用人工截除,由外及内层层剥离的施工方法。

（2）本工程的难点

本工程施工工艺较新，且施工环境复杂，因此实施预顶，进行力的体系转换是本工程的难点之一。

托换桩基的桥梁在桩基托换施工中仍继续正常使用，且桥面车流量较大必定给体系转换及切桩安全带来影响，是本工程难点之二。

上部结构对新旧桩的不均匀沉降的适应力是相当有限的，旧桩的沉降变形应在没有新的影响因素情况下，认为已基本稳定，而新的托换桩在受荷后必然产生沉降变形，所以如何控制托换结构的沉降变形是桩基托换的一个核心问题。

3. 结束语

（1）该工程是我司 2007 年深圳地铁 5 号线穿越创业立交桥托换工程完成之后的又一个大型托换项目，在全国尚属首例。

（2）在不影响交通正常运行下，桥梁托换工程施工要求精度高、措施得当，较丰富经验的施工队伍进行托换施工尤其重要。

（3）该工程于 2010 年 10 月开工，2012 年 4 月完工，隧道施工穿越后，所有桥梁沉降变形均满足设计及规范要求。

实例 2　深圳地铁 5 号线穿越创业立交桥托换工程

1. 工程概况

深圳地铁翻身站至灵芝公园站区间隧道穿越宝安区创业立交桥，与其中的 4 个桥梁桩

图例 2-1　穿越创业立交桥

基（A19I、G1I、J1I、R4I）发生干扰，需进行桩基托换，创业立交桥桥幅宽度为两车道，下部结构为单柱桥墩形式。桩基采用钻孔灌注桩，直径 1.5m。深圳地铁 5 号线翻身站至灵芝站区间隧道埋深约 22m，隧道通过地层为砂质黏性土、全风化、强风化、微风化岩层（图例 2-1）。

2. 袖阀管施工

首先在需要被托换的桩周围进行袖阀管施工，布置形式为双排，间距为 1.2m×1.2m，其机理是将水泥浆液通过劈裂、渗透、挤压、密实等作用，与土体有足够时间充分结合，形成较高强度的水泥土固结体及树枝状水泥网脉体。

3. 托换桩施工

托换桩新桩采用 $\phi 1200$ 钻孔灌注桩，采用钻机进行钻孔，孔深至隧道底 1m，且进入微风化岩层 2m；然后吊放钢筋笼，灌注 C30 混凝土。

4. 降水井施工

每根被托换桩周围布置 4 个降水井，井深 6m，降水井采用大直径工程回转钻机施工，钻孔施工时采用泥浆护壁。

5. 旋喷桩施工

基槽采用钢管旋喷桩支护，钻长 8m，相邻两桩之间咬合厚度 20cm，注浆采用 42.5R

级以上普通硅酸盐水泥，旋喷桩施工完成后，在基槽直立边坡段间隔 1m 插一根 7m 长 $\phi42$ 钢管。

6. 施工基槽施工

桩基托换施工基槽最大开挖深度约 3.9m，分阶段开挖，靠近匝道及围挡的一侧采用垂直边坡，其他三侧采用放坡开挖，打入 3 排长 36m 的钢花管，打设倾角为 15°，间距为 1.2m×1.2m，铺设钢筋网并喷射混凝土。

7. 托换状承台施工

清理托换桩头，浇筑 200mm 厚 C40 混凝土作为托换预顶承台，截面尺寸为 1.5m× 1.5m，预顶承台用于在托换过程中临时放置千斤顶，在预顶承台上预留托换桩钢筋，用于与托换梁的连接，托换大梁与预顶承台的空隙用沙填实。

8. 托换梁施工

托换梁采用钢筋混凝土，首先在原承台植筋，然后绑扎钢筋。托换梁截面为矩形，截面尺寸为 3.5m×2.5m，混凝土强度为 C40。

9. 预顶施工

预顶前在托换梁上安装同步顶升千分表监测装置，并连接电脑，在桩头进行射水冲砂施工，并在每个托换承台上安装 3 台 200t 自锁式千斤顶，通过同步调节千斤顶，使托换梁的荷载转移至新桩，然后逐层切断钢筋并弯折，顶升采用千斤顶分级加载，通过分析同步监测的数据，动态化指导预顶力荷载的施加，千斤顶每级加载完成后自锁并持荷 10min 后再进行下一级加载，保持监测托换体系构件的变形。

10. 封桩及截桩施工

预顶施工完，监测数据反映托换体系稳定后，连接承台与托换梁之间的钢筋，对空隙用 C30 混凝土封桩，待填充混凝土强度达到设计要求后，截除被托换桩。

11. 切桩施工

托换施工完成后，可进行盾构施工，当盾构通过时，直接破除被托换桩身钢筋及混凝土。

12. 施工监测

为保证托换体系及桥梁的整体安全，从施工前即开始监测，并贯穿整个施工过程，直至盾构通过后 3 个月，且定期向市公路局递交监测报告。根据本工程的情况，在原桩顶端、托换桩顶端、托换梁中部、托换梁两端分别设置观测点。施工扰动因素造成的基础沉降变形应控制在 5mm 以内，托换荷载因素造成的基础沉降变形应控制在 4mm 以内。

13. 结语

本工程于 2008 年开工，于 2009 年顺利完工，经施工前、中、后的监测，各项数据均在控制值以内。目前盾构已通过，创业立交桥仍在正常使用，该项目的施工质量及效果得到了地铁公司的高度赞扬。

实例 3 北京地铁 10 号线穿越稻香园桥桩桩基托换施工技术

1. 工程概况

1) 地铁工程概况

北京地铁 10 号线一期（含奥运支线）工程，第一标段：起点—巴沟站—苏州街站区间设计起始点里程桩号为：K0+000～K1+406.9。

本标段内地铁线路巴沟站至苏州街站区间暗挖隧道结构,下穿万泉河路(苏州街立交—北四环万泉河立交)道路改建工程稻香园立交桥(地铁桩号为 K1+022.539),见图例 3-1。

2)稻香园桥概况

稻香园立交桥位于巴沟村北路和万泉河路交叉路口(地铁桩号为 K1+022.539),桥

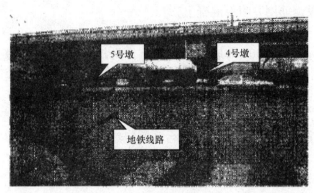

图例 3-1 北京地铁 10 号线与既有稻香园桥的位置关系示意

全长 170.05m,桥梁为 7 跨结构,5 号墩(东侧)为两桩承台,桩基为 $D=1.5m$、$L=28.5m$ 的灌注桩,其余 1 号~6 号墩为四桩承台。桩基为 $D=1.2m$、$L=25m$ 的钻孔灌注桩。

3)地铁暗挖隧道与稻香园桥位置关系

本标段内地铁线路区间暗挖隧道结构在 5 号桥墩和 4 号桥墩之间穿过。暗挖区间隧道与桥桩平面关系详见图例 3-2,暗挖区间隧道与桥桩立面关系详见图例 3-3。

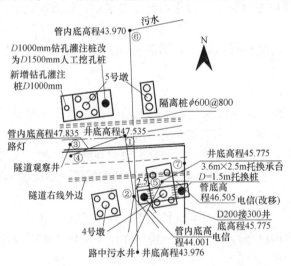

图例 3-2 5 号墩(东侧)补强桩结构平面位置(单位:m)

2. 隧道过稻香园桥总体施工方案确定

(1)对 5 号桥墩现状桥桩做加固和隔离保护处理。

(2)4 号桥墩北侧两棵桥桩侵入地铁结构需将现状桥桩截断做承台体系托换处理。

(3)隧道施工时采取洞内加固措施处理。

3. 暗挖隧道区间过稻香园桥施工情况

1) 桥梁地面保护施工情况

(1) 稻香园桥 5 号桥墩（东侧）承台南侧共完成 10 根 $D600mm@800mm$、长度为 17m 的钻孔灌注桩，对承台进行加固隔离，顶端以冠梁连接，尺寸为 $900mm \times 700mm \times 8000mm$。

(2) 稻香园桥 5 号桥墩（西侧）承台东西两侧共完成新建 2 棵桩 $D=1000mm$ 和 $D=1500mm$ 长度为 27m 的混凝土灌注加强桩，加固承台。其桩顶设置在新建承台内，新旧承台间采用植筋连接，使其成为一个整体，新增加承台尺寸为 $330cm \times 550cm \times 250cm$。

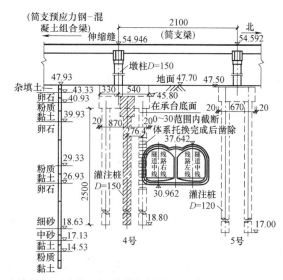

图例 3-3 暗挖区间隧道与桥桩立面关系（单位：cm）

(3) 稻香园桥 4 号桥墩（东侧）共完成人工挖孔与机械成孔相结合的灌注桩 2 棵，桩径 $D=1500m$，桩长 $L=2350cm$，新增承台 1 处，长 10m×宽 2.5m×高 3.6m。

2) 实施效果

根据监控量测数据显示，下穿稻香园桥区施工结果完全满足设计提出的安全施工要求。整个施工期间桥梁均为安全、正常使用状态。后期严密监控桥区各项量测数据，显示稻香园桥区桥梁均为安全，使用状态正常。

4. 暗挖隧道区间过稻香园桥保护措施

1) 桥桩加固主要考虑的因素

(1) 保持既有桥梁的安全畅通，防止桥梁沉降。

(2) 施工过程中应对桥梁结构进行必要的监测，监控量测作为施工组织的重要组成，并指导施工。

2) 地面保护施工

(1) 隔离桩保护桥桩施工

由区间隧道与桥桩平面关系（图例 3-2），地铁结构外边缘距 5 号桥墩 10 号桥桩为 2.16m，该处采用隔离桩保护桥桩施工措施。

隔离桩施工控制重点为减少施工中对原桥桩扰动。根据现场地质情况、隔离桩设计尺寸、桥区现场场地情况采取下述施工措施：

① 成孔施工采取隔桩跳孔间隔方式由于桩径为 600mm，间距为 800mm，两桩间距较小。而桥区地质层又为圆砂砾卵石层，成孔施工中极易产生塌孔现象。势必对桥桩造成扰动。为减少对土体的扰动，减少地层变形，防止串浆发生，隔离桩采用隔桩跳孔间隔方式施工。10 棵桩成孔施工顺序为：孔 1、3、5、7、9、10、8、6、4、2。

② 钻孔设备选用反循环 GDS-50 全液压钻机，由于桥区内桥下净空较小，采用反循环 GDS-50 全液压钻机钻进成孔，可解决净空高度低这一难题，也可保证钻孔质量、钻孔进度。

③ 灌注桩钢筋笼钢筋长度受桥下净空影响，采取螺纹套筒连接方式解决。

（2）桩基加固保护桥桩施工

5 号桥墩（西侧）距离地铁隧道结构较近，无法采用隔离桩保护措施。采取对 5 号桥墩（西侧）桥桩桩基进行加固措施处理，以达到保护稻香园桥安全使用、隧道安全施工的目的。具体措施如下：

采用在其东西两侧新增 2 根 $D=1000\text{mm}$（西侧）和 $D=1500\text{mm}$（东侧）加强桩，其长度为 27m 的混凝土灌注桩，桩顶高程为 45.50m，其桩顶设置在新建承台内，新建承台与旧承台经过打毛清洗的接触面采用植筋技术相连接以确保新旧承台为一个整体。混凝土强度为 C30 微膨胀混凝土，增强稳定性。钻孔采用高质量泥浆，掺入膨润土，以易于成孔和人工护壁成孔。选用反循环 GDS-50 全液压钻机成孔并配备人工及其他机械施作。选用反循环钻进泥浆护壁工艺成孔，导管水下灌注混凝土工艺成桩。

（3）承台体系被动托换施工

① 稻香园桥桩与隧道结构位置关系（图例 3-2、图例 3-3）。

② 前期调研、专家论证、形成施工图纸地铁施工前对与地铁隧道结构有矛盾的稻香园桥既有桥桩先行截断，截断前则完成桥梁承台整个受力体系转换。由于稻香园桥下施工空间狭小，没有条件实施承台受力体系主动转换。只能采取被动转换方式，在北京地区尚属首次，无先例可比较。稻香园桥正值使用高峰期间，容不得体系转换施工有半点闪失。经过设计人员精心设计、专家认真论证，在施工单位积极配合的基础上，形成正式施工图纸。

承台被动托换原理，即在不对托换结构进行托换顶生和对托换基础进行预反压的情况下对被托换结构进行托换。

③ 设计参数

主要设计参数：新增灌注桩 2 根，$D=1500\text{mm}$，桩长 $L=2350\text{cm}$，新增承台 1 处，长 10m×宽 2.5m×高 3.6m。桩顶 5.0m 范围采取负摩阻隔离措施；对桩底以上 15m 范围桩周围侧壁压浆，桩底范围采取注浆措施；承台及桩顶 1.0m 后浇段采用自密实混凝土，膨胀率为 0.03%，混凝土等级 C30；承台以上至地面回填土在体系转换施工完成后回填。

④ 体系转换施工

总体施工工艺流程：施工准备—人工挖孔、钻孔灌注桩施工—新承台基坑开挖及围护施工、工字钢梁运至基坑底—新承台施工—桩周注浆施工—截断侵入地铁限界的既有桩基—回填施工，完成体系转换工程。

（4）总体施工分项概述

① 新建桩施工

在既有承台宽度方向新建承台托住既有承台，新建承台桩基采用混凝土等级 C30；桩径 $D=1500\text{mm}$，桩长 $L=2350\text{cm}$ 的 2 棵新增桩。新增桥桩基上部分为人工挖孔，下部分采用（GDS-50）钻机成孔，成孔机械采用反循环钻机。此机型全高 4.5m，满足在桥下净空为 4.7~4.9m 的限制下的施工高度要求。

本工程桩顶 1m 设计为后浇段，该段桩采用钢板箍限制微膨胀混凝土沿水平向膨胀，确保向桩长方向膨胀。

② 新建桩周围注浆施工

新建桩混凝土强度达到100％，无损检测报告合格之后，开始进行注浆施工。分为桩侧壁注浆施工、桩端注浆施工，浆液为P·O32.5水泥浆，注浆水灰比为0.55～0.65。注浆质量采取双向控制措施，即在控制注浆压力的同时还要控制注浆量。注浆终止时压力应大于1.0MPa，注浆量为600kg/层，共1层。实际施工过程控制在水泥注入量达到预定值的70％以上，且泵送压力超过6.0MPa时注浆停止。桩侧注浆沿桩周均匀分布3根注浆管，桩底注浆埋设1根注浆管。根据监控量测数据可以看出，稻香园桥桩体系转换施工已从定性意义上充分证明桩周注浆施工对混凝土桩承载力大大提高起到重要的作用。

③ 新建承台与桩顶1m后浇段施工

承台施工工艺流程：

新旧承台结合面处理—植筋施工—工字钢梁加工与安装—承台钢筋施工—承台模板施工—承台混凝土浇筑、桩顶1m后浇段混凝土施工—养护。

在承台施工中，重点控制下述施工工序以确保新旧承台形成整体以达到设计意图，主要有新建承台与旧承台结合面处理必须做到旧混凝土面深度凿毛见新茬；严格按规范进行植筋施工保证植筋深度；工字钢梁与旧承台底面采用环氧树脂混凝土密贴黏接牢固，并在2棵新建桩顶周边安装竖向工字钢支撑工字钢梁。确保旧承台、新建承台内工字钢梁和新建桩形成整体。

④ 自密实微膨胀混凝土施工

混凝土采用C30微膨胀自密实混凝土（微膨胀率0.3‰）。为确保自密实微膨胀混凝土施工质量，首先对搅拌站供应的C30自密实微膨胀混凝土（微膨胀率0.3‰）提出免振捣要求。重点控制商品混凝土的配比、坍落度、和易性等重要指标，施工前多次与供应商进行技术讨论分析。在施工工艺上严格工艺操作，确保混凝土沿整个承台所有部位均填充密实。

⑤ 混凝土养生

混凝土浇筑施工完成后实现设计意图的另一重要环节是混凝土养生。因此在施工中采取可靠的技术措施确保混凝土始终处于水养生状态达14d之久。实践证明本工程自密实微膨胀混凝土施工质量效果令人满意。

⑥ 体系转换施工过程

待桩基混凝土、新承台混凝土强度均达到100％后，所对应的混凝土弹性模量满足规范要求时，开始进行体系转换施工。

在破除与隧道发生矛盾的2棵既有桥桩，将两桩从承台底面位置50cm范围内截断，完成承台托换。体系转换施工重点控制下述要点避免桥梁发生使用不安全现象。

采用切割振动小且切割面平整的链条锯切割机。切割链条宽10mm。

每棵桩分3次3d切割完成，且两颗桩交替进行切割完成。切割过程中严密监视切割缝宽尺寸变化情况。并在切割缝中放置钢板，沉降允许值为5mm，钢板面积不小于原桩面积的2/3。

旧桩切割完成仍继续对桥梁实施48h连续不间断监控量测。

⑦ 回填施工

为降低回填工程对桥梁沉降的影响，保证桥梁不发生沉降和不降低其稳定性：用聚乙烯苯板材料填充隔离两棵旧桩的水平切割缝，桩周用塑料布包裹；新旧承台侧面及新桩表面用聚乙烯苯板材料包裹。新、旧承台顶面以上至方砖地面结构层底面采用不大于 1.2t/m 的轻型材料填筑。

⑧ 承台托换结论

经过 48h 连续监控量测，监测数据显示，承台变形已趋于稳定，新桩内力荷载与设计吻合，实测变形数据在设计预测范围之内，桥梁外观无异常。达到了预期效果。

对稻香园桥，后期的实施监控量测持续 3 个月，桥梁沉降变形仍然处于变形允许范围内，桥梁为安全使用状态。

3）隧道内暗挖施工保护施工方案

暗挖过稻香园桥防护等级属于 A 级防护，洞内施工中采取下述加固措施对稻香园桥进行保护。

（1）加强超前支护，超前小导管注浆加固围岩

在隧道结构中，洞拱部设置超前小导管注浆，改良工作面前方的土层，在开挖工作面以外形成厚度为 0.5～1.0m 的加固圈。超前小导管注浆和地层共同作用形成超前支护结构，从而保证开挖工作面的稳定，防止工作面坍塌，控制沉降，见图例 3-4。

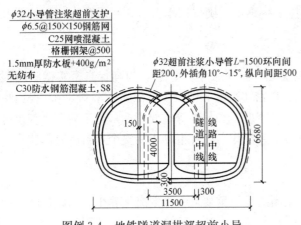

图例 3-4　地铁隧道洞拱部超前小导管注浆设置示意（单位：mm）

（2）初期支护增设锁脚锚管

暗挖隧道锁脚锚管对于控制沉降很有效，设计图纸中只给出了每个导洞的底部打设锁脚锚管，鉴于施工过程中是每个导洞都是按照上、下台阶开挖，每一步开挖都会引起相应的沉降，所以在每一步开挖过程中都打设锁脚锚管，以确保安全。

（3）径向系统锚杆加固围岩

隧道开挖的每一步都会对围岩产生扰动，为有效地控制隧道的周边位移，区间隧道的径向采用系统锚杆进行加强，具体的加强方式是每开挖完成 1m 即对隧道周边打设径向锚杆，锚杆采用 $\phi 32mm$ 钢管，$L = 4500mm$，壁厚 3.25mm，环向间距 400mm，纵向间距 1000mm，外插角 30°。

（4）中洞侧壁超前注浆，控制侧墙坍塌

施工过程中，在开挖侧墙部位时因地层的自稳情况较差，每开挖一个循环都会产生不同程度的坍塌，对隧道周边的地层扰动较大，容易引起隧道周边位移，为减少隧道侧墙施工过程中的坍塌，采取了侧壁超前注浆的方式进行超前加固围岩，保证围岩稳定。

（5）超前地质探孔，提前预知掌子面前方地层隧道开挖之前，对掌子面前方采用洛阳铲探孔，提前掌握掌子面前方地质情况，可以提前根据掌子面前方的地质情况调整开挖方法和支护参数。

（6）洞内对桩周土层进行注浆加固、采取隔离措施

暗挖施工过桥区部位时，土方开挖至桥区时，沿隧道开挖方向对在地面已切断的桥桩进行了工字钢支撑，初期支护施工中将采取对桩周土层进行注浆加固措施。然后按初期支护结构尺寸将侵限部分桩体凿除，用隔离材料将剩余桩体与地铁初期支护混凝土结构隔离分开，避免相互间干扰。

5. 施工监控量测

在施工过程中加强洞内和地面桥梁的监控量测，做好记录，发现问题及时采取措施并反馈给各个单位，做到信息化施工。

1）地面桥梁监控量测的主要项目

（1）检测沉降值；

（2）检测水平位移值；

（3）检测转角值；

（4）盖梁的观测值；

（5）结构裂缝的观测。

简支梁及盖梁结构设计为预应力混凝土 A 类构件，正常使用阶段应不开裂。墩柱及承台钻孔桩应在施工前、中、后随时检查及观测其裂缝情况。

监测项目的控制标准容许值及截桩后的最大实测值　　　　表例 3-1

项　　　目	容许值(mm)	实测值(mm)
地表沉降	30	15
地下管线沉降	20	10
桥墩、梁板的沉降	30	15
承台水平位移	3	2
两个承台不均匀沉降	5	3

2）预警值确定（F）

F＝容许值/实测值

当 F＜0.8 时，警戒。暂时停止施工，封闭掌子面，采用临时支撑等有效的处理措施，在洞内进行支护，进行补强处理，确认安全后，方可继续施工。

3）监测项目的延续时间

由于地层的变形、蠕动，地应力的传递是滞后于地层开挖的，因此地铁施工对桥梁基础的不利影响有可能发生在地铁施工后的一段时间，因此对于桥体的关键监测项目延长至地铁施工完成后的 3 个月，最终和桥体的正常维修养护测量频率一致。

6. 安全施工措施

1）地面保护施工安全措施

（1）承台体系转换施工选择在车流量较小的夜间进行，限制载重车的通行。车辆限速标志设置在稻香园桥南北来车方向 500m 处，车速控制在 20km/h。

（2）在稻香园桥东西两侧各安排 2 名人员对桥面结构稳固情况进行检查。

2）暗挖施工安全措施

（1）现场预备足够的抢险物资，防止出现意外情况。

（2）加强监测：开挖初期支护后，量测拱顶下沉及边墙收敛、地面下沉与隆起、格栅钢架内力，及时对数据进行分析，发现异常情况立即上报，并采取相应防护措施。

（3）洞内凿除旧桩侵限地铁结构部分，采取先切割后凿除方式。避免凿除时振动过大发生土体坍塌现象。

7. 结语

上述为在暗挖过稻香园桥施工过程中的一些施工实践和体会。同时为确保施工安全,各项措施工作必须考虑周全,要经过多方专家论证,细化施工方案和各项施工具体措施,制定详细的应急预案,以确保施工安全和施工的正常进行。

实例 4　成都地铁河中桥梁桩基托换施工技术

1. 工程概况

东门大桥地处成都市内环线内的繁华商业区,位于主干道下东大街和芷泉街连接处,横跨府河,是一座桩基单跨简支箱梁公路桥。原桥 1997 年竣工,桥宽 40m,分 2 幅,跨度 43.9m。基础桩桩径 1m,桩长 11m,梅花形布置,纵向 250cm,横向 295cm,承台横宽 6.05m,纵长 19.99m,厚 1.5m,每个承台 13 根桩,持力层为风化泥岩。成都地铁 2 号线春熙路站-东门大桥站区间盾构隧道左线自东门大桥桩基中穿过,根据对场地条件、工程地质、管线的调查以及城市各方面功能的要求,经多方研究比较,拟采用托台换桩的方法对桩基进行截断处理。需处理的桩东、西桥台各 5 根,共 10 根。东、西桥台与隧道位置关系见图例 4-1、图例 4-2。

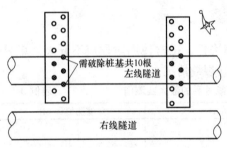

图例 4-1　隧道与桥台位置平面图

2. 工程及水文地质

根据钻孔揭示,场地内地层自上而下依次为第四系全新统人工填土层（Q_4^{ml}）、第四系全新统冲积层（Q_4^{al}）、下伏白垩系上统灌口组（K_{2g}）泥岩。

1）第四系全新统人工填土层（Q_4^{ml}）

杂填土:杂色。上部由砖瓦块混少量黏土等组成,下部厚为 2.0～5.3m 回填卵石。湿—饱和,连续分布,厚 2.5～8.5m。

2）第四系全新统冲积层（Q_4^{al}）

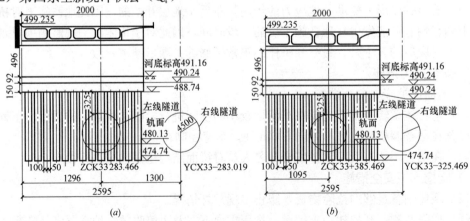

图例 4-2　隧道与桥台位置剖面图

(a) 西桥台立面图;(b) 东桥台立面图

卵石：灰色、黄灰色。卵石成分为岩浆岩、变质岩，弱风化为主；磨圆度好，多呈亚圆形；粒径一般为 3～10cm，最大大于 12cm。充填物以砂、砾石为主，含量 20%～45%，饱和，卵石土顶面埋深为 2.0～8.5m。

3）白垩系上统灌口组（K_{2g}）

基岩顶板埋深 10.9～19.1m，与上覆第四系地层呈不整合接触。据其风化程度可分为全风化泥岩、强风化泥岩、中等风化泥岩、微风化泥岩。

地下水主要为埋藏于第四系砂卵石层中的孔隙潜水，砂卵石层为主要含水层，具有较强的渗透性，渗透系数为 18～24m/d，由于周围地铁基坑施工降水，实测场地内地下水位埋深 9～11m，相应标高约为 490.00m。

3. 工程难点

1）场地小，各类管线多，交通繁忙，周边环境复杂。

2）工序繁多，牵涉多家产权单位，施工组织、协调困难。

3）托换施工必须在枯水季节完成，工期紧张。

4）托换体系受力转换完成前，桥台及承台的受力和变形控制困难。

5）托换桩作业空间小，机械无法作业，必须人工操作，周期长，难度大。

6）在流速大、水位高的河中进行围堰、降水，技术和风险难度大。

4. 托台换桩方案

先分别在台后施工围护结构（ϕ1000 钻孔桩＋锚索）（围护结构位置关系见图例 4-3）作为支护体系，再挖空台后土体，河中在台前分别围堰，开挖台前基坑，利用前后开挖出的空间在隧道范围外施工托换新桩，通过降水，将原有承台扩展，依靠托换桩和扩展承台将原桥支撑，下挖破桩通道，采用人工挖孔的方法将侵入隧道桩基破除。施工顺序和工艺见图例 4-4。

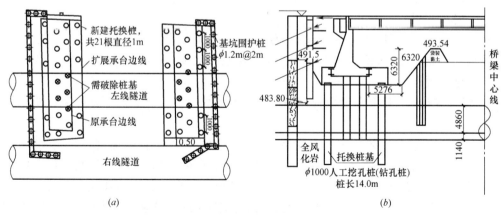

图例 4-3　东、西桥台基坑围护示意图

(a) 平面布置图；(b) 立面图

5. 实施步骤及方法

1）围护桩施工

基坑围护结构采用 ϕ1000 钻孔桩＋锚索作为支护体系，西台设计为 18 根桩，直径为 ϕ1000mm、长 13.6m，3 道锚索；东桥台设计为 18 根桩，直径 ϕ1000mm、长 14m，2 道

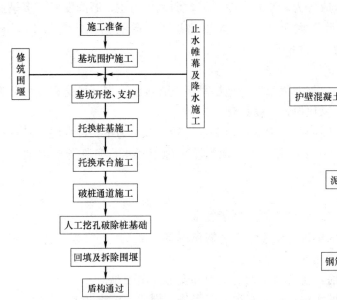

图例 4-4　桩基托换施工工艺流程图

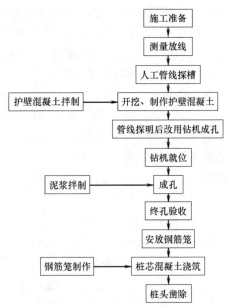

图例 4-5　围护桩施工工艺流程图

锚索。桩间距为 2m，C30 钢筋混凝土。

由于东门大桥施工区域管线较多，原台后填土中含有大量条石，围护桩上部 0～8m 采用人工挖孔，下部采用冲击钻孔，跳孔法施工。围护桩施工工艺流程见图例 4-5。

2）预应力锚索

锚索采用高强度低松弛钢绞线制作，规格为 7ϕ15.2，钢绞线设计强度为 1 220MPa。锚索与水平方向的夹角为 25°，竖向间距分别为 2.08m，3，3m（西部台后基坑），2.16m、2.5m（东部台后基坑），长 10.5～24.5m。

（1）施工流程

成孔采用液压锚固钻机，施工流程为：开挖基坑至设计位置—测量放线—安放钻机—钻孔—放入锚索—反向固结注浆—锚固段高压注浆—张拉—外锚头封闭。

（2）施工要点

① 锚索成孔的长度和角度应根据平面和空间做好计算，施工时严格控制，防止侵入隧道范围。

② 采用二次注浆工艺。第 1 次注浆采用反向注浆，注浆管随锚索一并放入到孔底，由底向外注浆，灰砂比为 1：0.5～1：1，应达到设计注浆量；第 2 次注浆在第 1 次注浆初凝之后，即注浆后 8～12h，利用预设的注浆管对锚固段进行高压注浆，注浆压力大于 2.0MPa，采用 P·O42.5 水泥，水灰比 0.45，加适量的早强剂，灌浆标准养护试块 28d 抗压强度不小于 30MPa。

③ 张拉与锁定。注浆体和冠梁混凝土强度达到设计值 70％后进行张拉，张拉采用小型千斤顶进行单根对称和分级循环张拉，可减少锚索的受力不均匀。张拉作业前必须对张拉机具设备进行标定，张拉机具应与锚具配套。张拉应分次分级进行，按对称张拉原则进行，必须待每根绞线张拉完一级后方可进行下一级的张拉。依次按此进行，直至张拉吨位。张拉完成 48h 内，若发现预应力损失大于设计值的 10％时，应进行补偿张拉，锚索

超张拉力为锚索设计拉力值的 1.05 倍。

3）围堰工程

（1）围堰计算

东门大桥处河道净宽 42.54m，河道断面为矩形，规划河底标高为 491.160m，两侧河堤的河床底部位置约有 2m 宽的混凝土板，河床底部有沉积多年的淤泥，厚度约为 1.5m，淤泥层以下为砂卵地层。设计洪水位 495.360m（200 年一遇），水深 4.2m，河道常年水位深度为 1.0m。

围堰堰顶高程确定按照淹没堰流公式计算水位壅高，其计算公式如下：

$$z = \frac{1}{\varphi^2} \frac{Q^2}{2gb^2h_s^2} - \frac{Q^2}{2gb_1^2(h_s+z)^2}$$

式中　z——上、下游水位差；

　　　φ——流速系数，随围堰布置形式而定，根据布置（图例 4-6），纵向围堰为梯形断面，取 0.82；

　　　b——束窄后过流宽度，计算中，应首先确定河底高程，再根据相应水位河床断面积求得；

　　　h_s——下游水深；

　　　b_1——原河床过流宽度。

式中各参数见表例 4-1。本计算中上游水深 $H = h_s + z$，根据水文资料，河水流量为 48m³/s，过流断面底高程可取 491.16m，经试算确定，水深 $h_s = 1.0m$。

初步拟定河底高程为 491.16m，水位壅高 0.88m，超高取 0.5m；堰顶高程为 493.54m，上游坡比 1∶0.75，下游坡比 1∶0.5，河底宽 12m，顶净宽 15.50m。

围堰采用袋装黏土堆码修筑，高 2.38m，堰顶宽度 1.5m，迎水面坡度 1∶0.5，背水面坡度 1∶0.75，过流断面 14.4m。

各参数取值							表例 4-1
Z(m)	Q(m³/s)	φ	b(m)	b_1(m)	h_s(m)	束窄段河床平均流速(m/s)	束窄度
0.88	48	0.82	14	40	1	2.0371	0.19

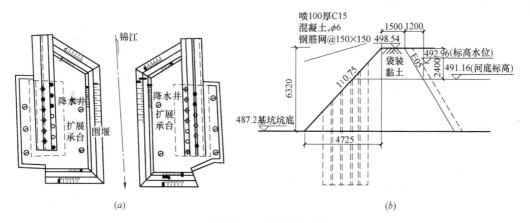

图例 4-6　围堰布置图

（a）平面图；（b）剖面图

（2）围堰施工

① 围堰施工流程。场地整平—搭设临时下河脚手架—测量放样—外层围堰修筑—抽排围堰内积水—清理围堰内淤泥至堰底—二次放样围堰位置—施工内层堰体及黏土隔水层—堰体防水处理及加固—堰内黏土回填—场地平整。

围堰施工按照从上游到下游施工原则进行，在下游进行合拢；堆砌的原则为上、下层和内外层应相互错缝，堆码密实整齐并整理坡脚，砌筑到顶部后要进行压顶施工。背水面按 1∶0.75 放坡，迎水面按 1∶0.5 放坡。在施工中围堰顶宽 1.5m 和河道过流断面14.4m 不得压缩。

在上游迎水面东、西两侧要求用圆弧进行过渡。西侧与迎水面形成 150°圆弧与北侧桥台连接部形成 122°圆弧；河道下游回水区堰体 86°圆弧过渡；东侧与迎水面形成 152°圆弧与北侧桥台连接部形成 118°圆弧；河道下游回水区围堰 94°圆弧。

② 施工注意事项。a. 采用麻袋装黏土，黏土以用手将土握紧成团，掷地能散为宜。干土、含有较多砂砾石和有机物杂质的土壤不宜使用。装填量为编织袋容量的 1/2～2/3，袋口用细麻线或细铁丝缝合。b. 内、外层中间加填黏土作止水层，黏土必须分层夯实，防止围堰漏水。c. 跌水范围及河底抛石护坡，减少冲刷影响。d. 设计围堰时，考虑一定的安全储备，流量、流速和水位按较大值计算；在原来围堰高度的基础上，施工时考虑加高 50cm，以防止水位迅速提高时河水倒灌进施工基坑内。e. 与水务局相关单位保持联系，随时沟通，第一时间知道水流量的变化。f. 安排专人对围堰上下游水位、流速等 2次/d 进行监测，掌握变化规律，一旦发现异常及时撤离坑内，保证人员和设备安全。g. 河中设置水位线标高，一旦水位达到设计标高立即撤离现场人员及机械。

4）施工降水

在整个托换施工过程中，地下水的处理是关键。根据实测情况，地下水位深度为 9～11m，而台后基坑深度为 11m，台后、台前基坑的降水可一起考虑；台后开挖时可不降水，减少施工干扰，在台前施工围堰后，统一进行降水。

东、西桥台台后基底位于含水砂卵石层，孔隙潜水丰富，且位于河中，地下水补给极为丰富；下部泥岩为不透水层。根据砂卵石地层降水经验，选择疏干井点降水方法，坑内剩余渗水和积水采用明排。降水井井位沿基坑外四周布置，在东、西承台基坑外分别布设5 口，伸入部透水层不小于 2m，井点沿开挖线外侧 1.0m 布置。

成孔采用泥浆护壁，冲击钻成孔，钻孔孔径为 600mm。成孔后下入内径 300mm、外径 380mm 的钢筋混凝土井管，其中滤水管为尼龙缠丝混凝土管。上部护壁管长为18.0m，下部滤水管长为 7.0m，管孔间填入粒径为 3～7mm 的砾石，形成井孔间过滤层，以达到最好的降水目的。

5）基坑开挖、支护

根据施工位置及空间尺寸，台前基坑为两面放坡开挖，坡率 1∶0.75，高度约6.32m，支护采用 100mm 厚喷射混凝土层、（ϕ8@150×150 钢筋网。土钉采用 ϕ48 壁厚3.5mm 钢花管，水平间距 1.0m，梅花桩形布置，竖向共 5 层，长 4～13m。台后基坑 0～5m 深开挖采用小型反铲挖机配合吊车从基坑正上方施工，使用吊斗出渣，竖向开挖深度根据锚索的上下间距，开挖后及时凿除开挖面的桩护壁混凝土、施做网喷混凝土，防止桩间土垮塌，每层开挖到锚索位置以下 0.5m 处。施工流程见图例 4-7。

6) 托换桩施工

托换桩设计为 21 根直径 $\phi 1$ 000mm、14m 长的 C30 钢筋混凝土桩；东桥台 10 根，西桥台 11 根，分别布置在既有承台两侧，如图例 4-3 所示。

(1) 成孔工艺及技术要求

根据场地条件和工期要求，托换桩采用机械冲孔法施工，施工工艺同"围护桩施工"。施工中应注意事项：①桩孔准确定位，平面距盾构隧道净距离不小于 80cm；②成孔采用冲击钻，由于

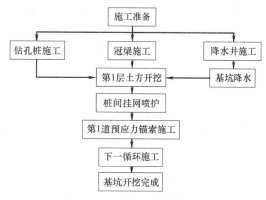

图例 4-7　基坑开挖施工工艺

作业平台在基坑底部，上面有横跨的管线，对钻机高度有限制，应做好计算，选择合适的钻机；③二次清孔后，要求桩底沉渣厚度不大于 100mm。

(2) 桩后压浆

为了增加托换桩桩底承载力，在制作钢筋笼时预埋 2 根后压浆管，采用钢管、丝扣连接，对称焊接在钢筋笼上，待浇筑完混凝土 5～7d 内吹通管，然后向桩底压浆。

注浆管采用 48×5 钢管，每节长度和钢筋笼分节相适应，节与节之间采用套管丝扣连接，底端长出钢筋笼 10～20cm，插入土中端部做成锥型，底端 1m 梅花形布置溢浆孔，孔眼直径 6mm，孔眼竖向间距 50mm，并用透明胶布或汽车内胎橡胶缠扎可靠。

① 在成桩后 1～2d 内，即可进行桩底压清水，将压浆管的包扎带在其外部混凝土尚未凝固完成时压破，打通管路。

② 在成桩 5～7d 后，即进行桩底压浆施工，压浆参数见表例 4-2。

桩底压浆施工参数 表例 4-2

起始桩体龄期(d)	持续时间(h)	水泥用量(kg)	灌注压力(MPa)	水泥浆水灰质量比
5	2	1000	1～5	0.5

③ 注浆材料：采用 P·O42.5 水泥和施工用水。在确保水泥浆强度、数量和注浆压力符合要求的前提下，掺加外加剂，增加水泥浆的和易性，保证压浆的连续性。

7) 扩展承台施工

(1) 新建扩展承台施工

在托换体系中，原承台两侧及下部设置 U 形断面的新建承台，荷载将通过新建扩展承台传递到托换桩上，从而达到托换的目的。

承台下方采用人工分段开挖，斗车运送渣土到台前，卷扬机出土。当开挖至坑底标高时，台底原有 13 根桩裸露 1.5m，既有承台全部处于悬空状态，为避免对桥梁及承台的扰动，应加强监测，异常时可采取增加支撑的措施。

① 钢筋绑扎。新建承台混凝土为整体一次性浇筑，钢筋绑扎也按设计尺寸及规范要求一次绑扎成型。托换桩主筋设计成喇叭形深入承台长度不小于 0.85m 遇到桩基时，在其前、后、左、右按"井"字形进行上、下 2 层 3 排 $\phi 28$ 钢筋加密布置。

② 混凝土浇筑。采用 C30P8 免振混凝土。为保证新建承台的浇筑密实，从原承台两

侧对称浇筑，通过振捣，将混凝土布满模板空间内，上部未浇筑的位置通过预埋的注浆管回填密实。

承台混凝土在 10d 且强度达到设计值的 70% 后，才允许进行底部破桩通道的开挖工作。

（2）新、旧承台的有效连接

为保证承台上的荷载能够传到桩上，就必须保证新建承台与原承台及桩的有效连接。为此，除在施工措施中对原有承台进行新旧混凝土界面凿毛、涂刷界面剂处理外，还应在设计中考虑增强侧面新、旧混凝土间的抗剪力，其荷载由承台侧面上的植筋来实现（见图例 4-8）。

植筋要求：$\phi12$ 钢筋间距 300mm，$\phi25$ 钢筋间距 300mm，植入深度不小于 $30d$。

（3）新、旧承台空隙处理

① 排气孔。在原承台上钻设 2 排 $\phi80@1000$mm 的排气孔，梅花形布置，钻孔须穿透原承台，在浇筑新建承台时作为排气孔和注浆孔，保证新、旧承台间混凝土密实和黏结。

② 水平注浆管。为保证下部新建承台筑浇密实，在原承台底部水平设置 1 排注浆孔，一端伸到承台中间，一端从侧面出露到混凝土面外，直径 80mm，间距 2m，东、西两边对称布置（图例 4-8），在下部承台浇筑不密实时回填砂浆或注浆。

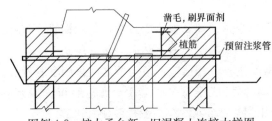

图例 4-8　扩大承台新、旧混凝土连接大样图

8）破桩施工

扩展承台施工完毕并达到强度后，在承台下方开挖 1 个高 2m、宽 3m 的破桩通道，通道采用人工开挖。先从新建承台前端向下开挖 1 个 2.0m×3.0m 竖井，通道口模筑混凝土进行加固；通道内 1：0.5 两面放坡，开挖后及时对坡面满铺 $\phi6$ 钢筋网片 @150mm×150mm 及喷射 100mm 厚 C20 混凝土。开挖的渣土由人工用小车推出通道口，再由卷扬机提升至基坑外。

桩基破除原设计采用千斤顶顶拔和人工破除两种方案，考虑到既有桩周摩擦力大小和计算值有不可预知的差值，顶桩难以实现。经研究，采用人工挖孔的方法破除，辅以静态爆破。

（1）人工挖孔

通道完成后，先将通道内承台破桩截断 2m，再割除钢筋，提供工作空间；再按人工挖孔的方法向下破桩，考虑到作业空间和临空面，挖孔直径按 2m 施工，既有桩内切于挖孔桩内，每开挖 1m 施做 1 次护壁钢筋混凝土，护壁钢筋用玻璃纤维筋代替，便于盾构通过。

由于在卵石和泥岩交界面上施工，降水并不能将地下水疏干，挖孔内必须配备水泵，作业时进行明排。

（2）人工破桩

施工顺序：人工挖孔—护壁混凝土—既有桩上钻孔—装填破碎剂—等待胀裂—人工风镐破除—割除钢筋—反复循环下挖直至将桩基全部破除完毕—桩孔回填，见图例 4-9。

（3）钻孔

钻孔采用 YT-28 型风动钻机，钻头十字形，钻杆长为 1m，钻孔深度按破除长度的

0.9 考虑，间距 20～30cm，布孔时避开钢筋。

（4）装药

混凝土破碎采用超力牌静态破碎剂，其特点是膨胀力大，最大可达到 122MPa（1220kg/cm²），反应时间短，最大膨胀力出现最短时间可在 10min 内。反应时间可在 10min～10h，本工程调节在 4h 左右。

装药时在药剂中加入 22%～32%（质量比）左右的水，拌成流质状态（糊状）后，迅速倒入孔内并确保药剂在孔内处于密实状态，用药量为 18～25kg/m³。

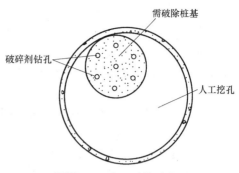

图例 4-9　人工破桩示意图

作业时必须佩戴防护眼镜并严格按说明进行。

（5）清除碎渣

人工风镐破除，安装小型卷扬机配合斗车将碎渣提出。

9）桩孔和基坑回填

破桩施工完成后，应对桩孔和通道基坑及时进行回填作业。

（1）桩孔采用砂卵石分层回填，浇水夯实，并每孔埋设 2 根 PPR 管，回填后注浆加固。

（2）破桩通道回填前先浇筑 20cm 厚钢筋混凝土板，防止盾构掘进时坍塌，然后和台前基坑一起采用卵石土回填，分层压实。埋设 PPR 注浆花管，回填后注浆填充、固结。

（3）台后基坑回填采用夯实土回填，应分层压实，每层的铺土厚度和压实遍数应满足规范要求，压实度≥90%。对于回填困难处，可采用水泥浆注浆压密回填，注浆采用纯水泥浆液，水泥浆液压力为 0.4～0.8MPa。

6.施工监测

为了及时收集、反馈、分析周围环境要素及桥梁结构在施工中的变形信息，实现信息化施工，确保基坑开挖、托换施工安全，对周边环境、围护结构、锚索、桥台倾斜、基础下沉等进行了全面监测。监测项目及要求见表例 4-3。

表例 4-3

基坑监测控制、预警标准[10]

项目	监测频率	控制标准	预警标准
围护结构水平位移	开挖及回筑过程中 2 次/d	20mm	14mm
围护结构及托换桩变形	开挖及回筑过程中 2 次/d	≤0.002H，且≤30mm	控制标准的 70%
地面沉降	围护结构施工及基坑开挖期间 1 次/2d，主体结构施工期间每周 4 次	20mm	14mm
地下水位	围护结构施工及基坑开挖期间 1 次/2d，主体结构施工期间 1 次/2d	开挖面下 1.0m	开挖面以下 0.5m
锚索拉力	在安装测力计后的最初 10d，1 次/d，第 11～30d，1 次/3d，以后每月测 1 次	设计值	控制标准的 70%
桥梁及基础监测	根据管线权属部门及规范要求确定	倾斜≤0.002，沉降≤20mm	控制标准的 70%
自来水管监测	2 次/d	≤10mm	控制标准的 70%
托换桩钢筋应力	预顶凿桩阶段 4 次/d，在特殊情况下连续监测	钢材标准强度	控制标准的 2/3

桩顶水平位移点 W-5 累计 X 方向位移为－1mm，Y 方向为＋4mm，桥台沉降点 WD-1、WD-6、ED-12、ED-13 最大沉降量分别为 －3.61mm，－3.08mm，－3.23mm，－3.21mm；管线沉降点 WSG-1 最大沉降量为-2.27mm。最终的监测结果显示，所有变形均未达到报警值，施工安全得到了保证。

7. 结论与讨论

1）由于场地狭小，各类管线众多，围护结构桩施工上部采用人工挖孔、下部采用冲击成孔，避免了管线破坏。

2）本工程最大的风险阶段是既有承台台下挖空后而未施工托换承台前，半幅桥所有荷载全部作用在 13 根基础桩上，必须加快施工进度，做好施工监测。从整个过程来看，未见异常沉降，设计检算和实际判断基本吻合。

3）施工中对地下水的处理是托换、破桩能否成功的关键步骤，过程中采取注浆止水的办法，效果不理想，通过帷幕注浆和管井降水相结合的方法是比较可行的，有效解决了富水砂卵石地层地下水对工程的影响。

4）旧桩破除采取人工挖孔的方法，在降水前提下是合适可行的，人工挖孔直径要足够大，以便有足够的作业空间，另外，辅助以破碎剂可以加快破除进度。

实例 5　深圳地铁 5 号线穿越南城百货商厦托换工程

1. 隧道穿越建筑物情况

南城百货商厦位于深圳罗湖区东晓路与太安路交叉口，始建于 2000 年，竣工于 2002 年，为一幢以地上 2 层为主、部分 3 层的钢筋混凝土框架结构；地下室一层为车库，地下室建筑面积约 4770m²，基础为柱下独立扩大基础加条基为主，局部为条形基础，位于第四系坡积层中。地面下土层由上至下分为：素填土、坡积黏土、粉质黏土、残积砂质性黏土、全-微风化混合岩，隧道结构范围内主要为残积砂质黏性土和全-强风化岩，结构松散。地下水水位为负 1.5m。

深圳地铁 5 号线怡景站—太安站区间与 7 号线接入段长约 210m，该接入段设计为矿山法暗挖区间隧道。区间经过南城百货地下段设计为重叠隧道，长约 78m。隧道沿东晓路呈东西走向，从南城百货商厦地下室东侧 2 根柱旁、7 根柱正下方穿过。隧道穿越建筑物的平面位置见图例 5-1。

若按照传统做法，为使隧道顺利通过，需拆除建筑物，则会对人民财产及国家资源造

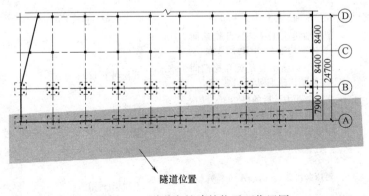

图例 5-1　隧道穿越建筑物平面位置图

成重大损失。或者按照常规做法,在地面上做桩梁式门字架托换施工,但是建筑物侧边没有布桩空间,无法实现门字架施工。只能在地下室展开作业面,否则只得拆除建筑物。

为保证商厦在隧道通过时和通过后的结构安全,且施工时不影响商厦的正常开业,不影响附近居民的正常生活,经过地铁公司项目部、设计单位、业主、施工单位、勘察单位等多方专家的深入研究,研发出新颖的单边支撑托换方案,采用一托一吊的方式将隧道上方建筑物的原荷载成功转移,据了解,该技术尚属全国首例,达到了良好的经济效果和社会效果。本工程于 2009 年 5 月开工,于 2010 年 2 月顺利竣工。建筑物使用至今,未出现任何质量问题,监测单位的监测数据显示目前该建筑物的沉降量仅为 $-0.3mm$。重叠隧道施工时间长、要求高,传统的托换方法无法满足要求,该项目隧道通过后建筑物的沉降量如此之小,全国实属首例,绝无仅有。本工程规模约一千万元,为业主避免了上亿元的经济损失。

该工程于 2011 年获得第三届广东省土木工程界詹天佑故乡杯,该奖项是广东省土木工程界的最高奖项。

2. 工程介绍

1)基础加固

(1)旋喷桩施工

本工程采用梁式托换形式处理。首先对托换区域进行旋喷桩施工,既对局部地基受扰动区域进行主动加固,又在基坑开挖时形成止水帷幕。旋喷桩采用地质钻机钻孔,孔深 10m,然后将旋喷管插至孔底,压力旋喷水泥浆液。相邻两桩之间咬合厚度为 25cm。

(2)静压钢管桩施工

然后在 B 轴原承台上进行静压钢管桩施工,采用无缝钢管,桩长 20m,单桩承载力设计值为 700kN。静压钢管桩施工顺序为:制作钢管桩、架设反力架、压桩、接桩、重复压桩,压桩时千斤顶压力为设计单桩承载力的 2 倍,最后采用 C30 混凝土封桩。

(3)嵌岩钢管灌注桩施工

接下来在 1/A 轴做托换嵌岩钢管灌注桩,采用 300mm 微型嵌岩钢管灌注桩,桩长 25m,单桩承载力设计值为 900kN。嵌岩钢管灌注桩的施工顺序为:钻孔、下钢花管(安装钢花管时需预留与桩基承台连接部分)、然后下注浆管、灌注 M20 水泥浆、下碎石、提注浆管。

(4)混凝土地板破碎及新做桩基承台

然后拆除地下室部分地板,在 1/A 轴做桩基承台。承台平面图为正六边形或正方形,制作承台时预留压桩孔。

(5)新做托换柱、斜撑和托换梁,旧结构加固

桩基承台混凝土达到强度后进行新增托换柱施工。同时,对 A、B、C 轴负一层的所有柱进行柱加大截面加固,对 A~C 轴区间的主梁进行梁加大截面加固,次梁采用梁底黏钢的加固方法。为减少隧道开挖时托换梁的挠度变形对 A 轴的影响,在 A 轴~1/A 轴之间需设置斜撑,斜撑采用钢筋混凝土结构。

这样,就形成了由托换桩、桩基承台、托换柱、斜撑和托换梁组成的托换体系。

2)托换预顶及封桩

为保证每根嵌岩钢管桩承载力满足设计要求,同时满足嵌岩钢管桩上顶荷载不大于柱

轴向荷载的要求，需对嵌岩钢管桩进行桩头主动托换预顶。首先对南侧 3 根柱的桩进行同步预顶，在嵌岩钢管桩上架设压桩架，利用千斤顶进行同步分级加载，加载过程分为三级，每级加载完成后稳压 15min，当加载至预顶值后，保持预顶装置稳定及结构体系监测值均在控制值以内。然后进行盾构施工，当盾构通过时，由于隧道上部的建筑物荷载已完成托换，所以不会影响建筑物的结构安全。当盾构行进到预顶托换桩对应位置时则停止，持荷 30min 后进行封桩，卸除千斤顶、主压桩架，型钢梁锁定装置不动，待桩头混凝土达到强度后，再卸除型钢梁锁定装置。

依此类推，接下来再对后 3 根柱的桩进行预顶、盾构施工，直至所有托换桩施工完毕。

3）施工监测

为保证托换体系及建筑物的整体安全，从施工前即对建筑物的沉降变形进行监测，并贯穿整个施工过程，直至盾构机通过后 3 个月。其中，变形观测点设置在托换梁轴向变形最大值位置，采用应变仪进行监测；沉降观测点设置在新桩中心的顶面，采用位移计进行监测。

本工程施工扰动因素造成的基础沉降变形应控制在 3mm 以内，托换荷载因素造成的基础沉降变形应控制在 2mm 以内。

4）地板恢复及袖阀管施工

3. 托换技术部分

1）托换技术特征概述

托换体系的构成：

（1）在 A 轴与 2/C 轴之间设立新增托换柱（即在地下室对应的隧道开挖边缘位置新增嵌岩钢管桩、承台、托换柱）。

（2）对 A 轴柱与 2/C 轴之间原有主梁进行加大截面处理，形成托换平衡梁。

（3）在每根新增托换柱脚与对应的 A 轴柱之间设置钢筋混凝土斜撑。

（4）将 A 轴侧面墙体进行加固，使 A 轴柱和侧墙由原来的受压构件变为受拉构件，形成吊杆。

将嵌岩钢管桩、托换柱、托换平衡梁、斜撑与吊杆杆形成稳定的托换转换体系，利用建筑物自身荷载的平衡，将 A 轴位置的荷载以两种方式实现托换：①把托换梁以上的 A 轴位置荷载托起来；②把托换梁以下的 A 轴位置荷载吊起来。该技术新颖科学，安全可靠，据了解，这在全国尚属首例。图例 5-2 是单边支撑托换体系（一托一吊）施工前后对比图。

本工程进行了三次调整桩头荷载施工：①因地下室部分地面凿除开挖，会破坏原有条基，故先采用锚杆静压钢管桩加固，再通过调整桩头荷载，使桩的承载力满足设计要求，保证施工期间建筑物不下沉。②嵌岩钢管桩及托换体系施工完成后，隧道开挖前，通过预顶调整桩头荷载，使桩完成沉降，保证了嵌岩钢管桩承载力满足设计要求，同时使建筑物托换部分略有抬升趋势。③重叠隧道开挖时，根据对托换结构的监测结果，在托换桩与托换承台之间实施快速调整桩头荷载预顶，保证托换结构与原结构的安全。

2）总体施工工艺流程

放线定位→压桩孔的制作→对 2/C 轴锚杆静压桩（含引导孔）调控桩头荷载加固→

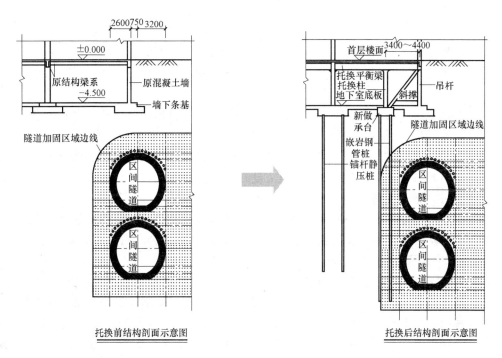

图例 5-2　"调控桩头荷载纠倾装置"应用

旋喷桩施工→在 A 至 2/C 轴之间做嵌岩钢管桩施工→混凝土地板切割与清理→做新托换承台（含预留压桩孔）→新做托换柱、斜撑和托换梁以及旧结构加固→调控桩头荷载→隧道开挖→调控桩头荷载→封桩头→地板修复→袖阀管灌浆→地面防水修复→监测。

托换工程施工期间、隧道穿越期间以及穿越后的使用过程的监测，均满足要求，达到了不开裂、不下沉的预期效果。

3) 主要技术指标

(1) 16～27 轴交 A～2/C 轴区域内横向框架梁之间的原梁跨为 7900mm，现通过新设的托换柱，分为短跨梁与悬臂梁；

(2) 原 A 轴与 1/C 轴之间原有 10 条横向框架梁的梁跨＝7900＋8400＝16300mm，进行加大截面处理后，形成 1200mm×1200mm 的新托换梁，弯矩 M＝5771.8kN·m；

(3) 每个新增承台基础为 6 根微型嵌岩钢管桩，基础最大竖向承载力增加 6×900＝5400kN；

(4) 新增设的托换支点柱相邻的每个 2/C 轴柱位基础，利用锚杆静压桩先做基础加固处理，基础最大竖向承载力增加 4×700＝2800kN；

(5) 原 A 轴、1/C 轴、2/C 轴的所有柱均为 500mm×500mm，进行加大截面处理后，新截面为 800mm×800mm；

(6) 在托换转换过程中，为保证托换过程、隧道施工过程以及完工后被托换建筑物的安全使用，托换桩为微型嵌岩钢管桩，托换桩的桩底标高要求在隧道底以下不小于 1m。

4. 科技创新内容

1) 托换体系设计与科研创新

(1) 在 A 轴与 2/C 轴之间设立新增托换柱（即在地下室对应的隧道开挖边缘位置新

增嵌岩钢管桩、承台、托换柱）；

（2）对 A 轴柱与 2/C 轴之间原有主梁进行加大截面处理，形成托换平衡梁。

（3）在每根新增托换柱脚与对应的 A 轴柱之间设置钢筋混凝土斜撑。

（4）将 A 轴侧面墙体进行加固，使 A 轴柱和侧墙由原来的受压构件变为受拉构件，形成吊杆。

这样就形成了由嵌岩钢管桩、托换柱、托换平衡梁、斜撑与吊杆杆组成的单边支撑托换体系，通过一托一吊，利用建筑物自身荷载的平衡，将 A 轴位置的荷载以两种方式实现托换：①把托换梁以上的 A 轴位置荷载托起来；②把托换梁以下的 A 轴位置荷载吊起来。该技术新颖科学，安全可靠，据了解，这在全国尚属首例。

2）托换体系施工创新

本工程创造性地应用了一种调控桩头荷载纠倾装置专利技术，该技术通过了广东省建设厅科技成果鉴定，达到了国内领先水平，并于 2009 年被评为广东省省级施工工法。

本工程进行了三次调整桩头荷载施工：

（1）因地下室部分地面凿除开挖，会破坏原有条基，新设的托换支点柱位置与 2/C 轴旧柱相距较近，为避免建筑物部分基础承载力减弱而引起的附加沉降，保证施工时旧柱地基的承载力不受影响，对新增设的托换支点柱相邻的 2/C 轴柱位基础，采用锚杆静压桩先做基础加固处理。再通过对 2/C 轴锚杆静压桩桩头与柱基础之间进行调整桩头荷载，使桩的承载力满足设计要求，保证施工期间建筑物不下沉。此外，由于地下水位为 -2.1m，地下室地面为 -4.5m，故在凿除地板前做旋喷桩，既对局部地基受扰动区域进行主动加固，又在基坑开挖时形成止水帷幕，减少建筑物的附加沉降。由于地下室高度不够，本工程采用的是改装后的单管旋喷机械。

（2）嵌岩钢管桩以及托换体系施工完成后，隧道开挖前，通过在嵌岩钢管桩桩头与托换桩基础承台之间实施预顶调整桩头荷载，使桩完成沉降，保证了嵌岩钢管桩承载力满足设计要求，同时使建筑物托换部分略有抬升。

（3）重叠隧道开挖时，根据对嵌岩钢管桩及上部托换结构的监测结果，在托换桩与托换承台之间实施快速调整桩头荷载预顶，保证托换结构与原结构的安全。托换梁、托换柱和斜撑预顶施工上抬量不得大于 3mm，且裂缝不得大于 0.3mm 为控制标准。预顶完成后，为避免隧道开挖过程中水位下降可能引起建筑物地下室底板以下土体失水沉降，对该区域采用袖阀管灌浆法（Soletanche 法）加固地基土层，将水泥浆透过劈裂、渗透、积压密实等作用，与土体有足够时间重复结合形成较高强度的水泥土固结体和树枝状水泥网脉体。

本技术对上部结构无任何损害，不影响建筑物的正常使用；施工过程可控性好，安全、平稳，不会发生风险。重叠隧道施工完成后一个月，建筑物的沉降及变形趋于稳定后，再拆除千斤顶，进行锁桩及封桩处理。

本工程通过 6 个月的精心施工、精心组织工艺流程，确保在不影响 ±0.00 以上正常使用的条件下（即不需搬迁），为业主大幅度节约了成本，极大地降低了造价，具有良好的经济效益和社会效益、环境效益。

托换工程施工期间、隧道穿越期间以及穿越后的使用过程的监测，均满足要求，达到了不开裂、不下沉的预期效果。本托换工程获得了本领域国内外专家的好评：具有良好的引领和示范作用，推荐在同类工程中借鉴使用。

3）施工监测技术的创新

根据住房和城乡建设部十项新技术中的"施工过程监测和控制技术"9.2.3 项主要技术指标，本工程采用智能化静态应变测量系统及先进的电子设备、警报系统（包含电子位移计、裂缝宽度测试仪、裂缝深度测试仪、钢筋位置测定仪等）进行托换结构健康监测的数据采集、传输、分析以及后处理；从施工前开始，贯穿整个施工过程，直至隧道施工穿过后半年；定期提交监测报告，做到信息化指导施工，施工期间监测频率为每天不少于3 次。

（1）在托换施工期间，对下列项目进行监测：①构筑物沉降、倾斜和裂缝；②托换梁的拉伸变形；③基础的沉降变形；④托换梁的轴向变形、反拱挠度和裂缝；⑤地下水位；⑥新增基础、原基础的高程观测。

（2）在托换施工完成后，对建筑物沉降及裂缝进行监测。

4）"绿色施工"的创新应用

我司将绿色施工有关内容分解到 ISO 9001：2008 质量管理体系的目标中去，使绿色施工规范化、标准化，在保证质量、安全等基本要求的前提下，通过科学管理和技术进步，最大限度地节约资源与减少对环境负面影响的施工活动。本工程在规划、设计阶段，已经充分考虑绿色施工的基础条件和总体要求，进行了总体方案优化；从设计到施工，一直优先考虑环境效益、社会效益及业主的经济效益，确保不影响±0.00 以上正常使用（即不需搬迁），大幅度节约了成本，极大地降低了造价。

（1）环境保护方面

① 所有施工均在地下室内进行，未占用公共空间；

② 调控桩头荷载纠倾技术等施工工艺使用的专用装置构造简单，不需要大型机具，不会造成施工噪声或扰民问题；

③ 没有使用或排出对周边环境有侵蚀性的有害物质，保护了生活及办公区域不受施工活动的有害影响；

④ 在扬尘控制、噪声与振动控制、光污染控制、水污染控制、土壤保护、建筑垃圾控制、地下设施和资源保护这几方面均取得明显的环保效果。

（2）节地与施工用地保护方面

① 因为采用了新颖独特的施工布局设计，避免了按常规的桩梁式门字架托换方法进行施工时，必须在地面上开挖基坑，因而占用道路、影响交通等重大社会问题；

② 地下室地面修复后，仅增加了托换柱及斜撑，且部分梁柱截面加大，对原使用功能基本没有影响，确保了该建筑物在隧道穿越后的正常使用；

③ 施工平面布置科学、合理、紧凑，在满足环境、职业健康与安全及文明施工要求的前提下尽可能减少废弃地和死角，使地下室停车场在施工期间受影响面积降到最小；

④ 采用旋喷止水帷幕对新增承台的基坑施工方案进行了优化，减少了土方开挖和回填量，最大限度地减少了对建筑物的扰动。

实例 6　地铁隧道穿越桥梁桩基的托换施工技术

1. 工程概况

根据上海轨道交通线路的线路规划，其中的某区间隧道将从位于城区主干道上的跨河桥梁的桩基中穿越。作为城市的主干道之一，该路段车辆通行频繁，交通流量十分巨大。拟穿越的桥梁为 3 跨简支梁结构，跨度分别为 6m、13m、6m，宽度为 30m，设桥台、桥墩各两座。桥墩采用 23 根 $400mm \times 400mm$ 的钢筋混凝土方桩为基础，桩长为 26m，桥台采用 14 根 $400mm \times 400mm$ 预制钢筋混凝土方桩为基础，长度为 27m。轨道交通线路与桥梁的相对位置如图例 6-1 所示。区间隧道在施工穿越时，受影响的桩基在每个桥墩处为 5 根，在每个桥台处约为 3～4 根，共有 33 根。

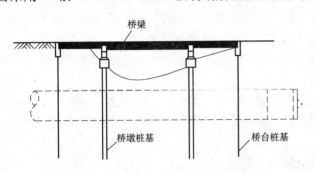

图例 6-1　桥梁结构与隧道的相对位置图

2. 工程地质

根据地质勘察报告，场区范围内地层自上而下依次为：①1.16～3.8m 不等的填土，② 灰黄～灰色黏质粉土夹粉质黏土，③灰色砂质粉土，④灰色淤泥质黏土，⑤灰色黏土，⑥暗绿～草黄色粉质黏土，⑦草黄～灰色砂质粉土，各土层的主要物理力学性质见表例 6-1。

场区范围内土层物理学性质参数表　　　　　　表例 6-1

层号	土层名称	土层范围 (m)	孔隙比	密度 (kg/m³)	含水量 (%)	压缩系数 (MPa⁻¹)	摩擦角 (°)	黏聚力 (kPa)
①₁	填土	$+3.87 \sim +1.16$						
②₃₋₁	灰黄～灰色黏质粉土夹粉质黏土	$+1.16 \sim -7.69$				0.49	20.0	4.2
②₃₋₂	灰色砂质粉土	$-7.69 \sim -10.04$	0.93	1.86	33.8	0.34	22.5	2.6
④	灰色淤泥质黏土	$-10.04 \sim -13.24$	1.29	1.74	42.9	0.85	13.0	9.8
⑤₁₋₁	灰色黏土	$-13.24 \sim -17.24$	0.96	1.84	32.4	0.49	12.0	8.4
⑤₁₋₂	灰色粉质黏土	$-17.24 \sim -21.04$	0.61	2.06	20.7	0.24	17.0	33.3
⑥	暗绿～草黄色粉质黏土	$-21.04 \sim -25.24$	0.29	2	23.7	0.26	20.0	27.7
⑦₁	草黄～灰色砂质粉土							

拟建场地地下水主要有浅部粉土层中的潜水，深部粉土、砂土层中的承压水。据区域资料，承压水位一般低于潜水位。浅部土层中的潜水位埋深，离地表面 0.3～1.5m，年平均地下水位离地表面 0.5～0.7m。深部承压水位（第⑦层），埋深在 3～11m，通过现场试验测得第⑦1 层承压水水位埋深为 5.9m。

盾构通过沙泾港桥时，盾构顶部标高为 $-6.00 \sim -7.00m$，盾构穿越部分土体为灰黄—灰色黏质粉土、夹粉质黏土、灰色砂质粉土、灰色淤泥质黏土。盾构覆土厚度 7～8m，盾构底部距离⑦1 层层面有 l2m 。

3. 工程难点

对于隧道线路穿越既有构筑物的情形，一般在进行规划时选择避开既有结构物的线路。但本工程中地铁车站就在桥梁附近，因此隧道平面位置无法变更；同时，根据目前规范的曲率半径，即使用最大坡度来设计，隧道也无法绕开桩基础；再次，桥梁周围均为住宅小区，考虑到拆迁费用昂贵，如果搭建便桥、拆除旧桥、再建新桥的方案也是不可行的。

基于修改轨道线路的不可能性，同时考虑到地面道路为上海市南北向的主干道之一，白天及晚上都有较大的车流量，施工时需要尽可能不对地面交通有影响。所以，基于上述条件和考虑方法，建议对桥墩及桥台实施托换施工，同时对形成障碍物的桩基实施清除。

4. 桩基托换原理及施工方案设计

1）桩基托换原理

托换原理就是用一种新的受力体系来替换已有的受力体系。根据给新的受力体系转换荷载过程的不同，托换技术分为两种方式：一种是主动托换技术，一种是被动托换技术。桩基的主动托换技术是在原桩切桩之前对新的受力体系施加荷载，消除部分新的受力体系的变形，使得托换后的新的受力体系的变形控制在较小的范围。被动托换技术是在原桩切桩的过程中将荷载传递到新的受力体系上。

本工程中盾构穿越桥梁桩基时采用被动托换技术，即当阻碍盾构穿越的桩基被拔除后，桥梁的荷载将被转换到扩大的板式基础上。其原理如图例6-2所示。

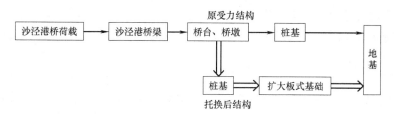

图例6-2　沙泾港桥基础托换过程受力转换图

2）施工方案

由于桥梁所处的位置、周围环境以及组织正常交通能力的要求，不可能再采取以往那种先拆桥、再拔桩的方法使盾构顺利通过，而必须采取其他有效的措施，使得在不中断路面交通和确保正常交通能力的情况下盾构顺利通过桥梁下桩基础，为此，提出了扩大板式筏基托换方案。

（1）扩大板式筏基托换法方案的主要内容

通过在桥下施做扩大板式筏基，并与桥下桩基础相连接，使得桩基上所承受的荷载部分转换到板式基础上，再由板式基础传递到地基上，从而实现荷载转移；所采用的刚性扩大板式筏基位于桥梁的垂直投影范围区域，并与桥梁同长、同宽；扩大板式筏基与其上方的桩基，桥台、桥墩连成一个箱式整体，共同支撑桥梁的荷载。

（2）扩大板式筏基托换方案的具体施工步骤

① 施工准备及机械设备、材料进场。

② 桥梁两侧桥台背面的开挖，挡墙的施工，同时要加固挡墙背面的土体，防止塌方造成不必要损失。

③ 桥梁南、北两侧围堰的施工。当围堰施工到2/3以后，进行临排施工；临排施工完毕，桥下挖土至-0.8m，采用旋喷桩加固桥垂直投影范围内的土体。

④ 当围堰施工过桥梁一端的桥台、桥墩后，可施工桥台、桥墩间的支撑及系梁。围堰施工完毕后，再施工另一端桥台、桥墩间的支撑及系梁。

⑤ 在桥梁下方的垂直投影范围内进行旋喷桩加固，随后在其上方浇筑混凝土垫层，待其达到强度标准后，再浇筑钢筋混凝土底板；混凝土板厚1 300mm，浇筑完毕后，养护28d。

⑥ 在混凝土板达到预定强度后，盾构便可推进并通过桥下桩基础，对于盾构遇到的

障碍桩基础可采取盾构直接切桩的办法加以清除。

5. 主要的施工工艺

1) 围堰施工工艺

在桥梁的南北两侧设置围堰，施工围堰的目的，把桥梁下方的水抽干。用振动锤打设钢板桩，小齿口连接。两侧对称施打，当打完一段后，在钢板桩顶部做一道围檩。围檩采用 32 号钢板桩，围檩的中心标高在拉森桩桩顶往下 1.5m 左右。在围檩和钢板桩上割洞，用 25mm 的螺纹钢贯穿两侧的围檩和钢板桩，将螺纹钢焊在两侧的型钢上，间距 1m。新填筑围堰基础必须清理干净，即清除表层浮淤泥或杂土，对水下部位则可适当加大底部填筑宽度。水下部分围堰表面用草包装土，排放水中，规则排放。围堰两端与原河岸（或堤头）交界处应形成阶梯形接台面，当接合面有护砌时应临时拆除，待围堰拆除后恢复。围堰内积水排干后，及时对围堰内坡进行修整，并补土表面夯实，以满足设计断面尺寸。围堰内侧坡脚应设反滤及排水沟，当滤水或渗水严重时应增加覆盖。同时在上游面增铺防渗土工织物，防止因渗漏水引起围堰的损坏。围堰中间采用袋装土和分层回填黏土填实。

2) 临排施工工艺

临排在围堰施工完成 2/3 后进行，采用 6 台轴流潜水泵（上游 2 台，下游 4 台）及 ϕ700mm，壁厚 6mm 钢管进行调水。施工时在两侧围堰外 1.5m 处、靠近两侧防汛墙边各搭设 2 只墩台（顶标高 3.8m），用 60 号槽钢架于墩台之上作为轴流潜水泵工作平台。围堰内西侧、防汛墙边各搭设 3 只墩台，围堰内东侧、防汛墙边各搭设 2 只墩台作为钢管支撑，墩台标高 2.5m，临排钢管共设 4 道，钢管 9m 一节、电焊连接，连接处另用钢套管加固保证接缝处不断裂、不漏水。

3) 支撑施工工艺

桥墩、桥台间第一道支撑、第二道支撑及系梁施工与围堰施工交叉施工，桥墩间第一、二道支撑桥下抽水后施工。支撑施工前首先要在桥墩（桥台）上安装支撑部位预先进行"植筋"（每根型钢每端植入 2 根）：先用专用钻机在桥墩（台）相应位置打钻直径 40mm 孔洞（深约 30cm），随后注入胶水，最后将预先准备好的直径 32mm 螺纹钢筋插入。待钢筋与桥墩（台）完全黏结为一体后在外露钢筋端焊接钢板。利用人工配合千斤顶将直径 508mm 钢管吊装至预定位置，焊接到钢板上。

4) 挖土施工工艺

由于桥下作业面极其狭小且受净空限制，机械设备无法使用，所以桥下挖土工作全由人工进行，作业人员自最东侧开始，将渣土驳运至桥西侧由长臂挖机清运至土方车上外运，按人均 4m³/d 计算，安排足够施工人员 24h 施工，以最快的速度完成土方开挖工作。

5) 挡墙施工工艺

为了确保桥台加固时有足够的作业空间，在桥梁两侧采用高压旋喷桩复合重力式挡墙（图例 6-3）。该旋喷桩挡墙宽 6.30m，高压旋喷桩采用三重管法，桩径 1600mm。桩与桩之间中心距为 1200mm，旋喷桩桩长 22.7m，位于加固区内的旋喷桩桩底同加固深度底标高，正方形布置，在旋喷桩挡墙内外排桩身内插 H 型钢 300mm×300mm×10mm×15mm，其中靠近坑内的内排桩"每桩插一"，外排桩"跳一插一"，H 型钢总长 12.0m，为避免影响盾构掘进，在盾构隧道区域的内插型钢底标为盾构顶标高上方 0.5m，型钢上部以 600mm×400mm 钢筋混凝土冠梁连成整体，内外排冠梁间隔 3.6m 设 400mm×

400mm 系梁相连,内排冠梁与桥台支座密贴。

6)隧道内除桩施工工艺

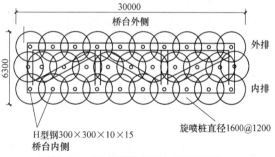

盾构进入加固区,放慢掘进速度,盾构刀盘慢慢贴近拟除去的桩基。在盾构机刀盘离桩体约 50cm 时停止掘进,通过螺旋机将土舱土体尽量清理干净后由工作人员走出盾构人行闸门,将桩基周围土体清除,待影响盾构推进的桩体暴露出来后实施爆破除桩。

由于开挖面工作状况较差,完全用人工除障效率较低,故采用人工清理和

图例 6-3 桥台背后挡墙加固示意图

松动爆破相结合。主要工序包括:采用松动爆破的方法(附爆破方案),将桩爆破碎裂,在实施爆破作业前,人员、设备全部撤出人行闸,并关闭人行闸二道气密门;经人工适当打凿,使混凝土块脱离钢筋;割断钢筋,将桩的残留物通过人行闸搬出。

6. 结论

随着地下工程越来越广泛的应用,需要更多的新型的成熟的工艺来支持地下工程的施工。本实例介绍了某轨道交通线路区间隧道穿越桥梁桩基托换施工技术,采用的是地基加固、扩大式板式筏基、隧道内除桩的施工工艺,同时在施工时应加强监控量测、及时反馈,做到信息化施工。因桩基托换方法很多,必须因地制宜地采用不同的托换方法。

实例 7 盾构穿越桥梁桩基的托换及拆除桩施工技术研究

1. 工程概况

根据上海轨道交通 10 号线的线路规划,其中的曲阳路站—溧阳路站区间隧道将从位于城区主干道四平路上的跨河桥梁——沙泾港桥的桩基中穿越。作为城市的主干道之一,该路段车辆通行频繁,交通流量十分巨大。拟穿越的桥梁为 3 跨简支梁结构,跨度分别为 6m、13m、6m,宽度为 30m,设桥台、桥墩各 2 座。桥墩采用 23 跟 400mm×400mm 的钢筋混凝土方桩为基础,桩长为 26m,桥台采用 14 根 400mm×400mm 预制钢筋混凝土方桩为基础,长度为 27m。区间隧道在施工穿越时,受影响的桩基在每个桥墩处为 5 根,在每个桥台处约为 3~4 根,共有 33 根。

桥梁周边管线众多、建筑物林立。比较重要的地下管线:桥东侧有电力电缆桥一组、ϕ1500 上水管一根、电话线缆一组等;桥西侧有 ϕ300、ϕ700 煤气管各一根,ϕ300 上水管一根,41 孔、30 孔电话电缆各一组。距离桥梁最近的重要建筑物:桥西南侧有一在建高层,其角部距离道路边线 11m;桥南侧 15.2m、距四平路边线 4.69m 为单层四平泵站 1座;桥东南侧为 24 层新兴大楼;桥东北侧为一座 4 层砖混楼房;桥北侧为拟建 10 号线曲阳路车站南端头井,桥梁施工时正处施工阶段;西北侧曲阳路口为华西证券大厦。

2. 工程难点

目前,对于隧道线路穿越既有建(构)筑物的情形,一般在进行规划时选择避开既有结构物的线路,但经常有各种实际情况使得隧道线路无法避开既有结构物。针对本实例中隧道线路无法避开既有桥梁基础时,以往通常采用的施工方法是:搭建临时替代桥梁→交通改道、拆除旧桥、拔除桩基→盾构推进→施工结束后,修建新桥→恢复原有交通最终拆

除临时桥梁。若这样做，就需要修建两座桥梁、拆除两座桥梁，并且工期长、造价高、风险大、社会影响大。但如果采取托换及除桩施工方法，即在保证既有桥梁结构使用功能的基础上，通过一系列施工技术达到拔桩或截桩技术，达到盾构顺利推进的目的，可节约工期、降低造价、降低风险、尽可能减少对社会的影响，同时也符合上海地铁建设新形势的需要，有利于提高上海地铁建设水平，具有良好的社会效益和经济效益。

3. 桩基托换及除桩施工方案

考虑到老桥现状、盾构影响范围（盾构穿越沙泾港桥估计共需处理约 33 根桩）及四平路交通情况后（四平路为城市主干道，交通量十分巨大，施工时应尽可能保证道路正常的通行能力），以及施工难易程度，将桥梁的桩基础托换成扩大的板式基础，即通过受力体系转换，将沙泾港桥由桩基础转换成底板基础。转换后，盾构推进时所遇到的桥桩均可被截断、清除，而不会影响桥梁的正常使用。

由于上海地区浅层土的承载力较低，因此扩大基础底板下的土基必须加固，且地基土的沉降变形应满足桥梁安全运行规定的技术标准。考虑到今后沙泾港桥的改建，在桥梁基础托换计算时，将桥梁的荷载标准适当提高。综合考虑扩大基础底板下的土基的加固和盾构过沙泾港桥桩基工况土体加固要求，采用三重管旋喷桩加固施工工艺。

1) 两侧桥台背后地基加固

桥台背后进行地基加固的目的是为了在桥台背后形成重力式挡墙支撑结构，确保在桥梁下方进行基坑开挖所需要施工空间的安全稳定。结合工程的实际情况，并经多方案分析比较，最后决定采用高压旋喷桩复合重力式挡墙的围支护方案。

旋喷桩挡墙宽 6.30m，高压旋喷桩采用三重管法，水泥掺量 25%，桩径 1 600mm，桩与桩之间搭接 300mm，旋喷桩桩长 22.7m，位于加固区内的旋喷桩桩底同加固深度底标高，正方形布置；为了增加重力式挡墙的强度，在旋喷桩挡墙内外排桩身内插 H 型钢 300mm×300mm×10mm×15mm，其中靠近坑内的内排桩"每桩插一"、外排桩"跳一插一"，H 型钢总长 12.0m，为避免影响盾构掘进，在盾构隧道区域的内插型钢底标为盾构顶标高上方 0.50m；型钢上部以 600mm×400mm 钢筋混凝土冠梁连成整体，内外排冠梁间每隔 3.6m 设 400mm×400mm 系梁相连。内排冠梁与桥台支座密贴，以使桥面板梁能兼作发挥水平支撑的作用。

图例 7-1 围堰施工及地基加固示意图

2) 围堰施工及桥基范围外河床加固（图例 7-1）

河内围堰修筑的主要目的是为了确保桥下基坑顺利开挖，并对桥墩和桥台进行补强加固提供足够的作业空间，同时也是为了避免对河水的污染。根据上海市水务局的要求，该河道断流必须同时兼顾虹口港水系的调水功能。施工顺序如下：

（1）桥梁两侧 2/3 部分围堰施工；

（2）围堰内桥台与桥墩之间各敷设两根直径 φ700×6mm 钢管，并与围堰外沙泾港河连通；（3）剩余 1/3 部分围堰施工，并采用水泵（连接至预设钢管端头）抽水保证沙泾港水体流通；（4）待围堰合拢后抽水，对四平路桥两侧河道内靠近桥边沿各布置两排高压旋喷桩，桩径 $\phi1600mm$，搭接 300mm，桩底标高 -16.7m；（5）对桥梁四个角点处进行压密注浆加固，形成闭合维护。

3）临时排水施工

沙泾港是虹口港水系中的一条支流，上游南接虹口港，下游北通走马塘，全长约 6.5km，担负着虹口区沙泾港两岸 96% 防汛排水的任务以及虹口港水系的调水冲污的作用。本工程位于四平路，距虹口港约 2.0km，至走马塘约 4.5km，该处现状河口宽 35m，河底标高约为 0.2m。沙泾港沿线共有 9 个市政泵站，其中 6 座为防汛排涝泵站，这些泵站雨水配泵流量合计约为 $55.40m^3/s$。施工过程中，在桥下基坑内铺设 4 根 $\phi700mm$ 钢管临时排水（钢管底标高 +2.5m，布置于桥台与桥墩之间），在沙泾港东侧（上游方向）配备 4 台功率为 75kW 的水泵，沙泾港西侧（下游方向）配备 2 台功率为 75kW 的水泵以满足在非汛期的临排要求。施工时在两侧围堰外 1.5m 处、靠近两侧防汛墙边各搭设 2 只墩台（顶标高 3.8m），用 60 号槽钢架于墩台之上作为轴流潜水泵工作平台。围堰内西侧、防汛墙边各搭设 3 只墩台，围堰内东侧、防汛墙边各搭设 2 只墩台作为钢管支撑，墩台标高 2.5m，临排钢管共设 4 道，钢管 9m 一节、电焊连接，连接处另用钢套管加固保证接缝处不断裂、不漏水。

4）桥下基坑开挖

由于桥下作业面极其狭小且受净空限制，机械设备无法使用，所以桥下挖土工作全由人工进行，作业人员自最东侧开始，将渣土驳运至桥西侧由长臂挖机清运至土方车上外运，按人均 $4m^3/d$ 计算，安排足够施工人员、24h 施工，以最快的速度完成土方开挖工作。在挖土过程中，切实做好截水、排水措施，防止地表水及雨水边坡冲刷和坍塌。在挖、填土区域，安排施工员进行现场指挥，负责协调，解决施工中出现的矛盾，并负责监督施工质量和安全。

5）支撑架设

桥墩、桥台间第一道支撑、第二道支撑及系梁施工与围堰施工交叉施工，桥墩间第一、二道支撑桥下抽水后施工。支撑施工前首先要在桥墩（桥台）上安装支撑部位预先进行"植筋"（每根型钢每端植入 2 根）：先用专用钻机在桥墩（台）相应位置打钻直径 40mm 孔洞（深约 30cm），随后注入胶水，最后将预先准备好的直径 32mm 螺纹钢筋插入。待钢筋与桥墩（台）完全黏结为一体后在外露钢筋端焊接钢板。利用人工配合千斤顶将直径 508mm 钢管吊装至预定位置，焊接到钢板上（图例 7-2）。

6）桥下扩大式底板托换及土体加固

图例 7-2 桥下基坑开挖及钢管支撑架设的现场施工照片

图例 7-3　桥台下桩基外包隔墙施工的现场照片

在桥下基坑土体开挖到设计深度后，即可进行底板混凝土基础的施工，与此同时，也对桥墩和桥台下开挖暴露出来的桩基包裹一层钢筋混凝土层形成隔墙，并与底板、上部桥梁结构形成箱形结构，构成新的受力体系，从而实现将荷载由桩基转移到筏板基础上（图例 7-3）。

由于河床上软土的地基承载力较低，因此扩大基础底板下的土基必须加固。桥下加固区域为四平路桥面垂直投影范围，采用旋喷桩在该区域满堂加固，桩径 1500mm，桩间距为：1200～1300mm，旋喷加固标高为 -16.7～-2.5m。同时，考虑到下一步盾构还需要从筏板下穿过并将障碍桩基切除，故扩大基础底板下的土基必须加固，为此，在施工筏板时，在其上还预留了相应的注浆孔。

7）盾构推进及障碍桩基切除

在底板托换完成并对筏板下土体进行加固后，盾构便可继续推进，直至遇到桥台下桩基。本次隧道盾构在沙泾港桥桩基间穿越，迎面共需处理约 33 根桩。由于桥基基础土体虽经混凝土旋喷托换加固处理，盾构穿越时，仍可能有地下水的渗透，如有较大的渗水量，一方面造成工作面作业困难，另一方面也可能使周边土体、环境、地面道路等失水过量产生不良影响，存在一定安全施工隐患。另外，如果采用人员走出盾构机的头部刀盘外端到土舱开挖面中进行人工凿除桩基作业，安全性难以保障，故本工程采用盾构机直接切桩的办法。

由于桥下桩基均为两接头桩，并且桩的接头部位几乎正对应在盾构刀盘的中心部位。当刀盘在切桩时，如果接头部位松脱导致桩体倾斜，将会造成切桩困难。因此，在实际施工中，为确保顺利切桩，需对桩周土体进行适当加固。具体的加固范围：长度方向（即盾构推进方向）：迎桩面 3m、背桩面 6m；宽度方向：盾构开挖直径加左右各放 4m；高度方向：盾构开挖直径加上下各放 4m。

4. 工程实施效果评价

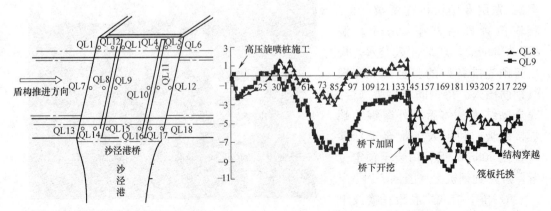

图例 7-4　桥梁沉降监测布置平面图　　　　图例 7-5　桥梁表面测点沉降变化图

由于桩基托换及盾构穿越施工引起桥梁结构的变形，必将改变线路的技术状况和桥梁受力状况。因此，为了解桥梁在施工期间的沉降稳定情况，对施工全程进行了监控量测。图例 7-4 给出了施工期间对桥梁沉降监测的布置平面图。图例 7-5 给出了桥梁纵向中线处 QL8、QL9 测点对应的沉降变化曲线。可以看出，在整个施工过程中桥梁最大沉降发生在桥下基坑开挖时，最大值为 10.02mm。在随后的穿桩过程中，由于采取了加固措施，故桥梁未出现大的沉降，这说明采用对本工程桥下板式扩大基础托换联合地基加固的施工工艺是十分有效的。

实例 8　高架桥桩基础主动托换施工技术及监控

1. 工程概况

天津市滨海新区中央大道 4 号路位于汉沽、塘沽、大港 3 个行政区的中轴线上，是滨海新区南北交通骨干道路，建成后将促进滨海新区的内部联系，对滨海新区的经济发展将起到非常重要的带动作用。该地道工程的修建范围为：K0＋639.50～K1＋268.50。全长629m，由下穿封闭段箱体和两侧敞开段整体 U 形槽结构组成。根据设计要求，4 号路设计方案采用双向 8 车道，其中地道横穿疏港 2 号线铁路部分采用顶进施工方法，下穿津滨快速轻轨高架桥 A339 墩和 A340 墩的地道部分则需要进行桩基托换。由于在托换工程中上部轻轨仍在运营（已采取限速措施），为了保证轻轨运营和托换施工的安全。工程需要进行信息化实时监测，严格控制墩顶沉降，保证托换梁受力变形安全。

2. 施工方案

1）施工程序

施工前布设沉降观测网，对既有结构进行基准测量，采集初始数据，测量对象主要为施工新墩的桩基、承台、墩柱。

在顺桥方向 A339 墩与 A340 墩两侧搭设临时墩，并通过布置于临时墩上的千斤顶进行主梁顶升，顶升高度为 5mm，主要用以补偿门架横梁受力后挠曲变形、混凝土收缩徐变等引起挠曲变形，保证既有桥梁结构的线性。由临时墩承受桥梁荷载，以便在不中断交通的情况下进行施工。

拆除既有墩柱，固定临时门架墩墩顶的两个盆式支座，搭设施工平台，立模安装托换梁钢筋，灌注托换梁混凝土，控制新横梁顶面与盆式支座底面平齐。

待钢筋混凝土门架达到设计强度后，卸载千斤顶，由门架承受上部荷载。并测量主梁挠度值，然后重新顶升主梁，通过塞填于横梁与支座间钢楔块，保证主梁原有运营高度。

观察稳定后，再次卸载千斤顶，完成最终的体系转换，拆除临时墩。

2）施工工艺

（1）临时墩支撑体系

临时墩用于新建横梁浇筑过程中承受桥梁结构荷载，在施工中将千斤顶稳定地放置于临时墩顶，并顶升箱梁至原支座反力接近于 0，然后在临时支架上垫塞圆形钢板，并在圆形钢板上放置临时支座，使临时支座与箱梁底充分接触并正对箱梁腹板中心，将千斤顶回油卸载，临时墩进入正常工作状态。根据设计要求临时墩基础地基承载力不小于 160kPa，对于不满足承载力要求的要采取加固措施。临时墩基础采用 4m（长）×2m（宽）×1m（高）整体结构形式，并将地面基础采用了灌注混凝土加固方法。每个临时墩由 3 条 ϕ500mm×15mm 钢管柱组成，两端用 40mm 厚钢板连接，钢板与钢管柱用 18mm 厚三角形钢板焊接加强，其中底部钢板与基础混凝土用钢筋相连，用于安放千斤顶和两根 $\phi500\text{mm}$ 的钢管支承。

（2）既有梁顶升施工

千斤顶顶升时，两侧的钢管支承同时安装，随着千斤顶顶升量的增加，在钢支承顶部垫塞与顶升量相适应的薄钢板，顶升达到设计要求后，安装橡胶支座将千斤顶回油卸载。顶升时应注意：

千斤顶的组合形心必须和桩的形心或组合形心重合，同时使临时墩支承与箱梁底充分接触并对准箱梁腹板的设计位置。

预顶为托换工程成功的关键，其通过临时立柱与托换梁之间施加顶力，消除立柱的变形和地基沉降，同时检验托换体系的承受能力。施工时要做到准备充分，操作细微，监控严密，措施安全可靠。

顶升时以绝对高程为准，防止临时墩沉降而使顶升高度受到影响。

在顶升时，同一托换墩的千斤顶应根据顶升应力的分级同步进行顶升，不得彼此有时间滞后或超前间隔。顶升应力和顶升量严格按设计规定进行，不得有任何增减。顶升过程中对顶升力和顶升位移进行双控并记录，任何一项超限而另一项未达到设计参数，应停止顶升，同时上报设计部门，修改参数。

千斤顶采用机械自锁装置的顶举千斤顶，锁定吨位不小于 2800kN，其具有随时无级调节立柱和托换梁之间在顶压过程中所产生的间隙的功能，起始顶升力为设计的 50%，开始按 5% 分级加载，每级加载后稳定观察 10～15mm，再升级加载将箱梁顶升 5mm，不可一次加载到最大值，每次被托换桩的上抬量不能大于 1mm，顶升过程中，连续记录监测数据和加载记录。

（3）既有墩柱切割

临时墩顶升完成并稳固后，开始切断既有墩柱。考虑到周边净空限制，切桩采用人工结合风镐截除，由外及内层层剥离的施工方法，注意切割墩柱的高度与后续横梁施工时预留高度一致。

（4）新建墩，梁施工支撑体系

承台施工完成后，即进行墩柱施工。墩身采用整体钢模板，立模一次到顶，汽车起重机吊装模板。混凝土浇筑均采用高强度混凝土；混凝土输送车运输，吊机配合料斗入模，捣固采用插入式振动棒进行，考虑到施工现场施工条件限制，为了加快施工进度，采用 $\phi50\text{cm}$ 钢管架支撑贝雷架，横梁底模板支放于贝雷架及既有墩柱（切割时预留）上，由密排方木支垫横梁底模将贝雷架安放于新建墩柱两侧各 2 片，4 片贝雷架之间使用对拉螺杆拉紧与柱密贴，架顶设一排方木作为横梁底模支撑，由钢管和贝雷架承受横梁的重量和施工荷载。

（5）落梁

待横梁混凝土强度达到 95% 以上设计值时，调整千斤顶顶力，缓慢落梁至新建横梁预设的钢板垫上，梁体的偏差通过千斤顶用薄钢板进行调整，就位后将支座与钢板焊死，完成受力体系转换施工。

3）施工监控

（1）监控仪器

桩基托换工程核心的控制指标之一，就是被托换结构的沉降值，尤其是主动托换，在沉降量很小的情况下，监测的结果精度要求很高，需要采用静力水准仪。该工程由于监测对象是两联三跨连续梁，托换施工会对多个墩柱均会产生影响。因此，布置了7个静力水准仪，组成通路监测墩顶沉降。墩顶与箱梁之间由于净空尺寸限制，静力水准仪需要布置于墩柱侧面的角支座上，水管采用高强压PVC软管，用防冻液。在布置时需要注意水管高度不能超过浮筒高度，且形成的曲线应向下凹曲，不要有局部凸起现象，以免在凸起局部出现气泡集中。用一等水准测量，相对监测精度0.01～0.02mm。

该工程托换梁为超静定结构体系，承担上部荷载较大，经过数值建模计算，在施工张拉预应力和后期托换过程中，托换梁局部会出现较大的压应力。因此，基于建模计算结果，在纵梁以及墩梁节点附近布置了表面振弦式应变计，监测钢筋混凝土结构在施工中的应力变化。考虑到监测结果的准确性，采用钻孔环氧固定安装块。在钻孔桩选位时，根据设计施工图，避开内部钢筋，清除安装部位砂粒等杂物，并清洗干净。固定好安装块后，用读数仪读取数值，轻轻推拉自由端，待读数达到合适的读数后（主要监测拉应变的应变计合适读数比量程中间值偏小些，主要监测压应变的应变计合适读数比量程中间值偏大些），锁紧自由端。

为了保证监测和施工的顺利进行，减少相互干扰，提高采集效率，工程监测数据采用远程无线数据传输，每种振弦式传感器都有其对应的激励频率范围，在处理软件中提前输入每个通道对应的参数，而实现实时无线采集和处理。

（2）监控内容

由于托换轴相邻跨上部结构为连续结构，在临时墩顶升过程中监测的主要内容包括：在每个支架底部设2个竖向变形测点，每个支架选取受力最大的2个杆件为监测对象，每个杆件设2个应力测点；桥面标高测量，托换轴处为牛腿结构，在牛腿处两侧箱梁梁端底部各设3个变形测点；箱梁应力测量，托换轴顶升后将引起相邻跨产生附加应力，在每个控制截面设4个应力测点。

在拆除旧墩柱过程中监测：旧墩柱拆除前后测量托换轴处桥面标高的变化；旧墩柱拆除前后，相邻两跨箱梁截面应力的变化。

在千斤顶卸载、重新顶升过程中监测：千斤顶顶升过程中测量托换轴桥面标高的变化；千斤顶顶升过程中相邻跨箱梁应力变化；千斤顶顶升过程测量桩顶标高变化情况。为方便观测，在距离地面约50cm处的两桩上各设1个桩顶标高测点；帽梁应力测量，千斤顶顶升过程中测量托换轴处帽梁、跨中、$L/4$等三个截面的应力，每个截面布置4个应力测点。

在千斤顶逐级卸载过程中监测桥面标高、相邻两跨箱梁截面应力、桩顶标高和帽梁应力值。

根据设计要求监测项目警戒值：桥梁桩基沉降控制在10mm以内，钢箱梁的沉降控制在8mm以内，混凝土箱梁的沉降控制在4mm以内。

（3）监测结果

门架横梁最大压应变为−80.8，最大拉应变为50.1；临时墩最大应变为−60.5；上部结构主梁最大拉应变为37.6，最大压应变为−10.4；门架桩顶平均沉降0.4mm，门架横梁跨中截面最大挠度变形为1mm；桥面实际沉降0.7mm（下挠），临时墩最大沉降为 3.6mm。

监测结果表明,托换施工过程中上部结构受力、变形,新建门架的受力、变形均符合设计要求。

3. 结语

桩基托换施工难度大,施工精度要求高,托换轴又处于弯桥高架地段,在不中断交通的情况下,匝道动载、箱梁温度应力、汽车离心力影响使墩柱受力复杂,顶升、切割难度大。桩基托换成功不仅给后续隧道施工争取了时间和空间,也能带来良好的社会影响。

实例 9 津滨轻轨桥墩主动托换过程中的振动测试研究

1. 津宾轻轨桥梁墩柱托换工程概况

1) 工程概况

桥墩托换工程为天津滨海新区中央大道下穿津滨轻轨既有桥梁所做的配套工程,在保证津滨轻轨正常运营的条件下,采用托换结构托换 A339 制动墩和 A340 连接墩的基础(包括部分桥墩+承台+桩基),以使中央大道可以下穿施工,需要进行托换施工的津滨轻轨高架桥为两联三跨连续梁体系,A339 墩为 25m+25m+20m 连续梁的制动墩,A340 墩为 25m+25m+20m 和 20m+20m+20m 两联连续梁的共用墩。轻轨墩柱为 2.2m×1.4m,承台为 6.0m×5.6m×2m,基础为 8 根直径为 0.8 的钻孔灌注桩,桩长 44m 和 45m。轻轨桥梁及被托换桥墩如图例 9-1 所示。

托换大梁采用两跨连续刚构结构,为预应力纵横梁加顶底板体系,纵梁断面尺寸为 1.8m×2.0m,跨径 2×18.75m;1、3 横梁断面尺寸为 3.0m×2.0m,2 横梁为 3.5m×2.0m,横梁全长 15m,顶底板均为 0.3m 厚,采用 C60 混凝土。托换桩为钻孔灌注摩擦桩,采用 C35 混凝土,6 根边桩(1、2、3、7、8、9)单桩长 70m,直径为 1.8m,3 根中桩(4、5、6)单桩长 90m,直径为 2.0m,桩上部考虑 12m 外露。托换大梁平面图、托换桩编号如图例 9-2 所示,托换结构体系见图例 9-3 和图例 9-4。

图例 9-1 施工前的滨海新区中央大道

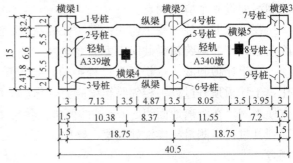

图例 9-2 托换大梁平面示意图

托换施工涉及的两联连续梁桥位于轻轨泰达站与市民广场站间 DK42+907.50~DK43+037.50 范围,A339 和 A340 两个被托换桥墩位于缓和曲线上,左曲线半径为 446.16m,曲线长 282.26m,缓和曲线长 130m,右曲线半径为 450m,曲线长 273.57m,缓和曲线长 120m,外轨最大超高 125mm。轨道结构为弹性支承块半板式无砟轨道,无缝线路,锁定轨温 27℃,铺设 CHN60 型钢轨,支承块间距为 60cm。轻轨车辆类型为 B 型车,两动两拖编组,动车自重 36t,拖车自重 32t,定员荷载下动车重 47.4t,拖车重 44.6t。

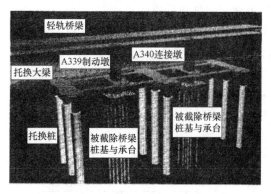

图例 9-3 托换结构体系示意

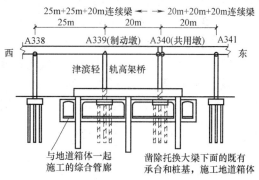

图例 9-4 轻轨桥墩托换结构体系横断面示意

2）托换施工的工艺流程

经过专家多次论证与可行性分析，确定的津滨轻轨桥墩主动托换施工步骤如下：

第一步：施工托换桩和各排桩间系梁，在轻轨桥梁下施工托换桩（钻孔灌注桩）和各排托换桩的桩间系梁，施工地道（基坑）支护桩，并检测确认新桩无质量问题。

第二步：施工托换大梁纵梁和 1～3 横梁。处理地基，施工托换大梁的纵梁和 1～3 横梁和相应部分的顶板、底板（搭支架、立模板、绑钢筋、固定波纹管、浇筑混凝土），同时在轻轨墩柱上开企口、植入钢筋；待混凝土养护强度达到要求后，先张拉 1～3 横梁的一半预应力筋，然后张拉纵梁预应力筋，最后张拉横梁剩余一半的预应力筋。

第三步：施工 4 和 5 横梁及相应的顶底板，待新浇筑混凝土养护强度达到要求后，进行预应力筋张拉。在轻轨桥梁被托换墩柱所在两联桥梁及前后各 50m 范围内，施工期间轻轨列车限速 5km/h 通过（由试验测得，余同），并且在该区段内只能采用一级加速和一级减速操纵。

第四步：分级预顶升。拆除部分模板和支架，在托换桩顶安装千斤顶，千斤顶加载，对托换大梁进行分级预顶升（目的是为了对托换桩进行预压，使其完成部分沉降），顶升力分 10 级加到 100％ 托换荷载（20％、40％、50％、60％、70％、80％、85％、90％、95％、100％）。施工期间轻轨列车限速 10km/h 通过，并且在该区段内只能采用一级加速和一级减速操纵。

第五步：截除墩柱与转换荷载。分级均匀卸载至托换荷载的 85％ 左右，使被截除部分墩柱轴力保持为较小的压力。另外，在被截除墩柱的承台与 4 和 5 横梁之间安装千斤顶，并使其顶紧，用于承担墩柱截除产生的荷载，并为下一步荷载主动转换做准备，同时防止截除墩柱托换大梁向下产生较大的挠度。待稳定后用钻石绳锯进行墩柱截除，截除过程中需要保持千斤顶顶力和位移的可调与可控。

轻轨墩柱截除后，逐步加大托换桩顶部千斤顶的顶力，根据位移控制将承台上千斤顶的顶力缓慢地转移至桩顶部千斤顶上，最终完成荷载转换；施工期间轻轨列车限速 10km/h 通过，并且在该区段内只能采用一级加速和一级减速操纵。

第六步：明挖基坑并施工地道箱体。逐步开挖托换梁下土体直至设计高程并施工地道箱体，在开挖地道及箱体施工中，根据实时监测结果，通过调整千斤顶，以保证轻轨墩顶高程变化控制在警戒值范围内，并保证托换大梁处于同一水平面；施工期间轻轨列车限速

20km/h 通过，并且在该区段内只能采用一级加速和一级减速操纵。

第七步：固结托换大梁与托换桩。地道箱体施工完成后，继续进行监测，待确定托换桩沉降、托换结构变形稳定后，进行托换梁和新桩的固结，托换施工完成；施工期间轻轨列车限速 20km/h 通过，并且在该区段内只能采用一级加速和一级减速操纵。

第八步：后期监测。托换工程完成后，对托换结构和轻轨桥梁进行为期一年的监测。

图例 9-5 为滨海新区中央大道通车后的情况。

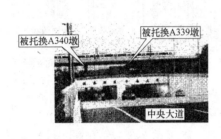

图例 9-5　通车后的滨海新区中央大道

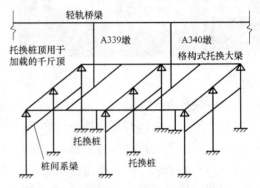

图例 9-6　托换结构的空间体系示意
（千斤顶加载、托换大梁下部支架拆除之后的状态）

2. 桥梁墩柱托换施工对轻轨桥梁及轨道可能造成的影响分析

在轻轨桥墩托换施工的过程中，由 9 根托换桩、两纵五横的格构式托换大梁和两个被托换的轻轨桥墩共同组成的托换结构体系随着施工的进展在不断发生变化，发生变化的内容主要有结构的形状、结构的刚度、结构的自振特性、结构的受力与变形特征以及承受的荷载等。托换结构体系的变化必将反映到轻轨桥梁和轨道上，下面简要地分析托换施工对轻轨桥梁和轨道可能造成的影响。

1）施工 4 号、5 号横梁阶段

4 号、5 号横梁混凝土浇筑施工完成，轻轨桥梁与托换大梁就固结在一起了。在横梁混凝土强度形成和张拉预应力筋过程中，伴随着混凝土收缩和徐变的发生，导致托换大梁应力重分布和托换大梁变形的变化，而且改变了两个被托换的轻轨桥墩的纵向、横向刚度，其自振特性也发生了改变，同时还将引起被托换的轻轨桥墩的位移和内力的变化，进而对轻轨桥梁变形、内力以及车辆的运行产生影响。此时托换大梁、被托换的桥墩以及上部桥梁一起构成了一个空间超静定结构体系。

2）千斤顶分级加载阶段

在千斤顶分级加载的过程中，两个被托换墩承受的荷载部分转移到托换结构体系，托换桩将随着荷载的增加发生沉降，托换大梁的内力和变形也发生一定的变化，两个被托换墩的墩顶位移和内力将不断发生变化，被托换桥墩的墩顶竖向位移、水平位移、转角位移以及两个墩顶的不均匀竖向位移对轻轨桥梁变形、内力以及车辆的运行将产生影响。千斤顶加载完毕拆除支架后，形成了如图例 9-6 所示的结构体系。

3）截除轻轨墩柱与荷载转换阶段

在这个阶段要实现新旧结构的"交替"，既有的两个桥墩（托换大梁以下的部分）要被截除，新的托换结构要把桥墩承受的荷载全部"接"过来，彻底实现荷载的转换。在这个过程中,被托换的桥墩、托换大梁和托换桩等的内力均发生改变。此时9根托换桩、托换大梁、被托换的桥墩以及上部桥梁一起构成了又一个空间的超静定结构体系,如图例9-7、图例9-8所示。

4)开挖基坑与箱体施工阶段

开挖基坑的过程实际上是9根托换桩上部不断被"暴露"的过程(基坑底距离托换桩顶部10.2m左右的距离),施工箱体就相当于是在托换桩周围的土基上增加荷载,也是9根托换桩轴力不断变化(土的约束变小了,温度影响效果显著了)、不断发生沉降、托换结构体系水平刚度不断被弱化的过程。为了减小9根托换桩变化对上部结构的影响,需要通过千斤顶调整托换大梁以及上部轻轨桥梁与轨道的线形与内力,对行车也会产生一定的影响。同时由于地下水位高,地质条件不良,开挖基坑施工时相邻的A338和A341墩会产生向基坑方向的水平位移,其对轻轨连续梁也有较大的影响。

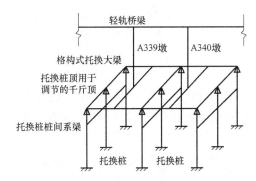

图例9-7 托换结构的空间体系示意
(被托换桥墩被截除之后的状态)

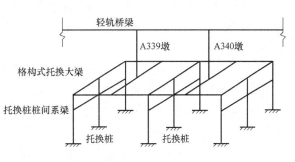

图例9-8 托换结构的空间体系示意
(托换大梁与托换桩同结之后的状态——结构最终状态)

5)托换桩沉降稳定阶段

托换桩沉降是一个缓慢的、长期的过程,前期由于施工影响而不断发生变化并不断达到相对的、暂时的稳定状态。箱体施工完成后主要的静荷载不会发生大的变化,而车辆动荷载相对前期的施工荷载比较小,而且在土中传递衰减很快,对托换桩的沉降稳定影响不大,故沉降稳定最主要的因素就是时间和地下水的影响。当托换桩沉降或不均匀沉降达到警戒值时,需要调整千斤顶的顶力与位移并进而影响托换大梁以及上部轻轨桥梁与轨道的线形与内力。

6)托换大梁和托换桩固结阶段

当托换桩沉降达到稳定状态以后,逐步将托换桩顶部的千斤顶置换出来,然后连接预留钢筋并浇注混凝土。此时9根托换桩与托换大梁固结在一起,共同与两个被托换桥墩以及上部桥梁组成最后的空间超静定结构体系,也就是结构的最终状态,如图例9-8所示。固结施工使结构体系进一步发生变化,同时必将对轻轨桥梁和轨道内力、线形产生一定的影响。

由于在托换施工过程中托换结构体系在不断地发生变化,千斤顶的加载与调整也对结构体系具有一定的影响,其内力与变形是"时变"[26]的,托换结构体系对上部轻轨桥梁和轨道部分的影响也是"时变"的。所以,在轻轨桥梁墩柱托换施工的过程中应该特别关注轻轨列车的运营安全问题。

3. 测试方案

1）测试的目的

在托换施工之前、完成之后以及施工过程当中进行动力测试的目的主要包括三个方面：一是为了保证托换施工过程中的轻轨列车行车安全；二是为了掌握托换施工各个阶段对桥梁结构以及上部轻轨的影响；三是为了评价托换工程对轻轨桥梁动力学性能（桥梁自身固有的动力特性以及车辆动荷载作用下桥梁的动力响应）造成的影响。

2）测试内容与测点布设方案

（1）轨道应力与行车安全监测

托换大梁施工之前，在 A340 墩顶上方梁缝对应的上、下行钢轨断面和 A339 与 A340 跨中的钢轨断面布设应变花，在张拉 4 号、5 号横梁、预顶升、截除墩柱、荷载转换以及地道施工等施工过程中，测试分析轻轨列车的轮轴横向力、脱轨系数和轮重减载率，分析轻轨车辆运营的安全性。主要用于评价托换施工对轻轨行车的影响，还可以判断因施工降低的运营速度是否可以恢复正常。轻轨车辆运营的安全指标轨道测点布置如图例 9-9 所示。

托换大梁施工之前，在 A340 墩顶上方梁缝对应的上、下行钢轨底面布设电阻应变片，在张拉 4 号、5 号横梁、预顶升、截除墩柱、荷载转换以及地道开挖等施工过程中，轻轨车辆通过时测试钢轨的动应力，钢轨的实际应力应该包括墩顶竖向位移、转角位移、温度变化、车辆动荷载等引起的钢轨应力。

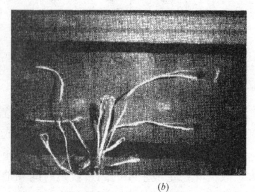

(a)   *(b)*

图例 9-9　监测轻轨运营安全性指标的钢轨内、外侧应变花布设

(a) 内侧；*(b)* 外侧

（2）桥梁自振频率与振动响应测试

在托换施工前和托换施工完成之后，测试 A338-A339，A339-A340 和 A340-A341 等与被托换桥墩直接相关的三跨桥梁的跨中竖向振动加速度、挠度和横向振动加速度、挠度，并分析其自振频率的变化，用于评价桥墩托换对轻轨桥梁的影响。测点布置如图例 9-10 和图例 9-11 所示。

（3）桥墩自振频率与振幅监测

在 4 号、5 号横梁力筋张拉施工结束、预顶升加载结束、墩柱截除完成、基坑开挖完成和桩-梁固结施工完毕等 5 个关键施工阶段对 A338～A341 共 4 个桥墩自振频率测试，分析托换施工过程中托换体的"时变效应"对轻轨桥梁墩自振特性产生的影响。

图例 9-10 跨中桥面 891 拾振器布置

图例 9-11 墩顶和跨中桥面 891 拾振器布置

● 横向振幅　⊗ 横向加速度　↕ 竖向振幅　↕ 竖向加速度

在托换施工前和托换施工完成之后，测试 A338～A341 共 4 个桥墩的横向振幅，用于评价桥墩托换对轻轨桥梁的影响。

3）监测依据轻轨列车运行安全指标控制值为：脱轨系数：$Q_i/P_i \leqslant 0.8$；轮重减载率：$\Delta\rho_i/\bar{\rho} \leqslant 0.8$，$\Delta\rho_i = |\rho_i - \bar{\rho}|$，$\bar{\rho} = (\rho_1 + \rho_2)/2$；轮轴横向力：$|Q_1 - Q_2| \leqslant 0.85(10 + \rho_{st}/3)$。其中：$i = 1$，2；$P$ 和 Q 分别为两股钢轨的轮轨垂直力和横向力；P_{st} 为静轴重。CHN60 型钢轨设计采用允许应力 $[\sigma]$ 为 363MPa。

参考相关规范［4～6］和津滨轻轨高架桥施工图，设计确定了轻轨桥梁的动力测试控制标准。梁跨中横向振幅的行车安全限值为：跨度 25m 梁为 2.78mm，跨度 20m 梁为 2.22mm；梁体横向和竖向振动加速度限值分别为 0.14g 和 0.50g，g 为重力加速度；墩顶横向振幅控制值见表例 9-1（单位：mm）。

墩顶横向振幅警戒值　　　　　　　　　　表例 9-1

桥墩	A338 号		A339 号		A340 号		A341 号	
车速(km/h)	$v \leqslant 60$	$v > 60$	$v \leqslant 60$	$v > 60$	$v \leqslant 60$	$v > 60$	$v \leqslant 60$	$v > 60$
振幅(mm)	0.80	0.91	0.75	0.85	0.75	0.85	0.80	0.91

4）数据采集与分析

采用 DASP2005 系统采集和分析数据，列车作用下轨道测试采样频率为 2000Hz，桥梁含桥墩动力响应测试采样频率为 512Hz；自振特性测试采样频率采用估计所测结构自振频率的 3 倍左右。

根据环境振动随机激励测试得到的响应，分析得到桥梁和桥墩的自振特性，其他指标激振源均为桥上通过的轻轨列车。桥梁和桥墩的自振特性用自谱分析方法得到，而轻轨列车的轮轴横向力、脱轨系数、轮重减载率和轨道动应力等行车安全指标用 DASP2005 系统的铁道线路分析工具得到。

4. 测试结果及其分析

1）钢轨动应力测试结果

从张拉 5 号横梁开始直到托换桩-梁固结完成（托换体系达到最终状态）共进行了 30 多次钢轨轨底的动应力测试，表例 9-2 给出了主要工况下的测试结果。钢轨动应力不仅与行车速度、轴重有关，还与轨道不平顺有关，从测试结果来看，下部托换施工对轻轨轨道的影响不大。

钢轨动应力测试结果

表例 9-2

测试时间	工况	行车速度(km/h)	轨底动应力最大值(MPa)	轨温(℃)
2008-1-17	张拉 5 号横梁	3.9	35.00	−7.5
2008-1-18	张拉 4 号横梁	4.2	34.23	−8.5
2008-2-16	千斤顶加载达托换荷载的 100%	6.8	49.17	9.5
2008-2-23	墩柱截除完成	8.4	48.48	−6.5
2008-4-3	基坑开挖 6m 左右,第一道横撑完毕	16.8	32.58	10.0
2008-4-10	基坑开挖结束,第二道横撑完毕	15.4	41.12	8.0
2008-4-25	基坑底板施工完成	15.6	44.24	8.0
2008-5-8	侧墙一步完成,第二道横撑拆除	17.2	53.32	20.0
2008-8-11	中央大道通车,轻轨恢复正常行车	80.27	55.44	36.6
2008-10-21	荷载由千斤顶转移至刚性支撑	17.37	51.33	13.5
2008-11-3	9 根托换桩混凝土浇筑全部完成	17.34	49.86	6.7
2008-11-18	固结施工完成后轻轨列车恢复正常行车速度	75.26	56.21	3.2

轻轨列车行车安全指标测试结果

表例 9-3

测试时间	工况	车速(km/h)	行车方向	脱轨系数 内轮	脱轨系数 外轮	轮重减载率	轮对横向力(kN)
2008-1-17	张拉 5 号横梁	3.9	上行	0.05	0.12	0.16	13.26
		4.5	下行	0.10	0.08	0.25	10.81
2008-1-18	张拉 4 号横梁	4.2	上行	0.04	0.13	0.15	13.17
		3.8	下行	0.10	0.10	0.26	13.41
2008-2-16	千斤顶加载达托换荷载的 100%	7.1	上行	0.04	0.17	0.31	18.33
		6.8	下行	0.21	0.46	0.38	19.84
2008-2-23	墩柱截除完成	8.4	上行	0.04	0.19	0.24	13.57
		7.6	下行	0.05	0.21	0.44	18.32
2008-4-3	基坑开挖 6m 左右,第一道横撑完毕	16.8	上行	0.07	0.17	0.27	17.02
		17.3	下行	0.05	0.15	0.37	16.36
2008-4-10	基坑开挖结束,第二道横撑完毕	16.3	上行	0.03	0.20	0.41	19.47
		17.7	下行	0.10	0.17	0.33	16.36
2008-4-25	基坑底板施工完成	15.6	上行	0.02	0.18	0.39	19.12
		16.8	下行	0.05	0.17	0.35	18.67
2008-5-8	侧墙一步完成,第二道横撑拆除	16.5	上行	0.03	0.17	0.37	19.05
		17.2	下行	0.04	0.18	0.36	17.69
2008-8-11	中央大道通车,轻轨恢复正常行车	70.31	上行	0.24	0.28	0.42	20.12
		75.26	下行	0.09	0.22	0.49	19.87
2008-10-21	荷载由千斤顶转移至刚性支撑	17.37	上行	0.02	0.16	0.28	22.11
		16.86	下行	0.05	0.17	0.30	19.2
2008-11-3	固结施工完成	17.34	上行	0.02	0.17	0.30	17.66
		18.26	下行	0.02	0.18	0.34	16.89
2008-11-18	轻轨列车恢复正常行车速度	80.27	上行	0.06	0.22	0.35	18.01
		61.97	下行	0.02	0.29	0.28	16.93

2）轻轨列车行车安全指标测试结果

轻轨列车行车安全指标测试工作贯穿托换施工的全过程,试验进行了共计 50 多次,表例 9-3 给出了主要工况下的测试结果。轻轨列车行车安全指标不仅与行车速度、轴重、车辆结构等因素有关,还与轨道不平顺密切相关。从测试结果来看,轻轨列车行车安全指标在托换施工过程中变化不太显著,表明下部托换施工对轻轨的轨道平顺状况影响不大,这与静态测试结果是吻合的。

3）桥墩与桥梁自振频率测试结果

在托换施工之前（初值）、千斤顶加载预顶升、墩柱截除、基坑开挖、托换大梁与托换桩固结等阶段对 A338、A339、A340 和 A341 这 4 个桥墩的 1 阶横向自振频率进行了测试,结果见表例 9-4。

桥墩自振频率测试结果　　　　　　表例 9-4

测试时间	工况	A338 初值	A338 测试值	A339 初值	A339 测试值	A340 初值	A340 测试值	A341 初值	A341 测试值
2008-02-16	预顶升加载托换荷载的 100%		2.56		49.86		50.01		2.68
2008-02-22	预顶升卸载到托换荷载的 85%		3.52		50.19		49.95		2.70
2008-02-25	墩柱截除	2.29	2.58	2.29	49.95	2.78	49.72	2.78	2.58
2008-04-25	基坑开挖完成		2.57		49.89		49.71		2.58
2008-11-18	托换桩梁固结完成		2.56		49.98		49.86		2.57

由表例 9-4 可知，A338 和 A341 两个桥墩的横向自振频率变化不大，而 A339 和 A340 两个桥墩的横向自振频率约是托换之前的 20 倍，这是由于这两个桥墩的高度减小了，而且托换大梁对两个桥墩的约束作用比托换之前增强了，测试结果和理论分析的结果非常接近。

在托换施工之前和托换施工完成之后对 A338-A339 跨、A339-A340 跨和 A340-A341 跨等 3 个桥垮跨中的横向一阶自振频率与阻尼比和竖向一阶自振频率与阻尼比进行了测试，结果见表例 9-5。

由表例 9-5 可见，三个桥垮对应竖向和横向第 1 阶自振频率的阻尼比在托换前后几乎没有变化，A338-A339 和 A340-A341 两个桥跨跨中的竖向和横向第 1 阶自振频率变化也很小，而 A339-A340 跨中的竖向和横向第 1 阶自振频率相对而言增加较多，可能是由于桥墩比原先高度减小（托换大梁距离 A339 和 A340 墩的墩顶只有 3.0m 左右）而导致桥垮的刚度有所增强的缘故。

桥梁跨中自振频率测试结果　　　　　　　　　　表例 9-5

工况	A338-A339 跨中				A339-A340 跨中				A340-A341 跨中			
	横向 1 阶		竖向 1 阶		横向 1 阶		竖向 1 阶		横向 1 阶		竖向 1 阶	
	自振频率(Hz)	阻尼比(%)	自振频率(Hz)	阻尼比(%)	自振频率(Hz)	阻尼比(%)	自振频率(Hz)	阻尼比(%)	自振频率(Hz)	阻尼比(%)	自振频率(Hz)	阻尼比(%)
托换前	2.29	3.47	5.91	1.18	2.82	2.51	7.55	0.85	2.78	2.49	7.50	1.01
托换后	2.38	3.40	5.97	1.21	2.98	2.48	8.31	0.91	2.82	2.43	7.75	1.11

4）桥墩与桥梁动力响应测试结果

对托换前后轻轨列车作用下桥梁的动力响应进行比较，分别于 2007 年 5 月 27 日（托换施工前）和 2008 年 11 月 18 日（托换施工完成）测试了与托换施工相关的 3 个桥梁跨中和 4 个墩顶的动力响应。从所测试数据的整体趋势上看，墩顶横向振幅与梁体跨中横向振幅随列车速度的提高而增大，而实测梁体跨中竖向振幅、横向振动加速度以及竖向振动加速度均与列车速度的相关性不明显；在托换施工前和托换施工完成后所测各量有效值几乎没有变化。为了便于比较，表例 9-6 给出了测试得到的最大振幅和最大加速度值及其对应的行车速度。

分析表例 9-6 中的测试结果可知，A338-A339 和 A340-A341 两个桥跨跨中的横向振幅、竖向振幅、横向加速度和竖向加速度等动力响应的最大值在托换施工前后变化很小，A339-A340 跨中的横向振幅和竖向振幅的最大值有所减小，而横向加速度和竖向加速度的最大值则有所增加。由于车速不同，不能够严格地进行定量比较。

5. 结语

本托换工程中，对轨道动应力和轻轨列车的行车安全指标的测试工作贯穿了托换大梁施工、千斤顶加载预顶升与轻轨墩柱截除、基坑开挖与箱体施工、托换桩与托换大梁固结等整个施工过程。各项指标表明：在施工过程中轻轨运营是安全的，托换完成之后，轻轨桥梁和轨道状态正常，且轻轨运营安全。

天津滨海新区中央大道轻轨桥梁墩柱托换工程中的托换结构体系复杂且地质条件特殊，其具有很好的典型性和示范性，希望本实例能为车辆动载作用下的托换工程的施工监控和评价提供一些参考。

桥墩与桥梁动力响应测试结果 表例 9-6

位置	规范限值	响应类型	托换前		托换后	
			实测最大值	对应车速 (km/h)	实测最大值	对应车速 (km/h)
A338-A339 跨中	0.44(mm)	横向振幅(mm)	0.093	75.4	0.091	74.2
	/	竖向振幅(mm)	0.071	79.2	0.058	65.5
	0.14(g)	横向加速度(g)	0.049	56.6	0.043	45.6
	0.50(g)	竖向加速度(g)	0.050	58.7	0.048	74.2
A339-A340 跨中	0.35(mm)	横向振幅(mm)	0.094	68.9	0.086	45.9
	/	竖向振幅(mm)	0.202	79.2	0.079	58.8
	0.14(g)	横向加速度(g)	0.062	72.0	0.076	61.2
	0.50(g)	竖向加速度(g)	0.037	68.2	0.049	61.6
A340-A341 跨中	0.35(mm)	横向振幅(mm)	0.091	75.4	0.090	68.7
	/	竖向振幅(mm)	0.080	68.9	0.084	45.9
	0.14(g)	横向加速度(g)	0.074	58.7	0.079	74.5
	0.50(g)	竖向加速度(g)	0.027	68.2	0.037	51.8
A338 桥墩 墩顶	0.80mm ($v \leqslant 60$km/h) 0.91mm ($v > 60$km/h)	横向振幅(mm)	0.093	75.4	0.095	74.2
A339 桥墩 墩顶	0.75mm ($v \leqslant 60$km/h) 0.85mm ($v > 60$km/h)	横向振幅(mm)	0.103	68.9	0.095	58.6
A340 桥墩 墩顶	0.75mm ($v \leqslant 60$km/h) 0.85mm ($v > 60$km/h)	横向振幅(mm)	0.065	79.2	0.061	63.2
A341 桥墩 墩顶	0.80mm ($v \leqslant 60$km/h) 0.91mm ($v > 60$km/h)	横向振幅(mm)	0.083	79.2	0.088	75.1

注：表中 g 为重力加速度。

实例 10　静载托换桥梁试验研究

1. 工程简介及试验方法

1）工程简介

深圳地铁环中线翻身站—灵芝会园站区间，翻灵区间左线沿线穿越桩基 A19I（DK4+556.873），桩基 G1I（DK4+610.328）和桩基 J1I（DK4+882.860），右线穿越桩基 I4I（DK4+648.813），与这 4 根桩位置发生冲突，需对其进行托换施工。被托换桩基为钻孔灌注桩，桩径 1.5m，桩基承载类型分别为：A19I，G1I 和 I4I 为柱桩，J1I 为摩擦桩；单桩承载力分别为 A19I=6500KN，G1I＝I4I＝J1I＝5000KN；桩身混凝土强度为 C20，桩身主筋采用 II 级钢筋，被托换桩上部桥梁结构均为连续梁，托换采用桩梁式主动托换（图例 10-1），每个托换梁连接 2 个托换桩，托换桩桩径为 1.2m，单桩承载力为 5000kN，托换梁尺寸分别为：A19I 为 3m×2.5m×12.4m（因受管线影响，TZ2 托换桩施工时外移了 20cm，梁长增加了 20cm），I4I 为 3m×2.5m×12.2m，G1I 为 3m×2.5m×12.6m，J1I 为 3m×2.5m×14.2m。

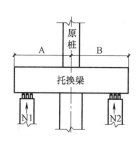

图例 10-1　荷载分级加载同步顶升示意图

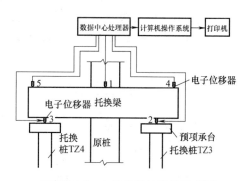

图例 10-2　电子位移计监控示意图

2）试验方法

（1）总体概述

桩基托换采用梁式主动托换，通过简支梁将原桩荷载传递至区间隧道两侧的托换桩上，每桩设置托换梁 1 根，托换桩 2 根，预顶承台 2 个，托换桩桩径 $\phi1200mm$，桩底进入隧道底不少于 1m 并根据单桩承载能力确定，托换梁截面为 3000mm×2500mm，托换梁与被托换桩采用植筋连接，桩基托换在约 3.9m 深的基槽内施工，基槽的两边采用放坡开挖，临近匝道及围挡的位置直立开挖，支护结构形式均采用喷锚支护。预顶在截桩前完成，预顶主要作用是消除新桩沉降并实现力的转换。预顶承台和托换梁底面之间预留500mm 的顶升空间，托换桩和托换梁之间的钢筋采用接驳器进行连接，既能满足托换顶升要求，又能保证钢筋连接需要。在每个桩帽上摆放 3 个 200t 的托换顶升千斤顶，千斤顶设有安全自锁装置。预顶完成后千斤顶不拆除。托换的桥桩所处的相邻 2 跨桥梁采用钢支架支顶，待区间施工完毕沉降稳定后方能拆除。

（2）监测技术参数

① 被托换桩上部结构为预应力连续梁，向上顶升时柱顶端最大向上位移不大于1.00mm；柱顶端下沉最大位移值不大于 3.00mm，并且严格控制桥墩基础的沉降。

② 每组千斤顶从第二级加载开始每次加载的合力比必须一致，分级顶升合力参数如下：

Ⅱ、Ⅲ、Ⅳ分别表示顶升级数。

N_1：托换梁 A 跨段下托换桩预顶承台千斤顶组的顶升合力。

N_2：托换梁 B 跨段下托换桩预顶承台千斤顶组的顶升合力。

（3）施工监测流程

设计单位、监理单位及施工单位人员分工就位。施工单位项目负责人对现场全面控制，每隔 3min 反馈监测仪器读数，通过系统相关分析，实时统计主要构件应力、沉降及裂缝变化等相关情况，数据未超限，进行下一步骤施工，否则报警提示，停止施工，查找原因，重新采取新的技术措施。

（4）测点布置图

① 在两处托换桩位及托换梁两端及与梁中共设置 5 处电子位移计监控点，电子位移计支架由钢性较好的型材独立设置，如图例 10-2、图例 10-3 所示。

② 在梁体相应位置粘贴应变片 10 片，应变片分别设在梁身的 1/2、1/4 处。

③ 利用纵横向精度为 2s 的新型数字式倾角仪，直接数字显示角度值、测量角度范围宽、定量化测量偏离水平面方向的角度。倾角仪布置如图例 10-4 所示。

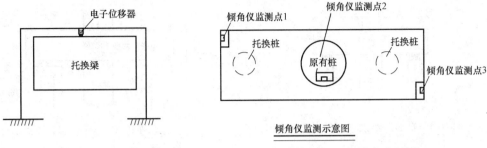

图例 10-3　电子位移计支架安装示意图　　　　　图例 10-4　倾角仪布置图

2. 试验结果与分析

1）试验环境与准备

在准备工作充分情况下，G1I 桩托换梁顶升于 2008 年 11 月 22 日上午 9 时开始至 2008 年 11 月 22 日 15 时结束。上午 9 点现场施工方、甲方、监理及设计单位相关人员到位，顶升期间温度适中，无阳光照射。各环节紧凑有序，数据及时采集处理并保存。桩基托换施工时，桥梁上部车辆应限制 ≥10t 的车辆通行，车辆限速 20km/h。桩基托换完成后经过监测量控，托换结构稳定后方能正常通行。

2）试验过程监测数据分析

（1）当加载级数达到四级，稳定时间 15min 后，我方、甲方、监理、及设计方总结前三次加载前后数值变化情况，发现位移计 2、位移计 4 变化值较大，要求暂停加载，等待设计方、监理的分析结果，经过 2h 左右的分析后，发现设计图纸上 TZ3 和 TZ4 的油泵压力值有误，经我方、设计、甲方、监理协商后，重新计算 TZ3 和 TZ4 的分级压力值，并再次加载Ⅳ2 压力，将 TZ3 的各压力总值和为 16.8MPa、TZ4 的各压力总值和为 17MPa，使梁两端承受力接近平衡，位移计的相对变化值较平衡后，再进行次级加载。

（2）六级加载顶升前，甲方及监理、设计方要求将油泵进油流量调小，以此来延长顶升时间，避免托换梁所受应力值骤变。

（3）七级顶升稳定 15min 时，在托换梁左侧中间梁底 50cm、梁高的 1/5 处出现新的裂缝，长度为 40cm，宽为 0.04mm。设计、甲方、监理要求次级加载时，TZ3 压力总值为 27.85MPa、TZ4 压力总值为 30.5MPa，加载稳定时间 30min 钟后，如果数值变化不大，下一步封桩。

（4）以上变动，施工方在数据变化值在允许范围内的情况下按照上续要求实施。

3）试验结果综合分析

G1I 桩的柱顶端位移计为 1 号位移计、柱顶端左、右侧位移计分别为 4、5 号位移计，对应下端位移计为 2、3 号位移计。各位移计的累计位移变化值依次为：1 号，−0.68mm；2 号，0.73mm；3 号，0mm；4 号，−3.56mm；5 号，−2.41mm。各位移计的累计差值在控制范围内。整个托换过程柱顶端出现的最大位移变化量为 −5.00mm。裂缝宽度控制在 0.18mm 内。也直观地反映出是在控制范围内，未超限。七级顶升稳定 15min 时，出现一条新增裂缝，其宽度也在限值范围内，属正常现象。

应变仪的数据分析根据量测数据作下列计算：

$$S_t = S_l - S_i \tag{10-1}$$

$$S_e = S_l - S_u \tag{10-2}$$

$$S_P = S_t - S_e = S_u - S_i \tag{10-3}$$

$$\eta = S_e / S_S \tag{10-4}$$

式中　S_i——加载前测值；

　　　S_l——加载达到稳定时测值；

　　　S_u——卸载后达到稳定时测值；

　　　η——结构校验系数。

处理数据见表例 10-1。

应变仪数据分析表（单位：$\mu\xi$）　　桩号：G1I 桩　　　表例 10-1

分析值	1 号线	2 号线	4 号线	5 号线	6 号线	7 号线	9 号线	10 号线
S_t（总应变值）	−162	−167	−185	−200	82	95	68	47
S_e（弹性应变值）	−3	−1	−7	−10	16	16	−1	−3
S_P（残余应变值）	−159	−166	−178	−190	66	79	69	50
S_S（理论应变值）	82.561	82.561	82.561	82.561	82.561	82.561	82.561	82.561
结构校验系数（S_e/S_S）	−0.036	−0.012	−0.085	−0.121	0.194	0.194	−0.012	−0.036

一般要求 η 值不大于 1，η 值越小结构的安全储备越大，从分析表看出 η 值较小，可能说明材料的实际强度及弹性模量较高，梁桥的混凝土桥面铺装及人行道等与主梁共同受力，试验载物的重量误差、仪表的观测误差等也对 η 值有一定的影响。

为了评定结构整体受力性能，需对桥梁荷载试验结果与理化分析值比较，对结构在荷载工况作用下控制测点的位移、应力、裂缝的实测值与理论分析值分别绘出荷载-位移曲线、荷载-应力曲线，见图例 10-5～图例 10-8。

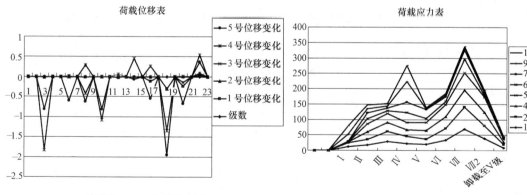

图例 10-5　荷载位移表　　　　　　　　图例 10-6　荷载应力表

3. 结论

1）该托换结构体系的特点在于受力明确，承载力可靠，变形易于控制，能够适应现有结构布置和桩基布置条件，基坑开挖深度较小，地基扰动不大，托换施工期间和托换完成以后的建筑物安全及能正常试验，能够通过合理的设计和精心的施工得以实现，并且工期较短，造价较低。

编号	初始值	初级荷载	二级	三级	四级	五级	六级	七级	七点五级	最终值
1-1	0.04	0.04	0.04	0.04	0.04	0.04	0.04	0.04	0.04	0.04
2-1	0.12	0.12	0.12	0.12	0.12	0.12	0.12	0.12	0.12	0.12
2-2	0.06	0.06	0.06	0.06	0.06	0.06	0.06	0.06	0.06	0.06
3-1	0.04	0.04	0.06	0.06	0.06	0.06	0.06	0.06	0.06	0.06
3-2	0.04	0.04	0.04	0.04	0.04	0.04	0.04	0.04	0.04	0.04
4-1	0.06	0.06	0.06	0.06	0.06	0.06	0.06	0.06	0.06	0.06
4-2	0.06	0.06	0.06	0.06	0.06	0.06	0.06	0.06	0.06	0.06
5-1	0.04	0.04	0.04	0.04	0.04	0.04	0.04	0.04	0.04	0.04
5-2	0.04	0.04	0.04	0.04	0.04	0.04	0.04	0.04	0.04	0.04
6-1	0.08	0.08	0.08	0.08	0.08	0.08	0.08	0.08	0.08	0.08
6-2	0.06	0.06	0.06	0.06	0.06	0.06	0.06	0.06	0.06	0.06
6-3	0.04	0.04	0.04	0.04	0.04	0.04	0.04	0.04	0.04	0.04
7-1	0.06	0.06	0.06	0.06	0.06	0.06	0.06	0.06	0.06	0.06
8-1	0.04	0.04	0.04	0.04	0.04	0.04	0.04	0.04	0.04	0.04
8-2	0.08	0.08	0.08	0.08	0.08	0.08	0.08	0.08	0.08	0.08
8-3	0.10	0.10	0.10	0.10	0.10	0.10	0.10	0.10	0.10	0.10
9-1	0.18	0.18	0.18	0.18	0.18	0.18	0.18	0.18	0.18	0.18

备注：本次监测于第6级顶升后于7～8号应力测点中部，距离梁底50cm处发现裂缝长40cm、宽0.04mm，多次检测后发现裂缝无延长和继续发展现象，本次监测9个裂缝，共计11个测点，本次G11号桩基托换裂缝观测无变化，裂缝无延长发展。

图例 10-7　应变数据表

2）钻孔灌注桩垂直承载力和水平承载力高，沉降变形小，抵抗垂直荷载和水平荷载的能力高，是一种良好的托换桩型。

3）倾角仪观测采用的是全站仪，在观测前得进行高度调平，使仪器气泡居中，倾角仪的精度为 0.01″，为减少误差可采用更直观的望远镜来观测其变化。

4）油泵进油量调节要适中，过大或过小都影响梁两端的受力不均或受力过大，对整个过程的各测值变化量起着直接的作用。每次加压时间需 2～3min，当各测值变化较大时，加压时间要适当延长。

5）在加载过程中，严格控制各测值的限差，并简单分析各测值间的关系，保证沉降量在允许范围内。

6）安装仪器前，要认真阅读说明书，保证仪器的精度，减少对测值的精度影响。

7）本项目因研究的时间和水平有限，尚有大量的研究工作有待进一步的开展和深化。

4. 效益

由于力的转移，新的托换结构必将产生一定的变形，包括桩的沉降和转换层的挠度，会产生不均匀沉降，这些沉降差应

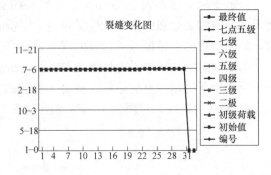

图例 10-8　裂缝变化表

得到有限的控制，以避免上部结构开裂或倾斜，这是变形问题，也是托换工程面临的最大问题。通过全面的监测结果和托换梁的外观检查结果分析，该托换工程的施工质量与设计应力符合，安全度较高，桩的最大沉降量和最大相对沉降量都得到了有效控制，托换梁托换桩及原桩上部结构完好无损，更没有发生倾斜现象。

本次试验计划有序，人员配备充足，仪器操作熟练，现场数据及时处理，有效的控制各测值的精度。当加载级数到四级且稳定 15min 后，根据现场数据整理发现，加载力设计与施工现场监测数据有出入，停止施工查明原因并采取新的方案。这充分的证明了托换监测的重要性。

现该监测手段已广泛用于我公司多个项目施工，监测仪器的使用更专业化。如广州科学城总部经济区建设项目一期工程对锚杆施工时进行裂缝宽度监控。深圳南城百货托换工程的静态监测系统的应用等。推广了先进监测仪器的使用范围，监控方法不断完善。获得了较好的经济效益和社会效益。

实例 11　北京地铁机场线东直门站穿越地铁 13 号线折返段托换工程

1. 工程概述

北京地铁机场线的起点东直门站位于东二环路东直门外大街路北侧。该站西侧为东直门立交北桥和地铁 2 号线的东直门站，北侧为城铁 13 号线东直门站，东北侧为同期建设的东华广场。根据施工方法的不同，车站结构纵向分为 A、B、C、D 及安全线 5 段（图例 11-1）。C 区上跨并下穿既有折返线结构，B、D 区为 28m 深明挖基坑。下穿段结构总长为 34.06m，宽 13.1m，两端分别连接机场线东直门站 B 区与 D 区。

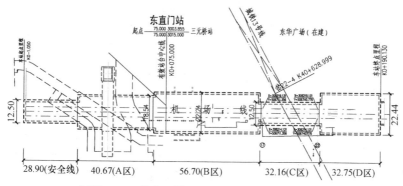

图例 11-1　北京地铁机场线东直门站平面位置图

既有 13 号线东直门站站后折返线隧道从车站主体向南引出，在东直门外大街道路下为暗挖单层双联拱断面，13 号线东直门车站主体和暗挖隧道之间为明挖单层单跨箱形结构。折返线明挖段长 14m，宽 12.3m，高 7.75m，底板厚 1m，顶板厚 0.85m，侧墙厚 0.9m，顶板覆土 8.8m；折返线暗挖段宽 12.05m，高 7.52m，初支、二衬厚均为 0.3m。明挖隧道结构与车站主体和暗挖隧道连接处各设置一道变形缝。13 号线与其下穿段结构斜交，在下穿段宽度 13.1m 范围内斜交长度为 19.9m；其中涉及折返线明挖段长度为 17.5m，涉及暗挖段长度约 8m，详见图例 11-2、图例 11-3。

根据北京市轨道交通建设管理有限公司颁发的《工程建设环境安全技术管理体系（试

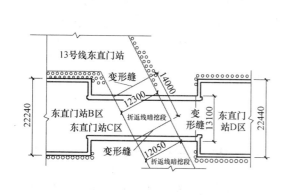

图例 11-2　机场线东直门站 C 区与 13 号线
折返段位置平面图

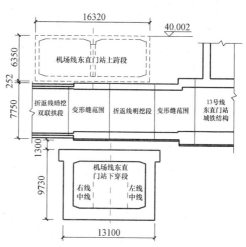

图例 11-3　机场线东直门站 C 区与 13 号线
折返段位置剖面图

行)》规定，C 区下穿折返线段为特级环境安全风险源。根据设计，要求折返线结构变形控制标准是：允许隆起值为 10mm，允许沉降值为 20mm，允许差异沉降值为 5mm，允许变形速率为 1.5mm/d。

2. 工程地质与水文地质状况

下穿折返线的暗挖结构顶板位于粉土层，底板位于卵石层和中粗砂层中，侧墙自上而下依次穿越黏土、粉土、粉细砂、中粗砂以及卵石层。各土层物理力学性质如表例 11-1 所示。

土层物理力学性质 表例 11-1

名称	厚度(m)	密度(g·cm⁻³)	黏聚力 c(kPa)	内摩擦角 ϕ(°)	泊松比 μ	弹性模量 E(MPa)
杂填土	9.04	1.92	25	11	0.36	3.2
粉土填土	7.52	2.06	0	32	0.23	24.7
粉细砂	4.63	1.97	32	26	0.31	7.7
中粗砂	6.60	2.02	0	30	0.23	27.2
粉质黏土	5.70	2.03	39	16	0.31	9.0
卵石	10.30	2.07	0	33	0.20	33.9

本场区内存在 3 层地下水：第一层为潜水，水位标高为 26.31～26.65m，水位埋深为 14.40～14.80m；第二层为承压水，该层水已不具有承压性，水头标高为 17.13～17.50m，水头埋深为 23.10～23.90m；第三层为承压水，水头标高为 12.00～12.57m，水头埋深为 27.90～28.60m。下穿折返线暗挖结构底板位于第三层承压水水头以上，结构抗浮水位为 31.5m。由于 C 区施工前会将地下水位降低到结构底板 0.5m 以下，所以设计施工中可不考虑降水施工的影响，仅考虑开挖引起的影响。

3. 总体托换施工方案

上跨折返线结构采用明挖法施工方案，下穿折返线暗挖结构采用了洞桩托换施工方案，该方案先通过桩-梁体系支撑起折返线结构，然后进行结构暗挖施工，从而有效保证折返线的安全。整体施工顺序为：D 区基坑开挖→C 区穿越既有线施工→B 区基坑开挖，在平面图上看从左到右施工，其中风险最大的是 C 区下穿越既有线区的施工。

设计的施工方案中下穿折返线的暗挖结构主要施工步骤分八步工序，分别为：

1) 分层分段开挖折返线上部土体，至折返线顶板 0.2m 处；开挖折返线下部南北两侧的 1 号小导洞；

2) 在导洞内施做灌注桩和 L 形托梁；

3) 开挖 2 号导洞、导洞内施做条基梁和型钢支撑；

4) 对称开挖 3 号导洞，当 13 号线发生沉降时在 1、2 号导洞内布置千斤顶顶升调整 13 号线标高；

5) 分段拆除导洞中隔墙、施做结构顶板，待结构顶板达到设计强度后，在顶板上加垫竖撑，顶住导洞初支，必要时在顶板上加设千斤顶对折返线结构进行第二次顶升调整；

6) 向下开挖土体随挖随加设锚索和钢支撑，桩间施做注浆锚杆，同时进行网喷支护；

7) 施做底板、侧墙待结构强度达到设计强度要求后，根据沉降数据对 13 号线折返段结构进行第三次顶升调整，使折返线结构恢复原状。

8) 折返线底板与下穿段结构顶板间灌注 C20 混凝土，同时进行压浆回填密实（图例 11-4）。

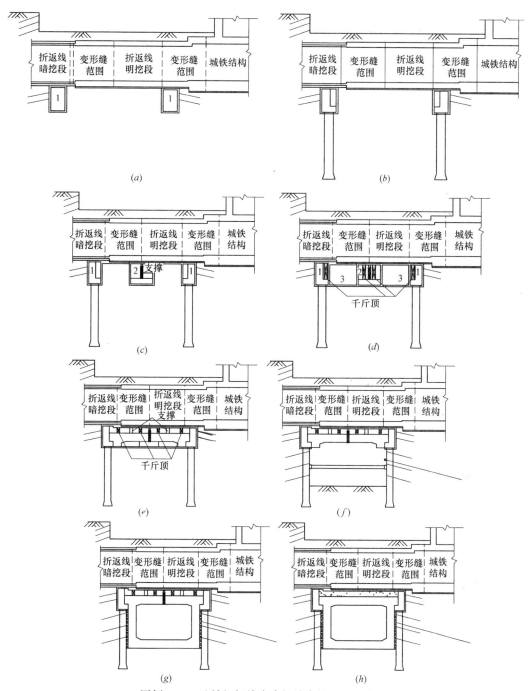

图例 11-4 地铁机场线东直门站穿越段施工步骤

(a) 第一步：根据折返线监测情况，分层、分段开挖折返线上方土体；同时在折返线下方密贴折返线结构，开挖 1 号小导洞，施做初期支护，同时施做侧向注浆锚管，注浆加固土体；(b) 第二步：导洞内施做灌注桩和托梁，托梁顶密贴导洞初支，同时在托梁顶预埋注浆管；(c) 第三步：开挖 2 号小导洞，施做初期支护；在导洞内施做条基，条基上埋置型钢支撑，支撑在折返线结构底板上；(d) 第四步：对称开挖 3 号洞室，施做初期支护，必要时在 1、2 号洞室架设千斤顶，对折返线结构进行第一次顶升调整，使折返线结构恢复；(e) 第五步：分段拆除导洞中隔壁，施做顶板结构，型钢支撑埋设在顶板中；待顶板达到设计强度后，在顶板上加设竖撑，顶住导洞初支；必要时在顶板上架设千斤顶，对折返线结构进行第二次顶升调整，使折返线结构恢复原状；(f) 第六步：向下开挖土体，随开挖随加设锚索和钢支撑，桩间施做注浆锚管，同时进行网喷支护；(g) 第七步：施做底板，桩和结构侧墙之间砌砖回填，拆除锚索和钢支撑，施做侧墙，完成结构施工。待结构达到设计强度后，必要时对折返线进行第三次顶升调整，使折返线结构恢复；

(h) 第八步：折返线底板和结构顶板之间灌注 C20 混凝土，同时进行压浆回填密实

533

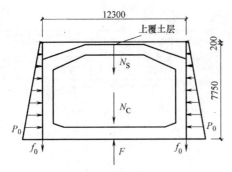

图例 11-5　折返线结构受力示意图

4. 微沉降调整顶升千斤顶布置方案

1）折返线结构受力检算

由于托换施工采用洞桩法进行，在顶升调整施工过程中，千斤顶不但要承受上部结构的载荷，还应考虑在位移调整过程中折返线结构与周围土体的摩擦力（折返线结构受力图见图例 11-5）。

其中设计顶升千斤顶顶力为：

$$F = N_C + N_S + 2f_0 \tag{11-1}$$

式中　N_C——折返线结构重量；

　　　N_S——折返线上覆土层重量；

　　　f_0——折返线顶升时与周围土的摩擦力。

1）折返线明挖段总重：$N_C = 14876\text{kN}$；

折返线暗挖段总重：$N_C = 7700\text{kN}$。

2）折返线明挖段上覆土层总重：

$$N_S = \gamma h S = 20 \times 0.2 \times 14 \times 12.3 = 689\text{kN}$$

折返线暗挖段上覆土层总重：

$$N_S = \gamma h S = 20 \times 0.2 \times 7.83 \times 12.05 = 377\text{kN}$$

3）折返线顶升时摩擦力：

$$f_0 = K F_0 \mu_3 \tag{11-2}$$

式中　K——系数，取 1.2；

　　　F_0——侧向静止土压力；

　　　μ_3——侧面竖向摩擦系数，取 0.7。

由静止土压力计算公式有：

$$F_0 = \frac{1}{2} p_0 HL + p_s HL = \frac{1}{2} \gamma H^2 K_0 L + \gamma h K_0 HL \tag{11-3}$$

式中　γ——土的重度，取 $\gamma = 20\text{kN/m}^3$；

　　　K_0——静止土压力系数，本工程中取 $K_0 = 0.5$。

将各参数代入公式（11-3），即有折返线明挖段侧向静止土压力：

$$F_0 = 294\text{kN}$$

折返线暗挖段侧向静止土压力：

$$F_0 = 1640\text{kN}$$

将参数代入公式（11-2），有折返线暗挖段顶升时的摩擦力：

$$f_0 = 247\text{kN}$$

折返线暗挖段顶升时的摩擦力：

$$f_0 = 1378\text{kN}$$

4）即明挖段需顶升千斤顶总吨位为：

$$F = N_C + N_S + 2f_0 = 14876 + 689 + 2 \times 2471 = 20507\text{kN}$$

暗挖段需顶升千斤顶总吨位为：

$$F=N_C+N_S+2f_0=7700+377+2\times1378=10833kN$$

5）顶升千斤顶的布置

工程采用洞内托换，施工空间极为有限，千斤顶的布置，既要求不影响结构施工的作业空间，同时又要求了单个千斤顶的顶力有足够的安全储备，设计要求保证千斤顶安全储备 $K>1.4$。

根据模型分析北侧导洞千斤顶顶力吨位：

$N_1=20507\times0.42=8613kN$；

中间导洞千斤顶顶力吨位：

$N_2=20507\times0.58=11894kN$；

南侧导洞千斤顶顶力吨位：

$N_3=10833kN$；

第一次位移调整：第四施工步序，共布置 28 台 200t 的千斤顶。其中，暗挖段南侧 1 号导洞内布置 8 台 200t 千斤顶，单台千斤顶顶力为 135t，$K=1.48$；明挖段北侧 1 号导洞内布置 6 台 200t 千斤顶，单台千斤顶顶力为 143t，$K=1.40$；2 号导洞内布置 14 台 200t 千斤顶，单台千斤顶顶力约为 85t，$K=2.35$。1 号导洞内的千斤顶均沿 L 形托梁顶部布置，2 号导洞内千斤顶沿型钢支撑两侧布置（图例 11-6）。

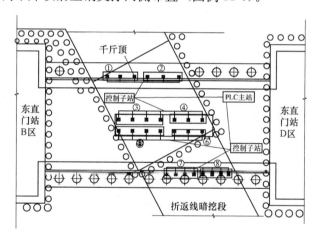

图例 11-6 第一次顶升千斤顶及控制站布置平面图

第二、第三次位移调整：第五至第七施工步序，共布置 24 台 200t 的千斤顶。其中，暗挖段布置 8 台 200t 千斤顶，单台千斤顶顶力为 135t，$K=1.48$；明挖段布置 20 台 200t 千斤顶，单台千斤顶顶力约为 103t，$K=1.94$。暗挖段的千斤顶沿 L 形托梁顶部和暗挖结构中隔墙、侧墙布置，明挖段内的千斤顶沿明挖段折返线结构侧墙的两侧布置（图例 11-7）。

5. 折返线位移调整控制施工方案

按照设计要求，采取液压同步控制顶升技术进行折返线的位移沉降调整。在下穿段施工的各个阶段，根据上部结构与下穿段开挖的对应关系和由此而可能造成的结构沉降变形情况，结合现场轨道标高变化测量数据布置千斤顶点，以变化量为液压同步控制千斤顶的分级、分区界定点。当变形发生时，系统将根据压力、位移指令，按照不同的变形量进行顶升调整，将上部结构恢复原状。

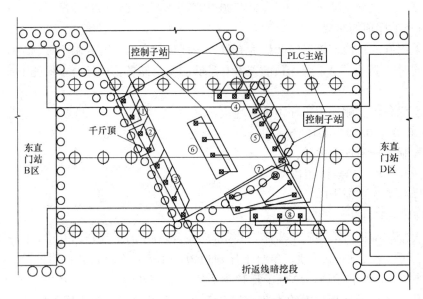

图例 11-7　第二、第三次顶升千斤顶及控制站布置平面图

也就是说，从下穿段施工至第四步时起，液压同步顶升控制系统将随着下穿段的施工阶段不断地进行位移调整、顶升点位置调整的循环操作，以确保上部结构随时保持原状。

1）折返线结构支撑力系

为确保结构安全，13 号线折返线结构支承力应最终以下部的支护结构为承力体系。顶升调整过程中，13 号线折返线结构由液压同步控制千斤顶支承。在每次顶升调整到位后，及时采取压浆等措施处理，完成后液压同步控制系统控制千斤顶收油缩缸，13 号线折返线结构仍然由支护结构受力支承。当需再次调整时，再对液压同步控制千斤顶加载，进行位移调整。

2）千斤顶控制子站及总站布置

根据明挖段与暗挖段的结构形式及千斤顶的分布位置，对第一与第二次托换时的千斤顶进行分组，以便在进行沉降位移调整时能够有效地对千斤顶的顶升量进行控制，保证位移调整时的结构安全。

根据本工程施工阶段的特点，采用一台 PLC 控制台，两个控制子站，其中每个控制子站可以控制 8-16 台液压千斤顶。本工程第一次托换设置 8 个控制点，其中 1 号导洞折返线暗挖段内设置 2 个，1 号导洞折返线明挖段内设置 2 个，2 号导洞折返线明挖段内设置 4 个。这 8 个控制点将根据测量值，由 PLC 液压同步控制系统给定液压千斤顶顶升值指令，通过液压千斤顶顶升调整，及时将结构顶升恢复，确保结构、线路安全（图例 11-6）。第二次托换同样设置 8 个控制点，折返线明挖段内设置 6 个，折返线暗挖段内设置 2 个（图例 11-7）。

3）位移调整阶段划分

方案根据施工的重要性阶段划分为三个实施位移调整阶段。在具体实施调整的三个阶段中，13 号线折返线结构、线路的状态调整是间隔性的，即每隔一段时间当 13 号线折返线结构、线路发生沉降、变形达到需调整量时，根据指令对 13 号线折返线结构进行位移调整。

这三个阶段按下部结构施工开挖步骤分为（流程详见图例11-8）：

第一阶段：当1、2号导洞完成、进行3号洞室开挖时，即从下穿段施工工序至第四步时起，开始安装液压同步顶升控制系统，并在1、2号导洞内设计千斤顶位置布置相应的液压千斤顶。随着下穿段3号洞室的开挖施工的进行，根据监测情况按照有关要求，及时进行位移调整，使折返线结构恢复原状。

第二阶段：下穿结构施工工序到第五步的阶段，即分段拆除导洞隔壁，施做顶板结构，当顶板结构达到设计强度后，在顶板上加设竖撑，顶住导洞初支。在此阶段随着顶板结构的分段施工，需要进行二次托换，及时调整、安装液压

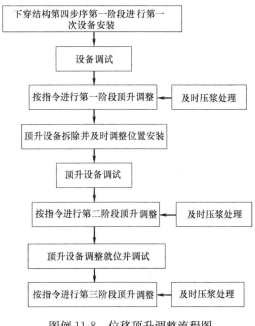

图例11-8　位移顶升调整流程图

同步控制千斤顶，以便必要时随时对折返线结构进行位移调整，使折返线结构恢复原状。

第三阶段：下穿段结构施工工序至第七步的阶段，本阶段为下穿段结构施工至完成、结构达到设计强度后的阶段，根据监测情况和需要及时对折返线结构进行顶升调整，使折返线结构恢复原状，以便下一步施工。

而实际施工过程中，由于前期的上部挖土卸载，在第七施工步序之前，结构一直是处于上浮状态。虽然结构上浮过程中的最大差异沉降量已经超标，但因为随着施工进行，其上浮量在逐步减小中，考虑到结构安全，同时也因为同步顶升系统对结构上浮的调整存在一定的局限性，因此前两次并未进行位移调整，只有第三步才采用同步顶升系统对上部结构进行了位移调整。

6. 小结

本章主要介绍了北京地铁机场线东直门站下穿13号线折返段托换施工过程以及微沉降调整施工。北京地铁机场线东直门站下穿13号线折返段工程在同一位置对既有地铁线路进行上跨下穿，同时还要保证既有线路的安全运营，对沉降的要求高，施工难度大。

工程采用洞桩法对既有线进行托换施工，整个穿越工程分成八个步骤施工，施工中共进行三次受力转换，工程难度高风险大。同时应用液压同步顶升技术对既有线结构进行微沉降控制调整，能够有效地对既有线变形进行控制，从一定程度上减小了施工风险。

8.3　建筑物结构改造托换工程实例

实例1　深圳市港中旅花园一期某地下增层改造托换

1. 工程概况

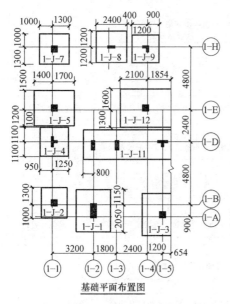

图例 1-1 基础平面图

某 3 层花园别墅位于深圳市港中旅花园别墅区，建于 2002 年，设计使用年限 50 年，建筑面积约 360m²，为现浇混凝土框架结构，抗震设防烈度 7 度，框架抗震等级为三级，当地基本风压为 0.75kN/m²，结构采用浅基础，其埋深为 1.5m，有两根柱与相邻一侧建筑物公用基础，根据地质勘察报告，下部土层依次为：素填土（平均深度 4.8m）、黏土（平均深度 1.3m）、砾砂（平均深度 1.1m）、砾质黏土（平均深度 11.0m）、全风化粗粒花岗石（平均深度 3.3m）、强风化粗粒花岗岩（平均深度 2.0m）、地下水位位于室外地面 5.5m 以下，本工程基础以黏土层作为持力层，建筑物填充墙体材料为黏土砖，建筑物自建成起，正常使用至今（图例 1-1）。

现应业主要求，在建筑物下部新增一层，层高 3.3m，作为活动室使用。

2. 地下增层改造设计

1）基础部分

原结构基础采用浅基础，但为了地下增层下一步工作的实施，需将下部土方进行开挖，并将首层柱往下接长，这就涉及原有柱托换及接长柱基础类型的选择，目前常用的托换类型有钻孔灌注桩、人工挖孔灌注桩、顶承式钢管静压桩、打入式微型钢管桩、树根桩（微型钻孔灌注桩）等，这些桩型在设计及施工中总是存在一些难以克服的缺陷，如小直径存在承载力低，需布置的托换数较多，易造成布桩困难；大直径桩虽然承载力高，但在施工时易引起建筑物的附加沉降。此工程采用一种桩径小、承载力高、施工简便、引起附加下沉微小的新桩型——微型钻孔嵌岩钢管灌注桩。它采用小型钻机成孔入岩层至设计深度后，通长放置钢管，然后灌注细石混凝土而成，现已广泛应用于旧建筑物基础加固及托换中。

2）上部结构部分

原建筑结构的水平向位移，整体稳定性、抗震验算及构造要求等均满足相关要求，但增层改造后，建筑物总高度、首层层高、结构受力体系均发生变化，这就要求依据改造后的结构模型重新进行整体复核验算，对不满足要求构件进行加固处理。

3）建筑物周围土体支护及地下水处理

由于建筑物底部新增结构的层数、新增结构每层的层高不同，对下部土体开挖深度也有所不同，当增层建筑物下部地质情况较好，开挖深度较浅，且对相邻建筑物、周边市政影响较小时，可采用放坡开挖，这样即可以节约投资，也可满足安全要求。

但当地下水水位标高高于开挖土体顶面标高时，若保证土体开挖正常实施，需抽取开挖区域内地下水，这样一来导致建筑物周边地基土地下水位标高下降，以至于土体应力发生重分布，最终有可能导致所改造建筑物及相邻建筑物基础发生不均匀沉降，带来不必要的麻烦。为避免此种情况的发生，需在开挖前进行止水帷幕及支护处理，本工程采用直径500mm旋喷桩止水，要求桩与桩之间要求有一定的咬合区域（详见旋喷桩平面布置，图例1-2），止水后开挖土体边坡采用钢筋混凝土锚喷支护。

3. 地下增层改造施工

1）地下增层改造施工总流程

放线→定位→障碍物拆除→嵌岩钢管灌注桩施工→抱柱式托换钢梁体系制安→支护体系施工→预应力反压、临时锁桩→土方开挖至地下室增层所需标高→凿除原柱基础承台→土建施工（地下室挡土墙、底板、永久托换承台、托换柱）→拆除抱柱式托换钢梁体系及部分桩体→清理收尾。

部分桩下基础托换加固流程见图例11-3。

2）托换预顶

当下部土体开挖时，柱下的基础土体由于失去承载能力，从而使上部建筑物可能发生沉降变形，为了控制建筑物的沉降变形，通过对新加柱下桩基础的桩头进行主动预顶，使新增的托换梁柱体系上抬，微型嵌岩钢管桩完成下沉，从而控制建筑物的沉降变形。

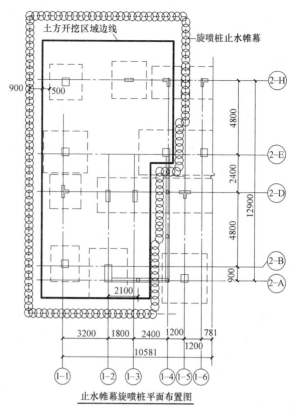

图例1-2 旋喷桩平面布置图

具体实施方法为：上部托换体系完成后，通过建筑物自身反力对微型嵌岩钢管桩实施预顶施工，桩达到设计承载力后，再锁定桩头。

为保证每根微型嵌岩钢管桩承载力满足设计要求，同时满足微型嵌岩钢管桩上顶荷载

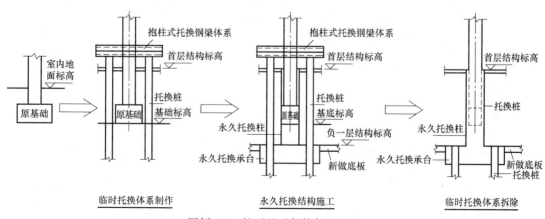

图例1-3 桩下基础托换加固流程

不大于柱轴向荷载的要求,桩头主动托换预顶施工为:(1)在托换柱旁先选择一对称桩位,同时架设主压桩架,利用千斤顶回顶桩头,桩达到设计承载力后,检验了桩的承载能力及下沉是否满足要求后卸荷,然后重复未压的桩头按前面步骤进行。(2)在该托换柱所有桩位位置安装主压桩架型钢梁及垂直主压桩架方向安装型钢梁锁定装置,各千斤顶按照设计值进行同步初级加载和分级加载。上抬1~2mm即为加载完成。当加载完成至预定值后,稳压保持15min后,若预顶装置稳定及结构体系监测值均在控制值以内时,立即对所有桩头进行封闭(浇筑混凝土)。同时加强监测。(3)卸除千斤顶、主压桩架,型钢梁锁定装置不动,待桩头混凝土达到足够强度后,再卸除型钢梁锁定装置。

3)施工监测

在整个施工过程中,为保证所用施工操作安全、可靠,需对建筑物整体变形(整体倾斜,不均匀沉降等)、构件变形(梁挠度变形)及各构件裂缝情况进行实时监测,监测建筑物倾斜通过倾角仪可完成,监测邻近原柱的沉降监测和裂缝监测,沉降监测设备为光栅尺,裂缝监测通过裂缝宽度测量仪完成。

总之,既有房屋的地下增层改造工程,比新建工程更为复杂,必须严格按规范及相关规定,做好改造前的调查研究和方案比较,精心设计,精心施工,在施工过程中必须做好各项监测及监控,保证整个增层改造过程及今后的使用安全、可靠、耐久。

实例2 建筑物整体移位中错位托换梁设计

1. 工程概况

某住宅楼为4层砖混结构,1997年竣工,建筑平面呈长方形,长度44.4m,宽12.25m,3个梯位,建筑面积2635m²,建筑平面如图例2-1所示。由图例2-1可见,该建筑平面布局复杂,纵横向墙体错位,上部楼层墙体位置与底层墙体(图例2-2)也不一致,悬挑长度达2m。因道路拓宽需要,拟将该建筑由南向北横向整体向后移位8m。

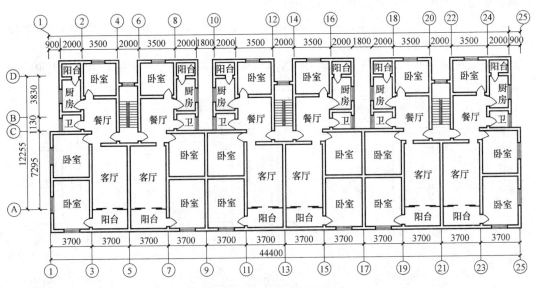

图例2-1 标准层建筑平面图

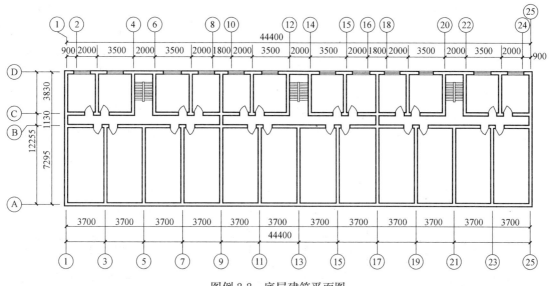

图例 2-2　底层建筑平面图

2. 错位托换梁设计

1) 建筑物整体平移技术

整体水平移位又称整体平移,是指在保持原有建筑物使用功能不变、结构安全可靠的原则下,将建筑物整体从甲位置移动到乙位置。

建筑物整体平移前,一般都在建筑物靠近基础部位设置刚度较大的钢筋混凝土托换体系,将建筑物上部结构与基础分开。托换体系根据功能可分为上轨道梁、托换梁和水平连系梁三个部分,通过托换体系将上部结构的荷载全部传递至与平移方向平行的上轨道梁上,实现竖向力传递途径的改变。在上轨道梁下沿移动方向修筑临时基础(也称下轨道梁),并在上轨道梁与下轨道梁之间置入滚动装置。平移时在托换体系上施加水平推力或牵引力。使房屋上部沿预定轨道移动到新址,就位后撤除滚动装置,将房屋上部与新址基础连成整体。由此可见,托换体系实现了竖向力与水平力的传递,是建筑物整体平移技术中确保建筑物安全与实现平移的首要且关键的步骤。

2) 错位托换体系设计

由图例 2-2 所示底层建筑平面可见,该建筑物底层横向墙体轴线共有 25 道,大体上在Ⓐ~Ⓑ轴和Ⓒ~Ⓓ形成南、北两个部分,其中只有①⑨⑰㉕四轴的墙体前后贯通,其余 21 道墙体前后均未贯通,南北两侧的横墙轴线存在错位,纵墙共 4 道。竖向力托换体系初步方案拟在所有横墙底部设置上轨道梁,纵墙墙体底部设置托换梁将荷载传递至横向的上轨道梁。

在平移过程中,需通过外部施加水平力,来克服各道上轨道梁梁底的滚动摩擦力,从而使建筑物上部结构维持运动状态,"平移"至新址。通常是在建筑物外部对托换体系施加水平推力或牵引力,并通过托换体系将水平力传递至各上轨道梁。为了可靠实现竖向力托换和水平力在各上轨道梁间的传递,本工程对托换体系进行了多方案比较优化设计。

方案一:所有横墙下均设置上轨道梁,并对各上轨道梁分别施加水平外力。采用推力时设置千斤顶反力座需要 2.5~3.0m 的操作空间,在南侧建筑物外侧空间较大,可在上轨道梁梁端施加 13 道水平推力。北侧 12 道上轨道梁的水平推力则需在建筑物内部施加，而Ⓑ©轴墙体间距仅为 1.13m 操作空间，无法设置千斤顶反力座。这种情况下，只能在建筑物北向对 12 道上轨道梁采用拉力牵引，需要在托换梁中预埋预应力束，并在建筑物外设置牵引拉力反力座，移位时同时采用顶推力与牵引拉力相结合。托换体系方案一如图例 2-3 所示，图中箭头所示为水平推力或拉力。采用这种方案由于施力点多，在建筑物移位过程中容易因施工误差造成合力作用点与建筑物重心严重偏移而产生偏位，使建筑物偏离轨道。并且由于南北侧所施加的推力与拉力没有连通，容易使建筑物南北侧受力不平衡而产生附加应力的不利影响。

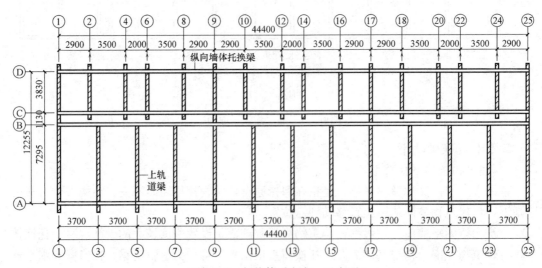

图例 2-3　托换体系方案一示意图

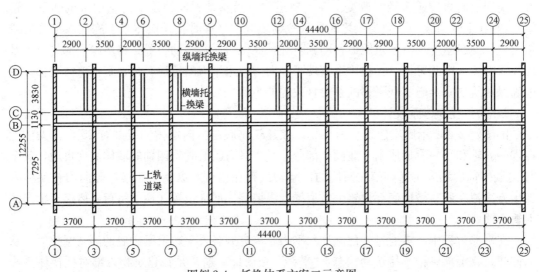

图例 2-4　托换体系方案二示意图

　　方案二：拉通上轨道梁。将③、⑤、⑦、⑪、⑬、⑮、⑲、㉑轴的上轨道梁延伸至Ⓓ轴，这样共有 13 道前后拉通的上轨道梁。将建筑物北侧②、④、⑥、⑧、⑫、⑭、⑯、⑱、⑳、㉒、㉔轴的墙体荷载通过转换传至©、Ⓓ轴的转换梁上，©、Ⓓ轴的转换梁再传至上轨道梁上。转换体系共13道上轨道梁，水平推力施加在南侧上轨道梁梁端。托换体系方案二如图例2-4所示，图中箭头表示水平推力。由图例2-4可见，方案二形成了双重托换，多了1道转换工序，费时、费力、增加施工难度，在延伸轨道梁下需重新设置基础，大幅提高了工程造价。

方案三：设置斜向水平力转换梁。ⒸⒹ段墙体与ⒶⒷ段墙体错位距离为800mm或1000mm，仍然在所有横墙下设置上轨道梁，水平力施加在南侧13道上轨道梁的梁端。在Ⓑ、Ⓒ轴间设置斜向水平力转换梁，使施加在南侧上轨道梁上的水平推力通过斜向连系梁传递到北侧的上轨道梁上，如图例2-5所示。南北侧错位墙体横向距离为1130mm，纵向距离为800mm或1000mm，错位墙体夹角为54.7°和48.5°。计算所得底层ⒶⒷ段墙体线荷载标准值为342kN/m，ⒸⒹ段墙体线荷标准值为339kN/m，ⒶⒷ段轨道梁所需顶推力为198kN，ⒸⒹ段轨道梁所需顶推力为103kN。在Ⓑ、Ⓒ轴之间设置水平力转换梁系——斜向连系梁，详见图例2-5，按夹角48.5°计算，横向矢量为0.749，纵向矢量为0.663，因此施加于ⒶⒷ段轨道梁上的水平推力198kN，通过转换梁传递到ⒸⒹ段的横向水平推力为148kN，大于ⒸⒹ段轨道梁所需水平推力103kN，且上轨道梁的水平推力的纵向分力在⑤轴处自身正负平衡，③轴与⑦轴纵向分力正负平衡，避免了扭转力的出现。

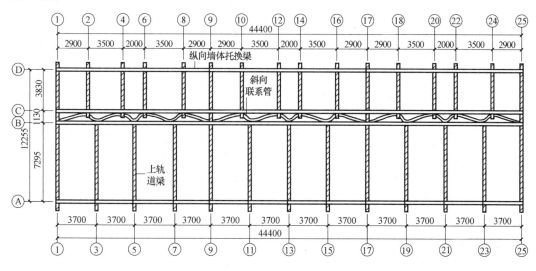

图例2-5 托换体系方案三示意图

综合比较以上三种方案，方案三设置斜向水平力转换梁，传力途径明确、施工简便、工程造价省、具有显著的优越性，本工程最终采取方案三设置托换体系，现场水平推力施加及斜向水平力转换梁参见图例2-6、图例2-7。

3. 结束语

本工程通过对托换体系进行多方案比选优化设计，使托换体系的设计更为经济合理。该工程平移施工总工期为75d，建筑物顺利整体平移至指定的位置。在移位过程中，每道轴线上轨道梁的实测水平推力约为200kN，与理论计算值较为接近，且每一行程的水平推力较为均匀，建筑物行走过程稳定，建筑物长度44.4m，未出现两端偏位，整体移位效果好，获得业主与住户的一致好评，取得良好的社会与经济效益。

图例 2-6　外部 13 道水平推力设置

图例 2-7　斜向水平力转换梁系

实例 3　珠海市华发世纪城三期综合楼托梁拔柱工程

1. 工程概况

该商住楼为 3 层框架结构，其中地下 2 层（层高 3.8m）、地上 1 层（层高 8.8m），纵、横向柱距为 8.0m，结构平面内采用井字梁系结构，屋面层为露天景观和空中泳池，基础为桩基。由于建筑物首层使用功能改变，拟改造作为电影院使用，结合对比原结构施工图与改造后影院建筑施工图，建筑物首层纵、横向尺寸不满足《电影院建筑设计规范》相关要求，根据现使用要求，需将两根原框架柱拆除，位置如图例 3-1 所示。由于该商住楼住宅已交付使用，且拆除柱上部为泳池，因此拔柱时不能对屋面层上部结构造成较大影响，特别是不能因拔柱造成结构开裂导致泳池渗漏水等。为满足该建筑结构承载力及正常使用要求，采用多种加固改造方法对比分析，经计算复核及论证后采用了断柱反顶、后张法预应力、加大截面及化学植筋等多种特种技术相结合的方法对原结构进行加固处理。

2. 加固设计思路

1）拔柱后结构内力变化分析：拔柱后该柱上部梁的跨度增加，同时内力也会随之发生较大的变化。如图例 3-1 所示，拔柱前该柱两侧的梁截面承受较大的负弯矩；拔柱后却承受较大的正弯矩。结构的传力路径在拔柱后也会发生改变，一般有两种情况：（1）若沿原结构纵向或横向单向布置大跨度托换梁，则所拔柱上的荷载绝大部分将传递至与托换梁垂直的框架梁上；这样使得该框架梁加固后截面高度、配筋均很大，柱端弯矩很大，最终影响建筑物净高，并给施工带来一定麻烦；（2）若沿原结构纵向、横向均布置大跨度托换梁，即按照原结构梁系布置思路，采用井字梁托换结构，使得荷载传递至四周框架梁、柱上。

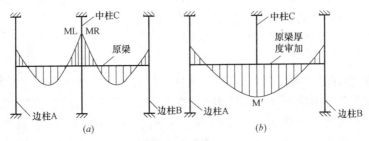
图例 3-1　弯矩图
(a) 抽柱前；(b) 抽柱后

2）设计工程中存在的问题：该结构纵、横向原柱距 8.0m，柱拆除后，柱距达 16.0m，即托换梁跨度为 16.0m，且由于结构上部为泳池，不允许有较大变形，加上结构净高要求对梁截面高度的限制，这诸多条件都给设计增加了难度，若采用普通钢筋混凝土托换梁，经复核计算梁挠度变形，裂缝宽度均超出《混凝土结构设计规范》中规定的正常使用要求限值，因此设计采用预应力筋混凝土托换梁，梁内埋设 2 根 $\phi90$ 金属波纹管，放置 $2\times5U\phi_s15.2$ 钢绞线，其中预应力钢绞束的标准强度 $f_{ptk}=1860N/mm^2$，张拉控制应力 $\sigma_{con}=0.75f_{ptk}=1395N/mm^2$，当混凝土达到设计强度的 75% 时，实施预应力张拉，预应力筋张拉采用张拉力和伸长值进行双控张拉。

新浇梁中预埋波纹管，设置预应力筋实施起来较容易，但在采用加大截面法加固梁中，由于原梁的影响，需在原梁两侧设置预应力筋，需将梁加宽，加宽宽度要满足预应力梁要求，当梁加宽时，作为该托换梁支座的框架柱截面也需加宽，经整体复核计算结论，柱拆除后，周边框架柱承载力满足要求，考虑经济性，为实施预应力筋锚固张拉，对梁、柱交接处柱顶位置局部采用加大截面加固处理。

既有建筑物结构加固改造中，在原有楼面浇筑混凝土，需在楼面开浇筑孔，但该建筑物上层已交付使用，上部开孔无法实施，设计采用花篮式梁，托换梁面自楼板板底往下 200mm，该空间用于浇筑混凝土，实施预应力张拉。

对于钢筋混凝土结构的加固通常有如下几种方法：增大截面法、外包钢法、粘贴钢板或碳纤维法、体外预应力法等；上述加固方法中，增大截面法、外包钢法和外贴钢板或碳纤维法等被动加固方法在一定的适用条件下存在应力滞后变形大的局限性。由于本工程托换梁上部为景观及泳池，荷载较大，因此托换梁承受的弯矩也较大，按安全使用及裂缝控制至泳池不开裂渗漏则要求托换梁需有较大的刚度，同时为了降低托换梁的高度和控制托换梁的变形开裂，决定采用加大截面并加设体内预应力张拉技术对托换大梁进行加固，以预应力反拱主动作用抵消托换大梁在托换荷载作用下产生的挠度变形，减小裂缝宽度。另外附加的特殊措施是在托换梁浇筑前断柱反顶，利用千斤顶进行加载预顶，这时上部结构会有微量的顶升反拱，使浇筑后的托换梁的挠度变形量大部分被消除，从而抑制消除了上部结构的变形开裂而满足泳池不开裂渗漏安全耐久使用的要求。

3. 关键技术的施工应用

"托梁拔柱"加固工程施工顺序一般有两种方案。一是先做好支撑卸荷，截柱后再实施梁柱加固；二是先做好梁柱加固，再截柱。该方案优点体现在可以把框架柱中原混凝土全部替换掉，而缺点是对支撑卸荷措施的要求比较高；第 2 种方案优点体现在施工比较简单，支撑卸荷措施简单易行，而缺点是框架柱中原混凝土无法替换掉而需采用设计措施补强节点处理。本工程采用第 1 种施工方法。整体施工主要流程如下：支撑卸载—断柱反顶—框架梁柱增大截面加固—增设十字梁加固—预应力张拉锚固—拔柱。

其中关键技术的施工应用包括：

1）卸载：为了使新老混凝土协同受力，加固梁柱结构体系内力、应力应在低应力（甚至零应力）状态时进行加固。本工程采用了满堂支撑卸荷，保证加固的有效及施工过程的安全。

2）断柱反顶：由于拔柱后托换梁受荷会产生下挠变形，为了保证拔柱后控制下挠度避免产生裂缝，本项目创新采用了断柱预顶后浇托换梁办法对其进行反顶预起拱的特殊方式处理。先在柱下部采用型钢抱柱法形成上、下托盘平台，托盘平台间安装 4 台千斤顶，千斤顶底顶部以铁板垫平楔紧。断柱采用水钻钻排孔方式作业。顶升高度是根据上部结构永久荷载、结构自重及活载等通过计算确定。反顶时所有千斤顶统一指挥、统一加压并等速顶升保证顶升增量一致。反顶过程采用顶升位移与支顶反力进行双控，同时需严格监测、密切注意结构及其附属部分是否有异常，如有应立即停止施工，分析原因并采取正确措施后继续施工。

3）体内预应力施工：预应力加固法的受力特点属主动受力，主要是通过钢绞线的张拉，让混凝土收拉区主动受力，相当于在原构件基础上施加一套与恒载和活载产生的相反效应的等效荷载，和原构件形成桁架的受力形式，可从根本上提高构件的承载能力和控制裂缝及挠度，并缩小甚至闭合裂缝。本工程采用体内预应力，进一步解决了体外预应力防火及后期维护和耐久性问题。

张拉前应对千斤顶与油表由有资质的试验检测机构在万能机上按主动态（即和张拉工作状态一致）方式进行配套标定。按设计要求，预应力筋采用一端张拉。预应力筋张拉程序如下：$0 \rightarrow 0.1\sigma_{con}$（量初值）$\rightarrow \sigma_{con}$（量终值）$\rightarrow$锚固预应力托换大梁施工。先预埋波纹管和锚具，穿入预应力筋，再浇筑混凝土。在浇筑过程中，不时抽动预应力筋以防止漏浆可能造成的不利影响，露出锚固的预应力筋用塑料薄膜及防水胶带封闭。预应力钢绞线需等梁混凝土强度等级达到 75％以上时方可进行张拉，张拉过程中及时监测预应力筋伸长值及回缩量。

4）电子监测：托梁拔柱的施工过程需全程监测。在断柱的顶升过程中，必须监测柱是否发生平移、倾斜及其他结构变化情况。施工中采取人工、先进的电子监测仪器、电脑相结合的做法。顶升时在梁柱上设贴标尺及应变片等，通过高精确度的电子仪器对顶升量、结构变形、整个施工过程等进行位移及倾斜情况监测，并将所有仪器的监测记录输入电脑，通过电脑的汇总、分析与人工观测结果进行比较，确定施工对结构的影响情况，并对结构变形开裂提供预警，为施工及处理决策提供数据支持和依据，一旦发现问题，及时采取处理措施，确保安全施工。采用的电子监测设备包括：

（1）裂缝宽度测试仪。主要用于检测并记录、计量结构表面等裂缝宽度的定量检测。

裂缝观测仪数据记录表（单位：mm）　　　　表例 3-1

记录时间	测点 数值	一号	二号	三号	四号	五号
初始						
二级	时间					
	数据					
三级	时间		无再生裂缝			
	数据					
四级	时间					
	数据					

记录员：　　　　　　　　　　　检测员：

（2）电子倾角仪。在结构两个水平位置及被托换结构顶部安装此仪器，它利用具备 MEMS 加速度传感器技术，并采用信号采集、放大及补偿等技术，其纵横向精度为 2s，直接显示角度值、测量角度范围宽、定量化测量偏离水平面方向的角度的功能。

（3）电子位移计。在顶升中，它主要用于测托换时，结构的抬升或沉降量，显示屏是自带的，能直接显示测值，可精确到 0.01mm，随时可通过下栏的菜单修改参数。端口可直接连打印机现场打印某个时间段数据。

（4）静态应变测量系统。可自动、准确、可靠、快速测量大型结构、模型及材料应力试验中多点的静态应变应力值。可对多点静态的力、压力、扭矩、位移等物理量进行测量。

4. 施工注意事项

1）强化顶升过程的施工管理。顶升过程中，应明确现场指挥人员，统一指挥各操作手进行顶升，强调幅度一致、用力均匀、读数准确，并随时注意测量高程，保证千斤顶同步、均匀顶升。顶升过程中要及时在断柱间隙加垫钢片并楔紧以防千斤顶失稳。

2）由于采用了后锚固的植筋技术，施工时需用钢筋探测仪对拟植入构件进行钢筋探测，以免伤害影响到原结构构件钢筋。

3）梁增大截面或新增梁施工时需在原梁或柱上钻孔穿筋，钻孔必会损失截面，原梁柱承载力会有临时性降低。为保证施工安全，在钻孔作业时必须对受影响范围的楼板及梁柱进行有效支撑卸荷。

4）梁柱增大截面浇筑混凝土或灌浆料灌注施工时，要求模板拼合严密，接缝处采用胶条密封，确保不跑浆，以期浇筑或灌注密实、外观平整。

5）为了保证施工过程的安全性及验证理论计算的正确性，对整个施工过程进行全程跟踪监测、对比及分析以正确指导施工。

5. 加固效果评价

本次托梁拔柱顺利竣工后，使用裂缝显微镜对相关梁板进行了裂缝观测，未发现任何裂缝，实现了上部水池安全与不开裂渗漏的目的。并且由于使用了体内预应力，相对传统的体外预应力，可以避免体外预应力养护困难、耐久性差的弱点，具有一定的推广价值。

6. 结论

托梁拔柱往往技术要求高，施工难度大，合理地进行托换结构的加固设计、加强施工过程中各环节的管理和监控，是保证托梁拔柱工程安全可靠的关键。

本工程在方案选择、工艺实施、绿色施工诸多方面均进行了优化，并将断柱反顶、体内后张拉预应力等多种特种技术手段引入了既有建筑托梁拔柱改造加固工程中，突破了国内目前关于托梁拔柱改造的几种常规加固方式，取得良好的效果。通过现场跟踪监测，实测结果和理论计算结果基本吻合，为托梁拔柱的改造方法的探索与创新做出了有益的尝试，以指导类似工程的设计及施工。

实例 4　广州市某砖混结构房屋改造托换

1. 工程概述

广州市天河区天河直街 109 号，据悉建于 20 世纪 80 年代，朝向为坐北朝南，主体结构为 3 层的砖混结构房屋，以 180mm 厚砖墙承重和围护为主，个别分隔墙体为 90mm 厚，现浇钢筋混凝土楼、屋盖。该房屋首层层高为 3.2m，二、三层层高均为 3m，总建筑面积约 221m²。该房屋承重墙转角处均设有构造柱，各层均设有圈梁。现该房屋做为住宅使用。

由于业主的使用要求，计划于原有室内空间中增加活动空间，因此为了满足新建筑布置图要求，需对原砌体结构进行局部托换改造，相应的 2～6×B～E 区域进行加固处理。下面以二层加固改造为例来详细介绍（图例 4-1、图例 4-2）。

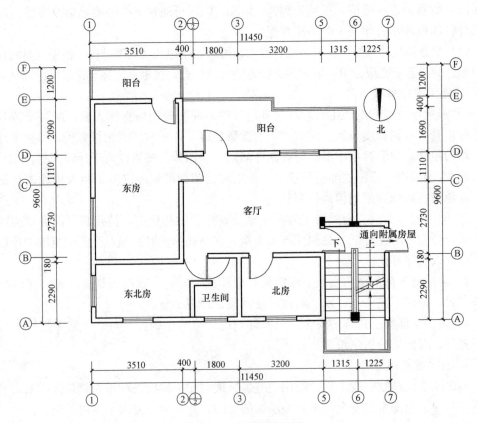

图例 4-1　原建筑平面图

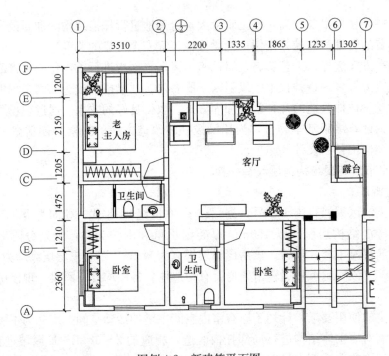

图例 4-2　新建筑平面图

2. 加固方法

根据新旧建筑图，制定加固改造方案如图例 4-3 所示。

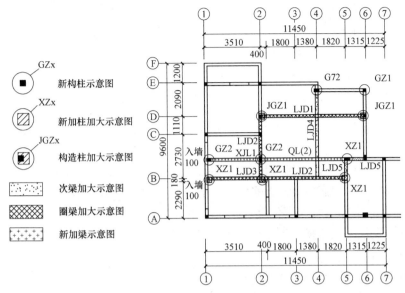

图例 4-3　加固改进方案

1）首先对需要托换的墙体辐射区域进行有效支顶，包括墙体、梁系。

2）支撑完毕后进行墙体托换处理。托换时应分段、错开相邻轴号进行。

3）原构柱、圈梁、次梁加固及新梁柱浇筑。注意新、旧混凝土结合面应进行凿毛处理。

3. 施工方法

1）对原构造柱采用柱加大加固处理。

柱加固大样如图例 4-4 所示。

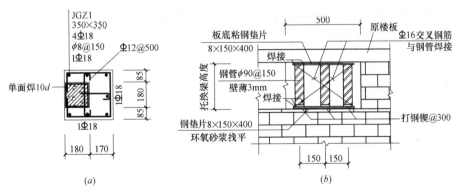

图例 4-4　柱加固大样

2）砌体局部需进行托换。

托换大样如图例 4-5、图例 4-6 所示。

3）对原圈梁采用梁加大加固处理。

4. 施工监测

托换工程由于施工工艺比较特殊，施工过程中不可预见情况较复杂，且一旦发生意外

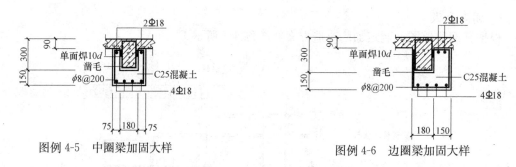

图例 4-5　中圈梁加固大样　　　　　　　图例 4-6　边圈梁加固大样

很可能出现不可逆的二次灾害。因此，在施工过程中必须通过安全可靠的监测方法进行全盘控制，并贯穿于整个施工过程。

施工过程中拆除墙体的上部墙体需进行应变监控、位移计和应力监控。

1）应变观察采用静态应变测试系统。在托换上层墙体粘贴应变片进行数据观测，如在拆除过程中发现数据有较大变化时，应立即停止拆除施工。

2）裂缝测宽仪。在托换时对上部墙体裂缝进行观察，如发现裂缝数据有所变化时，应立即停止拆除施工。

3）位移计。在托换时对上部墙体进行位移观察，如发现位移数据有所变化时，应立即停止拆除施工。

4）应急支撑措施。当上部墙体的应变突然增加时，应立即进行临时支撑。

本次砖墙托换的监测重点主要为托换墙体上部的墙体及周边的梁系。当荷载通过托换梁转移到新的框架结构上，新的承重体系将完全承受来自原墙体的荷载而发生微小变形，此时需密切关注变形的数据，看是否满足设计规范中变形与挠度的要求。若遇到突变及紧急情况，需进行临时支撑并对周边构件进行全支撑。

8.4　桥梁顶升托换工程

实例 1　大型桥梁整体顶升平移关键技术

1. 断柱顶升、直接顶升

桥梁顶升当中主要有两种应用形式：直接顶升法和断柱顶升法，见图例 1-1。每一个具体的工程应用如图例 1-1～图例 1-9 所示。

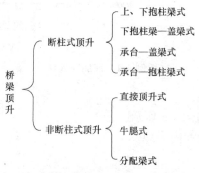

图例 1-1　桥梁顶升的应用形式

图例 1-2 上、下抱柱梁式

图例 1-3 下抱柱—盖梁式

图例 1-4 承台—盖梁式

图例 1-5 承台—抱柱梁式

图例 1-6 直接顶升式

图例 1-7 牛腿式

图例 1-8 分配梁式

图例 1-9 托架系统

2. 整体同步顶升分步到位、整体比例顶升同步到位

整体同步顶升、分步到位,一般运用在简支梁顶升上。对顶升段采取整体同步顶升的步骤为:每一次对顶升桥梁整体顶升 10cm,逐步依次顶升 10cm,直到先到位的部分可以

不需顶升，而对未到位的部分依次顶升。上海南浦大桥东主引桥整体顶升工程采用整体同步顶升、分步到位技术。

整体比例顶升同步到位，一般运用于连续梁上。根据桥梁首尾顶升高度的不同，按照线性比例的关系通过 PLC 同步控制液压系统编程设置千斤顶的顶升速度，对既有桥梁整体比例顶升，同步到位。此方法可以减小既有桥梁内部产生次应力，防止产生结构性裂缝，有助于桥梁结构安全。

3. 桥梁顶升系统构成

顶升系统大致由 4 部分组成：千斤顶和随动支撑系统、托架系统、顶升限位系统、顶升监测系统。

1）液压千斤顶和随动支撑系统

液压千斤顶，用于对桥梁物进行顶升；跟随支撑装置，设置在液压千斤顶旁，用于液压千斤顶意外失效时临时支撑住桥梁以确保顶升安全，其跟随着千斤顶的伸长，停止、收缩而自动跟随。在桥梁顶升的方案设计中，需考虑千斤顶和跟随支撑装置布置对原桥梁的影响，千斤顶和跟随支撑装置的个数需考虑一定的安全系数，位置应考虑将来立柱连接时模板安装所需的施工空间，同时考虑顶升时千斤顶的受力状况。上海南浦大桥东主引桥整体顶升工程在每片盖梁下使用了 8 台千斤顶和 8 台随动支撑。

2）托架系统

托架体系一般由分配梁或抱柱箍、专用临时钢垫块、支撑钢管、抱柱梁等组成。

顶升专用临时钢垫块分别用在千斤顶下和临时支撑下。临时钢垫块与顶升托架体系的钢管支撑相对应，即采用 $\phi500 \times 12$ 钢管支撑，两端焊接厚为 12mm 的法兰。钢垫块共有 I、II、III、IV 四种类型，为适应千斤顶的顶升行程，钢垫块的高度分别为 100mm、200mm。

当垫块高度到达 1.0m 时，增加一节钢管支撑用以替换临时垫块，以增强支撑稳定性。同时将墩柱钢管支撑通过斜缀条连接形成格构柱形式。通过以上措施保证支撑结构有良好的整体性，防止因顶升可能发生的滑移造成支撑体系的失稳破坏。

3）限位装置

为避免顶升过程中桥梁产生横、纵向偏移，设立钢结构限位装置。限位支架应有足够的强度，并应在限位方向有足够的刚度。

限位装置分为两部分：墩柱横向限位（图例 1-10）和桥面纵向限位（图例 1-11）。墩

图例 1-10　墩柱横向限位

图例 1-11　桥面纵向限位

柱横向限位采用在墩柱的四个角处安装分肢角钢，分肢角钢作为格构柱的缀条，构成格构柱来限制墩柱横桥向和纵桥向的位移。对于高度较小的墩柱，采用双层格构柱原理来限位，里层格构柱和外层格构柱分别与梁体和承台固定在一起，这样当千斤顶将桥梁顶升时，格构柱只允许墩柱在格构柱里面上升，很好地限制墩柱的横向位移。

桥面纵向限位分为两种类型：螺栓桥面牵拉限位装置和螺旋千斤顶桥面牵拉限位装置。螺栓桥面牵拉限位装置可以很好地在坡度方向不变的条件下改变梁体水平方向投影长度大小，在桥梁顶升时，可以有效减小多跨梁体水平投影的长度。

螺旋千斤顶桥面牵拉限位装置：在桥梁反坡顶升过程（即原来为下坡变为上坡或者原来为上坡变为下坡）中，可以将螺旋千斤顶放置于顶板和另外一侧反力支架之间，通过伸长螺旋千斤顶来缩短顶板和反力支架之间的距离。拉动反力支架来限制桥梁的位移，缩小梁体之间的缝隙。

4. 大型桥梁平移

大型桥梁平移（图例 1-12）在移梁方向上一定宽度范围内安装具有足够强度、拆卸方便的临时垫块，使其顶面行程一个具有一定平整度（高差≤2mm）的平面，其上安装滑道钢板（采用 2cm 厚钢板制作而成），滑动钢板铺设 1cm 厚的聚四氟乙烯板。所有千斤顶均采用膨胀螺栓吊装在梁底，千斤顶下安装滑橇，滑橇底面粘贴不锈钢板，不锈钢板与滑道钢板上的聚四氟乙烯形成滑动面。利用提前在临时墩上梁端预制好的钢筋混凝土后背作为平移的反力基础，通过千斤顶的横向顶推实现梁体的平移。

图例 1-12　5000t 系杆拱梁平移过程

5. PLC 液压同步控制系统

PLC 液压同步控制系统由液压系统（含检测传感器）、计算机自动控制系统两个部分组成，该系统能全自动完成同步位移，实现力和位移控制、操作闭锁、过程显示、故障报警等多种功能。该系统具有以下特点：1）具有友好 Windows 用户界面的计算机控制系统；2）整体安全可靠，功能齐全；3）操作控制集中，所有油缸既可同时控制，也可单独控制；4）同步控制点数量可根据需要设置，适用于大体积结构物的同步位移；5）各控制点同步偏差极小，结构物移位精确。

本系统的电气控制系统原理（图例 1-13）：多点的位移检测装置和压力传感器的信号由信号电缆连接到超高压泵站的电气控制箱内，经信号放大器放大后将顶升位移和负载吨位送至可编程控制器 PLC 中，PLC 根据操纵台发出的操作指令，启动多台泵的电机，驱动油泵工作，油泵的动力油源经控制阀组，输出到外接的液压油缸中，使液压油缸上下运

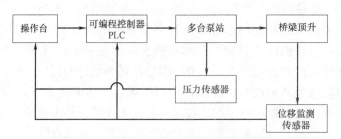

图例 1-13 PLC 液压同步控制系统电气控制系统原理

动。同时可编程控制器根据检测的位移信号，不断与指令信号进行比较，将误差值修正后改变变频器的输出频率，以改变电机的转速，达到连续可调的动力油源，供给外接液压油缸，来保持多点液压油缸同步上下运动。

6. 结论

桥梁整体顶升平移技术在桥梁改造与利用中逐渐起到举足轻重的作用，并且为改造工程节约大量的资金，大大缩短了工程工期，降低了环境污染。就目前的整体顶升平移技术而言，对我国的现有桥梁都可进行顶升，无论桥梁的大小，结构的复杂程度如何。顶升这一高新技术将会得到更充足的发挥空间，为国家带来更多的经济利益和社会效益。

实例 2 顶升技术在桥梁加固改造中的应用

1. 工程概况

该桥为昌九高速公路支线上跨桥，横向坡为 2%，纵向坡为 2%，两跨 16m 空心板梁，每跨 9 片。其现状是桥面铺装完好，经测量需要调整的高差如表例 2-1 所示。

根据对设计施工图受力分析，确定荷载大致分布，计算千斤顶的理论负载油压，设置千斤顶的油压。为了在顶升后便于安装和调整桥梁支座，顶升高度最小为 30cm。

桥梁下交通繁忙且桥下道路允许通车，顶升施工时须在桥下围蔽，原道路预留 4m 宽道路以利单向通车；桥下围蔽两端设交通防护安全锥及警示牌。

高差调整表 (m) 表例 2-1

东线	设计高程	32.21	西线	设计高程	32.29
	原高程	32.13		原高程	32.10
	顶升高度	0.30		顶升高度	0.30

2. 施工流程

具体施工流程见图例 2-1。

1) 桥面连续凿除

凿除桥面连续工作量大，是控制工期的关键。必须同时解除一孔上两端的桥面连续，之前需要完成桥下支架搭设。在梁板下，设置吊篮工作台，挂好施工安全网，然后，采用锯缝机锯开桥面连续，每条桥面连续配备 1 台 12m³ 空压机，2 条风镐，将桥面连续混凝土凿除，解除桥面连续钢筋。

2) 地基处理

为确保沥青路面完好，设一层密铺枕木（顺桥向布置）。顶梁支架 T 形杆件落点处必须有枕木。顶梁支架如图 2-2 所示。

根据梁重为 450t/孔，顶梁采用 3 套一组 50t 卧式液压千斤顶，共用两组顶升设备，另一套备用。

3）顶升

在梁体连续段完全凿除、顶升设备进行调试检查后，即可开始顶升工作。顶升高度每次 15cm，然后用临时木井架固定（作为保险支墩），如此两个循环，总顶程 30cm，两组顶升设备同步顶升。为控制每个支点顶升高度，在油压千斤顶前，安装电磁阀，对支点顶程进行控制，顶升到位后，在 T 形搭架上用相应高度顶铁垫好，在新支座垫石安装更换完后，方可落梁，拆除保险墩。

保险墩布置于千斤顶两侧，与下垫 I30 工字梁采用螺栓连接稳定，在顶升过程中准备短方木，随时在帽梁两侧边塞垫，防止回油。对 T 梁或 I 字梁组成简支梁顶升可在梁体下放垫块直接用千斤顶顶升的方法进行，但顶升板梁或箱梁时，必须注意到顶升用的上部横向托梁不能直接与大梁紧贴在一起，因为此类桥梁梁体底部结构比较薄弱，易损坏，所以要在梁下两边肋下放上两块 50mm 厚垫块，如图例 2-2 所示。

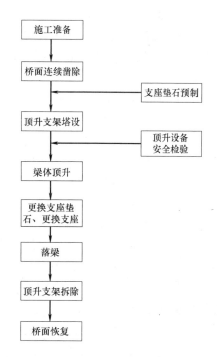

图例 2-1　施工工艺图

4）支座垫石的预制和安装由于工期短，支座垫石必须先进行预制，预制好的垫石达到强度后，在梁顶升到位、做好保险支墩后，由起重机转运，卷扬机提升到盖梁上进行安装。先将原支座垫石处的面刷干净、在放支座垫石，支座垫石放平后，用抄垫钢板将橡胶支座与垫石之间空隙垫好。上述工作完成后整孔梁同步降至橡胶支座上。

5）桥面恢复

所有梁体顶升完成后，对原桥面凿除部位，清洗干净，绑扎和焊接钢筋，并用聚炳烯混凝土恢复桥面。

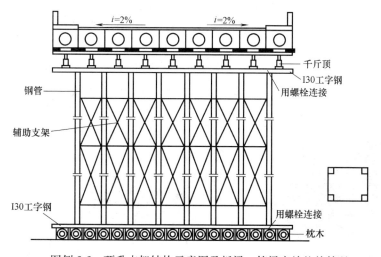

图例 2-2　顶升支架结构示意图及板梁、箱梁安放垫块情况

555

6）微调顶升更换支座

桥梁改造中主要有直接顶升法和断柱顶升法，有以承台为反力基础；以自然地面为反力基础；以盖梁为反力基础。断柱法有：承台、盖梁顶升力系，上、下抱柱力系，下抱柱盖梁顶升力系。

因上跨桥横穿高速公路，所以采用的是以自然地面为反力基础；而主线桥下面都是深水采用以自然地面为反力基础很困难，所以采用以盖梁为反力基础，用吊篮作为工作平台，主线只需要微调更换支座，所以桥面上面可以正常通车，只是受力分析时考虑到车辆荷载，在桥梁顶升时，首先要将墩台帽及盖梁清理干净，然后安装布设千斤顶，顶升时及时用临时木井架固定，防止回落。

T 梁微调顶升，每跨 5 片梁，两侧 T 梁同步顶升需要 20 台千斤顶，如图例 2-3，千斤顶上下垫受力钢板，微调顶升高度控制在 0.5cm 以内；如果采用化学锚栓顶升时，开始先采用超宝双节式千斤顶直接置于桥台、盖梁与梁体空隙中，进行顶升，待顶升到一定高度后改换大行程自锁式油顶进行作业，通过焊接横向与斜向角钢，将全部的临时支撑固定成整体如图例 2-4。每个整体角钢用四个化学锚栓固定在桥台或盖梁上，在桥台和盖梁上千斤顶两边垫临时支墩。

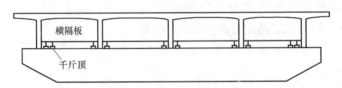

图例 2-3 T 梁千斤顶布置图

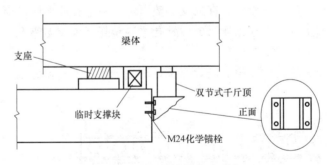

图例 2-4 化学锚栓支承顶升

实例 3 某桥梁整体抬升技术

1. 工程概况

大连市东联路建设工程桥梁结构，为钢筋混凝土连续梁，梁宽 24.26m，长 90m（30m 三跨）。下部柱直径 1.5m（上部放大为 1.5m×2.0m），高约 9.0m，支座为盆式支座，基础为桩基础，基础直径 2.0m（图例 3-1）。

2. 问题的提出

该桥梁 370 号～373 号为 30m 跨，三跨连续梁

图例 3-1 桥梁全景

结构，该段桥梁在主体结构施工完成后发现 372 号-1 号、2 号支盆式支座底板断裂，该部位梁向下移动约 4cm，情况发生后对该段梁进行检查为发现结构有明显裂缝。为保证结构安全，需要对该梁段损坏支座进行更换，并对梁下移部位进行抬升使其恢复至原设计标高。

3. 事故原因分析

经分析 372 号-1 号、2 号支盆式支座底板断裂是由于支座安装过程中，支座底部环氧砂浆坐浆不密实、大面积空鼓，桥梁施工完成上部支撑拆除后，桥梁上部荷载传递到支座上，导致支座局部受压破坏，同时引起上部结构梁竖向位移。

4. 加固方案

根据该桥支座的损坏及变形情况，结合该桥的相关设计资料，及现场施工条件，经研究决定采用抬升法对该段桥梁进行整体抬升，抬升后对损坏支座进行更换，并对梁竖向位移进行恢复。

抬升方案的基本思路是采用千斤顶同步抬升法对梁进行整体抬升，抬升支座采用在原桩基础表面增设混凝土环箍，并在环箍顶部设置钢管支撑作为抬升平台。待上部结构梁抬升至设计标高后，对损坏支座进行更换并对支座底部重新灌注高强无收缩灌浆料，待支座底部垫块强度满足设计要求后，卸除千斤顶并拆除支撑系统（图例 3-2）。

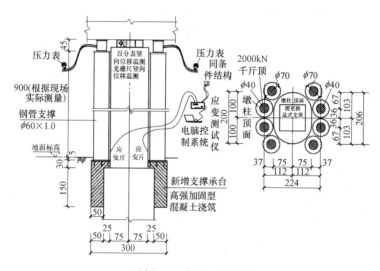

图例 3-2　抬升方案简图

5. 抬升计算

抬升动力分析及支撑系统验算：

（1）原结构设计参数

① 柱截面尺寸：

顶部：$b \times h = 1500\text{mm} \times 1500\text{mm}$

下部：直径 1500mm

② 混凝土：柱：C40　$f_c = 19.10\text{N/mm}^2$；基础 C30 $f_c = 14.10\text{N/mm}^2$

③ 钢筋：HRB335　$f_y = 300\text{N/mm}^2$

④ 柱高：$H = 9100\text{mm}$

（2）上部结构梁设计承载能力

（3）上部结构梁目前恒载状况

① 上部结构梁目前总荷载

不含二次铺装和声屏障总荷载：54220kN

已安装声屏障立柱总荷载：150×56＝84kN

目前实际总荷载：54304kN

② 恒载作用下支座反力：

370 号：1 号支座：3655kN，2 号支座：3655kN

371 号：1 号支座：9900kN，2 号支座：9900kN

372 号：1 号支座：9900kN，2 号支座：9900kN

373 号：1 号支座：4700kN，2 号支座：3655kN

（4）混凝土局部承压验算

本次顶升采用在梁支座两侧进行顶升。置换共布置 200t 千斤顶 8 台千斤顶，每边各布置 4 台，千斤顶顶部与底部与结构连接面设置 30mm 后钢垫板。

① 已知

混凝土：C40　$f_c＝19.10\text{N/mm}^2$

钢垫板尺寸：600mm×600mm

② 计算

受压面面积　$A＝b×h＝600×600＝360000\text{mm}^2$

$$\sigma＝\frac{N}{An}(9900×1000/4)/360000＝6.875\text{N/mm}^2＜f_c＝19.10\text{N/mm}^2$$

满足要求。

（5）支撑承台计算

① 顶面局部受压

局部受压的计算底面积取　$A_b＝1250×2000＝2500000\text{mm}^2$

根据《混凝土规范》第 10.8.1 条

局部受压应力　$\sigma_c＝\dfrac{Fv_k}{A_b}＝\dfrac{4950.00×1000}{2500000}＝1.98\text{N/mm}^2$

$≤0.75f_c＝14.33\text{N/mm}^2$，满足要求。

② 求纵向受力钢筋

因剪跨比 $a/h_0＝350.00/1765.00＝0.20＜0.3$，则取 $a/h_0＝0.3$

根据《混凝土结构设计规范》式 10.8.2，得：

$$A_s＝A_{s1}＋A_{s2}$$

其中 A_{s1}、A_{s2} 分别为承受竖向力和水平力所需的钢筋面积。

$$A_{s1}＝\frac{Fv_a}{0.85f_yh_0}＝\frac{2000000.00×0.30}{0.85×300.00}＝2352.94\text{mm}^2$$

根据《混凝土结构设计规范》10.8.3 条规定，承受竖向力所需的纵向受力钢筋配筋率不能小于最小配筋率。

取 $A_{s1}＝9054.45\text{mm}^2$

总面积 $A_s＝9054.45＋0.00＝9054.45\text{mm}^2$

选用纵向受拉钢筋为 28 Φ 22，则：

A_s＝10640mm²＞9054.45mm² 满足要求。

③ 求水平箍筋和弯起钢筋截面积

《混凝土结构设计规范》10.8.4 要求，水平箍筋在牛腿上部 2/3 的范围内截面面积不宜小于承受竖向力受拉钢筋截面面积的二分之一，即：

$$A_{sh}＞0.5A_{sl}＝0.5\times9054.45＝4527.23mm^2$$

水平箍筋采用双肢箍。

箍筋直径为 16mm。

单根箍筋面积为 $A_{sv}＝\pi\times16\times16／4＝201.06mm^2$

箍筋间距 $l_g＝150mm$，则

$$A_{sh}＝\left(\frac{2h_0}{3l_g}+1\right)\times2\times A_{sv}＝4703.63mm^2＞4527.23mm^2$$

满足要求。

(6) 新增承台连接面抗剪计算

① 已知

混凝土强度等级：C30　　$f_c＝14.3N/mm$　　$f_t＝1.41N/mm$

箍筋抗拉强度设计值　　$f_{yv}＝300N/mm$　　箍筋间距 $s＝150mm$

由箍筋面积 A_{sv} 求弯矩设计值 V，箍筋面积 $A_{sv}＝226mm$

截面尺寸　　$b\times h＝2000\times1800mm$

② 计算结果

根据经验公式连接面混凝土抗剪切强度考虑 0.3 折减系数：

$$V_{con}＝0.7\times f_t\times b\times h_0\times0.3$$
$$＝0.7\times1.41\times(3.14\times2000)\times1800＝3347.11kN$$

$$V_s＝0.85\times A_{sv}\times f_v$$
$$＝0.85\times(308\times201)\times175＝9208kN$$

$V＝V_{con}+V_s＝12555.11kN\geqslant V＝9900kN$，满足要求。

6. 抬升施工

1) 抬升施工步骤

(1) 支撑承台基础开挖，基础护壁混凝土剔除；

(2) 新增支撑承台，基础表明范围内清理并凿毛处理；

(3) 新增支撑承台植筋；

(4) 新增支撑承台，支模并浇筑高强加固型混凝土；

(5) 钢支撑制作、安装；

(6) 千斤顶及顶升设备安装调试；

(7) 监测系统安装调试；

(8) 整体抬升系统调试、预抬；

(9) 整体抬升；

(10) 桥梁损坏支座更换，底部垫石浇筑；

(11) 千斤顶卸，支撑系统拆除。

2）抬升施工关键控制因素

（1）抬升方案采用全桥同步整体抬升；

（2）整体抬升前先卸除梁支座处约束，并先将下移梁抬升至原设计标高；

（3）整体抬升高度以满足支座更换要求为准，约3～5mm；

（4）千斤顶同步抬升的动力系统采用液压式千斤推力并连接到PLC计算机同步控制系统，抬升过程中随时调控，以避免因顶升不同步产生附加应力的危险；

（5）抬升施工过程中采用计算机应力应变控制法，对结构进行应变和竖向位移监测，确保施工安全。

3）抬升同步控制

抬升施工中精确的同步控制相当重要，控制应为同步位移控制。本工程的抬升动力系统由48个千斤顶组成，主要由竖向位移控制，梁的应力应变监测为辅。为保证各个千斤顶同步移动，本工程采用PLC计算机控制系统实现平移过程中的同步控制（图例3-3、图例3-4）。

图例3-3 PLC计算机同步控制系统总控制台　　图例3-4 PLC计算机同步控制系统液压泵站

（1）PLC系统工作原理

PLC压控制液压同步系统由液系统（油泵、油缸等）、监测传感器、计算机控制系统等几个部分组成。

（2）液压系统

液压系统由计算机控制，可以全自动完成同步位移，实现力和位移的控制、位移误差的控制、行程的控制、负载压力的控制；误操作自动保护、过程显示、故障报警、紧急停止功能；油缸液控单向阀可防止任何形式的系统及管路失压，从而保证负载有效支撑等多种功能。

（3）监测传感系统

本次抬升监测传感系统主要是由光栅尺、信号放大器、传感线路及计算机组成，光栅尺的分辨率能达到0.005mm。光栅尺的主要作用是监测顶升的相对位移，然后将测得的位移数据通过传感线路传送到计算机，由计算机进一步处理所收集到的数据信息。从而控制抬升过程中结构的竖向位移。

光栅尺架设时应保证它的垂直度，尽量减少人为造成误差，保证光栅尺的精度。

（4）计算机系统

计算机系统是整个 PLC 系统的核心，其把由监测传感系统所收集到的数据进行分析处理，并把处理后的数据反馈给液压系统，由液压系统调节各千斤顶油压，从而保证整个顶升系统同步性。

4）结构应力应变监测

为确保纠倾过程中本结构的安全，防止结构在纠倾过程中产生结构应力集中，导致结构损伤；并及时了解纠倾过程中结构整体受力状况，以及时调整抬升方案。本次抬升施工中采用计算机应力应变控制法对整个抬升过程实行结构应力应变监控，以确保抬升工作顺利进行。

计算机应力应变控制法采用在主要结构构件受力部位粘贴应变片，并连接到应变测试仪和计算机控制系统，通过计算机控制系统对纠倾过程中构件的应力应变情况进行实时监测，及时了解纠偏过程中结构整体受力状况，从而在结构未发生较大变形前及时调查抬升施工方案。

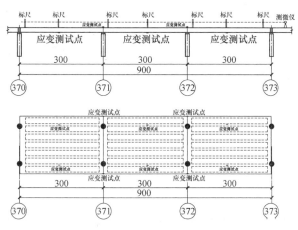

图例 3-5　监测点布置示意图

（1）监控点布置

结构应力应变监测点的布置应选在能全面反应抬升过程中结构整体位移变化而引起的结构应力、应变变化情况。本工程监测监控点主要布置在上部结构梁、混凝土柱和支撑钢柱上，抬升过程中若出现各点位移不均，使结构梁产生相应应力、应变通过应变仪器可以监测到结构应力、应变大小，从而确定结构的受力程度，确保结构安全（图例 3-5）。

（2）应力、应变控制系统安装

抬升前，在设计部位粘贴应变片，同时粘贴同条件补偿片并连接到应变测试仪和计算机监控设备。设置设备参数并调节设备以保证设备连接正常。同时在监测构件顶部或底部安装千分表、测微仪或电子位移计对测试部位竖向位移

图例 3-6　计算机应力、应变控制中心

进行监测。并将测试部位的竖向位移与计算机应变控制设备监测的应变值进行复核。若发现监测数据异常应立即停止抬升工作，对异常情况进行分析后及时调整抬升方案（图例 3-6）。

（3）监测数据处理

结构应力、应变监测过程中应做好监测数据采集、处理工作，并及时绘制应力、应变曲线图和测试数据分析资料。

7. 结语

该桥整体抬升高度 8cm，支座更换后，梁竖向位移恢复至原设计值。通过计算机应力应变控制对结构卸载，上部结构梁没有发生应力突变现象，确保了施工和结构安全。该工程从开工到结束历时 7d，为后续施工节省了宝贵时间，并取得了较大的社会效应和经济效益。

实例 4　某桥梁柱墩混凝土缺陷加固技术

1. 工程概况

某轨道线路延伸工程 64 号柱墩，为全现浇钢筋混凝土结构。该柱长 2.4m，宽 1.8m，高 12.0m。柱墩承台长 6.5m，宽 6.5m，高 2.5m，基础采用桩基础形式，桩设计长度 18m，直径为 1.25m 的钻孔灌注桩。柱墩混凝土设计强度 C35，桩、承台混凝土设计强度为 C40。

该柱墩浇筑完成后，对该柱墩进行混凝土强度回弹检测，发现该柱墩混凝土未达到设计强度 C35，后凿开混凝土表层，发现该柱墩内部存在混凝土振捣不密实现象，为保证结构安全需对柱墩进行加固处理。

2. 方案简介

综合考虑柱墩的实际缺陷情况，采取对该柱墩位置的梁、板进行卸荷处理，同时移除桥面外加荷载；其次，采用 DJUS-05 非金属超声仪对混凝土内部缺陷的具体空间部位进行检测定位，对该柱墩缺陷区域开设注浆孔，然后采用专业注浆高压泵向缺陷区域注入 M50 无收缩灌缝浆液，待其充满混凝土内部疏松区域，再在柱墩表面植入钢筋，然后对该柱墩进行加大截面加固处理。

3. 灌浆工艺施工方法

1）结构卸载及应变监测

在对柱墩进行增大截面加固时，为了保证柱墩新增截面部分钢筋混凝土能够与原截面混凝土和钢筋协同受力，共同工作。避免受力不均、应变滞后使得结构局部应力过大先发生破坏从而导致结构整体破坏。加固施工前必须对原结构进行卸除处理。针对本工程加固情况，结合计算分析，需卸除柱墩恒载约为 400t，拟采用 6 台 100t 千斤顶对柱墩上部桥身进行顶升，以达到卸载目的。具体施工布置如图例 4-1、图例 4-2 所示。

（1）千斤顶及支撑安装

本工程支撑采用 610×10.0 钢管制作支撑，端部焊接 20mm 厚封头钢板。支撑钢管底部支撑在原柱墩基础承台上，为保证钢柱支撑底部水平并且与承台间连接牢靠，需要对钢柱支撑部位剔凿并采用高强胶凝材料找平，同时采用化学植筋植入支撑底部地脚螺栓，承台通过螺栓与钢支撑连接保证其稳定性。

①钢支撑的稳定计算。依据规范《钢结构设计规范》GB 50017—2003、《建筑抗震设

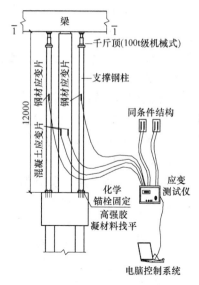

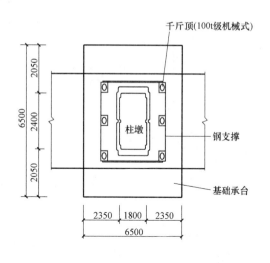

图例 4-1　卸载应变检测示意图　　　　　图例 4-2　卸载应变检测示意图顶端 1-1 剖面

计规范》GB 50011—2001，验算构件的竖向轴心承载能力符合要求。

②钢支撑安装完成后，对其垂直度进行核验，保证其垂直度满足施工要求。然后在钢支撑顶部安设千斤顶，并对千斤顶预加部分荷载，使其与桥身底部顶紧。千斤顶应安设在钢支撑的中心线上，并保证底部和顶面平整。在千斤顶与桥身之间设置 10mm 厚的钢板，保证该区域桥身均匀受力，避免局部混凝土受压破坏。

（2）结构卸荷

安装应力、应变控制设备。

千斤顶和支撑安装完毕后，在支撑钢柱表面粘贴应变片，同时粘贴同条件补偿片并连接到静态电阻测试仪和计算机监控设备，设置设备参数并调节设备以保证设备连接正常。同时在柱身混凝土表面粘贴应变片，并连接到静态电阻测试仪和计算机监控设备。对上部柱卸载过程中的应力、应变情况进行监测。

安装竖向位移控制装置。

本工程采用千分表和测微仪对柱整个卸荷过程进行竖向位移监测（柱竖向位移监测示意如图 4-3 所示）。待应力、应变控制设备安装完成后，在柱顶部与桥身间安装千分表和测微仪，并按要求制作柱竖向位移监测数据表，卸荷过程中每隔一段时间记录千分表和测微仪的读数。并将柱的竖向位移与计算机应变控制设备监测的柱的应变值进行符合。

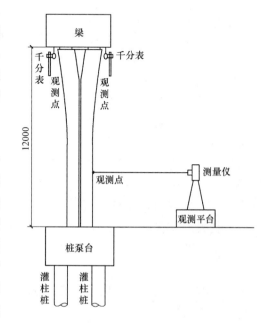

图例 4-3　柱竖向位移监测示意图

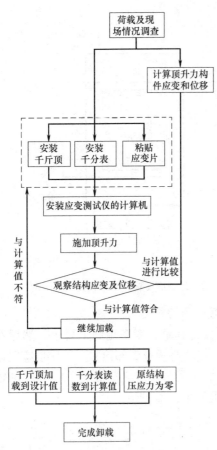

图例 4-4　卸载工作流程示意

卸载的具体实施步骤及注意要点（图例 4-4）：

① 需要拆除构件的部位，调查该柱截面尺寸、混凝土强度、配筋、上部荷载及分布情况等。

② 通过计算确定以下内容：

a. 卸载时作用在该柱顶部的总荷载；

b. 支撑承台、支撑钢柱的尺寸及布置形式；

c. 卸载时钢柱所需要施加的顶升力及每次施加荷载时结构构件和支撑构件发生的应变和位移。

③ 在支撑点间安装支撑钢柱，所有钢柱尺寸、规格应一致，调整钢柱位置，应保证钢柱竖直，并与承台连接面平整，所有钢柱的作用中心应与需拆除柱形心重合，避免加载过程中发生偏心。

④ 在每根钢柱底部安装千斤顶，确保千斤顶与钢柱和支座连接面平整，调整千斤顶位置，使千斤顶支撑面中心与钢柱连接面中心重合。

⑤ 在顶部支撑点顶面安装千分表。

⑥ 在需拆除柱和支撑钢柱表面粘贴应变片，并连接到应变测试仪；同时在需拆除柱和支撑钢柱同条件试块表面粘贴应变片，并连接到应变测试仪。

⑦ 安装应变测试仪器和电脑控制装置。

⑧ 通过千斤顶对柱进行分级加载，加载应同步进行并保证各千斤顶读数一致，加载过程中施加的顶升力（千斤顶加载读数），柱产生的顶升位移（千分表读数）和柱发生的应变（应变测试仪）应与理论计算值一致。

⑨ 在发生下列情况之一后应停止加载：

a. 混凝土测试压应变为零；

b. 千斤顶加载到计算设计荷载；

c. 钢柱应变到达计算应变值；

d. 千分表读数到计算位移。

若以上结果均吻合，表明柱卸载完成。

⑩ 施工过程中应严密观测千斤顶、千分表和应变测试仪的读数。若发生变化应立刻停止拆除，并采取相关措施。

（3）搭设操作平台

在要处理的区域用门式支架搭设工作平台（高度视情况而定），门架上铺设 50 跳板，周围安装安全网。采用 DJUS-05 非金属超声仪，对混凝土内部缺陷的具体空间部位进行检测定位，并采用记号笔对缺陷区域进行标注。

（4）表面处理

根据定位的位置凿除存在缺陷区域的混凝土表层，并用打磨机或钢丝刷清除表面松散混凝土,然后将表层清洗干净。

(5) 根据混凝土内部缺陷的具体空间部位开设注浆孔

在缺陷区域侧面钻孔,钻孔深度应不少于 800mm,孔径为 14mm。在开设注浆孔之前,首先采用钢筋位置测定仪等仪器,测定范围内结构内部钢筋分布状况,避开结构内钢筋。

(6) 孔洞清理

钻孔后采用空压机的高压风把钻孔灰尘吹干净。

(7) 封闭

用高强材料对缺陷区域表面进行封闭处理,便于高压灌浆,在表面预留出气孔和观测孔,装上专用高压灌浆嘴,灌浆嘴长深度根据需要确定,灌浆嘴的后部有膨胀橡胶,嘴部带回止阀,为高压铝材质,能与钻孔完全紧贴。

(8) 配制 M50 无收缩灌缝浆液

浆液配制按配方和配制方法进行,浆液一次配备的数量,要根据在压浆时的温度条件下浆液的凝固时间和进浆速度来确定。

(9) 压浆

压浆机具、器具及管子在压浆前进行检查,运行正常时方可使用。接通管路,打开所有压浆嘴上的阀门,用压缩空气将孔道吹干净。压浆时待下一个排气嘴出浆时关闭转芯阀,如此顺序进行。压浆的压力不小于 0.2MPa,并保持稳定。待吸浆率小于 0.1L/mm 时继续压几分钟即可停止压浆,关闭进浆嘴上的转芯阀门。压浆结束后,立即拆除管道,并冲洗管道和设备。

(10) 后处理

待缺陷区域浆液达到初凝时拆除压浆嘴。

2) 结构光栅应力、应变监测

通过在柱墩新增纵向钢筋及原纵向钢筋上设置"长标距光纤光栅传感器",并在新增混凝土中预埋"自监测 BFRP 智能筋(光纤)"装置。对施工卸载过程中增大截面部分及原结构部分的钢筋和混凝土的应力、应变值进行实时监测,确保卸载施工的顺利进行。

(1) 长标距光纤光栅传感器安装

在柱墩设置千斤顶的两个侧面,增大截面新增纵向钢筋上和原结构纵向钢筋上共安装 12 个长标距(25cm)FBG 光纤传感器,一方面可以监测卸载过程中钢筋的应力、应变情况。另一方面还可以监测混凝土浇筑过程中的温度梯度、应变等参量,确保加固施工安全和质量。

(2) 自监测 BFRP 智能筋(光纤)安装

在柱墩设置千斤顶的两个侧面,增大截面新增混凝土内埋设两条自监测 BFRP 智能筋光纤传感器,通过这两个传感器可以每隔 5cm 的距离在柱墩新增截面部分的长度和宽度方向上进行一次测量,可以对混凝土内部的温度场(梯度)、应力场进行实时监测。

(3) 长标距 FBG 光纤监测系统

长标距 FBG 光纤监测系统具有布线少、数据采集方便,数据精度高、动态性能好,耐久性好,抗电磁干扰能力强,零漂小等特点。

(4) 自监测 BFRP 智能筋光纤监测系统

自监测 BFRP 智能筋光纤监测系统具有分布性好，布线及数据采集方便，数据精度较高、实时监测性好，耐久性好，抗冲击、抗腐蚀、抗恶劣环境性能好，适合于混凝土结构的埋入式长期监测，抗电磁干扰能力强，零漂小等特点。

4. 增大截面施工方法

施工工艺流程：增大截面原构件表面处理→卸载→钢筋绑扎、焊接→支模板→浇筑→拆模、清理→养护。

1）增大截面原构件表面处理

应将原构件混凝土存在的缺陷清理至密实部位，并将表面凿毛，深度不宜小于 6mm，间距不宜大于箍筋间距，被包混凝土棱角应打掉，同时应除去浮渣、尘土。原有混凝土表面应冲洗干净，浇筑混凝土前，原混凝土结合面应以水泥浆或其他界面剂进行处理。当设计要求新增加的钢筋需与原钢筋焊接时，应将原结构构件剔凿出主筋或箍筋。

2）卸载

卸载方案如前所述。

3）钢筋绑扎、焊接

按设计要求的钢筋的品种、规格、间距、数量绑扎钢筋，当新增钢筋需要与原混凝土构件连接时应采用植筋的办法，提前 24h 将钢筋植好，然后采用焊接接头接长。受力钢筋搭接接头的焊接长度，单面焊接不小于 $10d$，双面焊接不小于 $5d$（d 为钢筋直径），纵向受力钢筋直接植入承台基础中，其锚固长度须满足《公路桥梁加固设计规范》JTG/T J22—2008 的规范要求。

对原有和新设受力钢筋应进行除锈处理；如在受力钢筋上施焊，则施焊前应采取卸荷或支撑措施，并应逐根分区分段分层进行焊接，以减少焊接热影响区对钢筋的影响。钢筋绑扎完毕后应检查验收，合格后方可进行下道工序施工。

4）支模板

本工程模板采用定型钢模板，模板的支搭应牢固，密不漏浆。符合《混凝土结构工程施工质量验收规范》GB 50204—2002 的要求。

5）浇筑

浇筑前应将模板内的垃圾、泥土等杂物及钢筋上的油污清除干净，并检查钢筋的垫块是否垫好。应浇水使模板湿润。模板的扫除口应在清除杂物及积水后再封闭。

按要求采用搅拌机械拌制加固型混凝土，严格控制用水量，待达到较好流易性为止。拌好后应及时送到浇筑地点。采用专用工具灌入模板内。浇筑过程中应随时检查模板情况，发现问题及时处理。

6）拆模、清理

当浇筑的加固型混凝土达到拆模要求的设计强度后，可以拆除模板。模板拆除过程中应注意对新浇筑的混凝土的棱角的保护，拆除过程中应注意安全。模板拆除完毕后，应对结构进行全面清理。

7）养护

灌注完毕后，应采取必要的保湿措施，同时应根据现场同条件制作，同条件养护的试块的实际强度决定拆模时间，同时拆模时间应按有关规定再拆除模板。

8）加固后承载能力验算

本次计算采用逆算法,根据原设计要求,计算出柱墩所能承受的最大轴力,然后采用加大截面法,计算柱墩加固后,柱墩所能承受的最大轴力。

5. 施工质量控制

在浇筑特种混凝土之前应进行检验及隐蔽工程验收,其内容包括:原结构混凝土界面、钢筋品种、规格、数量、位置等;支撑及模板的承载能力、刚度和稳定性。

1)监测系统

监测传感系统在整个加固系统中非常重要,同时是我们获取数据信息的主要来源。它的灵敏度将直接影响到卸载、加固过程的精度。

2)结构应力应变监测

为确保加固过程结构的安全,防止结构在加固过程中发生局部损坏。本次加固过程中采用计算机应力应变控制法对整个加固过程实行结构应力应变监控,以确保整个加固过程安全顺利进行。

参 考 文 献

[1] 中国工程建设标准化协会. 建筑物移位纠倾增层改造技术规范（CECS 225：2007）. 北京：中国计划出版社，2007

[2] 中国工程建设协会. 灾损建（构）筑物处理技术规范（CECS 269：2010）. 北京：中国计划出版社，2010

[3] 中华人民共和国铁道部. 铁路房屋增层和纠倾技术规范（TB 10114—97）. 北京：中国铁道出版社，1997

[4] 中华人民共和国住房和城乡建设部. 建筑桩基技术规范（JGJ 94—2008）. 北京：中国建筑工业出版社，2008

[5] 中华人民共和国建设部. 建筑桩基检测技术规范（JGJ 106—2003）. 北京：中国建筑工业出版社，2003

[6] 中国建筑科学研究院. 建筑地基处理技术规范（JGJ 79—2002）. 北京：中国建筑工业出版社，2002

[7] 中华人民共和国建设部. 既有建筑地基基础加固技术规范（JGJ 123—2000）. 北京：中国建筑工业出版社，2000

[8] 中华人民共和国建设部. 高层建筑箱形与筏形基础技术规范（JGJ 6—99）. 北京：中国建筑工业出版社，1999

[9] 中华人民共和国建设部. 建筑变形测量规程（JGJ/T 8—2007）. 北京：中国建筑工业出版社，2007

[10] 冶金工业部建筑研究总院. 建筑基坑工程技术规范（YB 9258—97）. 北京：冶金工业出版社，1999

[11] 中国建筑科学研究院. 建筑基坑支护技术规程（JGJ 120—99）. 北京：中国建筑工业出版社，1999

[12] 叶书麟，王益基，涂光祉等. 基础托换技术——既有建筑物地基加固 [M]. 北京：中国铁道出版社，1991

[13] 工程结构可靠性设计统一标准（GB50153－2008），北京：中国建筑工业出版社，2009

[14] 广东金辉华集团有限公司，北京交通大学. 建（构）筑物托换技术规程（CECS 295：2011），北京：中国计划出版社，2011

[15] 唐业清主编. 土力学基础工程 [M]. 北京：中国铁道出版社，1989

[16] 龚晓南著. 高等土力学 [M]. 杭州：浙江大学出版社，1996

[17] 龚晓南编著. 土塑性力学 [M]. 杭州：浙江大学出版社，1997

[18] 张孟喜主编. 土力学原理 [M]. 武汉：华中科技大学出版社，2007

[19] 殷宗泽等编著. 土工原理 [M]. 北京：中国水利水电出版社，2007

[20] 陈书申，陈晓平主编. 土力学与地基基础 [M]. 武汉：武汉理工大学出版社，2006

[21] 陈希哲编著. 土力学地基基础 [M]. 北京：清华大学出版社，2004

[22] 高大钊主编. 土力学与基础工程 [M]. 北京：中国建筑工业出版社，1998

[23] 叶书麟，叶观宝编著. 地基处理与托换技术 [M]. 北京：中国建筑工业出版社，2005

[24] 张继文，吕志涛. 某综合楼顶层抽柱改造的设计与施工 [J]. 建筑结构，1996，26（2）：37～40

[25] 张云波，欧阳煜. 底部抽柱非规则框架计算简图的合理选取 [J]. 工程力学，1996，378—381

[26] 苏洁. 底层抽柱钢筋混凝土框架结构塑性内力重分布设计方法的可行性研究 [D]. 天津大学，1999

[27] 曾氧，陆铁坚. 钢筋混凝土抽柱框架楼盖梁的设计探讨 [J]. 长沙铁道学院学报，1997，15（2）：106～112

[28] 胡伟，洪湘. 高层框架结构抽柱改造设计及工程实践 [J]. 建筑结构，1999，29（11）：37～38

[29] 李春雷，范艳坤. 加大截面抽柱扩跨的模型分析 [J]. 湖南城建高等专科学校学报，2001（3）：9～10

[30] 杨锦明. 多层框架抽柱扩跨的黏钢加固法 [J]. 上海铁道科技，1999（1）：30～32

[31] 刘继明，曹中明. 青岛澳柯玛办公楼抽柱后框架的加固设计 [J]. 建筑结构，2005，35（2）：44～45、40

[32] 张桂标. 钢筋混凝土框架结构截柱扩跨改造采用实腹式托梁的应用研究 [D]. 广州：华南理工大学，2001

[33] 刘军进，张继文. 预应力抽柱改造技术的设计计算方法 [C]. 建筑物鉴定与加固改造第五届全国学术讨论会论文集，汕头，2000：303～307

[34] 张继文，刘军进. 体外预应力抽柱改造新技术的应用实践 [C]. 建筑物鉴定与加固改造第五届全国学术讨论会论文集，汕头，2000：539～543

[35] 陈大川，卜良桃，王济川. 托梁抽柱的应用研究 [C]. 建筑物鉴定与加固改造第五届全国学术讨论会论文集，汕头，2000：562～567

[36] 李安起，张鑫，王继国. 某框架结构抽柱托换工程实践 [J]. 四川建筑科学研究，2004，30（3）：56～58

[37] 杨红芬，徐向东，李安起. 附加缀板式抽柱托换结构抗剪加固试验研究 [J]. 山西建筑. 2006，32（13）：42～43

[38] 张志强，张轲，赵峰，李擘. 钢筋混凝土抽柱排架结构计算分析 [J]. 工业建筑，2008，38（12）：110～112

568

[39] 高峰，任晓崧，陈敏. 框架结构局部抽柱的结构加固思路与实例分析 [J]. 四川建筑，2007，27（6）：128～132

[40] 黄泰赟. 某大型报告厅抽柱改建结构设计 [J]. 广东土木与建筑. 2005（6）：128～132

[41] 杨福磊，奚震勇，孙海. 上海某大厦托梁拔柱工程的设计 [J]. 工业建筑. 2005，35（4）：21～23

[42] 王勇. 某商店底层抽柱的设计方案及比较 [J]. 淮南职业技术学院学报，2004，4（3）：116～118

[43] 宫安，刘振清. 预应力结构在抽柱扩跨中的应用 [C]. 第八届全国建筑物鉴定与加固改造学术会议论文集，哈尔滨，2006

[44] 葛洪波，张伟斌，禹永哲，张明. 扬州某综合楼抽柱改造设计 [C]. 第八届全国建筑物鉴定与加固改造学术会议论文集，哈尔滨，2006

[45] 周华林. 上海世博浦西综艺大厅改建工程中的抽柱托梁施工技术 [J]. 建筑施工，2009，31（5）：344～346

[46] 丁航春. 顶层抽柱换双梁托换工程实例 [J]. 浙江建筑，2008，11（6）：50～51

[47] 王润生，林章忠. 预应力技术在托梁拔柱工程中的应用 [J]. 安徽建筑，2011，6：71～73

[48] 葛洪波，徐青兰. 扬州某综合楼抽柱改造设计 [J]. 江苏建材，2010，4：49～51

[49] 初明进，孙志娟、周新刚 等. 虹口大酒店裙楼抽柱改造方案比选 [J]. 建筑结构，2007，37（3）：26～28

[50] 詹佩耀，祝昌暾，倪宏演 等. 斜向钢支撑荷载转移法在框架柱托换中的应用 [J]. 建筑结构，2006，37（S）：1～4

[51] 蔡新华. 房屋结构托换技术研究 [D]. 同济大学，2007

[52] 陈再学. 单层工业厂房抽柱改造设计与施工 [J]. 施工技术，2003，32（6）：29～30

[53] 修洪德. 有关托梁拔柱的几个技术问题 [J]. 工业建筑，1995，25（5期）：3～8，12

[54] 李雁，吕恒林，殷惠光. 托换技术在砖混结构加固改造中的应用 [J]. 建筑技术，2008，39（5）：339～342

[55] 毛桂平，黄小许. 砌体结构承重墙体的框式托换技术 [J]. 建筑技术，2004，35（6）：441～442

[56] 中华人民共和国住房和城乡建设部. 砌体结构设计规范（GB 50003）[S]. 北京：中国建筑工业出版社，2012

[57] 程远兵，王三会. 两种简易可行的砖墙托换梁 [J]. 四川建筑科学研究，2005，31（4）：44～47

[58] 敬登虎，曹双寅，郭华忠. 钢板-砖砌体组合结构托换改造技术及应用 [J]. 土木工程学报，2009，42（5）：55～60

[59] 敬登虎，曹双寅，石磊等. 钢板-砖砌体组合梁、柱静载下性能试验研究 [J]. 土木工程学报，2010，43（6）：48～56

[60] Hardy S J. Design of steel lintels supporting masonry walls. Engineering Structures, 2000, 22 (6)：597～604

[61] Hardy S J. Composite action between steel lintels and masonry walls Structural Engineering Review, 1995, 7 (2)：75～82

[62] 房晓鹏. 钢-砌体组合墙梁结构在有构造柱砌体房屋托换改造中的试验研究 [D]. 山东建筑大学，2011

[63] 王超. 钢-砌体组合墙梁结构在砌体结构房屋托换改造中的试验研究 [D]. 山东建筑大学，2011

[64] 梁绍强. 钢结构厂房托梁拔柱分析与测试 [D]. 天津大学，2007

[65] 张溯. 钢结构厂房托梁拔柱与结构加固技术研究 [D]. 西安建筑科技大学，2007

[66] 工业建筑可靠性鉴定标准 GB 50144—2008 [S]. 北京：中国计划出版社，2009

[67] 梁绍强，陈志华，张涛 等. 托梁拔柱厂房动力性能测试及加固效果评价 [J]. 工业建筑，2007，17（S）：1590～1596（本增刊是第七届全国现代结构工程学术研讨会论文集）

[68] 刘哲. 连续抽除9根厂房柱的老厂房改造 [J]. 工业建筑，1996，26（10）：7～8

[69] 朱明. 重型钢结构厂房托梁换柱施工技术 [J]. 施工技术，2003，32（6）：31

[70] 祁英涛. 中国古代建筑的保护与维修 [M]. 北京：文物出版社，1986

[71] 陈爱玖，朱亚磊，解伟 等. 郑州文庙大成殿木结构整体顶升技术 [J]. 建筑结构，2007，37（3）：40～42

[72] 张伟斌，禹永哲. 南京某近代砖木结构加固与改造设计 [J]. 建筑结构，2007，37（S）：48～50

[73] 建设综合勘察研究设计院. 建筑变形测量规范（JGJ 8—2007）[S]. 北京：中国建筑工业出版社，2008

[74] 中国有色金属工业协会. 工程测量规范（GB 50026—2007）[S]. 北京：中国计划出版社，2008

[75] 杨晓平. 工程监测技术及应用 [M]. 北京：中国电力出版社，2007

[76] 董志. 桩基托换施工中桥梁变形的监测与控制 [J]. 铁道标准设计，2006，10：66～68

[77] 李志国. 既有高架桥桩基托换监测设计 [J]. 广东建材，2009，8：188～189

[78] Eskesen S D, Tengborg P, Kampmann J, Veicherts T H, Guidelines for tunnelling risk management: International Tunneling Association, Working Group No. 2 [J]. Tunneling and Underground Space technology, 2004 (19): 217~237

[79] McFest-Smith I, Risk assessment for tunneling inadeverese geological conditions [C]. Proceedings of tunnels and underground structures, Singapore, 2000: 625~632

[80] Einstein H H, Xu S, Grasso P, Mahtap M A, Decision Asids in tunneling [J]. Word tunneling, 1998 (4): 157~159

[81] Haos C, Einstein H H. Updating the decision asids for tunneling [J]. Journal of construction engineering and management, 2002, 128 (1): 40~48.

[82] Reilly J, Brown J. Management and control of cost and risk for tunneling and infrastructure projects [C]. PROCEEDINGS OF WORD TUNNEL CONGRESS ANG 13TH ita ASSEMBLY, Singapore, 2004

[83] 黄宏伟. 隧道与地下工程建设中的风险管理研究进展. 2005 年全国地铁与地下工程技术风险管理研讨会, 中国北京

[84] 路美丽, 刘维宁. 隧道与地下工程风险管理研究进展. 2005 年全国地铁与地下工程技术风险管理研讨会, 中国北京

[85] 莫若楫, 黄南辉. 地铁工程之风险评估 [C]. 工程管理国际研讨会论文集, 香港, 2004, 11: 47~52

[86] 李爱群, 吴二军, 高仁华. 建筑物整体迁移技术 [M]. 北京: 中国建筑工业出版社, 2006

[87] 王建永. 洪泽二中办公楼整体平移工程轨道梁的优化设计 [D]. 河海大学硕士学位论文, 2010

[88] 张鑫, 徐向东, 都爱华. 国外建筑物整体平移技术的进展 [J]. 工业建筑, 2002, 32 (7): 1~3

[89] Gino J Koster. A Mammoth Building [J]. The Structural Mover, 2001, 19 (4): 52~59

[90] 陈文海, 韩丽平, 卫龙武 等. 安庆某商住楼整体平移与爬升设计 [J]. 江苏建筑, 2004. (3): 47~48

[91] 吴二军. 建筑物整体平移工程轨道沉降与沉降差计算方法 [J]. 工业建筑, 2005 (S1): 879~880

[92] 吴二军, 张素玲, 王建永. 复杂结构斜向平移工程托换结构与轨道协同受力分析 [J]. 建筑结构学报, 2010 (S2): 279~284

[93] 郑刚. 高等基础工程学 [M]. 北京: 高等教育出版社, 2007

[94] 彭芳乐, 孙德新 等. 地下托换技术 [J]. 北京: 岩土工程界, 2003, 6 (12): 38~43

[95] 涂强. 大轴力桩基托换变形控制值确定 [J]. 北京: 铁道工程学报, 2008, 113 (2): 26~30

[96] 王雅斋, 刘国柱, 梁新利. 北京市音乐堂改建工程基础托换与结构加固技术 [J]. 建筑技术, 1999, 30 (6): 391~393

[97] 贾强, 张鑫. 板式托换法在逆作法技术中的应用 [J]. 建筑结构. 2006, 36 (11): 59~62

[98] 贾强, 张鑫. 框架结构建筑物独立基础逐根托换法地下增层工艺: 中国, ZL201010226555 [P], 2010.11.17

[99] 李勇. 地下加层工程中托换基础与上部结构共同作用性能研究 [D]. 哈尔滨工业大学, 2005

[100] 熊小刚, 江见鲸. 桩基托换对上部结构影响的非线性有限元分析 [J]. 特种结构, 2003, 20 (1): 8~10

[101] 黄小许, 朱英俊, 黄穗欢. 桩梁式托换结构设计方法及其应用 [J]. 华南理工大学学报 (自然科学版), 2004, 32 (1): 85~89

[102] 王士哲, 段树金, 曹敬鹏. 桩基托换结构的动力分析 [J]. 石家庄铁道学院学报 (自然科学版). 2009, 22 (3): 53~56

[103] 贾强, 张鑫. 板式基础托换法开发地下空间施工过程的数值分析 [J]. 岩土力学. 2010, 31 (6): 1989~1994

[104] 贾强, 谭海亮, 魏焕卫. 板式基础托换法沉降规律的试验研究 [J]. 岩土力学. 2010, 31 (5): 1491~1496

[105] 贾强, 张鑫, 应惠清. 桩基础托换开发地下空间不均匀沉降的数值分析 [J]. 岩土力学, 2009, 30 (11): 3500~3511

[106] 张正先. 配有钢筋的新旧混凝土界面连接试验研究 [J]. 华南理工大学学报 (自然科学版) 2002, 30 (10): 97~101

[107] 高俊合, 张澍曾, 柯在田, 邓安雄, 孙宁. 大轴力桩基托换梁一柱接头模型试验 [J]. 土木工程学报, 2004, 37 (9): 62~68

[108] 刘健. 新老混凝土黏结的力学性能研究 [D]. 大连: 大连理工大学, 2002

[109] 北京交通大学. 建筑物移位纠倾增层改造技术规范 (CECS 225: 2007) [S]. 北京: 中国计划出版社, 2008

[110] 唐业清主编. 建筑物移位纠倾与增层改造 [M]. 北京：中国建筑工业出版社，2008

[111] 张顶立. 城市地铁施工的环境安全风险管理 [J]. 土木工程学报，2005，38（增）：5～9

[112] 张成满，罗富荣. 地铁工程建设中的环境安全风险技术管理体系 [J]. 都市快轨交通，2007，20（2）：63～65

[113] 骆建军，张顶立. 地铁施工对邻近建筑物安全风险管理 [J]. 岩土力学，2007，28（7）：1477～1482

[114] 钱七虎，戎晓力. 中国地下工程安全风险管理的现状、问题及相关建议. 岩石力学与工程学报，2008，27（4）

[115] 王梦恕，张成平. 城市地下工程建设的事故分析及控制对策. 建设科学与工程学报，2008，25（2）

[116] 李俊伟，马雪梅，钟巧荣 等. 城市轨道交通安全风险技术管理体系的建立. 都市快轨交通，2010，23（1）

[117] 杨秀仁. 从实务的角度谈城市轨道交通建设安全风险管理. 2011海峡两岸岩土工程地工技术交流研讨会论文集（大陆卷）. 北京：中国科学技术出版社，2011. 184～189

[118] 沈小克，王军辉，韩煊，周宏磊. 北京市地下空间开发中主要地质风险及控制对策. 第2届全国工程安全与防护学术会议，北京，2010

[119] 王新杰. 2011海峡两岸岩土工程/地工技术交流研讨会论文集（大陆卷）[C]. 北京：中国科学技术出版社，2011. 184～189

[120] 唐业清主编. 建筑物改造与病害处理 [M]. 北京：中国建筑工业出版社，2000

[121] 唐业清主编. 简明地基基础设计施工手册 [M]. 北京：中国建筑工业出版社，2003

[122] 唐业清，李启民，崔江余编著. 基坑工程事故分析与处理 [M]. 北京：中国建筑工业出版社，1999

[123] 刘金砺编著. 桩基础设计与计算 [M]. 北京：中国建筑工业出版社，1990

[124] 唐业清主编. 特种工程新技术（2006）[M]. 北京：中国建材工业出版社，2006

[125] 唐业清主编. 特种工程新技术（2009）[M]. 北京：中国建材工业出版社，2009

[126] 全国第九届建筑物改造与病害处理学术研讨会. 《施工技术》增刊，V. 40，2011